INTRODUCTION

はじめに

本書について

パケットキャプチャは、ネットワークを流れるデータを表す「パケット」と、捕捉するという意味を表す「キャプチャ」を組み合わせてできた造語です。本書はパケットキャプチャの手法やパケットそのものについて解説した入門書です。

「Webサービスの多様化」や「クラウド全盛時代の到来」、「IoT（Internet of Things）／M2M（Machine-to-Machine）時代の幕開け」など、最近のITトレンド中心にはネットワークがあり、全世界のパケット量は未だ増加の一途をたどり続けています。それに伴い、ITシステムの構築現場・運用現場において、パケットキャプチャを実施する機会も増え、パケットそのものに対する知識を問われる機会も多くなりました。ネットワークは無数のパケットが光の速度で行き交うひとつの世界です。ひとつひとつのパケットが大きな意味を持ちます。**パケットキャプチャを通じて、その意味を知ると、徐々にシステムの構築や運用管理がスムーズに進むようになり、ネットワーク全体を広く見渡せるようになってきます。**

また、最近巷では、ネットワークやサーバー、ストレージやプログラミングなど、複数の分野の知識や技能に幅広く精通している「フルスタックエンジニア」の需要が高まっています。「ネットワークはネットワークエンジニアが…」「サーバーはサーバーエンジニアが…」「プログラミングはプログラマーが…」という、各スペシャリストによる完全分業制が進んでしまっている日本のIT業界において、フルスタックエンジニアへの道は一見困難に思えることでしょう。しかし、ネットワークを流れる生きたパケットには、ネットワークからアプリケーションに至るまで、ありとあらゆる情報がぎっしり詰まっています。パケットを紐解くことは、ネットワークを紐解くことであると同時に、アプリケーションの一端を紐解くことに他なりません。**パケットに対する理解を通じて、「点」となっている知識を「線」の知識としてつなぎ合わせましょう。**自ずとフルスタックエンジニアへの道が拓かれるはずです。

さて、この「パケットキャプチャの教科書」は、それだけで完結しているというわけではありません。本書は、パケットキャプチャという壮大な世界に足を踏み入れるためのきっかけにすぎません。重要なのは、まずは本書の内容をしっかりと理解し、その先へと歩を進め続けることです。**ネットワークは基盤となる部分がしっかりしている分、サーバーやアプリケーションと比較して、進化の速度が遅く、急激に変化することはありません。**新しい技術が生まれたとしても、これまでの技術の組み合わせだったり、派生だったりすることがほとんどです。したがって、ゆっくり学んでいったとしても、新しい技術に追いつけないなんてことは絶対にありません。本書を通じて、たくさんのパケットを手に取りましょう。いろいろな技術を知りましょう。そのひとつひとつが歩みになるはずです。

さあ、パケットキャプチャを通じて、ITシステムの新しい扉を開きましょう！　本書が多くのITエンジニアの方々にとって、パケットキャプチャ活用の一助になれば、筆者として幸いです。

本書の位置づけ

本書はパケットキャプチャツールの機能マニュアルではありません。また、パケット解析を使用したトラブルシューティング事例集でもありません。その両者の知識の隙間を埋めるための本です。

ITシステムの構築・運用現場において、パケットキャプチャツールの使い方だけを知っていても、パケットの中身を理解できなければ意味がありません。また、トラブルシューティングの事例だけを引き出しとして持っていても、解決までの論理を理解できなければ意味がありません。この2つの知識を生かすためは、その間をつなぐ知識が必要です。本書がパケットのあるべき姿を提供することによって、両者の隙間を埋める架け橋となります。

本書のコンセプト

本書は以下の3つのコンセプトに基づいて執筆しています。

■ポイントを絞って

ネットワーク上には数限りない種類のパケットが存在しています。しかし、それらすべてをひとつひとつ細かく理解しても、きりがないですし、それほど大きな意味はありません。そこで本書では、実際の現場でよく見かける鉄板パケット、鉄板技術のみをレイヤーごとにピックアップして説明することで、特に重要な知識から効率よく、かつ手早く学習できるようにします。

■シンプルに

実際のネットワークは驚くほどたくさんのパケットが複雑に絡み合ってできています。これらすべてをそのまま、いきなり理解しようとするのは、ハードルが高すぎて、きっと途中で心が折れてしまうことでしょう。そこで、本書では複雑に絡み合うパケットたちを、ひとつひとつ丁寧に紐解き、シンプルな形で取り扱います。また、図を用いて直観的に理解できるようにします。

■無償で

何事も節約節約の世知辛い世の中、「有償」という言葉ほど忌み嫌われるものはありません。本書は無償の範囲でキャプチャできるパケットを解析しています。残念ながら、Wi-Fiについては、接続のポイントとなるビーコン（管理フレーム）をキャプチャするために有償のドライバが必要になる場合があるため、本書の対象外にしています。

本書の想定読者

■インフラ/ネットワークエンジニア

新米インフラ/ネットワークエンジニアの登竜門的資格といえば、ネットワークスペシャリストかCCNA（Cisco Certified Network Associate）のどちらかでしょう。新人が部署に配属されると「まずは、この資格取って」的な感じから始まります。確かに、資格試験の勉強は知識の裾野を広げるためには重要です。しかし、ほとんどの場合、その場かぎりの暗記力に頼ってしまうことが多く、それで得た知識はあっさり風化します。ネットワークの知識は、長い時間をかけて水が石を穿つかの如く、じっくり頭に刻み込む必要があります。実際にネットワークを流れている生きたパケットを見ると、より実感が湧きやすく、より頭に残りやすくなります。

■アプリケーションエンジニア

世の中的に、パケットキャプチャはインフラ/ネットワークエンジニアの専売特許と勘違いされがちです。しかし、必ずしもそうではありません。パケットの中にはネットワークからアプリケーションに至るまで、クライアントとサーバーでやりとりされる、ありとあらゆる情報が詰まっています。アプリケーションエンジニアにとっても有益な情報であることは間違いありません。

■クラウドエンジニア

ラックマウントサーバーやネットワーク機器、LANケーブルやLANポートなど、オンプレミス環境に当たり前に存在していた物理的な要素は、クラウドエンジニアにとって過去のものになりつつあります。これら物理的な要素がクラウド環境に召し上げられてしまった今、ネットワークに関連するトラブルシューティングは、パケットキャプチャに頼らざるを得ません。パケットキャプチャをすることによって、クラウド環境を流れるパケットたちを目で見て取ることができ、効率的にトラブルシューティングできるようになります。

謝辞

本書はたくさんの方々のご協力のもとに作成しました。遅筆な私を時に優しく、時に厳しくフォローしていただいた友保健太さんにはいくら感謝しても感謝しきれません。この執筆期間、私の日常はパケットとともに在り続けました。パケットを作っては、キャプチャし、書き下す……この繰り返しを続けた毎日がどんなに私を成長させてくれたことでしょう。このような機会を与えていただきまして、本当にありがとうございました。

また、本業が忙しい中、いろいろな面で苦楽を共にした高橋勘太さん、毎回素晴らしいケースハンドリングで勉強させてくれる松田宏之さん、アプリケーション面から鋭い指摘をくれる成定宏之さん、原稿段階で査読を引き受けてくれたyukaさん、皆さんと仕事ができて、私は本当に幸せものです。皆さんのおかげで、最高の本になったと思います。ありがとうございました。

最後に、遠く鹿児島からいつも変わらぬ在り方でサポートしていてくれる両親、妹家族、いつもありがとう。これからちょくちょく頼ることがあると思いますが、よろしくお願いします。

そして、最後の最後に。身重の体で精神的・体力的にもしんどい中、寛大な心で私の執筆作業を許してくれている妻へ。いよいよですね。いっしょに元気な赤ちゃんを産みましょう！　イクメンになるね！

2017年9月　みやたひろし

CONTENTS

CHAPTER

1

パケットキャプチャの流れ

本章では「いつ」「どこで」「どのように」パケットをキャプチャしていけばよいのか、パケットキャプチャを効率的に行うための基本的な流れや方法について説明します。

一言で「パケットキャプチャ」と言っても、耳馴染みのない人たちにとってはなんだか難しそうで、とっつきづらいイメージがあるかもしれません。そこで、本章を通じてパケットキャプチャの意味や本質を理解し、効率的にデータを取得・整理する方法を身につけてください。

CHAPTER 1

01 パケットキャプチャとは

そもそも、パケットキャプチャとはなんでしょうか？　この最も基本的な疑問を本書のスタートラインとして説明します。

パケットキャプチャとは、読んで字の如く「パケット」を「キャプチャ」することをいいます。では、パケットとはなんでしょう？　キャプチャとはなんでしょう？　国語的な側面から、少しブレイクダウンしてみましょう。

まずはパケットについてです。パケット（packet）という単語は、そのまま直訳すると小包のことです。アプリケーションデータは小包のように小分けにされて、ネットワークを流れています。そのイメージから、**ネットワーク上を流れるデータのこともパケットといいます。**よく耳にするのは、携帯電話やスマートフォンを契約するときの「パケット通信料」という言葉でしょう。パケット通信料の「パケット」は、実際にネットワークを介してやりとりされたデータのことで、パケットキャプチャの「パケット」と同じ意味を表しています。

続いてキャプチャについてです。キャプチャ（capture）という単語には、もともと「捕獲（名詞）」や「捕まえる（動詞）」という意味があります。しかしITの世界では、「保存する」や「取得する」という意味で、ごく一般的に使用されています。コンピューターエンジニアが口にする「キャプチャ」といえば、画面を保存する「画面キャプチャ（いわゆるスクリーンショット）」か、パケットを取得する「パケットキャプチャ」を意味することがほとんどでしょう。

「パケット」と「キャプチャ」、この2つの単語を組み合わせてできた造語が「パケットキャプチャ」です。ネットワークは無数のパケットが織りなす壮大な世界です。**パケットキャプチャは、ネットワーク上を流れるパケットを「パケットキャプチャツール」と呼ばれる専用のソフトウェアを使用して取得することをいいます。**

CHAPTER 1

02 どんなときにパケットキャプチャするの？

では、どんなときにパケットをキャプチャすることになるのでしょうか？　ここではインフラシステムの構築フェーズを例として、いつ、どんなときにパケットキャプチャをするのかを説明します。

一般的なインフラシステムの構築は、顧客の要件を定義する「要件定義」→ インフラのルールを策定する「基本設計」→ 機器のパラメータを決める「詳細設計」→ 機器を設定し接続する「構築」→ インフラ環境で各種試験を行う「試験」→ サービスを安定的に運用管理する「運用管理」という 6 つのフェーズで構成されています。この中でパケットキャプチャが役に立つフェーズは、「試験」と「運用管理」の 2 フェーズです。

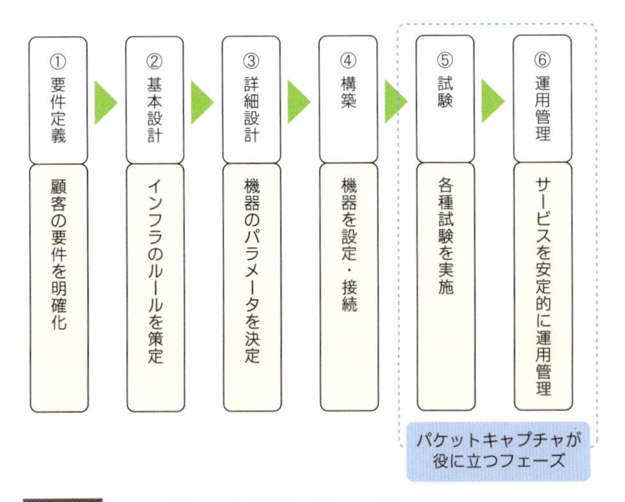

図1.2.1 インフラシステム構築の6フェーズ

1.2.1 試験フェーズでのパケットキャプチャ

「試験フェーズ」は、構築フェーズまでで構築したインフラ環境で、単体試験や正常試験、障害（冗長化）試験など、各種試験を実施するフェーズです。設計した内容が設計どおりに動作するか、ひとつひとつ細かくチェックします。

試験フェーズで実施する試験項目は、それまでに設計した内容をもとに作成します。したがって、設計内容や設定内容に誤りがなく、機能がしっかり動作してさえいれば、なんら問題なくパスするはずです。予定どおりに試験をパスした場合、パケットキャプチャの出番はありません。そのままサービスインを迎え、運用管理フェーズへと移行します。

さて、問題は、試験にパスできなかった場合です。本来であればパスできて当然の試験の失敗原因を探し出すのは並大抵のことではありません。こんなときにこそパケットキャプチャが役に立ちます。パケットをキャプチャすることによって、パケットの流れや状態をつぶさに観察できるようになり、失敗の原因を追究しやすくなります。失敗原因を突き止めることができたら、成功するまで同じ試験を行います。

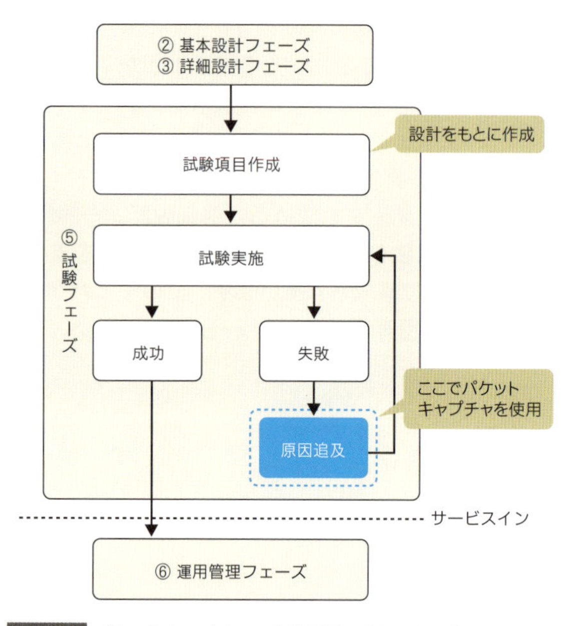

図1.2.2 パケットキャプチャは失敗原因の追及で役に立つ

また、場合によっては、試験結果にかかわらず、エビデンス（証拠）として、お客さんからパケットキャプチャデータの提出を求められる場合もあります。試験フェーズは、セキュリティ試験や障害試験など、サービスイン前にいろいろな事象を試せる最後のチャンスです。ここで正常時やサイバー攻撃発生時、障害時など、いろいろな状態のパケットを取得しておき、実際に事象が起きたときに比較できるようにしておきます。

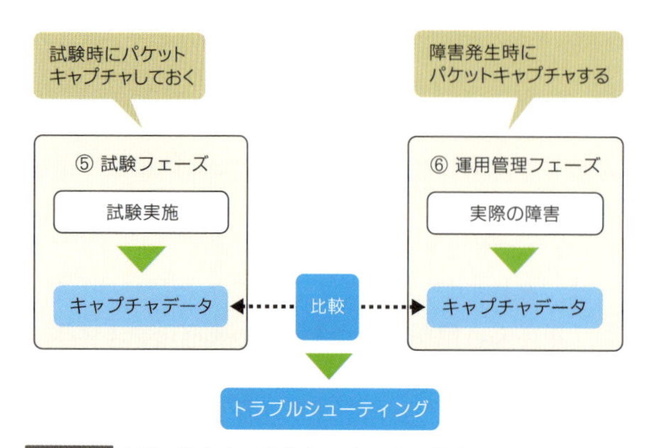

図1.2.3 実際の障害時に試験時のデータと比較する

1.2.2 運用管理フェーズでのパケットキャプチャ

「運用管理フェーズ」は、サービスインしたシステムを、継続的かつ安定的に維持するために運用管理していくフェーズです。システムは構築したら終わりというわけではありません。そこからが本当のスタートです。運用管理フェーズはサービス終了まで続く、システムの一生の中で最も長いフェーズです。

運用管理フェーズでは、「設定変更」と「トラブル対応」という、主に2つの作業を行います。このうちパケットキャプチャが役に立つのは、トラブル対応のときです。

運用管理フェーズ		概要	実施項目の例
設定変更		ユーザーのリクエストに応じて、機器の設定を変更する	●VLAN変更 ●ルーティング変更 ●VPN変更 ●アクセスリスト変更
トラブル対応	事前対応	システムやユーザーの動向を把握し、トラブルを予防する	●CPU使用率監視 ●メモリ使用率監視 ●ネットワーク使用量監視 ●エラーログ監視
	事後対応	トラブルが発生した後に、どこに障害が発生したか調査する	●各種LED確認 ●機器状態解析 ●ユーザー状態解析 ●エラーログ解析 ●パケットキャプチャ

表1.2.1 運用管理フェーズで行うこと

トラブル対応には、トラブルを予防する「事前対応」と、トラブルが起きてしまってから対応を行う「事後対応」があります。

事前対応では、システムの各種状態（CPU使用率やメモリ使用率、ネットワーク使用量、エラーログ）を定期的にチェックします。このチェックによって、たとえば急激にCPU使用率が上がっていたり、変なエラーログが記録されていたりするなど、なんらかの異常が認められるようであれば、その詳細を確認し、場合によっては機器やパーツの予防交換を実施します。事前対応は状態のチェックとその対応だけで終わることが多く、パケットキャプチャをすることはほとんどありません。

それに対して、トラブルが起きてしまった後の対応が「事後対応」です。システムを取り巻く環境は、生き物のように絶えず変化します。サーバーやネットワーク機器が故障することもあるでしょうし、ブラウザやOSの仕様が変更されることもあるでしょう。そのような場合、システム管理者は事後対応を迫られることになります。事後対応はサービス品質に直結することが多く、迅速な対応が求められます。そこで、次のような流れでどんどん原因を絞り込んでいきます。

1 ユーザーから「ネットワークがつながらない」と連絡が来たり、サーバーやネットワーク機器から変なアラートが上がったりします。事後対応のトリガーはさまざまです。

2 **1**の内容に応じた対応を実施します。たとえば、ユーザー端末やネットワーク機器、サーバーで各種コマンドを実行したり、監視サーバーに記録されているエラーログの内容の詳細を確認したりして、その結果に応じた対応（機器交換や静観など）を実施します。

この時点では、まだコマンド結果やエラーログなど、目に見えるものが多いので、その意味がわかりさえすれば、原因究明はそれほど難しいものではありません。

3 **2** でも解決できないようであれば、最後の砦、パケットキャプチャの出番です。障害が発生しているときのパケット状態をキャプチャして「見える化」し、パケットレベルで障害の原因を見つけ出します。障害原因がわかったら、原因に対する暫定対応および恒久対応を練り、実行に移します。

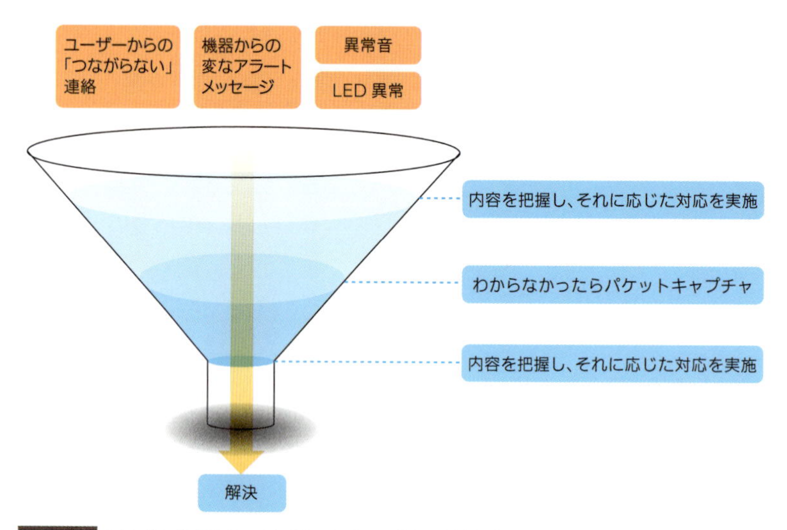

図1.2.4 トラブル対応においてパケットキャプチャが役に立つ

CHAPTER 1
03 パケットキャプチャの流れ

本章の最後に、一般的に現場で行われているパケットキャプチャの大まかな流れを説明します。パケットキャプチャの流れは大きく分けて、「基本情報の収集」→「事前準備」→「パケットキャプチャの実施」→「パケット解析」という4つのステップで構成されています。

図1.3.1 パケットキャプチャの流れ

STEP 1 基本情報の収集

まず、どんなネットワークにあるどんな端末のパケットをキャプチャしたいのか、全体を把握するために必要な基本情報を収集します。具体的にはネットワーク構成図（物理構成図や論理構成図、パケットフロー図など）や、パケットを取得したい端末のネットワーク情報（IPアドレスやコンピューター名、DNSサーバーやメールサーバーのIPアドレス）などがこれにあたります。

基本情報	概要
ネットワーク構成図	●物理構成図 ●論理構成図 ●パケットフロー図
パケットキャプチャしたい端末のネットワーク設定	● IPアドレス/サブネットマスク ●コンピューター名 ● DNSサーバーのIPアドレス ●メールサーバーのIPアドレス

表1.3.1 ネットワーク全体を把握するための基本情報

STEP 2 事前準備

基本情報を収集できたら、パケットキャプチャツールの検討や、パケットキャプチャ手法の検討など、実際にパケットをキャプチャするための事前準備を行います。入念な事前準備こそがパケット解析を成功させるための秘訣にほかなりません。

パケットキャプチャツールの検討

パケットをキャプチャするために使用するソフトウェアのことを、「パケットキャプチャツール」といいます。どのパケットキャプチャツールを使用するかは、使用しているOSや端末の持っている機能、セキュリティポリシーなどによっても変わってきます。ここではコンピューターエンジニアが一般的に使用する代表的なパケットキャプチャツールとその特徴について説明します。

Wireshark (旧Ethereal)

Wiresharkは、インターネット上に公開されているOSS (Open Source Software) のパケットキャプチャツールです。Windowsだけでなく、UNIX/Linux、macOSなどいろいろなOSでクロスプラットフォームに動作します。パケットキャプチャ機能だけでなく、たくさんのプロトコルの解析機能や分析機能を標準で備えていることから、今やパケットキャプチャツールの域を超え、「プロトコルアナライザツール」の定番として、インフラ/ネット

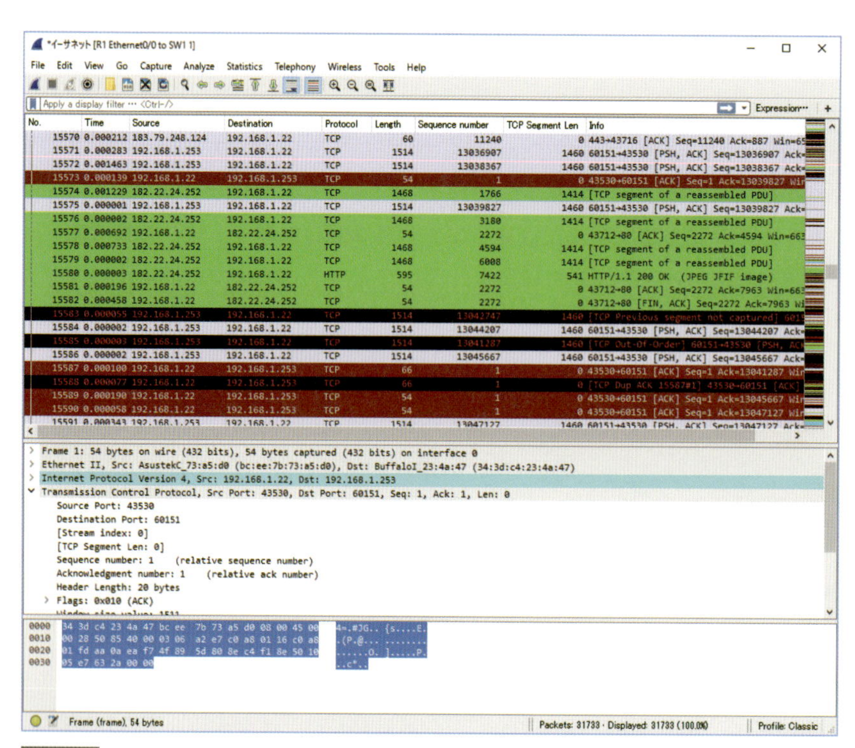

図1.3.2 Wiresharkの画面イメージ (https://www.wireshark.org/)

ワークエンジニアに広く、深く根付いています。なお、本書ではこのWiresharkを使用して、いろいろなパケットを解析していきます。

tcpdump

tcpdumpは、UNIX/LinuxやmacOSのCLI（Command Line Interface）で使用できる、OSSのパケットキャプチャツールです。GUI（Graphical User Interface）を提供していない、つまりCLIしか使用できない環境で一般的に使用されています。

tcpdumpは、前述のWiresharkのように解析機能や分析機能を備えているわけではありませんが、キャプチャするだけであれば必要十分ともいえるフィルタリング機能を備えています。tcpdumpでキャプチャしたデータは、Wiresharkでも解析することができます。そのため、まずtcpdumpでパケットキャプチャを行い、そのデータをWiresharkをインストールしたPCにSCP（Secure Copy Protocol）やFTP（File Transfer Protocol）などで移動して、Wiresharkで解析するという段階を踏んでいるエンジニアも多いです。

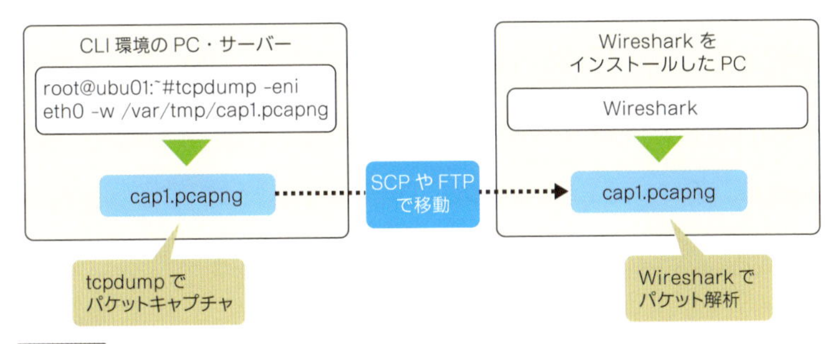

図1.3.3 tcpdumpとWiresharkの連携

Microsoft Message Analyzer

Microsoft Message Analyzerはマイクロソフト純正のパケットキャプチャツールで、無料で利用することができます。Windows 7以降またはWindows Server 2008 R2以降のプラットフォームで動作します。

本番商用環境のサーバーでは、WiresharkなどOSSのツールをおいそれとインストールさせてもらえなかったりします。そんなときにマイクロソフト純正のこのツールが抜群に役に立ってくれます。Message Analyzerでキャプチャしたデータも、tcpdumpと同様に、Wiresharkで解析することできます。そのため、Message AnalyzerでキャプチャしたデータをWiresharkをインストールしたPCに移動して、Wiresharkで解析するエンジニアがやはり多いです。

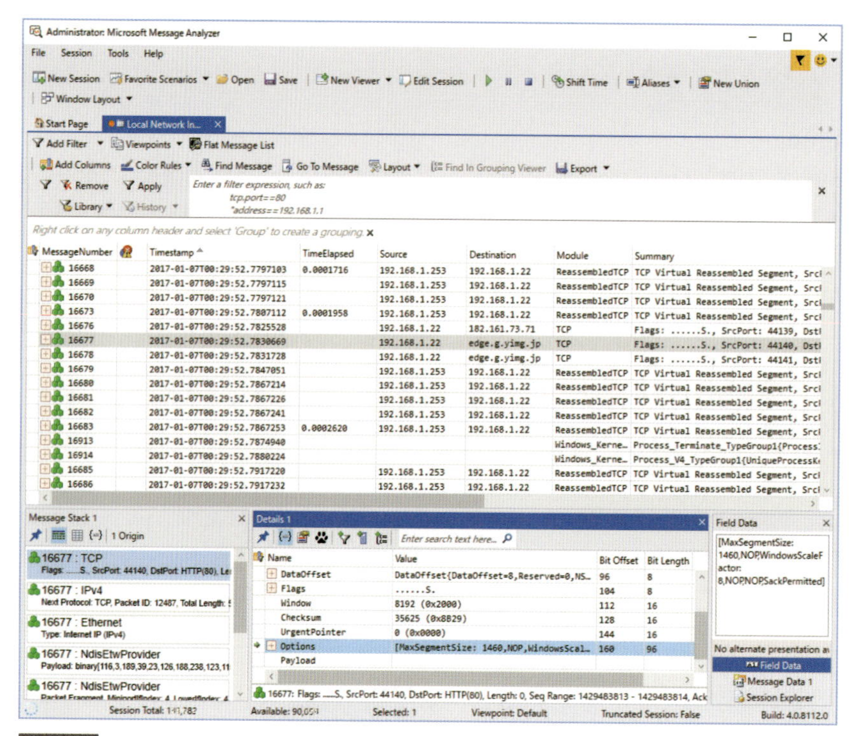

図1.3.4 Microsoft Message Analyzerの画面イメージ
(https://www.microsoft.com/en-us/download/details.aspx?id=44226)

パケットキャプチャ手法の検討

どのパケットキャプチャツールを使用するかのほかに、パケットキャプチャの手法を検討します。具体的には、次のどちらかの方法です。

- パケットキャプチャ端末自身がやりとりしているパケットをキャプチャする
- パケットキャプチャ端末とは別の端末がやりとりしているパケットをキャプチャする

それぞれ、どのようにキャプチャするのか説明します。

パケットキャプチャ端末自身がやりとりしているパケットをキャプチャする

パケットキャプチャツールは、パケットキャプチャ端末自身が持っているNIC（Network Interface Card）を通過するパケットをソフトウェア的にインターセプト（傍受、盗み見）して、キャプチャします。そのため、パケットキャプチャ端末自身がやりとりしているパケットをキャプチャする場合は、パケットキャプチャ端末でパケットキャプチャツールを起動し、通信を発生させるだけです。特に難しいことはありません。

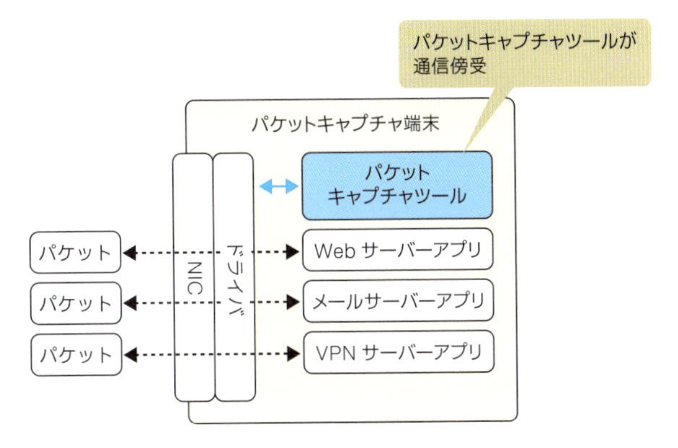

図1.3.5 パケットキャプチャ端末自身がやりとりするパケットをキャプチャ

この場合に気をつけなければならないのが、パケットキャプチャ端末におけるパケットキャプチャの処理負荷です。パケットキャプチャの処理は、キャプチャするパケットの量によっては大きな負荷を伴います。もちろん統計学的に考えて、パケットデータはたくさんあるに越したことはありません。しかし、トラブルシューティングや動作確認のために行う処理が、サーバーやOSのプロセスなど重要な処理を圧迫してしまっては元も子もありません。そこで、キャプチャする際にフィルタ条件を指定することでキャプチャ対象のパケットを絞り込むなどして、上手に処理負荷の軽減を図ります。

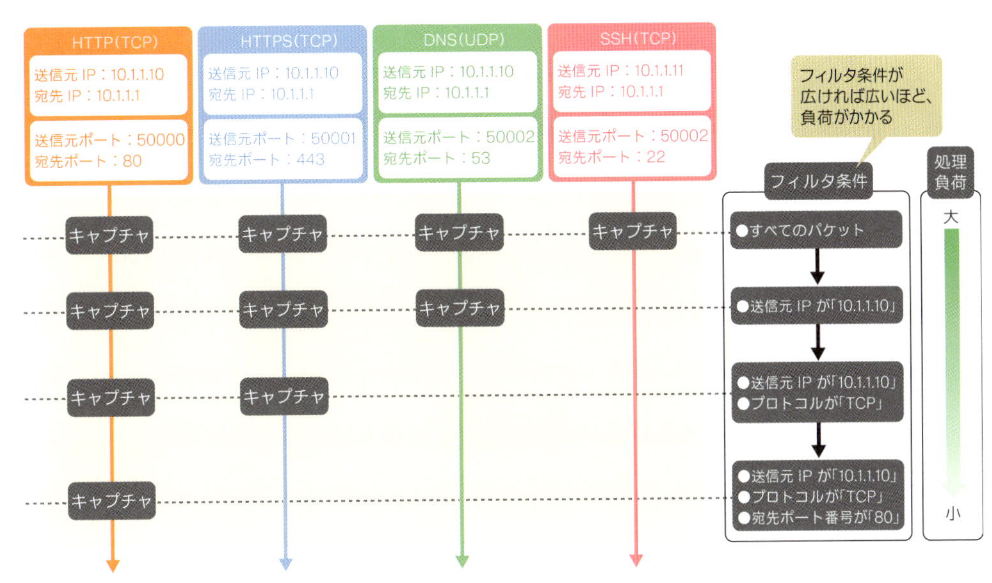

図1.3.6 キャプチャする対象を上手に絞り込んで処理負荷を下げる

■パケットキャプチャ端末とは別の端末がやりとりしているパケットをキャプチャする

先述のとおり、パケットキャプチャツールは、パケットキャプチャ端末自身が持っているNICを通過するパケットをソフトウェア的にインターセプトして、キャプチャします。しかし、キャプチャしたいパケットが必ずしも自分のNICを通過するとはかぎりません。そこで、パケットキャプチャ端末とは別の端末がやりとりしているパケットをキャプチャする場合は、それらを自分のNICに流し込むための仕掛けが必要になります。その仕掛けにはいくつか種類がありますが、一般的によく使用されているのが「**リピーターハブ**」と「**ミラーポート**」です。

リピーターハブ

リピーターハブは、受け取ったパケットのコピーを、そのままその他すべてのポートに転送するネットワーク機器です。人によっては「シェアードハブ」と言ったり、「バカハブ」と言ったり、いろいろですが、機能としてはすべて同じです。

リピーターハブでパケットキャプチャする場合は、パケットをキャプチャしたいPCやサーバー、ネットワーク機器の間にリピーターハブを挿入し、同列にパケットキャプチャ端末を配置します。リピーターハブは受け取ったパケットのコピーを、その他すべてのポートに転送するため、パケットキャプチャ端末にパケットが流れ込むようになります。それをパケットキャプチャツールでキャプチャします。

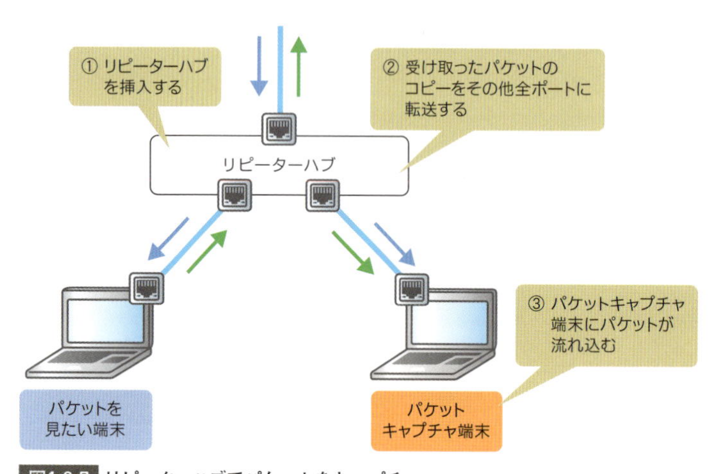

図1.3.7 リピーターハブでパケットをキャプチャ

なお、リピーターハブを使用する場合は、リピーターハブに接続する機器を可能なかぎり少なく、**できればパケットキャプチャ端末とパケットを見たい端末の2台だけにしてください。**先述のとおり、リピーターハブは受け取ったパケットのコピーを、そのままその他すべてのポートに転送してしまいます。そのため、パケットキャプチャに関係のない端末を接続してしまうと、その端末がやりとりするパケットまでコピーすることになり、関係のないパケットが増えてしまいます。パケットの量が増えれば増えるほど、全体としての処理負荷が上がります。もちろんキャプチャしたデータをチェックする作業負荷も上がります。注意してください。

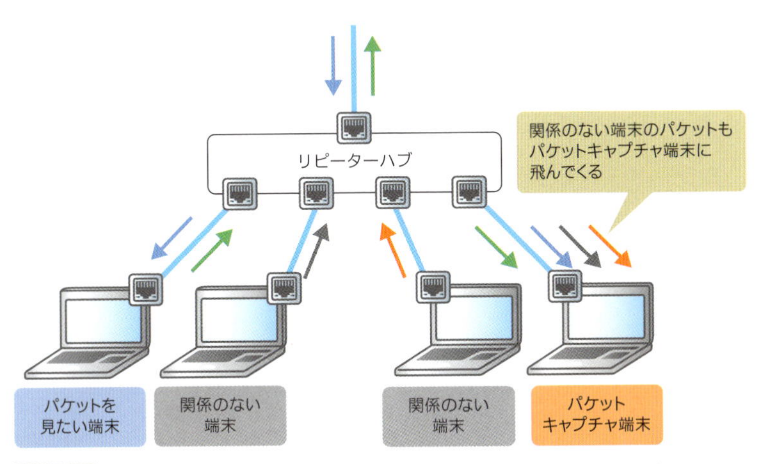

図1.3.8 パケットキャプチャに関係ない端末はリピーターハブに接続しないこと

ミラーポート

続いて、ミラーポートについてです。ミラーポートとはスイッチの機能のひとつで、指定したポートでやりとりしているパケットを別のポートにリアルタイムにコピーします。人によっては「ポートミラーリング」と言ったり、「SPAN（Switch Port Analyzer、スパン）」と言ったり、いろいろですが、機能としてはすべて同じです。

ミラーポートでパケットキャプチャする場合は、パケットキャプチャしたいPCやサーバー、ネットワーク機器を接続しているポートをミラーポートの「送信元ポート」、パケットキャプチャ端末を接続しているポートを「宛先ポート」として設定します。スイッチは送信元ポートでやりとりしているパケットを、宛先ポートにリアルタイムにコピーするため、パケットキャプチャ端末にパケットが流れ込むようになります。

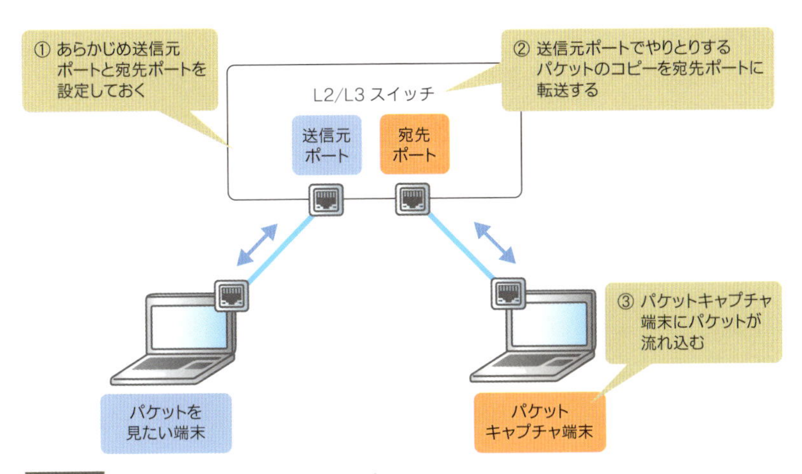

図1.3.9 ミラーポートでパケットをキャプチャ

リピーターハブとミラーポートの比較

では、実際のところ、リピーターハブとミラーポートのどちらを利用することが多いのでしょうか？　結論から言ってしまうと、**最近は圧倒的にミラーポートです。**

リピーターハブを使う方法は、周辺機器の設定を変更する必要がなく、あっさりお手軽にキャプチャできます。しかし、リピーターハブを経路に挿入するという物理的な作業が必要になるため、少なからずサービスへの影響を伴います。ほとんどのシステム管理者は、このサービスへの影響を嫌います。

それに対して、ミラーポートを使う方法は設定変更こそ必要ですが、スイッチの一機能だけでパケットキャプチャ端末にパケットを流し込むことができ、サービスへの影響は基本的にありません。それに、最近は安価なスイッチでもミラーポートの機能を備えており、コスト面でもずいぶんハードルが低くなりました。

キャプチャ方式	リピーターハブ方式	ミラーポート方式
概要	リピーターハブが受け取ったパケットのコピーをその他全ポートに送出する	送信元ポートでやりとりしたパケットを宛先ポートに転送する
事前作業	リピーターハブを経路に挿入する	ミラーポートを設定する
サービスインパクト	あり	なし
機器のコスト	安価	最近は安価な傾向
適した環境	●開発環境や検証環境など、サービスに対する影響がない環境 ●ミラーポートを使用できない環境	●本番の商用環境など、サービスに対する影響を考慮しなければならない環境

表1.3.2 リピーターハブ方式とミラーポート方式の比較

ちなみに筆者の場合は、検証環境などであっさりお手軽にパケットキャプチャしたいときや、ミラーポートの機能を持ったスイッチがないときにはリピーターハブ方式を使い、本番環境でサービスへの影響なくパケットキャプチャしたいときにはミラーポート方式を使う、といった感じで状況によって使い分けています。

》時刻を合わせる

たかが時刻、されど時刻。パケット解析において、時刻は最も有益な情報のひとつです。パケットを見たい端末とパケットキャプチャ端末の時刻がずれていたら、それだけでいつ事象が発生したかわからなくなってしまいます。NTPサーバーやActive Directoryなどと時刻同期を行い、**絶えず正しい時間を刻むように設定します。**

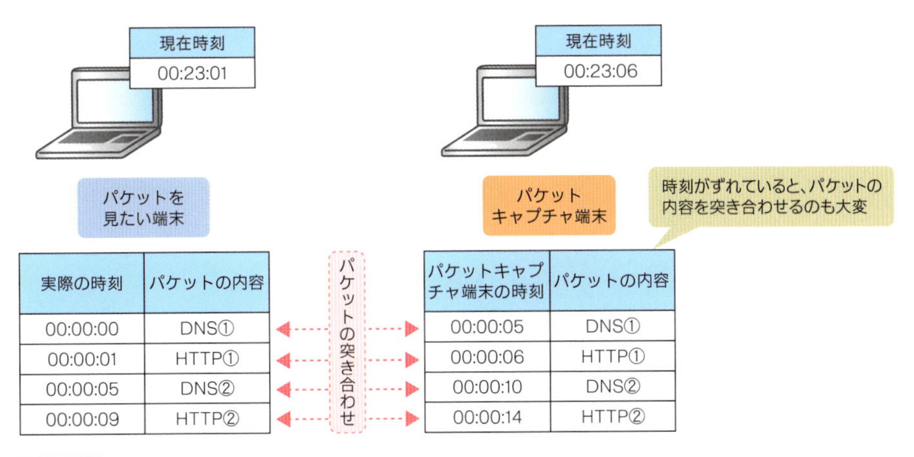

図1.3.10 時刻がずれていると解析で困ることになる

キャッシュのクリア

ARP キャッシュや DNS キャッシュ、HTTP プロキシキャッシュなど、キャッシュはネットワーク上のトラフィック量を減らす重要な機能です。キャッシュが機能すると、最初の処理がキャッシュによってスキップされることになるため、本来発生すべきパケットが送信されなくなります。パケットをキャプチャするときは、キャプチャする前にキャッシュをクリアしてください。

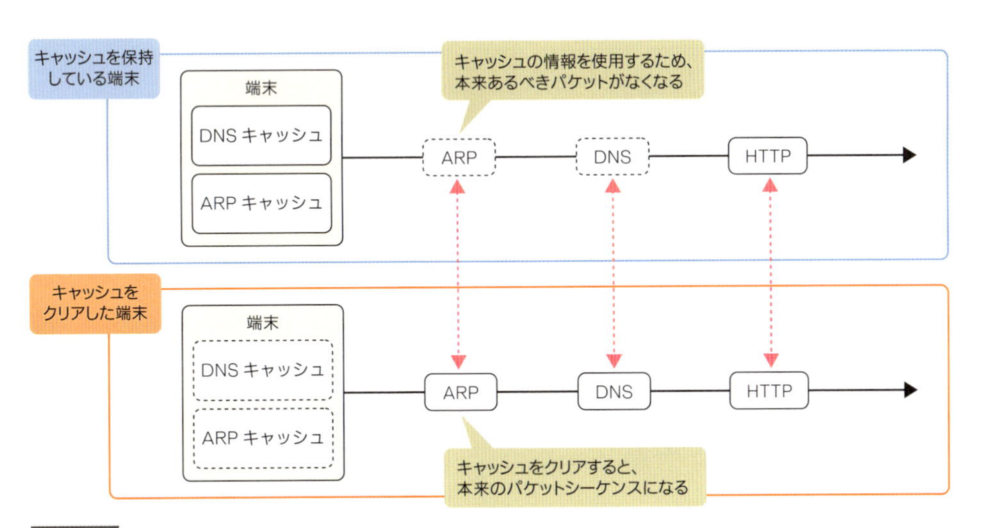

図1.3.11 キャッシュがあると本来のパケットが送出されない

パケットキャプチャ端末の設置位置の確認

忘れてしまいがちですが、パケットキャプチャ端末の設置位置も重要な確認項目のひとつです。そもそも論として、本当にパケットをキャプチャしてよいのか、パケットキャプチャ端末を設置してよいのか、前もってしっかり確認してください。せっかく時間をかけてパケットキャプチャツールやパケットキャプチャの手法を検討しても、セキュリティポリシーや物理的な制約など、技術以外の問題でパケットキャプチャ端末を設置できなかったり、パケットキャプチャ自体ができなかったりしたら、元も子もありません。時間はお金です。「あの時間はなんだったんだろう…」と浪費を後悔することがないようにしてください。

STEP 3 パケットキャプチャの実施

基本情報の収集と事前準備が終わったら、いよいよパケットキャプチャの実施です。パケットキャプチャ自体は、パケットキャプチャツールを起動して、キャプチャを開始するだけです。特に難しいことはありません。

パケットデータを長期間にわたって保存する場合は、あまりファイルサイズが大きくなりすぎないように、一定のファイルサイズを超えたり、一定の時間を経過したりしたら、新しいファイルとして書き出すようにパケットキャプチャツールを設定しておく必要があります。また、短時間に大量のデータをキャプチャする場合は、バッファ（メモリ上に存在する一時格納領域）が溢れてしまわないように、パケットキャプチャツールのバッファサイズを大きくする必要があります。キャプチャ環境に応じて、設定をうまく調整してください。

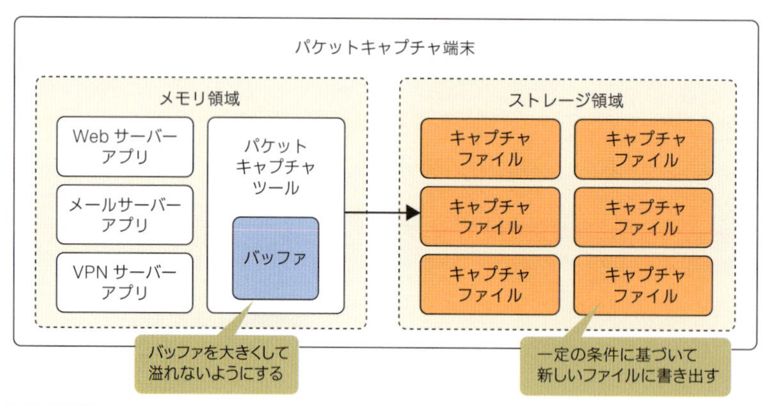

図1.3.12 バッファサイズやキャプチャファイル保存の設定を行っておく

STEP 4 パケット解析

最後は、パケットデータを解析するパケット解析です。パケット解析では、「いろいろな条件で表示をフィルタ」→「気になるパケット・パケットシーケンスをピックアップ」→「パケットの中身を精査」という工程を何度も繰り返し行います。

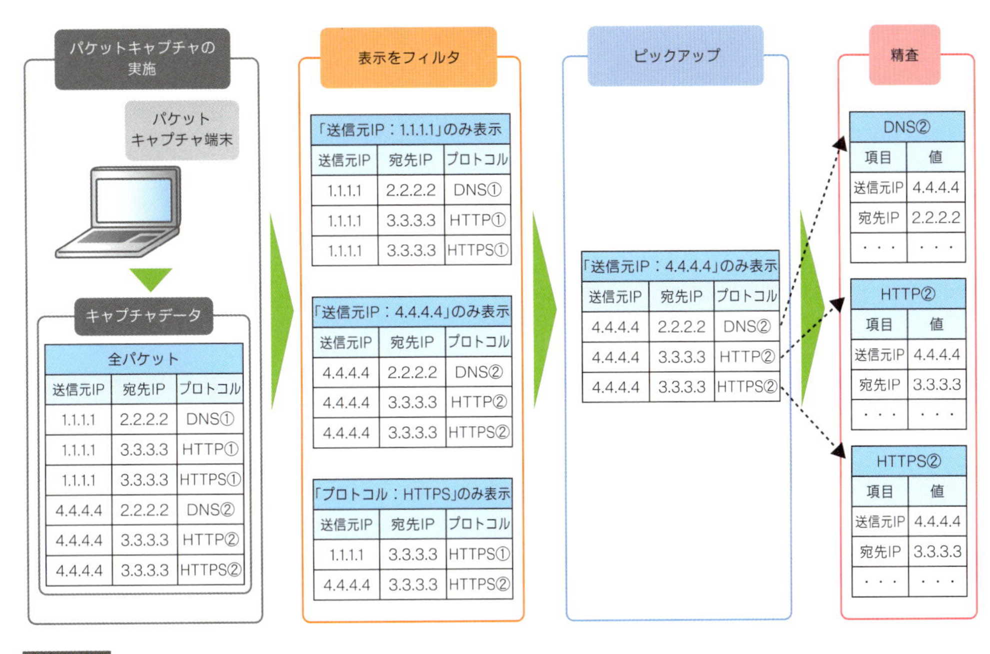

図1.3.13 パケット解析の流れ

CHAPTER

2

Wiresharkの使い方

本章では、パケットキャプチャツールのデファクトスタンダード「Wireshark」の使い方や各種機能について説明します。

前章でも述べたとおり、Wiresharkはパケットキャプチャ機能だけでなく、分析機能や統計機能など、大量のパケットを上手に整理したり、「見える化」したりするための機能を豊富に備えていて、「プロトコルアナライザツール」としてインフラ/ネットワークエンジニアに広く使用されています。

本書では、Wiresharkの持つたくさんの機能の中でも、特にインフラ/ネットワークの構築現場、運用現場で使用することが多い、便利なものをピックアップして紹介します。

また一部、筆者が実際にキャプチャしたファイルを用いて解説を行っている箇所があり、『キャプチャファイル「internet_access.pcapng」』のようにファイル名を記載しています。このパケットキャプチャファイルは、本書のサポートサイトからダウンロードすることができ、Wiresharkで開くことで実際に同じ操作を体験できます。ぜひファイルを有効活用して、皆さんの学習に役立ててください。

CHAPTER 2

01 Wireshark をインストールしよう

何はさておき、Wireshark がないことには始まりません。さっそく Wireshark をダウンロードし、インストールしてみましょう。Wireshark はインターネット上に無償で公開されている OSS（Open Source Software）です。ダウンロードもインストールも特に難しいことはありません。本書では、ポイントとなる部分だけをさらっと説明していきます。

2.1.1 Wiresharkをダウンロードしよう

まずは、ダウンロードです。Wireshark は「https://www.wireshark.org/download.html」からダウンロードできます。プラットフォームごとにインストーラが用意されているので、ご自身のプラットフォーム環境にあったものをダウンロードしてください。

以降、本書では 64-bit 版 Windows の Wireshark v2.2.3 をベースとして説明していきます。

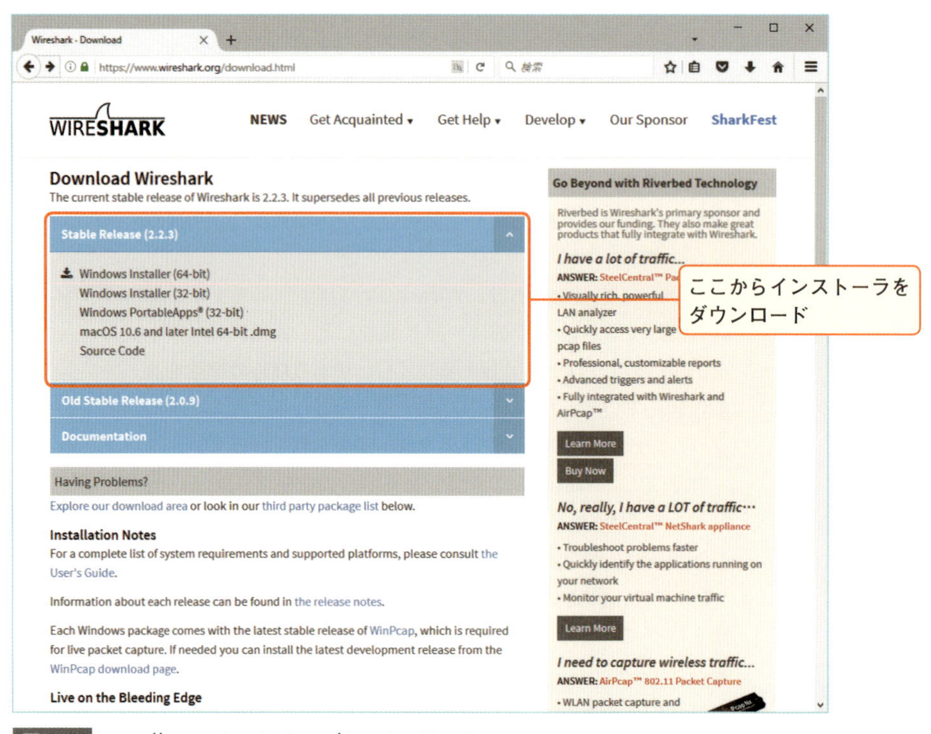

図2.1.1 https://www.wireshark.org/download.html

なお、開発元の都合により、ダウンロードリンクや画面レイアウトが予告なく変更される可能性があります。そのときはGoogleなどで「Wireshark　ダウンロード」と検索して、最新のダウンロードリンクを探してください。

2.1.2 Wiresharkをインストールしよう

続いて、インストールです。ダウンロードしたインストーラをダブルクリックすると、インストールウィザードが起動します。インストールウィザードに沿って「Next」や「I Agree」をクリックし、インストールを完了してください。

なお、途中で「WinPcap」のインストールが求められたら、WinPcapも必ずインストールしてください。WinPcapはパケットをキャプチャするために必要なアーキテクチャ（デバイスドライバやライブラリの集まり）です。WinPcapは、デバイスドライバの役割を果たす「NPF（Netgroup Packet Filter）」とNPFの機能にアクセスするためのライブラリである「packet.dll」、いろいろなアプリケーションがアクセスするためのライブラリである「wpcap.dll」の3つで構成されています。Wiresharkは、WinPcapでキャプチャしたデータを解析して「見える化」したり、統計処理したりします。

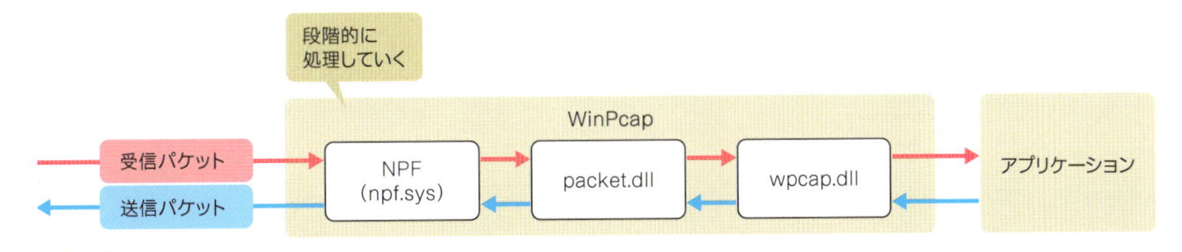

図2.1.2 WinPcapの構成要素

CHAPTER 2

02 とりあえずキャプチャしてみよう

前節でWiresharkのインストールが完了し、パケットをキャプチャする環境が整いました。ともかく「百聞は一見に如かず」です。まずは何も考えずにWiresharkでパケットキャプチャしてみましょう。

Wiresharkを起動すると、次の図のようなスタートアップ画面が表示されます。このスタートアップ画面が、これから始まる壮大なパケットキャプチャの世界への入り口です。この画面でパケットを取得したいネットワークインターフェース（NIC、Network Interface Card）をダブルクリックし、続いて、ブラウザでどこかのWebサイトにアクセスしてみてください。

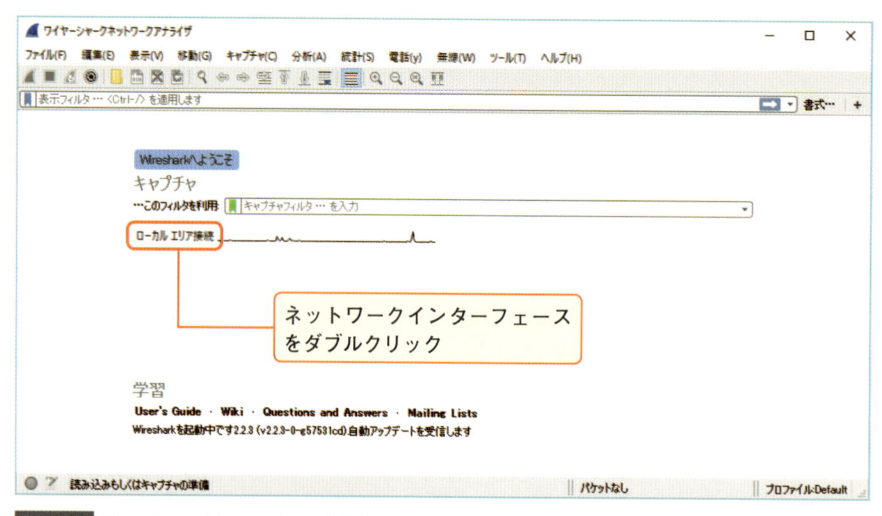

図2.2.1 Wiresharkのスタートアップ画面

すると、たくさんの行がズラズラーっと流れるように表示されるはずです。この一行一行がNICでやりとりされているパケットそのものです。この中にネットワークやアプリケーションの情報がすべて詰まっています。次章からは、この中身をひとつひとつ紐解いていきます。とりあえず今は、メインツールバーにある赤い四角のボタン（画面左上）をクリックして、キャプチャをストップしてください。

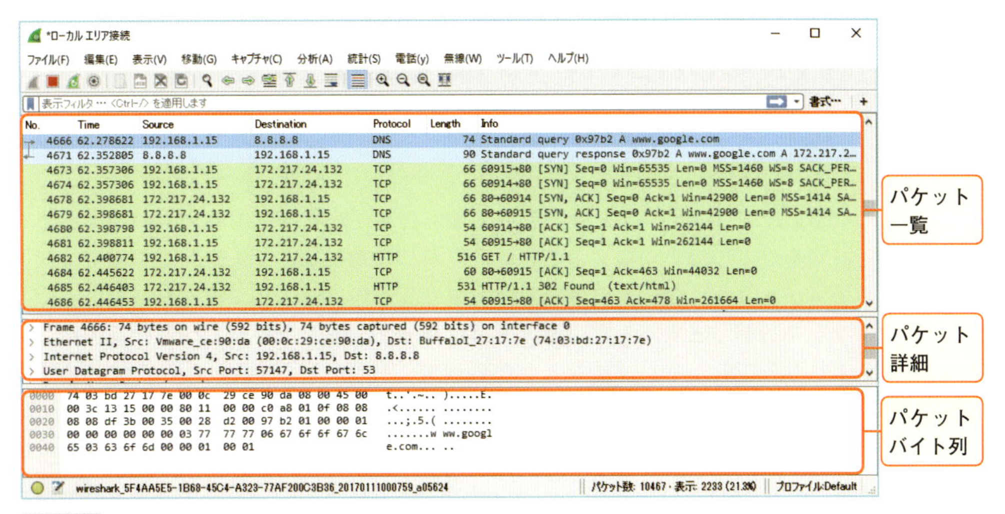

図2.2.2 Wiresharkでパケットキャプチャした画面(メインウィンドウ)

Wiresharkの画面の見方について、かんたんに説明しておきます。

Wiresharkのメインウィンドウは、キャプチャしたパケットをリスト化した「**パケット一覧**」(上段)、特定のパケットの詳細を階層的に表示している「**パケット詳細**」(中段)、ネットワーク上でやりとりされている生データを表示している「**パケットバイト列**」(下段)という3つのペインで構成されています。3つのペインは連動していて、実際にパケットキャプチャデータを見るときは「パケット一覧」で見たいパケットを選択して、「パケット詳細」と「パケットバイト列」で詳細を確認するという流れになります。

CHAPTER 2

03 Wiresharkの便利な機能を知っておこう

Wiresharkはフリーソフトとは到底思えないほど、たくさんの機能を備えています。ただ、それらをひとつひとつ覚えることに、それほど意味はありません。本書では実際のインフラ/ネットワークの構築現場や運用現場で、本当に役に立つ機能だけをいくつかピックアップして説明します。実際の現場では、きっと鼻血が飛び出るほど大量のパケットを見ることになるでしょう。ポイントとなるパケットやパケットシーケンスにできるかぎり早くたどり着けるように、上手に機能を使いこなしてください。

なお、本節では表示方法や保存方法など、Wireshark全体に関する機能についてのみ取り扱います。個別のプロトコルに関連する機能については、次章以降で行うプロトコル解析の説明を参照してください。

2.3.1 パケットのキャプチャにかかわる機能

メインウィンドウからパケットキャプチャを行う場合は、メニューの直下に配置されているメインツールバーを使用します。メインツールバーには一般的に使用することが多い機能がアイコンで配置されています。そのうち左側から4つがパケットキャプチャに関するアイコンです。それぞれの意味は、次の表を参照してください。

アイコン	説明
	パケットキャプチャを開始する
	パケットキャプチャを停止する
	現在のパケットキャプチャを再スタートする
	キャプチャオプションを表示する。詳細は次項を参照

表2.3.1 パケットキャプチャに関連するアイコン

キャプチャオプション

キャプチャオプションでは、キャプチャするときのいろいろな設定ができます。NICの詳細設定を行う［入力］タブ、キャプチャファイルの出力ファイルに関する設定を行う［出力］タブ、表示オプションや名前解決などに関する設定を行う［オプション］タブで構成されています。実際のネットワーク環境のパケットを長時間にわたってキャプチャするときに役立つ機能もあるので、それぞれ説明しましょう。

■［入力］タブ

［入力］タブでは、パケットをキャプチャするNICについて設定できます。ほとんどの

場合、デフォルトの設定そのままで使用することが多いと思いますが、この中でも理解しておいたほうがよい設定項目が「**プロミスキャス**」と「**キャプチャフィルタ**」です。キャプチャフィルタについては、「2.3.2 パケットキャプチャデータのフィルタにかかわる機能」で詳しく説明します。ここでは、プロミスキャスについて説明します。

プロミスキャス（promiscuous）は、受け取ったパケットをすべて取り込んで処理するNICの動作モードです。この項目のチェックを外す（プロミスキャスを無効化する）と、自分に関係のあるパケット（自分自身のMACアドレスを宛先としたデータ、ブロードキャスト、マルチキャストの3種類）しかキャプチャしなくなります。パケットキャプチャの目的によっては、必ずしもすべてのパケットが必要になるわけではありません。状況に応じて、うまく使い分けてください。

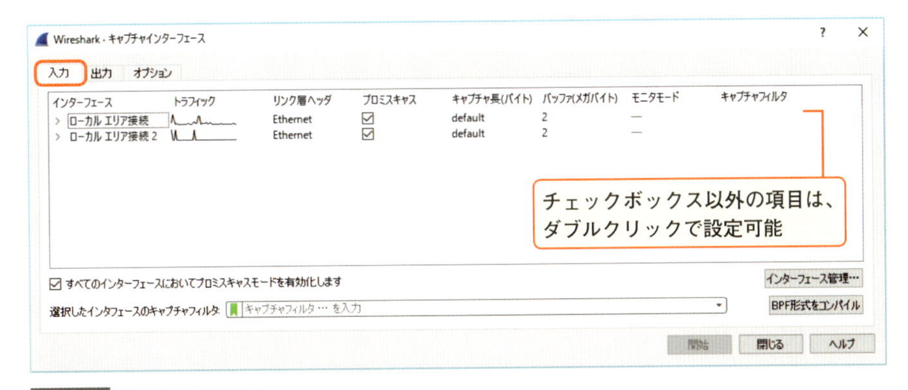

図2.3.1 ［入力］タブの画面

設定項目	説明
インターフェース	パケットキャプチャ端末が持っているインターフェース（ネットワークアダプタ、NIC）が表示される。図2.3.1では「ローカルエリア接続」「ローカルエリア接続2」という2枚のインターフェースを持っていることがわかる
トラフィック	各インターフェースがやりとりしているトラフィック量が線グラフで表示される
リンク層ヘッダ	データリンク層で使用しているカプセル化タイプを指定する
プロミスキャス	インターフェースの動作モードを指定する。チェックすると、プロミスキャスモードになり、自分に関係のないパケットもキャプチャする。チェックしないと、非プロミスキャスモードになり、自分に関係のあるパケット（自分のMACアドレス宛てのパケット、ブロードキャストパケット、マルチキャスト）だけをキャプチャする。 すべてのインターフェースをプロミスキャスモードにしたい場合は「すべてのインターフェースにおいてプロミスキャスモードを有効化します」をチェックする
キャプチャ長（バイト）	パケットの先頭何バイトをキャプチャするかをバイト単位で指定する。デフォルトは先頭からすべてのデータをキャプチャする。基本的に「default」のままでよい
バッファ（メガバイト）	バッファに保持するバイト数をメガバイト単位で指定する。基本的にデフォルトで問題ないが、パケットロスが発生するような環境では少し大きめに設定しておくとよい
モニタモード	モニタモードに対応しているインターフェースの場合、モニターモードを有効にできる。無線LANのパケットをキャプチャするときに使用する
キャプチャフィルタ	特定のパケットのみをキャプチャするキャプチャフィルタを設定できる。詳細は「2.3.2 パケットキャプチャデータのフィルタにかかわる機能」を参照

表2.3.2 ［入力］タブの設定項目一覧

■ [出力] タブ

続いて、[出力] タブについてです。Wiresharkには、パケットキャプチャしながらリアルタイムにデータを保存していく「自動保存」と、いったんキャプチャした後に手動でデータを保存する「手動保存」という2種類の保存方法が用意されています。このうち [出力] タブでは、自動保存において、どのようにファイルを保存するかを設定できます。不定期に発生するトラブルの原因を探すときには、長時間にわたるパケットキャプチャが必要です。ファイルを分割したり、世代管理をしたりすることによって、長時間保存に耐えられる環境を整えてください。

図2.3.2 [出力] タブの画面

設定項目	説明
ファイル	書き出すファイルの名前を指定する。出力形式がpcap-ng形式の場合は「.pcapng」、pcap形式の場合は「.pcap」と、拡張子まで指定する必要がある
出力形式	書き出すファイルの形式を指定する。pcap-ngはpcapのパワーアップ版にあたる。基本的にデフォルトの「pcap-ng形式」のままでよい
…後に自動的に新ファイルを作成	ファイルを分割保存するときにチェックを入れる。分割保存はデフォルトで無効になっているので、1つのファイルとして保存される。したがって、長時間にわたってパケットを保存すると、ファイルサイズがどんどん大きくなってしまうので注意。ファイルサイズが大きくなると、ファイルを開くのも一苦労になり、解析の出鼻をくじかれることになる。そうならないよう、ファイルサイズ、あるいは経過時間で新しいファイルが保存されるように、うまく値を調整するとよい。たとえば、筆者の端末環境（CPU：2.7GHz、メモリ：16GB）の場合、100MBのキャプチャファイルを開くのに少々時間がかかる。そこで、長時間にわたってパケットキャプチャするときは、ゆとりをもって10～20MBくらいに設定している
リングバッファを用いる	分割保存したファイルを何世代まで保持するかを設定できる。デフォルトは無効になっているので、延々と保存し続ける

表2.3.3 [出力] タブの設定項目一覧

■ [オプション] タブ

最後に、[オプション] タブです。[オプション] タブでは表示オプションや名前解決など、パケットを効率よく見るために役立つ機能を設定できます。何十万、何百万行にも及ぶ膨大なパケットキャプチャデータの中からトラブルに関連するパケットを見つけ出す作業は、悲しくなるほど地道で、恐ろしく根気のいる作業です。[オプション] タブをうまく設定することによって、少しでも見やすくし、作業負荷を軽減してください。

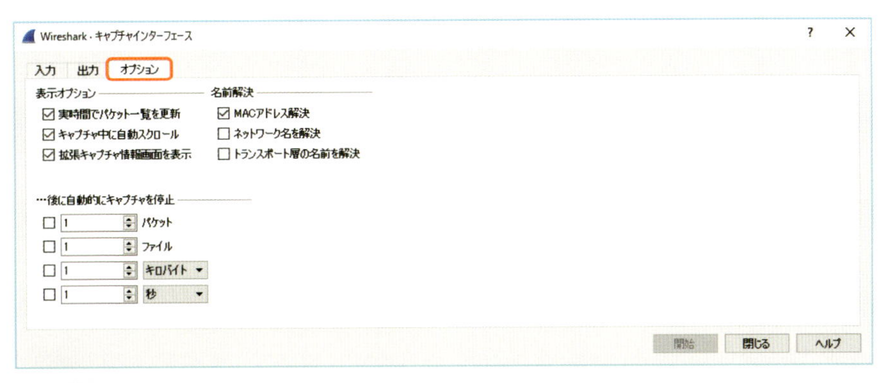

図2.3.3 [オプション] タブ

設定項目		説明
表示オプション		
	実時間でパケット一覧を更新	パケット一覧をリアルタイムに更新したい場合にチェックする。ここをチェックしないとパケット一覧が表示されない
	キャプチャ中に自動スクロール	常に最新のパケットが表示されるようにパケット一覧の表示を自動スクロールさせたい場合にチェックする。パケットをキャプチャしながらトラブルシューティングするときなど、リアルタイムに、かつ最新のパケット状態をチェックしたいときに使用する
	拡張キャプチャ情報画面を表示	キャプチャするときに表示される拡張キャプチャ情報画面を表示したいときにチェックする
名前解決		
	MAC アドレス解決	パケットの MAC アドレスの OUI（Organizationally Unique Identifier、ベンダー識別子）をベンダー名に変換したいときにチェックする。パケットキャプチャ端末のリソースによっては、処理負荷がかかる可能性があるので注意が必要
	ネットワーク名を解決	パケットの IP アドレスをホスト名に変換したいときにチェックする。パケットキャプチャ端末のリソースによっては、処理負荷がかかる可能性があるので注意が必要
	トランスポート層の名前を解決	パケットのポート番号をサービス名に変換したいときにチェックする。パケットキャプチャ端末のリソースによっては、処理負荷がかかる可能性があるので注意が必要
…後に自動的にキャプチャを停止		バイト数や経過時間、ファイル数など、指定された単位でパケットキャプチャを停止したいときにチェックする

表2.3.4 [オプション] タブの設定項目一覧

2.3.2 パケットキャプチャデータのフィルタにかかわる機能

あらゆるパケットがごった煮状態で含まれる大量のパケットキャプチャデータを、そのままの状態で読み解くことは至難の業です。そのため、実際にパケットキャプチャデータを見るときは、IP アドレスやプロトコル、ポート番号など、いろいろな条件でフィルタ（絞り込み）を行い、どんどんデータのシンプル化を図っていきます。Wireshark のフィルタ機能には、キャプチャするパケットをフィルタする「**キャプチャフィルタ**」と、パケット一覧に表示するデータをフィルタする「**表示フィルタ**」の 2 種類があります。

一般的なパケット解析では、あらかじめキャプチャしたいパケットが決まっていたら、最初にキャプチャフィルタで絞り込み、その後、表示フィルタでさらに絞り込みます。キャプチャしたいパケットが決まっていないときや不明確なときは、キャプチャフィルタでは絞り込まず、いったんすべてのパケットをキャプチャしたうえで、表示フィルタで絞り込みます。

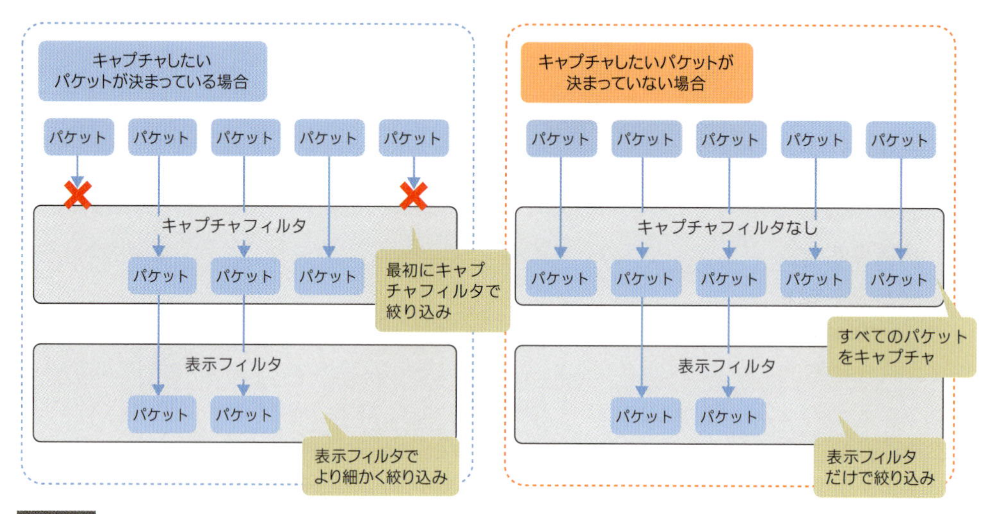

図2.3.4 キャプチャフィルタと表示フィルタ

キャプチャフィルタ

キャプチャするデータを特定の条件によってフィルタする機能が「**キャプチャフィルタ**」です。キャプチャフィルタは、キャプチャオプションの［入力］タブ（p.24）、あるいはメインウィンドウで設定できます。

たとえば、リモートデスクトップ（RDP、Remote Desktop Protocol）で HTTP サーバーにアクセスし、クライアントから来るパケットをキャプチャしたい場合、少なくとも RDP のパケットは必要ありません。むしろ邪魔です。あらかじめキャプチャフィルタで RDP パケットを除外しておくことで、キャプチャするパケットの量が減り、保存するときのファイルサイズも小さくなります。

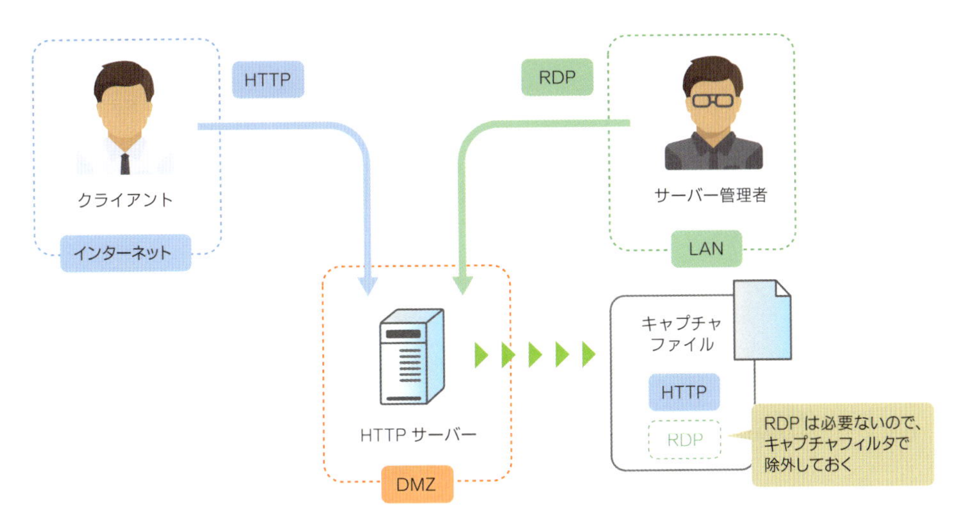

図2.3.5 キャプチャフィルタで不要なパケットを除外する

当然ながら、キャプチャするデータの量が多ければ多いほど、パケットキャプチャ端末の処理負荷は大きくなり、データをチェックする人、解析する人の作業負荷も増します。パケット解析において、必ずしもすべてのパケットが必要になるわけではありません。キャプチャフィルタを利用して、必要なパケットだけをキャプチャし、いろいろな意味での負荷の軽減を図ってください。

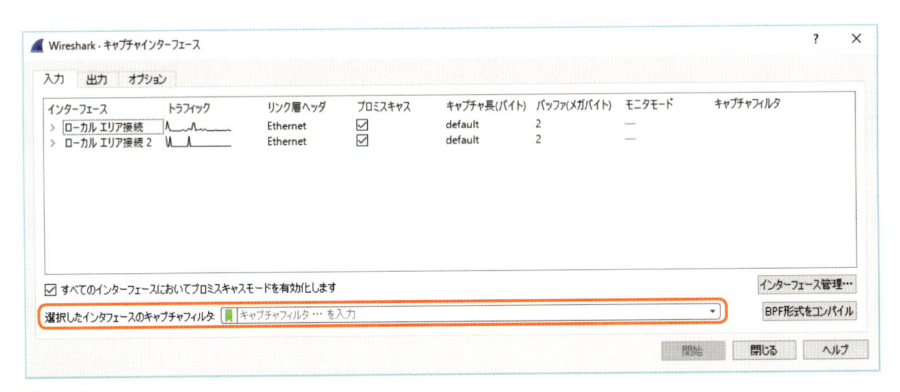

図2.3.6 キャプチャオプションの［入力］タブにおけるキャプチャフィルタ

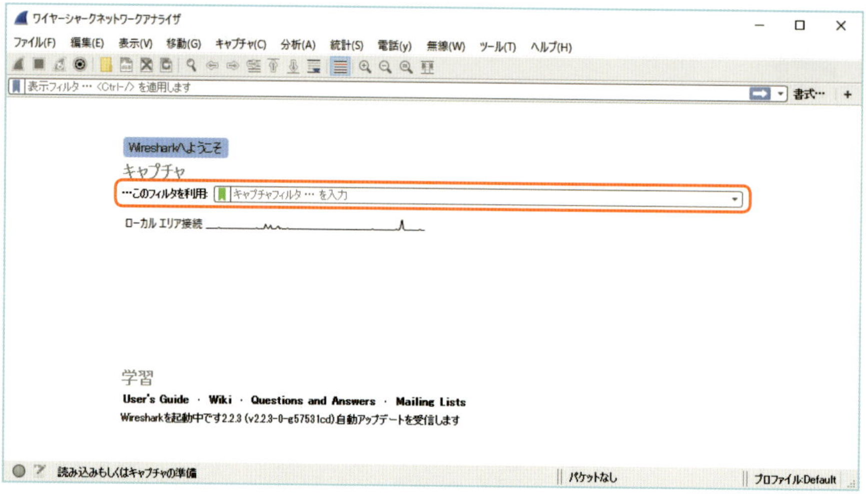

図2.3.7 メインウィンドウにおけるキャプチャフィルタ

キャプチャフィルタの基本構文

キャプチャフィルタの基本構文は、プロトコルを表す「**プロトコル名**」、送信元 / 宛先を表す「**ディレクション**」、IP アドレスやネットワーク、ポート番号を表す「**タイプ**」、値を表す「**値**」の 4 つで構成されています。いずれの要素も使用するフィルタによっては省略可能です。

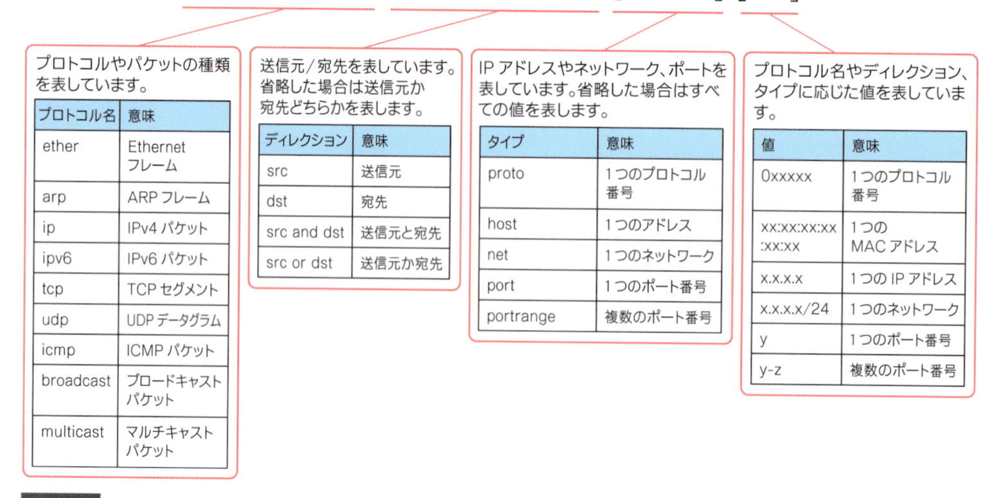

プロトコル名	意味
ether	Ethernet フレーム
arp	ARP フレーム
ip	IPv4 パケット
ipv6	IPv6 パケット
tcp	TCP セグメント
udp	UDP データグラム
icmp	ICMP パケット
broadcast	ブロードキャストパケット
multicast	マルチキャストパケット

ディレクション	意味
src	送信元
dst	宛先
src and dst	送信元と宛先
src or dst	送信元か宛先

タイプ	意味
proto	1 つのプロトコル番号
host	1 つのアドレス
net	1 つのネットワーク
port	1 つのポート番号
portrange	複数のポート番号

値	意味
0xxxxx	1 つのプロトコル番号
xx:xx:xx:xx:xx:xx	1 つの MAC アドレス
x.x.x.x	1 つの IP アドレス
x.x.x.x/24	1 つのネットワーク
y	1 つのポート番号
y-z	複数のポート番号

図2.3.8 キャプチャフィルタの基本構文

よく使用するキャプチャフィルタの記述例やその意味は、次の表のとおりです。あわせて参考にしてください。

記述例	意味
ether src 00:0c:29:ce:90:da	送信元 MAC アドレスが「00:0c:29:ce:90:da」の Ethernet フレーム
ether host 00:0c:29:ce:90:da	送信元 MAC アドレスか宛先 MAC アドレスが「00:0c:29:ce:90:da」の Ethernet フレーム
ether proto 0x0800	イーサネットタイプが「0x0800」の Ethernet フレーム
arp	ARP フレーム
ip src host 192.168.1.1	送信元 IP アドレスが「192.168.1.1」の IPv4 パケット
ip host 192.168.1.1	送信元 IP アドレスか宛先 IP アドレスが「192.168.1.1」の IPv4 パケット。 「host 192.168.1.1」も同じ意味を表す
ip src net 192.168.1.0/24	送信元 IP アドレスが「192.168.1.0/24（192.168.1.0 – 192.168.1.255)」の IPv4 パケット。 「ip src net 192.168.1.0 255.255.255.0」も同じ意味を表す
ip net 192.168.1.0/24	送信元 IP アドレスか宛先 IP アドレスが「192.168.1.0/24（192.168.1.0 – 192.168.1.255)」の IPv4 パケット。 「net 192.168.1.0/24」「net 192.168.1.0 255.255.255.0」も同じ意味を表す
ip	IPv4 パケット
ip6	IPv6 パケット
broadcast	ブロードキャストパケット
multicast	マルチキャストパケット
icmp	ICMP パケット
tcp src port 53	送信元ポート番号が「53」の TCP セグメント
tcp port 53	送信元ポート番号か宛先ポート番号が「53」の TCP セグメント
tcp portrange 49152-65535	送信元ポート番号か宛先ポート番号が「49152」から「65535」の TCP セグメント
port 53	送信元ポート番号か宛先ポート番号が「53」の TCP セグメント /UDP データグラム

表2.3.5 よく使用するキャプチャフィルタの記述例

キャプチャフィルタで使える論理演算子

より細かい条件でフィルタしたい場合は、基本構文や要素を「and（記号表記では「&&」)」や「or（記号表記では「||」)」でつなげます。また、「not」で否定したり、括弧で優先的に処理させたりすることも可能です。キャプチャしたいパケットに合わせて、うまく組み合わせてください。

記号表記	英語表記	意味	イメージ
&&	and	A かつ B（論理積）	A B
||	or	A または B（論理和）	A B
!	not	A でない（否定）	A

表2.3.6 キャプチャフィルタで使える論理演算子

論理演算子や括弧を利用して、複数のキャプチャフィルタをつなげた場合の記述例は、次の表のとおりです。

記述例	意味
not ether host 00:0c:29:ce:90:da	送信元 MAC アドレスか宛先 MAC アドレスに「00:0c:29:ce:90:da」が含まれていない Ethernet フレーム
not arp	ARP 以外の Ethernet フレーム
not ip src host 192.168.1.1	送信元 IPv4 アドレスに「192.168.1.1」が含まれない IPv4 パケット
not host 192.168.1.1	送信元 IPv4 アドレスか宛先 IPv4 アドレスに「192.168.1.1」が含まれない IPv4 パケット
not broadcast and not multicast	ブロードキャストでもなく、マルチキャストでもない IP パケット（つまり、ユニキャストの IP パケット）。「not (broadcast or multicast)」と同じ意味
not port 3389	ポート番号が「3389」以外の TCP セグメント/UDP データグラム
tcp and not port (3389 or 22)	ポート番号が「3389」か「22」以外の TCP セグメント。「tcp and not port 3389 and not port 22」と同じ意味
(src host 192.168.2.1 or src net 192.168.1.0/24) and tcp dst port 80	送信元 IPv4 アドレスが「192.168.2.1」か「192.168.1.0/24(192.168.1.0 - 192.168.1.255)」に含まれ、かつ宛先ポート番号が「80」のTCPセグメント

表2.3.7 複数のキャプチャフィルタをつなげた場合の記述例

■構文のエラーチェック機能

さて、いろいろな書き方ができるキャプチャフィルタですが、このひとつひとつを覚えるのは大変です。そこで、Wireshark には構文のエラーチェック機能が用意されています。キャプチャフィルタの構文が正しいときはテキストボックスが緑色に、間違っているときはピンク色になります。これで入力した構文が正しいかどうかをチェックできます。

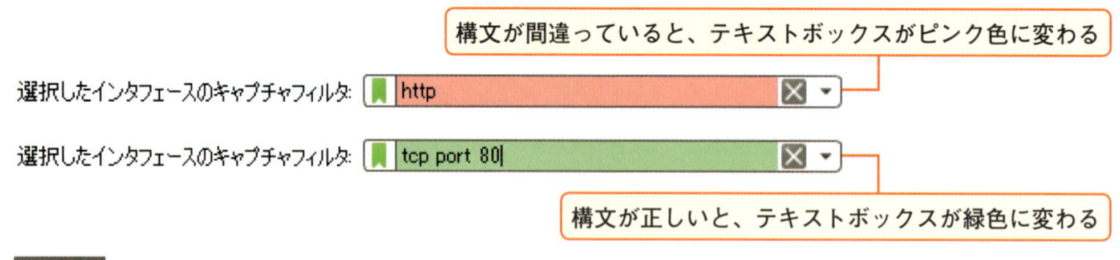

図2.3.9 キャプチャフィルタの構文が正しいかどうかは色で見分けられる

》表示フィルタ

キャプチャしたデータの中から、画面上に表示するデータをフィルタする機能が「**表示フィルタ**」です。表示フィルタはメインツールバーの下にある「フィルタツールバー」で設定できます。

トラブルの原因の目星がまったくついていない状態のときは、キャプチャフィルタは使わずに、パケットを全部キャプチャするほかありません。いったんパケットをキャプチャしておいて、表示するパケットをいろいろな条件で絞り込むことで、本当に必要なパケットだけを表示するようにします。

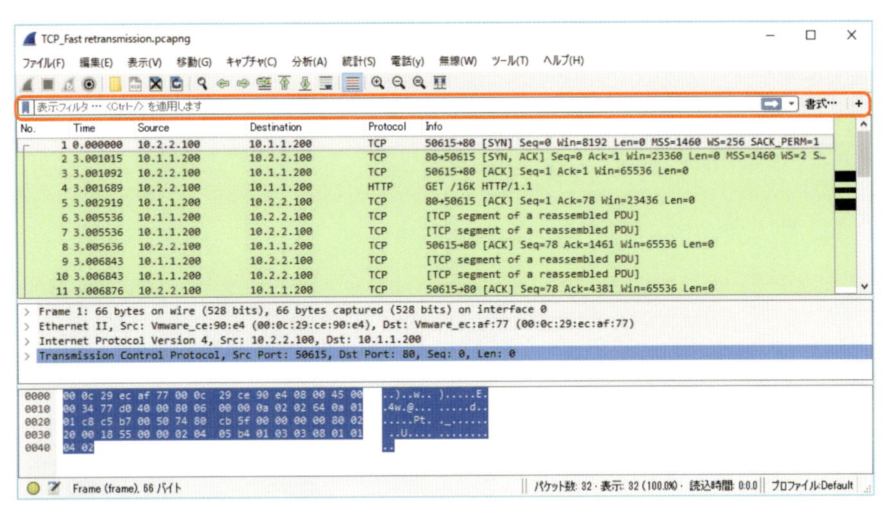

図2.3.10 フィルタツールバーで表示フィルタを設定

表示フィルタの基本構文

表示フィルタの基本構文は、プロトコルやそれに応じたサブカテゴリを表す「**フィールド名**」、フィールド名と値の関係性を表す「**リレーション**」、フィールドの値や文字列を表す「**値**」の3つで構成されています。フィールド名以外は省略可能で、その場合は「すべて」を意味します。なお、表示フィルタの書き方は、キャプチャフィルタのそれとはまったく異なります。十分注意してください。

[フィールド名] [リレーション] [値]

プロトコルを表しています。プロトコルごとに用意されているサブカテゴリを「.」でつなぐことにより、より詳細な情報を示すことができます。

フィールド名	意味
eth.addr	MAC アドレス
arp	ARPフレーム
ip	IPv4パケット
ipv6	IPv6パケット
ip.addr	IPv4アドレス
tcp	TCPセグメント
tcp.port	TCPのポート番号

フィールド名と値の関係を表しています。リレーションには英語表記と記号表記があります。

英語表記	記号表記	意味
eq	==	と等しい
ne	!=	と異なる
gt	>	より大きい
lt	<	より小さい
ge	>=	以上
le	<=	以下
contains		含む
matches		に合致する

フィールド名の値や文字列を表します。ここに入る値や文字はフィールド名によって異なります。

図2.3.11 表示フィルタの基本構文

表示フィルタで使える論理演算子

より細かい条件でフィルタしたい場合は、基本構文や要素を「and(記号表記では「&&」)」や「or(記号表記では「||」)」などの論理演算子でつなげます。また、括弧を使用して、

優先したい処理を決めることも可能です。表示したいパケットに合わせて、うまく組み合わせてください。

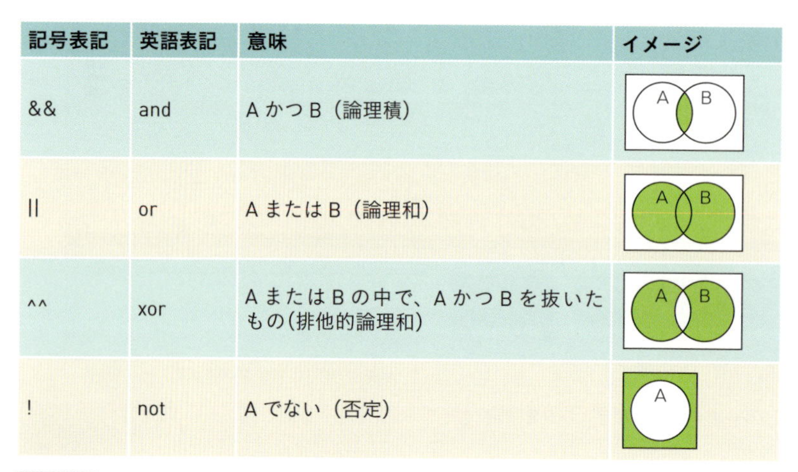

記号表記	英語表記	意味	イメージ
&&	and	A かつ B（論理積）	
||	or	A または B（論理和）	
^^	xor	A または B の中で、A かつ B を抜いたもの（排他的論理和）	
!	not	A でない（否定）	

表2.3.8 表示フィルタで使える論理演算子

書式例	意味
ip.src == 192.168.1.1 && ip.dst == 192.168.1.2	送信元 IPv4 アドレスが「192.168.1.1」、宛先 IPv4 アドレスが「192.168.1.2」の IPv4 パケットを表示
ip.src == 192.168.1.1 && tcp.dst == 80	送信元 IPv4 アドレスが「192.168.1.1」、宛先 TCP ポート番号が「80」のパケットを表示
tcp.dst == 80 || tcp.dst == 443	宛先ポート番号が「80」か「443」の TCP セグメントを表示
!(arp || icmp || dns)	ARP、ICMP、DNS 以外のパケットを表示

表2.3.9 複数の表示フィルタをつなげた場合の記述例

表示フィルタのヘルプ機能

表示フィルタにも、キャプチャフィルタと同じように、ちょっとしたヘルプ機能が用意されています。ここでいくつか紹介しておきましょう。

まず1つ目はエラーチェック機能です。これはキャプチャフィルタと同じです。表示フィルタの構文が正しいときはテキストボックスが緑色に、間違っているときはピンク色になります。これで入力した構文が正しいかどうかチェックできます。

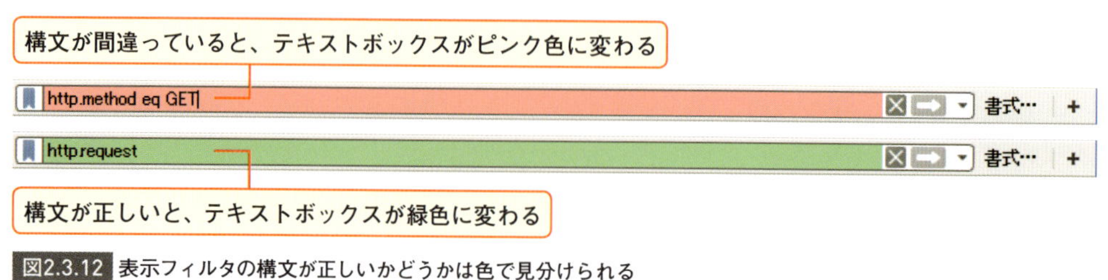

図2.3.12 表示フィルタの構文が正しいかどうかは色で見分けられる

2つ目が表示フィルタの作文機能です。フィルタツールバーの右側にある［書式…］をクリックすると、表示フィルタ式を作成できる画面が表示されます。Wireshark にはプロトコルごとにたくさんのフィールド名が用意されています。データリンク層からアプリケーション層に至るまで、あらゆる角度からフィルタをかけ、目的のパケット、パケットシーケンスを見つけ出してください。

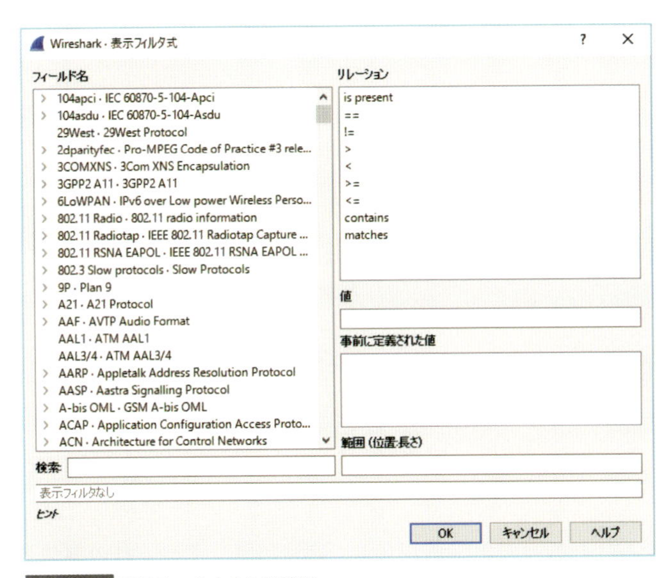

図2.3.13 表示フィルタの作文機能

表示フィルタの活用例

表示フィルタの使い方について、1つ例を見てみましょう。

ここでは、「なんだかたまにインターネットが遅くなるときがあるなぁ…」と感じる環境で、キャプチャファイル「internet_access.pcapng」からトラブルシューティングする場合の例を考えてみます。このファイルは7530個のパケットで構成されているため、ひとつひとつのパケットを見ていくなんてことはありえません。疲れるだけです。

そこで、とりあえずTCPのエラーが発生しているところだけをフィルタします。TCPのエラーを表す表示フィルタは「tcp.analysis.flags」です。すると、一気にポイントになりそうなパケットを絞り込むことができます。もちろん、これがすぐさまトラブルの原因に結び付くというわけではありません。しかし、少なくともトラブルシューティングの初期フェーズにおいて、有益な情報になることは間違いないでしょう。

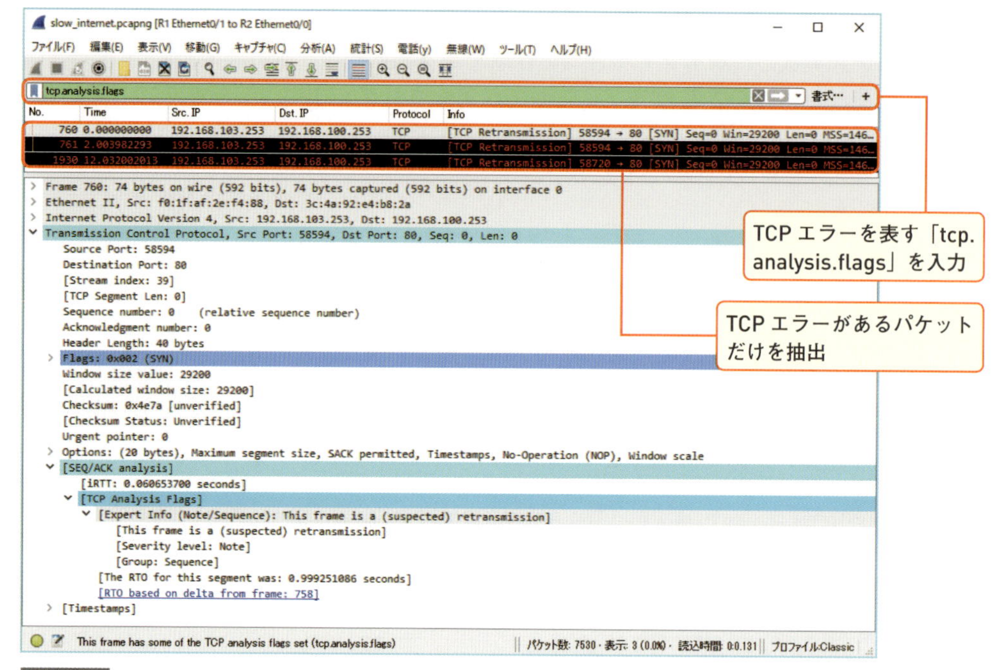

図2.3.14 表示フィルタでパケットを絞り込む

個別のプロトコルに関する代表的な表示フィルタは、次章以降、それぞれのプロトコルのところで紹介します。

2.3.3 パケットの表示にかかわる機能

何十万、何百万行にも及ぶ膨大なパケットキャプチャデータの中からトラブルに関連するパケットを見つけ出すためには、いかに自分にとって見やすく、そしてわかりやすくデータを整理できるかが大きなポイントになってきます。ここでは、Wireshark が持っている表示機能の中から、特に役立つものをピックアップして説明します。

時刻表示形式の切り替え

[時刻表示形式] は、パケット一覧の「Time」列の表示形式を変更する機能です。メニューバーの [表示]-[時刻表示形式] で変更可能です。

「いつトラブルが発生しているのか」「パケットをやりとりするのにどれくらい時間がかかっているのか」「どの処理で時間がかかっているのか」など、時刻はトラブルの傾向を分析するときに役立つ重要な情報です。Wireshark には、次の表のような時刻表示形式が用意されています。たとえば、いつトラブルが発生しているかを知りたい場合は [時刻]、どのやりとりで時間がかかっているかを知りたい場合は [前にキャプチャされたパケットからの秒数] や [前に表示されたパケットからの秒数] にするなど、知りたい情報に応じて時刻表示形式を切り替えます。

設定項目	例
日時	2017-01-15 21:14:57.148254
年、通年日、時刻	2017/015 21:14:57.148254
時刻	21:14:57.148254
1970 年 1 月 1 日からの秒数	1484482497.148254
キャプチャ開始からの秒数	0.013830
前にキャプチャされたパケットからの秒数	0.005372
前に表示されたパケットからの秒数	0.000044
UTC 日時	2017-01-15 12:14:57.148254
UTC 年、通年日、時刻	2017/015 12:14:57.148254
UTC 時刻	12:14:57.145254

表2.3.10 時刻表示形式

時刻表示形式の活用例

キャプチャファイル「delayed_server_response.pcapng」を例に考えてみましょう。デフォルトの時刻表示形式では、キャプチャした時刻が表示されるだけなので、一見処理が正常に進んでいるように見えます。しかし、時刻表示形式を［前に表示されたパケットからの秒数］に変更すると、送信元 IP アドレスが「10.1.1.101」のパケットで 500 ミリ秒の時間がかかっており、IP アドレス「10.1.1.101」の端末側で処理が遅延していることがわかります。

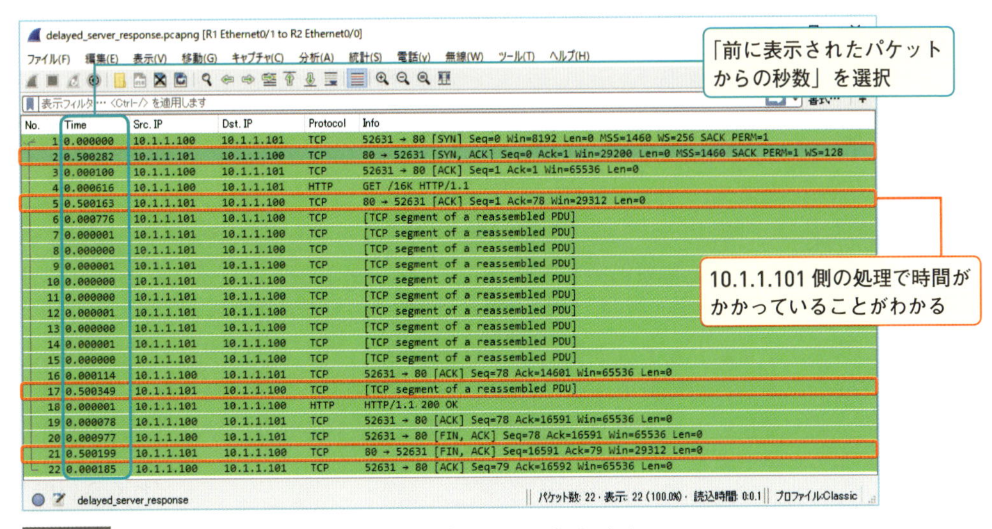

図2.3.15 時刻表示形式を変更すると、処理時間の変動を見ることができる

パケットをマークして見やすく

何十万、何百万行にも及ぶパケットキャプチャデータを見ていると、「どこまでパケットを見たか」や「どのパケットが気になったか」などが次第にわからなくなり、混乱しがちです。そんなときのために、Wireshark にはパケットをマーク、つまりパケットに印を

付ける機能が用意されています。パケットのマークは、パケット一覧に表示されているパケットを右クリックして、[パケットをマーク/マーク解除] で設定可能です。パケットをマークすると、対象のパケット行が黒くなり、文字が白抜きになります。

■パケットのマークの活用例

キャプチャファイル「delayed_server_response.pcapng」を例に考えてみましょう。処理に時間がかかっている、送信元IPアドレスが「10.1.1.101」のパケットをマークするだけで、かなり見やすくなります。

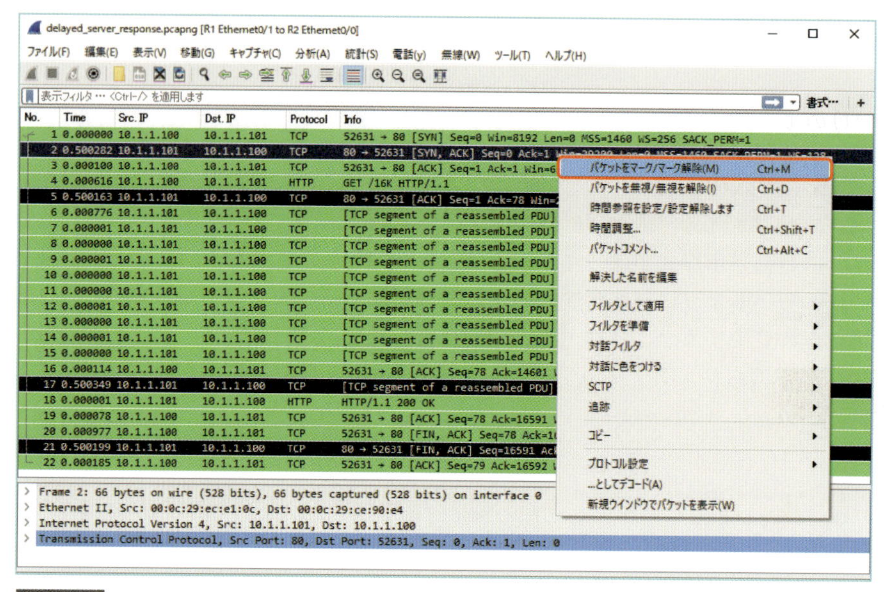

図2.3.16 パケット一覧のパケットをマークする

》自動スクロール

パケット一覧に常に最新のパケットを表示しておきたいときに役立つ機能が、「**自動スクロール**」です。実際にパケットをキャプチャしてみるとわかりますが、ネットワーク上には想像しているよりもずっと多くのパケットが流れていて、パケット一覧の表示は一瞬にして古いパケット情報で埋め尽くされてしまいます。そこで自動スクロール機能を利用すると、常に最後にキャプチャしたパケットが表示されるようになり、最新のパケット状態を見ることができるようになります。

自動スクロール機能は、メインツールバーのアイコンから有効にすることができます。

図2.3.17 自動スクロール機能

パケットの色付け

「パケットの色付け」は、パケット一覧に表示されるパケット（行）をいろいろな条件に応じて自動的に色分け（色付け）する機能です。メインツールバーのアイコンから有効にできます。パケット情報をより見やすく、よりわかりやすくすること。それがパケット解析の基本中の基本です。パケット一覧のパケットに色を付けると、パケットの種類を直感的に見分けられるようになり、うっかりミスや勘違いも防げるようになります。

図2.3.18 パケットの色付け

色付けのルールは、メニューバーの［表示］-［色付けルール］で編集可能です。表示フィルタと同じ書式でパケットの種類を定義し、わかりやすい色を付けてください。色付けルールは上から順にチェックされ、一致するものがあれば、そのルールを適用します。つまり、それ以降のルールはチェックされません。

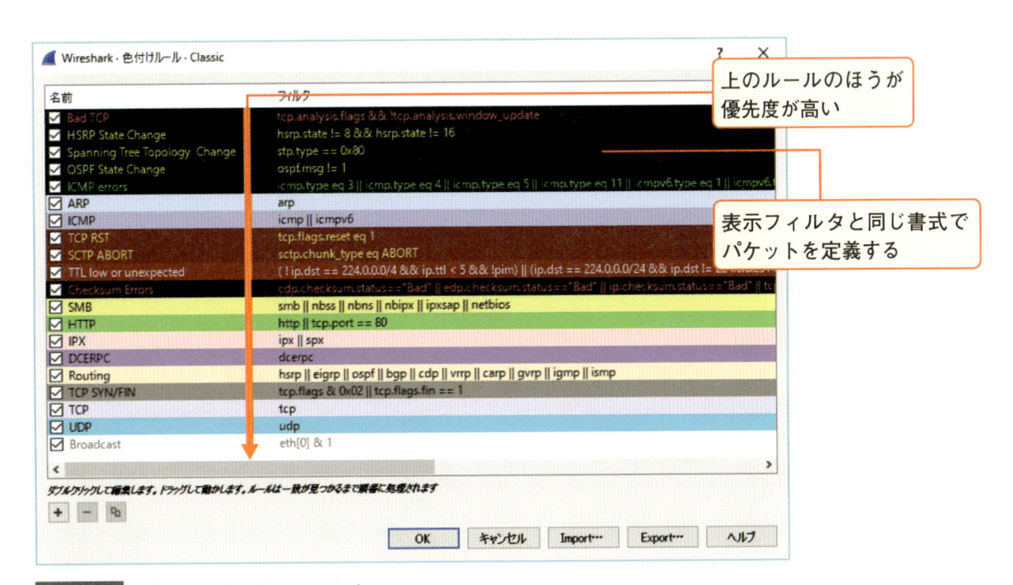

図2.3.19 色付けルールのカスタマイズ

列の編集

パケットには、ネットワークからアプリケーションに至るまで、ありとあらゆる情報が値となって詰め込まれています。メインウィンドウ上段の「パケット一覧」では、それらの値の時系列的な変化を列で観察することができるため、パケット解析の大きな味方になってくれます。

列として表示する項目は、メニューバーの［編集］-［設定］で設定画面を開き、「外観」の中の［列］で編集可能です。もし、あらかじめ特定のレイヤー（OSI参照モデルの階層）

に原因があるとわかっているのであれば、そのレイヤーの情報だけに列を絞って、時系列や値の相関を確認するのが賢明でしょう。必要に応じてうまく編集してください。

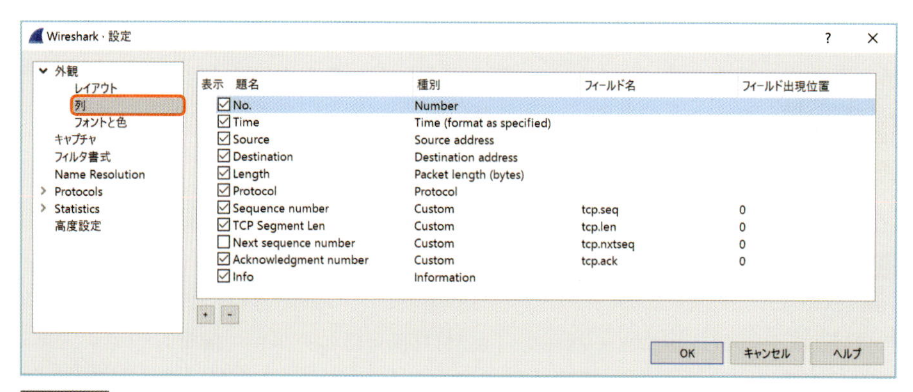

図2.3.20 列の編集

設定項目	意味
表示	パケット一覧ペインに表示するかどうかを指定する
題名	パケット一覧ペインにおける列の名前を指定する
種別	列の種別を指定する
フィールド名	パケット一覧ペインに表示したい値を表示フィルタで指定する
フィールド出現位置	1つのパケットの中に同じフィールドが複数あった場合に、どの値を表示するかを指定する

表2.3.11 列の設定項目

列の編集方法としてもうひとつ。Wiresharkには［**列として適用**］という機能も用意されています。［列として適用］は、メインウィンドウ中段の「パケット詳細」に表示されている値を直接指定し、そのままパケット一覧の列として追加する機能です。パケット詳細で値を右クリックすると使用できます。

［列として適用］は、メニューバーの［編集］-［設定］から列の項目を編集するよりも使い勝手がよく、直感的に列を作ることができます。筆者自身もこちらの方法で列を追加しているケースがほとんどです。

たとえば、パケットの長さの時系列的な変化をパケット一覧の列で確認したい場合は、パケット詳細でパケットの長さを表す「Total Length」を右クリックし、［列として適用］をクリックします。

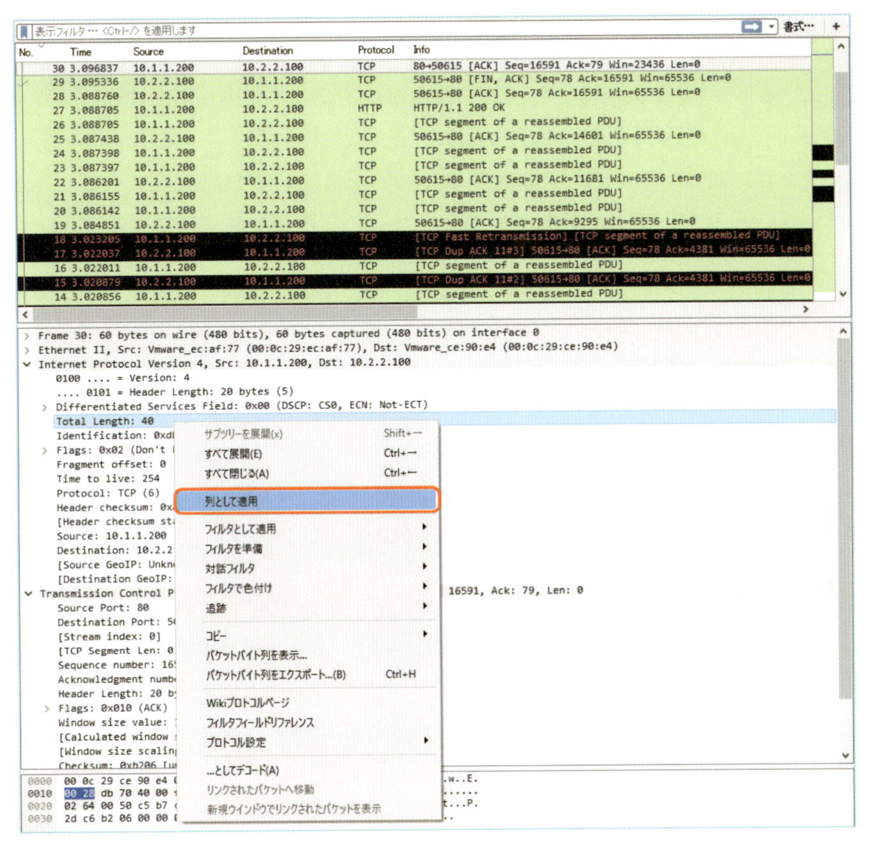

図2.3.21 パケット詳細で変化を見たい値を右クリックし、[列として適用] をクリック

すると、パケット一覧に「Total Length」という列ができ、パケット長の時系列的な変化を一目で確認できるようになります。

表示フィルタ … <Ctrl-/> を適用します

No.	Time	Source	Destination	Protocol	Total Length	Info
32	6.097484	10.2.2.100	10.1.1.200	TCP	40	50615→80 [ACK] Seq=79 Ack=16592 Win=65536 Len=0
31	6.097271	10.1.1.200	10.2.2.100	TCP	40	80→50615 [FIN, ACK] Seq=16591 Ack=79 Win=23436 Len=0
30	3.096837	10.1.1.200	10.2.2.100	TCP	40	80→50615 [ACK] Seq=16591 Ack=79 Win=23436 Len=0
29	3.095336	10.2.2.100	10.1.1.200	TCP	40	50615→80 [FIN, ACK] Seq=78 Ack=16591 Win=65536 Len=0
28	3.088760	10.2.2.100	10.1.1.200	TCP	40	50615→80 [ACK] Seq=78 Ack=16591 Win=65536 Len=0
27	3.088705	10.1.1.200	10.2.2.100	HTTP	570	HTTP/1.1 200 OK
26	3.088705	10.1.1.200	10.2.2.100	TCP	1500	[TCP segment of a reassembled PDU]
25	3.087438	10.2.2.100	10.1.1.200	TCP	40	50615→80 [ACK] Seq=78 Ack=14601 Win=65536 Len=0
24	3.087398	10.1.1.200	10.2.2.100	TCP	1500	[TCP segment of a reassembled PDU]
23	3.087397	10.1.1.200	10.2.2.100	TCP	1500	[TCP segment of a reassembled PDU]
22	3.086201	10.2.2.100	10.1.1.200	TCP	40	50615→80 [ACK] Seq=78 Ack=11681 Win=65536 Len=0
21	3.086155	10.1.1.200	10.2.2.100	TCP	966	[TCP segment of a reassembled PDU]
20	3.086142	10.1.1.200	10.2.2.100	TCP	1500	[TCP segment of a reassembled PDU]
19	3.084851	10.2.2.100	10.1.1.200	TCP	40	50615→80 [ACK] Seq=78 Ack=9295 Win=65536 Len=0
18	3.023205	10.1.1.200	10.2.2.100	TCP	1500	[TCP Fast Retransmission] [TCP segment of a reassembl
17	3.022037	10.2.2.100	10.1.1.200	TCP	52	[TCP Dup ACK 11#3] 50615→80 [ACK] Seq=78 Ack=4381 Win
16	3.022011	10.1.1.200	10.2.2.100	TCP	574	[TCP segment of a reassembled PDU]
15	3.020879	10.2.2.100	10.1.1.200	TCP	52	[TCP Dup ACK 11#2] 50615→80 [ACK] Seq=78 Ack=4381 Win
14	3.020856	10.1.1.200	10.2.2.100	TCP	1500	[TCP segment of a reassembled PDU]
13	3.019477	10.2.2.100	10.1.1.200	TCP	52	[TCP Dup ACK 11#1] 50615→80 [ACK] Seq=78 Ack=4381 Win
12	3.019427	10.1.1.200	10.2.2.100	TCP	1500	[TCP Previous segment not captured] [TCP segment of a
11	3.006876	10.2.2.100	10.1.1.200	TCP	40	50615→80 [ACK] Seq=78 Ack=4381 Win=65536 Len=0
10	3.006843	10.1.1.200	10.2.2.100	TCP	1500	[TCP segment of a reassembled PDU]
9	3.006843	10.1.1.200	10.2.2.100	TCP	1500	[TCP segment of a reassembled PDU]
8	3.005636	10.2.2.100	10.1.1.200	TCP	40	50615→80 [ACK] Seq=78 Ack=1461 Win=65536 Len=0
7	3.005536	10.1.1.200	10.2.2.100	TCP	1294	[TCP segment of a reassembled PDU]
6	3.005536	10.1.1.200	10.2.2.100	TCP	246	[TCP segment of a reassembled PDU]
5	3.002919	10.1.1.200	10.2.2.100	TCP	40	80→50615 [ACK] Seq=1 Ack=78 Win=23436 Len=0
4	3.001689	10.2.2.100	10.1.1.200	HTTP	117	GET /16K HTTP/1.1

図2.3.22 パケット一覧に、指定した値の列が表示される

2.3.4 パケットの保存にかかわる機能

Wiresharkでは、パケットの保存方法が2種類用意されています。ひとつはパケットキャプチャしながらリアルタイムにデータを保存していく「**自動保存**」、もうひとつはいったんキャプチャした後に手動でデータを保存する「**手動保存**」です。

自動保存は、ファイルサイズが一定に達したり、一定時間が経過したりしたら、自動的にストレージ（HDDやSSD）にファイルとして書き出します。一方、手動保存は、保存したいときに手動でファイルとして書き出します。自動保存の詳細については、キャプチャオプションの［出力］タブのところで説明したとおりです（p.26参照）。ここでは手動保存に関する機能について説明します。

すべてのパケットの保存

表示されているパケットをすべて保存する場合は、メニューバーの［ファイル］から［保存］、あるいは［... として保存］を選択し、任意のディレクトリに保存してください。これで単一のファイルとして保存されます。

ファイルの種類にはいろいろな形式が用意されています。キャプチャファイルを開くアプリケーションの対応状況にもよりますが、基本的に「pcapng」か「pcap」を選択しておけば、まず間違いないでしょう。ちなみに、パケットキャプチャデータを「pcapng」や「pcap」で保存すると、既定のアプリとしてWiresharkが設定されます。ダブルクリックすれば、Wiresharkで開けるようになります。

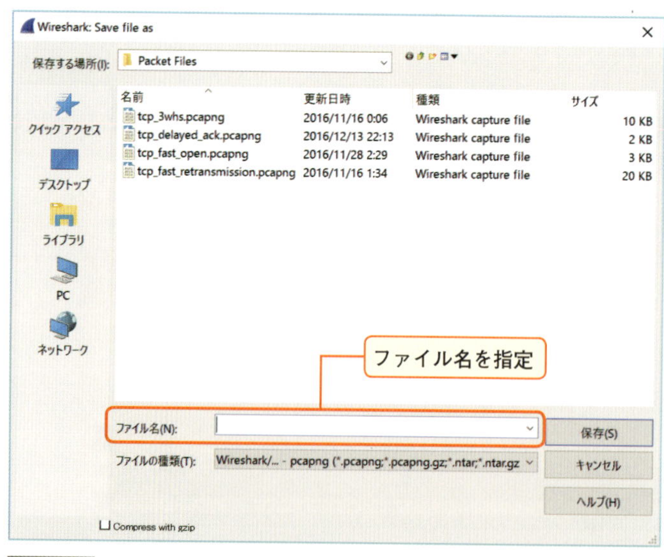

図2.3.23 パケットキャプチャデータの保存

特定のパケットの保存

大量のパケットをすべて保存すると、ファイルサイズが大きくなります。そして、ファイルサイズが大きくなればなるほど、人に渡しづらくなり、解析にも時間がかかります。

そこでWiresharkには、表示されているパケットの中で特定の条件にマッチしたパケットだけを必要最小限に保存する機能が用意されています。

特定の条件にマッチしたパケットだけを保存する場合は、メニューバーの［ファイル］から［指定したパケットをエクスポート］を選択します。すると、次の図のとおり、Packet Rangeオプションで「表示しているパケットだけ」や「マークしたパケットだけ」など、いろいろな条件を選択できます。保存するパケットをうまく絞り込んで、ファイルサイズを小さくしてください。

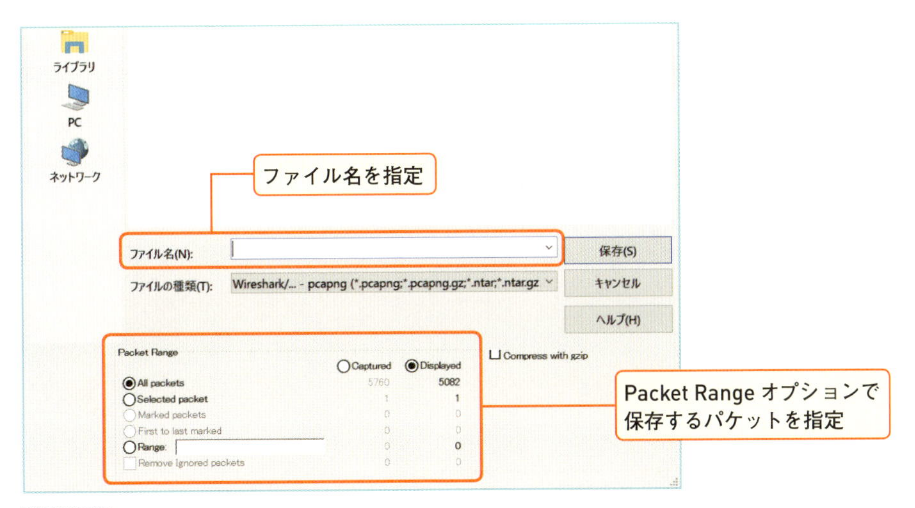

図2.3.24 特定のパケットの保存

Packet Range	Captured	Displayed
All packets	キャプチャしたすべてのパケット(表示フィルタを適用していても、すべてのパケットが対象となる)	表示されているすべてのパケット(表示フィルタを適用している場合は、表示フィルタ適用後のパケットが対象となる)
Selected packet	キャプチャしたパケットの中で選択しているパケット	表示されているパケットの中で選択しているパケット
Marked packets	キャプチャしたパケットの中でマークしたパケット	表示されているパケットの中でマークしたパケット
First to Last Marked	キャプチャしたパケットの中で最初にマークしたパケットと、最後にマークしたパケットまでのパケット	表示されているパケットの中で最初にマークしたパケットと、最後にマークしたパケットまでのパケット
Range	キャプチャしたパケットの中で、指定したパケット番号（No列）の範囲に含まれるパケット。 「1-5」のように、最初のパケット番号と最後のパケット番号をハイフンでつないで指定する	表示されているパケットの中で指定したパケット番号（No列）の範囲に含まれるパケット。 「1-5」のように、最初のパケット番号と最後のパケット番号をハイフンでつないで指定する
Remove Ignored packets	キャプチャしたパケットの中から「Ignored packets」を除外する	表示されているパケットの中から「Ignored packets」を除外する

表2.3.12 Packet Rangeオプション

キャプチャデータのエクスポート

キャプチャしたパケットをCSVやテキストファイル、XMLなど、汎用的なファイルとして書き出したい場合は、メニューバーの［ファイル］から［エキスパートパケット解析］を選択し、任意のファイル形式を選択します。

次の図のダイアログが開くので、Packet Rangeオプションで「表示しているパケットだけ」や「マークしたパケットだけ」など、エクスポートするパケットを条件に応じて選択できます。Packet Rangeオプションの詳細は、前ページの表2.3.11を参照してください。それに加えて、Packet Formatオプションで内容（フォーマット）も指定できます。詳細は次の表のとおりです。パケットをCSVにエクスポートしてExcelにまとめたり、テキストにエクスポートしてパケットとパケットの値を比較しやすくしたりと、いろいろな使い方ができ、工夫次第で抜群の作業効率アップを図ることができます。

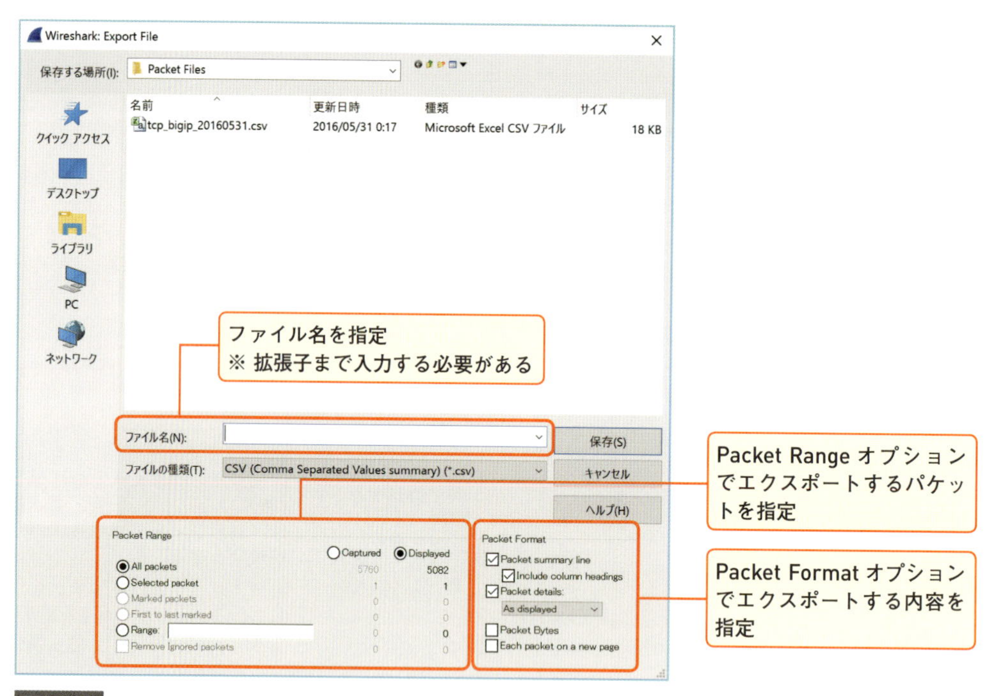

図2.3.25 キャプチャデータのエクスポート

Packet Format	説明
Packet summary line	エクスポートするファイルにパケットの概要を含める場合はチェックする
Include column headings	summary line に列名を付ける場合はチェックする
Packet details	エクスポートするファイルにパケットの詳細を含める場合はチェックする
As displayed	表示されている情報のとおり Packet details をエクスポートしたい場合に選択する
All collapsed	Packet details にすべての詳細値を含めず、各レイヤー情報を折りたたんだ状態でエクスポートしたい場合に選択する
All expanded	Packet details にすべての詳細値を含める場合に選択する
Packet Bytes	エクスポートするファイルにパケットバイトを含める場合はチェックする
Each packet on a new page	パケットごとに新しいページを作る場合はチェックする

※エクスポートするファイル形式によって使用できるオプションが異なります。ファイル形式に合わせて選択してください。

表2.3.13 Packet Formatオプション

キャプチャファイルの結合

「いつ」「どこで」「どんなときに」その現象が発生しているのか。パケット解析において、情報の整理整頓はとても重要な作業です。この情報の整理整頓において役に立つ機能が、キャプチャファイルの「結合」です。複数のキャプチャファイルを機械的に1つにまとめることによって、情報を整理整頓しやすくします。

たとえば、パケットロスの原因を見つけるために、複数のポイントでパケットキャプチャした場合を考えてみましょう。この場合、各ポイントでそれぞれキャプチャファイルが保存されるため、ひとつひとつのファイルを確認する必要があるだけでなく、その整合性を担保するのも一筋縄ではいかなくなります。そんなときにファイルを結合すると、確認するファイルが1つで済むだけでなく、機械的に整合性を保つことができるようになり、作業効率アップを図ることができます。

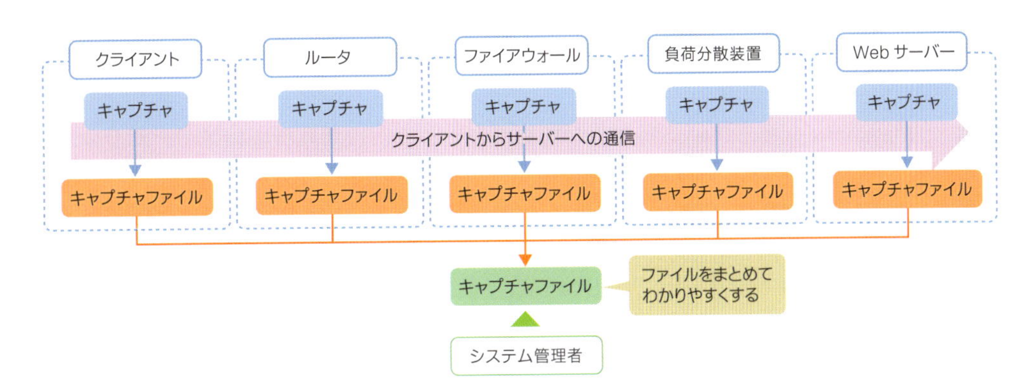

図2.3.26 1つのファイルにまとめてわかりやすくする

キャプチャファイルを結合する場合は、メニューバーの［ファイル］から［結合］を選択し、結合したいファイルを選択します。オプションでどのように結合するかも指定できます。要件にあわせて指定してください。

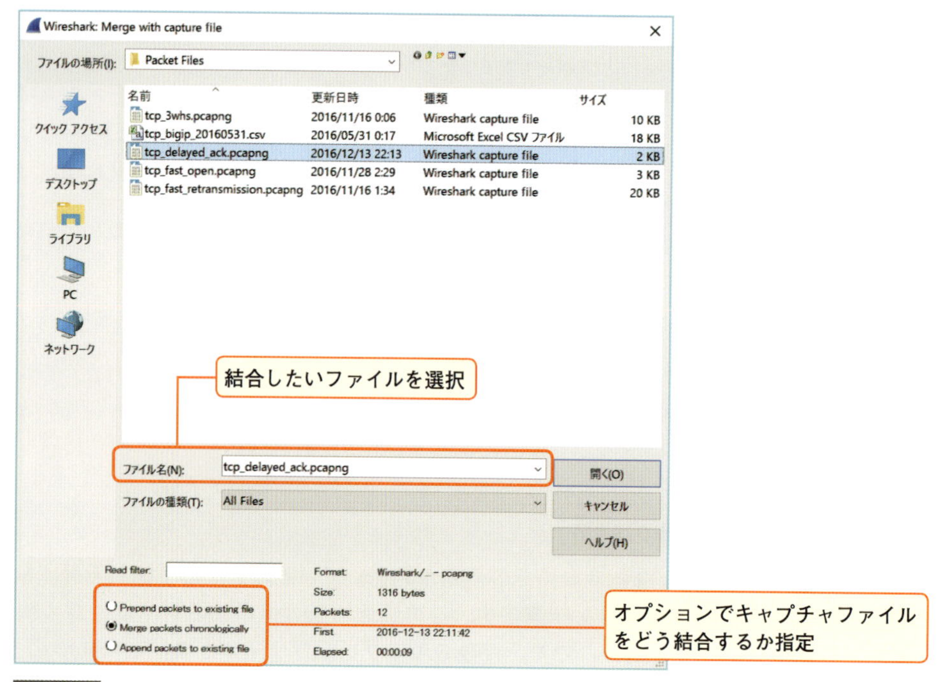

図2.3.27 キャプチャファイルの結合

オプション	意味
Prepend packets to existing file	選択したファイルを開いているファイルの前にくっつける
Merge packets chronologically	キャプチャした時刻を見て、ファイルをマージする
Append packets to existing file	選択したファイルを開いているファイルの後ろにくっつける

表2.3.14 キャプチャファイルの結合で選択できるオプション

2.3.5 パケットの統計解析機能

Wireshark が持っている特徴的な機能のひとつが、統計解析機能です。パケットキャプチャファイルは、ネットワークを流れる生きたパケット情報の羅列です。見る人が見れば、ネットワークの状況が手に取るようにわかりますが、ほとんどの人はよくわかりません。「これが今流れているパケットです！」とドドーンと得意気に見せられても、恐らくほとんどの人が「はぁ…？」って感じになるでしょう。「より見やすく、よりわかりやすく」、これは資料作成の基本です。統計解析機能を上手に利用して、誰が見ても理解できるような表やグラフを作成してください。

なお、ここでは「プロトコル階層統計」や「対話解析」など、プロトコルによらず、横断的に使用する5つの統計解析機能について説明します。プロトコルごとに用意されている統計解析機能については、次章以降、それぞれのプロトコルのところで説明します。

プロトコル階層統計

キャプチャデータをOSI参照モデルのレイヤー（階層）ごとの統計情報に基づいて表にまとめる機能が、「**プロトコル階層統計**」です。メニューバーの［統計］から［プロトコル階層］を選択すると使用できます。プロトコル階層統計は、どんなプロトコルのパケットがどれくらい流れていたのかを階層的に見ることができて、とても便利です。

プロトコル階層統計の活用例

キャプチャファイル「random_access.pcapng」を例に、プロトコル階層統計を見てみましょう。「random_access.pcapng」は、特に何も考えずに、Windows 10にインストールしたGoogle ChromeでYahoo! JAPANを見たり、YouTubeの動画を見たりしたときのパケットをキャプチャしたものです。これを見ると、たとえば、レイヤー2のプロトコルはEthernetしか使用していないことや、レイヤー3のプロトコルは未だにほとんどIPv4を使用していることなど、プロトコル観点でのざっくりした情報や傾向を知ることができます。

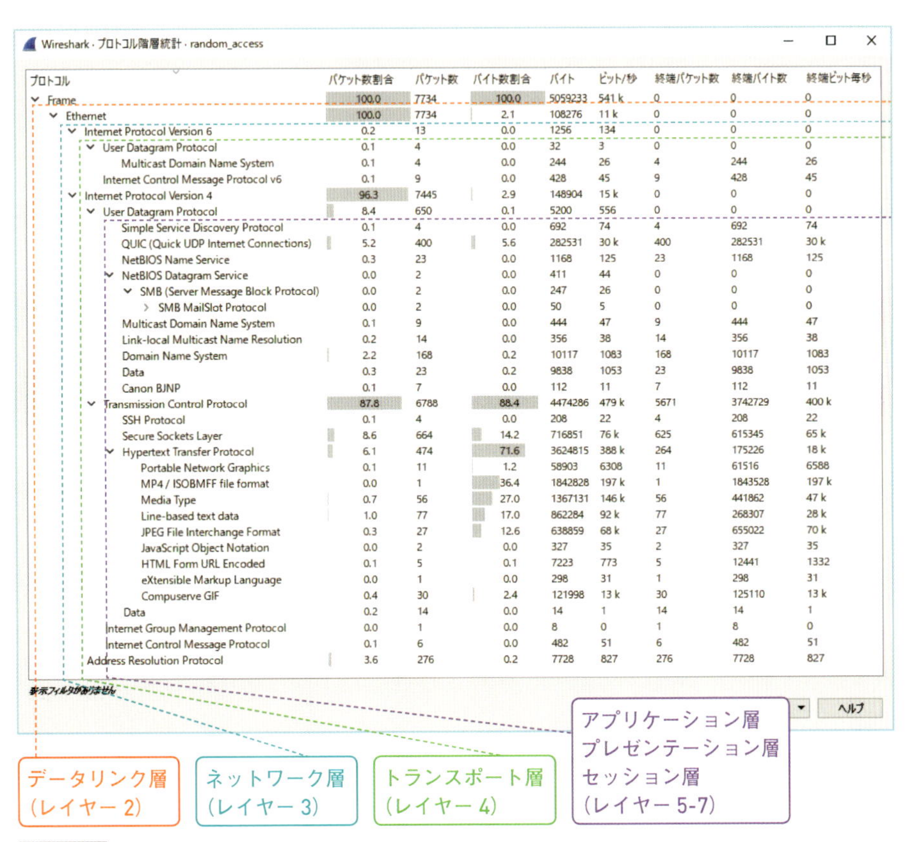

Wireshark · プロトコル階層統計 · random_access

プロトコル	パケット数割合	パケット数	バイト数割合	バイト	ビット/秒	終端パケット数	終端バイト数	終端ビット毎秒
Frame	100.0	7734	100.0	5059233	541 k	0	0	0
Ethernet	100.0	7734	2.1	108276	11 k	0	0	0
Internet Protocol Version 6	0.2	13	0.0	1256	134	0	0	0
User Datagram Protocol	0.1	4	0.0	32	3	0	0	0
Multicast Domain Name System	0.1	4	0.0	244	26	4	244	26
Internet Control Message Protocol v6	0.1	9	0.0	428	45	9	428	45
Internet Protocol Version 4	96.3	7445	2.9	148904	15 k	0	0	0
User Datagram Protocol	8.4	650	0.1	5200	556	0	0	0
Simple Service Discovery Protocol	0.1	4	0.0	692	74	4	692	74
QUIC (Quick UDP Internet Connections)	5.2	400	5.6	282531	30 k	400	282531	30 k
NetBIOS Name Service	0.3	23	0.0	1168	125	23	1168	125
NetBIOS Datagram Service	0.0	2	0.0	411	44	0	0	0
SMB (Server Message Block Protocol)	0.0	2	0.0	247	26	0	0	0
SMB MailSlot Protocol	0.0	2	0.0	50	5	0	0	0
Multicast Domain Name System	0.1	9	0.0	444	47	9	444	47
Link-local Multicast Name Resolution	0.2	14	0.0	356	38	14	356	38
Domain Name System	2.2	168	0.2	10117	1083	168	10117	1083
Data	0.3	23	0.2	9838	1053	23	9838	1053
Canon BJNP	0.1	7	0.0	112	11	7	112	11
Transmission Control Protocol	87.8	6788	88.4	4474286	479 k	5671	3742729	400 k
SSH Protocol	0.1	4	0.0	208	22	4	208	22
Secure Sockets Layer	8.6	664	14.2	716851	76 k	625	615345	65 k
Hypertext Transfer Protocol	6.1	474	71.6	3624815	388 k	264	175226	18 k
Portable Network Graphics	0.1	11	1.2	58903	6308	11	61516	6588
MP4 / ISOBMFF file format	0.0	1	36.4	1842828	197 k	1	1843528	197 k
Media Type	0.7	56	27.0	1367131	146 k	56	441862	47 k
Line-based text data	1.0	77	17.0	862284	92 k	77	268307	28 k
JPEG File Interchange Format	0.3	27	12.6	638859	68 k	27	655022	70 k
JavaScript Object Notation	0.0	2	0.0	327	35	2	327	35
HTML Form URL Encoded	0.1	5	0.1	7223	773	5	12441	1332
eXtensible Markup Language	0.0	1	0.0	298	31	1	298	31
Compuserve GIF	0.4	30	2.4	121998	13 k	30	125110	13 k
Data	0.2	14	0.0	14	1	14	14	1
Internet Group Management Protocol	0.0	1	0.0	8	0	1	8	0
Internet Control Message Protocol	0.1	6	0.0	482	51	6	482	51
Address Resolution Protocol	3.6	276	0.2	7728	827	276	7728	827

図2.3.28 プロトコル階層統計

対話解析

「**対話解析**」は、どの端末とどの端末がどれくらい通信しているのか、通信の組み合わせをプロトコルごとに表にまとめる機能です。メニューバーの［統計］から［対話］を選択すると使用できます。対話解析のウィンドウは、ウィンドウの右下にある［Conversationタイプ］で選択したプロトコルのタブで構成されています。また、各タブではそのプロトコルにおける通信の組み合わせと通信状況（送受信パケット数や送受信バイト数など）がリスト化されています。

対話解析の活用例

キャプチャファイル「random_access.pcapng」を対話解析すると、「183.79.249.124（Yahoo! JAPAN の IP アドレス）」から「192.168.1.15」に対するデータが圧倒的に多いことがわかります。

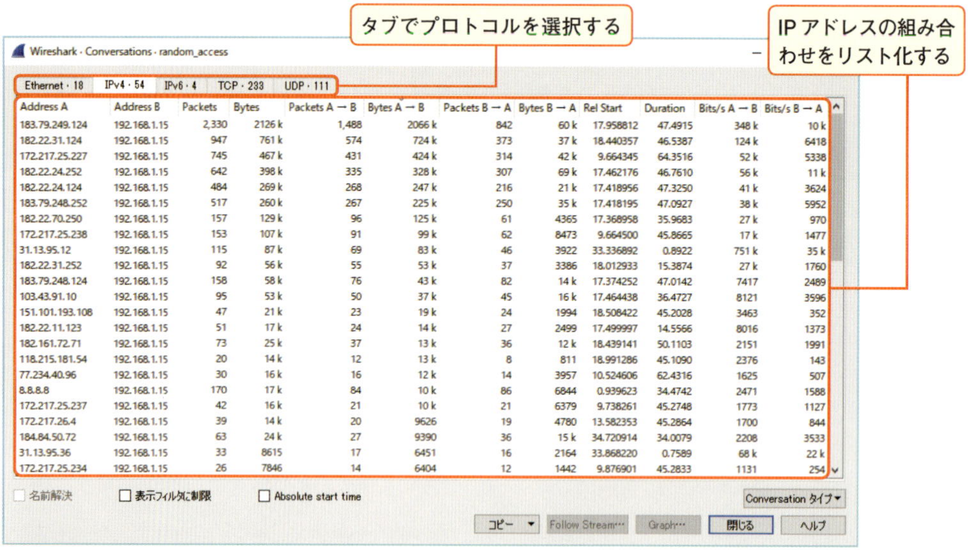

タブでプロトコルを選択する

IP アドレスの組み合わせをリスト化する

Wireshark · Conversations · random_access

Ethernet · 18 | IPv4 · 54 | IPv6 · 4 | TCP · 233 | UDP · 111

Address A	Address B	Packets	Bytes	Packets A → B	Bytes A → B	Packets B → A	Bytes B → A	Rel Start	Duration	Bits/s A → B	Bits/s B → A
183.79.249.124	192.168.1.15	2,330	2126 k	1,488	2066 k	842	60 k	17.958812	47.4915	348 k	10 k
182.22.31.124	192.168.1.15	947	761 k	574	724 k	373	37 k	18.440357	46.5387	124 k	6418
172.217.25.227	192.168.1.15	745	467 k	431	424 k	314	42 k	9.664345	64.3516	52 k	5338
182.22.24.252	192.168.1.15	642	398 k	335	328 k	307	69 k	17.462176	46.7610	56 k	11 k
182.22.24.124	192.168.1.15	484	269 k	268	247 k	216	21 k	17.418956	47.3250	41 k	3624
183.79.248.252	192.168.1.15	517	260 k	267	225 k	250	35 k	17.418195	47.0927	38 k	5952
182.22.70.250	192.168.1.15	157	129 k	96	125 k	61	4365	17.368958	35.9683	27 k	970
172.217.25.238	192.168.1.15	153	107 k	91	99 k	62	8473	9.664500	45.8665	17 k	1477
31.13.95.12	192.168.1.15	115	87 k	69	83 k	46	3922	33.336892	0.8922	751 k	35 k
182.22.31.252	192.168.1.15	92	56 k	55	53 k	37	3386	18.012933	15.3874	27 k	1760
183.79.248.124	192.168.1.15	158	58 k	76	43 k	82	14 k	17.374252	47.0142	7417	2489
103.43.91.10	192.168.1.15	95	53 k	50	37 k	45	16 k	17.464438	36.4727	8121	3596
151.101.193.108	192.168.1.15	47	21 k	23	19 k	24	1994	18.508422	45.2028	3463	352
182.22.11.123	192.168.1.15	51	17 k	24	14 k	27	2499	17.499997	14.5566	8016	1373
182.161.72.71	192.168.1.15	73	25 k	37	13 k	36	12 k	18.439141	50.1103	2151	1991
118.215.181.54	192.168.1.15	20	14 k	12	13 k	8	811	18.991286	45.1090	2376	143
77.234.40.96	192.168.1.15	30	16 k	16	12 k	14	3957	10.524606	62.4316	1625	507
8.8.8.8	192.168.1.15	170	17 k	84	10 k	86	6844	0.939623	34.4742	2471	1588
172.217.25.237	192.168.1.15	42	16 k	21	10 k	21	6379	9.738261	45.2748	1773	1127
172.217.26.4	192.168.1.15	39	14 k	20	9626	19	4780	13.582353	45.2864	1700	844
184.84.50.72	192.168.1.15	63	24 k	27	9390	36	15 k	34.720914	34.0079	2208	3533
31.13.95.36	192.168.1.15	33	8615	17	6451	16	2164	33.868220	0.7589	68 k	22 k
172.217.25.234	192.168.1.15	26	7846	14	6404	12	1442	9.876901	45.2833	1131	254

名前解決　表示フィルタに制限　Absolute start time　Conversation タイプ

コピー　Follow Stream…　Graph…　閉じる　ヘルプ

図2.3.29 対話解析（IPv4 タブ）

対話解析は、障害が発生しているときなどに、通信帯域を大量消費している通信の組み合わせを見つけ出したり、ユーザーがよくアクセスしているサイトを見つけ出したりするのにとても便利です。あらかじめ通常時の通信状態を、トラフィックがほとんどない時間帯（深夜）、少ない時間帯（早朝、夜間）、多い時間帯（昼休み、通勤時間）などに分けてキャプチャデータをとっておくと、障害時に比較ができて、より効果的でしょう。

終端解析

「終端解析」は、どの端末がどのくらい通信しているのか、プロトコルごとに表にまとめる機能です。メニューバーの［統計］から［終端］を選択すると使用できます。前項の対話解析が「どの端末とどの端末が」という対話に着目にしているのに対し、終端解析は送信元や宛先に関係なく、単純にどの端末が通信しているかをリスト化します。

終端解析のウィンドウは、ウィンドウの右下にある［Endpoint タイプ］で選択したプロトコルのタブで構成されています。また、各タブでは、そのプロトコルで通信している端末とその通信状況（送受信パケット数や送受信バイト数）がリスト化されています。

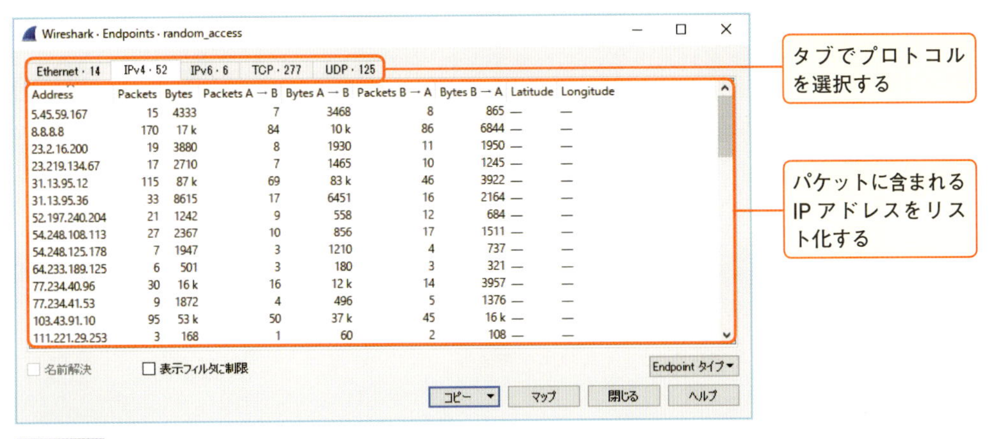

Address	Packets	Bytes	Packets A → B	Bytes A → B	Packets B → A	Bytes B → A	Latitude	Longitude
5.45.59.167	15	4333	7	3468	8	865	—	—
8.8.8.8	170	17 k	84	10 k	86	6844	—	—
23.2.16.200	19	3880	8	1930	11	1950	—	—
23.219.134.67	17	2710	7	1465	10	1245	—	—
31.13.95.12	115	87 k	69	83 k	46	3922	—	—
31.13.95.36	33	8615	17	6451	16	2164	—	—
52.197.240.204	21	1242	9	558	12	684	—	—
54.248.108.113	27	2367	10	856	17	1511	—	—
54.248.125.178	7	1947	3	1210	4	737	—	—
64.233.189.125	6	501	3	180	3	321	—	—
77.234.40.96	30	16 k	16	12 k	14	3957	—	—
77.234.41.53	9	1872	4	496	5	1376	—	—
103.43.91.10	95	53 k	50	37 k	45	16 k	—	—
111.221.29.253	3	168	1	60	2	108	—	—

図2.3.30 終端解析（IPv4 タブ）

終端解析も、対話解析と同様に、あらかじめ通常時の通信状態を 3 パターン（トラフィックがほとんどない時間帯、少ない時間帯、多い時間帯）くらいに分けてキャプチャデータをとっておくと、障害時に比較ができて、より効果的でしょう。

パケット長解析

どれくらいの長さ（サイズ）のパケットが、どれくらいネットワークを流れているのかを表にまとめる機能が「**パケット長解析**」です。メニューバーの［統計］から［パケット長］を選択すると使用できます。最近のネットワーク端末（PC、サーバー）やネットワーク機器は、より速く、より確実に通信するために、パケットを分割したり結合したりと、パケットに対していろいろな処理を施しています。その処理結果としてのパケットサイズを表にまとめて見ることができ、それに起因するトラブルの原因を見つけ出すのに役立ちます。

Wireshark · Packet Lengths · random_access

Topic / Item	Count	Average	Min val	Max val	Rate (ms)	Percent	Burst rate	Burst start
Packet Lengths	7734	654.15	42	1468	0.1035	100%	9.0100	54.860
0-19	0	-	-	-	0.0000	0.00%	-	-
20-39	0	-	-	-	0.0000	0.00%	-	-
40-79	3510	57.49	42	79	0.0470	45.38%	3.0200	54.860
80-159	471	100.02	80	159	0.0063	6.09%	0.4300	9.876
160-319	208	248.91	161	318	0.0028	2.69%	0.2400	9.706
320-639	258	441.59	320	639	0.0035	3.34%	0.2600	31.934
640-1279	288	917.50	641	1276	0.0039	3.72%	0.1900	35.397
1280-2559	2999	1460.62	1294	1468	0.0401	38.78%	5.9900	54.860
2560-5119	0	-	-	-	0.0000	0.00%	-	-
5120 and greater	0	-	-	-	0.0000	0.00%	-	-

表示フィルタ: 表示フィルタ … を入力します　適用
コピー　…として保存　閉じる

図2.3.31 パケット長解析

入出力グラフ

キャプチャデータに含まれる値を、時間に基づいてグラフ化する機能が「**入出力グラフ**」です。メニューバーの［統計］から［入出力グラフ］を選択すると使用できます。入出力グラフは、経過時間をX軸（横軸）として、パケット数やバイト数、エラー数など、キャプチャデータに含まれるいろいろな値をY軸（縦軸）として設定することによって、時系列の遷移をグラフとして「見える化」することができます。棒グラフにできたり、単位をバイト数にできたりと、いろいろな使い方ができるので、目的に合わせてうまく調整してください。

Y軸に関する項目	意味
名前	グラフにプロットしたい項目の名前を指定する
表示フィルタ	グラフにプロットしたいパケットを表示フィルタを使用して抽出する。表示フィルタについてはp.32を参照
色	グラフの色を指定する
スタイル	棒グラフや線グラフ、ドットグラフなど、グラフのスタイルを指定する
Y軸	パケット数やバイト数、平均値、最大値など、項目のどの値をプロットするか指定する
Yフィールド	表示フィルタで抽出したパケットのどのフィールドの値をY軸として使用するか、表示フィルタを使用して指定する
スムーズ化	一定の条件に基づいて、グラフをスムーズ化する
インターバル	プロット間隔を指定する
時刻	X軸に使用する表示形式を時刻にする場合にチェックする

表2.3.15 入出力グラフの設定項目

入出力グラフの解析例

入出力グラフを使用した、かんたんな解析例を見てみましょう。キャプチャファイル「from_aws.pcapng」は、AWS（Amazon Web Services）の東京リージョンと北カリフォルニアリージョンに作成したWebサーバーから、8MBのファイルをほぼ同時にダウンロードしたときのパケットをキャプチャしたものです。このファイルを使用して、各サーバーの下りスループット（ダウンロード速度）をグラフ化して、比較します。まず、各リージョンのサーバーに合わせて、次のように設定します。

Y軸に関する項目	東京リージョン用	北カリフォルニアリージョン用
名前	From Tokyo	From North America
表示フィルタ	ip.src eq 13.113.194.141	ip.src eq 54.67.21.148
色	青	赤
スタイル	Line	Line
Y軸	Bytes	Bytes

表2.3.16 入出力グラフの設定

すると、次の図のように東京リージョンの下りスループットを示す青線が圧倒的に速く、ダウンロード自体も即座に終わっていることが一目でわかります。

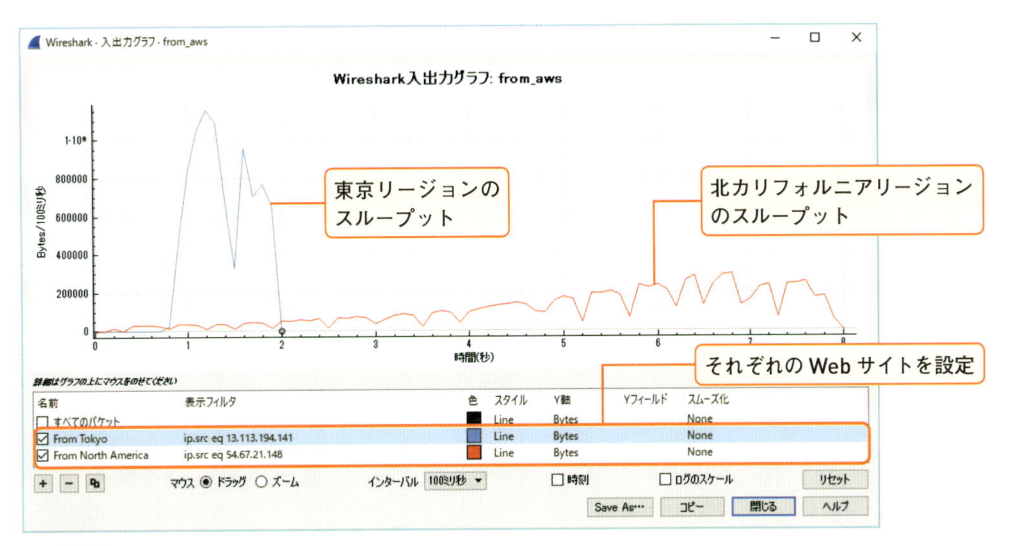

図2.3.32 入出力グラフ

さて、次章からはいよいよWiresharkを使用して、いろいろなパケットをどんどん解析していきます。奥深きパケット解析の世界へ、いざディープダイブ！

CHAPTER

3

レイヤー2プロトコル

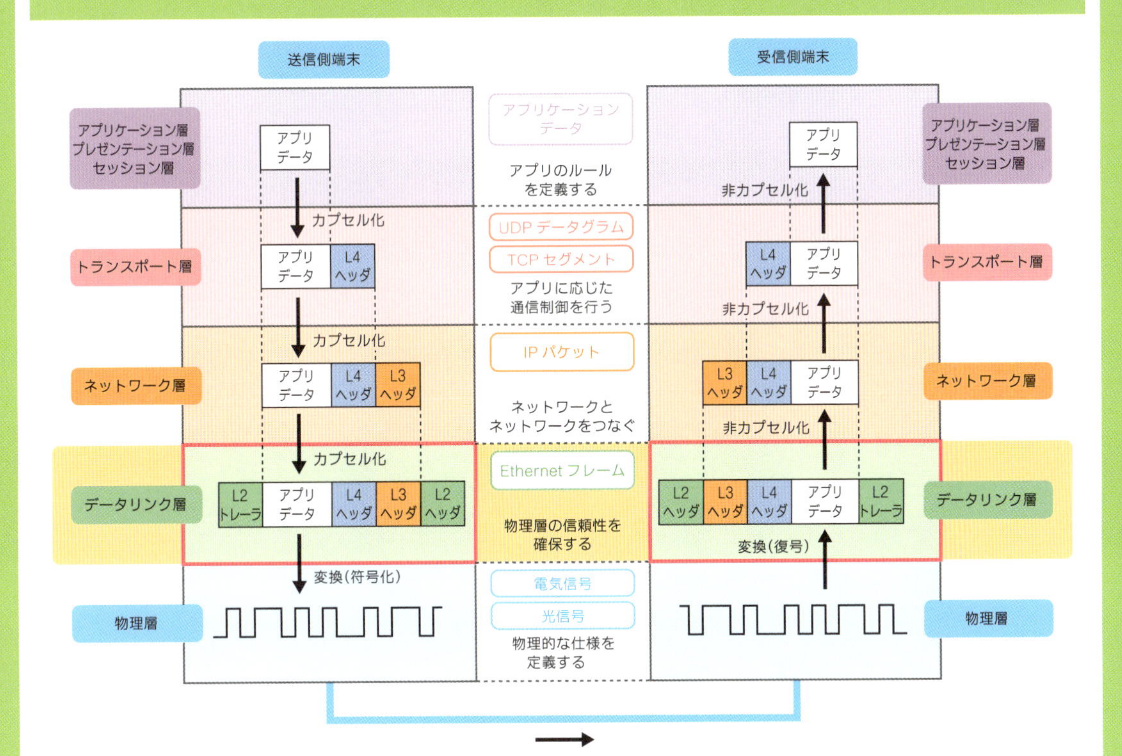

本章では、OSI参照モデルのデータリンク層(レイヤー2、L2、第2層)で使用されているプロトコルをWiresharkで解析していきます。データリンク層は、不器用な物理層(レイヤー1、L1、第1層)の弱点を補完しているレイヤーです。

物理層は、コンピューターで扱う「データ」とネットワークケーブルで扱う「信号」を相互に変換する役割を担っています。送信側の物理層はデータから信号に変換するときに、ちょっとした処理(符号化)を施しているので、受信側の物理層も多少のエラー(ビット誤り)であれば訂正できます。しかし、複雑なエラーになるともうお手上げです。データリンク層はデータ全体の整合性をチェックすることで、物理層では訂正しきれないエラーを検知し、データとしての信頼性を担保します。

現代のネットワークで使用されているレイヤー2プロトコルは、有線LANだったら「Ethernet」、無線LANだったら「IEEE802.11」、このどちらかしかありません。本書では、Wiresharkでフルキャプチャできる Ethernet を取り上げます。

CHAPTER 3

01 Ethernet

有線LANで使用されているレイヤー2プロトコルのデファクトスタンダードが、「Ethernet(イーサネット)」です。かつてはアップルが推し進めていた「AppleTalk」やIBMが推し進めていた「トークンリング」など、いろいろなレイヤー2プロトコルがあったのですが、どんどん淘汰され、今やEthernet一択となりました。

Ethernetには1000BASE-Tや10GBASE-SX/LX、40GBASE-SR4など、使用するケーブルの種類や対応している帯域幅(スピード)によっていろいろな規格があります。ただ、実際にネットワーク上を流れるパケットのフォーマット(形式)や使用されている技術は、規格にかかわらず基本的に同じです。

通称		帯域幅	標準化規格	ケーブル	長さ
100BASE-TX		100Mbps	IEEE802.3u	UTP(カテゴリ5)	100m
1000BASE-T		1Gbps	IEEE802.3ab	UTP(カテゴリ5e)	100m
1000BASE-X	1000BASE-SX	1Gbps	IEEE802.3z	光マルチモード	550m
	1000BASE-LX	1Gbps		光マルチ/シングルモード	550m/5000m
	1000BASE-CX	1Gbps		同軸ケーブル	25m
10GBASE-T		10Gbps	IEEE802.3an	UTP(カテゴリ6a)	100m
10GBASE-R	10GBASE-SR	10Gbps	IEEE802.3ae	光マルチモード	300m
	10GBASE-LR	10Gbps		光シングルモード	10km
	10GBASE-ER	10Gbps		光シングルモード	40km
	10GBASE-ZR	10Gbps		光シングルモード	80km以上

表3.1.1 Ethernetにはいろいろな規格がある

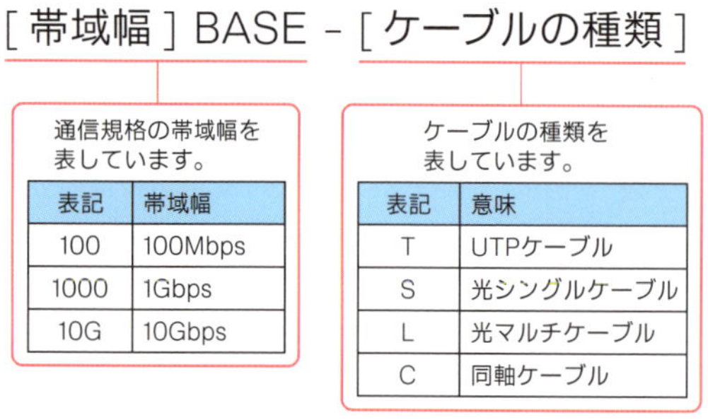

[帯域幅] BASE - [ケーブルの種類]

通信規格の帯域幅を表しています。

表記	帯域幅
100	100Mbps
1000	1Gbps
10G	10Gbps

ケーブルの種類を表しています。

表記	意味
T	UTPケーブル
S	光シングルケーブル
L	光マルチケーブル
C	同軸ケーブル

図3.1.1 Ethernetの規格の見分け方

3.1.1 Ethernetプロトコルの詳細

Ethernetネットワークを流れるパケットのことを「Ethernetフレーム」といいます。

Ethernetのフレームフォーマットには、「Ethernet II」と「IEEE802.3」の2種類があります。

Ethernet IIは、1982年にDEC（デック）、Intel（インテル）、Xerox（ゼロックス）が共同で発表した独自規格です。3社の頭文字を取って「DIX2.0規格」とも呼ばれています。Ethernet IIはIEEE802.3より早く発表されたということもあって、「Ethernet＝Ethernet II」と言ってもよいくらい、広く世の中に行き渡っています。Webやメール、ファイル共有から認証に至るまで、**TCP/IPでデータをやりとりするほとんどのパケットがEthernet IIを使用しています。**

IEEE802.3は、IEEE（アイトリプルイー、米国電気電子学会）がEthernet IIを改良して標準化した規格です。LLCヘッダーやSNAPヘッダーなど、Ethernet IIにいくつかの変更が加えられています。世界標準の目的で策定されたIEEE802.3ですが、発表されたとき、すでにEthernet IIが世の中に広く普及していたこともあって、ほとんど世間から注目されることはありませんでした。今もマイナー規格として、心なしかひっそり生き残っている感があります。標準化のために作った改良フォーマットが標準的に使われないなんて皮肉な話ですが、実際問題としてIEEE802.3は無駄にわかりづらく、複雑で、ちょっと扱いづらい側面があります。それだったら、わざわざ使う必要はありません。

さて、前置きが長くなってしまいましたが、以上を踏まえると、**皆さんが押さえておくべきEthernetのフレームフォーマットはEthernet II一択です。**実際にキャプチャしたファイルを見てみてください。びっくりするほどEthernet IIだらけでしょう。これさえ押さえておけば、ほとんどのパケットキャプチャファイルを渡り歩いていけます。ということで、本書ではEthernet IIのみを取り扱います。

Ethernet IIのフレームフォーマット

Ethernet IIのフレームフォーマットは、1982年に発表されてから今現在に至るまで、まったく変わっていません。シンプルでいてわかりやすいフォーマットが、30年以上にも及ぶ長い歴史を支えています。

Ethernet IIは、「**プリアンブル**」「**宛先/送信元MACアドレス**」「**タイプ**」「**Ethernetペイロード**」「**FCS**」という5つのフィールドで構成されています。このうち、宛先/送信元MACアドレスとタイプを合わせて「**Ethernetヘッダー**」といいます。

	0ビット	8ビット	16ビット	24ビット
0バイト 4バイト	プリアンブル			
8バイト 12バイト	宛先MACアドレス			
12バイト 16バイト			送信元MACアドレス	
20バイト	タイプ		Ethernetペイロード（IPパケット（＋パディング））	
可変	Ethernetペイロード（IPパケット（＋パディング））			
最後の4バイト	FCS			

図3.1.2 Ethernet IIのフレームフォーマット

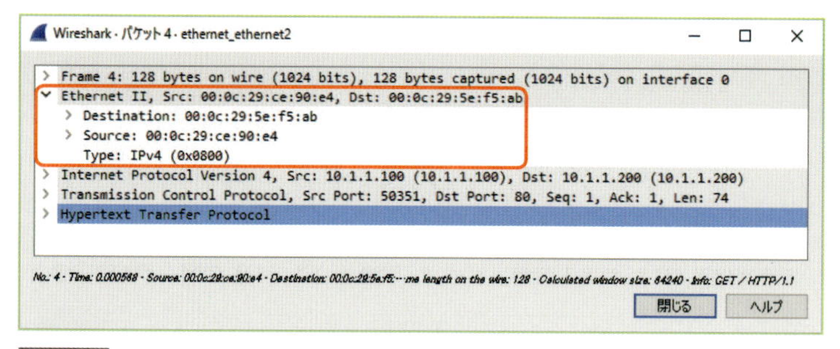

図3.1.3 Wiresharkで見たEthernet II フレーム

以下に、Ethernet II のフレームフォーマットの各フィールドについて説明します。

■プリアンブル

プリアンブルは、「これから Ethernet フレームを送りますよー」という合図を意味する 64 ビット（8 バイト）の特別なビットパターンです。先頭から「10101010」が 7 つ送られ、最後に「10101011」が 1 つ送られます。受信側の端末は Ethernet フレームの最初に付与されている、この特別なビットパターンを見て、「これから Ethernet フレームが届くんだな」と判断します。

なお、プリアンブルは受信側から見て、Wireshark でキャプチャするより前に取り外されてしまいます。したがって、Wireshark でキャプチャすることはできません。フレーム長として換算されることもありません。

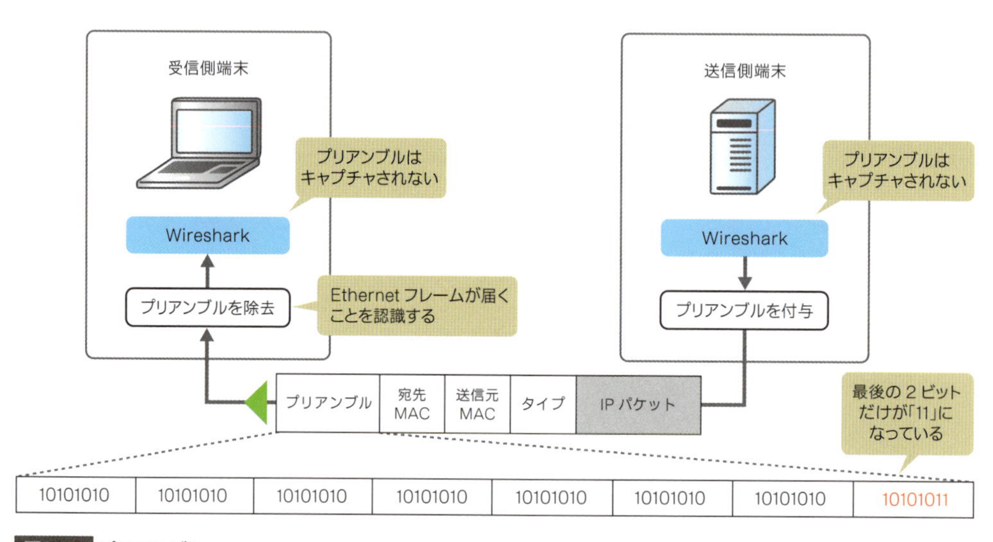

図3.1.4 プリアンブル

■宛先 / 送信元 MAC アドレス

MAC アドレスは、Ethernet ネットワークに接続されている端末を表す 48 ビット（6 バイト）の識別 ID です。Ethernet ネットワークにおける住所のようなものと考えてよいでしょう。

送信側の端末は、フレームを送り届けたい端末のMACアドレスを「宛先MACアドレス」に、自分のMACアドレスを「送信元MACアドレス」にセットして、フレームを送出します。対する受信側の端末は、宛先MACアドレスを見て、自分に関係するMACアドレスだったら受け入れ、関係ないMACアドレスだったら破棄します。また、送信元MACアドレスを見て、どの端末から来たフレームなのかを認識します。

タイプ

タイプは、ネットワーク層（レイヤー3、L3、第3層）でどんなプロトコルを使用しているかを表す16ビット（2バイト）の識別IDです。IPv4（Internet Protocol version 4）だったら「0x0800」、ARPだったら「0x0806」など、使用するプロトコルによって値が決まっています。代表的なプロトコルのタイプコードは、次の表のとおりです。

タイプコード	プロトコル
0x0000 – 05DC	IEEE802.3 Length Field
0x0800	IPv4（Internet Protocol version 4）
0x0806	ARP（Address Resolution Protocol）
0x8035	RARP（Reverse Address Resolution Protocol）
0x86DD	IPv6（Internet Protocol version 6）
0x8863	PPPoE（Point-to-Point Protocol over Ethernet） Discovery Stage
0x8864	PPPoE（Point-to-Point Protocol over Ethernet） Session Stage

表3.1.2 代表的なプロトコルのタイプコード

Ethernetペイロード

Ethernetペイロードは、上位層のデータそのものを表しています。たとえば、IPだったら「Ethernetペイロード＝IPパケット」、ARPだったら「Ethernetペイロード＝ARPフレーム」です。Ethernetペイロードに入るデータのサイズは、デフォルトで46バイトから1500バイトまでと決められていて、この範囲内に収めないといけません。46バイトに足りないようであれば、「パディング」と呼ばれるダミーのデータを付加することによって、強引に46バイトにします。逆に1500バイト以上のデータになるようであれば、上位層でデータをぶちぶちと分割して1500バイトに収めます。Ethernetフレームに入るデータの最大サイズ（最大値）のことを「MTU（Maximum Transmission Unit）」といいます。

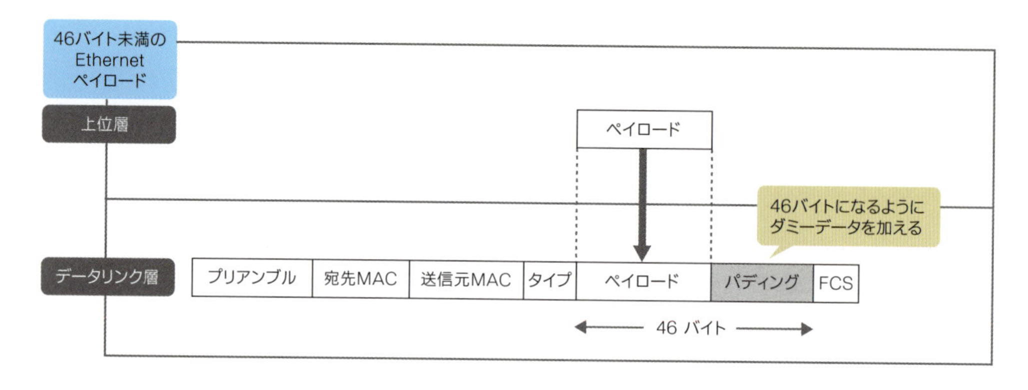

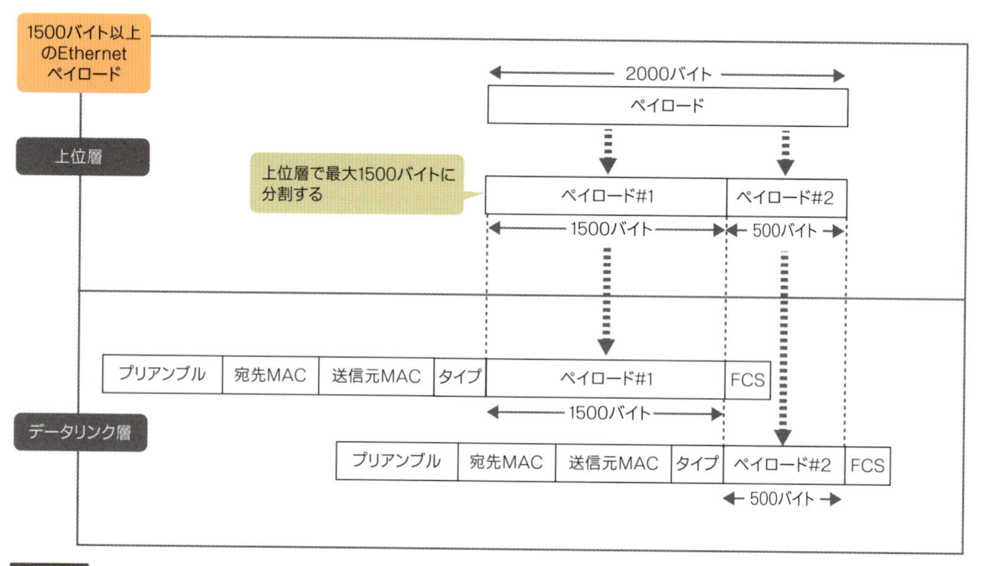

図3.1.5 Ethernetペイロードを46バイトから1500バイトまでに収める

なお、パディングは送信側から見て、Wireshark でキャプチャするより後に付加されます。したがって、受信パケットには付加されているように見えるのに対し、送信パケットには付加されていないように見えます。まったく同じ 46 バイト以下でパディングされたデータだとしても、受信パケットと送信パケットで異なるフレーム長となって表示されます。

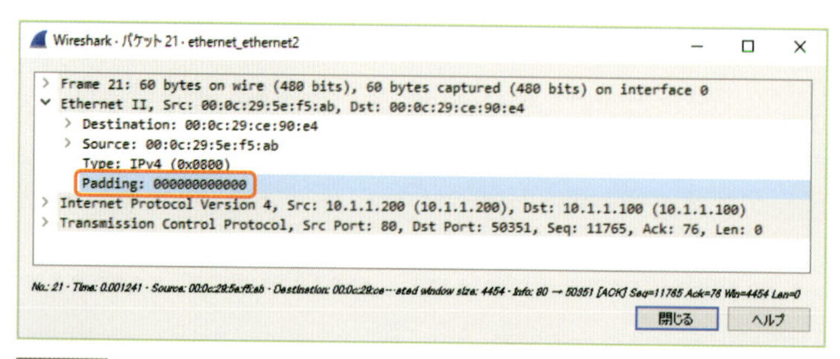

図3.1.6 パディング

FCS

FCS（Frame Check Sequence）は、Ethernet ペイロードが壊れていないかどうかを確認するためにある 32 ビット（4 バイト）フィールドです。

送信側の端末が送信するとき、「宛先 MAC アドレス」「送信元 MAC アドレス」「タイプ」「Ethernet ペイロード」に対して一定の計算（チェックサム計算、CRC）を行い、その結果を FCS としてフレームの最後に付加します。受信側の端末がフレームを受け取ると、同じ計算を行い、その値が FCS と同じだったら正しい Ethernet フレームと判断します。異なっていたら伝送途中で Ethernet ペイロードが壊れていると判断して、破棄します。このように、FCS が Ethernet におけるエラー制御のすべてを担っています。

なお、FCS は送信側から見て、Wireshark でキャプチャした後に付加され、受信側から見て、キャプチャする前に取り外されます。したがって、Wireshark では FCS をキャプチャすることはできません。フレーム長としても換算されないので、フレーム長を確認するときには留意しておく必要があります。

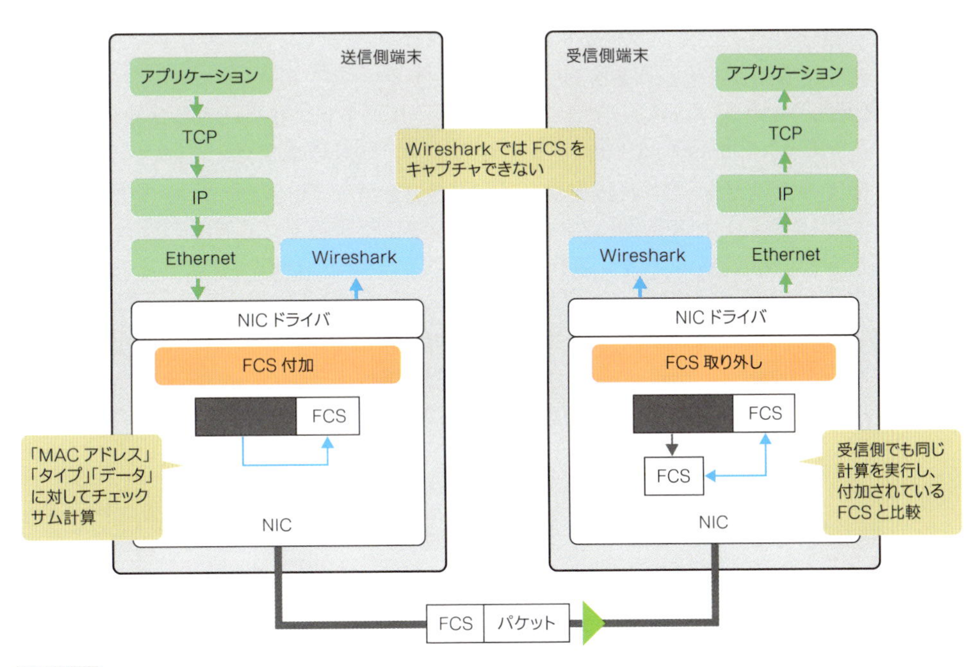

図3.1.7 FCSの処理順序

MACアドレス

Ethernet において最も重要なフィールドが「宛先 MAC アドレス」と「送信元 MAC アドレス」です。MAC アドレスは、Ethernet ネットワークに接続している各端末（ノード）の識別 ID です。NIC を製造するときに ROM（Read Only Memory）に書き込まれます。MAC アドレスは 48 ビットで構成されていて、「00-0c-29-43-5e-be」や「04:0c:ce:da:3a:6c」のように、8 ビットずつハイフンやコロンで区切って、16 進数で表記します。

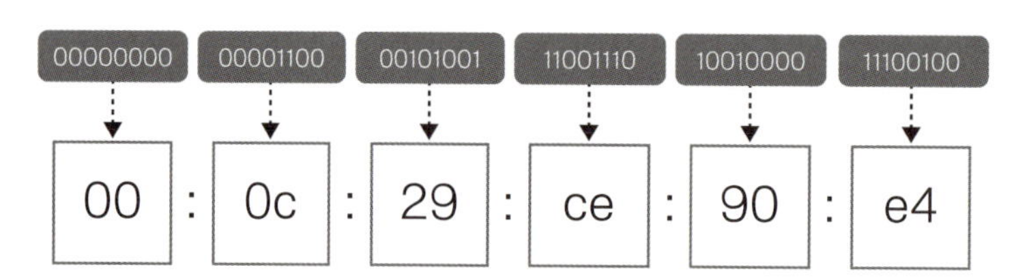

図3.1.8 MACアドレスの表記（コロン表記）

MAC アドレスの中でも特別な意味を持つビットが、先頭から8ビット目にある「I/G ビット（Individual/Group ビット）」と7ビット目にある「U/L ビット（Unique/Local ビット）」です。

I/G ビットは、その MAC アドレスが 1:1 通信のためのユニキャストアドレスか、1:n 通信のためのマルチキャストアドレスかを表しています。「0」の場合は、各端末に個別に割り当てられている MAC アドレスを表しています。一方、「1」の場合は、複数の端末のグループに割り当てられている MAC アドレスを表しています。ちなみに、同じ Ethernet ネットワーク上にいるすべての端末を表すブロードキャストアドレスには、すべてのビットが「1」の「ff:ff:ff:ff:ff:ff」という特別な MAC アドレスが割り当てられており、マルチキャストアドレスの一種として扱われます。

U/L ビットは、その MAC アドレスがグローバルアドレスかローカルアドレスかを表していて、Wireshark では「LG bit」と表記されます。「0」の場合は、IEEE から割り当てられた世界で唯一の MAC アドレスを表しています。一方、「1」の場合は、管理者が独自に割り当てた MAC アドレスを表しています。世の中に流通している NIC のほとんどが IEEE から割り当てられた MAC アドレスを使用しているので、U/L ビットは「0」であることがほとんどです。

Ethernet フレームを受け取った NIC は、MAC アドレスを8ビット（1バイト）ずつまとめて取り込み、後ろから先頭に向かって順に処理します。したがって、I/G ビットは MAC アドレスの中でも最初に NIC で処理され、その次に U/L ビットが処理されることになります。

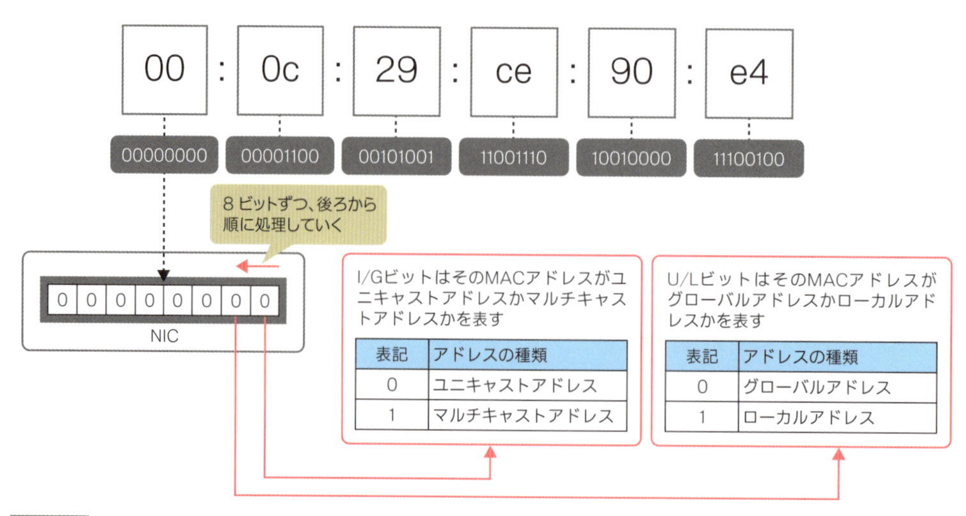

図3.1.9 I/GビットとU/Lビットの処理

```
Wireshark · パケット 4 · ethernet_ethernet2
> Frame 4: 128 bytes on wire (1024 bits), 128 bytes captured (1024 bits) on interface 0
v Ethernet II, Src: 00:0c:29:ce:90:e4, Dst: 00:0c:29:5e:f5:ab
  v Destination: 00:0c:29:5e:f5:ab
      Address: 00:0c:29:5e:f5:ab
      .... ..0. .... .... .... .... = LG bit: Globally unique address (factory default)
      .... ...0 .... .... .... .... = IG bit: Individual address (unicast)
  v Source: 00:0c:29:ce:90:e4
      Address: 00:0c:29:ce:90:e4
      .... ..0. .... .... .... .... = LG bit: Globally unique address (factory default)
      .... ...0 .... .... .... .... = IG bit: Individual address (unicast)
    Type: IPv4 (0x0800)
> Internet Protocol Version 4, Src: 10.1.1.100 (10.1.1.100), Dst: 10.1.1.200 (10.1.1.200)
> Transmission Control Protocol, Src Port: 50351, Dst Port: 80, Seq: 1, Ack: 1, Len: 74
> Hypertext Transfer Protocol
```

図3.1.10 ユニキャストアドレスのI/GビットとU/Lビット（LGビット）

```
Wireshark · パケット 1 · ethernet_broadcast
> Frame 1: 42 bytes on wire (336 bits), 42 bytes captured (336 bits) on interface 0
v Ethernet II, Src: 00:0c:29:ce:90:e4, Dst: ff:ff:ff:ff:ff:ff
  v Destination: ff:ff:ff:ff:ff:ff
      Address: ff:ff:ff:ff:ff:ff
      .... ..1. .... .... .... .... = LG bit: Locally administered address (this is NOT the fac
      .... ...1 .... .... .... .... = IG bit: Group address (multicast/broadcast)
  v Source: 00:0c:29:ce:90:e4
      Address: 00:0c:29:ce:90:e4
      .... ..0. .... .... .... .... = LG bit: Globally unique address (factory default)
      .... ...0 .... .... .... .... = IG bit: Individual address (unicast)
    Type: ARP (0x0806)
> Address Resolution Protocol (request)
```

図3.1.11 ブロードキャストアドレスのI/GビットとU/Lビット（LGビット）

U/L ビットが「0」の MAC アドレス、つまり IEEE から割り当てられたグローバル MAC アドレスは、上位 24 ビットにも大きな意味があります。上位 24 ビットは、IEEE がベンダーごとに割り当てたベンダーコードです。これは「**OUI（Organizationally Unique Identifier）**」と呼ばれおり、この部分を見ることで NIC を製造しているベンダーがわかります。OUI は「http://standards-oui.ieee.org/oui.txt」で公開されているので、トラブルシューティングのときなどに参考にしてみるとよいでしょう。

残りの下位 24 ビットは、各ベンダーが一意に NIC に割り当てたシリアルコードです。こちらは「**UAA（Universally Administered Address）**」と呼ばれています。

NIC に割り当てられている MAC アドレスは、IEEE によって一意に管理されている上位 24 ビットと、各ベンダーによって一意に管理されている下位 24 ビットの 2 つの組み合わせによって、世界でたったひとつのものになります。

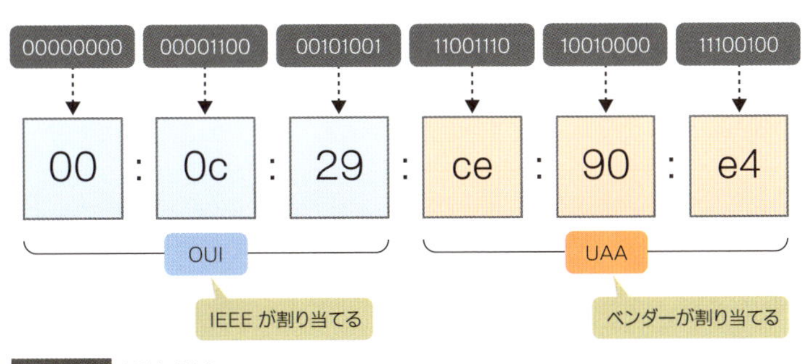

図3.1.12 OUIとUAA

3種類のMACアドレス

ネットワークにおいて、通信の種類は「**ユニキャスト**」「**ブロードキャスト**」「**マルチキャスト**」の3つしかありません。そして、それぞれで使用するMACアドレスが微妙に異なります。ざっくり説明しましょう。

通信の種類	送信元:宛先	送信元MACアドレス	宛先MACアドレス
ユニキャスト	1:1	送信元端末のMACアドレス	宛先端末のMACアドレス
ブロードキャスト	1:n（同じEthernetネットワークにいる全端末）	送信元端末のMACアドレス	ff-ff-ff-ff-ff-ff
マルチキャスト	1:n（特定のグループに所属する端末）	送信元端末のMACアドレス	I/Gビットが「1」のMACアドレス

表3.1.3 3種類のMACアドレス

ユニキャスト

まずは、ユニキャストについてです。ユニキャストは1:1の通信です。これはとてもわかりやすいでしょう。宛先MACアドレスも送信元MACアドレスも、端末のMACアドレスになります。Webやメールなど、インターネットの通信のほとんどは、このユニキャストで構成されています。

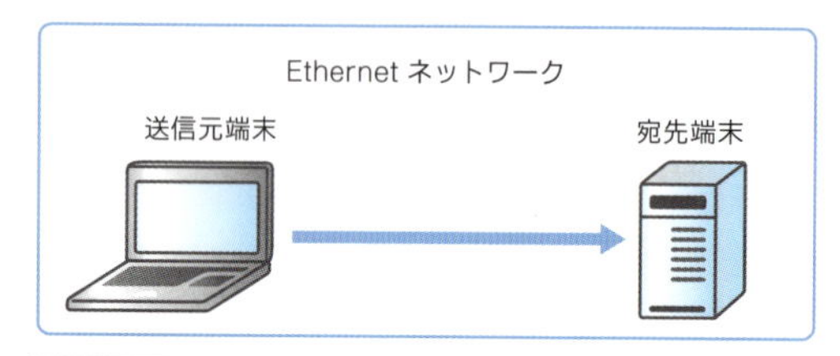

図3.1.13 ユニキャスト

ブロードキャスト

続いて、ブロードキャストです。ブロードキャストは1:nの通信です。ここでいう「n」とは、同じEthernetネットワークにいる端末すべてを表しています。ある端末がブロードキャストを送信したら、そのネットワークにいるすべての端末が受信します。このブロードキャストが届く範囲のことを「ブロードキャストドメイン」といいます。

ブロードキャストの送信元MACアドレスには、送信元端末のMACアドレスをそのまま使用します。一方、宛先MACアドレスは48ビットがすべて「1」、16進数にすると「ff:ff:ff:ff:ff:ff」という特別なものを使用します。

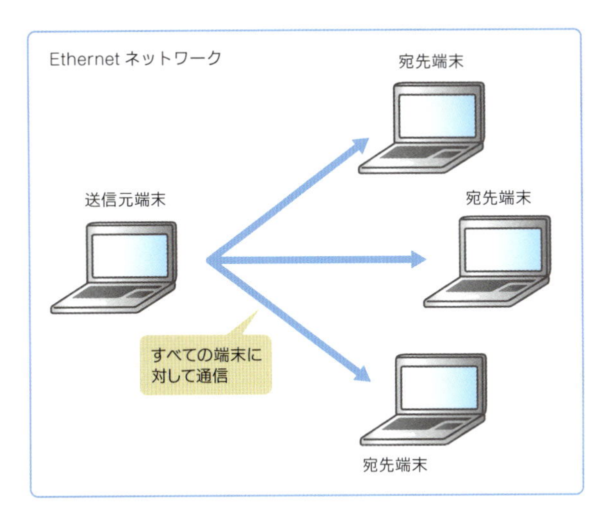

図3.1.14 ブロードキャスト

マルチキャスト

最後に、マルチキャストです。マルチキャストは1:nの通信です。ここでいう「n」とは、特定のグループ（マルチキャストグループ）に入っている端末です。ある端末がマルチキャストを送信したら、そのグループに入っている端末だけが受信します。

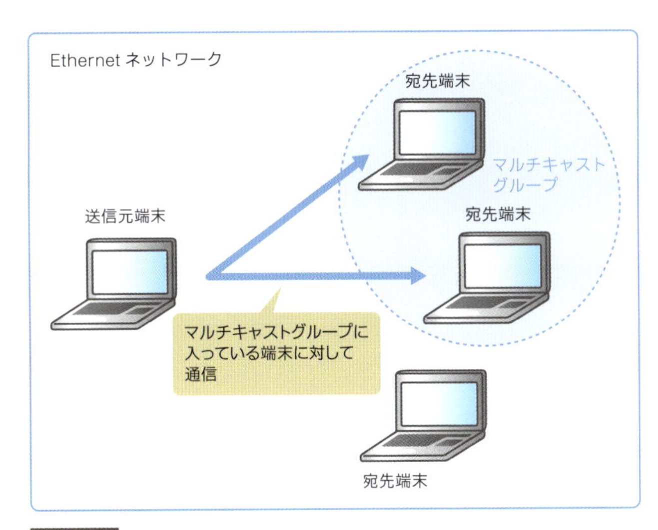

図3.1.15 マルチキャスト

マルチキャストの送信元MACアドレスには、送信元端末のMACアドレスをそのまま使用します。一方、宛先MACアドレスは上位25ビットと下位23ビットで異なる意味を持ちます。上位25ビットは「0000 0001 0000 0000 0101 1110 0」に固定されています。これは16進数にすると「01-00-5E」の後に「0」が1個付いたものです。「01-00-5E」は、世界中のIPアドレスを管理している「ICANN（Internet Corporation for Assigned Names and Numbers)」という組織が所有しているベンダーコードです。一方、下位23ビットはマルチキャスト用IPアドレス（224.0.0.0～239.255.255.255）の下位23ビットをそのままコピーして使います。

マルチキャストは、主に動画配信や証券取引系のアプリケーションなどで使用されています。ブロードキャストはそのネットワークにある全端末が強制的に受信してしまうのに対し、マルチキャストはアプリケーションを起動した端末だけが受信できるので、トラフィック的に効率がよくなります。

3.1.2 Ethernetの解析に役立つWiresharkの機能

続いて、Ethernetフレームを解析するときに役立つWiresharkの機能について説明します。Wiresharkには、膨大なEthernetフレームをよりわかりやすく、よりかんたんに解析するために、たくさんの機能が用意されています。その中から、システムの構築現場、運用現場において、コンピューターエンジニアが使用する機能をいくつかピックアップして説明します。

設定オプション

Ethernetの設定オプションは、メニューバーの[編集]-[設定]で設定画面を開き、[Protocols]の中の[Ethernet]で変更できます。基本的にデフォルト値のままで使用することが多いですが、この中でも使用することがある「Assume packets have FCS」と「Validate the Ethernet checksum if possible」について説明します。

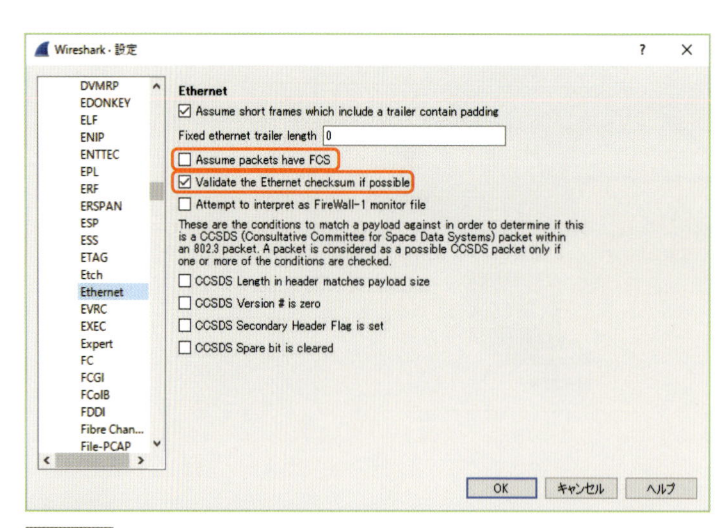

図3.1.16 Ethernetの設定オプション

Assume packets have FCS

p.59でも述べたとおり、FCSは送信側から見てキャプチャした後に付加され、受信側から見てキャプチャする前に取り外されるため、Wiresharkでキャプチャすることはできません。そのため、Wiresharkはパケットを処理するとき、そもそもEthernetフレームにはFCSが付加されていないものとして処理します。しかし、すべてのパケットキャプチャツールがWiresharkと同じようにFCSをキャプチャできないとはかぎりません。「Assume packets have FCS」を有効にすると、Ethernetフレームの最後4バイトをFCSと見なして処理するようになります。FCSを含むキャプチャファイルを開いて解析するときに、このオプションを利用します。

Validate the Ethernet checksum if possible

上述の「Assume packets have FCS」でFCSとして処理した値が実際に正しいかどうかを確認するオプションが、「Validate the Ethernet checksum if possible」です。Wiresharkは、受け取ったEthernetフレームの「宛先MACアドレス」「送信元MACアドレス」「タイプ」「Ethernetペイロード」に対してCRC計算を実行し、実際に付与されているFCSと比較します。その結果、異なる値だったら、パケット一覧のInfo列に[ETHERNET FRAME CHECK SEQUENCE]と表示され、パケット詳細の「Frame Check Sequence」には「incorrect」と表示されるようになります。

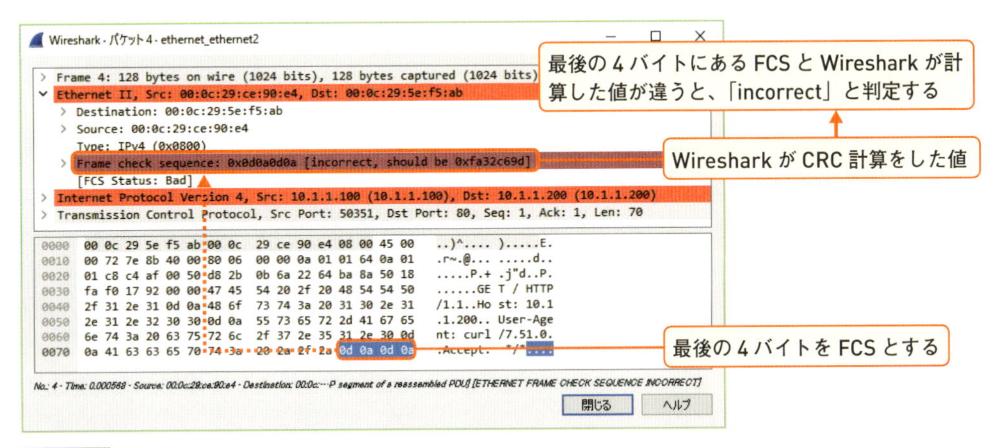

図3.1.17 FCSのチェックに失敗した例

表示フィルタ

Ethernetに関する代表的な表示フィルタは、次の表のとおりです。Ethernetフレームにおけるほぼすべてのフィールドをフィルタ対象として設定できます。

フィールド名	フィールド名が表す意味	記述例
eth.addr	宛先MACアドレスか送信元MACアドレス	eth.addr == bc:ee:7b:73:a5:d0
eth.addr_resolved	OUIをベンダー名に変換した宛先MACアドレスか送信元MACアドレス	eth.addr_resolved == AsustekC_73:a5:d0
eth.dst	宛先MACアドレス	eth.dst == bc:ee:7b:73:a5:d0
eth.dst_resolved	OUIをベンダー名に変換した宛先MACアドレス	eth.dst_resolved == AsustekC_73:a5:d0
eth.ig	I/Gビット	eth.ig == 1
eth.len	IEEE802.3フレーム内のサイズ（バイト単位）	eth.len > 1400
eth.lg	L/Gビット	eth.lg == 1
eth.padding	パディング	eth.padding
eth.src	送信元MACアドレス	eth.src == bc:ee:7b:73:a5:d0
eth.src_resolved	OUIをベンダー名に変換した送信元MACアドレス	eth.src_resolved == AsustekC_73:a5:d0
eth.type	タイプコード	eth.type == 0x800
frame.len	フレームサイズ（バイト単位）	frame.len > 1000

表3.1.4 Ethernetに関する代表的な表示フィルタ

フレームサイズ

最近のネットワーク端末（PC、サーバー）やネットワーク機器は、より速く、より確実に通信するために、Ethernet フレームを分割したり結合したり、Ethernet フレームに対していろいろな処理を施しています。Wireshark では、フレームサイズを列として登録することによって、そうした処理の結果としての値の変化を、時系列的な観点から見られるようになります。

フレームサイズを列として登録するには、メニューバーの［編集］-［設定］で設定画面を開き、［外観］-［列］で「Packet Length(bytes)」の列を追加するか、もしくはパケット詳細で「Frame」の中の「Frame Length」を右クリックして［列として適用］を選択します。

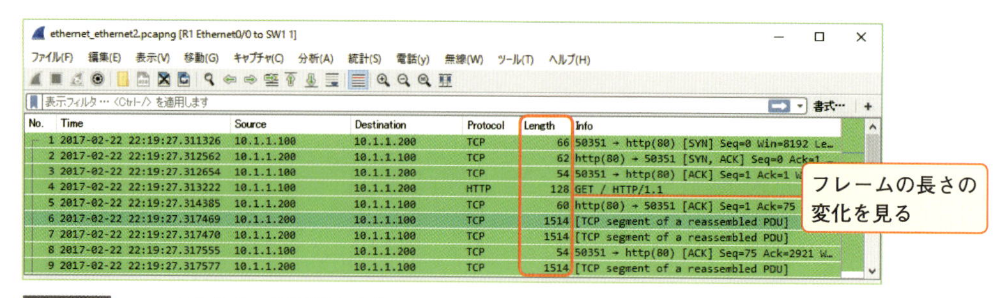

図3.1.18 フレームサイズの時系列的な変化を見る

p.56 や p.59 でも述べたとおり、プリアンブルと FCS は送信側から見てキャプチャした後に付加され、受信側から見てキャプチャする前に取り外されるため、Wireshark でキャプチャすることはできません。したがって、Wireshark でキャプチャできる最大のフレームサイズは、実際に Ethernet で定義されているフレームサイズよりも小さくなります。具体的には、

Ethernet で定義されている最大フレームサイズが 1526 バイト（=8+6+6+2+1500+4）であるのに対し、Wireshark でキャプチャできる最大フレームサイズは 1514 バイト（=6+6+2+1500）です。

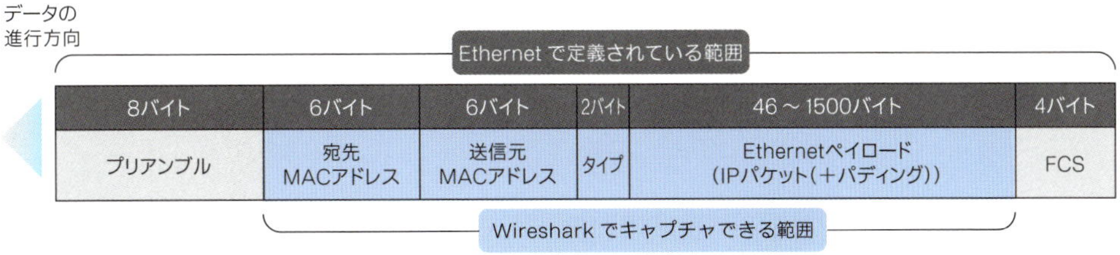

データの
進行方向

Ethernet で定義されている範囲

8バイト	6バイト	6バイト	2バイト	46～1500バイト	4バイト
プリアンブル	宛先 MACアドレス	送信元 MACアドレス	タイプ	Ethernetペイロード （IPパケット(＋パディング)）	FCS

Wireshark でキャプチャできる範囲

図3.1.19 Wiresharkでキャプチャできる範囲

名前解決オプション

「名前解決オプション」は、パケット詳細に表示される MAC アドレスの上位 24 ビットを自動的にベンダー名に変換する機能です。たとえば、「00:0c:29:ce:90:e4」という MAC アドレスの上位 24 ビットの「00:0c:29」は、ヴイエムウェアに割り当てられた OUI です。メニューバーの［編集］-［設定］で設定画面を開き、［Name Resolution］の［Resolve MAC addresses］にチェックを入れて、名前解決オプションを有効にすると、パケット詳細に表示されている「00:0c:29」が「Vmware」と変換され、一目でヴイエムウェア製の NIC で通信していることがわかります。

なお、名前解決オプションの変換は、「C:¥Program Files¥Wireshark¥manuf」に基づいて行われます。そのため、このリストに記載されていない OID だったり、MAC アドレスをツールなどで静的に設定していたりする場合はうまく機能しません。注意してください。

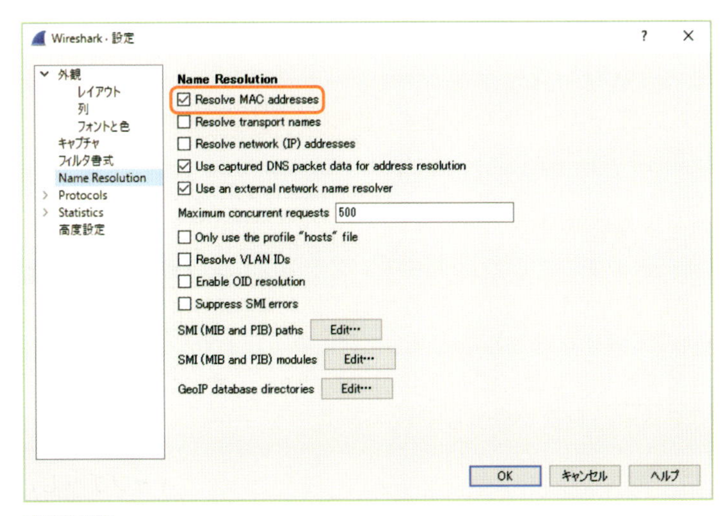

図3.1.20 名前解決オプション

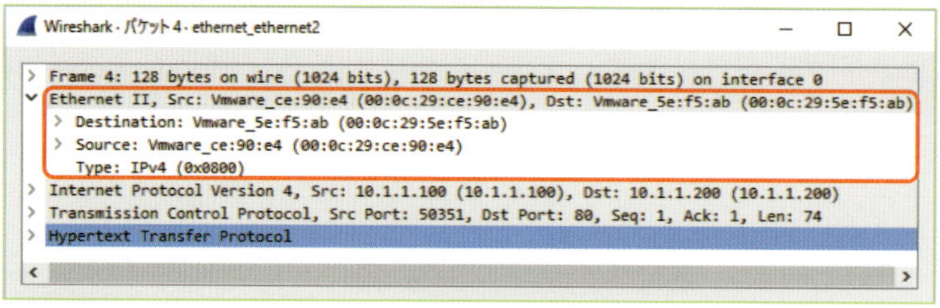

```
Wireshark · パケット 4 · ethernet_ethernet2
> Frame 4: 128 bytes on wire (1024 bits), 128 bytes captured (1024 bits) on interface 0
v Ethernet II, Src: Vmware_ce:90:e4 (00:0c:29:ce:90:e4), Dst: Vmware_5e:f5:ab (00:0c:29:5e:f5:ab)
  > Destination: Vmware_5e:f5:ab (00:0c:29:5e:f5:ab)
  > Source: Vmware_ce:90:e4 (00:0c:29:ce:90:e4)
    Type: IPv4 (0x0800)
> Internet Protocol Version 4, Src: 10.1.1.100 (10.1.1.100), Dst: 10.1.1.200 (10.1.1.200)
> Transmission Control Protocol, Src Port: 50351, Dst Port: 80, Seq: 1, Ack: 1, Len: 74
> Hypertext Transfer Protocol
```

図3.1.21 上位24ビットがベンダー名に変換される

3.1.3 Ethernetフレームの解析

続いて、実際のネットワーク環境で使用されているEthernetの基本機能や拡張機能、トラブルなどについて、パケットレベルで解析します。Ethernetのネットワークは、なんといってもMACアドレスありきです。どの機器のどのポートにどんなMACアドレスを持つ端末が接続されているか、整理しながら解析を進めると、より効率よく理解を深められるでしょう。

レイヤー2スイッチングの処理はどう見えるか

Ethernetで動作する機器といえば「**レイヤー2スイッチ**（以降、L2スイッチと表記）」です。馴染みのない方は、大きな家電量販店や会社の机の上などで見かける、LANポートをたくさん搭載したネットワーク機器を思い浮かべてください。あれがL2スイッチです。有線LAN環境であれば、ほとんどの場合、クライアントPCはLANケーブルを経由してL2スイッチにつながっていると考えてよいでしょう。

L2スイッチは、Ethernetヘッダーに含まれている送信元MACアドレスと自分自身のポート番号を管理することによって、Ethernetフレームの転送先を切り替え、通信の効率化を図っています。このEthernetフレームの転送先を切り替える機能のことを、「**L2スイッチング**」といいます。また、送信元MACアドレスとポート番号を管理するテーブル（表）のことを、「**MACアドレステーブル**」といいます。L2スイッチングでは、このMACアドレステーブルが重要なポイントです。

■ MACアドレスとポートを管理する

では、L2スイッチは、どのようにしてMACアドレステーブルを作り、どのようにしてL2スイッチングをしているのでしょうか。ここでは、同じL2スイッチに接続しているPC1とPC2がEthernetフレームを送信しあう場面を例に説明します。

なお、ここでは純粋にスイッチングの処理を説明するために、すべての端末がお互いのMACアドレスを学習済みという前提で説明します。

1. PC1は、PC2に対するEthernetフレームを作り、ケーブルに流します。このとき、送信元MACアドレスはPC1のMACアドレス（cc:04:2a:ac:00:00）、宛先MACアドレスはPC2のMACアドレス（cc:05:29:3c:00:00）です。この時点ではL2スイッチのMACアドレステーブルは空っぽです。

```
Wireshark · パケット 1 · ethernet_l2sw_pc1
> Frame 1: 114 bytes on wire (912 bits), 114 bytes captured (912 bits) on interface 0
v Ethernet II, Src: cc:04:2a:ac:00:00, Dst: cc:05:29:3c:00:00
  v Destination: cc:05:29:3c:00:00
      Address: cc:05:29:3c:00:00
      .... ..0. .... .... .... .... = LG bit: Globally unique address (factory default)
      .... ...0 .... .... .... .... = IG bit: Individual address (unicast)
  v Source: cc:04:2a:ac:00:00
      Address: cc:04:2a:ac:00:00
      .... ..0. .... .... .... .... = LG bit: Globally unique address (factory default)
      .... ...0 .... .... .... .... = IG bit: Individual address (unicast)
    Type: IPv4 (0x0800)
> Internet Protocol Version 4, Src: 192.168.1.1 (192.168.1.1), Dst: 192.168.1.2 (192.168.1.2)
> Internet Control Message Protocol
```

図3.1.22 Wiresharkで見たPC1からPC2へのEthernetフレーム

2 PC1のフレームを受け取ったL2スイッチは、Ethernetフレームの送信元MACアドレス（cc:04:2a:ac:00:00）と、フレームを受け取ったポート番号（Fa0/1）をMACアドレステーブルに登録します。

3 L2スイッチは、この時点ではPC2がどのポートに接続されているか知りません。そこで、PC1のEthernetフレームのコピーを、PC1が接続されているポートを除くすべてのポート、つまりFa0/1以外のポートに送信します。この動作を「フラッディング」といいます。「どのポート宛てかわからないから、とりあえずみんなに投げちゃえ！」的な動作です。ちなみに、ブロードキャストのMACアドレス「ff:ff:ff:ff:ff:ff」は送信元MACアドレスになることがないため、MACアドレステーブルに登録されることがありません。したがって、**ブロードキャストはいつもフラッディングされることになります。**

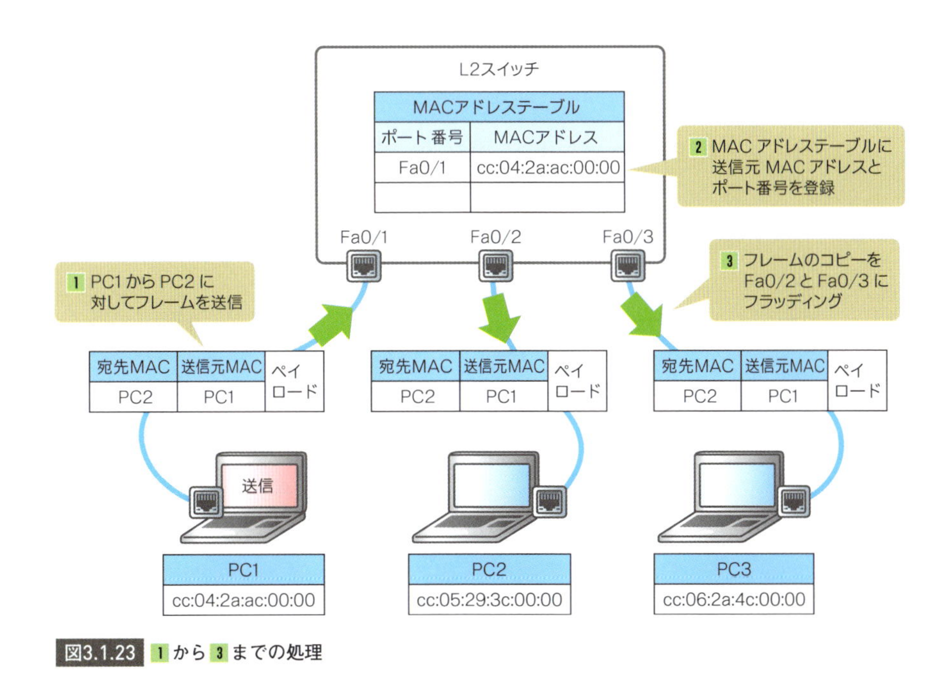

図3.1.23 1から3までの処理

4 コピーフレームを受け取ったPC2は、PC1に対する返信フレームを作り、ケーブルに流します。また、フラッディングにより、PC1とPC2の通信に関係のない端末（たとえば、図中のPC3）も同じくEthernetフレームを受け取りますが、自分に関係のないEthernetフレームと判断して破棄します。

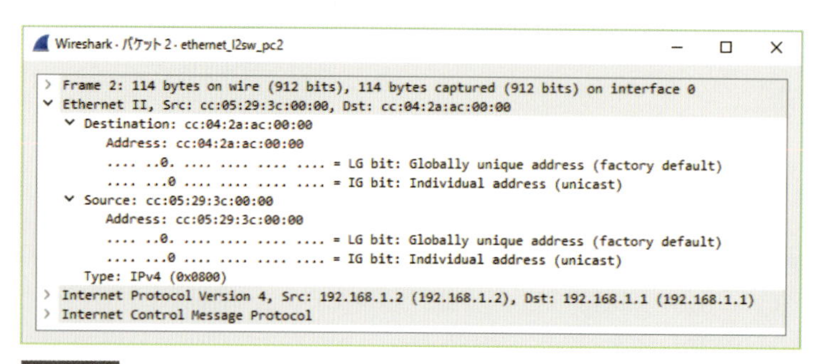

Wireshark・パケット 2・ethernet_l2sw_pc2

```
> Frame 2: 114 bytes on wire (912 bits), 114 bytes captured (912 bits) on interface 0
v Ethernet II, Src: cc:05:29:3c:00:00, Dst: cc:04:2a:ac:00:00
  v Destination: cc:04:2a:ac:00:00
      Address: cc:04:2a:ac:00:00
      .... ..0. .... .... .... .... = LG bit: Globally unique address (factory default)
      .... ...0 .... .... .... .... = IG bit: Individual address (unicast)
  v Source: cc:05:29:3c:00:00
      Address: cc:05:29:3c:00:00
      .... ..0. .... .... .... .... = LG bit: Globally unique address (factory default)
      .... ...0 .... .... .... .... = IG bit: Individual address (unicast)
    Type: IPv4 (0x0800)
> Internet Protocol Version 4, Src: 192.168.1.2 (192.168.1.2), Dst: 192.168.1.1 (192.168.1.1)
> Internet Control Message Protocol
```

図3.1.24 PC2からPC1へEthernetフレームを返信

5 PC2のEthernetフレームを受け取ったL2スイッチは、Ethernetフレームの送信元MACアドレスに入っているPC2のMACアドレス（cc:05:29:3c:00:00）と、ポート番号（Fa0/2）をMACアドレステーブルに登録します。

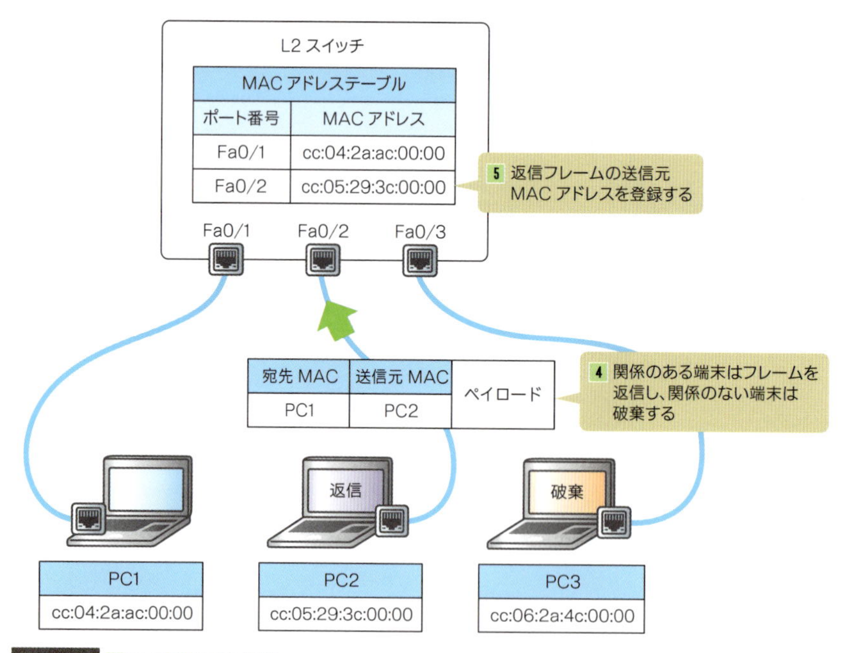

図3.1.25 4から5までの処理

6 これでL2スイッチはPC1とPC2がどのポートに接続されているかを認識できました。これ以降は、PC1とPC2の間の通信を直接転送するようになります。**3**のようなフラッディングは行いません。

7 L2 スイッチは、PC1、あるいは PC2 が一定時間通信しなくなると、MAC アドレステーブルの中で関連している行を削除します。削除するまでの時間は機器によって異なりますが、任意に変更することも可能です。たとえば、シスコの L2 スイッチ「Cisco Catalyst シリーズ」の場合、デフォルトで 5 分（300 秒）です。

VLANタグはどう見えるか

L2 スイッチでよく使用する機能が、「VLAN（Virtual Local Area Network）」です。VLAN は、1 台の L2 スイッチを仮想的に複数の L2 スイッチのように見せかける技術です。

VLAN のしくみは極めてシンプルです。L2 スイッチのポートに VLAN の識別番号となる「VLAN ID」という数字を設定し、異なる VLAN ID が付いたポートにはフレームを転送しないようにしているだけです。VLAN の設定方法には「ポート VLAN」と「タグ VLAN」の 2 つがあります。それぞれ説明しましょう。

ポート VLAN は 1 ポートに 1VLAN

ポート VLAN は、1 ポートに 1 つの VLAN を割り当てる設定方法です。たとえば、次の図のように、L2 スイッチの Fa0/1 と Fa0/2 に VLAN1 を、Fa0/3 と Fa0/4 に VLAN2 を設定したとします。これは 1 台の L2 スイッチの中に、VLAN1 の L2 スイッチと、VLAN2 の L2 スイッチの 2 台ができたとイメージするとわかりやすいでしょう。この場合、VLAN1 のポートに接続されている PC1 と PC2 は、互いに Ethernet フレームをやりとりすることができます。しかし、VLAN1 のポートに接続されている PC1 と、VLAN2 のポートに接続されている PC3 は、直接 Ethernet フレームをやりとりすることができません。

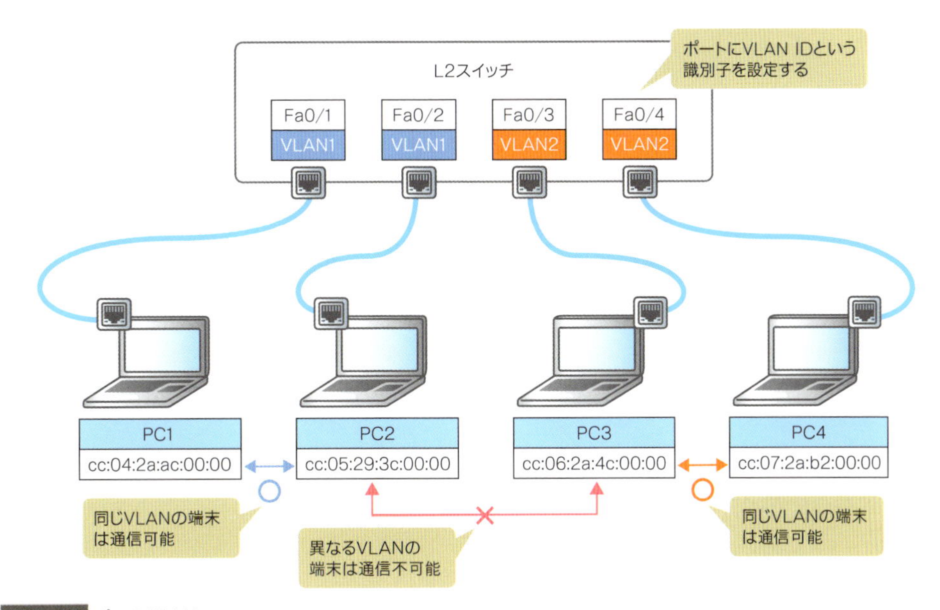

図3.1.26 ポートVLAN

ここでMACアドレステーブルに着目してみましょう。VLANを設定すると、MACアドレステーブルにあるVLAN ID列を含めて通信を制御するようになります。PC1とPC2のMACアドレスは、VLAN1のMACアドレスとして登録されます。また、PC3とPC4のMACアドレスは、VLAN2のMACアドレスとして登録されます。したがって、たとえPC1からPC3に対して通信しようとしても、VLAN1にはPC3のMACアドレスは存在しないため、通信はできません。

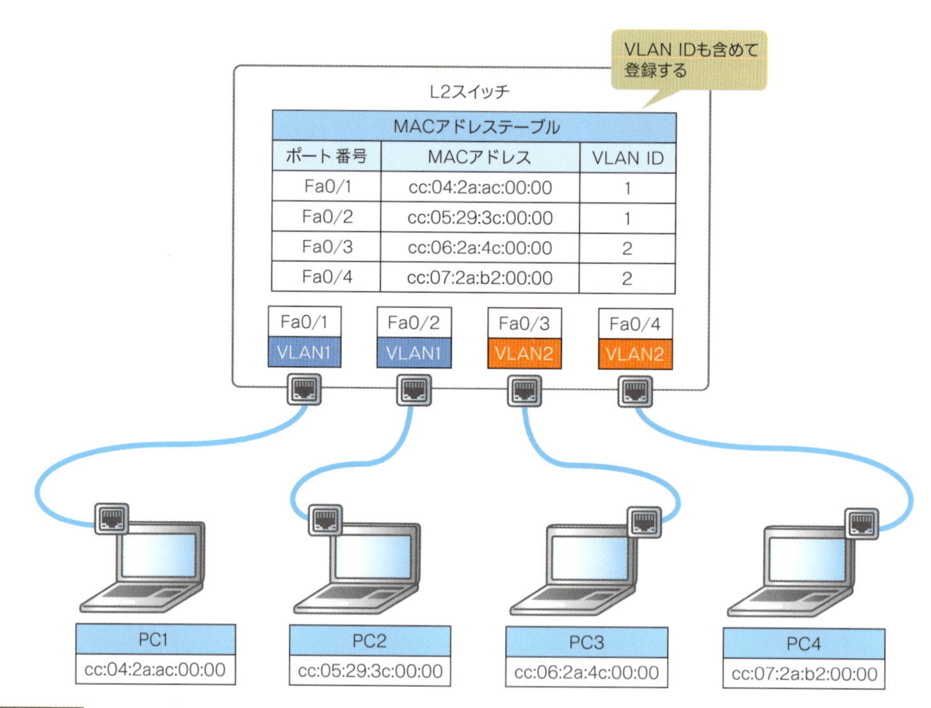

図3.1.27 MACアドレステーブルにVLAN ID列が追加される

タグVLANは1ポートでマルチVLAN

タグVLANは、その名のとおり、Ethernetフレームに VLAN情報を「VLANタグ」としてくっつける設定方法です。前述のポートVLANは、1ポートに1VLANという絶対的な約束があります。したがって、たとえば、L2スイッチをまたいで同じVLANに所属する端末同士が通信できるようにする場合、ポートとケーブルをVLANの数だけ用意する必要があります。しかし、これではポートとケーブルがいくらあっても足りません。そこで、タグVLANを利用してVLANを識別し、1つのポート、1つのケーブルに複数のVLANのフレームを流せるようにします。

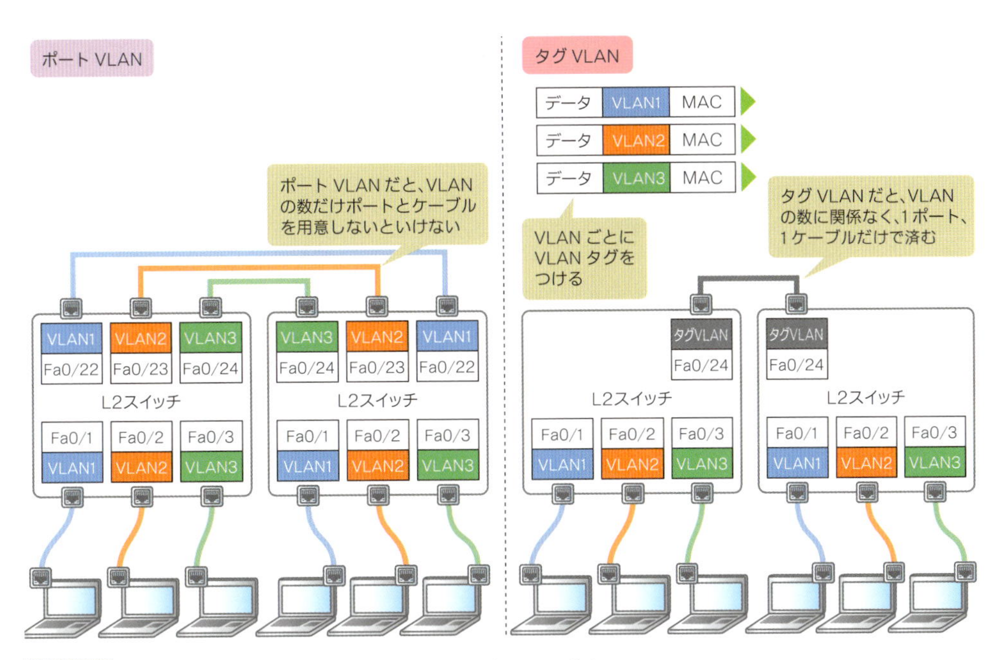

図3.1.28 タグVLANを利用すれば、L2スイッチ間の接続は1つで済む

タグVLANのポートがどのようにVLANタグをくっつけているのか、まずパケットフォーマットから見ていきましょう。VLANタグがくっついているフレームは、「IEEE802.1q」として規格化されています。IEEE802.1qのフレームは、Ethernetにおける送信元MACアドレスとタイプの間に、「TPID（Tag Protocol Identifier）」と「TCI（Tag Control Information）」を差し込みます。

TPIDは、IEEE802.1qのフレームであることを表す2バイトのフィールドで、必ず「0x8100」という値が入ります。TCIは、VLANタグの制御情報が含まれる2バイトのフィールドで、優先制御（QoS、Quality of Service）で使用する「PCP（Priority Code Point）」、トークンリングとの相互接続で使用される「CFI（Canonical Format Indicator）」、VLAN IDが入る「VID」の3つで構成されています。

	0ビット	8ビット	16ビット	24ビット
0バイト	プリアンブル			
4バイト				
8バイト	宛先MACアドレス			
12バイト			送信元MACアドレス	
16バイト				
20バイト	TPID		PCP / CFI	VID
可変	タイプ		Ethernetペイロード（IPパケット（+パディング））	
最後の4バイト	FCS			

図3.1.29 IEEE802.1qのフレームフォーマット

なお、IEEE802.1q のフレームは、VLAN タグの分（4 バイト）だけフレームサイズが大きくなります。フレームサイズがデフォルトの 1514 バイト[＊1]よりも大きいフレームのことを、「ジャンボフレーム」といいます。L2 スイッチの機能でポートをタグ VLAN のポートとして設定すると、VLAN タグ分だけ大きいジャンボフレームを処理できるようになります。

＊1　プリアンブルと FCS を除いた値です。

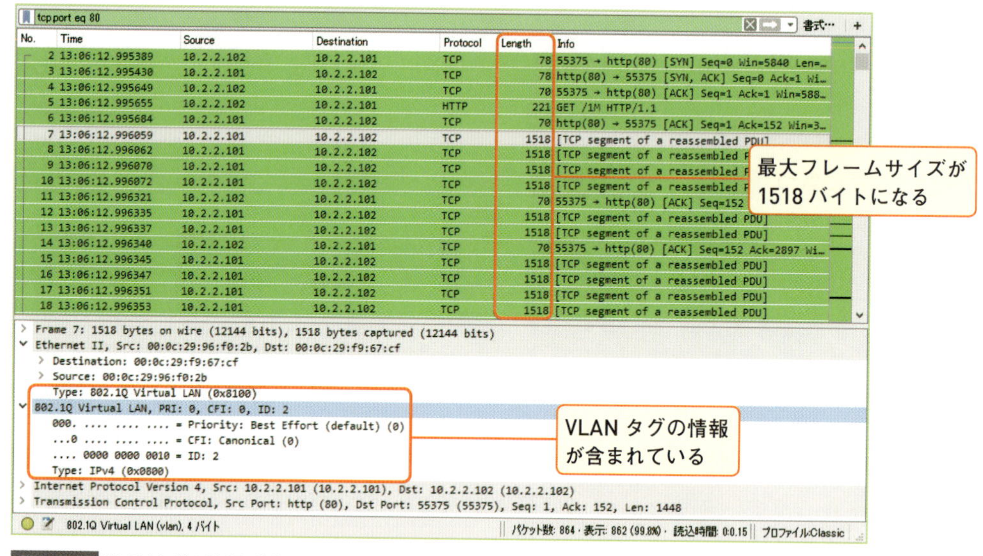

図3.1.30 VLANタグの情報が挿入されている

ブリッジングループはどう見えるか

Ethernet フレームが複数のリンクを伝ってぐるぐる回る現象のことを、「**ブリッジングループ**」といいます。人によって、単に「ループ」と言ったり、「L2 ループ」と言ったり、いろいろですが、すべて同じと考えてよいでしょう。ここでは「ブリッジングループ」に用語を統一して説明していきます。

Ethernet はフレームフォーマットを極限まで削ぎ落しているため、ループを制御するフィールドがありません。したがって、一度ブリッジングループが発生してしまうと、なんらかの対処を施すまで延々と Ethernet フレームがネットワークを回り続け、最終的にはそのネットワークにつながるすべての機器が通信できなくなります。特に、最近は IP サブネットを大きく確保して Ethernet ネットワークの数を減らし、より運用管理を楽にしようとする傾向にあるので、その影響は甚大です。Ethernet ネットワーク環境で起きるトラブルのほとんどがブリッジングループです。ここで、ブリッジングループが発生したときにパケットレベルでどんなことが起きているのか、しっかり理解しましょう。

ブリッジングループに気づくまでの流れ

ブリッジングループのほとんどは、ユーザーがきっかけで発生し、ユーザーがきっかけで気づきます。ここでは、小さな会社のオフィスで実際に起きた事例について説明します。

☺ たくさん PC をつなげたいけど、ポートが足りないから、安いスイッチをつなげてポートを増やしちゃおう。おぉ、なんか 2 ポート空いてるから、2 ポートともつなげちゃえ！　もしかしたらインターネットが速くなるかもしれないし！（もちろんなりません…）→ブリッジングループ発生

☹☹☹ なんかインターネットつながらなくない？　ざわざわざわ…
とりあえず情シス（情報システム部門）に電話しろ！

😐 調査するので、待ってください！

☹☹☹ なんとかしろよー…情シスー…ぶーぶーぶー…

異変に気づくまでのプロセスはこんな感じです。この後、システム管理者はユーザーからのプレッシャーに耐えながら、トラブルシュートすることになります。

ブリッジングループは、L2 スイッチのポート LED を見れば、一目でそれと判断できます。きっと嵐のように全ポート LED がきらめいているはずです。ブリッジングループが起きてしまった場合、まずは直前につないだ機器を確認してください。その機器がわからないようであれば、L2 スイッチにつながっているケーブルをひとつひとつ抜いて、ポート LED の点滅具合を確認してください。どこかのケーブルを抜いたとき、全ポートの点滅が止まることでしょう。小さいネットワーク環境だからこそできる力技ですが、恐らくこの環境では最も早い解決策です。ちなみに、もっと大きなネットワーク環境になると、ネットワーク機器や運用管理サーバーのログを確認できるようになり、トラブルシューティングツールの幅が広がります。

ブリッジングループを回避するために

ブリッジングループは、起こってからではもう遅いものです。起こる前になんとかして水際で食い止めなければなりません。ブリッジングループの回避策は、大きく次の 3 つです。

❶ 指定した機器以外はネットワークにつながせない

とても基本的なことですが、ブリッジングループの回避だけでなく、セキュリティ的にもかなり重要です。ユーザーの行動は思った以上に大胆で、かつ、必ずしも予期できるものとはかぎりません。一定の接続ルールを設けて、接続を制限しましょう。また、運用管理者としても、接続機器の管理を怠らないようにしましょう。

❷ ループ回避機能を使用する

最近の L2 スイッチは、安価なものでも簡易的なループ回避機能を持っています。この機能を利用してループを回避してください。また、高価なものになると STP（Spanning Tree Protocol）を使用できたり、ブロードキャストの量を制限できたり、できることの幅が広がります。2 重 3 重に機能を張り巡らしてループを回避してください。

❸ 使用しないポートをシャットダウンする

先述の事例もそうですが、筆者の経験上、ユーザーは空きポートがあると、つい何かを挿してしまいがちです。使用しない空きポートは可能なかぎり管理的にシャットダウンしておき、挿しても使えないようにしておきましょう。

■ブリッジングループのパケット解析

では、先ほど事例で説明した、あるユーザーが安いスイッチをつなげたときにどんなことが起きたのか、パケットレベルで発生メカニズムを確認してみましょう。ここでは、ユーザーがつなげた安いスイッチをSW1、情報システム部門が管理しているオフィスのスイッチをSW2として考えます。この構成は1台のスイッチに対して複数のリンクができているブリッジングループレディの構成です。

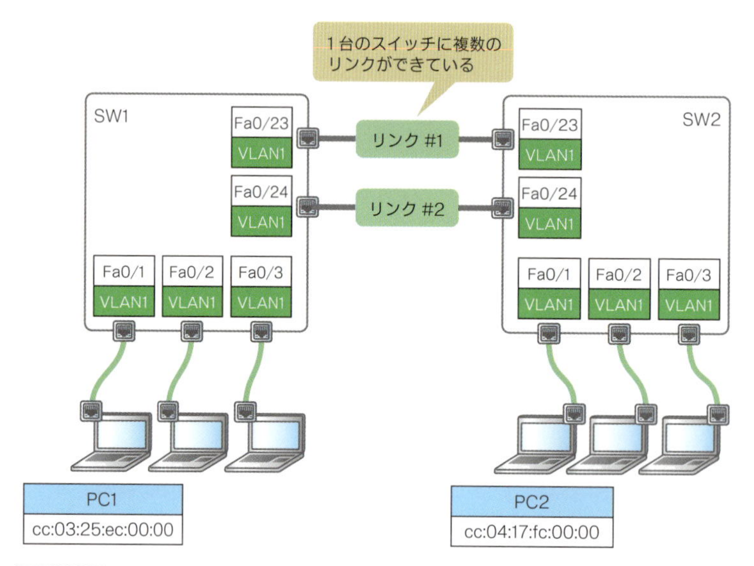

図3.1.31 ブリッジングループの発生メカニズムを理解するためのネットワーク構成

1 PC1は、送信元MACアドレスにPC1のMACアドレス（cc:03:25:ec:00:00）、宛先MACアドレスにブロードキャストアドレス（ff:ff:ff:ff:ff:ff）を入れたブロードキャストフレームを送信します。

2 ブロードキャストフレームを受け取ったSW1は、ブロードキャストフレームをフラッディングします。具体的にはPC1が接続されているFa0/1以外、つまりFa0/2、Fa0/3、Fa0/23、Fa0/24にブロードキャストフレームを流します。

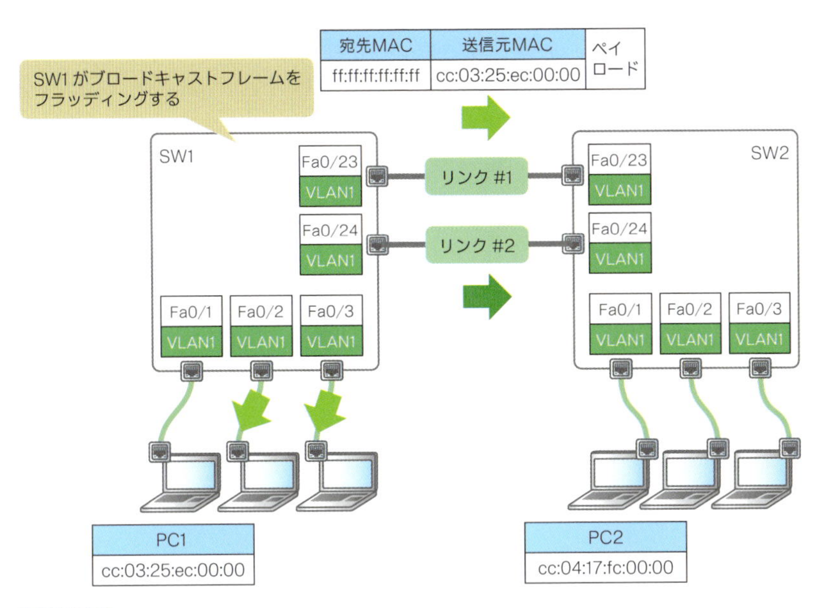

図3.1.32 1から2までの処理

3 ブロードキャストフレームを受け取ったSW2も、SW1と同じように、受け取ったリンク以外のリンクへブロードキャストフレームをフラッディングします。これでブリッジンググループの完成です。この状態を「**ブロードキャストストーム**」といいます。ブロードキャストフレームがSW1とSW2の2本のリンクを伝ってばんばんフラッディングされるようになり、同じネットワークにいるすべての端末へと波及的に影響していきます。

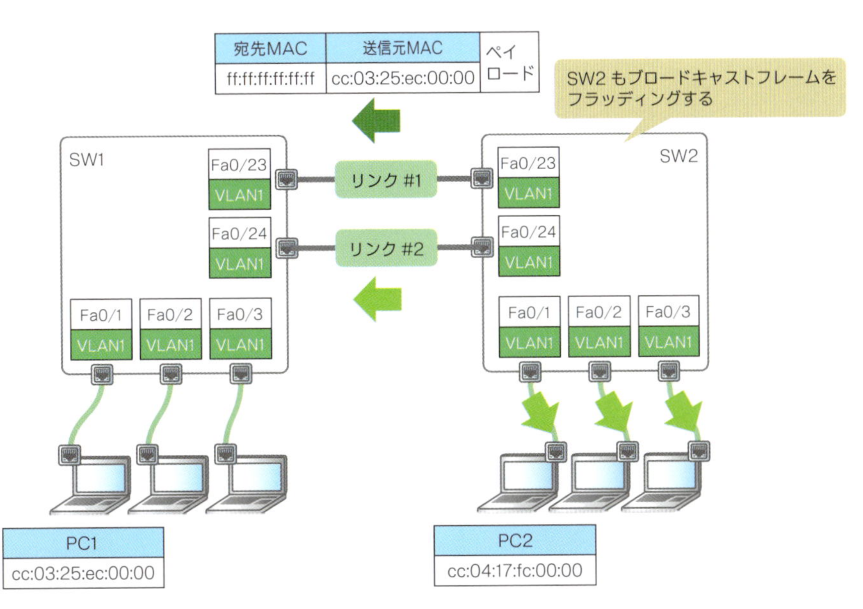

図3.1.33 SW2もブロードキャストフレームをフラッディング

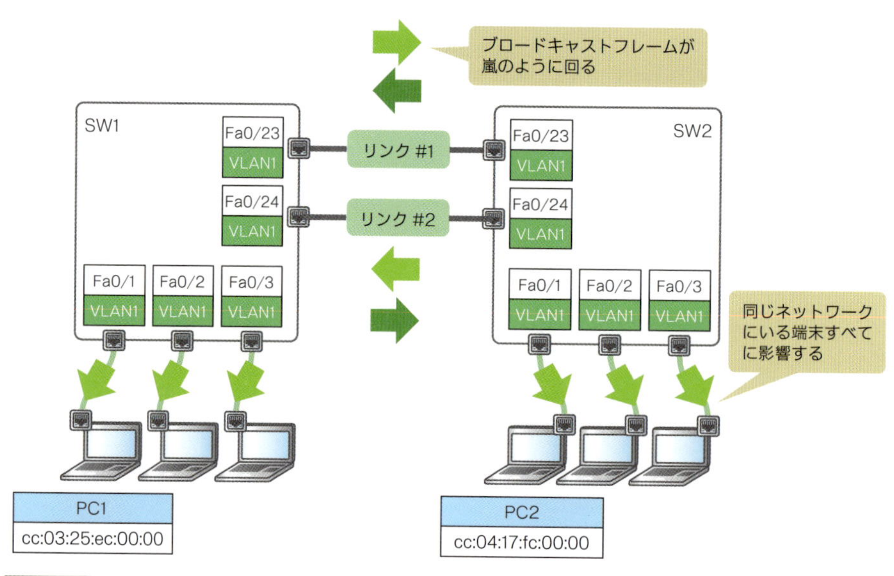

図3.1.34 ブロードキャストフレームがループする（ブロードキャストストーム）

ブロードキャストストームが発生しているときのパケットを端末ごとに見てみましょう。PC1はデータ通信に先立って、同じネットワークにいるすべての端末に対してARP(p.88参照）というブロードキャストフレームを送出します。すると、パケット一覧がみるみるうちにARPで埋まり、それ以外の通信ができなくなります。

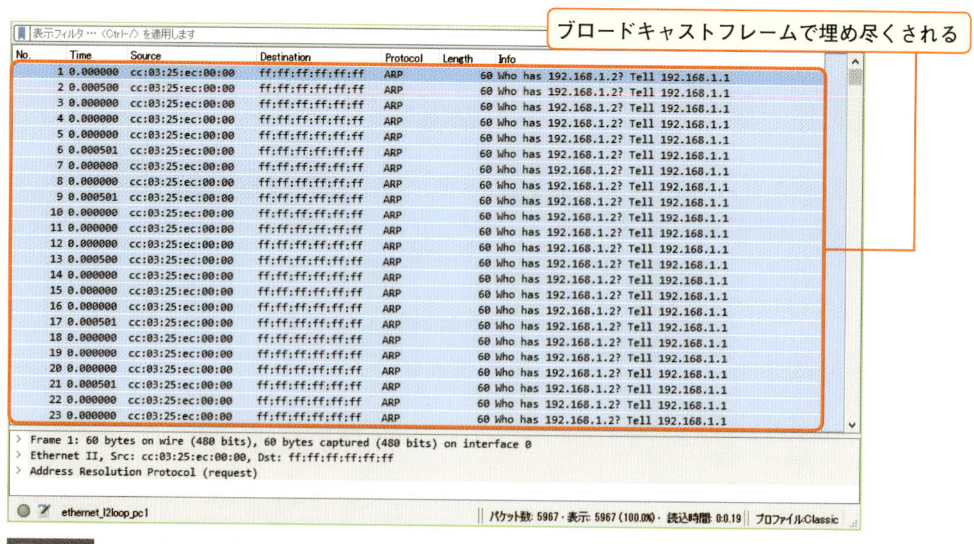

No.	Time	Source	Destination	Protocol	Length	Info
1	0.000000	cc:03:25:ec:00:00	ff:ff:ff:ff:ff:ff	ARP	60	Who has 192.168.1.2? Tell 192.168.1.1
2	0.000500	cc:03:25:ec:00:00	ff:ff:ff:ff:ff:ff	ARP	60	Who has 192.168.1.2? Tell 192.168.1.1
3	0.000000	cc:03:25:ec:00:00	ff:ff:ff:ff:ff:ff	ARP	60	Who has 192.168.1.2? Tell 192.168.1.1
4	0.000000	cc:03:25:ec:00:00	ff:ff:ff:ff:ff:ff	ARP	60	Who has 192.168.1.2? Tell 192.168.1.1
5	0.000000	cc:03:25:ec:00:00	ff:ff:ff:ff:ff:ff	ARP	60	Who has 192.168.1.2? Tell 192.168.1.1
6	0.000501	cc:03:25:ec:00:00	ff:ff:ff:ff:ff:ff	ARP	60	Who has 192.168.1.2? Tell 192.168.1.1
7	0.000000	cc:03:25:ec:00:00	ff:ff:ff:ff:ff:ff	ARP	60	Who has 192.168.1.2? Tell 192.168.1.1
8	0.000000	cc:03:25:ec:00:00	ff:ff:ff:ff:ff:ff	ARP	60	Who has 192.168.1.2? Tell 192.168.1.1
9	0.000501	cc:03:25:ec:00:00	ff:ff:ff:ff:ff:ff	ARP	60	Who has 192.168.1.2? Tell 192.168.1.1
10	0.000000	cc:03:25:ec:00:00	ff:ff:ff:ff:ff:ff	ARP	60	Who has 192.168.1.2? Tell 192.168.1.1
11	0.000000	cc:03:25:ec:00:00	ff:ff:ff:ff:ff:ff	ARP	60	Who has 192.168.1.2? Tell 192.168.1.1
12	0.000000	cc:03:25:ec:00:00	ff:ff:ff:ff:ff:ff	ARP	60	Who has 192.168.1.2? Tell 192.168.1.1
13	0.000500	cc:03:25:ec:00:00	ff:ff:ff:ff:ff:ff	ARP	60	Who has 192.168.1.2? Tell 192.168.1.1
14	0.000000	cc:03:25:ec:00:00	ff:ff:ff:ff:ff:ff	ARP	60	Who has 192.168.1.2? Tell 192.168.1.1
15	0.000000	cc:03:25:ec:00:00	ff:ff:ff:ff:ff:ff	ARP	60	Who has 192.168.1.2? Tell 192.168.1.1
16	0.000000	cc:03:25:ec:00:00	ff:ff:ff:ff:ff:ff	ARP	60	Who has 192.168.1.2? Tell 192.168.1.1
17	0.000501	cc:03:25:ec:00:00	ff:ff:ff:ff:ff:ff	ARP	60	Who has 192.168.1.2? Tell 192.168.1.1
18	0.000000	cc:03:25:ec:00:00	ff:ff:ff:ff:ff:ff	ARP	60	Who has 192.168.1.2? Tell 192.168.1.1
19	0.000000	cc:03:25:ec:00:00	ff:ff:ff:ff:ff:ff	ARP	60	Who has 192.168.1.2? Tell 192.168.1.1
20	0.000000	cc:03:25:ec:00:00	ff:ff:ff:ff:ff:ff	ARP	60	Who has 192.168.1.2? Tell 192.168.1.1
21	0.000501	cc:03:25:ec:00:00	ff:ff:ff:ff:ff:ff	ARP	60	Who has 192.168.1.2? Tell 192.168.1.1
22	0.000000	cc:03:25:ec:00:00	ff:ff:ff:ff:ff:ff	ARP	60	Who has 192.168.1.2? Tell 192.168.1.1
23	0.000000	cc:03:25:ec:00:00	ff:ff:ff:ff:ff:ff	ARP	60	Who has 192.168.1.2? Tell 192.168.1.1

```
> Frame 1: 60 bytes on wire (480 bits), 60 bytes captured (480 bits) on interface 0
> Ethernet II, Src: cc:03:25:ec:00:00, Dst: ff:ff:ff:ff:ff:ff
> Address Resolution Protocol (request)
```

ethernet_l2loop_pc1 | パケット数: 5967 · 表示: 5967 (100.0%) · 読込時間: 0:0.19 | プロファイル:Classic

図3.1.35 PC1のパケットデータ

また、PC2もPC1と同じようにARPだけで埋まりきってしまい、それ以外の通信ができなくなります。

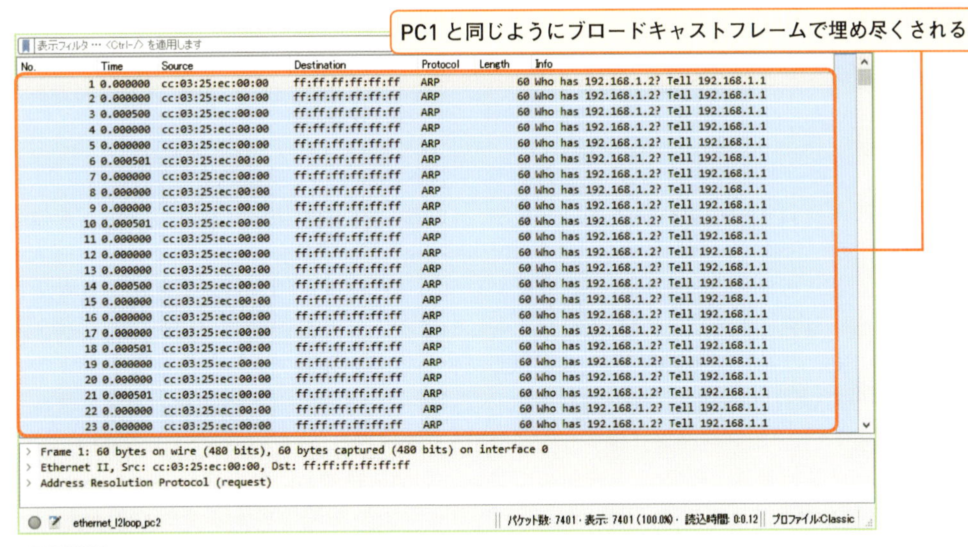

図3.1.36 PC2のパケットデータ

なお、SW1とSW2を接続している2本のリンクのうち、1本を抜線すると、このループは止まります。繰り返しになりますが、ブリッジングループはループ制御のためのフィールドを持たないEthernetを使用し続けるかぎりつきまとう致命的な弱点です。スポーツ選手にとってのケガと同じで、うまく予防していくしかありません。

CHAPTER 3

02 PPPoE

Ethernetはその類まれなる汎用性から、いろいろな形で拡張されています。そのうちのひとつが「PPPoE（Point-to-Point Protocol over Ethernet）」です。家でインターネットに接続するために、ブロードバンドルータやソフトウェアを設定したことがある方なら、一度くらいは目にしたことがある言葉かもしれません。名前の中に「Ethernet」が含まれているので、なんとなくEthernetに関係していることが推察できると思います。

PPPoEはNTT東日本/西日本が提供しているインターネット接続サービス「フレッツ光ネクスト」や「Bフレッツ」「フレッツADSL」で使用されているレイヤー2プロトコルです。フレッツ契約者は、PPPoEを使用してフレッツ網に接続し、インターネットへと出ていきます。PPPoEは、PPPをEthernetネットワーク上で使用できるように拡張したレイヤー2プロトコルです。PPPoEを知るためには、PPPを知る必要があります。そこで、まずはPPPから説明していくことにしましょう。

3.2.1 PPPプロトコルの詳細

PPPは文字どおり、ポイントとポイント（Point-to-Point）を1:1につなぐためのレイヤー2プロトコルです。PPPは、端末と端末の間に1：1の論理的な通信路を作り、その上でIPパケットを転送できるようにします。以前は、電話線をそのまま使用してインターネットに接続する「ダイヤルアップ接続」などで使用されていました。PPPによって作られる論理的な通信路のことを、「データリンク」といいます。

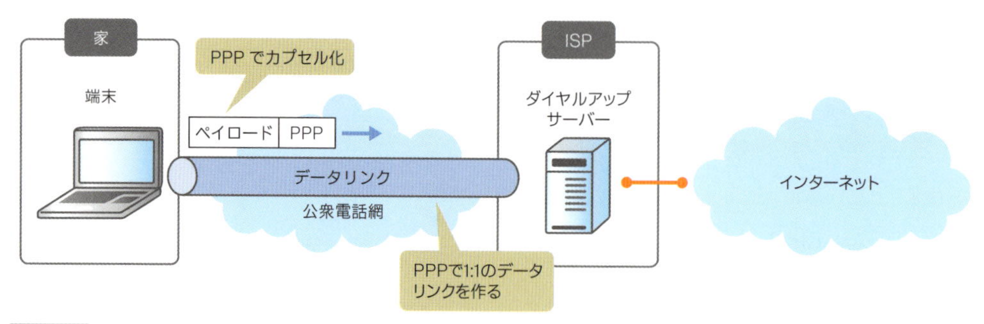

図3.2.1 PPPによるダイヤルアップ接続

PPPのフレームフォーマット

PPPのフレームフォーマットは、Ethernetのフレームフォーマットと似ていて、比較的シンプルです。1:1の通信だけに特化しているところが特徴といえます。

	0ビット	8ビット	16ビット	24ビット
0バイト	フラグ	アドレス	制御	プロトコル
4バイト	プロトコル（続き）			
可変	PPPペイロード（IPパケット）			
最後の5バイト	FCS			
	フラグ			

図3.2.2 PPPのフレームフォーマット

PPPは、「LCP（Link Control Protocol）」と「NCP（Network Control Protocol）」という2つのプロトコルで構成されていて、「プロトコル」フィールドで識別することができます。LCPがデータリンク層に関する機能を制御し、NCPがネットワーク層に関する機能を制御しています。

ネットワーク層	IP		
データリンク層	PPP	NCP	IPで通信するための設定や認証
		LCP	データリンクの確立・切断・維持・オプション（認証・圧縮など）制御
物理層	電話回線・ISDN回線・シリアル		

表3.2.1 LCPとNCPの役割

PPPの接続処理プロセス

PPPの接続処理は5つのフェーズで構成されています。少し複雑なので、次ページの図とあわせて説明を読んでください。

❶ リンク確立フェーズ

LCPを利用して、認証タイプや最大データサイズ（MRU、Maximum Receive Unit）など、データリンク（L2レベルの通信路）を確立するために必要な設定情報をネゴシエーションし、その情報をもとにデータリンクを確立します。

❷ 認証フェーズ

データリンクが確立した後、認証タイプが設定されていたら、認証を行います。認証はLCPで行うわけではありません。PAPやCHAPなど認証プロトコル（次項で解説）に任せます。LCPでできたデータリンクの上で認証を行います。認証タイプが設定されていなかったら、認証をスキップして、ネットワーク層の設定に移行します。

❸ ネットワーク層プロトコルフェーズ

ネットワーク層レベルの設定はNCPで行います。LCPはデータリンク層レベルの設定情報しか扱いません。NCPは、IPだったら「IPCP」、IPXだったら「IPXCP」というように、ネットワーク層のプロトコルごとに用意されています。フレッツの場合はIPパケットのみが通信対象になっているで、「NCP＝IPCP」と考えてよいでしょう。PPPサーバーはIPCPを使用して、PPPクライアントに対して、IPアドレスを割り当てたり、DNSサーバーのIPアドレスを通知したりして、IPレベルで通信できるようにします。

❹ リンク維持フェーズ

ここまで準備ができたら、ようやくPPPでIPパケットをカプセル化できるようになって、IP通信ができるようになります。通信ができるようになった後は、LCPでデータリンクの状態を監視します。PPPサーバーは一定の時間間隔でLCPのEcho Requestを送信し、それに対して、PPPクライアントはEcho Replyを返します。一定時間Echo Replyが返ってこなかったら、データリンクを切断（終了）します。

❺ リンク終了フェーズ

データリンクを切断するときもLCPを使用します。データリンク終了のきっかけはいろいろです。たとえば、通信が発生しない状態が続いたり、システム管理者が管理的に切断したりすると、リンク終了フェーズに入ります。切断を指示する側の端末は、LCPのTerminate Requestを送信すると、切断状態になります。一方、指示を受けた側の端末はTerminate Ackを返信すると、一定時間待って、切断状態になります。

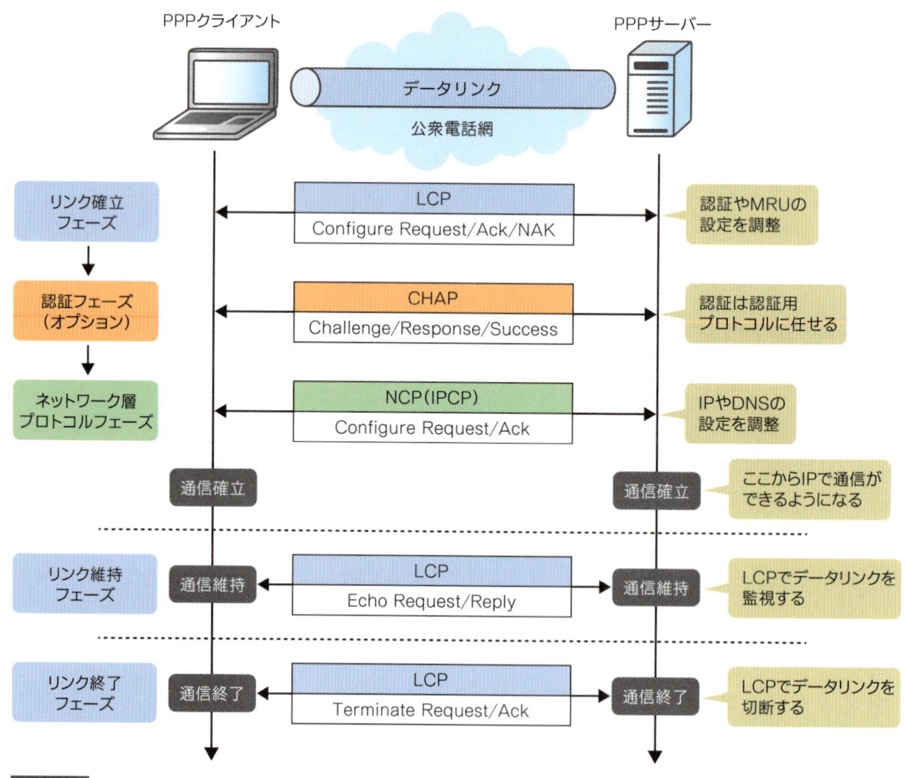

図3.2.3 PPPの接続処理プロセス

認証にはPAPかCHAPを使用する

PPPの認証で使用するプロトコルは、「PAP (Password Authentication Protocol)」か「CHAP (Challenge Handshake Authentication Protocol)」のどちらかです。どちらもIDとパスワードを使用して認証を行いますが、CHAPのほうが安全です。ここで、その理由を説明しておきます。

PAPは、クライアントがIDとパスワードを送信し（Authenticate Request）、サーバーがあらかじめ設定してあるIDとパスワードをもとに認証します（Authenticate Ack）。動きはとてもシンプルでわかりやすいのですが、IDもパスワードもクリアテキストで流れるため、途中で盗聴されたらアウトです。使用は推奨できません。

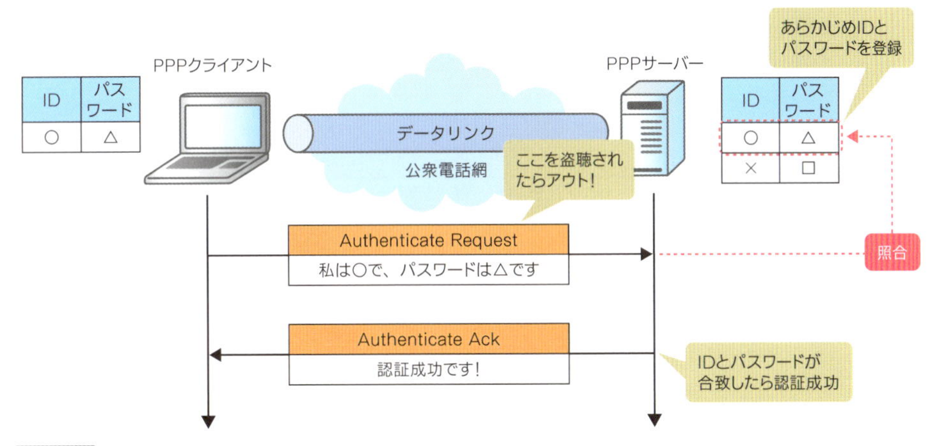

図3.2.4 PAPは盗聴に対して脆弱

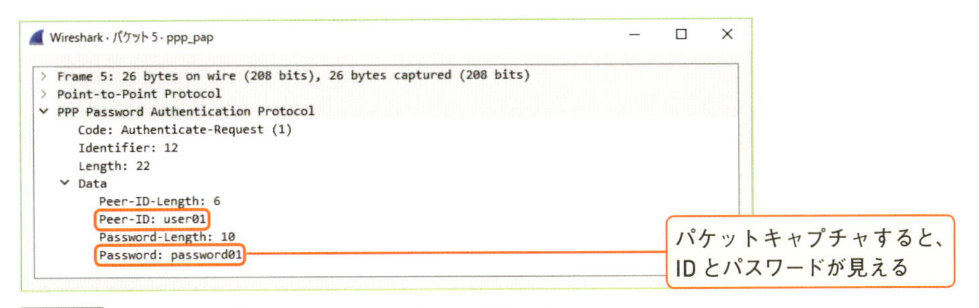

図3.2.5 PAPではIDとパスワードがクリアテキストで流れる

PAPのセキュリティ的な弱点をカバーして、パワーアップさせているのがCHAPです。フレッツサービスのPPPoE認証ではCHAPを使用すると考えてよいでしょう。PAPと比較して認証プロセスが少し長いので、プロセスごとに整理して説明します。

1. LCPのリンク確立フェーズが終わると、サーバーは「チャレンジ値」というランダムな文字列をクライアントに渡します。チャレンジ値は認証のたびに変わります。サーバーは、後で計算に使うためにチャレンジ値を覚えています（Challenge）。

2 チャレンジ値を受け取ったクライアントは、チャレンジ値とID、パスワードを組み合わせてハッシュ値を計算し、IDとともに送り返します。ハッシュ値とは、一定の計算に基づいて算出された、データの要約のようなものです（p.303参照）。ハッシュ値からデータを逆算することはできないため、ハッシュ値を盗聴されてもパスワードを導き出すことはできません（Response）。

3 サーバーでも同じ計算をして、結果のハッシュ値が同じだったら認証成功です（Success）。

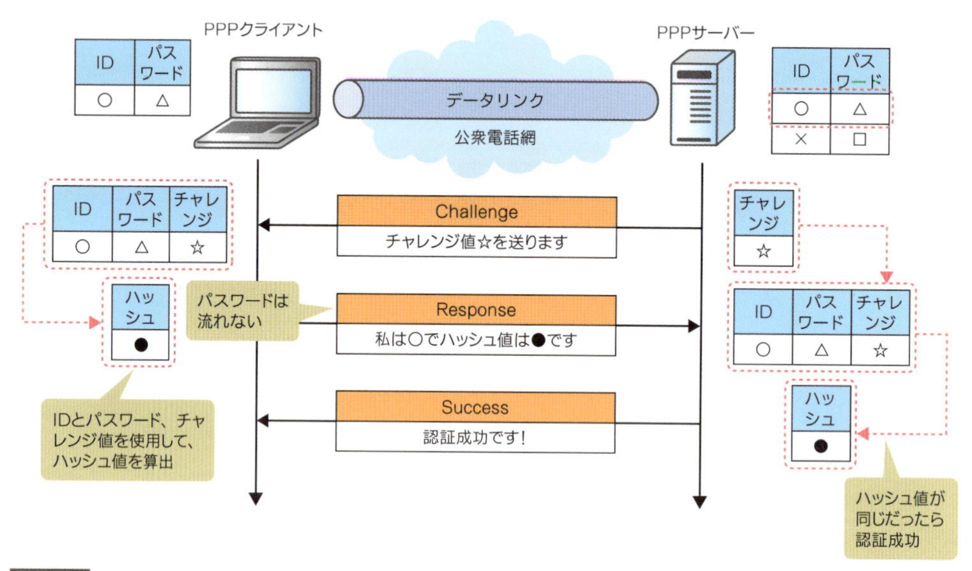

図3.2.6 CHAPは盗聴にも安全

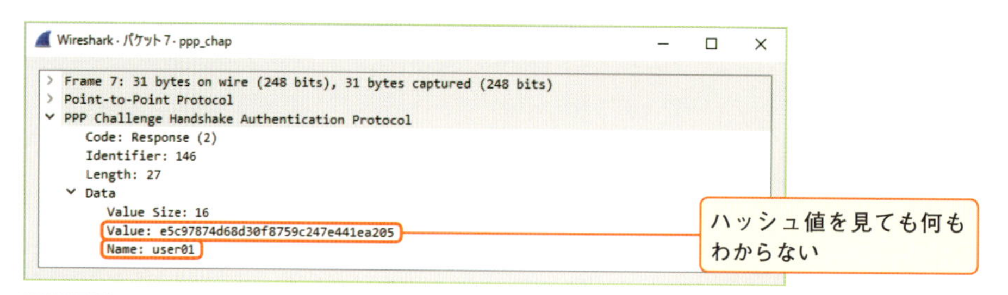

図3.2.7 CHAPではパスワードはネットワークに流れない

3.2.2 PPPoEプロトコルの詳細

PPPoE（PPP over Ethernet）は、PPPをEthernetネットワーク上で使用できるように拡張したプロトコルです。ネットワーク界では、VoIP（Voice over IP）やSMTPS（SMTP over SSL）など、「○○ over △△」となっているプロトコルがいくつかあります。これは「○○を△△でカプセル化している」という意味です。たとえば、インターネットでよく耳にする「HTTPS」は、HTTPをSSL（Secure Socket Layer）でカプセル化しています。PPPoEは、PPPフレームをEthernetでカプセル化しています。PPP(PPPoEヘッダー＋PPPヘッダー)でもIPパケットをカプセル化しているので、データリンク層で実質2回カプセル化していることになります。

	0ビット	8ビット	16ビット	24ビット
0バイト	プリアンブル			
4バイト				
8バイト	宛先MACアドレス			
12バイト			送信元MACアドレス	
16バイト				
20バイト	タイプ		PPPoEヘッダー	
可変				
	PPPヘッダー		PPPoEペイロード（IPパケット（＋パディング））	
最後の4バイト	FCS			

図3.2.8 拡張したPPPがEthernetでカプセル化されている

PPPをEthernetでカプセル化

PPPoEは、イーサネット上でPPPを使用するために、「**ディスカバリーステージ**」と「**PPPセッションステージ**」という2つのステージを踏みます。

まずはディスカバリーステージです。ディスカバリーステージは、PPPセッションを張る準備をするためのステージです。PPPoEクライアントは、イーサネット上に存在する不特定多数の通信相手の中からPPPoEサーバー（BAS、Broadband Access Server）を探し出し、PPPセッションを張る準備をします。ここでいうPPPoEクライアントとは、端末だったり、ルータだったりです。ディスカバリーステージのプロセスは次のとおりです。

1. PPPoEクライアントは、「PADI（PPPoE Active Discovery Initiation）」を送出してPPPoEサーバーを探します。この時点ではPPPoEサーバーのIPアドレスやMACアドレスはわかりません。したがって、PADIだけはブロードキャストで送信されます。

2. インターネットサービスプロバイダー上にあるPPPoEサーバーは、「PADO（PPPoE Active Discovery Offer）」で応答します。

3. PPPoEクライアントは、PPPoEサーバーに対して「PADR（PPPoE Active Discovery Request）」でPPPoEセッション開始をお願いします。

4. PPPoEサーバーは、PPPoEクライアントに対して「PADS（PPPoE Active Discovery Session-confirmation）」でセッションIDを通知します。ここまでで、お互いのMACアドレスとPPPoEセッションIDが認識できるようになり、PPPセッションステージへと移行します。

続いてPPPセッションステージです。これは前項で説明したPPPの接続手順と同じです。LCPでデータリンク層の設定を調整し、PAP/CHAPで認証、IPCPでIPアドレスを設定します。このステージでインターネットサービスプロバイダーは、どのユーザーが接続してきたのかを判別したり、IPアドレスを設定したりします。PPPセッションステージが終了したら、フレッツ網を経由してインターネットに接続できるようになります。

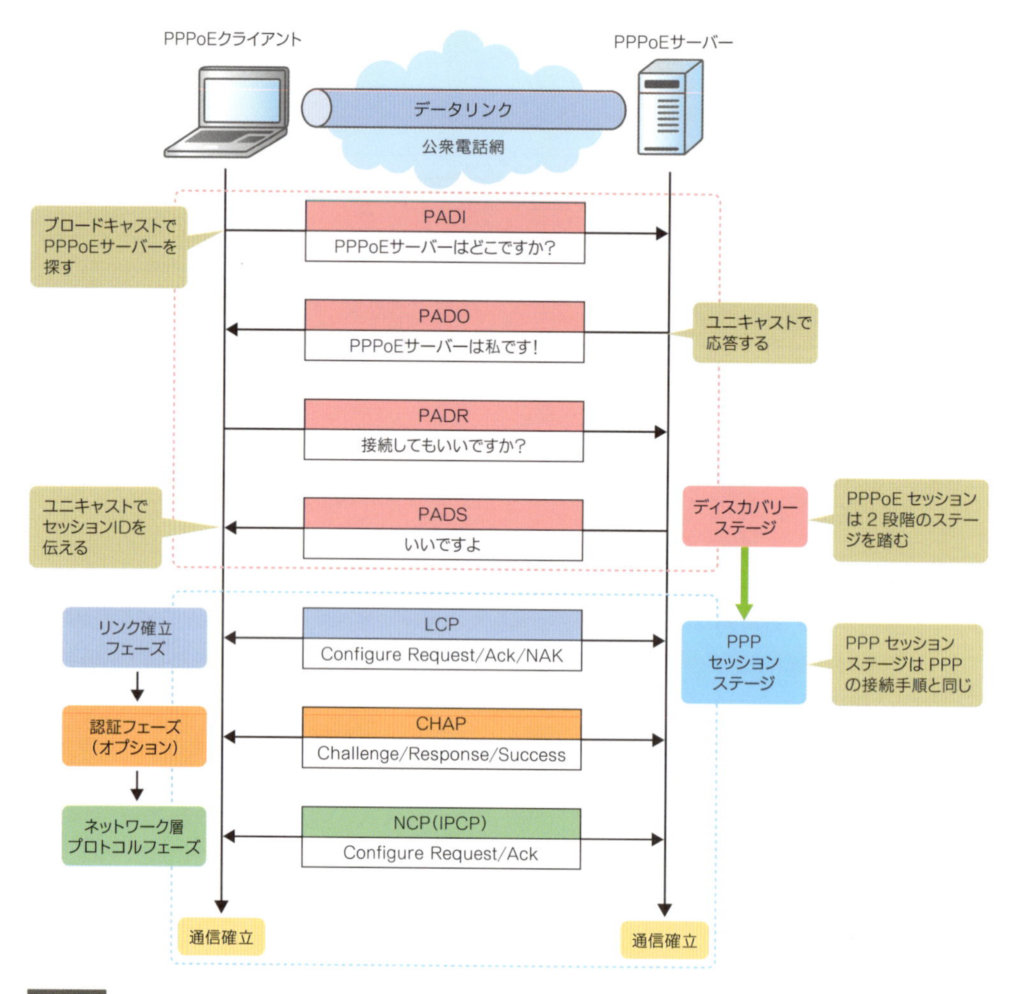

図3.2.9 PPPoEセッションは2段階で構成されている

3.2.3 PPPoEパケットの解析

では、ここまでに学んだ動作を踏まえて、実際にPPPoEで接続するときの全体的な流れをパケットレベルで解析してみましょう。ここでは、1台のPPPoEクライアントがPPPoEサーバーに対してPPPoEで接続する、最もシンプルなネットワーク構成を例とします。

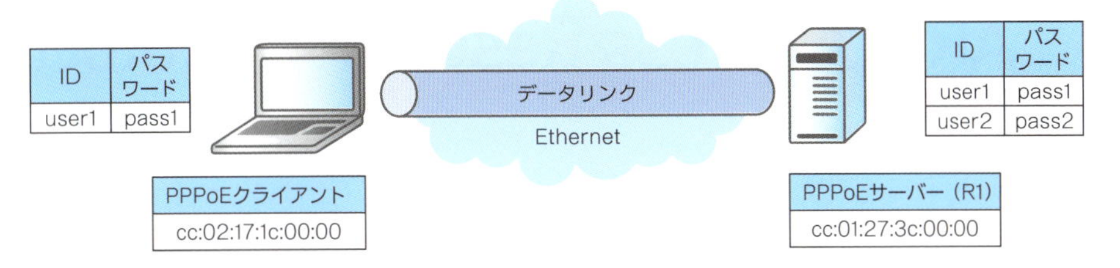

図3.2.10 PPPoE接続を理解するためのネットワーク構成

これまで説明してきたとおり、PPPoE で接続するときには、いろいろなパケットをたくさんやりとりしています。最初にディスカバリーステージで PPPoE サーバーを探します。その後、PPP セッションステージに移行して、LCP で認証タイプや MRU などデータリンク層にかかわる設定を調整し、最後に IPCP で IP アドレスを設定していることがわかります。

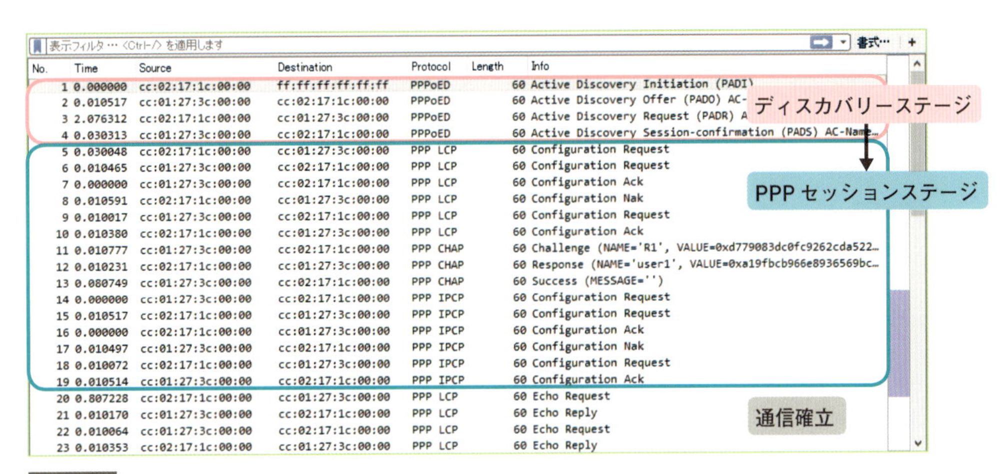

図3.2.11 通信確立までに2つのステージを踏んでいる

また、実際に PPPoE クライアントから PPPoE サーバーに対してテストパケット（ICMP パケット）を送信してみると、次の図のように PPP（PPPoE ヘッダー＋ PPP ヘッダー）と Ethernet で二度カプセル化していることがわかります。

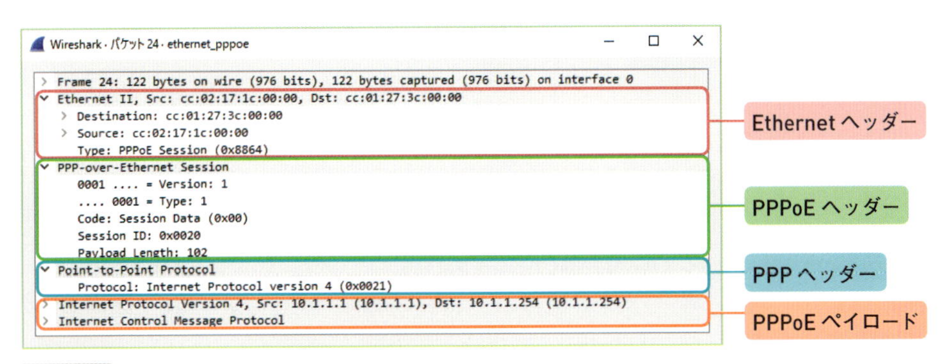

図3.2.12 PPPoEパケットは二度カプセル化している

CHAPTER 3

03 ARP(Address Resolution Protocol)

MAC アドレスは、NIC 上の ROM(Read Only Memory)に書き込まれている物理的なアドレスです。データリンク層(レイヤー2)で利用します。それに対して、ネットワーク層(レイヤー3)で利用し、OS で設定する論理的なアドレスのことを「IP アドレス」といいます。この2つのアドレスを紐づけ、データリンク層とネットワーク層の架け橋的な役割を担っているプロトコルが「ARP(Address Resolution Protocol)」です。

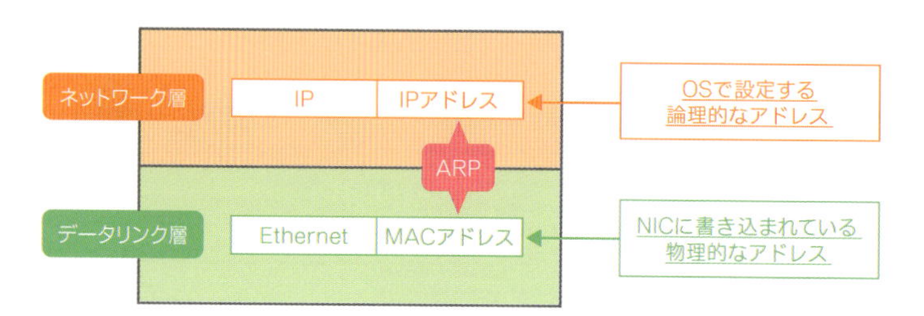

図3.3.1 ARPは物理的なアドレスと論理的なアドレスの架け橋

3.3.1 ARPプロトコルの詳細

ある端末がデータを送信したいとき、ネットワーク層から受け取った IP パケットを Ethernet フレームにカプセル化して、ケーブルに流す必要があります。しかし、IP パケットを受け取っただけでは、Ethernet フレームを作るために必要な情報がまだ足りません。送信元 MAC アドレスは自分自身の NIC に書き込まれているのでわかりますが、宛先 MAC アドレスについてはわかりようがありません。そこで、実際のデータ通信に先立って、ARP で宛先 IP アドレスから宛先 MAC アドレスを求めます。

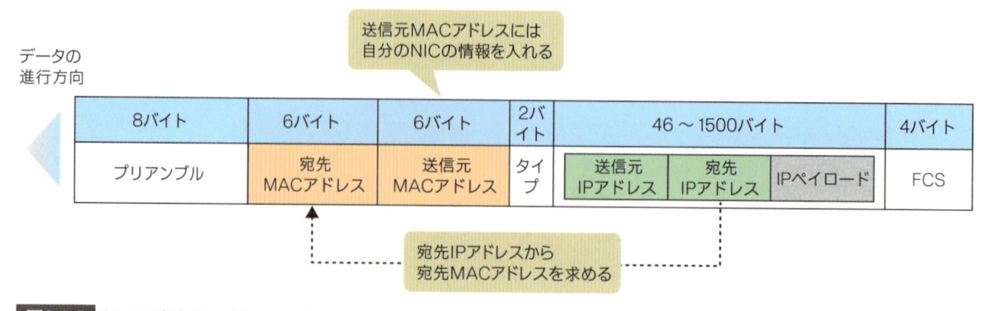

図3.3.2 ARPで宛先IPアドレスから宛先MACアドレスを求める

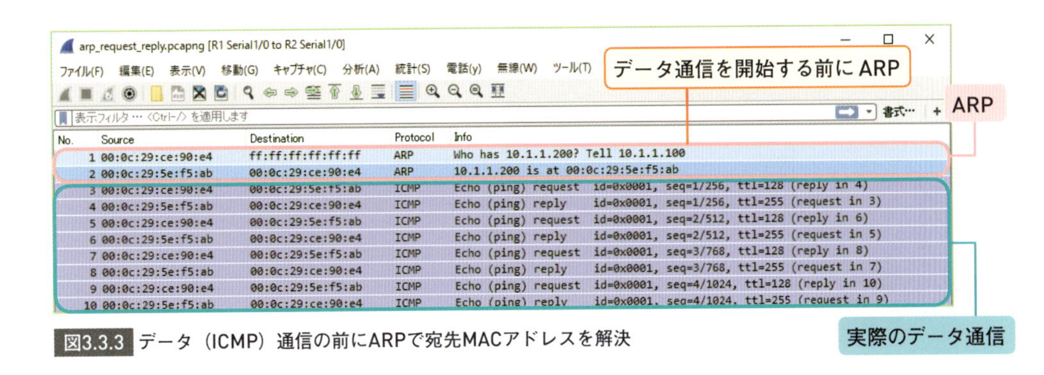

図3.3.3 データ（ICMP）通信の前にARPで宛先MACアドレスを解決

ARPのフレームフォーマット

ARPは、最初にRFC826「An Ethernet Address Resolution Protocol - or -- Converting Network Protocol Addresses」で規格化され、その後RFC5227「IPv4 Address Conflict Detection」やRFC5494「IANA Allocation Guidelines for the Address Resolution Protocol（ARP）」で拡張されています。

ARPのタイプコードは「0x0806」と定義されています。また、Ethernetのペイロードを利用して、データリンク層（レイヤー2）の情報とネットワーク層（レイヤー3）の情報をフィールドとして、それぞれ詰め込み、紐づけを行っています。

	0ビット	8ビット	16ビット	24ビット
0バイト	プリアンブル			
4バイト				
8バイト	宛先MACアドレス			
12バイト			送信元MACアドレス	
16バイト				
20バイト	タイプ（ARPの場合は「0806」）		ハードウェアタイプ	
24バイト	プロトコルタイプ		ハードウェアアドレスサイズ	プロトコルアドレスサイズ
28バイト	オプコード		送信元MACアドレス	
32バイト				
36バイト	送信元IPアドレス			
40バイト	目標MACアドレス			
44バイト			目標IPアドレス	
48バイト	目標IPアドレス（続き）		FCS	
52バイト	FCS（続き）			

図3.3.4 ARPのフレームフォーマット

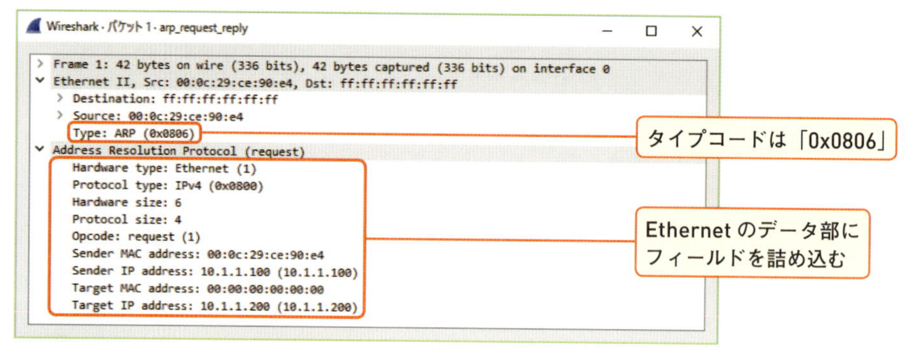

図3.3.5 Wiresharkで見たARPフレーム

以下に、ARPのフレームフォーマットの各フィールドについて説明します。

■ハードウェアタイプ

ハードウェアタイプは、使用しているレイヤー2プロトコルを表す2バイトのフィールドです。いろいろなレイヤー2プロトコルが定義されていて、Ethernetの場合「0x0001」です。

■プロトコルタイプ

プロトコルタイプは、使用しているレイヤー3プロトコルを表す2バイトのフィールドです。いろいろなレイヤー3プロトコルが定義されていて、IPの場合「0x0800」です。

■ハードウェアアドレスサイズ

ハードウェアアドレスサイズは、ハードウェアアドレス、つまりMACアドレスの長さをバイト単位で表す1バイトのフィールドです。MACアドレスは48ビット＝6バイトなので、「6」が入ります。

■プロトコルアドレスサイズ

プロトコルアドレスサイズは、ネットワーク層で使用するアドレス、つまりIPアドレスの長さをバイト単位で表す1バイトのフィールドです。IPアドレス（IPv4アドレス）の長さは32ビット＝4バイトなので、「4」が入ります。

■オペレーションコード（オプコード）

オペレーションコードは、ARPフレームの種類を表す2バイトのフィールドです。たくさんのオペレーションコードが定義されていますが、システム構築の現場で実際によく見かけるコードは、ARP Requestを表す「1」、ARP Replyを表す「2」の2つです。

オペレーションコード	内容
1	ARP Request
2	ARP Reply
3	Request Reverse（RARPで使用）
4	Reply Reverse（RARPで使用）

表3.3.1 ARPの代表的なオペレーションコード

送信元MACアドレス/IPアドレス

送信元MACアドレスと送信元IPアドレスは、ARPを送信する端末のMACアドレスとIPアドレスを表す可変長のフィールドです。これはその名のとおりなので、特に深く考える必要はありません。

目標MACアドレス/IPアドレス（ターゲットMACアドレス/IPアドレス）

目標MACアドレスと目標IPアドレスは、ARPで解決したいMACアドレスとIPアドレスを表す可変長のフィールドです。「解決したい」といっても、最初はMACアドレスを知りようがないわけで、その場合はとりあえずダミーのMACアドレス「00:00:00:00:00:00」をセットします。

3.3.2 ARPの解析に役立つWiresharkの機能

続いて、ARPを解析するときに役立つWiresharkの機能について説明します。

表示フィルタ

ARPに関する代表的な表示フィルタは、次の表のとおりです。ARPフレームにおけるすべてのフィールドをフィルタ対象として設定できます。

フィールド名	フィールド名が表す意味	記述例
arp.hw.type	ハードウェアタイプ	arp.hw.type == 1
arp.proto.type	プロトコルタイプ	arp.proto.type == 0x0800
arp.hw.size	ハードウェアアドレスサイズ	arp.hw.size == 6
arp.proto.size	プロトコルアドレスサイズ	arp.proto.size == 4
arp.opcode	オペレーションコード（オプコード）	arp.opcode == 1
arp.src.hw_mac	送信元MACアドレス	arp.src.hw_mac == 00:0c:29:45:db:90
arp.src.proto_ipv4	送信元IPアドレス	arp.src.proto_ipv4 == 10.1.1.101
arp.dst.hw_mac	宛先MACアドレス（目標MACアドレス）	arp.dst.hw_mac == 00:00:00:00:00:00
arp.dst.proto_ipv4	宛先IPアドレス（目標IPアドレス）	arp.dst.proto_ipv4 == 10.1.1.200

表3.3.2 ARPに関する代表的な表示フィルタ

3.3.3 ARPフレームの解析

続いて、実際のネットワーク環境で見られるARPや、それに関する機能をパケットレベルで解析します。ARPがどのようにして宛先IPアドレスと宛先MACアドレスを紐づけているのか、この動作の流れさえつかめば、それほど難しいものではありません。本書でも処理の流れを意識しつつ説明します。

ARPの基本的な動作はどう見えるか

ARPの動作はシンプルで、とてもわかりやすいものです。みんなに「○○さんはいますかー？」と大声で聞いて、○○さんが「私でーす！」と返す、病院の待合室的な様子を想像してください。ARPにおける「○○さんはいますかー？」のパケットのことを「ARP Request」といいます。ARP Requestは、同じネットワークにいる端末すべてに行き渡るようにブロードキャストで送信されます。また、「私でーす！」のパケットのことを「ARP Reply」といいます。ARP Replyは、1:1のユニキャストで送信されます。ARPはこの2つのパケットだけでMACアドレスとIPアドレスを紐づけています。

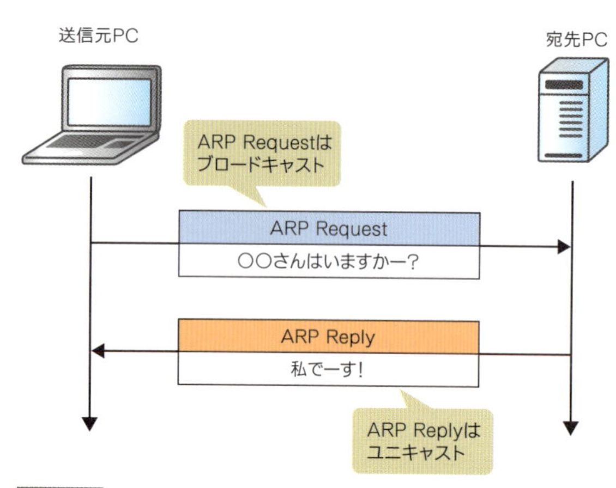

図3.3.6 ARPの処理の流れ

■ブロードキャストとユニキャストを駆使する

ARPがどのようにして宛先IPアドレスと宛先MACアドレスを紐づけているのか、もう少し詳しく見ていきましょう。ここでは、PC1が同じEthernetネットワークにいるPC2のMACアドレスを解決することを想定して、ARPの処理を説明します。

1 PC1は、ネットワーク層から受け取ったIPパケットに含まれる宛先IPアドレスを見て、自身の「**ARPテーブル**」を検索します。ARPテーブルは、ARPで解決した情報を一定時間保持するメモリ上のテーブルです。当然ながら、最初の時点ではARPテーブルは空っぽです。そこで、ARP Requestの処理に移行します。

ちなみに、ARPテーブルにすでに情報がある場合は、**2**から**5**までの処理を一気にスキップして、6 に進みます。ARPテーブルは、ネットワーク上のARPトラフィックを削減するとともに、実際のデータ通信を始めるまでの時間短縮を図るのに役立っています。

2 PC1は、ARP Requestを送信するために、まずはARPフィールドの情報を組み立てます。オペレーションコードは、ARP Requestを表す「1」です。送信元MACアドレスと送信元IPアドレスは、PC1のMACアドレスとIPアドレスです。

目標MACアドレスは、この時点では知りようがないので、ダミーのMACアドレス（00:00:00:00:00:00）になります。目標IPアドレスは、IPヘッダーに含まれる宛先IPアドレスによって変わります。宛先IPアドレスが同じEthernetネットワーク（VLAN）の場合は、そのまま宛先IPアドレスを目標IPアドレスとして使用します。異なるネットワークの場合は、そのEthernetネットワークの出口となる「デフォルトゲートウェイ」を目標IPアドレスとして使用します。今回の例（図3.3.8）では、PC2は同じEthernetネットワークにいます。したがって、目標アドレスはそのままPC2のIPアドレス（10.1.1.200）になります。

続いて、Ethernetヘッダーを組み立てます。ARP Requestはブロードキャストを使用します。したがって、宛先MACアドレスはブロードキャストアドレス（ff:ff:ff:ff:ff:ff）、送信元MACアドレスはPC1のMACアドレス（00:0c:29:ce:90:e4）です。

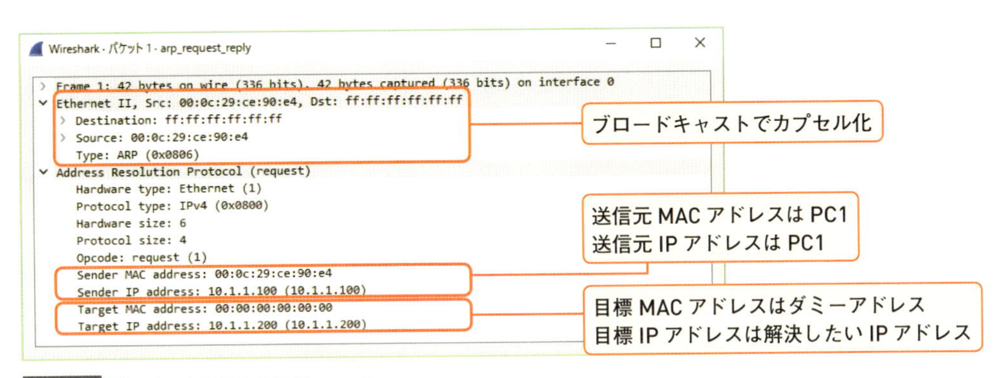

図3.3.7 Wiresharkで見たARP Request

3 ARP Requestが同じEthernetネットワーク（VLAN）にいる端末すべてに行き渡ります。アドレス解決対象のPC2は、自分に対するARPフレームであると判断し、受け入れます。アドレス解決対象ではないPC3は、関係ないARPフレームであると判断し、破棄します。異なるEthernetネットワーク（VLAN2）に所属しているPC4には、ARPフレームが届きません。

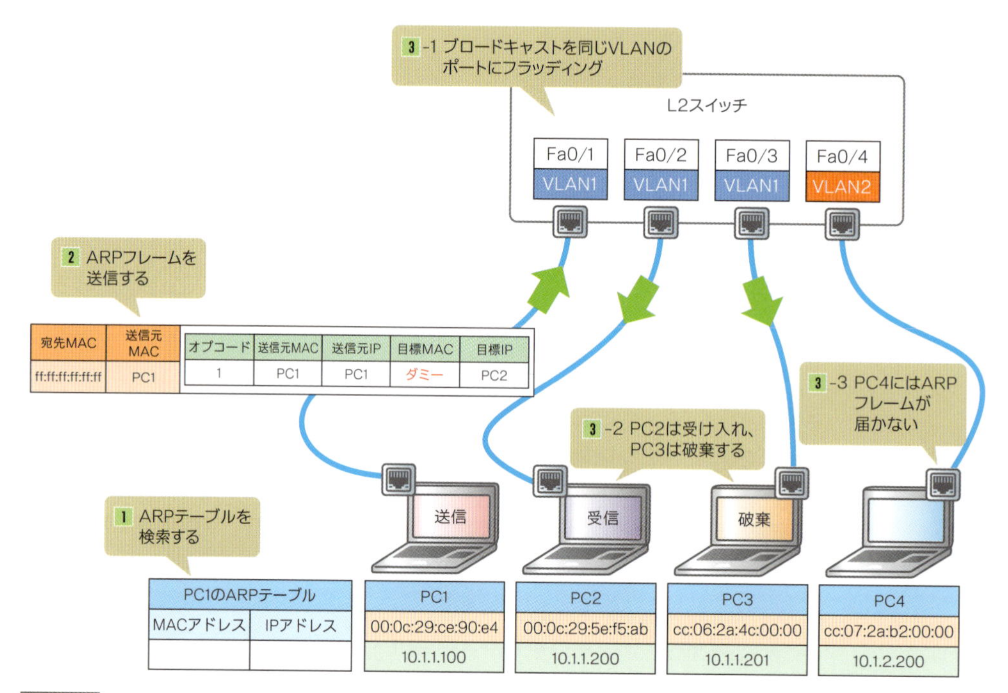

図3.3.8 1 から 3 までの処理

4 PC2 は ARP Reply を返信するために、まずは ARP フィールドの情報を組み立てます。オペレーションコードは、ARP Reply を表す「2」です。送信元 MAC アドレスと送信元 IP アドレスは PC2 の MAC アドレスと IP アドレス、目標 MAC アドレスと目標 IP アドレスは PC1 の MAC アドレスと IP アドレスです。

続いて、Ethernet ヘッダーを組み立てます。ARP Reply はユニキャストを使用します。したがって、宛先 MAC アドレスは PC1 の MAC アドレス（00:0c:29:ce:90:e4）、送信元 MAC アドレスは PC2 の MAC アドレス（00:0c:29:5e:f5:ab）です。

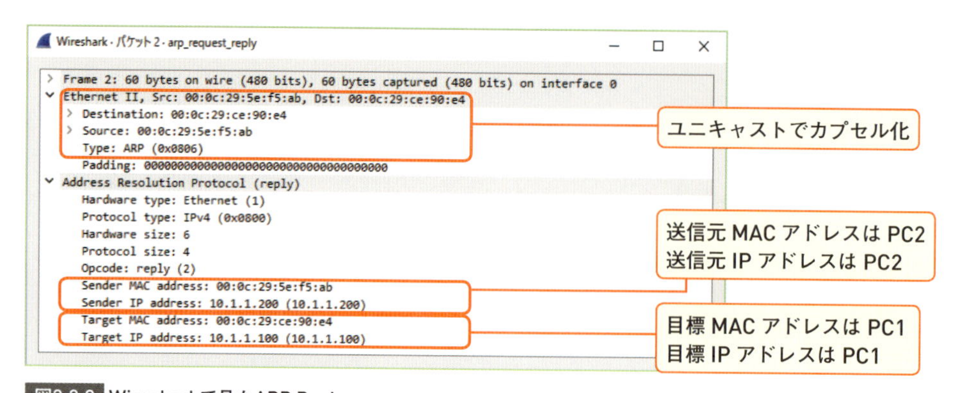

図3.3.9 Wiresharkで見たARP Reply

5 PC1は、ARP ReplyのARPフィールドに含まれる送信元MACアドレス（00:0c:29:5e:f5:ab）と送信元IPアドレス（10.1.1.200）を見て、PC2のMACアドレスを認識します。また、あわせてARPテーブルに書き込み、一時的に保存します。

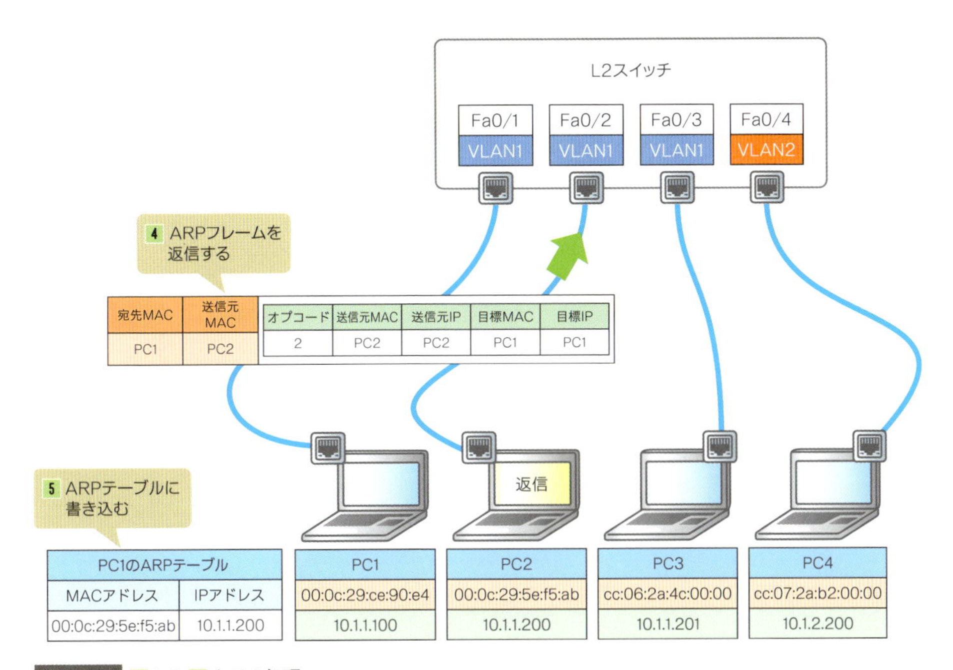

図3.3.10 4から5までの処理

6 PC1はアドレス解決したPC2のMACアドレス（00:0c:29:5e:f5:ab）をEthernetヘッダーの宛先MACアドレスに、IPアドレスをIPヘッダーの宛先IPアドレスに入れて、通信を開始します。

IPアドレスの重複検知はどう見えるか

ARPは、MACアドレスとIPアドレスの紐づけ以外にも、「**IPアドレスの重複検知**」や「**冗長構成時におけるMACアドレステーブルの更新**」など、ネットワークの運用管理にかかわる大きな役割を担っています。ここでは、社内LANなどの一般的なネットワーク環境において発生することが多く、「ナニコレ？」となることが多いIPアドレスの重複検知について、そのメカニズムを解説します。

IPアドレスは、IPネットワークにおける住所です。同じ住所が複数あると郵便物が届かないのと同じで、同じIPアドレスが複数あるとパケットが届きません（実際は、届いたり届かなかったりします）。そこで、ARPを利用して、同じIPアドレスを持つ端末がIPネットワーク上に存在しないようにします。

IPアドレスの重複を検知するときも、ARP RequestとARP Replyの2つしか使いません。まず、ARP Requestで「○○を使ってもいいですか？」と、みんなにそのIPアドレスを使ってよいかお伺いを立てます。みんなに聞かないといけないので、ブロードキャストを使用します。それに対して、そのIPアドレスを使用している端末が、「○○は私が使っています！」とユニキャストで直接相手にお知らせします。

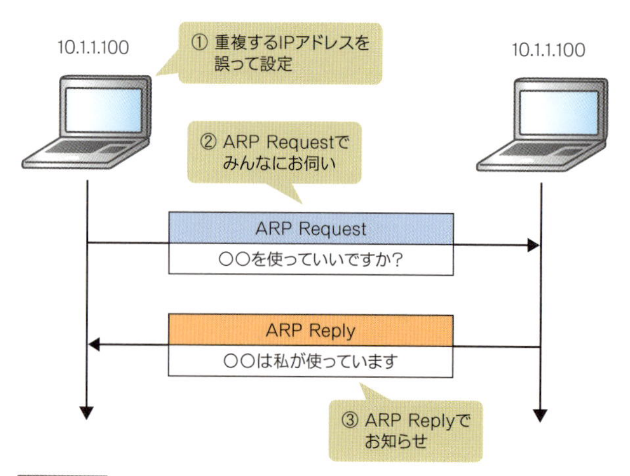

図3.3.11 IPアドレス重複検知の流れ

■ダミーのアドレスを多用して重複検知

では、ARPを利用したIPアドレスの重複検知のメカニズムを、パケットレベルに落とし込んで具体的に見ていきましょう。ここでは、PC1にPC2と同じIPアドレスを設定してしまったことを想定します。なお、重複検知の流れはOSによって異なります。ここでは、Windows OSを前提として説明します。

1 PC1に対してPC2と同じIPアドレス（10.1.1.200）を設定すると、PC1はARP Requestを送信するために、ARPフィールドを組み立てます。オペレーションコードは、ARP Requestを表す「1」です。送信元MACアドレスはPC1のMACアドレス(00:0c:29:ce:90:e4)、送信元IPアドレスはこの時点ではまだ設定されていないのでダミー（0.0.0.0）です。また、目標MACアドレスはIPアドレスの重複検知目的で使用するためのダミーアドレス（00:00:00:00:00:00）、目標IPアドレスは設定したいIPアドレス（10.1.1.200）です。

続いて、Ethernetヘッダーを組み立てます。ARP Requestはブロードキャストを使用します。したがって、宛先MACアドレスはブロードキャストアドレス(ff:ff:ff:ff:ff:ff)、送信元MACアドレスはPC1のMACアドレス（00:0c:29:ce:90:e4）です。

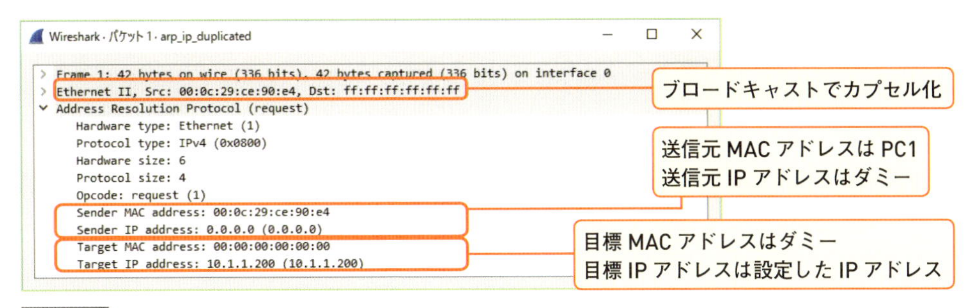

図3.3.12 Wiresharkで見たARP Request

2 ARP Request が同じ Ethernet ネットワーク（VLAN1）にいる端末すべてに行き渡ります。PC2 は受け取った ARP フレームの目標 IP アドレスを見て、IP アドレスの重複を検知し、受け入れます。PC3 は自分には関係ない ARP フレームと判断し、破棄します。異なる Ethernet ネットワーク（VLAN2）に所属している PC4 には ARP フレームが届きません。

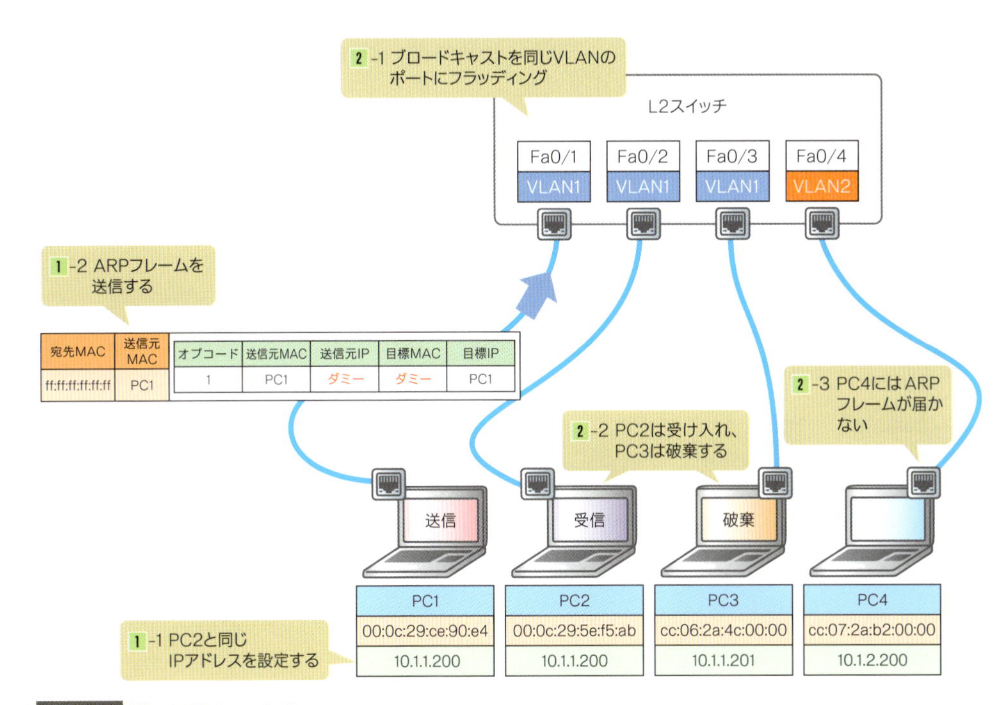

図3.3.13 1 から 2 までの処理

3 PC2 は ARP Reply を返信するために、まずは ARP フィールドの情報を組み立てます。オペレーションコードは、ARP Reply を表す「2」です。送信元 MAC アドレスと送信元 IP アドレスは PC2 の MAC アドレスと IP アドレス、目標 MAC アドレスは PC1 の MAC アドレス、目標 IP アドレスはダミー（0.0.0.0）です。

続いて、Ethernetヘッダーを組み立てます。ARP Replyはユニキャストを使用します。宛先MACアドレスはPC1のMACアドレス（00:0c:29:ce:90:e4）、送信元MACアドレスはPC2のMACアドレス（00:0c:29:5e:f5:ab）です。

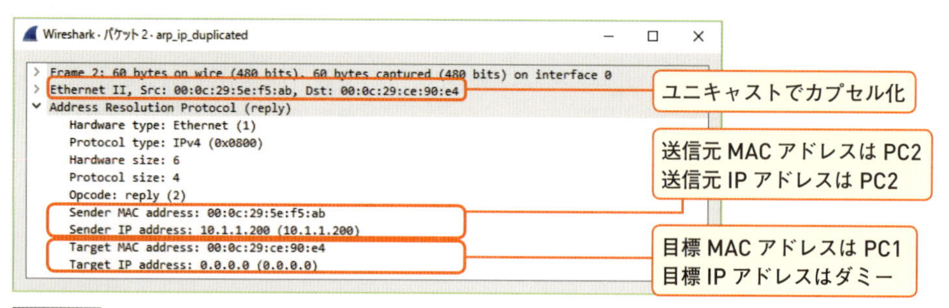

図3.3.14 Wiresharkで見たARP Reply

4 PC1は、ARP ReplyのARPフィールドに含まれる送信元IPアドレス（10.1.1.200）を見て、10.1.1.200がすでに使用されていると判断し、エラーメッセージを表示します。また、あわせて「APIPA（Automatic Private IP Addressing）」というIPアドレスの自動割り当て機能を利用して、169.254.1.0から169.254.254.255までの間で空いているIPアドレスを選んで設定します。

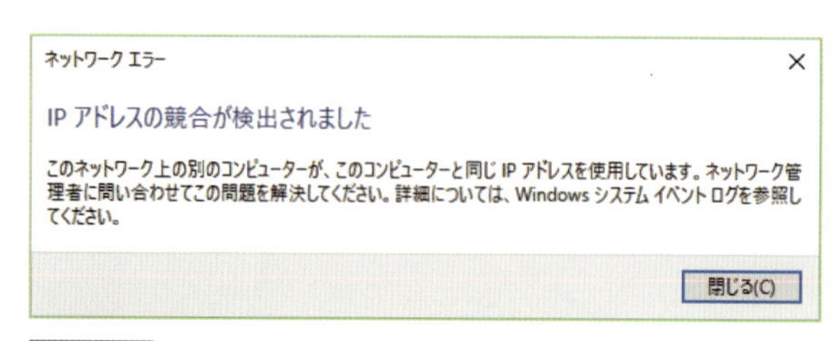

図3.3.15 Windowsのエラーメッセージ

CHAPTER

4

レイヤー3プロトコル

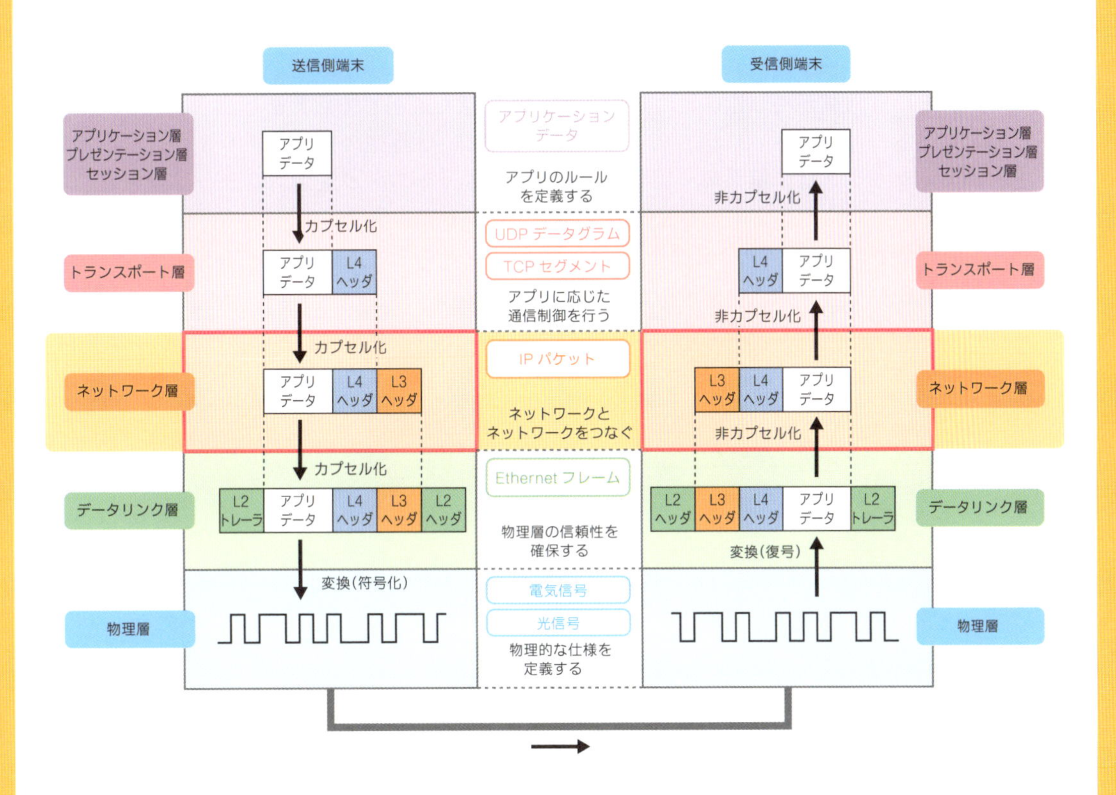

本章では、OSI参照モデルのネットワーク層（レイヤー3、L3、第3層）で使用されているプロトコルをWiresharkで解析していきます。

ネットワーク層はEthernetで作ったネットワークをつなげて、異なるネットワークにいる端末との通信を確保するためのレイヤーです。インターネットで海外のWebサイトにアクセスできるようになっているのも、たくさんのネットワークをつないでいるネットワーク層のなせる業です。

ネットワーク層は、送信側の端末から見て、トランスポート層から受け取ったTCPセグメント/UDPデータグラムをIPパケットにカプセル化して、データリンク層に渡します。また、受信側の端末から見て、データリンク層から受け取ったIPパケットを非カプセル化して、トランスポート層に渡します。

CHAPTER 4

01 IP (Internet Protocol)

データ通信で使用されているレイヤー3プロトコルは、「これしかない！」と言い切ってしまってよいくらい「IP（Internet Protocol）」一択です。レイヤー3プロトコルは、とりあえずIPさえ押さえておけば、有線LAN、無線LANにかかわらず、ほぼすべてのネットワークに対応できます。

4.1.1 IPプロトコルの詳細

IPネットワークを流れるパケットのことを、「IPパケット」といいます。ここで、「パケット」という言葉が持つ意味について、もう少し深く説明しておきましょう。ネットワークにおける「パケット」には、広い意味と狭い意味、2種類の意味があります。広い意味でいうパケットとは、第1章で説明したとおり、ネットワークを流れるデータ全般を指しています。それに対して、狭い意味でいうパケットとは、「IPヘッダー」と「IPペイロード」で構成され、IPネットワークを流れるIPパケットのことを指しています。本章では、狭い意味のパケットを広い意味のパケットと混同してしまわないよう、狭い意味を指すときは「IPパケット」と表現しますので、覚えておいてください。

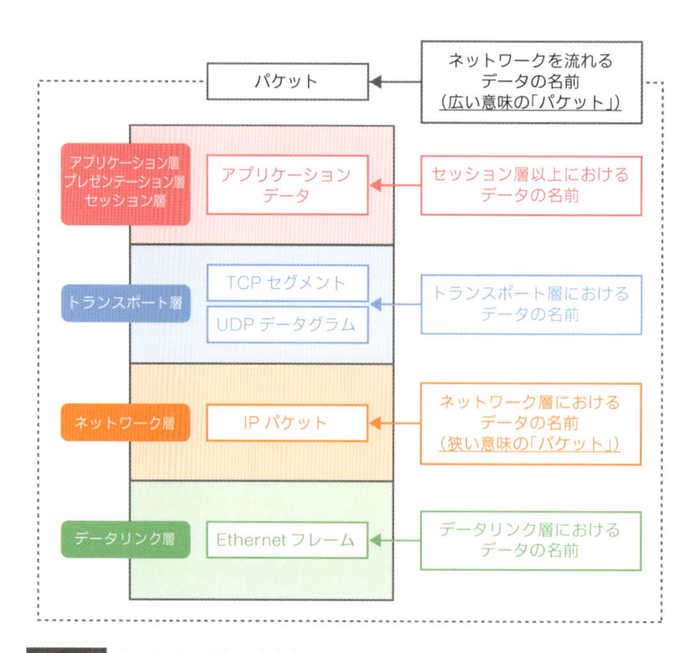

図4.1.1 広い意味のパケットと狭い意味のパケット

IPのパケットフォーマット

IP のカプセル化によって付加されるヘッダーのことを「IP ヘッダー」といいます。私たちは日ごろいろいろな海外の Web サイトを見ることができますが、その裏側では IP パケットが海を潜ったり、山を越えたり、谷を下ったりと、世界中のありとあらゆる場所をびゅんびゅん駆け巡っています。IP ヘッダーは、こうした世界中の環境の差をうまく吸収して通信できるよう、次の図のようなたくさんのフィールドで構成されています。

<table>
<tr><th></th><th colspan="2">0ビット</th><th>8ビット</th><th colspan="2">16ビット</th><th>24ビット</th></tr>
<tr><td>0バイト</td><td>バージョン</td><td>ヘッダー長</td><td>ToS</td><td colspan="3">パケット長</td></tr>
<tr><td>4バイト</td><td colspan="3">識別子</td><td>フラグ</td><td colspan="2">フラグメントオフセット</td></tr>
<tr><td>8バイト</td><td colspan="2">TTL</td><td>プロトコル番号</td><td colspan="3">ヘッダーチェックサム</td></tr>
<tr><td>12バイト</td><td colspan="6">送信元IPアドレス</td></tr>
<tr><td>16バイト</td><td colspan="6">宛先IPアドレス</td></tr>
<tr><td>可変</td><td colspan="6">IPペイロード（TCPセグメント/UDPデータグラム）</td></tr>
</table>

図4.1.2 IPのパケットフォーマット（レイヤー2ヘッダーは省略しています）

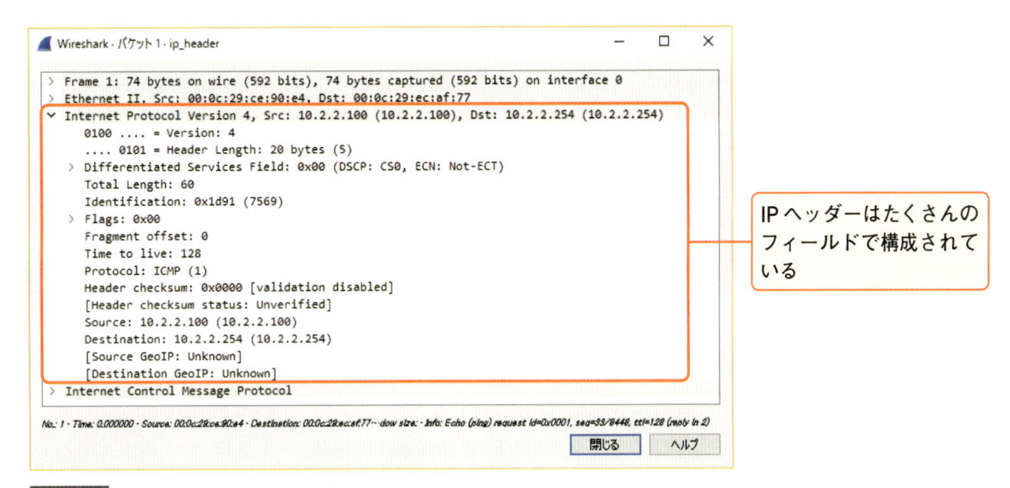

図4.1.3 Wiresharkで見たIPヘッダー

以下に、IP パケットを構成する各フィールドについて説明します。

バージョン

「バージョン」は、その名のとおり IP のバージョンを表す 4 ビットのフィールドです。IPv4 だったら「4」(2 進数表記で「0100」)、IPv6 だったら「6」(2 進数表記で「0110」) が入ります。このフィールドの値によって、その後の IP ヘッダーの構成要素が変わってきます。上の図 4.1.2 と図 4.1.3 は IPv4 の IP ヘッダーを表しています。これが IPv6 になると、次の図のように変化します。

	0ビット		8ビット	16ビット	24ビット
0バイト	バージョン	トラフィッククラス	フローラベル		
4バイト	ペイロード長			次ヘッダー	ホップ制限
8バイト〜20バイト	送信元IPv6アドレス				
24バイト〜36バイト	宛先IPv6アドレス				
可変	IPv6ペイロード(TCPセグメント/UDPデータグラム)				

図4.1.4 IPv6のパケットフォーマット（レイヤー2ヘッダーは省略しています）

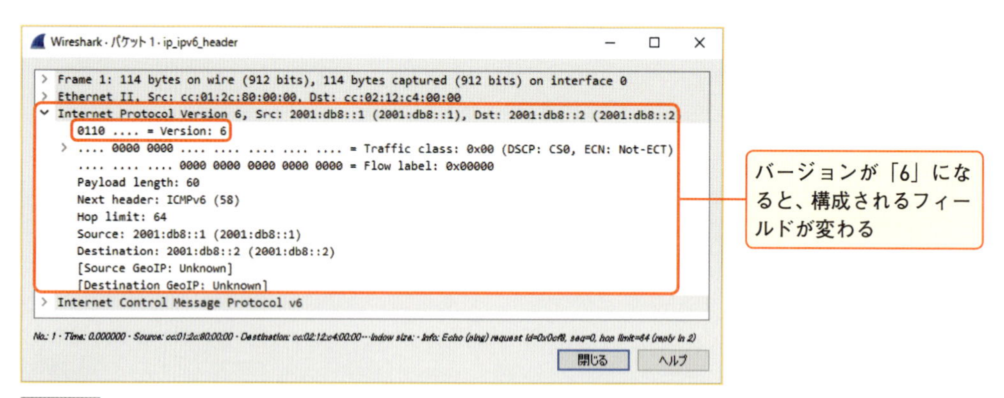

図4.1.5 Wiresharkで見たIPv6ヘッダー

IPv6は、IPv4アドレスの枯渇に伴い、鳴り物入りでネットワーク界に登場しました。ICANN（Internet Corporation for Assigned Names and Numbers）という民間の非営利法人がインターネットに接続する端末に割り当てているIPv4アドレス（グローバルIPv4アドレス）の在庫が無くなる寸前（2011年2月）のころには、「IPv6対策、待ったなし！」などと言われて、多くの雑誌やカンファレンスでたくさんの特集が組まれていました。しかし、今のところ、結構余裕で待ってくれています。実際のところ、IPv6が登場したときも、現場のほとんどのコンピューターエンジニアが「本当に必要なのかな…」と半信半疑でした。それを示すかのように、割り当てられるIPv4アドレスの在庫が無くなって久しい2017年になった今現在も、ユーザーレベルではまったくと言ってよいほど普及していません。

結局のところ、何事もバランスです。たとえIPv6によってIPv4アドレスの枯渇を救えるとしても、導入や移行にリスクを伴ったり、コストがかかったりするのであれば、ユーザーとしてはそれを負担する理由がありません。そもそもIPv4でなんら問題なく稼働しているのであれば、少なくとも「IPv6じゃなきゃダメ！」的な何かがないかぎり、ユーザーレベルにまでIPv6が浸透することはないでしょう。本書ではこれ以上、IPv6については取り扱いません。

ヘッダー長

「ヘッダー長」は、IPヘッダーの長さを表す4ビットのフィールドです。「Internet Header Length」、略して「IHL」と言ったりもします。端末は、この値を見ることによって、どこまでがIPヘッダーであるかを知ることができます。ヘッダー長には、IPヘッダーの長さを32ビット単位に換算した値が入ります。IPヘッダーの長さは基本的に20バイト（160ビット=32ビット×5）なので、「5」が入ることになります。

ToS

「ToS（Type of Service）」は、IPパケットの優先度を表す8ビットのフィールドです。Wiresharkでは「Differentiated Services Field」と表示されます。ToSは優先制御や帯域制御など、QoS（Quality of Service）で使用します。あらかじめネットワーク機器で「この値だったら、最優先で転送する」とか、「この値だったら、これだけ帯域を保証する」など、ふるまいを設定しておくと、サービス要件に応じたQoS処理ができるようになります。

ToSは8ビットで構成されていて、先頭3ビットを「IPプレシデンス」、先頭6ビットを「DSCP（Diffserv Code Point）」といいます。残り2ビットは使用しません。

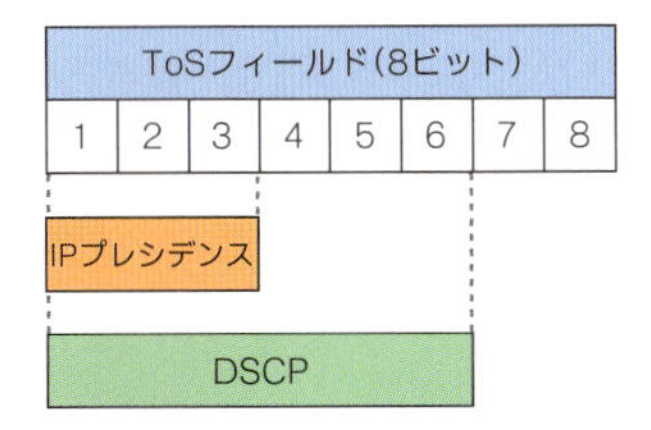

図4.1.6 先頭3ビットがIPプレシデンス、先頭6ビットがDSCP

IPプレシデンス

IPプレシデンスはToSフィールドの先頭3ビットなので、10進数での値は0～7までの8段階です。次の表のとおり、値ごとに用途が決められていて、値が大きければ大きいほど優先度が高くなります。

値（10進数）	値（2進数）			用途	優先度
7	1	1	1	Network Control	高い
6	1	1	0	Internetwork Control	
5	1	0	1	Critical	
4	1	0	0	Flash override	
3	0	1	1	Flash	
2	0	1	0	Immediate	
1	0	0	1	Priority	
0	0	0	0	Routine/Best Effort	低い

表4.1.1 IPプレシデンス

DSCP

DSCPは、IPプレシデンスのパワーアップバージョンです。DSCPはToSフィールドの先頭から6ビットを使用するので、10進数での値は0～63までの64段階で、細やかな優先順位を定義することができます。また、上位3ビットはIPプレシデンスと被っているので、互換性を保つように作られています。6ビット中、上位3ビットが優先度を表し、値が大きければ大きいほど優先度が高くなります。下位3ビットは破棄確率を表し、値が大きければ大きいほど破棄される確率が高くなります。

DSCPは、64段階の中であれば好きな値を設定してもよいことになっています。しかし、無法状態だと秩序が保てなくなってしまうので、ルータごとの転送動作（PHB、Per Hop Behavior）と、それに合わせた基本のDSCP名とDSCP値が決められています。そして、IPパケットは、DSCPに対応するPHBに従って転送処理されます。PHBとしては、「**EF（Expedited Forwarding、完全優先転送）**」「**AF（Assured Forwarding、相対的優先転送）**」「**CS（Class Selector）**」「**デフォルト**」の4種類が定義されています。

• EF

EFは、絶対優先のPHBです。VoIP（音声パケット）など、低遅延、低損失、低ジッタ（ゆらぎ）、帯域幅保証が求められるようなIPパケットの転送で使用します。また、保証した帯域を超えたら、IPパケットをドロップして、ほかのアプリケーションに対する帯域圧迫を回避します。EFで使用するDSCP値は「46」（10進数）のみです。DSCP値の「46」は、IPプレシデンス値の「5」に対応します。IPプレシデンス値の「5」は、ユーザーが定義できるIPプレシデンス値の中で最も高い値です。

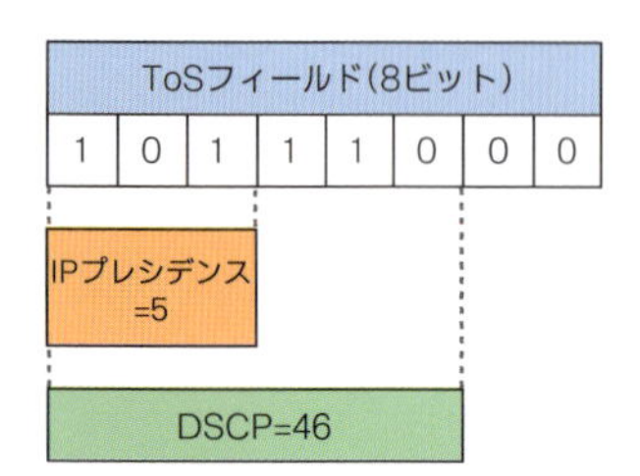

図4.1.7 EFのDSCP値は「46」に固定

• AF

AFは、EFほどではないけれど、優先的に処理するPHBです。アプリケーションごとに帯域幅を保証し、帯域に余裕があれば、その保障帯域幅を超えてパケット転送することを許可します。また、輻輳が発生したら、破棄確率に応じてパケットをドロップします。

AFで使用するDSCP値は、優先度を表す4つのクラス（AF1、AF2、AF3、AF4）と、3つの破棄確率で構成されています。上位3ビットがクラス番号、次の2ビットが破棄確率、最後の1ビットは「0」固定です。優先度は、値が大きければ大きいほど優先処理され、この部分がそのままIPプレシデンス値になります。また、破棄確率は、値が大きければ大きいほど輻輳時にパケットをドロップしやすくなります。

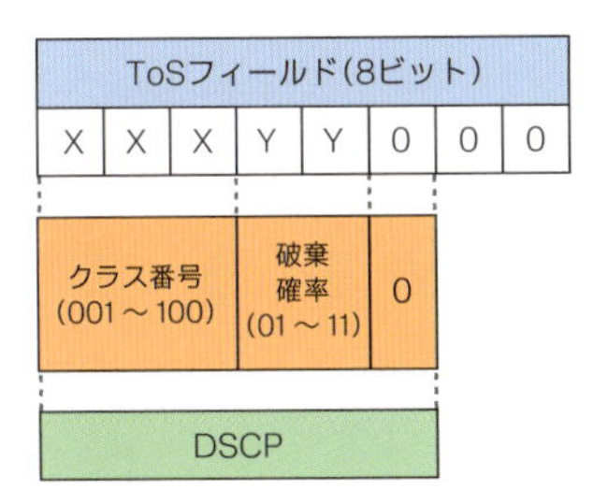

図4.1.8 AFは4つのクラスと3つの破棄確率でできている

・CS

CSは、IPプレシデンスとの下位互換を確保するためにあるPHBです。DSCPを認識できない端末のために用意されています。上位3ビットはそのままIPプレシデンス値です。下位3ビットは「000」です。

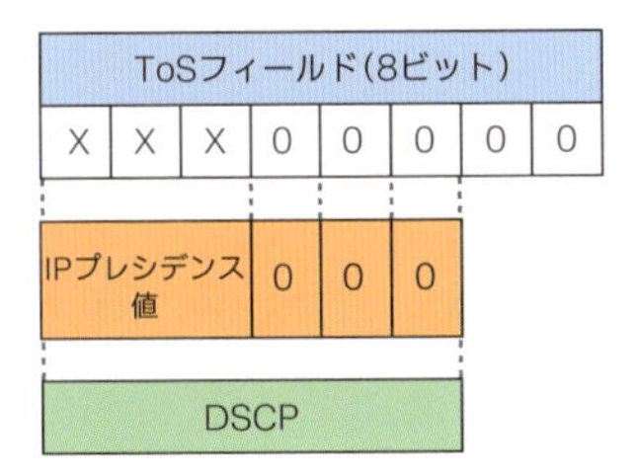

図4.1.9 CSは上位3ビットがそのままIPプレシデンス値になる

・デフォルト

デフォルトPHBは、ベストエフォートサービスのためのPHBです。特別な処理はせず、そのまま送出します。すべての値が「0」です。何も設定しないかぎり、このPHBを使用します。

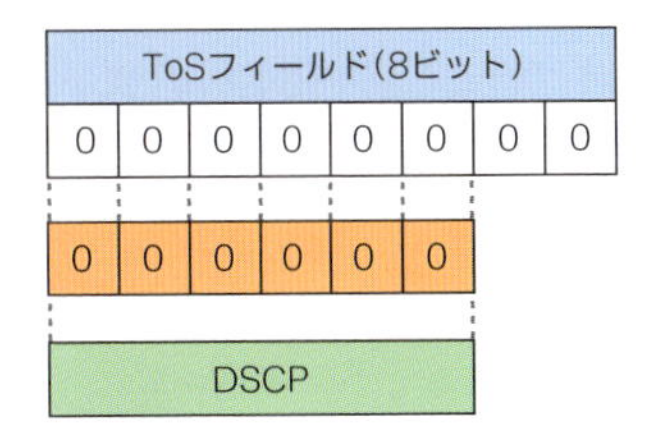

図4.1.10 デフォルトPHBのビットはすべて「0」

IPプレシデンスとDSCPの対応まとめ

PHBとDSCP名、DSCP値、それに対応するIPプレシデンス値を表にまとめると、次のようになります。

DSCP名	DSCP値（10進数）	DSCP値（2進数）						対応するIPプレシデンス値
		優先度			破棄確率		0	
		1	2	3	4	5	6	
CS7	56	1	1	1	0	0	0	7
CS6	48	1	1	0	0	0	0	6
EF	46	1	0	1	1	1	0	5
CS5	40	1	0	1	0	0	0	5
AF43	38	1	0	0	1	1	0	4
AF42	36	1	0	0	1	0	0	4
AF41	34	1	0	0	0	1	0	4
CS4	32	1	0	0	0	0	0	4
AF33	30	0	1	1	1	1	0	3
AF32	28	0	1	1	1	0	0	3
AF31	26	0	1	1	0	1	0	3
CS3	24	0	1	1	0	0	0	3
AF23	22	0	1	0	1	1	0	2
AF22	20	0	1	0	1	0	0	2
AF21	18	0	1	0	0	1	0	2
CS2	16	0	1	0	0	0	0	2
AF13	14	0	0	1	1	1	0	1
AF12	12	0	0	1	1	0	0	1
AF11	10	0	0	1	0	1	0	1
CS1	8	0	0	1	0	0	0	1
CS0	0	0	0	0	0	0	0	0

表4.1.2 IPプレシデンスとDSCPの関係

パケット長

「**パケット長**」は、IPヘッダーとIPペイロードを合わせたパケット全体の長さを表す16ビットのフィールドです。端末はこのフィールドを見ることによって、どこまでがIPパケットなのかを知ることができます。たとえば、EthernetのデフォルトのMTUいっぱいまでデータが入ったIPパケットの場合、パケット長の値は「1500」（16進数で「05dc」）になります。

識別子

これから説明する「識別子」「フラグ」「フラグメントオフセット」は、IPパケットの「**フラグメンテーション（断片化）**」に関連するフィールドです。そこで、まずはIPパケットのフラグメンテーションについて説明しましょう。

フラグメンテーションとは、MTUに収まりきらないサイズのIPペイロードを、MTUに収まるように分割するネットワーク層の機能です。MTUの設定は、必要に応じて、ポートあるいはNICごとに大きくしたり、小さくしたりと変更することも可能です。

フラグメンテーションは、次の図のように、パケットが入ってくるポート（e0/0）のMTUの設定（1500バイト）が、パケットが出ていくポート（e0/1）のMTUの設定（1000

バイト）よりも大きいときに発生します。この場合、e0/1からパケットを送信しようとしても、MTUに収まりきらず、そのままでは送信できません。そこで、ルータが1000バイトと500バイトにフラグメント（分割）し、MTUに収めて送信します。

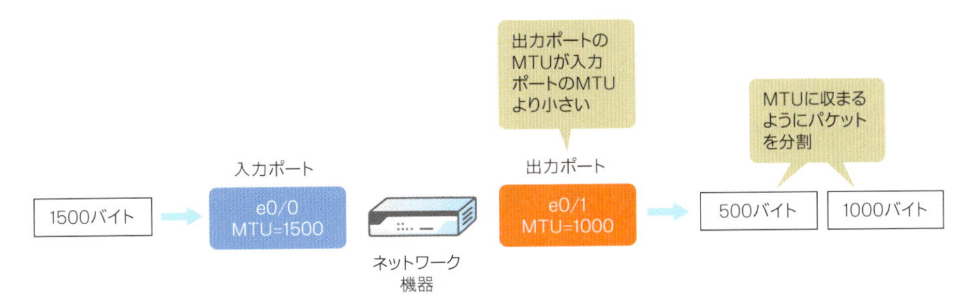

図4.1.11 フラグメンテーションのイメージ

では、以上を踏まえて、3つのフィールドについて、それぞれ説明します。

「**識別子**」は、送信元端末がIPパケットを生成するときにランダムに割り当てる16ビットのIDです。途中でIPパケットがフラグメントされると、フラグメントパケットは同じ識別子をコピーして持ちます。フラグメントパケットを受け取った端末は、この識別子を見て途中でフラグメントされていることを認識し、パケットを再結合します。

フラグ

「フラグ」は、3ビットで構成されていて、1ビット目は使用しません。2ビット目は「**DFビット（Don't Fragment ビット）**」といい、IPパケットをフラグメントしてよいかどうかを表しています。「0」だったらフラグメントを許可し、「1」だったらフラグメントを許可しません。フラグメンテーションが発生するネットワーク環境において、何も考えずにパケットをフラグメントすればよいかと言えば、そういうわけではありません。当然ながら、フラグメンテーションが発生すると、その分の処理遅延が発生し、パフォーマンスが劣化します。そこで、最近のアプリケーションは、処理遅延を考慮して、フラグメントを許可しないように、つまりDFビットを「1」にセットして、上位層（トランスポート層～アプリケーション層）でデータサイズを調整しています。

3ビット目は「**MFビット（More Fragments ビット）**」といい、フラグメントされたIPパケットが後ろに続くかどうかを表しています。「0」だったらIPパケットが後ろに続かないことを表し、「1」だったらIPパケットが後ろに続くことを表しています。

フラグメントオフセット

「**フラグメントオフセット**」は、フラグメントしたときに、そのIPパケットがオリジナルのIPパケットの先頭からどこに位置しているかを表しています。8ビット単位で表され、最初のIPパケットは「0」で、その後のIPパケットには位置を表した値が入ります。たとえば、1500バイトのパケットが先頭から976バイトでフラグメントされた場合、1つ目のパケットのフラグメントオフセットには「0」が、2つ目のパケットのフラグメントオフセットには「976」が入ります。フラグメントパケットを受け取った端末は、この値を見て、IPパケットの順序を正しく並べ替えます。

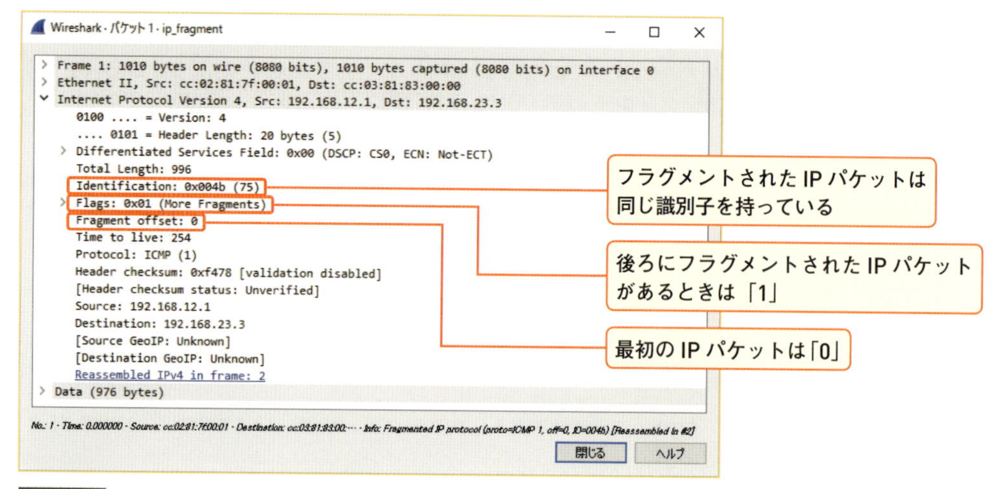

図4.1.12 フラグメントされた1つ目のパケット

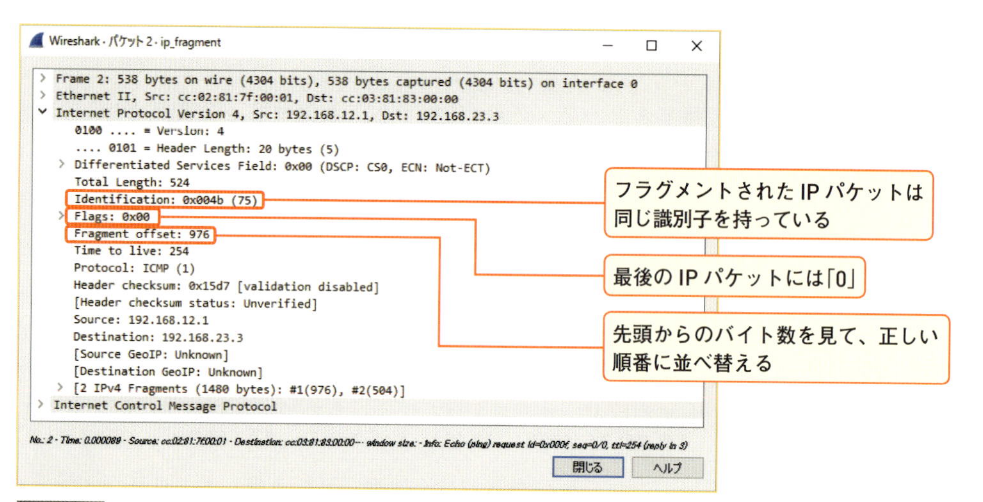

図4.1.13 フラグメントされた2つ目のパケット

TTL

「TTL（Time To Live）」は、パケットの寿命を表す値です。IPの世界では、IPパケットの寿命を、経由するルータの数で表現します*1。経由するルータの数のことを「ホップ数」といいます。TTLは、ネットワークを経由するたびに1つずつ減算されて、値が「0」になると破棄されます。IPパケットを破棄した機器は、「Time-to-live exceeded（タイプ11/コード0）」のICMPパケットを返して、IPパケットを破棄したことを送信元端末に伝えます。

*1 実際は、ファイアウォールやレイヤー3スイッチ、負荷分散装置など、レイヤー3以上で動作する機器すべてで減算されます。

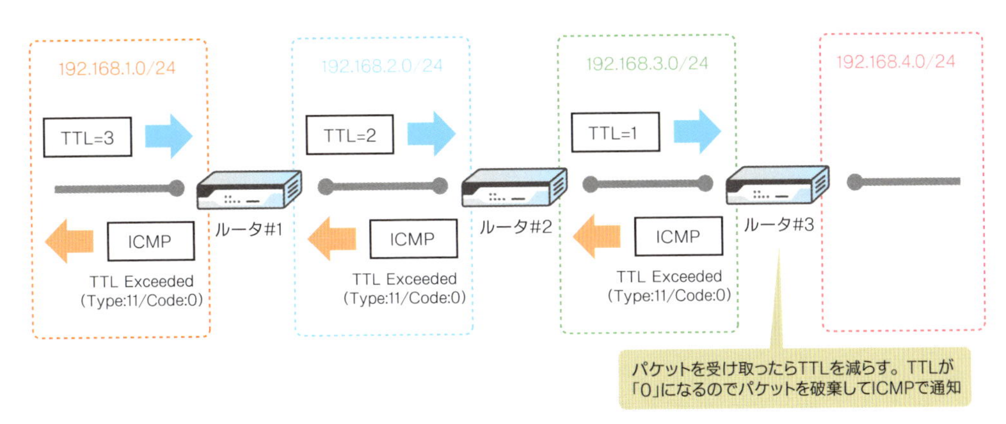

図4.1.14 TTLが「0」になったら、ICMPパケットで送信元に知らせる

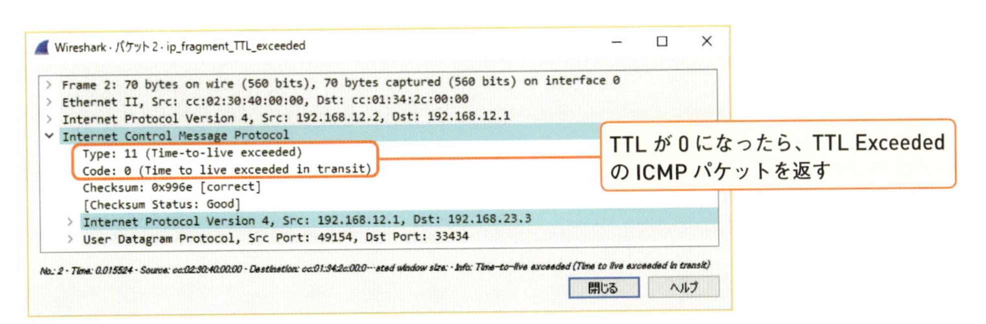

図4.1.15 Time-to-live exceededのICMPパケット

TTL のデフォルト値は、OS やそのバージョンによって異なります[*1]。そのため、パケットに含まれる TTL の値を見ることによって、パケットを送信した端末が Windows 系か UNIX 系かくらいのざっくりとした判別が可能です。次の表に代表的な OS の TTL のデフォルト値をまとめておきましたので、参考にしてください。

＊1 一部の OS は、使用するレイヤー 4 プロトコル（TCP/UDP/ICMP）によってもデフォルト値が異なります。

メーカー	OS/バージョン	TTLのデフォルト値
マイクロソフト	Windows 10	128
アップル	macOS 10.12.x	64
アップル	iOS 10.3	64
オープンソース	Linux Ubuntu 16.04	64
グーグル	Android	64
シスコ	Cisco IOS	255

表4.1.3 OSやそのバージョンによってTTLのデフォルト値は異なる

TTL の最も重要な役割が、「ルーティングループ」の防止です。ルーティングループとは、ルーティングの設定間違いで IP パケットが同じところを回ってしまう現象のことです。前章でブリッジングループについて説明しましたが、Ethernet には TTL の概念がないため、ひとたびブリッジングループが発生してしまうと、なんらかの対処をしないかぎり止まることはありません。ずっとぐるぐる回り続け、すべてのリソースを圧迫し続けます。一方、IP パケットは同じネットワークをぐるぐる回ったとしても、TTL がカウントダウンされるため、最終的にどこかで破棄されます。ルーティングループによって、ぐるぐる回ったパケットがリソースを圧迫し続けることはありません。なお、ルーティングループについては、p.127 で詳しく説明します。

プロトコル番号

「プロトコル番号」は、パケットに含まれる IP ペイロードがどんなプロトコルで構成されているデータなのかを表しています。プロトコル番号を定義している RFC 790「ASSIGNED NUMBERS」には、たくさんのプロトコルが並んでいますが、実際に見かけるプロトコル番号はごくわずかです。次の表に、筆者が実際に現場で見かけたプロトコル番号をまとめておきました。参考にしてください。

プロトコル番号	用途
1	ICMP（Internet Control Message Protocol）
2	IGMP（Internet Group Management Protocol）
6	TCP（Transmission Control Protocol）
17	UDP（User Datagram Protocol）
47	GRE（Generic Routing Encapsulation）
50	ESP（Encapsulating Security Payload）
88	EIGRP（Enhanced Interior Gateway Routing Protocol）
89	OSPF（Open Shortest Path First）
112	VRRP（Virtual Router Redundancy Protocol）

表4.1.4 プロトコル番号

ヘッダーチェックサム

「ヘッダーチェックサム」は、IP ヘッダーの整合性を確認するために使用される 16 ビットのフィールドです。ヘッダーチェックサムの計算は RFC1071「Computing the Internet Checksum」で定義されていて、「1 の補数演算」という計算方法が採用されています。具体的には、次のような手順で計算されます。

1. IP ヘッダーを 16 ビットずつに区切り、ヘッダーチェックサムを取り除く
2. 区切った値を合計する
3. 16 ビットを超えた部分を取って、足し合わせる
4. ビットを反転する

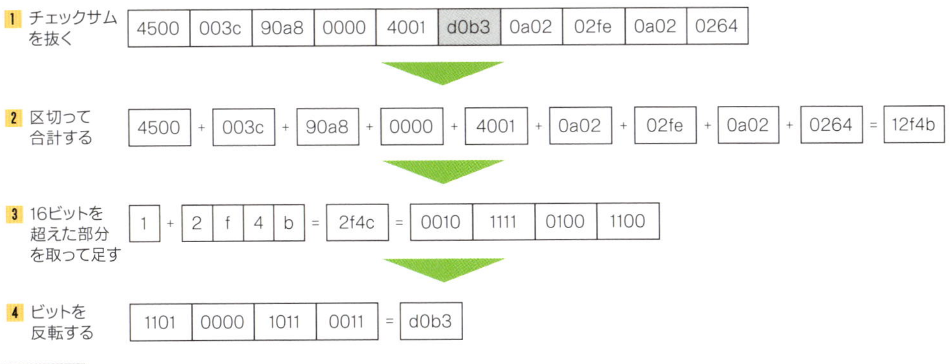

図4.1.16 IPヘッダーチェックサムの計算

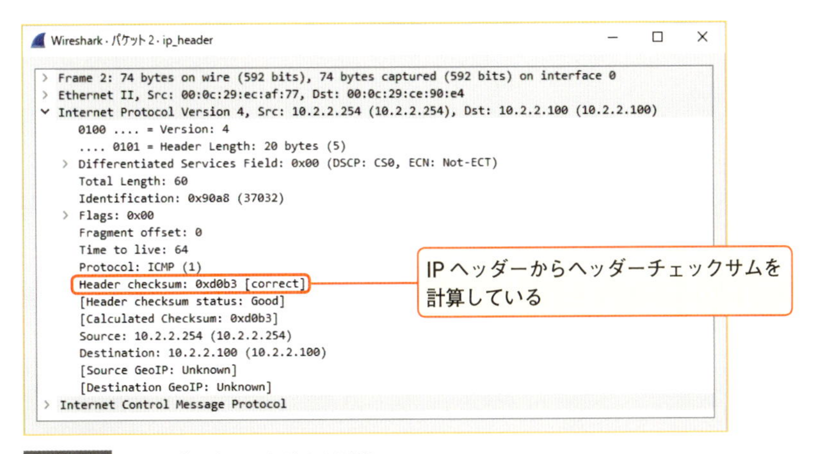

図4.1.17 IPヘッダーチェックサムを計算

送信元/宛先IPアドレス

「IPアドレス」は、IPネットワークに接続されている端末を表す32ビットの識別IDです。IPネットワークにおける住所のようなものと考えてよいでしょう。

送信側の端末は、自分のIPアドレスを送信元IPアドレスに、パケットを送り届けたい端末のIPアドレスを宛先IPアドレス[*1]に入れて、パケットをデータリンク層へと渡します。一方、受信側の端末は、データリンク層から受け取ったパケットの宛先IPアドレスを見て、どの端末から来たパケットなのかを判断します。また、IPパケットを返信するときは、受け取ったIPパケットの送信元IPアドレスを宛先IPアドレスに、宛先IPアドレスを送信元IPアドレスに入れて返信します。

なお、IPアドレスについては、次項で詳しく説明します。

＊1 宛先IPアドレスは、あらかじめDNS（Domain Name System）で学習しておく必要があります。

IPアドレス

IPにおいて最も重要なフィールドが、「送信元IPアドレス」と「宛先IPアドレス」です。IPは、IPアドレスありきといっても過言ではありません。

IPアドレスは、IPネットワークに接続された端末の識別IDです。32ビットで構成されていて、「192.168.1.1」や「172.16.1.1」のように、8ビットずつドットで区切って、10進数で表記します。ドットで区切られたグループのことを「オクテット」といい、先頭から「第1オクテット」「第2オクテット」という形で表現します。

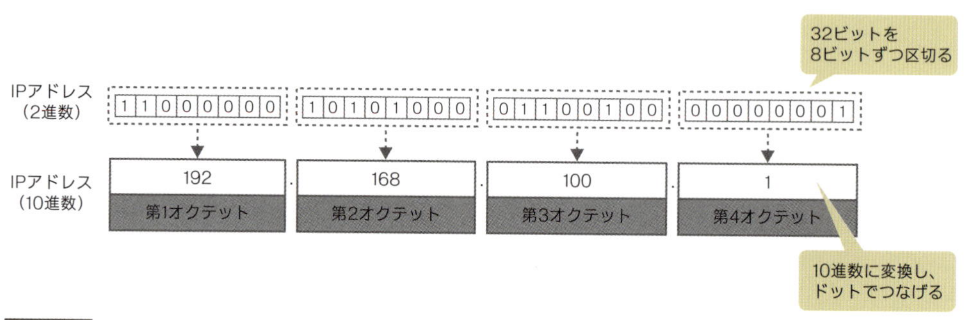

図4.1.18 IPアドレスの構成

IPアドレスは、それ単体で機能するわけではありません。「サブネットマスク」という、これまた32ビットの値とセットで機能します。IPアドレスは、サブネットマスクで分割した「ネットワーク部」と「ホスト部」の2つで構成されています。ネットワーク部はネットワークそのものを表しています。これはつまり、p.62で説明したブロードキャストドメインでもあり、VLANでもあり、セグメントでもあります。また、ホスト部はそのネットワークに接続している端末そのものを表しています。サブネットマスクはこの2つを区切る目印のようなもので、「1」のビットがネットワーク部、「0」のビットがホスト部を表しています。

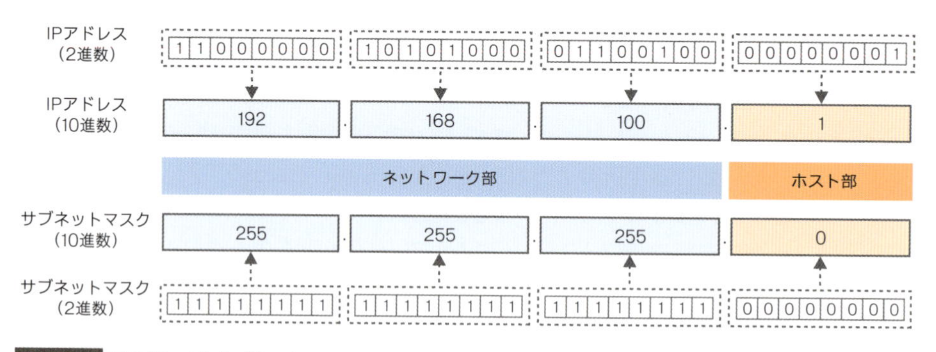

図4.1.19 IPアドレスとサブネットマスク

サブネットマスクには、「10進数表記」と「CIDR表記」という2種類の表記方法があります。10進数表記は、上の図で示したとおりです。IPアドレスと同じように、8ビットずつ4つのグループに分け、10進数に変換して、ドットで区切って表記します。一方、CIDR表記は、IPアドレスの後に「/」(スラッシュ)と、サブネットマスクの「1」のビットの個数を表記します。

たとえば、「192.168.100.1」というIPアドレスに「255.255.255.0」というサブネットマスクが設定されている場合、CIDR表記では「192.168.100.1/24」となります。どちらにしても、「192.168.100」というネットワークの「1」というホストであることがわかります。

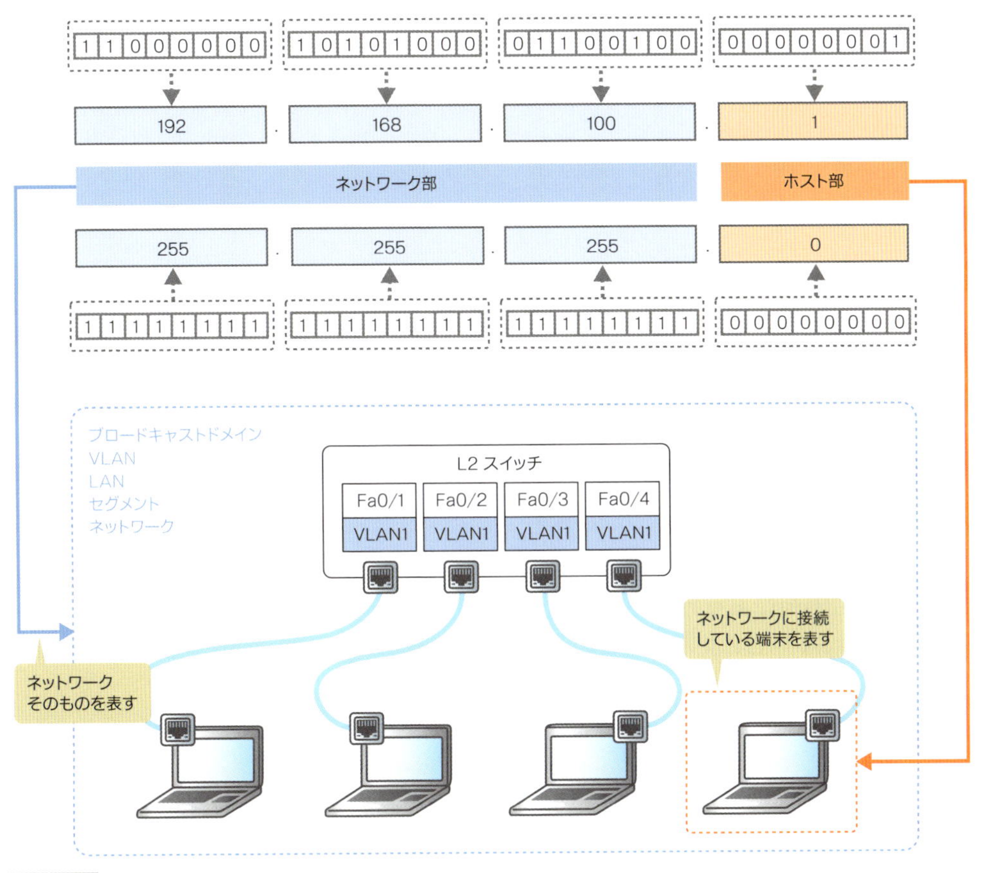

図4.1.20 ネットワーク部とホスト部

IPアドレスは用途に応じて分類する

IPアドレスは、「0.0.0.0」〜「255.255.255.255」まで、2^{32}（約43億）個あります。しかし、どこでも好き勝手に使ってよいかといえば、そういうわけではありません。ICANNという民間の非営利法人と、その下部組織によって、どこからどこまでを、どのように使うかが決められています。本書では、この使用基準を「使用用途」「使用場所」「除外アドレス」という、3つの分類方法を用いて説明します。

使用用途による分類

IPアドレスは使用用途に応じて、クラスAからクラスEまでの5つのアドレスクラスに分類することができます。

この中で一般的に使用するのは、クラスAからクラスCまでです。これらは端末に設定し、ユニキャスト、つまり1：1の通信で使用します。この3つのクラスの違いは、ざっくり言うと、ネットワークの規模の違いです。クラスA→クラスB→クラスCの順に規模が小さくなります。

クラスDとクラスEは特殊な用途で使用し、一般的には使用しません。クラスDは特定グループの端末にトラフィックを配信するIPマルチキャストで使用し、クラスEは将来のために予約されているIPアドレスです。

アドレスクラスの分類は、IPアドレスの先頭の1〜4ビットだけで行っています。そのため、先頭のビットによって、使用できるIPアドレスの範囲も必然的に決まります。たとえばクラスAの場合、先頭1ビットは「0」です。先頭1ビットが「0」で、残りの31ビットには「すべて0」から「すべて1」までのパターンが取りうるので、IPアドレスの範囲は「0.0.0.0」〜「127.255.255.255」までになります。

クラス	先頭1〜4ビット	開始IPアドレス	終了IPアドレス	用途	
クラスA	0	0.0.0.0	127.255.255.255	ユニキャスト	大規模ネットワーク
クラスB	10	128.0.0.0	191.255.255.255		中規模ネットワーク
クラスC	110	192.0.0.0	223.255.255.255		小規模ネットワーク
クラスD	1110	224.0.0.0	239.255.255.255	マルチキャスト	
クラスE	1111	240.0.0.0	255.255.255.255	将来のために予約	

表4.1.5 使用用途によるIPアドレスの分類

使用場所による分類

IPアドレスは、使用場所によって「**グローバルIPアドレス**」と「**プライベートIPアドレス**」の2つに分類することもできます。前者はインターネットにおける一意な（ほかに同じものがない、個別の）IPアドレスであり、後者は企業や自宅のネットワークなど限られた組織内だけで一意なIPアドレスです。電話の世界でいうと、グローバルIPアドレスが外線、プライベートIPアドレスが内線ということになります。

プライベートIPアドレスは、組織内であれば自由に割り当ててよいIPアドレスで、アドレスクラスごとに決められています。たとえば自宅でブロードバンドルータを使っている方は、192.168.x.xのIPアドレスが設定されていることが多いでしょう。192.168.x.xであれば、クラスCのプライベートIPアドレスということになります。

クラス	開始IPアドレス	終了IPアドレス
クラスA	10.0.0.0	10.255.255.255
クラスB	172.16.0.0	172.31.255.255
クラスC	192.168.0.0	192.168.255.255

表4.1.6 プライベートIPアドレス

プライベートIPアドレスは、組織内だけで有効なIPアドレスです。インターネットに直接的に接続できるわけではありません。インターネットに接続するときは、プライベートIPアドレスをグローバルIPアドレスに変換する必要があります。IPアドレスを変換する機能のことを「**NAT（Network Address Translation）**」といいます。自宅でブロードバンドルータを使っている方は、ブロードバンドルータが送信元IPアドレスをプライベート

IPアドレスからグローバルIPアドレスに変換しています。

端末には設定できないアドレス（除外アドレス）

クラスAからクラスCの中でも、特別な用途に使用され、端末には設定できないアドレスがいくつかあります。その中でも、実際の現場でよく見かけるアドレスが、「**ネットワークアドレス**」「**デフォルトルートアドレス**」「**ブロードキャストアドレス**」「**ループバックアドレス**」の4つです。それぞれ説明します。

ネットワークアドレス

ネットワークアドレスは、ホスト部のビットがすべて「0」のIPアドレスで、ネットワークそのものを表しています。たとえば、「192.168.1.1」というIPアドレスに「255.255.255.0」というサブネットマスクが設定されていたら、「192.168.1.0」がネットワークアドレスです。

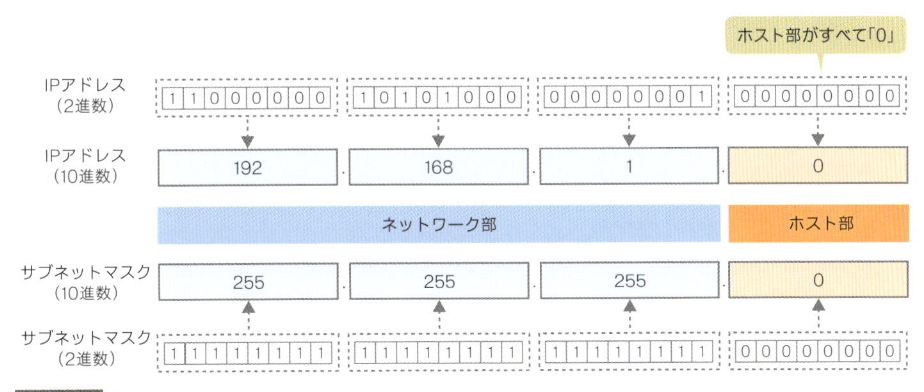

図4.1.21 ネットワークアドレス

デフォルトルートアドレス

デフォルトルートアドレスは、IPアドレス、サブネットマスクともにすべて「0」で構成されているIPアドレスです。ネットワークアドレスを極限まで推し進めたIPアドレスで、「すべてのネットワーク」を表します。

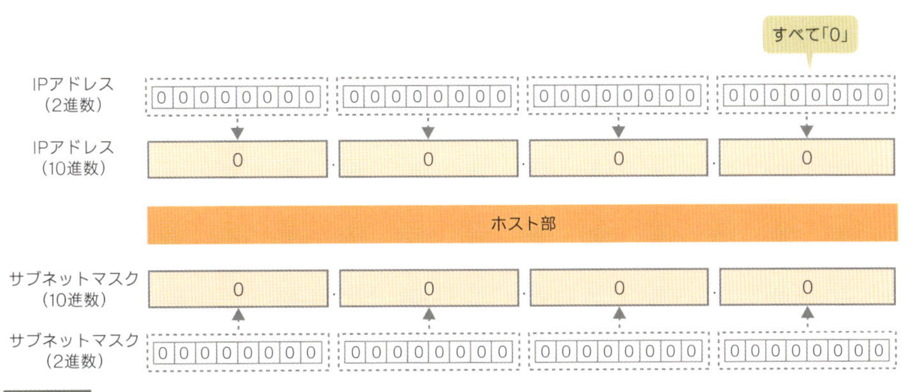

図4.1.22 デフォルトルートアドレス

ブロードキャストアドレス

ブロードキャストアドレスは、ホスト部のビットがすべて「1」のIPアドレスです。「そのネットワークにある全端末」を表しています。たとえば、「192.168.1.1」というIPアドレスに「255.255.255.0」というサブネットマスクが設定されていたら、「192.168.1.255」がブロードキャストアドレスです。

また、ホスト部に加えて、ネットワーク部も「1」のアドレス、つまり「255.255.255.255」もブロードキャストアドレスに分類されます。

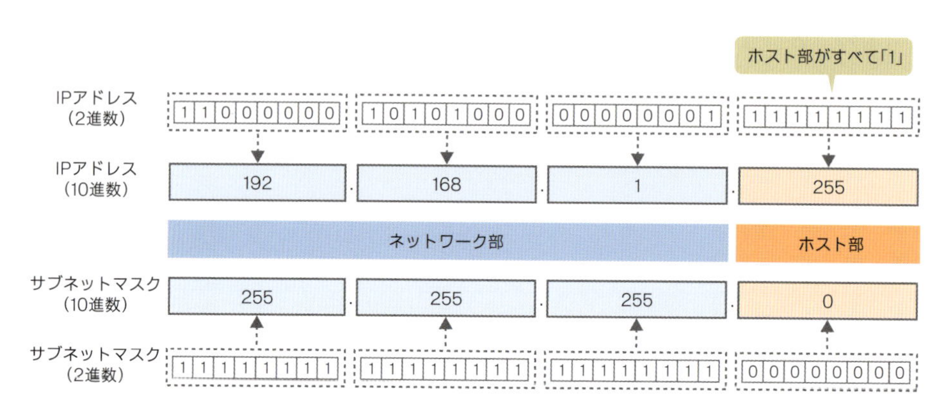

図4.1.23 ブロードキャストアドレス

ループバックアドレス

ループバックアドレスは、自分自身を表すIPアドレスです。ループバックアドレスは、第1オクテットが「127」のIPアドレスです。第1オクテットが「127」でさえあれば、どれを使ってもよいのですが、「127.0.0.1/8」を使用するのが一般的です。Windowsも macOSも、自分で設定するIPアドレスとは別に、自動的に「127.0.0.1/8」が設定されています。

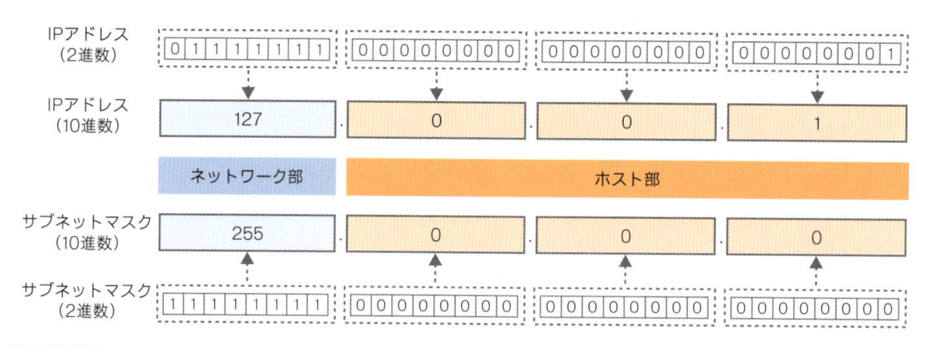

図4.1.24 ループバックアドレス

4.1.2 IPの解析に役立つWiresharkの機能

続いて、IPパケットを解析するときに役立つWiresharkの機能について説明します。Wiresharkには、ありとあらゆるIPパケットをよりわかりやすく、よりかんたんに解析できるよう、たくさんの機能が用意されています。その中から、システムの構築現場、運用現場において、コンピューターエンジニアが使用する機能をいくつかピックアップして説明します。

設定オプション

IPの設定オプションは、メニューバーの［編集］-［設定］で設定画面を開き、［Protocols］の中の［IPv4］で変更できます。基本的にデフォルト値のままで使用することが多いですが、この中でも現場で話題に上がることが多い「Reassemble fragmented IPv4 datagrams」と「Validate the IPv4 checksum if possible」について説明します。

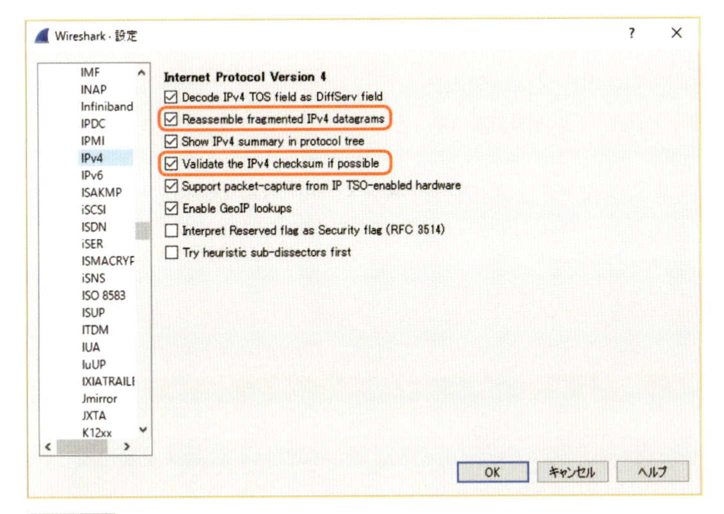

図4.1.25 IPv4の設定オプション

Reassemble fragmented IPv4 datagrams

「Reassemble fragmented IPv4 datagrams」は、フラグメントされたIPパケットを自動的に再構成して表示する機能です。Wiresharkはフラグメントされた IPパケットを、フラグメントされた状態で受け取ります。そこで、この機能を有効にすると、フラグメントされる前のオリジナルのIPパケットを確認できるようになります。再構成されたIPパケットは、フラグメントされたIPパケットのうち、最後のパケットのパケットバイト列に「Reassembled IPv4」タブとして表示されます。

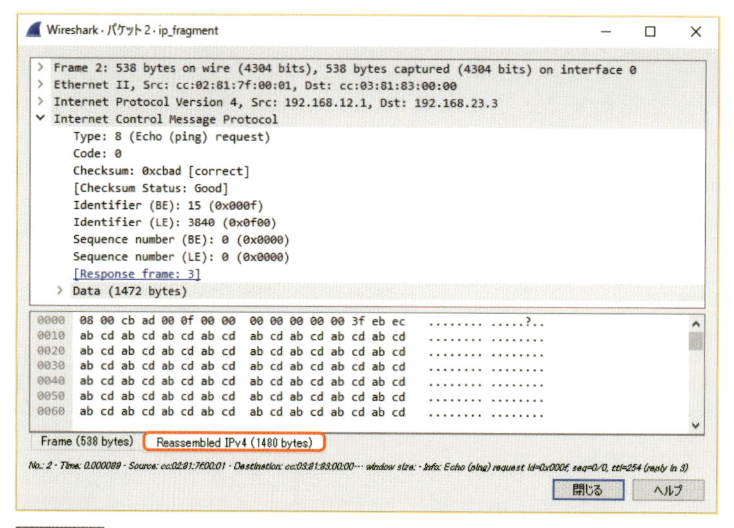

図4.1.26 「Reassembled IPv4」タブにオリジナルIPパケットが表示される

Validate the IPv4 checksum if possible

「Validate the IPv4 checksum if possible」は、IPヘッダーチェックサムの値が正しい値かどうかチェックする機能です。Wiresharkは、IPパケットのヘッダーに対してチェックサムの計算（1の補数演算）を実行し、実際に付与されているIPヘッダーチェックサムの値と比較します。値が異なるとチェックサムエラーとして判定され、パケット一覧の行の色が任意の色へと変わるだけでなく、パケット詳細の「Header checksum」に[incorrect, should be...]と表示されるようになります。

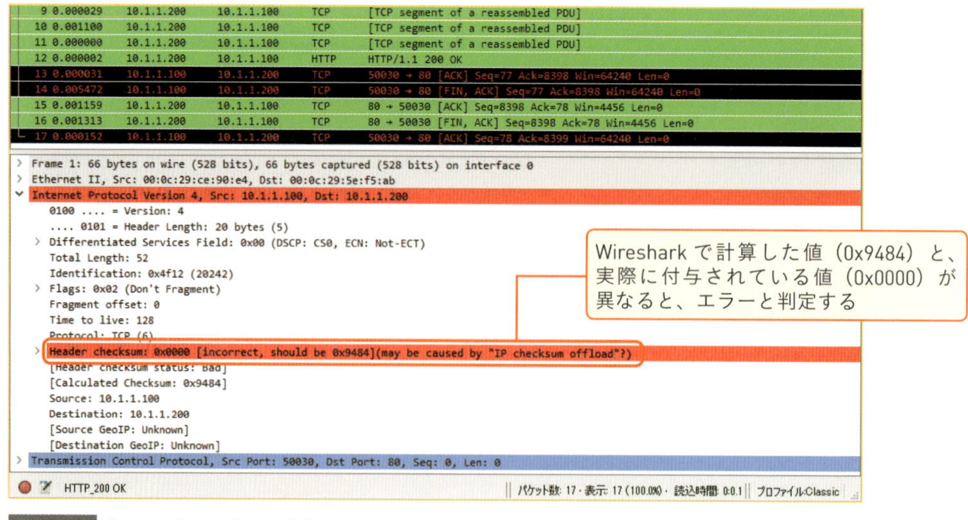

図4.1.27 チェックサムエラーの場合

「Validate the IPv4 checksum if possible」を有効にするときに、気をつけなければならない機能が、NICの「**IPチェックサムオフロード**」です。NICのIPチェックサムオフロードを有効にしていると、Wiresharkは送信パケットのIPヘッダーチェックサムを正しく取得できません。IPチェックサムオフロードとは、IPヘッダーチェックサムの計算をNICで肩代わりし、端末のCPUの処理負荷を軽減する機能です。

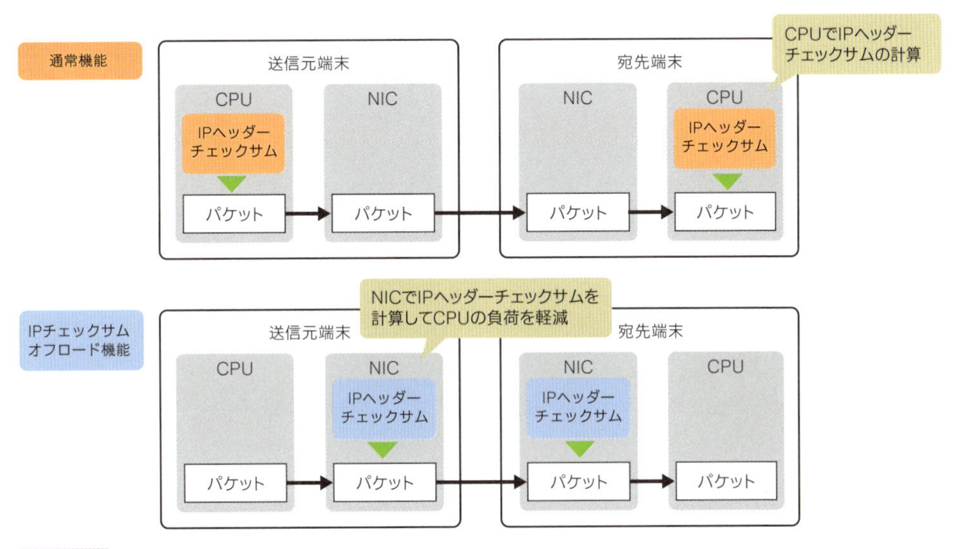

図4.1.28 IPチェックサムオフロード機能

IPチェックサムオフロード機能を有効にすると、IPパケットを生成するときにはダミーのIPヘッダーチェックサムを付与し、NICでIPヘッダーチェックサムの計算するようになります。Wiresharkは、ダミーのIPヘッダーチェックサムが付与された後、NICでIPヘッダーチェックサムを計算する前にパケットをキャプチャするため、送信パケットに関してはダミーのIPヘッダーチェックサム（0x0000）しか取得できません。つまり、正しい値を取得できません。そのため、どうしても送信パケットのIPヘッダーチェックサムを取得したい場合は、NICのプロパティからIPチェックサムオフロード機能を無効にしてください。特に最近のNICは、端末の処理負荷軽減を図るため、デフォルトでIPヘッダーチェックサムオフロード機能が有効になっています。したがって、「Validate the IPv4 checksum if possible」を有効にすると、嵐のようにチェックサムエラーが発生します。パケットを解析するときに、つい混乱しがちなので注意しましょう。

なお、受信パケットのIPヘッダーチェックサムに関しては、IPヘッダーチェックサムオフロード機能の設定にかかわらず、正しい値を問題なく取得可能です。

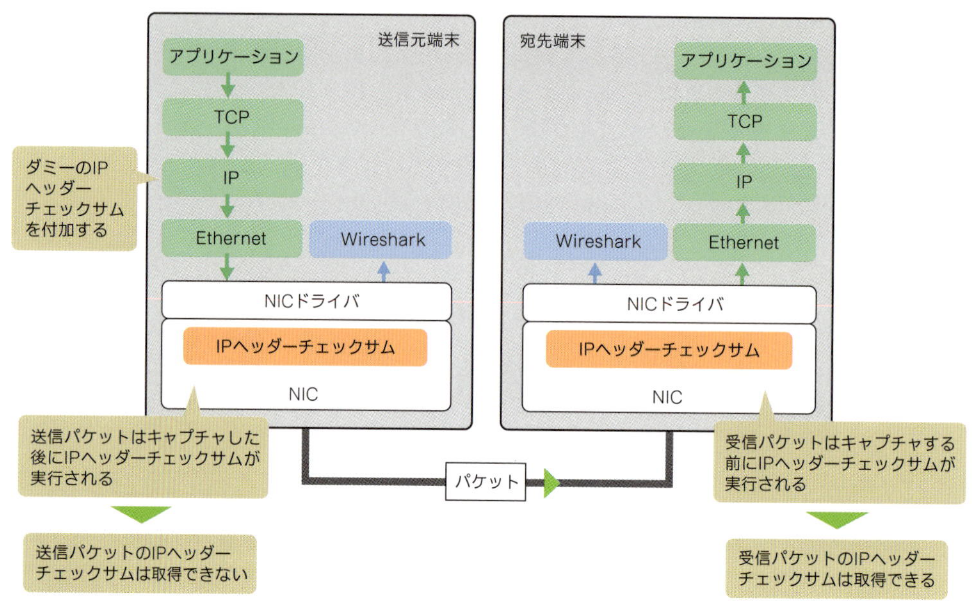

図4.1.29 IPヘッダーチェックサムオフロード機能を有効にしたときの処理順序

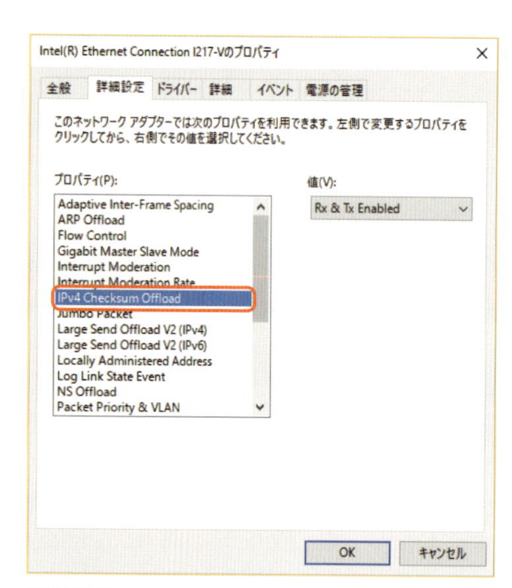

図4.1.30 送信パケットのIPヘッダーチェックサムを取得したいときは、NICのプロパティでIPチェックサムオフロード機能を無効にする

表示フィルタ

IPに関する代表的な表示フィルタは、次の表のとおりです。IPパケットにおけるほぼすべてのフィールドをフィルタ対象として設定できます。

フィールド名	フィールド名が表す意味	記述例
ip.version	IP のバージョン	ip.version == 4
ip.addr	宛先 IP アドレスか送信元 IP アドレス	ip.addr == 192.168.1.1
ip.host	宛先 IP アドレスか送信元 IP アドレスを FQDN に名前解決した値	ip.host == www.google.co.jp
ip.dst	宛先 IP アドレス	ip.dst == 192.168.1.2
ip.dst_host	宛先 IP アドレスを FQDN に名前解決した値	ip.dst_host == www.google.co.jp
ip.src	送信元 IP アドレス	ip.src == 192.168.1.3
ip.src_host	送信元 IP アドレスを FQDN に名前解決した値	ip.src_host == www.google.co.jp
ip.dsfield	ToS（DS フィールド）の値	ip.dsfield == 0x00
ip.flags.df	DF ビットの値	ip.flags.df == 1
ip.flags.mf	MF ビットの値	ip.flags.mf == 1
ip.frag_offset	フラグメントオフセットの値	ip.frag_offset == 1
ip.ttl	TTL の値	ip.ttl == 255
ip.proto	プロトコル番号	ip.proto == 1
ip.len	パケットサイズ（バイト単位）	ip.len > 1000

表4.1.7 IPに関する代表的な表示フィルタ

名前解決オプション

名前解決オプションは、IP アドレスを自動的に FQDN（Fully Qualified Domain Name、p.339 参照）に名前解決する機能です。この機能を使用すると、どの端末がどのサイトにアクセスしていたのかを一目で確認することができます。

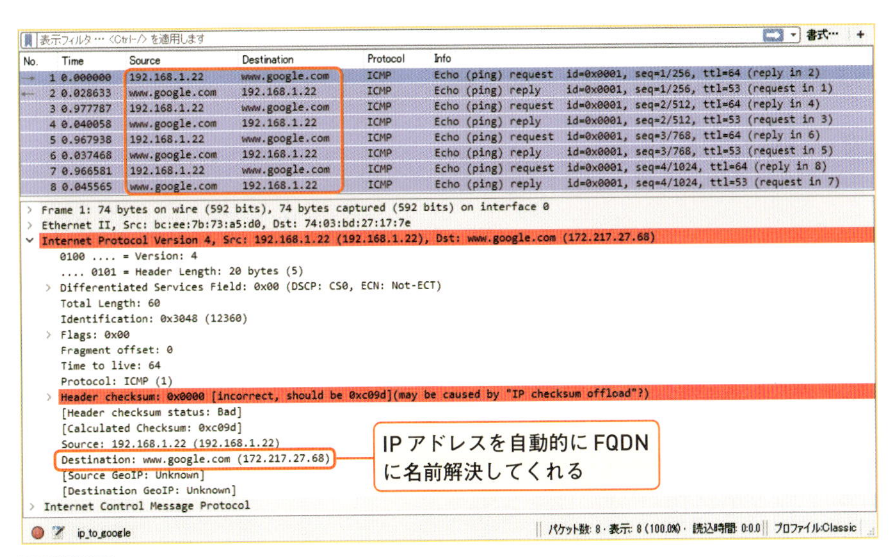

図4.1.31 名前解決オプションでFQDNを知ることができる

名前解決オプションは、メニューバーの［編集］-［設定］で設定画面を開き、［Name Resolution］で［Resolve network (IP) addresses］にチェックすれば有効になります。また、あわせて［Use captured DNS packet data for address resolution］などのオプションを有効にすると、より多角的に名前解決を実行することができます。名前解決に関するその他のオプションについては、下の表を参照してください。

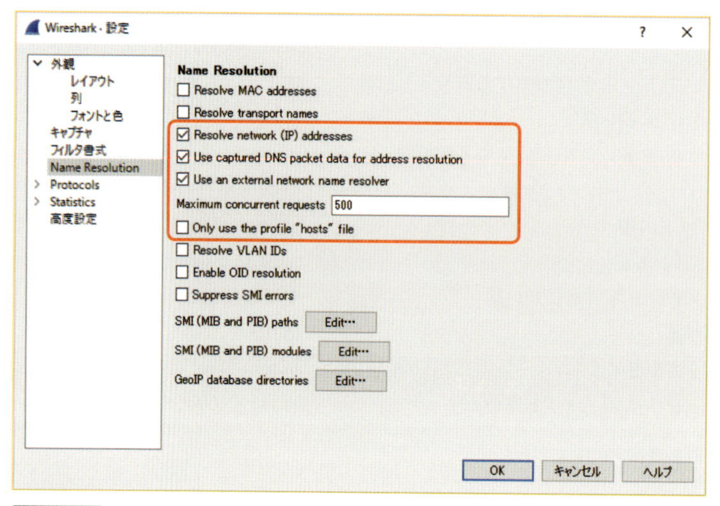

図4.1.32 名前解決オプション

オプション	用途
Use captured DNS packet data for address resolution	キャプチャした DNS パケットの情報を利用して名前解決する
Use an external network name resolver	外部の DNS サーバーを使用して名前解決する
Maximum concurrent requests	「Use an external network name resolver」を有効にしたときの最大接続数を設定する
Only use the profile "hosts" file	hosts ファイルだけを使用して名前解決する

表4.1.8 名前解決に関する付属オプション

4.1.3 IPパケットの解析

続いて、実際の IP ネットワーク環境で使用されている IP の基本機能や拡張機能、トラブルなどについて、パケットレベルで解析します。IP のネットワークはなんといっても IP アドレスありきです。どの機器がどの IP アドレスを持っているのか、整理しながら解析を進めると、より効率よく理解を深められるでしょう。

ルーティングの処理はどう見えるか

IP で動作する機器といえば、なんと言っても「**ルータ**」もしくは「**レイヤー 3 スイッチ**（以降、L3 スイッチと表記）」です。ルータと L3 スイッチは似て非なるものですが、異なる Ethernet ネットワークをつなぎ、IP パケットを転送する役割を担う点では同じです。L3 スイッチは、複数台の L2 スイッチとルータを 1 台に統合したものだと思えばよいでしょう。

IPパケットは、たくさんのL3スイッチとルータを伝って世界中のサイトへと旅立ちます。

ルータは、宛先IPアドレスの参照元となる「宛先ネットワーク」と、そのIPパケット（IPヘッダでカプセル化したデータ）を転送すべき隣接機器（隣接端末）のIPアドレスである「ネクストホップ」を管理することで、IPパケットの転送先を切り替え、通信の効率化を図っています。このIPパケットの転送先を切り替える機能のことを「**ルーティング**」といいます。また、宛先ネットワークとネクストホップを管理するテーブル（表）のことを「**ルーティングテーブル**」といいます。ルータでは、ルーティングテーブルとARPテーブルが重要なポイントです。

宛先ネットワークとネクストホップを管理する

では、ルータがどのようにしてパケットをルーティングするのか見てみましょう。ここでは、PC1が2台のルータを経由して、PC2にIPパケットを送信することを想定して説明します。なお、ここでは、純粋にルーティングの処理のみを説明するために、すべての機器がお互いのMACアドレスを学習しているという前提で説明します。

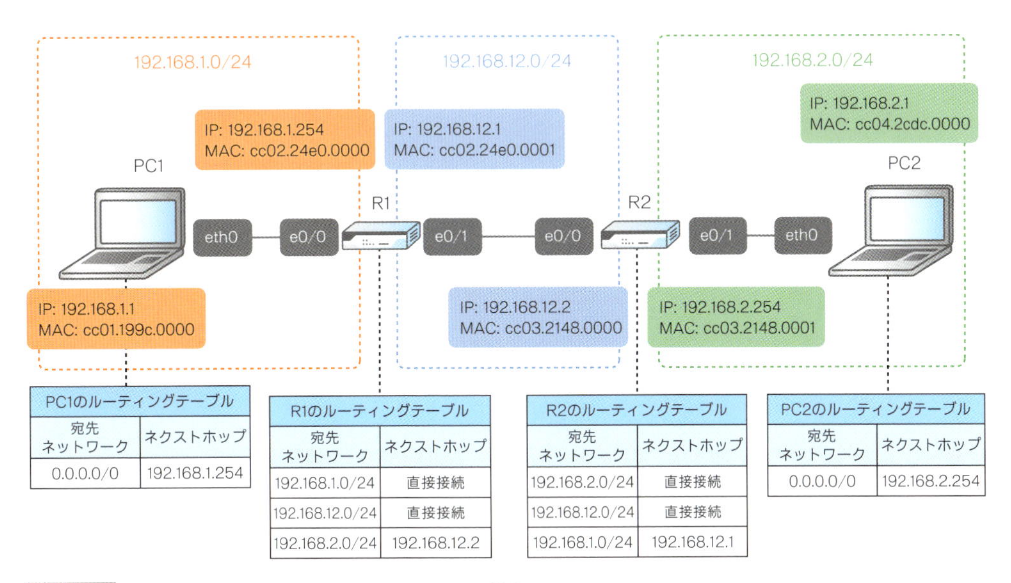

PC1のルーティングテーブル

宛先ネットワーク	ネクストホップ
0.0.0.0/0	192.168.1.254

R1のルーティングテーブル

宛先ネットワーク	ネクストホップ
192.168.1.0/24	直接接続
192.168.12.0/24	直接接続
192.168.2.0/24	192.168.12.2

R2のルーティングテーブル

宛先ネットワーク	ネクストホップ
192.168.2.0/24	直接接続
192.168.12.0/24	直接接続
192.168.1.0/24	192.168.12.1

PC2のルーティングテーブル

宛先ネットワーク	ネクストホップ
0.0.0.0/0	192.168.2.254

図4.1.33 ルーティングを理解するためのネットワーク構成

1 PC1は、送信元IPアドレスにPC1のIPアドレス（192.168.1.1）、宛先IPアドレスにPC2のIPアドレス（192.168.2.1）をセットして、IPヘッダーでカプセル化し、ルーティングテーブルを検索します。「192.168.2.1」は、すべてのネットワークを表すデフォルトルートアドレス（0.0.0.0/0）にマッチします。

そこで、今度はデフォルトルートアドレスのネクストホップのMACアドレスをARPテーブルから検索します。「192.168.1.254」のMACアドレスはR1（e0/0）です。送信元MACアドレスにPC1（eth0）のMACアドレス、宛先MACアドレスにR1（e0/0）のMACアドレスをセットして、Ethernetでカプセル化し、ケーブルに流します。

ちなみに、デフォルトルートのネクストホップのことを「**デフォルトゲートウェイ**」

といいます。端末は世界中に存在する不特定多数のサイトにアクセスするとき、とりあえずデフォルトゲートウェイにIPパケットを送信し、あとはデフォルトゲートウェイの機器にルーティングを任せます。

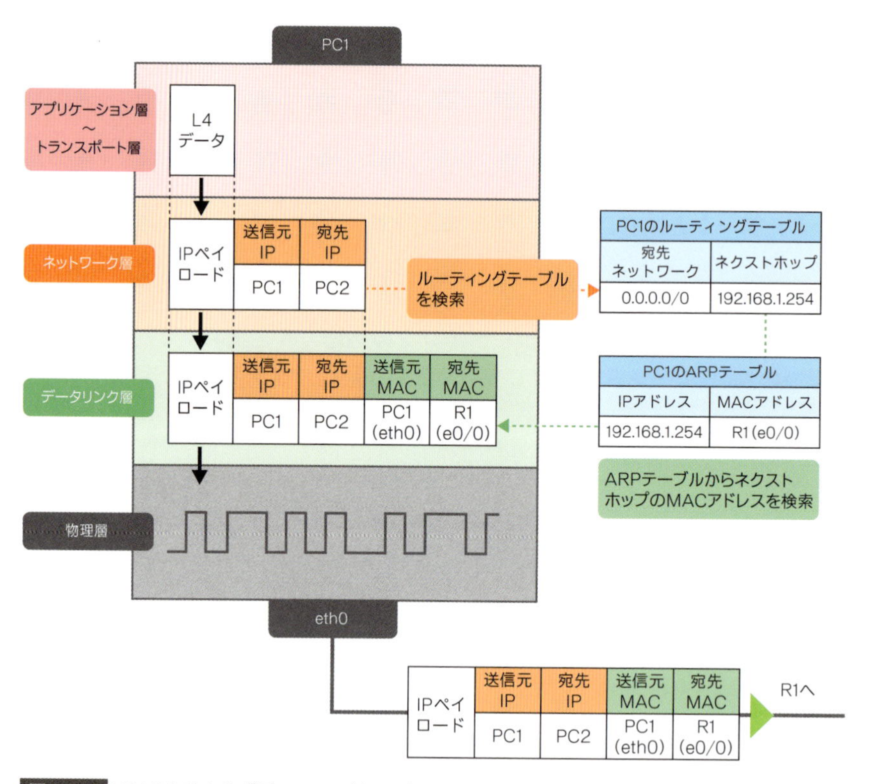

図4.1.34 PC1はとりあえずデフォルトゲートウェイに送信する

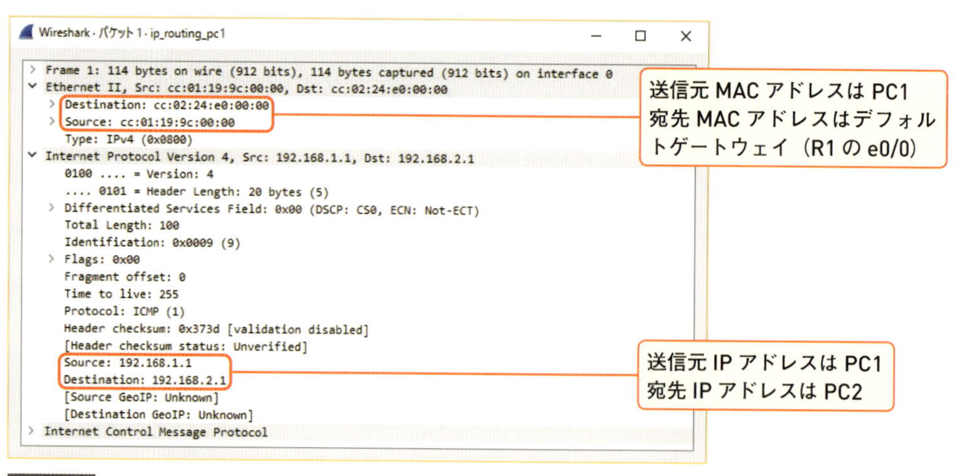

図4.1.35 PC1から送信されたパケット

2 PC1からIPパケットを受け取ったR1は、IPヘッダーの宛先IPアドレスを見て、ルーティングテーブルを検索します。宛先IPアドレスは「192.168.2.1」なので、ルーティングテーブルの「192.168.2.0/24」とマッチします。そこで、今度は「192.168.2.0/24」のネクストホップ「192.168.12.2」のMACアドレスをARPテーブルから検索します。

「192.168.12.2」のMACアドレスはR2（e0/0）です。送信元MACアドレスに出口のインターフェースであるR1（e0/1）のMACアドレス、宛先MACアドレスにR2（e0/0）のMACアドレスをセットして、Ethernetでカプセル化し、ケーブルに流します。

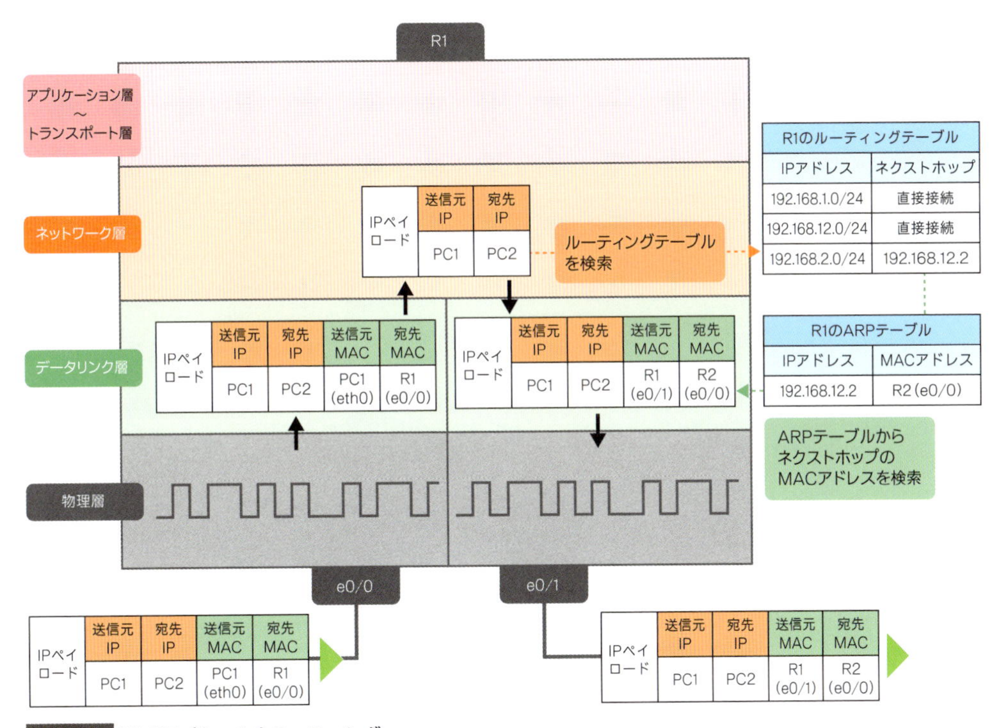

図4.1.36 R1がIPパケットをルーティング

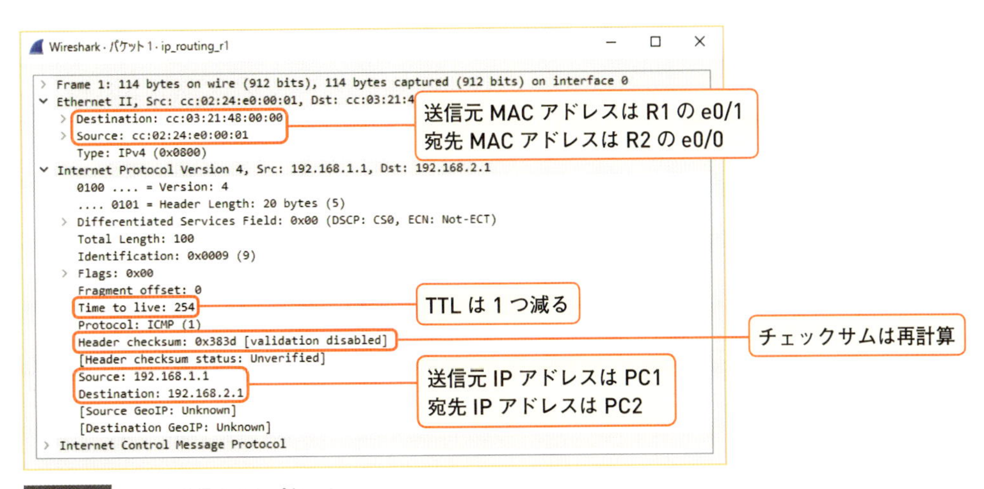

図4.1.37 R1から送信されたパケット

3 R1からIPパケットを受け取ったR2は、IPパケットの宛先IPアドレスを見て、ルーティングテーブルを検索します。宛先IPアドレスは「192.168.2.1」なので、ルーティングテーブルの「192.168.2.0/24」とマッチします。そこで、今度は「192.168.2.1」のMACアドレスをARPテーブルから検索します。

「192.168.2.1」のMACアドレスはPC2（eth0）です。送信元MACアドレスに出口のインターフェースであるR2（e0/1）のMACアドレス、宛先MACアドレスにPC2（eth0）のMACアドレスをセットして、あらためてEthernetでカプセル化し、ケーブルに流します。

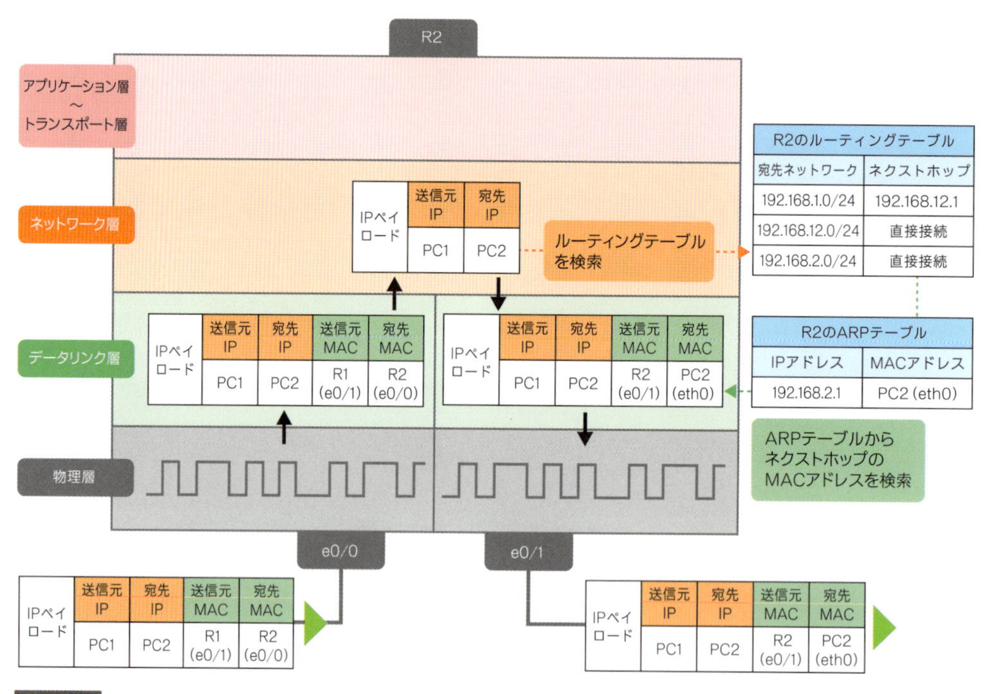

図4.1.38 R2がIPパケットをルーティング

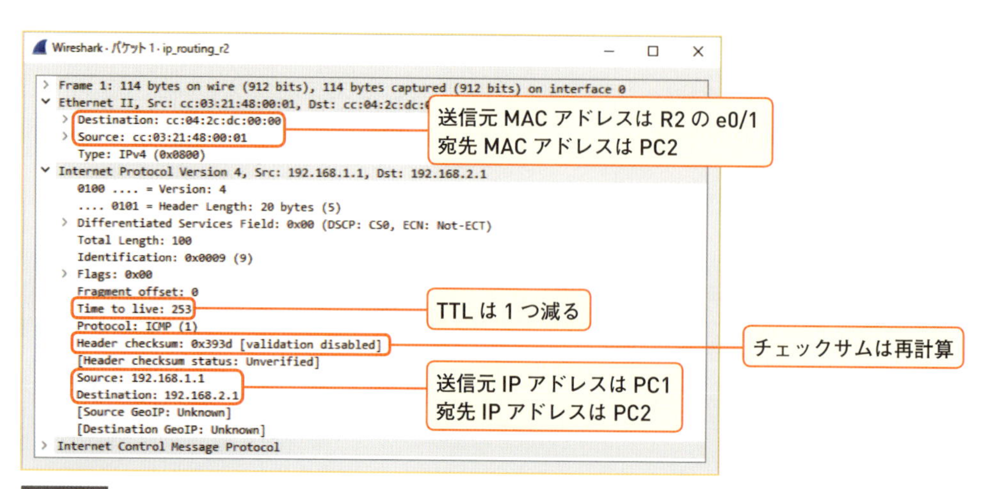

図4.1.39 R2から送信されたパケット

4 R2からIPパケットを受け取ったPC2は、データリンク層で宛先MACアドレス、ネットワーク層で宛先IPアドレスを見て、パケットを受け入れ、上位層（トランスポート層～アプリケーション層）へと処理を引き渡します。

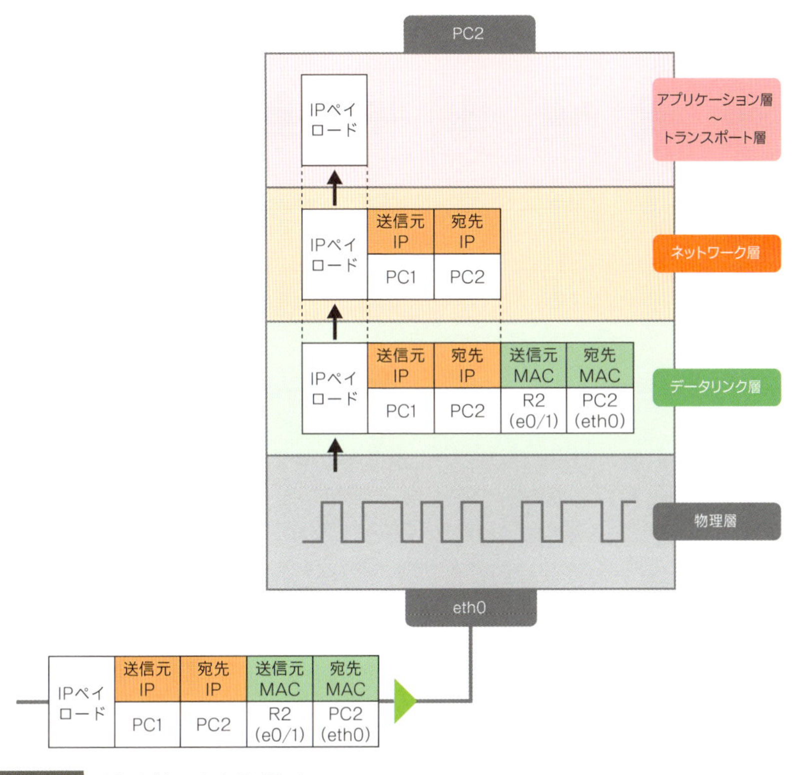

図4.1.40 PC2がパケットを受け取る

ルーティングループはどう見えるか

IPパケットが複数のルータを伝って、ぐるぐる回る現象のことを「**ルーティングループ**」といいます。p.74でも説明したとおり、Ethernetにはループを検知して止めるフィールドがないため、一度ループしてしまうと延々とループし続けるという致命的な弱点がありました。一方、IPにはその弱点を克服するフィールドとして、「TTL（Time To Live）」が用意されています。TTLによって、自動的にループにストップがかかります。

ここでは、ルーティングループが発生し、TTLがループにストップをかける様子を、パケットレベルでしっかり理解しましょう。

ルートの設定間違いがルーティングループの始まり

ルーティングループは、ほとんどの場合、ルートの設定間違いをきっかけにして発生します。ここでは、次の図のようなネットワーク構成を例に、ルーティングループの発生メカニズムとTTLのしくみを確認しましょう。この構成は、本来であればインターネットに向いていなくてはいけないR2のデフォルトゲートウェイ（デフォルトルートのネクストホップ）がR1に向いてしまっている、ルーティングループレディの構成です。

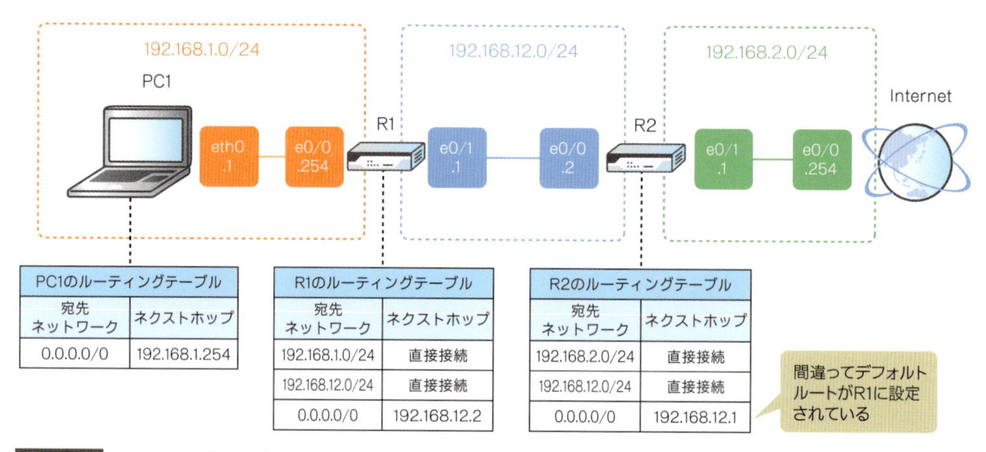

図4.1.41 ルーティングループを理解するためのネットワーク構成

1 PC1で「8.8.8.8」に対してpingを実行します。デフォルトルートアドレスにマッチするので、デフォルトゲートウェイに対してIPパケットを送信します。このときのTTLのデフォルト値は使用するOSによって異なりますが、ここではデフォルト値が「255」のOSを使用しているものとします。デフォルトゲートウェイはR1のe0/0（192.168.1.254）です。とりあえずR1に送信します。

2 R1は宛先IPアドレス（8.8.8.8）を見て、ルーティングテーブルを検索します。R1でもデフォルトルートアドレスにマッチするので、設定されているネクストホップであるR2のe0/0（192.168.12.2）に送信します。また、あわせてTTLを1つ減らして「254」にします。

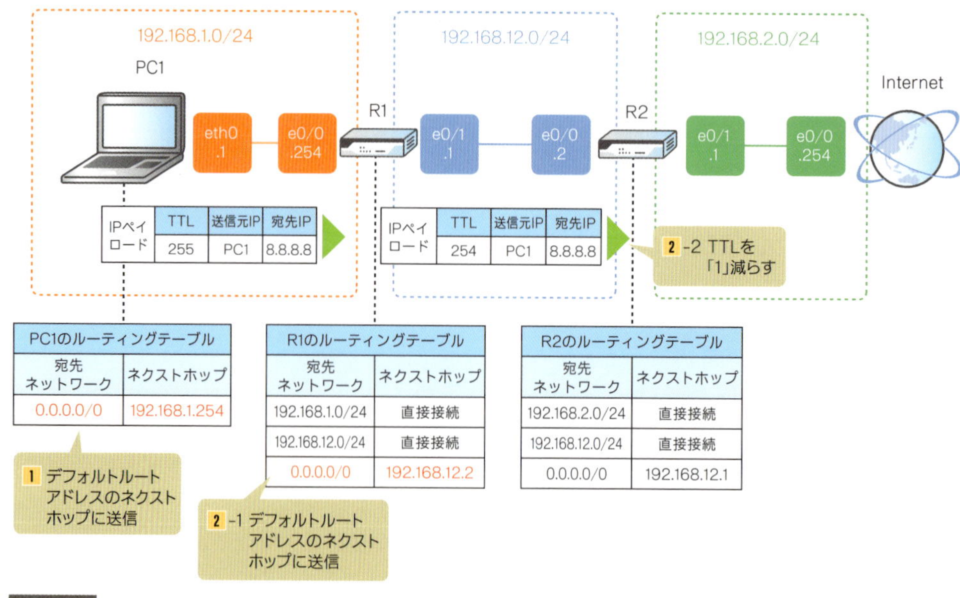

図4.1.42 1から2までの処理

3 R2は宛先IPアドレス（8.8.8.8）を見て、ルーティングテーブルを検索します。R2でもデフォルトルートアドレスにマッチするので、設定されたネクストホップである R1 の e0/1（192.168.12.1）に戻します。また、あわせて TTL を 1 つ減らして「253」にします。これでルーティングループの完成です。あとは TTL が「1」になるまで、ひたすら R1 と R2 でピンポンを続けます。

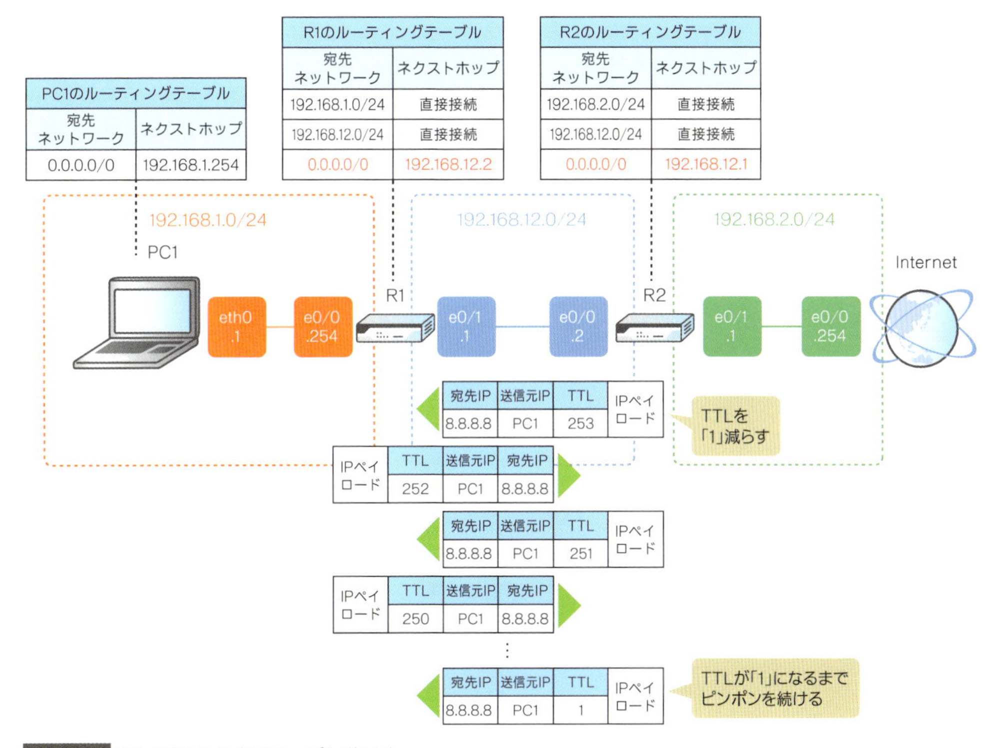

図4.1.43 TTLが1になるまでループし続ける

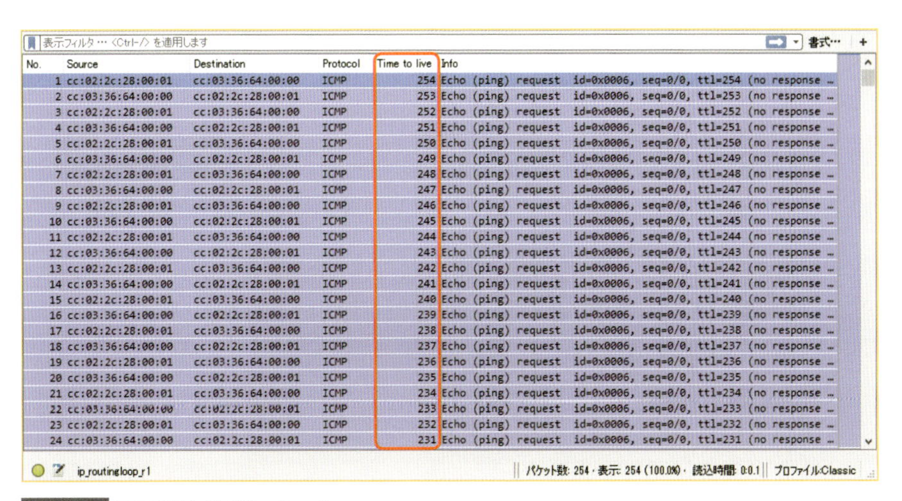

No.	Source	Destination	Protocol	Time to live	Info
1	cc:02:2c:28:00:01	cc:03:36:64:00:00	ICMP	254	Echo (ping) request id=0x0006, seq=0/0, ttl=254 (no response …
2	cc:03:36:64:00:00	cc:02:2c:28:00:01	ICMP	253	Echo (ping) request id=0x0006, seq=0/0, ttl=253 (no response …
3	cc:02:2c:28:00:01	cc:03:36:64:00:00	ICMP	252	Echo (ping) request id=0x0006, seq=0/0, ttl=252 (no response …
4	cc:03:36:64:00:00	cc:02:2c:28:00:01	ICMP	251	Echo (ping) request id=0x0006, seq=0/0, ttl=251 (no response …
5	cc:02:2c:28:00:01	cc:03:36:64:00:00	ICMP	250	Echo (ping) request id=0x0006, seq=0/0, ttl=250 (no response …
6	cc:03:36:64:00:00	cc:02:2c:28:00:01	ICMP	249	Echo (ping) request id=0x0006, seq=0/0, ttl=249 (no response …
7	cc:02:2c:28:00:01	cc:03:36:64:00:00	ICMP	248	Echo (ping) request id=0x0006, seq=0/0, ttl=248 (no response …
8	cc:03:36:64:00:00	cc:02:2c:28:00:01	ICMP	247	Echo (ping) request id=0x0006, seq=0/0, ttl=247 (no response …
9	cc:02:2c:28:00:01	cc:03:36:64:00:00	ICMP	246	Echo (ping) request id=0x0006, seq=0/0, ttl=246 (no response …
10	cc:03:36:64:00:00	cc:02:2c:28:00:01	ICMP	245	Echo (ping) request id=0x0006, seq=0/0, ttl=245 (no response …
11	cc:02:2c:28:00:01	cc:03:36:64:00:00	ICMP	244	Echo (ping) request id=0x0006, seq=0/0, ttl=244 (no response …
12	cc:03:36:64:00:00	cc:02:2c:28:00:01	ICMP	243	Echo (ping) request id=0x0006, seq=0/0, ttl=243 (no response …
13	cc:02:2c:28:00:01	cc:03:36:64:00:00	ICMP	242	Echo (ping) request id=0x0006, seq=0/0, ttl=242 (no response …
14	cc:03:36:64:00:00	cc:02:2c:28:00:01	ICMP	241	Echo (ping) request id=0x0006, seq=0/0, ttl=241 (no response …
15	cc:02:2c:28:00:01	cc:03:36:64:00:00	ICMP	240	Echo (ping) request id=0x0006, seq=0/0, ttl=240 (no response …
16	cc:03:36:64:00:00	cc:02:2c:28:00:01	ICMP	239	Echo (ping) request id=0x0006, seq=0/0, ttl=239 (no response …
17	cc:02:2c:28:00:01	cc:03:36:64:00:00	ICMP	238	Echo (ping) request id=0x0006, seq=0/0, ttl=238 (no response …
18	cc:03:36:64:00:00	cc:02:2c:28:00:01	ICMP	237	Echo (ping) request id=0x0006, seq=0/0, ttl=237 (no response …
19	cc:02:2c:28:00:01	cc:03:36:64:00:00	ICMP	236	Echo (ping) request id=0x0006, seq=0/0, ttl=236 (no response …
20	cc:03:36:64:00:00	cc:02:2c:28:00:01	ICMP	235	Echo (ping) request id=0x0006, seq=0/0, ttl=235 (no response …
21	cc:02:2c:28:00:01	cc:03:36:64:00:00	ICMP	234	Echo (ping) request id=0x0006, seq=0/0, ttl=234 (no response …
22	cc:03:36:64:00:00	cc:02:2c:28:00:01	ICMP	233	Echo (ping) request id=0x0006, seq=0/0, ttl=233 (no response …
23	cc:02:2c:28:00:01	cc:03:36:64:00:00	ICMP	232	Echo (ping) request id=0x0006, seq=0/0, ttl=232 (no response …
24	cc:03:36:64:00:00	cc:02:2c:28:00:01	ICMP	231	Echo (ping) request id=0x0006, seq=0/0, ttl=231 (no response …

ip_routingloop_r1 ｜ パケット数: 254 · 表示: 254 (100.0%) · 読込時間: 0:0.1 ｜ プロファイル:Classic

図4.1.44 TTLがどんどん減っていく

4 TTL が「1」のパケットを受け取ったルータは、TTL を 1 つ減らして「0」にして IP パケットを破棄し、ルーティングループにストップをかけます。また、あわせて PC1（192.168.1.1）に対して「Time-to-live Exceeded（以下、TTL Exceeded）」の ICMP パケットを送信し、破棄したことを通知します。

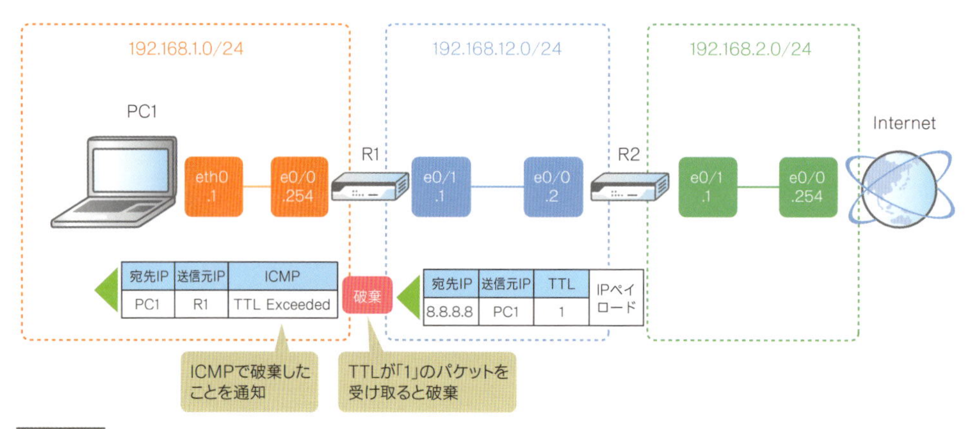

図4.1.45 TTL ExceededをPC1に返す

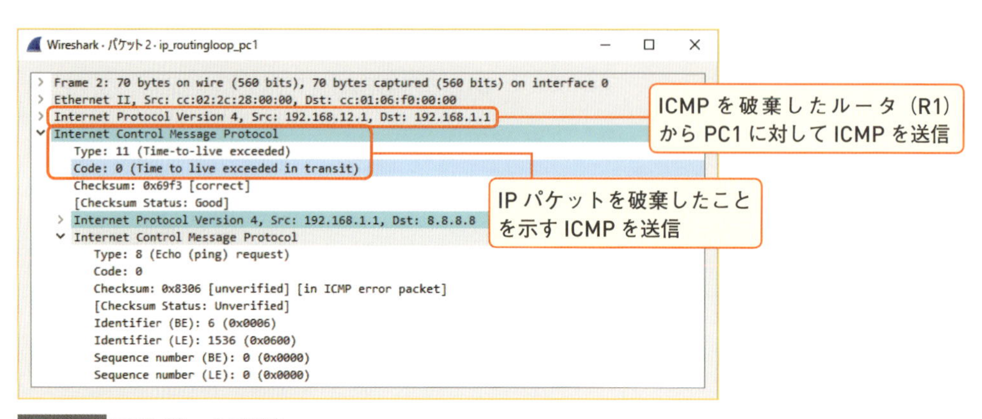

図4.1.46 ICMPパケットで通知

5 TTL Exceeded を受け取った PC1 は、その旨を示すメッセージを表示します。

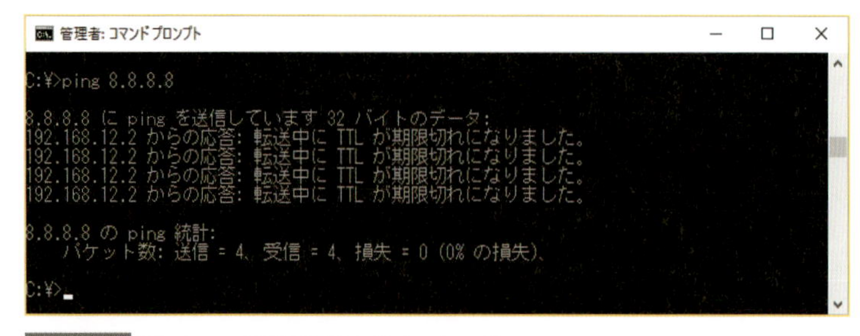

図4.1.47 Windows OSで表示されるメッセージ

CHAPTER 4
02

IPsec

「IPsec（Security Architecture for Internet Protocol）」は、ネットワーク層でIPパケットのカプセル化や認証、暗号化を行い、インターネット上に仮想的な専用線（VPN、Virtual Private Network）を作る技術です。以前は、拠点やリモートユーザーを安価かつかんたんに接続する用途で、広く使用されていました。最近では、クラウドサービスの最適解「ハイブリッドクラウドサービス」を構築するための、オンプレミス環境とクラウド環境の接続にも使用されていて、ここに来てまたネットワークにおける重要度を増しています。

IPsec VPN自体は随分前からごく一般的に使用されていますが、そのしくみについては深く語られないことが多く、そのわりにトラブったらかなり厄介という側面があります。ここでパケットレベルの動きをしっかり理解しましょう。

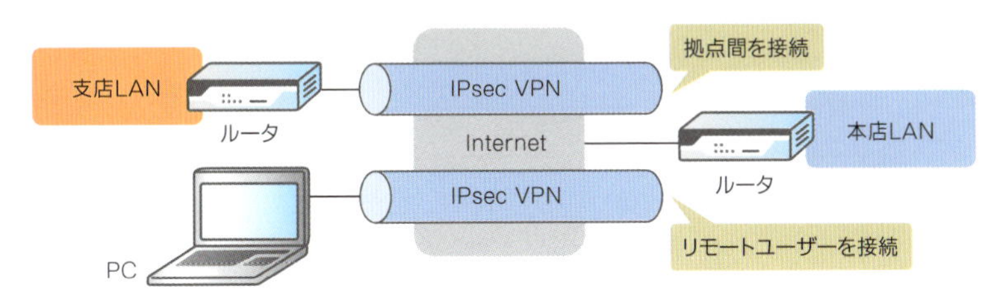

図4.2.1 IPsecで仮想的な専用線を作る

4.2.1 IPsecプロトコルの詳細

IPsecは、「ISAKMP（Internet Security Association Key Management Protocol）」、「ESP（Encapsulating Security Payload）」、「AH（Authentication Header）」という3つのプロトコルを組み合わせて、VPNを作るために必要な機能を提供します。

機能	関連するプロトコル	説明
鍵交換機能	ISAKMP	暗号化に使用する暗号鍵をVPNを作るときに交換し、定期的に交換する
対向認証機能	ISAKMP	共有鍵（Pre-Shared Key）やデジタル証明書などを使用して相手を認証する
トンネリング機能	ESP/AH	IPパケットを新しいIPヘッダーでカプセル化し、VPNを作る
暗号化機能	ESP	VPNをセキュアに保つために、3DESやAESを使用してデータを暗号化する
メッセージ認証機能	ISAKMP/ESP/AH	改ざんを検知するために、メッセージ認証コード（MAC）を使用してメッセージを認証する
リプレイ防御機能	ISAKMP/ESP/AH	送信パケットに対してシーケンス番号や乱数を付与し、同じパケットをコピーして送りつけるリプレイ攻撃に対抗する

表4.2.1 IPsecが提供する機能

》2つの事前準備フェーズでSAを作る

IPsecによって作られる仮想的な専用線（トンネル）のことを、「SA（Security Association）」といいます。IPsecは「フェーズ1」と「フェーズ2」という2つの事前準備を経て、3本のSAを作ります。

フェーズ1では、ISAKMPを使用して、対向機器やメッセージを認証し、あわせてフェーズ2の暗号化で使用する暗号鍵を共有します。

フェーズ2では、ISAKMPを使用して、「ISAKMP SA」という制御用のSAを作ります。実際のデータを転送しあうのは、フェーズ2の後にできる「IPsec SA」です。フェーズ2でやりとりした情報をもとに、上りデータ通信用と下りデータ通信用の2本のIPsec SAを作り、実際のデータを暗号化してやりとりします。

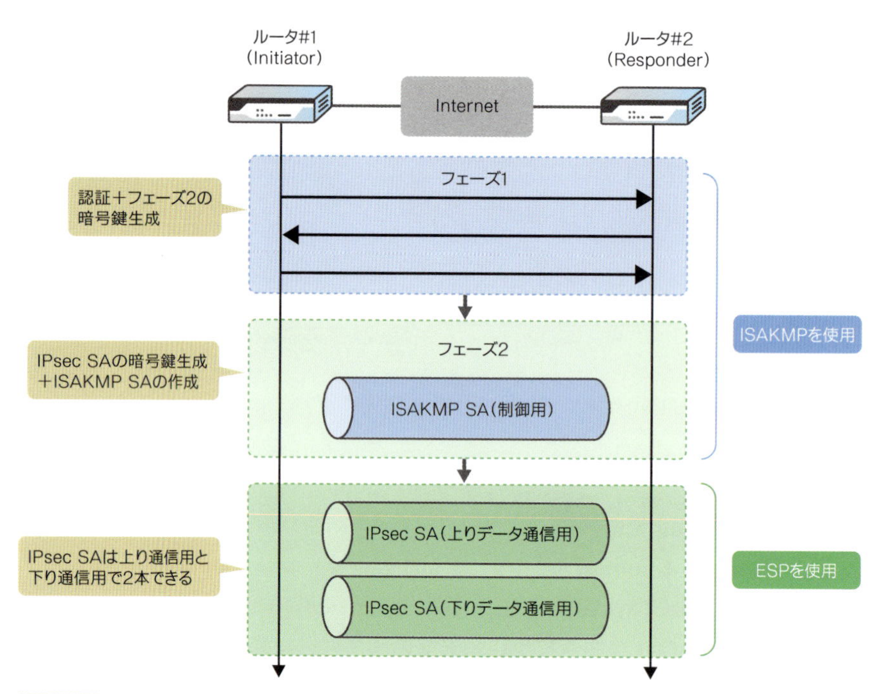

図4.2.2 2つの事前準備フェーズを経て、合計3本のトンネルを作る

》ISAKMPのパケットフォーマット

フェーズ1とフェーズ2ではISAKMPを使用します。人によっては「IKE（Internet Key Exchange）」と言ったりもしますが、本書ではWiresharkの表記に従って、「ISAKMP」に統一します。

ISAKMPメッセージは、レイヤー3はIP、レイヤー4はUDP（ポート番号：500番）によってカプセル化されていて、SAを作るために必要な情報が含まれています。

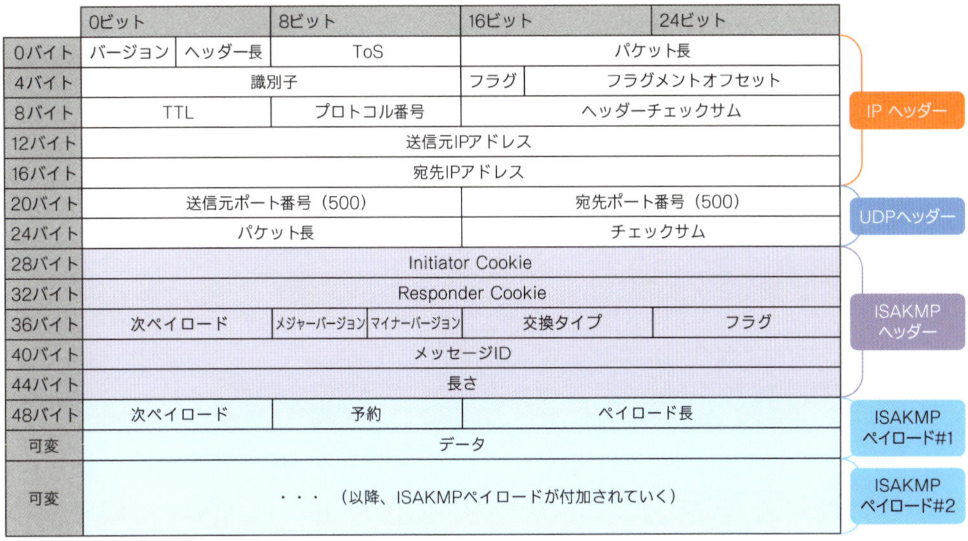

	0ビット	8ビット	16ビット	24ビット	
0バイト	バージョン / ヘッダー長	ToS	パケット長		IP ヘッダー
4バイト	識別子		フラグ / フラグメントオフセット		IP ヘッダー
8バイト	TTL	プロトコル番号	ヘッダーチェックサム		IP ヘッダー
12バイト	送信元IPアドレス				IP ヘッダー
16バイト	宛先IPアドレス				IP ヘッダー
20バイト	送信元ポート番号（500）		宛先ポート番号（500）		UDPヘッダー
24バイト	パケット長		チェックサム		UDPヘッダー
28バイト	Initiator Cookie				ISAKMP ヘッダー
32バイト	Responder Cookie				ISAKMP ヘッダー
36バイト	次ペイロード	メジャーバージョン / マイナーバージョン	交換タイプ	フラグ	ISAKMP ヘッダー
40バイト	メッセージID				ISAKMP ヘッダー
44バイト	長さ				ISAKMP ヘッダー
48バイト	次ペイロード	予約	ペイロード長		ISAKMP ペイロード#1
可変	データ				ISAKMP ペイロード#1
可変	・・・（以降、ISAKMPペイロードが付加されていく）				ISAKMP ペイロード#2

※レイヤー２ヘッダーは省略しています。

図4.2.3 ISAKMPのパケットフォーマット

フィールド	長さ	説明
Initiator Cookie (Initiator SPI)	32 ビット	イニシエーター（鍵交換を始めようとする側）のトンネルの識別子。もう少し細かく言うと、イニシエーター側の ISAKMP SA の ID を表している
Responder Cookie (Responder SPI)	32 ビット	レスポンダー（応答する側）のトンネルの識別子。もう少し細かく言うと、レスポンダー側の ISAKMP SA の ID を表している
次ペイロード	8 ビット	メッセージの最初のペイロードタイプ。代表的なペイロードタイプと値は以下のとおり。 ● Security Association（SA）：1 ● Proposal（P）：2 ● Transform（T）：3 ● Key Exchange（KE）：4 ● Identification（ID）：5 ● Hash（HASH）：8 ● Vendor ID（VID）：13
メジャーバージョン	4 ビット	ISAKMP のメジャーバージョン。値は「1」
マイナーバージョン	4 ビット	ISAKMP のマイナーバージョン。値は「0」
交換タイプ	8 ビット	ISAKMP のモード。代表的な交換タイプと値は以下のとおり。 ● Phase1（メインモード）：2 ● Phase1（アグレッシブモード）：4 ● Phase2（Quick モード）：32 ● Transaction Exchange：6
フラグ	8 ビット	上位 5 ビットは「0」、下位 3 ビットは下位から以下を表す。 ● Encryption：ISAKMP SA で暗号化されているかどうかを表すビット ● Commit：鍵交換の同期に使用するビット。鍵をスムーズに更新するために使用する ● Authentication：認証のみを行う場合に使用する
メッセージ ID	32 ビット	ISAKMP メッセージの ID。フェーズ 2 で使用される
長さ	32 ビット	ISAKMP ヘッダー＋ ISAKMP メッセージの長さ（バイト長）
ISAKMP ペイロード	可変	ISAKMP の制御情報。次ペイロード＋予約＋ペイロード長＋データで構成されている

表4.2.2 ISAKMPを構成するフィールド

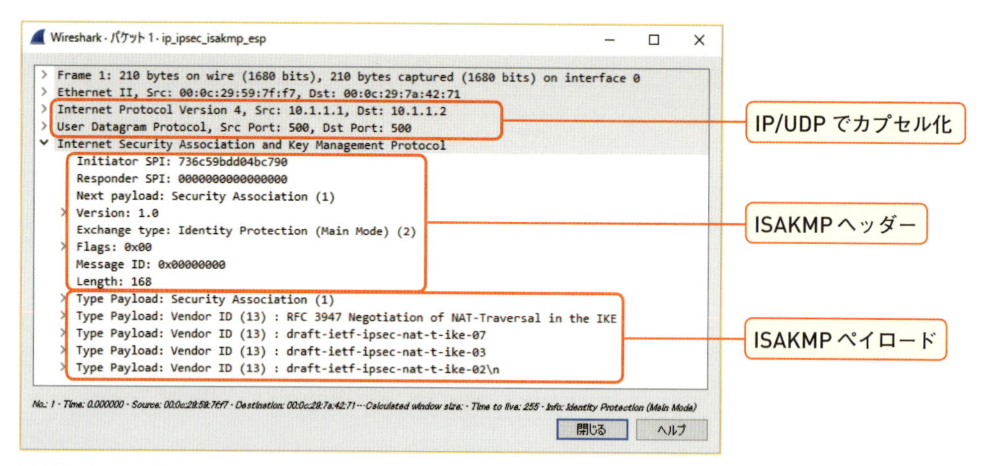

※実際にやりとりされる ISAKMP パケットは暗号化されています。ここでは、Wireshark の機能で復号しています。

図4.2.4 Wiresharkで見たISAKMPメッセージ（復号済み）

ESPのパケットフォーマット

フェーズ 2 の後にできる IPsec SA は、使用するカプセル化モードとプロトコルによってパケットフォーマットが異なります。それぞれ分けて説明します。

IPsec SA で使用するカプセル化モードとプロトコル

カプセル化モードには、「**トンネルモード**」と「**トランスポートモード**」の 2 種類があります。トンネルモードは、オリジナルの IP パケットを新しい IP ヘッダーでカプセル化するモードです。一方、トランスポートモードは、ヘッダーを差し込むだけのモードです。トランスポートモードは端末間だけで VPN するときに使用する特殊なモードで、めったに使用することはありません。拠点間やオンプレミス - クラウド間を接続したり、リモートアクセスしたりするときは、トンネルモードを使います。

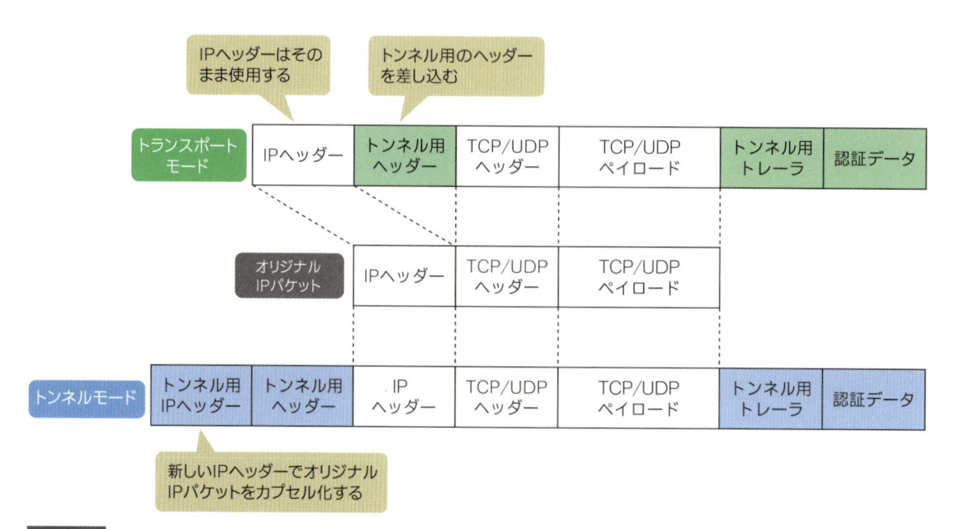

図4.2.5 IPsec SAのカプセル化モードのイメージ

また、IPsec SA で使用するプロトコルには、「ESP」と「AH」の 2 種類があります。ESP は、メッセージ認証機能や暗号化機能、リプレイ攻撃防御機能を持ちます。一方、AH は暗号化機能を持っていません。AH はデータの暗号化が制限されているような国で使用するプロトコルです。日本には特にそのような取り決めはありませんので、わざわざ AH を選ぶ理由はまずありません。

プロトコル		トンネリング機能	暗号化機能	メッセージ認証機能	リプレイ攻撃防御機能
ESP	Encapsulating Security Payload	○	○	○	○
AH	Authentication Header	○	—	○	○

表4.2.3 IPsec SAで使用するプロトコル

以上を踏まえると、少なくとも日本国内で IPsec VPN するときは、「ESP のトンネルモード」一択です[*1]。そこで、本書では、トンネルモードでカプセル化したときの ESP のパケットフォーマットについて説明します。

＊1 L2TP over IPsec を使用するときに、ESP のトランスポートモードを使用しますが、本書では対象としていません。

トンネルモードでカプセル化したときのESPのパケットフォーマット

トンネルモードの ESP は、暗号化とカプセル化の、2 段階の処理を行います。まず、オリジナルの IP パケットに対して、暗号化処理の長さ調整に使用するパディングと「次ヘッダー」で構成されている「ESP トレーラ」をくっつけて暗号化します。

続いて、IPsec SA 用の新しい IP ヘッダーと、SA を識別する ESP ヘッダー、メッセージ認証で使用する ESP 認証データ（ESP ヘッダーから ESP トレーラまでのデータから算出した鍵付きハッシュ値）をくっつけてカプセル化します。

	0ビット		8ビット	16ビット		24ビット
0バイト	バージョン	ヘッダー長	ToS	パケット長		
4バイト	識別子			フラグ	フラグメントオフセット	
8バイト	TTL		プロトコル番号	ヘッダーチェックサム		
12バイト	IPsec SA用 送信元IPアドレス					
16バイト	IPsec SA用 宛先IPアドレス					
20バイト	SPI					
24バイト	シーケンス番号					
28バイト	バージョン	ヘッダー長	ToS	パケット長		
32バイト	識別子			フラグ	フラグメントオフセット	
36バイト	TTL		プロトコル番号	ヘッダーチェックサム		
40バイト	オリジナル 送信元IPアドレス					
44バイト	オリジナル 宛先IPアドレス					
可変	ESPペイロード（TCPセグメント/UDPデータグラム（＋パディング））					
				パディング長		次ヘッダー
可変	ESP認証データ					

カプセル化（0バイト〜ESP認証データ）
暗号化（28バイト〜次ヘッダー）

図4.2.6 ESPのパケットフォーマット

フィールド	長さ	説明
SPI	32 ビット	IPsec SA の ID。上り通信用の SPI と下り通信用の SPI が存在する
シーケンス番号	32 ビット	リプレイ攻撃対策で使用するシーケンス番号
ペイロードデータ	可変	オリジナルの IP パケット。オリジナル IP ヘッダーや TCP/UDP ヘッダー、アプリケーションデータで構成されている
パディング	可変	暗号化処理のためにビット数を調整するためのフィールド
パディング長	8 ビット	パディングの長さ
次ヘッダー	8 ビット	オリジナルパケットのデータタイプを表す。オリジナルパケットが IP の場合、IP-in-IP の「4」となる
ESP 認証データ	可変	メッセージ認証で使用するためのオプションデータ

表4.2.4 ESPを構成するフィールド

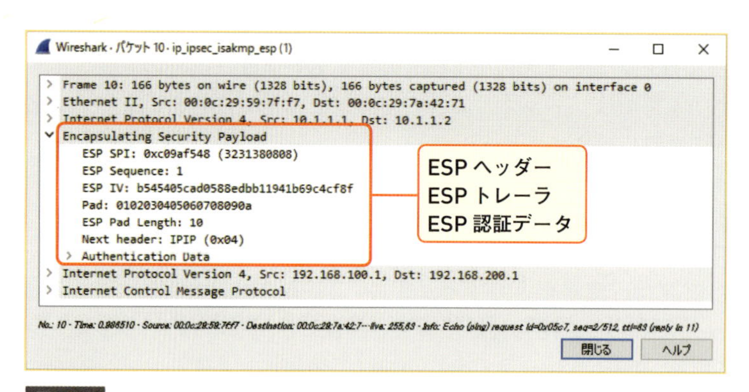

図4.2.7 Wiresharkで見たESPパケット（復号済み）

4.2.2 IPsecパケットの解析

ここまでに学んだ内容を踏まえて、IPsec SA ができるまでの処理を見ていきましょう。ここでは、拠点 A にある PC1 から拠点 B にある PC2 に対して IP パケットを送信するネットワーク構成を例に、事前共有鍵（Pre-Shared Key、PSK）認証方式を使用した拠点間 IPsec VPN の処理について説明します。

1 PC1 は、PC2 に対する IP パケットを作り、R1 に送信します。ここは純粋なルーティングとスイッチングの処理です。送信元 IP アドレスが PC1（192.168.100.1）、宛先 IP アドレスが PC2（192.168.200.1）のシンプルな IP パケットが R1 に送信されます。

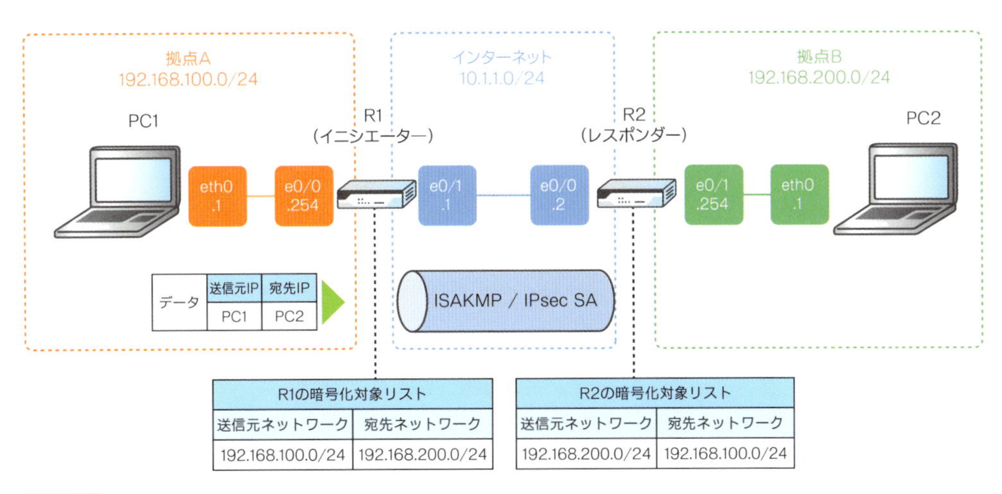

図4.2.8 PC1からR1に対してIPパケットを送信

2 R1は、PC1から受け取ったIPパケットのIPアドレスを見て、あらかじめ設定してある暗号化対象リストを検索します。暗号化対象リストにマッチしたら、ISAKMPによるフェーズ1の処理を開始します。フェーズ1の処理は、大きく分けて3つのプロセスで構成されています。

そのうち最初のプロセスが、SAパラメータや各種拡張機能のネゴシエーションです。SAパラメータは、「暗号化アルゴリズム」や「ハッシュアルゴリズム」、「ライフタイム」などで構成されています。ここで、鍵交換で使用するいろいろなアルゴリズムを決定します。

フィールド	説明	設定
暗号化アルゴリズム	ISAKMP SAの暗号化で使用するアルゴリズム	DES/3DES/AES
ハッシュアルゴリズム	ISAKMP SAのメッセージ認証で使用するアルゴリズム	MD5/SHA/SHA-256/SHA-384/SHA-512
ライフタイム	ISAKMP SAの生存時間	秒/キロバイト

表4.2.5 SAパラメータのリスト

R1はR2に対して、1つあるいは複数のSAパラメータを、「このSAパラメータでどうですか？」と提案します。それに対して、R2は「このパラメータで鍵交換しましょう！」と応答し、これからISAKMPで使用するSAパラメータを確定させます。

ちなみに、IPsec VPNを開始する側の機器、つまりR1のことを「イニシエーター」といいます。それに対して、IPsec VPNを受ける側の機器、つまりR2のことを「レスポンダー」といいます。

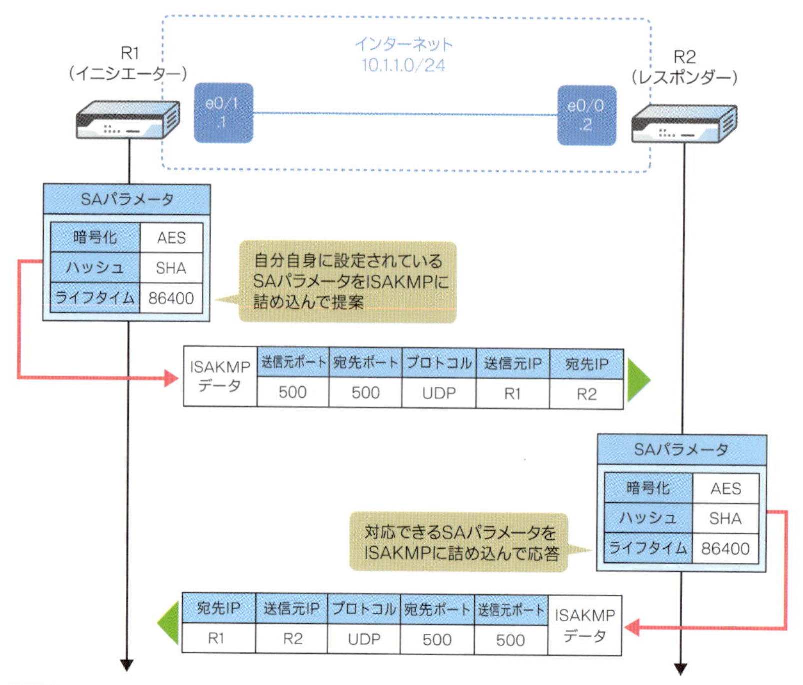

図4.2.9 R1とR2でSAパラメータをネゴシエーション

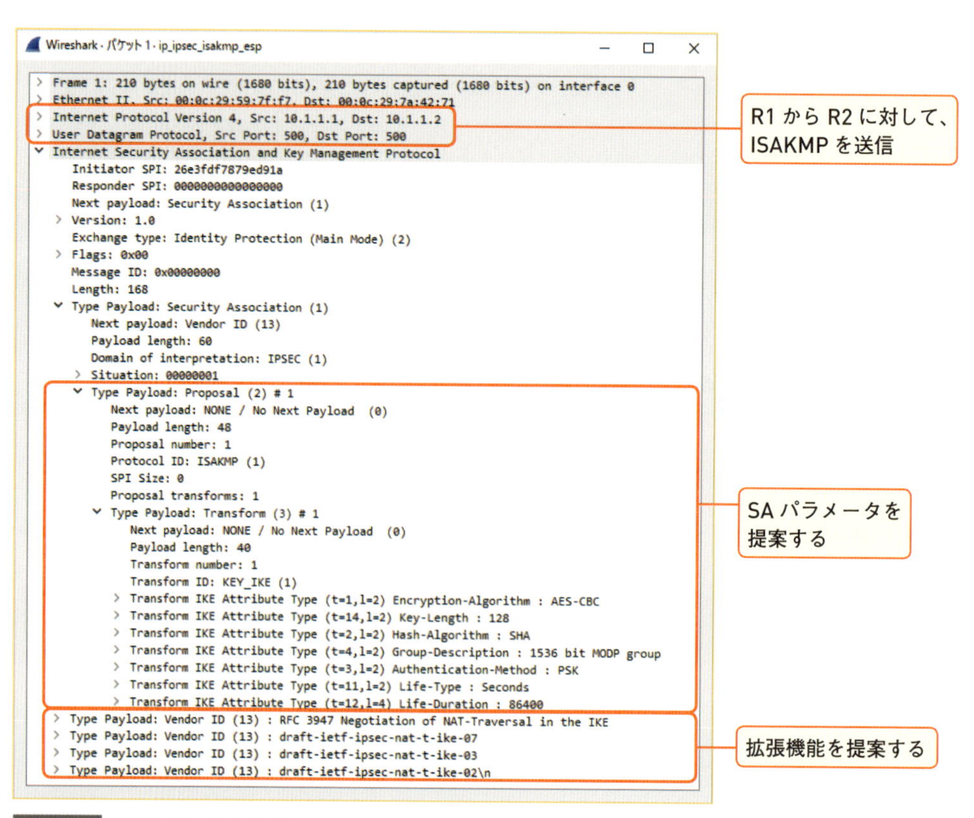


```
> Frame 1: 210 bytes on wire (1680 bits), 210 bytes captured (1680 bits) on interface 0
> Ethernet II, Src: 00:0c:29:59:7f:f7, Dst: 00:0c:29:7a:42:71
> Internet Protocol Version 4, Src: 10.1.1.1, Dst: 10.1.1.2
> User Datagram Protocol, Src Port: 500, Dst Port: 500
v Internet Security Association and Key Management Protocol
    Initiator SPI: 26e3fdf7879ed91a
    Responder SPI: 0000000000000000
    Next payload: Security Association (1)
  > Version: 1.0
    Exchange type: Identity Protection (Main Mode) (2)
  > Flags: 0x00
    Message ID: 0x00000000
    Length: 168
  v Type Payload: Security Association (1)
      Next payload: Vendor ID (13)
      Payload length: 60
      Domain of interpretation: IPSEC (1)
    > Situation: 00000001
    v Type Payload: Proposal (2) # 1
        Next payload: NONE / No Next Payload  (0)
        Payload length: 48
        Proposal number: 1
        Protocol ID: ISAKMP (1)
        SPI Size: 0
        Proposal transforms: 1
      v Type Payload: Transform (3) # 1
          Next payload: NONE / No Next Payload  (0)
          Payload length: 40
          Transform number: 1
          Transform ID: KEY_IKE (1)
        > Transform IKE Attribute Type (t=1,l=2) Encryption-Algorithm : AES-CBC
        > Transform IKE Attribute Type (t=14,l=2) Key-Length : 128
        > Transform IKE Attribute Type (t=2,l=2) Hash-Algorithm : SHA
        > Transform IKE Attribute Type (t=4,l=2) Group-Description : 1536 bit MODP group
        > Transform IKE Attribute Type (t=3,l=2) Authentication-Method : PSK
        > Transform IKE Attribute Type (t=11,l=2) Life-Type : Seconds
        > Transform IKE Attribute Type (t=12,l=4) Life-Duration : 86400
  > Type Payload: Vendor ID (13) : RFC 3947 Negotiation of NAT-Traversal in the IKE
  > Type Payload: Vendor ID (13) : draft-ietf-ipsec-nat-t-ike-07
  > Type Payload: Vendor ID (13) : draft-ietf-ipsec-nat-t-ike-03
  > Type Payload: Vendor ID (13) : draft-ietf-ipsec-nat-t-ike-02\n
```

図4.2.10 R1からR2に対するパケット

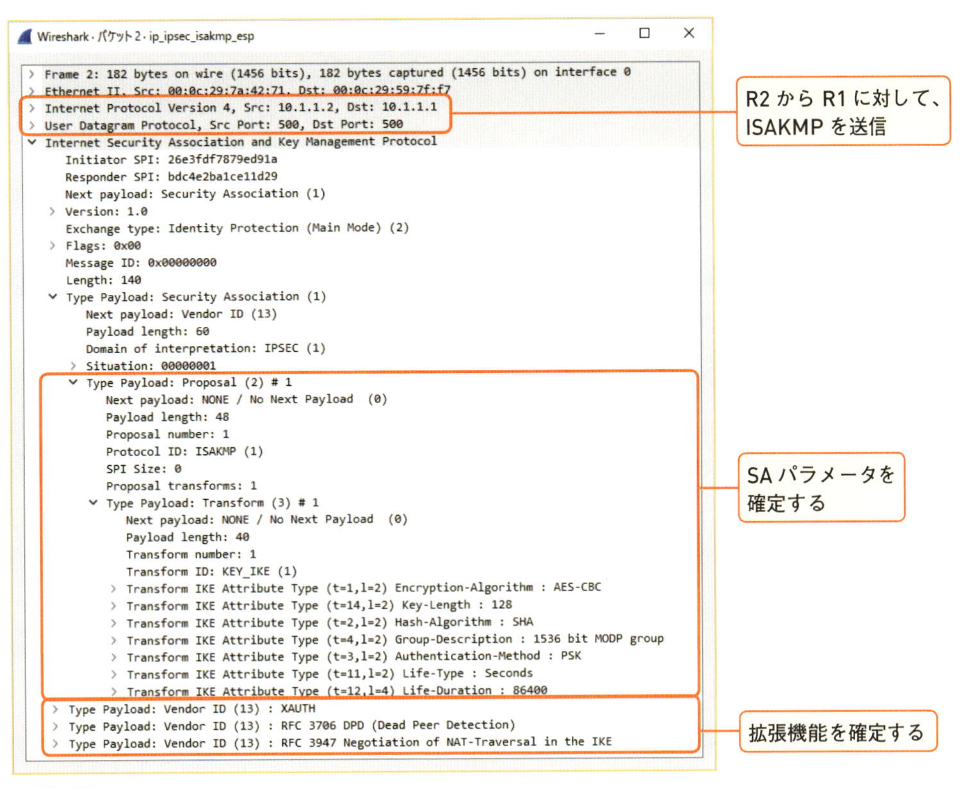

図4.2.11 R2からR1に対するパケット

3 SA パラメータが確定したら、ISAKMP SA で使用する共通鍵の素となる情報を交換します。鍵の共有には「DH（Diffie-Hellman）鍵共有」というアルゴリズムを使用します。DH 鍵共有は、「DH グループ」という鍵生成情報（素数とジェネレータ）を使用して鍵共有を行います。DH グループには「グループ 1」や「グループ 2」など、いくつかのグループがあり、**楕円曲線暗号化のほうがより安全、鍵長が長いほうがより安全になります。**

DHグループ	鍵長	暗号化方式
DH グループ 1	768 ビット	MODP（Modular Exponentiation）
DH グループ 2	1024 ビット	MODP（Modular Exponentiation）
DH グループ 5	1536 ビット	MODP（Modular Exponentiation）
DH グループ 19	256 ビット	楕円曲線暗号（Elliptic Curve）
DH グループ 20	384 ビット	楕円曲線暗号（Elliptic Curve）
DH グループ 21	521 ビット	楕円曲線暗号（Elliptic Curve）

表4.2.6 DHグループ

DH 鍵共有は、大きく分けて 2 段階の処理で構成されています。まず、DH グループごとに決められている素数と生成元、それぞれで生成した乱数から公開鍵を計算し、互いに送信しあいます。次に、受信した相手の公開鍵と素数、乱数から共通鍵を計算します。たとえば、わかりやすく素数 =13、生成元 =2、R1 が生成する乱数（乱数 X）=9、R2 が生成する乱数（乱数 Y）=7 とした場合、共通鍵「8」を共有することができます[*1]。

＊1　実際は大きな素数が用いられ、256 ビット以上の鍵長になります。

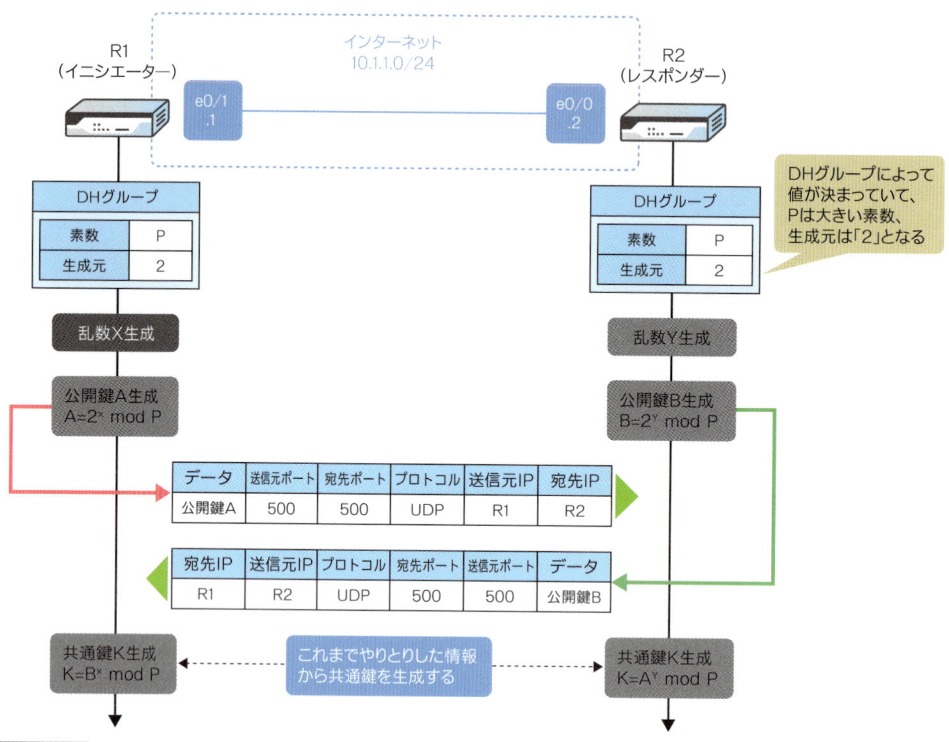

図4.2.12 R1とR2で鍵情報を共有

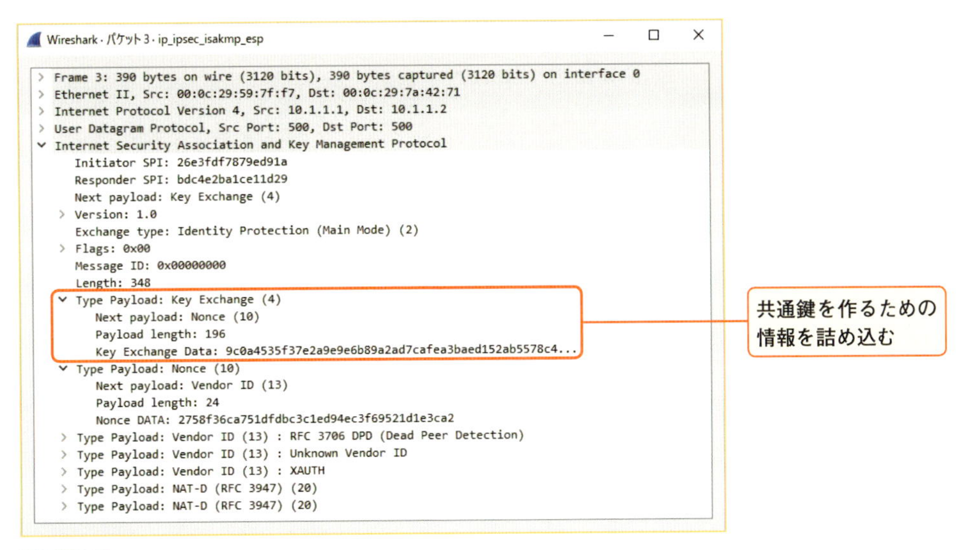

図4.2.13 R1からR2に対するパケット

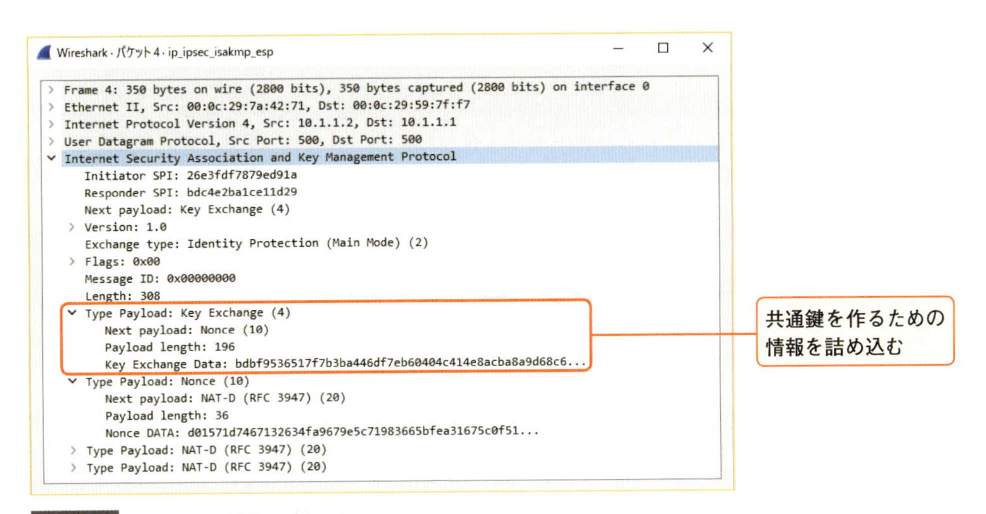

図4.2.14 R2からR1に対するパケット

4 鍵情報交換が終了したら、**2** で確定させた暗号化アルゴリズム、**3** で生成した共通鍵を使用して、暗号化通信とメッセージ認証を開始します。R1は、MD5やSHAなどのハッシュ関数と、**3** で生成した共通鍵を使用して、メッセージのハッシュ値を算出し、ペイロードに含めます。R2は、同じ計算を実行してハッシュ値を算出し、ペイロードのハッシュ値を比較することによって、改ざんされていないか確認します。この処理がISAKMP SAにおけるメッセージ認証の役割を担います。また、相手を識別するID（事前共有鍵認証ではIPアドレス）を確認します。この処理がISAKMP SAにおける対向認証の役割を担います。

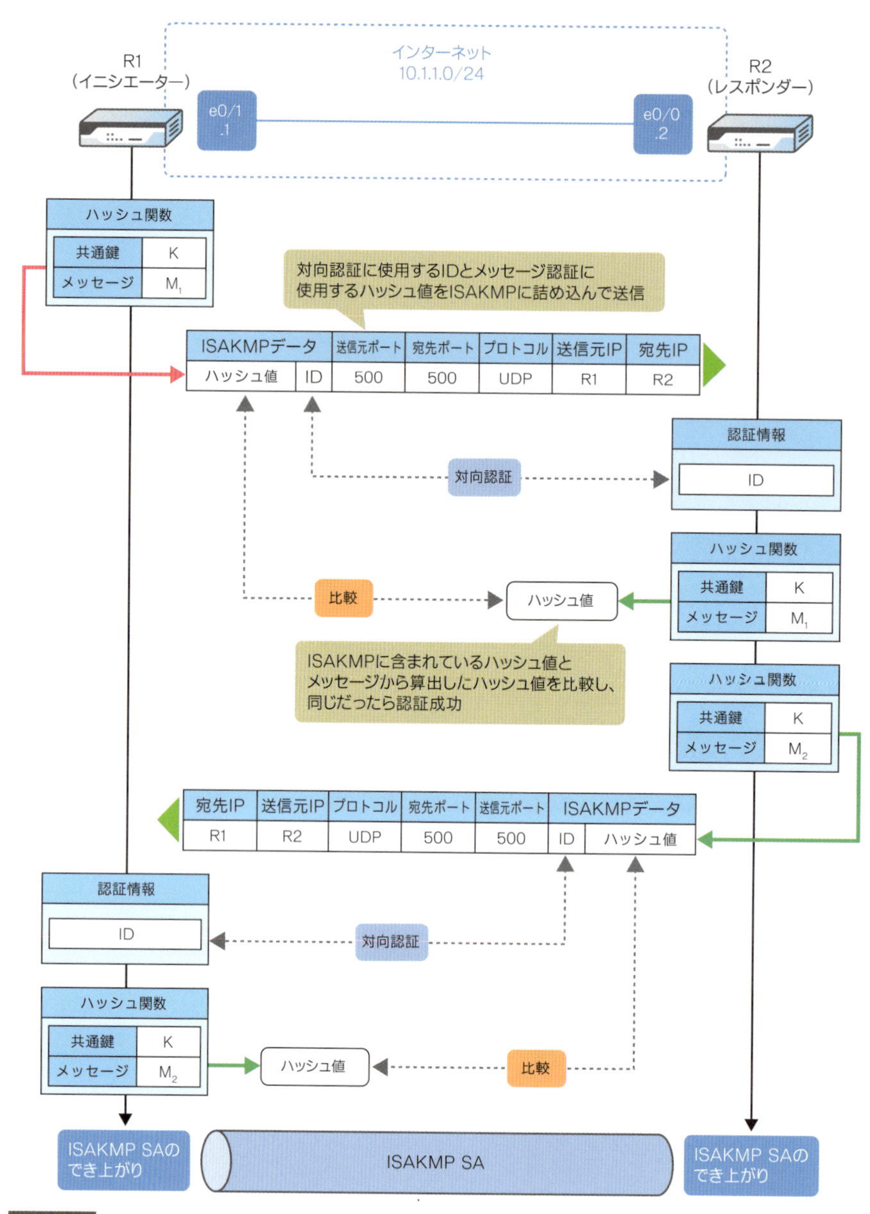

図4.2.15 R1とR2をそれぞれIDで識別

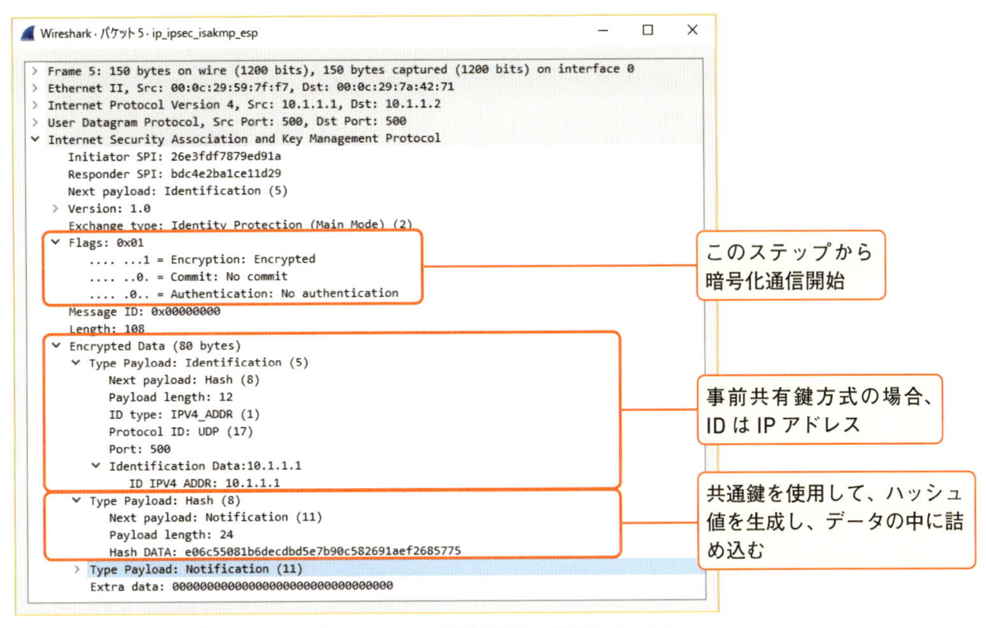

※以降のパケットは暗号化されていますが、Wiresharkの機能を使用して復号しています。

図4.2.16 R1からR2に対するパケット（復号済み）

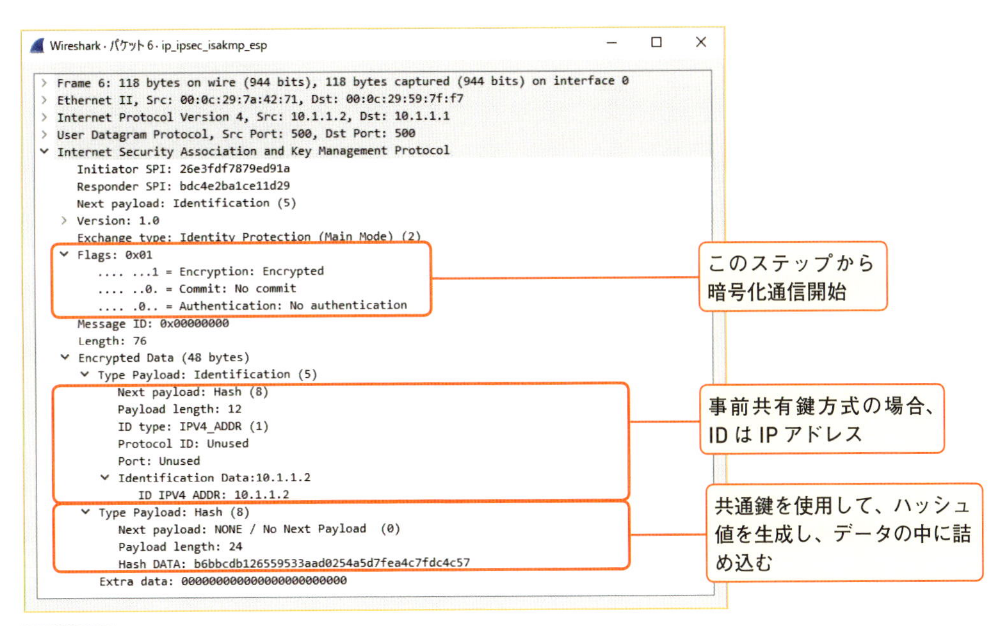

図4.2.17 R2からR1に対するパケット（復号済み）

5 ここからフェーズ2、別名「クイックモード」です。認証に成功したら、暗号化通信とメッセージ認証を施したISAKMP SAを使用して、今度はIPsec SAのためのSAパラメータやID、ハッシュ値など、IPsec SAの暗号化や認証に関する情報をまとめて交換します。交換し終わったら、最後にハッシュ値を検証して、上り通信用と下り通信用、2本のIPsec SAができ上がりです。

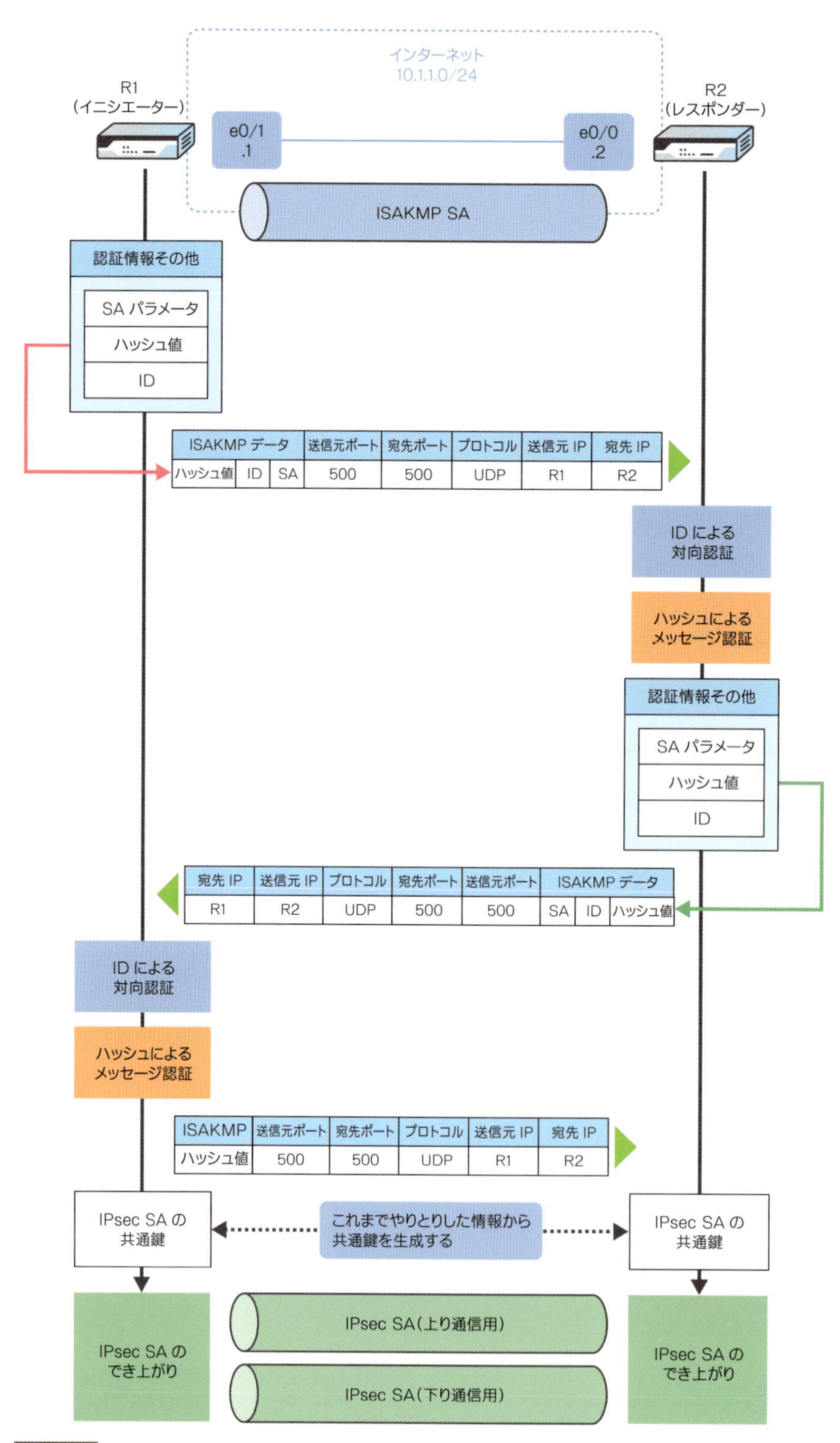

図4.2.18 R1とR2でIPsec SAを作るための情報を交換

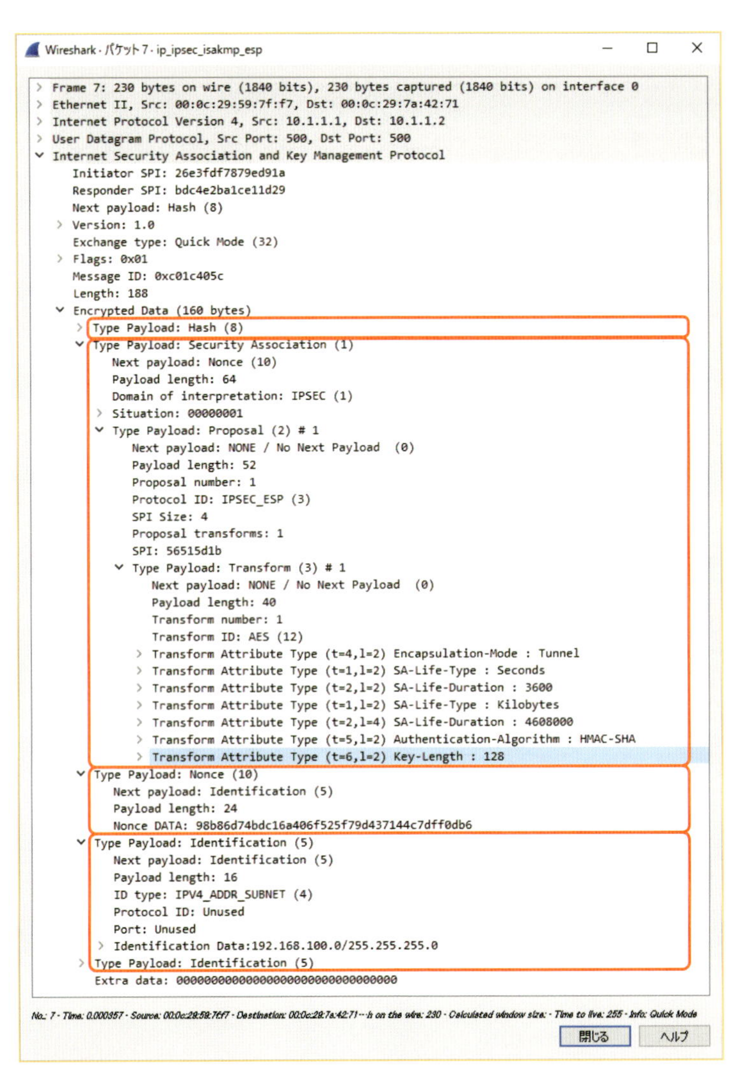

図4.2.19 R1からR2に対するパケット①（復号済み）

```
Wireshark · パケット 8 · ip_ipsec_isakmp_esp

> Frame 8: 230 bytes on wire (1840 bits), 230 bytes captured (1840 bits) on interface 0
> Ethernet II, Src: 00:0c:29:7a:42:71, Dst: 00:0c:29:59:7f:f7
> Internet Protocol Version 4, Src: 10.1.1.2, Dst: 10.1.1.1
> User Datagram Protocol, Src Port: 500, Dst Port: 500
v Internet Security Association and Key Management Protocol
    Initiator SPI: 26e3fdf7879ed91a
    Responder SPI: bdc4e2ba1ce11d29
    Next payload: Hash (8)
  > Version: 1.0
    Exchange type: Quick Mode (32)
  > Flags: 0x01
    Message ID: 0xc01c405c
    Length: 188
  v Encrypted Data (160 bytes)
    > Type Payload: Hash (8)
    v Type Payload: Security Association (1)
        Next payload: Nonce (10)
        Payload length: 64
        Domain of interpretation: IPSEC (1)
      > Situation: 00000001
      v Type Payload: Proposal (2) # 1
          Next payload: NONE / No Next Payload  (0)
          Payload length: 52
          Proposal number: 1
          Protocol ID: IPSEC_ESP (3)
          SPI Size: 4
          Proposal transforms: 1
          SPI: c09af548
        v Type Payload: Transform (3) # 1
            Next payload: NONE / No Next Payload  (0)
            Payload length: 40
            Transform number: 1
            Transform ID: AES (12)
          > Transform Attribute Type (t=6,l=2) Key-Length : 128
          > Transform Attribute Type (t=5,l=2) Authentication-Algorithm : HMAC-SHA
          > Transform Attribute Type (t=4,l=2) Encapsulation Mode : Tunnel
          > Transform Attribute Type (t=1,l=2) SA-Life-Type : Seconds
          > Transform Attribute Type (t=2,l=2) SA-Life-Duration : 3600
          > Transform Attribute Type (t=1,l=2) SA-Life-Type : Kilobytes
          > Transform Attribute Type (t=2,l=4) SA-Life-Duration : 4608000
    v Type Payload: Nonce (10)
        Next payload: Identification (5)
        Payload length: 36
        Nonce DATA: 80a41338710e05fd59cfaddefe02b261e2e5c8adb7228d06...
    v Type Payload: Identification (5)
        Next payload: Identification (5)
        Payload length: 16
        ID type: IPV4_ADDR_SUBNET (4)
        Protocol ID: Unused
        Port: Unused
      > Identification Data:192.168.100.0/255.255.255.0
    > Type Payload: Identification (5)
      Extra data: 00000000
```

図4.2.20 R2からR1に対するパケット（復号済み）

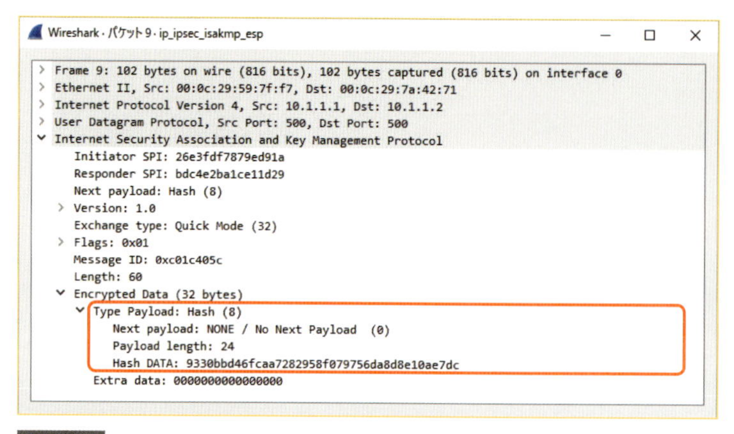

図4.2.21 R1からR2に対するパケット②（復号済み）

6 クイックモードが終了したら、いよいよESPの出番です。R1は**5**で作った共通鍵を使用して、オリジナルのIPパケット（**1**のパケット）をESPでカプセル化・ハッシュ化・暗号化の処理を行います。それに対して、R2も**5**で作った共通鍵を使用して、非カプセル化・認証・復号の処理を行います。

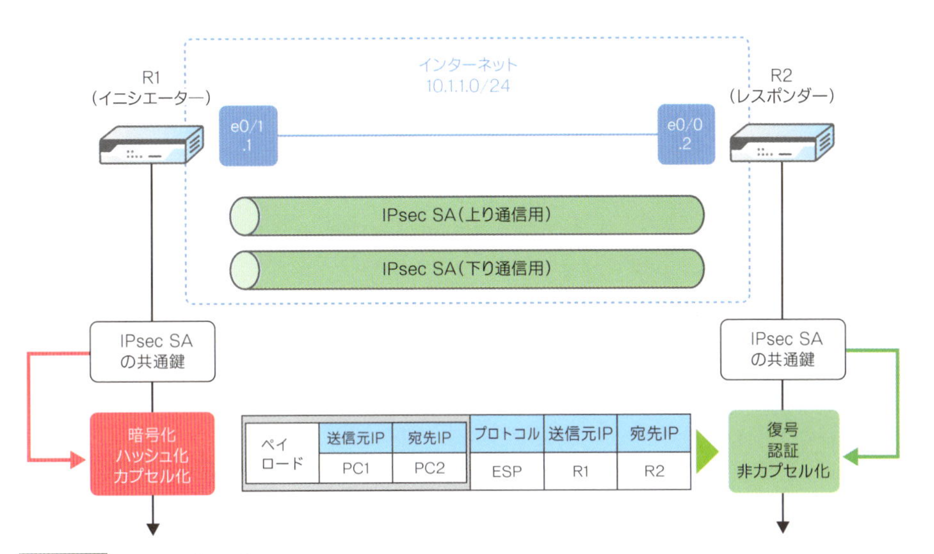

図4.2.22 ESPでカプセル化

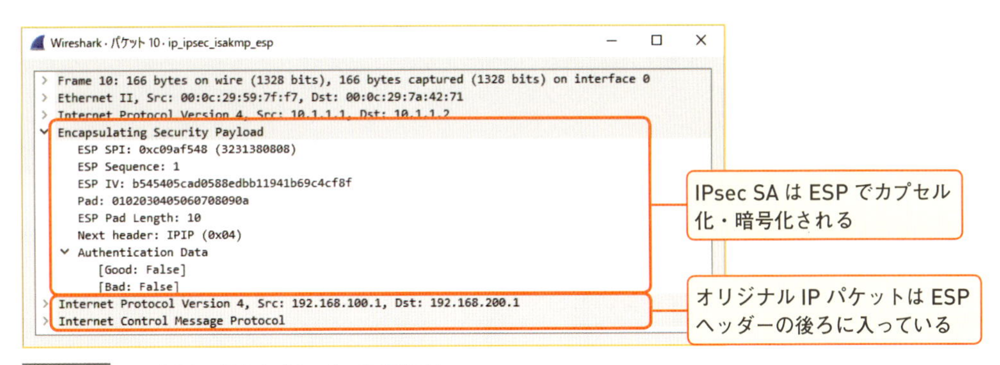

図4.2.23 R1からR2に対するパケット（復号済み）

7 R2は、PC2に対してオリジナルのIPパケットを送信します。これは純粋なルーティングとスイッチングの処理です。これで、拠点AにあるPC1から、拠点BにあるPC2に対して通信ができました。

CHAPTER 4

03 ICMP (Internet Control Message Protocol)

レイヤー3プロトコルとして、もうひとつ。IPほどは光が当たりませんが、縁の下の力持ち的にIPを助けているプロトコルが「ICMP (Internet Control Message Protocol)」です。ICMPは、IPレベルの通信状態を確認したり、いろいろなエラーを通知したりと、IPネットワークにおいて、なくてはならない非常に重要な役割を担っています。ITシステムに携わっている人であれば、一度は「ping（ピン、ピング）」という言葉を聞いたことがあるでしょう。pingはICMPパケットを送信するときに使用する、ネットワーク診断プログラム（ネットワーク診断コマンド）です。

4.3.1 ICMPプロトコルの詳細

ICMPは、その名のとおり、「インターネット（Internet）を制御（Control）するメッセージ（Message）をやりとりするプロトコル（Protocol）」です。RFC791「INTERNET PROTOCOL」で定義されているIPを拡張したプロトコルとして、RFC792「INTERNET CONTROL MESSAGE PROTOCOL」で規格化されています。RFC792では、「ICMP is actually an integral part of IP, and must be implemented by every IP module.（ICMPはIPにおいて必要不可欠な部分であり、すべてのIPモジュールに実装されていなければならない）」と記載されており、どんなネットワーク端末であっても、IPとICMPは必ずセットで実装されていなければなりません。

ICMPのパケットフォーマット

ICMPは、IPにICMPメッセージを直接詰め込んだ、プロトコル番号「1」のIPパケットです。通信結果を返したり、エラーの内容をちょっと返したりするだけなので、パケットフォーマットはシンプルそのものです。

<table>
<tr><th></th><th colspan="2">0ビット</th><th>8ビット</th><th colspan="2">16ビット</th><th>24ビット</th></tr>
<tr><td>0バイト</td><td>バージョン</td><td>ヘッダー長</td><td>ToS</td><td colspan="3">パケット長</td></tr>
<tr><td>4バイト</td><td colspan="3">識別子</td><td>フラグ</td><td colspan="2">フラグメントオフセット</td></tr>
<tr><td>8バイト</td><td colspan="2">TTL</td><td>プロトコル番号</td><td colspan="3">ヘッダーチェックサム</td></tr>
<tr><td>12バイト</td><td colspan="6">送信元IPアドレス</td></tr>
<tr><td>16バイト</td><td colspan="6">宛先IPアドレス</td></tr>
<tr><td>20バイト</td><td colspan="2">タイプ</td><td>コード</td><td colspan="3">チェックサム</td></tr>
<tr><td>可変</td><td colspan="6">ICMPペイロード</td></tr>
</table>

図4.3.1 ICMPのパケットフォーマット

ICMPを構成するフィールドの中で最も重要なのが、メッセージの最初にある「タイプ」と「コード」です。この2つの値の組み合わせによって、IPレベルにおいてどんなことが起きているか、ざっくり知ることができます。タイプとコードの代表的な組み合わせを次の表にまとめています。

タイプ		コード		意味
0	Echo Reply	0	Echo reply	エコー応答
3	Destination Unreachable	0	Network unreachable	宛先ネットワークに到達できない
		1	Host unreachable	宛先ホストに到達できない
		2	Protocol unreachable	プロトコルに到達できない
		3	Port unreachable	ポートに到達できない
		4	Fragmentation needed but DF bit set	フラグメンテーションが必要だが、DFビットが「1」になっていて、フラグメントできない
		5	Source route failed	ソースルートが不明
		6	Network unknown	宛先ネットワークが不明
		7	Host unknown	宛先ホストが不明
		9	Destination network administratively prohibited	宛先ネットワークに対する通信が管理的に拒否（Reject）されている
		10	Destination host administratively prohibited	宛先ホストに対する通信が管理的に拒否（Reject）されている
		11	Network unreachable for ToS	指定したToS値では宛先ネットワークに到達できない
		12	Host unreachable for ToS	指定したToS値では宛先ホストに到達できない
		13	Communication administratively prohibited by filtering	フィルタリングによって通信が管理的に禁止されている
		14	Host precedence violation	プレシデンス値が違反している
		15	Precedence cutoff in effect	プレシデンス値が低すぎるため遮断された
5	Redirect	0	Redirect for network	宛先ネットワークに対する通信を、指定されたIPアドレスに転送（リダイレクト）する
		1	Redirect for host	宛先ホストに対する通信を、指定されたIPアドレスに転送（リダイレクト）する
		2	Redirect for ToS and network	宛先ネットワークとToS値の通信を、指定されたIPアドレスに転送（リダイレクト）する
		3	Redirect for ToS and host	宛先ホストとToS値の通信を、指定されたIPアドレスに転送（リダイレクト）する
8	Echo Request	0	Echo request	エコー要求
11	TTL超過	0	TTL expired	TTLが超過した

表4.3.1 タイプとコードの組み合わせ

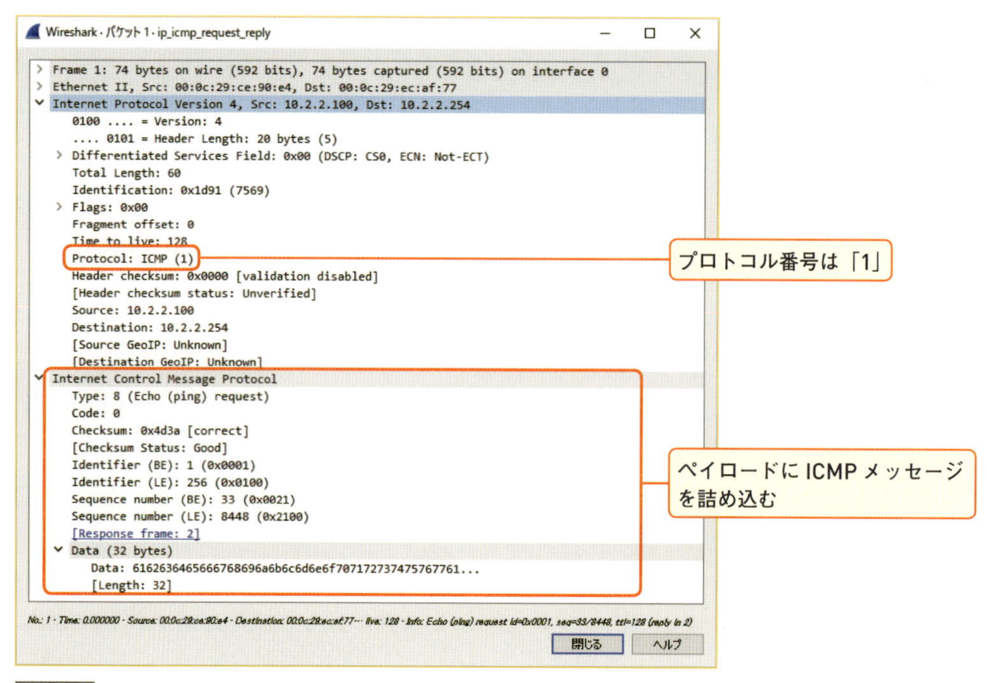

図4.3.2 Wiresharkで見たICMPパケット

4.3.2 ICMPの解析に役立つWiresharkの機能

続いて、ICMPパケットを解析するときに役立つWiresharkの機能について説明します。

表示フィルタ

ICMPに関する代表的な表示フィルタは、次の表のとおりです。ICMPのタイプやコード、それに付随して変化するフィールドなど、すべてのフィールドをフィルタ対象として設定できます。

フィールド名	フィールド名が表す意味	記述例
icmp	ICMPパケット	icmp
icmp.type	タイプの値	icmp.type == 8
icmp.code	コードの値	icmp.code == 0
icmp.checksum	チェックサムの値	icmp.checksum == 0x553a
icmp.seq	シーケンス番号の値	icmp.seq == 33
icmp.redir_gw	リダイレクトで指定するIPアドレス	icmp.redir_gw == 192.168.12.4
icmp.mtu	ゲートウェイのMTUの値	icmp.mtu == 1454

表4.3.2 ICMPに関する代表的な表示フィルタ

4.3.3 ICMPパケットの解析

続いて、ICMPがどのようにしてIPレベルの通信状態を確認したり、エラーを通知したりしているのか、現場でよく見かけるICMPの使用パターンについて説明します。ICMPは、これしかないと言い切ってもよいくらい、タイプとコードありきです。タイプとコードによって、データ部分を構成するフィールドも変わります。この2つのフィールドに着目しつつ解析を進めると、より効率よく理解を深められるでしょう。

通信状態を確認するときはEcho RequestとEcho Reply

IPレベルの通信状態を確認するときに使用されるICMPパケットが「Echo Request（エコー要求）」と「Echo Reply（エコー応答）」です。Windows OSのコマンドプロンプトやLinux OSのターミナルでpingコマンドを実行すると、指定したIPアドレスに対してEcho RequestのICMPパケットが送信されます。Echo Requestを受け取った端末は、その応答としてEcho Replyを返します。

実際にネットワークの現場にいるとだんだんわかってくると思いますが、ほとんどのケースにおいて、トラブルシュートはping、つまりICMPのEcho Requestから始まります。とりあえずpingでネットワーク層レベルの疎通を確認して、Echo Replyが返ってくるようであれば、トランスポート層（TCP、UDP）→アプリケーション層（HTTP、SSL、DNSなど）と上位層に向かって疎通を確認します。返ってこないようであれば、ネットワーク層（IP）→データリンク層（ARP、Ethernet）→物理層（ケーブル、物理ポート）と下位層に向かって疎通を確認します。

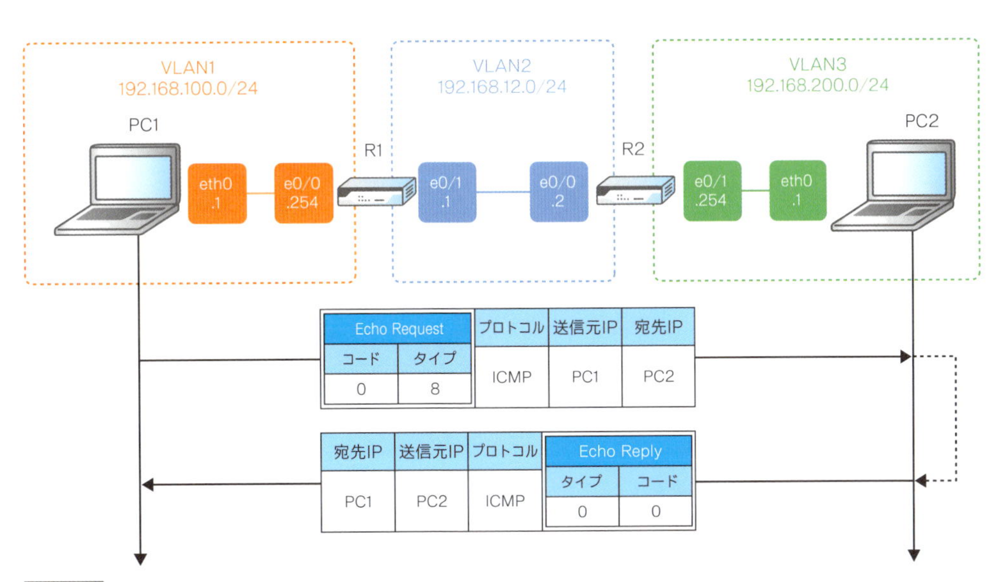

図4.3.3 Echo RequestとEcho Reply

Echo Requestのパケットフォーマット

Echo Requestは、タイプが「8」、コードが「0」のICMPパケットです。新しいフィールドとして「識別子」と「シーケンス番号」が追加で定義されています。

識別子は、プロセスを識別するための値です。Windows OSの場合は「1」が、Linux OSの場合はpingのプロセスIDがセットされます。

シーケンス番号は、パケットを識別するための値です。Windows OSの場合は起動するときに「1」がセットされ、Linux OSの場合はpingのプロセスが起動するときに「1」がセットされます。Echo Requestごとに1つずつカウントアップされます。

	0ビット		8ビット	16ビット		24ビット
0バイト	バージョン	ヘッダー長	ToS	パケット長		
4バイト	識別子			フラグ	フラグメントオフセット	
8バイト	TTL		プロトコル番号	ヘッダーチェックサム		
12バイト	送信元IPアドレス					
16バイト	宛先IPアドレス					
20バイト	タイプ（8）		コード（0）	チェックサム		
24バイト	識別子			シーケンス番号		
可変	ICMPペイロード					

図4.3.4 Echo Requestのパケットフォーマット

Echo Replyのパケットフォーマット

Echo Replyは、タイプが「0」、コードが「0」のICMPパケットです。Echo ReplyもEcho Requestと同じく、新しいフィールドとして「識別子」と「シーケンス番号」が追加で定義されています。端末はEcho Replyに含まれている識別子の値を見て、どのプロセスで処理すべきか認識します。また、シーケンス番号を見て、どのEcho Replyに対する応答なのか認識します。ICMPペイロードには、Windows OSだったら「abcdefgh…」など、OSごとに異なるダミーデータがセットされます。

	0ビット		8ビット	16ビット		24ビット
0バイト	バージョン	ヘッダー長	ToS	パケット長		
4バイト	識別子			フラグ	フラグメントオフセット	
8バイト	TTL		プロトコル番号	ヘッダーチェックサム		
12バイト	送信元IPアドレス					
16バイト	宛先IPアドレス					
20バイト	タイプ（0）		コード（0）	チェックサム		
24バイト	識別子			シーケンス番号		
可変	ICMPペイロード					

図4.3.5 Echo Replyのパケットフォーマット

コマンドプロンプトの表示結果

Windows OSのpingコマンドでEcho Requestを送信し、宛先端末からEcho Replyが返ってくると、次のように表示されます。

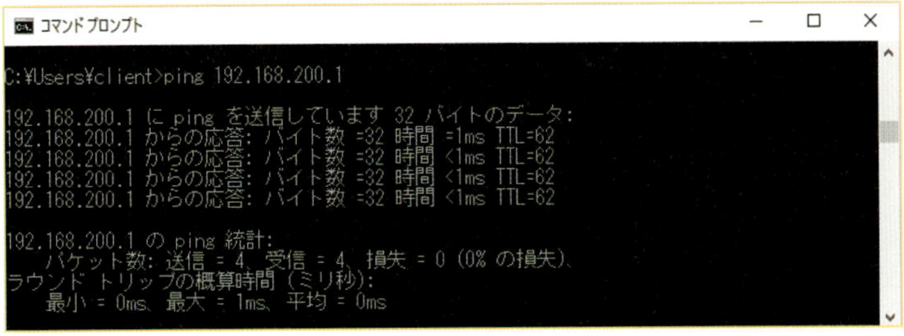

```
コマンドプロンプト
C:¥Users¥client>ping 192.168.200.1

192.168.200.1 に ping を送信しています 32 バイトのデータ:
192.168.200.1 からの応答: バイト数 =32 時間 =1ms TTL=62
192.168.200.1 からの応答: バイト数 =32 時間 <1ms TTL=62
192.168.200.1 からの応答: バイト数 =32 時間 <1ms TTL=62
192.168.200.1 からの応答: バイト数 =32 時間 <1ms TTL=62

192.168.200.1 の ping 統計:
    パケット数: 送信 = 4、受信 = 4、損失 = 0 (0% の損失)、
ラウンド トリップの概算時間 (ミリ秒):
    最小 = 0ms、最大 = 1ms、平均 = 0ms
```

図4.3.6 コマンドプロンプトの表示結果

表示のうち、「バイト数」はデータ部に含めたダミーデータのサイズ、「時間」は応答時間（RTT、Round Trip Time）、「TTL」は Echo Reply にセットされている TTL 値です。なお、ここでは ping コマンドのターゲット端末では TTL のデフォルト値が「64」の Linux OS を使用しています。そのため、Echo Reply の TTL は、経由したルータの台数分（2 台）だけ減算されて「62（=64-2）」になっています。

ルーティングできなかったときはDestination Unreachableを返す

IP パケットを宛先 IP アドレスの端末までルーティングできなかったときに、エラーを通知する ICMP パケットが「Destination Unreachable（宛先到達不可）」です。IP パケットをルーティングできなかったルータは、対象となる IP パケットを破棄するとともに、破棄した理由や適切な値をセットした Destination Unreachable を送信元 IP アドレスに返します。

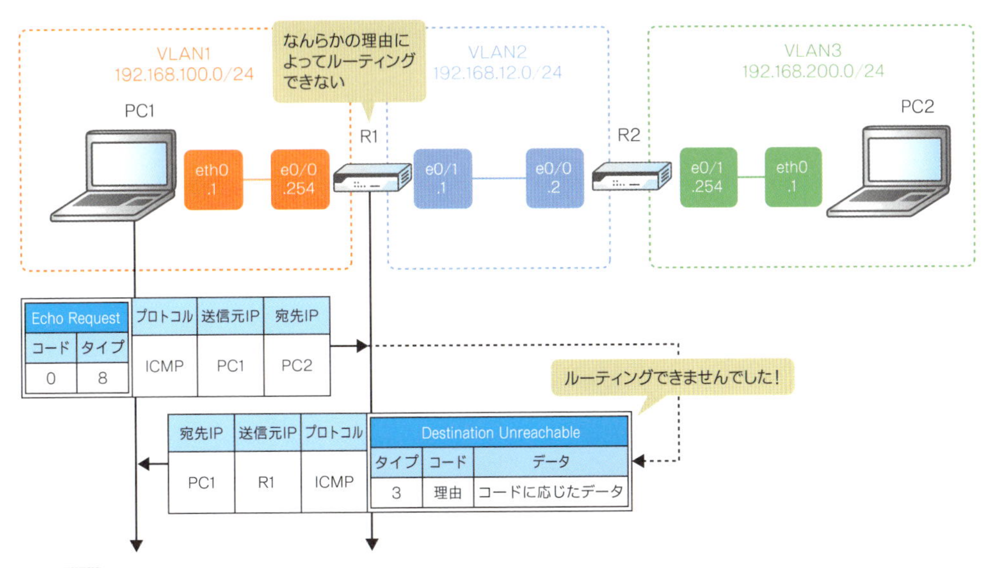

図4.3.7 ルーティングができなかった理由を伝える

Destination Unreachableのパケットフォーマット

Destination Unreachable は、タイプが「3」の ICMP パケットです。コードには IP パケットを届けられなかった理由を示す値がセットされます。また、ICMP ペイロードにはコードに応じた値、たとえばルーティングできなかった IP パケットそのものや、エラーを回避できる適切な値などがセットされます。

	0ビット		8ビット	16ビット	24ビット
0バイト	バージョン	ヘッダー長	ToS	パケット長	
4バイト	識別子			フラグ	フラグメントオフセット
8バイト	TTL		プロトコル番号	ヘッダーチェックサム	
12バイト	送信元IPアドレス				
16バイト	宛先IPアドレス				
20バイト	タイプ（3）		コード	チェックサム	
24バイト	未使用（すべて「0」）				
可変	ICMPペイロード（ルーティングできなかったIPパケットなど）				

図4.3.8 Destination Unreachableのパケットフォーマット

Destination Unreachable の挙動はメーカーによってまちまちで、一概に「これ！」といったものがありません。たとえば、Cisco ルータだったら○○なのに、Vyatta だと△△のような、摩訶不思議な現象はめずらしくありません。そこで本書では、Destination Unreachable を定義している RFC792「INTERNET CONTROL MESSAGE PROTOCOL」と RFC1812「Requirements for IP Version 4 Routers」をベースとしつつ、現場でよく見かける Destination Unreachable パケットについて説明します。

Network Unreachable（タイプ 3/コード 0）

「**Network Unreachable（ネットワーク到達不可）**」は、タイプが「3」、コードが「0」の ICMP パケットです。ルータのルーティングテーブルに IP パケットをルーティングできるエントリ（行）がないときに使用されます。

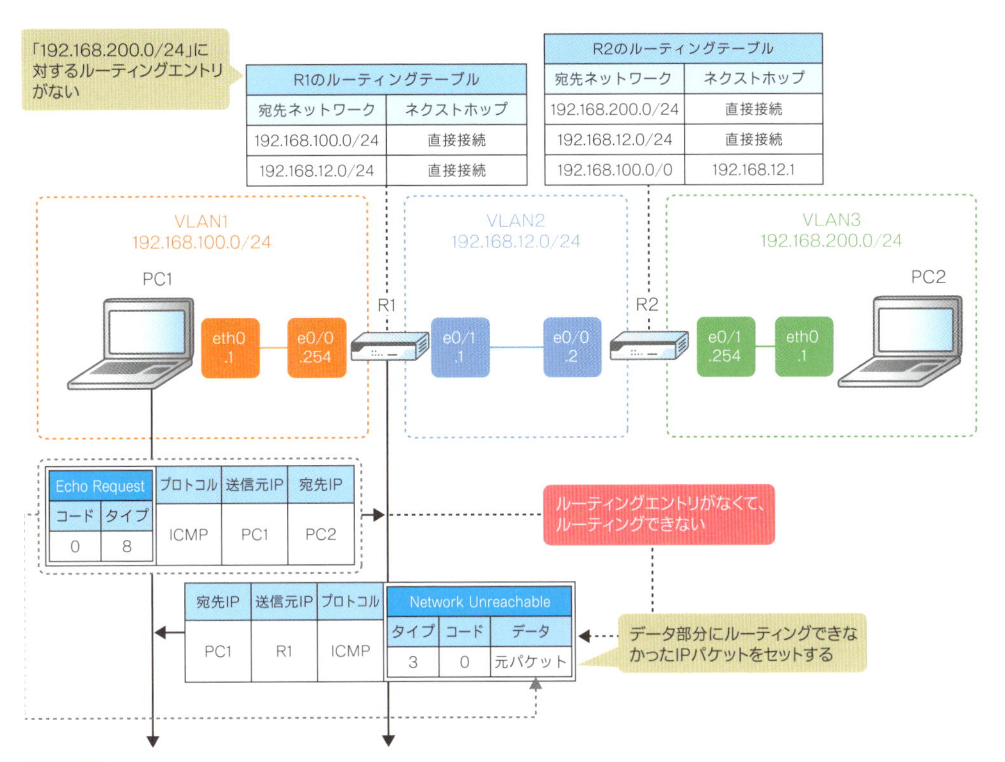

図4.3.9 ルーティングエントリがないときはNetwork Unreachableを返す

上の図のネットワーク構成では、R1に「192.168.200.0/24」のルーティングエントリがないため、R1はPC1（192.168.100.1）からPC2（192.168.200.1）に対するIPパケットをルーティングできません。そこで、R1はPC1に対してNetwork Unreachableを返します。ICMPペイロードには、ルーティングできなかったIPパケットがセットされます。

Windows OSのpingコマンドでEcho Requestを送信し、ルータからNetwork Unreachableが返ってくると、次の図のように表示されます。

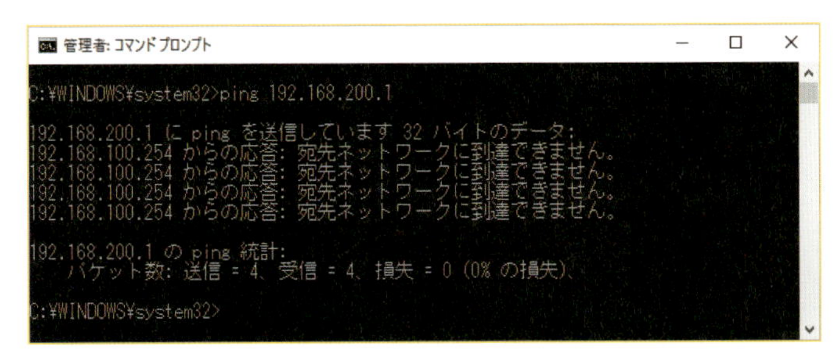

図4.3.10 Network Unreachableの表示結果

Host Unreachable（タイプ 3/コード 1）

「**Host Unreachable（ホスト到達不可）**」は、タイプが「3」、コードが「1」の ICMP パケットです。ルーティングエントリはあるけれど、ネクストホップが動作していないときなどに使用されます。

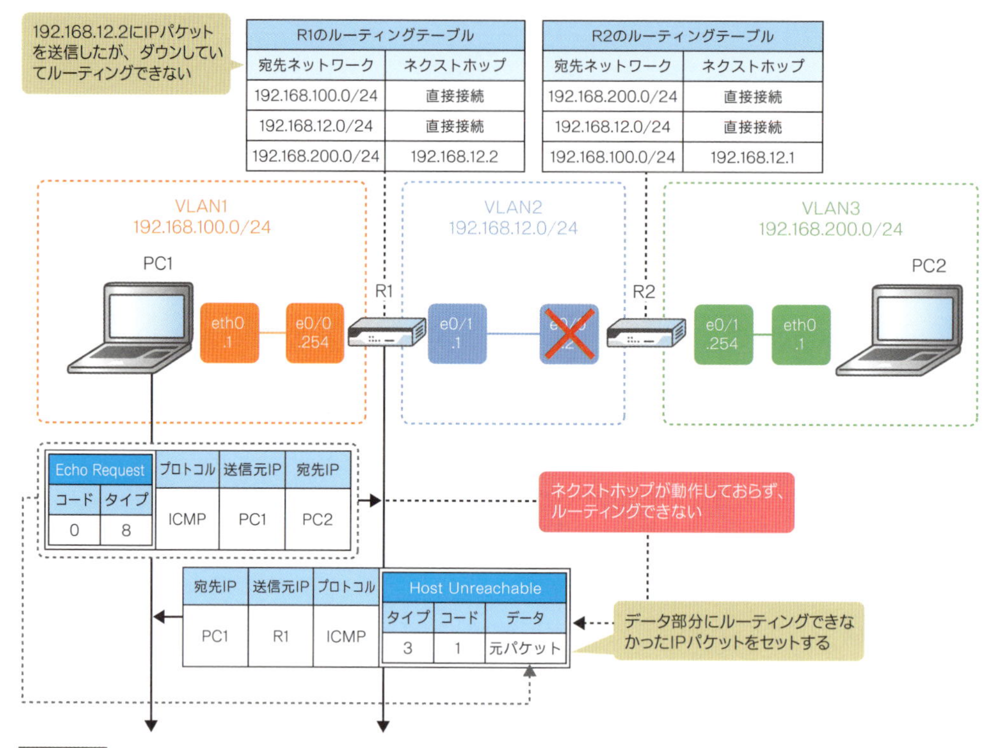

図4.3.11 ネクストホップが動作していないときはHost Unreachableを返す

上の図のネットワーク構成では、R1 に「192.168.200.0/24」のルーティングエントリはあるものの、ネクストホップである「192.168.12.2」が動作していません。そこで、R1 は PC1 に対して Host Unreachable を返します。ICMP ペイロードには、Network Unreachable と同様に、ルーティングできなかった IP パケットがセットされます。

Windows OS の ping コマンドで Echo Request を送信し、ルータから Host Unreachable が返ってくると、次の図のように表示されます。

```
コマンド プロンプト

C:¥Users¥client>ping 192.168.200.1

192.168.200.1 に ping を送信しています 32 バイトのデータ:
192.168.100.254 からの応答: 宛先ホストに到達できません。
192.168.100.254 からの応答: 宛先ホストに到達できません。
192.168.100.254 からの応答: 宛先ホストに到達できません。
192.168.100.254 からの応答: 宛先ホストに到達できません。

192.168.200.1 の ping 統計:
    パケット数: 送信 = 4、受信 = 4、損失 = 0 (0% の損失)、

C:¥Users¥client>_
```

図4.3.12 Host Unreachableの表示結果

Fragmentation needed but DF bit set（タイプ 3/コード 4）

「Fragmentation needed but DF bit set（以下、Fragmentation Needed）」は、タイプが「3」、コードが「4」の ICMP パケットです。入口のインターフェースの MTU よりも出口のインターフェースの MTU が小さく、フラグメントが必要なのにもかかわらず、DF ビットが「1」になっていてフラグメントできないときに使用されます。

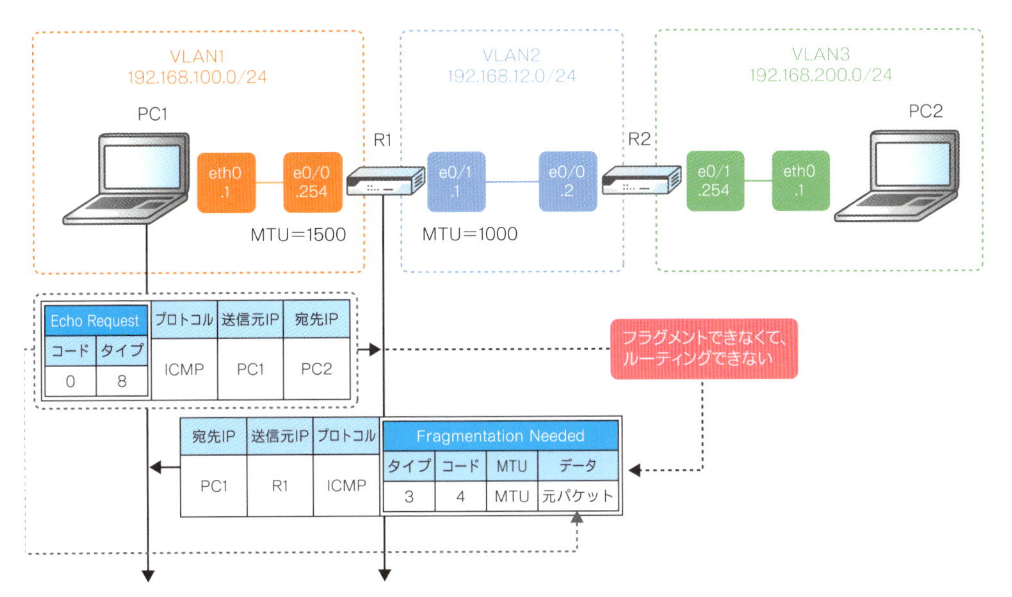

図4.3.13 フラグメントできないときはFragmentation Neededを返す

上の図のネットワーク構成では、R1 の e0/0 の MTU が 1500 バイト、e0/1 の MTU が 1000 バイトなので、PC1 から PC2 に宛てた 1000 バイトより大きい IP パケットは、フラグメントが必要になります。しかし、DF（Don't Fragment）ビットが「1」になっていると、フラグメントができず、破棄するしかありません。そこで、R1 は Fragmentation Needed を返して、ルーティングできなかった IP パケットと適切な MTU 値を伝えます。

Windows OS の ping コマンドで Echo Request を送信し、ルータから Fragmentation Needed が返ってくると、次の図のように表示されます。

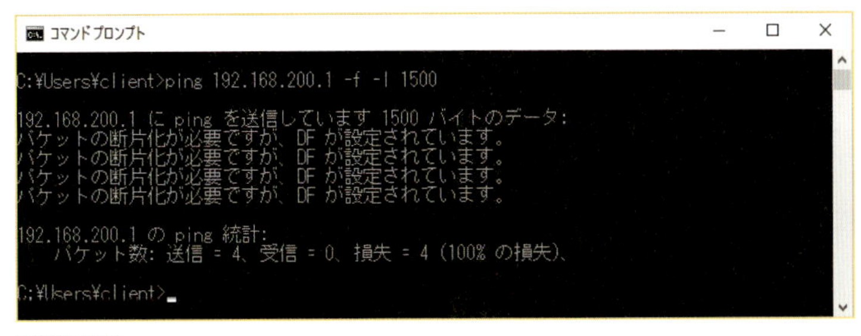

図4.3.14 Fragmentation Neededの表示結果

Communication administratively prohibited by filtering（タイプ3/コード13）

「Communication administratively prohibited by filtering（以下、Communication Administratively Filtered）」は、タイプが「3」、コードが「13」のICMPパケットです。ルータやファイアウォールのフィルタリング（通信制御）によって、パケットが拒否されたときに使用されます。

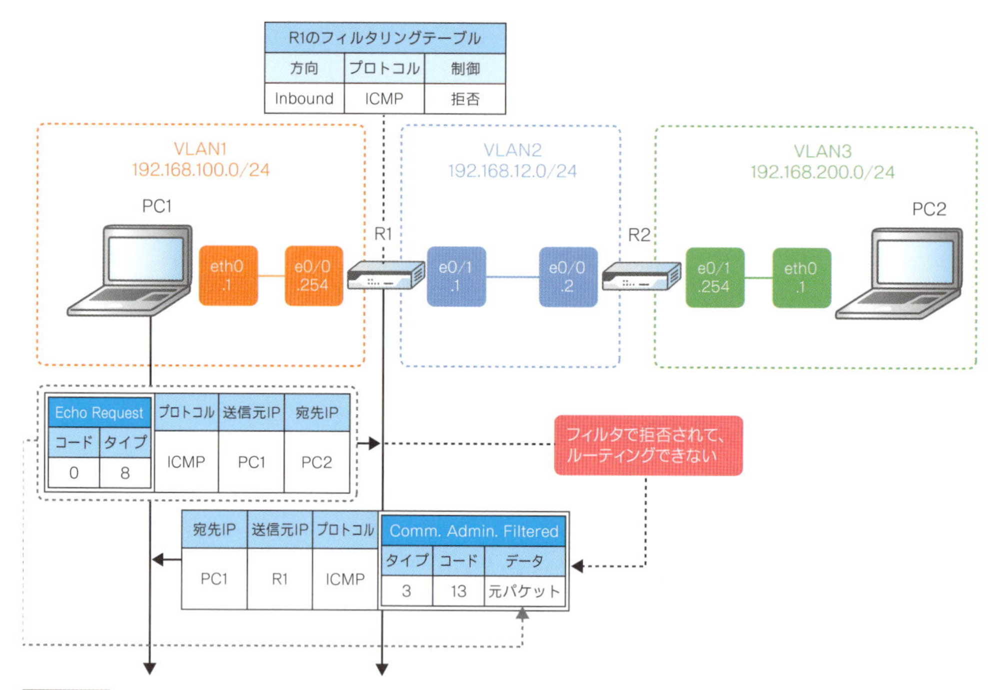

図4.3.15 Communication Administratively Filteredを理解するためのネットワーク構成

上の図のネットワーク構成では、R1のe0/0のインバウンドでICMPが拒否されています。そこで、R1はCommunication Administratively FilteredでIPパケットを拒否したことを伝えます。

Windows OSのpingコマンドでEcho Requestを送信し、ルータからCommunication Administratively Filteredが返ってくると、次の図のように表示されます。仕様上、あからさまに「拒否されましたー！」と表示されるわけでなく、Network Unreachableと同じく「宛先ネットワークに到達できません」と表示されます。

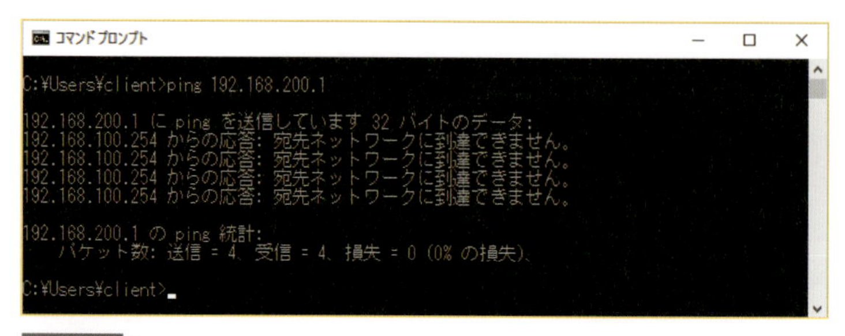

図4.3.16 Communication Administratively Filteredの表示結果

別のゲートウェイを伝えるときはRedirectを返す

送信元端末に対して、適切なゲートウェイアドレスを通知するICMPパケットが「Redirect」です。Redirectは、同じIPネットワーク（VLAN）内にデフォルトゲートウェイ以外のゲートウェイ（出口）があるネットワーク環境で、経路の切り替えという大事な役割を果たしています。

具体的な動きを、次の図のネットワーク構成を例に説明しましょう。このネットワーク構成は、社内LAN#1「192.168.124.0/24」にインターネット向けのデフォルトゲートウェイと社内LAN#2向けのゲートウェイが存在するRedirectレディのネットワークです。なお、ここでは純粋にRedirectの動きを見るために、すべての機器がすべてのMACアドレスを学習している前提で説明します。

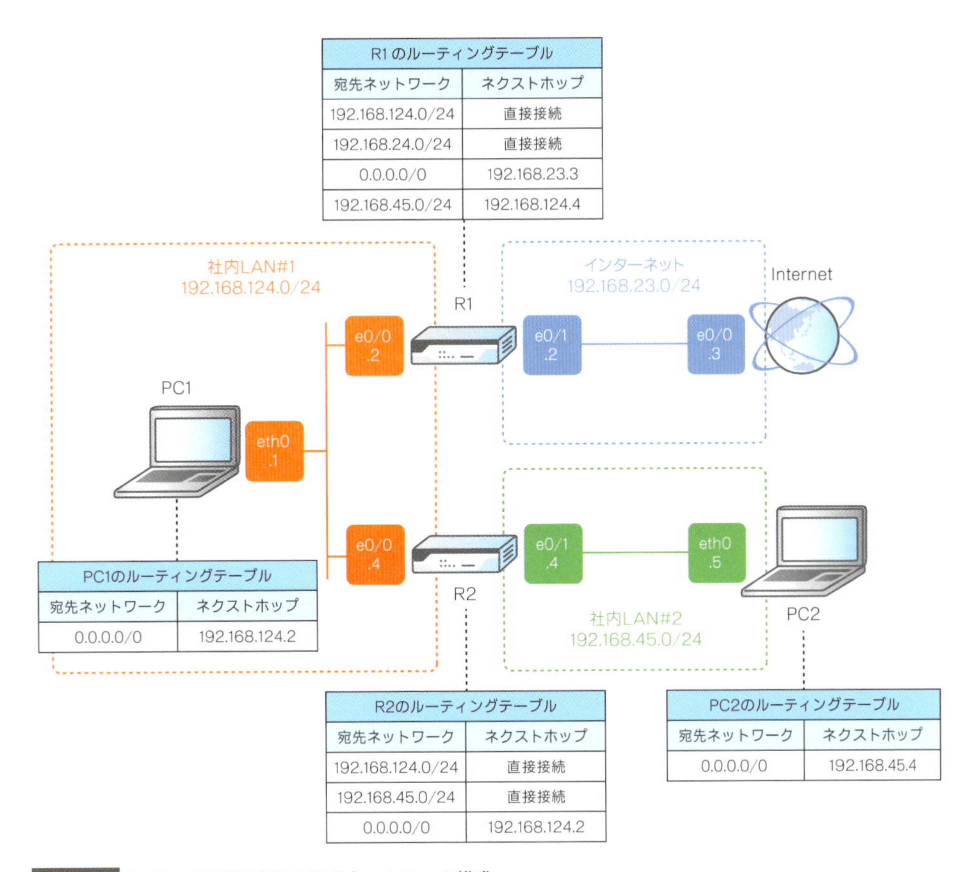

図4.3.17 Redirectを理解するためのネットワーク構成

1 PC1は、社内LAN#2にあるPC2に対するIPパケットを作り、デフォルトゲートウェイであるR1に送信します。

2 PC1からIPパケットを受け取ったR1は、宛先IPアドレスを見て、ルーティングテーブルを検索し、「192.168.124.4」（R2のe0/0）に転送します。また、転送するとともに、RedirectをPC1に送信して、別のゲートウェイがあることを通知します。

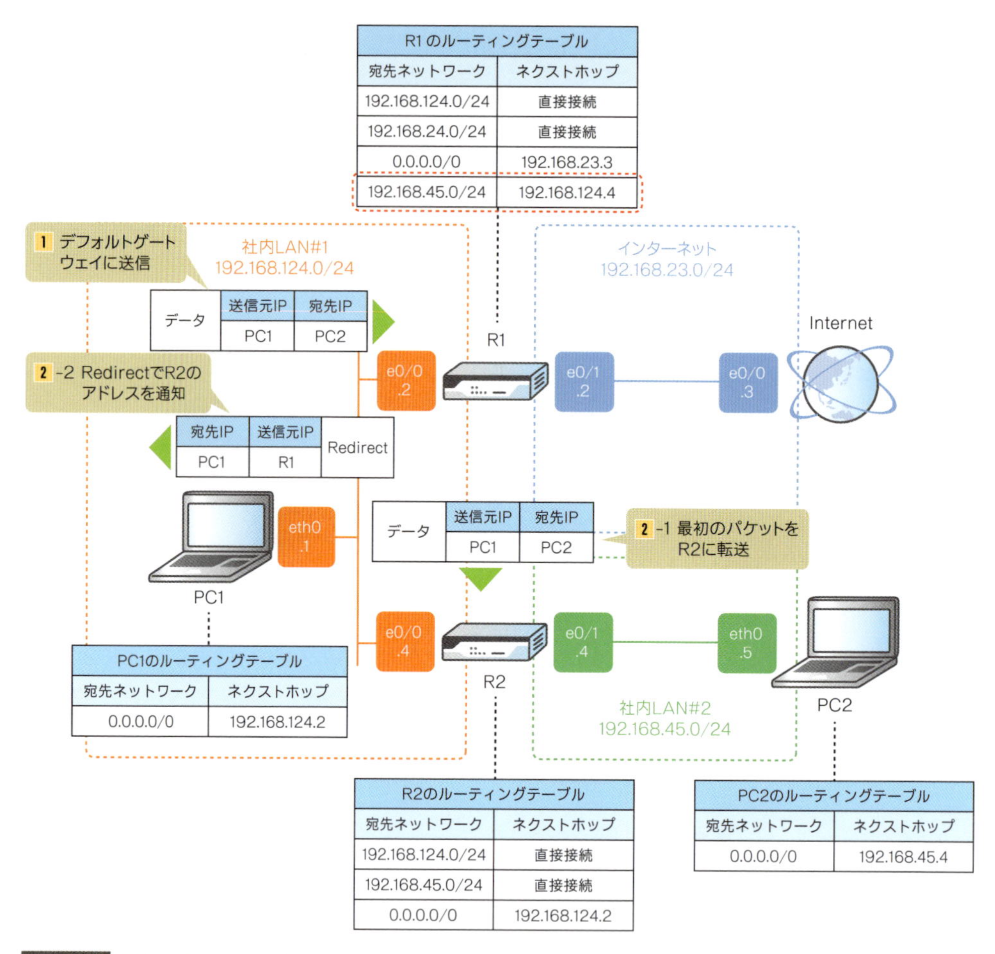

図4.3.18 1 から 2 までの処理

3 PC1は以降、PC2に対するパケットをRedirectに含まれているゲートウェイアドレス（R2のe0/0）に送信します。R2は、PC2にパケットを転送します。

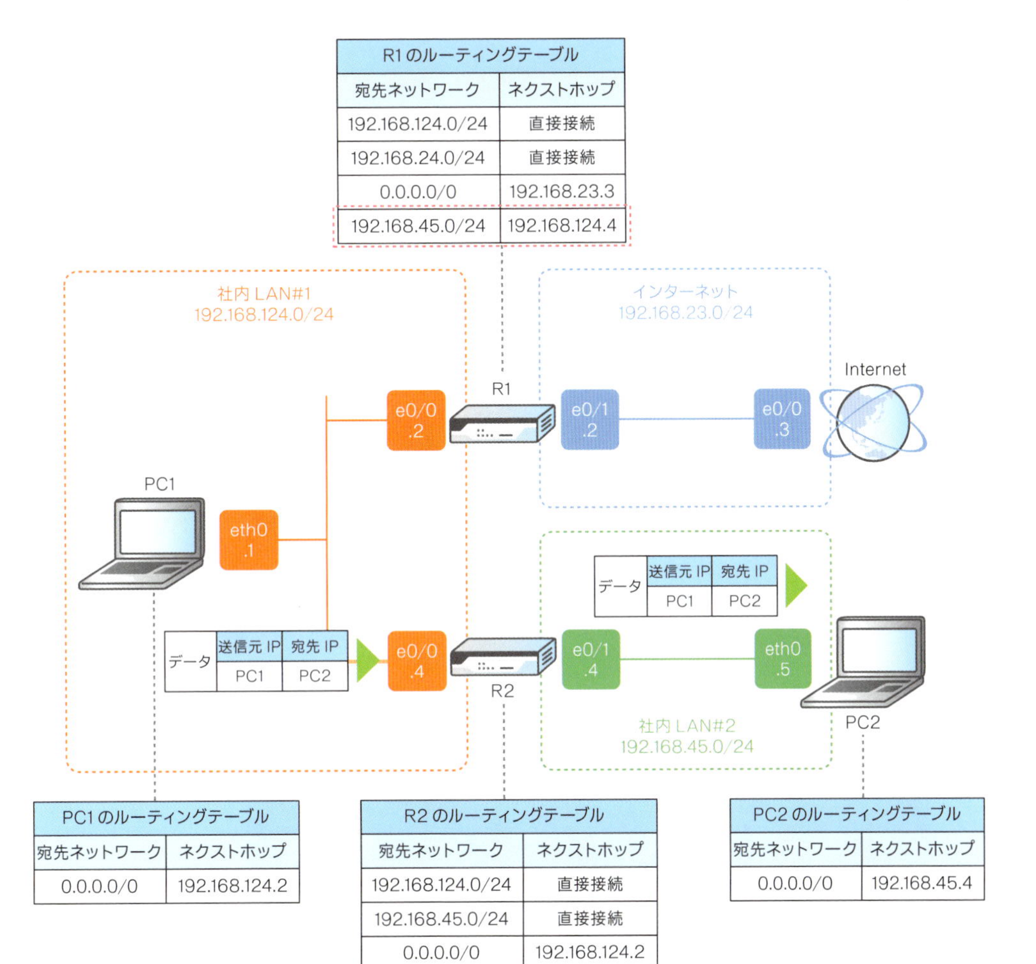

図4.3.19 Redirectの後は、通知されたゲートウェイアドレス（R2）に送信

Redirectのパケットフォーマット

Redirectは、タイプが「5」のICMPパケットです。コードには、リダイレクトをした理由を示す値がセットされます。コードはRFC792やRFC1812でも詳細には定義されておらず、メーカーによって値がまちまちです。同じ処理をさせているはずなのに、あるメーカーでは○○、あるメーカーでは△△のように、コードが異なる摩訶不思議な現象がよくあります。一般的に現場でよく見かけるコードは、「Redirect datagrams for the network」を表す「0」と、「Redirect datagrams for the host」を表す「1」です。ゲートウェイアドレスには、別のゲートウェイのアドレスがセットされます。送信元端末は、このアドレスを見て、転送先を切り替えます。

	0ビット	8ビット	16ビット	24ビット
0バイト	バージョン / ヘッダー長	ToS	パケット長	
4バイト	識別子		フラグ / フラグメントオフセット	
8バイト	TTL	プロトコル番号	ヘッダーチェックサム	
12バイト	送信元IPアドレス			
16バイト	宛先IPアドレス			
20バイト	タイプ（5）	コード（0/1）	チェックサム	
24バイト	ゲートウェイアドレス			
可変	ICMPペイロード（リダイレクトしたIPパケット）			

図4.3.20 Redirectのパケットフォーマット

コマンドプロンプトの表示結果

Windows OS の ping コマンドで Echo Request を送信し、Redirect によってゲートウェイが変わった場合、次の図のように表示されます。ゲートウェイが変わっただけで、通信自体は継続していることがわかります。なお、表示結果だけでは、ゲートウェイが変わったことはわかりません。

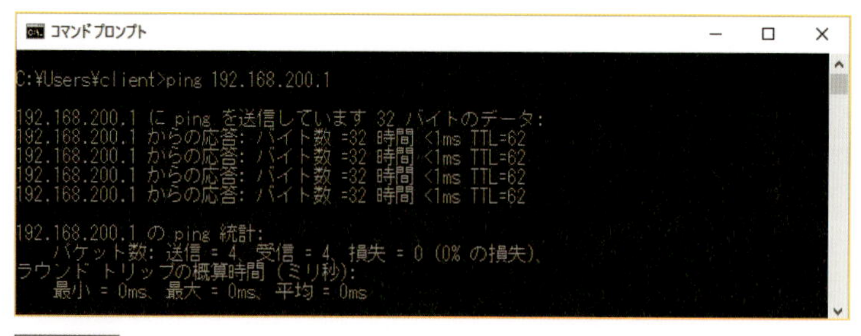

図4.3.21 Redirectの表示結果

TTLがゼロになったらTTL Exceededを返す

送信元端末に対して、TTL が「0」になって IP パケットを破棄したことを通知する ICMP パケットが「Time-to-live exceeded（以下、TTL Exceeded）」です。TTL Exceeded は、ルーティングループの防止と通信経路の確認という、2 つの役割を担っています。ルーティングループの防止については、p.130 で説明したとおりです。ここでは、もうひとつの役割である通信経路の確認について説明します。

TTL Exceeded の動きを応用して通信経路を確認するプログラムが「traceroute」(Linux OS）と「tracert」(Windows OS）です。traceroute は、TTL を「1」から 1 つずつ増やした IP パケットを送信することによって、どのような経路を通って宛先 IP アドレスまで到達しているのかを確認します。

具体的な動作について、PC1（Windows OS）から、2 つルータを越えた先にある PC2 に対して tracert を実行した場合を例に説明します。なお、ここでは、純粋に tracert の動きを見るため、すべての機器がすべての MAC アドレスを学習している前提で説明します。

1 tracertを実行したPC1は、PC2に対してTTLを「1」にセットしたEcho Requestを送信します。

2 TTLが「1」のICMPパケットを受け取ったR1は、ルーティングに伴いTTLが「0」になるので、ICMPパケットを破棄します。あわせてPC1に対して、破棄したことを通知するTTL Exceededを返します。なお、TTL ExceededのTTLは、R1のTTLのデフォルト値に依存します。本環境ではTTLのデフォルト値が「255」の端末を使用しています＊1。

＊1 tracertは、実際は 1 2 の処理を3回ずつ繰り返しますが、ここでは省略します。

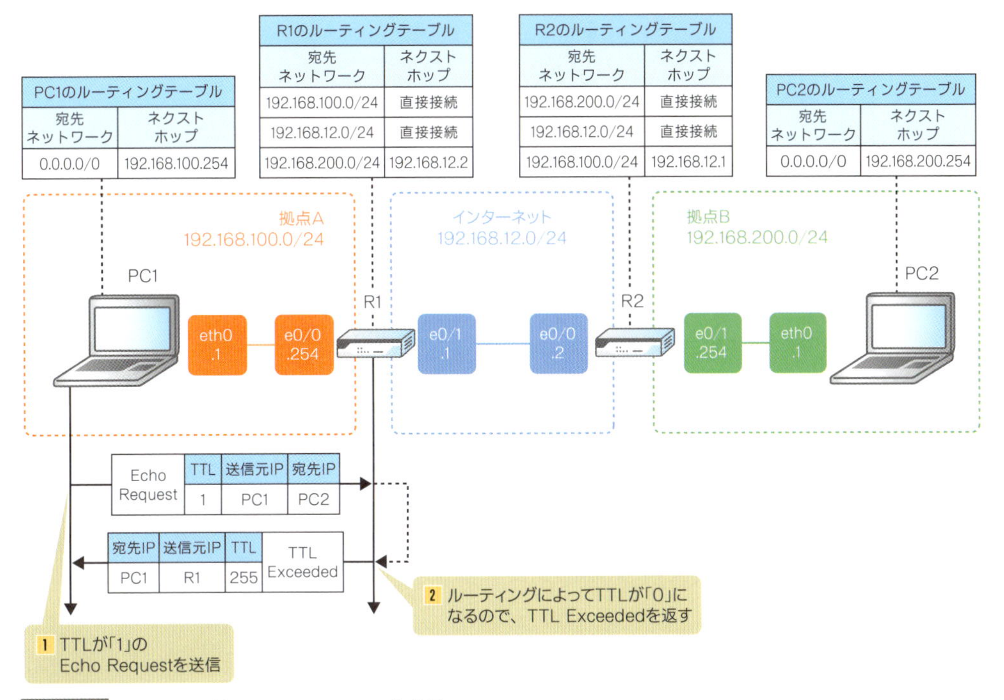

図4.3.22 R1がPC1に対してTTL Exceededを送信

3 TTL Exceededを受け取ったPC1は、今度はTTLを「2」にセットしたICMPパケットを送信します。TTLが「2」のICMPパケットを受け取ったR1は、ルーティングに伴いTTLを「1」にセットして、R2に転送します。

4 TTLが「1」のICMPパケットを受け取ったR2は、ルーティングに伴いTTLを「0」にするとともに、パケットを破棄します。あわせてPC1に対して、破棄したことを通知するTTL Exceededを返します＊2。

＊2 tracertは、実際は 3 4 の処理を3回ずつ繰り返しますが、ここでは省略します。

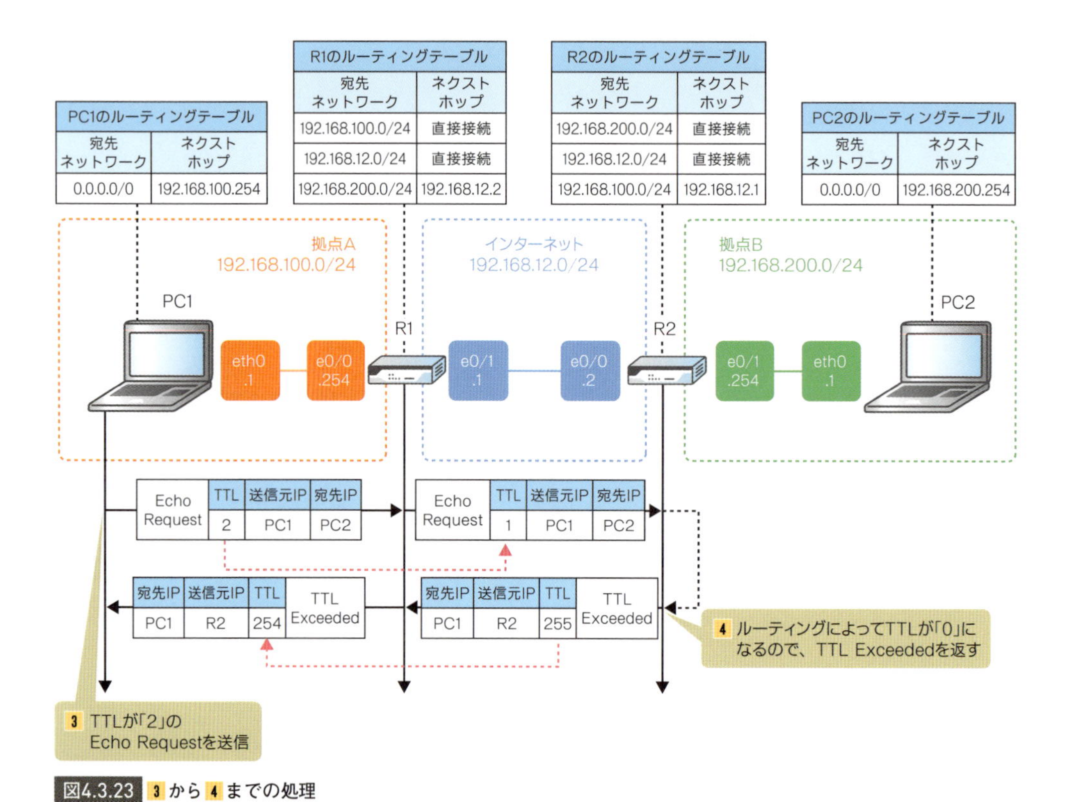

図4.3.23 3 から 4 までの処理

5 TTL Exceeded を受け取った PC1 は、今度は TTL を「3」にセットした ICMP パケットを送信します。TTL が「3」の ICMP パケットを受け取った R1 は、ルーティングに伴い TTL を「2」にセットして、R2 に転送します。また、TTL が「2」の ICMP パケットを受け取った R2 は、ルーティングに伴い TTL を「1」にセットして、PC1 に転送します。

6 Echo Request を受け取った PC2 は、PC1 に Echo Reply を返します。なお、Echo Reply の TTL は、PC2 の TTL のデフォルト値に依存します。本環境では TTL のデフォルト値が「255」の端末を使用しています。

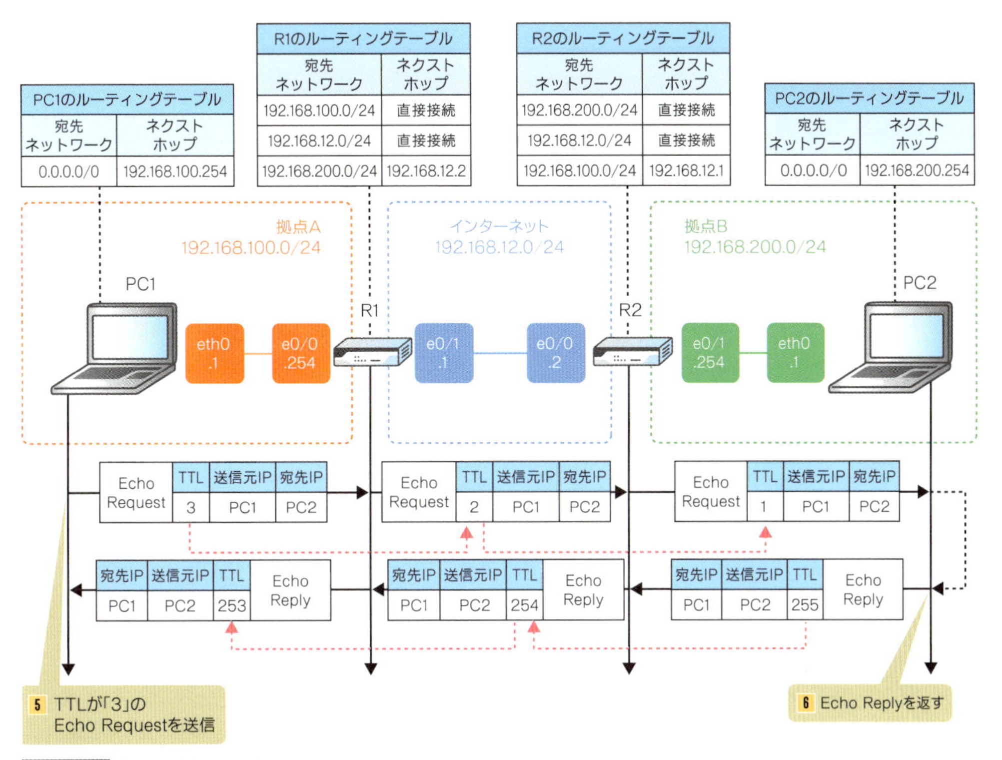

図4.3.24 5から6までの処理

TTL Exceededのパケットフォーマット

TTL Exceededは、タイプが「11」、コードが「0」のICMPパケットです。パケットフォーマットとしては、Destination Unreachableとほとんど変わらず、あっさりしています。

	0ビット		8ビット	16ビット		24ビット
0バイト	バージョン	ヘッダー長	ToS	パケット長		
4バイト	識別子			フラグ	フラグメントオフセット	
8バイト	TTL		プロトコル番号	ヘッダーチェックサム		
12バイト	送信元IPアドレス					
16バイト	宛先IPアドレス					
20バイト	タイプ（11）		コード（0）	チェックサム		
24バイト	未使用					
可変	ICMPペイロード（破棄したIPパケット）					

図4.3.25 TTL Exceededのパケットフォーマット

tracertコマンドの表示結果

Windows OSでtracertコマンドを実行すると、次の図のように表示されます。

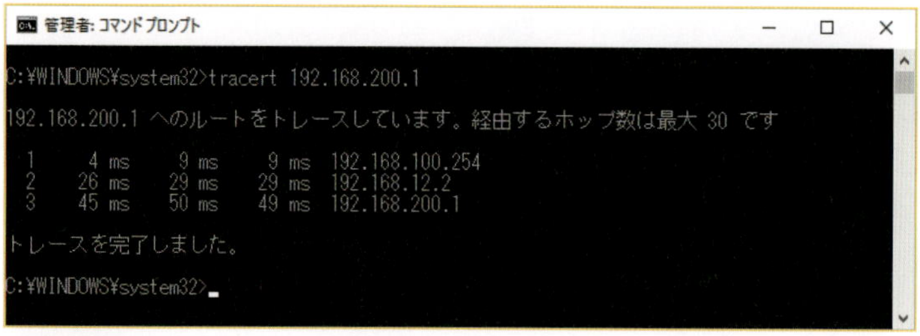

```
管理者: コマンド プロンプト

C:¥WINDOWS¥system32>tracert 192.168.200.1

192.168.200.1 へのルートをトレースしています。経由するホップ数は最大 30 です

  1     4 ms     9 ms     9 ms  192.168.100.254
  2    26 ms    29 ms    29 ms  192.168.12.2
  3    45 ms    50 ms    49 ms  192.168.200.1

トレースを完了しました。

C:¥WINDOWS¥system32>_
```

図4.3.26 tracertコマンドの表示結果

CHAPTER

5

レイヤー4プロトコル

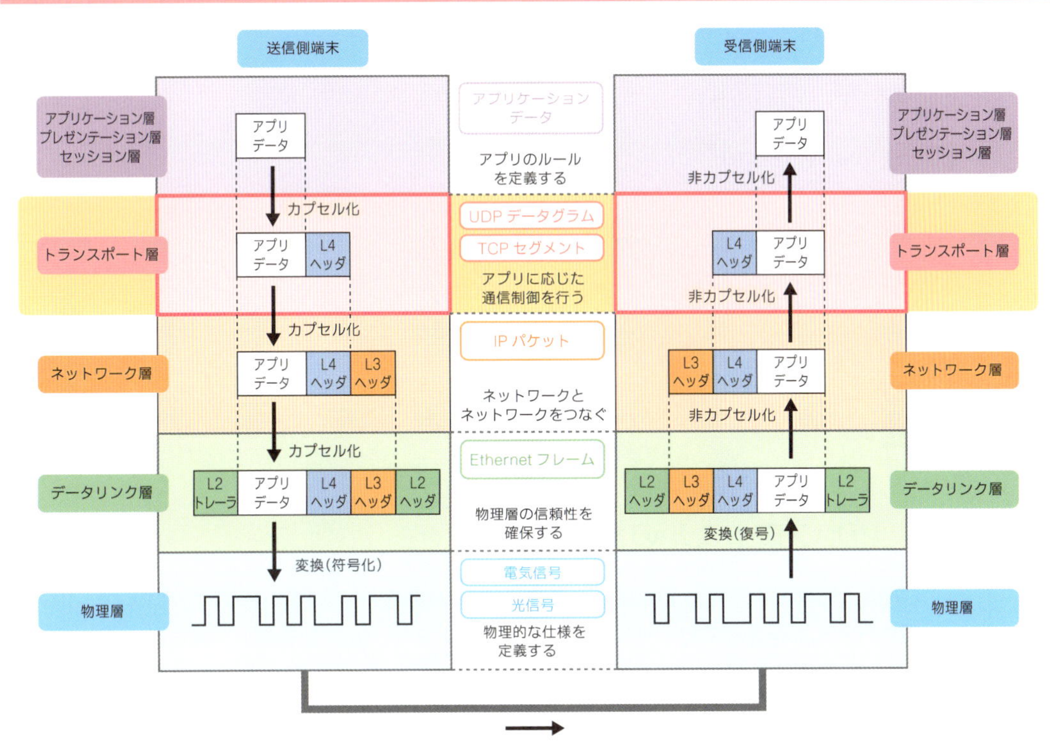

本章では、OSI参照モデルのトランスポート層（レイヤー4、L4、第4層）で使用されているプロトコルをWiresharkで解析していきます。

トランスポート層は、アプリケーションの要件に応じた通信制御を行うレイヤーです。ネットワークとアプリケーションをつなぐ架け橋となって、通信の柔軟性を確保しています。トランスポート層では、アプリケーションの要件に応じて、異なる2つのプロトコルを使用しています。音声や映像、時刻同期など、即時性（リアルタイム性）を求めるアプリケーションの場合には「UDP」を使用します。一方、Webやメールなど、信頼性を求めるアプリケーションの場合には「TCP」を使用します。

トランスポート層は、送信側の端末から見て、アプリケーションレイヤーから受け取ったアプリケーションデータを、UDPデータグラム、TCPセグメントにカプセル化して、ネットワーク層に渡します。また、受信側の端末から見て、ネットワーク層から受け取ったUDPデータグラム/TCPセグメントを非カプセル化して、アプリケーションレイヤーに渡します。

CHAPTER 5
01 UDP (User Datagram Protocol)

UDP（User Datagram Protocol）は、音声通話（VoIP）やマルチキャストの動画配信、名前解決、DHCP など、即時性を求めるアプリケーションで使用します。パケットを送ったら送りっぱなし（コネクションレス）なので、プロトコル自体に信頼性があるわけではありませんが、確認応答の手順を省略しているので、通信の即時性が高まります。

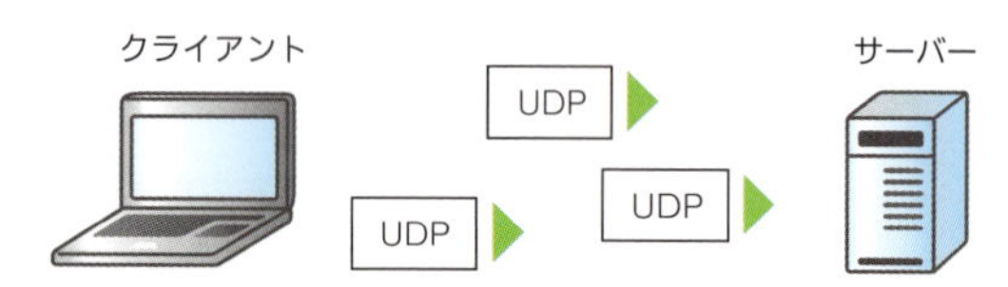

図5.1.1 UDP は送りっぱなし

項目	UDP	TCP
IPヘッダーのプロトコル番号	17	6
信頼性	低い	高い
即時性	速い	遅い
処理負荷	小さい	大きい

表5.1.1 UDPとTCPの比較

5.1.1 UDPプロトコルの詳細

UDP は、RFC768「User Datagram Protocol」で規格化されているプロトコルで、IP ヘッダーのプロトコル番号では「17」と定義されています（p.110 参照）。RFC の文量も非常に少なく、あっさりしていて、そのことからもシンプルなプロトコルであることがわかります。

UDPのパケットフォーマット

即時性を重視する UDP は、パケットフォーマットもシンプルそのものです。構成するヘッダーフィールドもたった 4 つ、長さも 8 バイト（64 ビット）しかありません。クライアントは UDP でデータグラムを作り、サーバーのことを気にせずどんどん送るだけです。一方、データを受け取ったサーバーは、UDP ヘッダーに含まれるヘッダー長とチェックサムを利用して、データが壊れていないかをチェックします。チェックに成功したら、データを受け入れます。

	0ビット	8ビット	16ビット	24ビット
0バイト	送信元ポート番号		宛先ポート番号	
4バイト	UDPデータグラム長		チェックサム	
可変	UDPペイロード（アプリケーションデータ）			

図5.1.2 UDPのパケットフォーマット（レイヤー2/レイヤー3ヘッダーは省略しています）

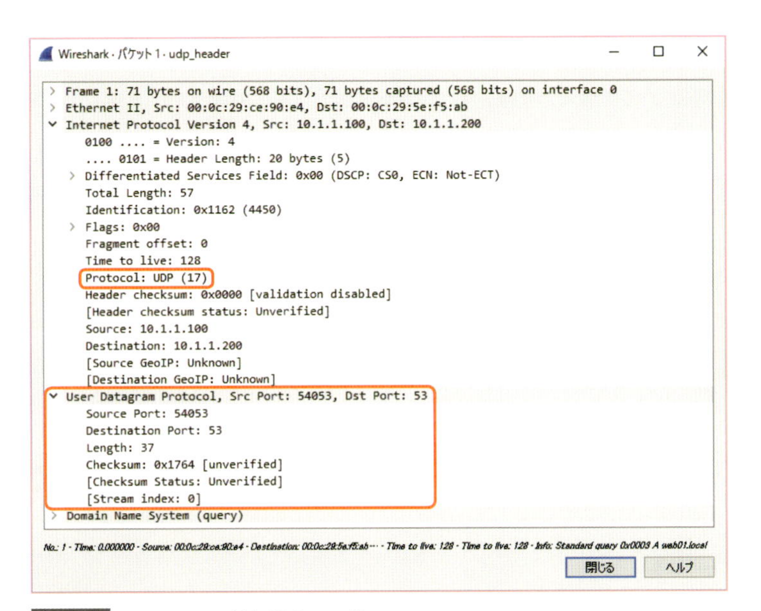

図5.1.3 Wiresharkで見たUDPヘッダー

以下に、UDPパケットフォーマットの各フィールドについて説明します。

■送信元/宛先ポート番号

「ポート番号」は、アプリケーション（プロセス）の識別に使用される値です。クライアント（送信元端末）はOSがランダムに割り当てた値を「送信元ポート番号」に、アプリケーションごとに定義された値を「宛先ポート番号」にセットして、サーバー（宛先端末）に送信します。UDPデータグラムを受け取ったサーバーは、宛先ポート番号を見て、どのアプリケーションのデータか判断し、そのアプリケーションにデータを渡します。

なお、ポート番号については次項で詳しく説明します。

■UDPデータグラム長

「UDPデータグラム長」は、UDPヘッダー（8バイト）とアプリケーションデータを合わせたデータグラム全体のサイズを表す16ビットのフィールドです。バイト単位の値がセットされます。長さの最小値はヘッダーのみで構成された場合の「8」、最大値は理論上65535バイトです。

■チェックサム

「**チェックサム**」は、受け取ったデータグラムが壊れていないか、整合性のチェックに使用される16ビットのフィールドです。UDPのチェックサムの計算には、IPヘッダーチェックサムと同じく「1の補数演算」が採用されています。IPヘッダーから生成した疑似ヘッダーとUDPデータグラム（UDPヘッダー＋UDPペイロード（アプリケーションデータ））に対して計算（1の補数演算）を実行して、値の妥当性をチェックし、チェックに成功したらデータグラムを受け入れます。チェックに失敗したら破棄します。

なお、UDPのチェックサムは16ビット全部に「0」をセットして、無効にすることも可能です。当然ながら、その場合はデータが壊れていても検知できません。この機能はCPUやNICの処理負荷を軽減するために用意されていますが、CPUもNICも高速になった今、無効にしているケースはほとんど無いでしょう。

	0ビット	8ビット	16ビット	24ビット	
0バイト	送信元IPアドレス				疑似ヘッダー
4バイト	宛先IPアドレス				疑似ヘッダー
8バイト	未使用	プロトコル番号	UDPデータグラムの長さ（UDPヘッダー＋UDPペイロード（アプリケーションデータ））		疑似ヘッダー
12バイト	送信元ポート番号		宛先ポート番号		UDPヘッダー
16バイト	長さ		チェックサム		UDPヘッダー
可変	UDPペイロード（アプリケーションデータ）				アプリデータ

図5.1.4 UDPチェックサムの計算対象範囲

ポート番号

レイヤー4プロトコルにおいて最も重要なフィールドが、「送信元ポート番号」と「宛先ポート番号」です。UDPもTCPも、まずはポート番号ありきです。

IPのところで説明したとおり、IPヘッダーさえあれば、世界中のどの宛先端末までもIPパケットを届けることができます。しかし、IPパケットを受け取った端末は、そのIPパケットをどのアプリケーションで処理すればよいかわかりません。そこでネットワークの世界では、ポート番号を使用します。ポート番号とアプリケーションは一意に紐づいていて、ポート番号さえ見れば、どのアプリケーションにデータを渡せばよいかわかるようになっています。

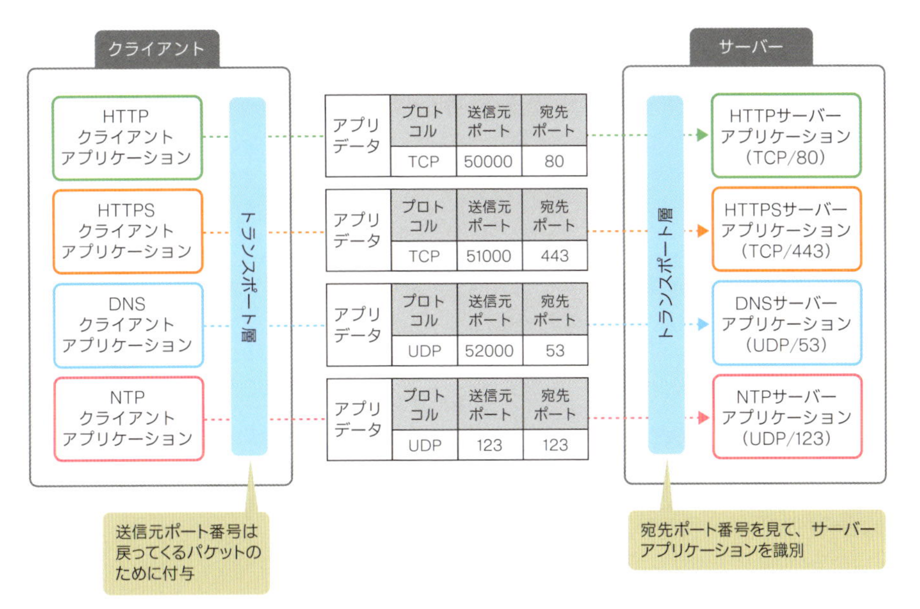

図5.1.5 ポート番号によって、データを渡すアプリケーションを識別する

ポート番号は、「0～65535」(16ビット分）までの数字です。割り当て範囲と使用用途によって「System Ports」「User Ports」「Dynamic and/or Private Ports」の3種類に分類されています。このうち、「System Ports」と「User Ports」は宛先ポート番号に使用され、主にサーバーアプリケーションの識別に使用されます。「Dynamic and/or Private Ports」は送信元ポート番号に使用され、主にクライアントアプリケーションの識別に使用されます。

ポート番号の範囲	名称	用途
0～1023	System Ports（Well-known Ports）	一般的なアプリケーションで使用
1024～49151	User Ports	メーカーの独自アプリケーションで使用
49152～65535	Dynamic and/or Private Ports	クライアント側でランダムに割り当てて使用

表5.1.2 3種類のポート番号

System Ports

ポート番号「0～1023」はSystem Portsです。一般的には「Well-known Ports」として知られています。System PortsはICANNの一部門であるIANA（Internet Assigned Numbers Authority）によって管理されており、一般的なサーバーアプリケーションが提供するサービスに一意に紐づいています[*1]。たとえば、UDPの123番だったら、ntpdやxngpdなど時刻同期で使用する「NTP」のサーバーアプリケーションに紐づいています。TCPの80番だったら、ApacheやIIS（Internet Information Services)、nginxなどWebサイトで使用する「HTTP」のサーバーアプリケーションに紐づいています。代表的なSystem Portsは、次の表のとおりです。

＊1　一部、IANAが管理するポート番号に登録されているけれど使用されていなかったり、登録されていないけれど使用されていたりするものもあります。User Portsも同様です。

ポート番号	UDP	TCP
20	—	FTP（データ）
21	—	FTP（制御）
22	—	SSH
23	—	Telnet
25	—	SMTP
53	DNS（名前解決）	DNS（名前解決、ゾーン転送）
69	TFTP	—
80	—	HTTP
110	—	POP3
123	NTP	—
443	HTTPS（QUIC）	HTTPS
587	—	サブミッションポート

表5.1.3 代表的なSystem Ports

User Ports

ポート番号「1024～49151」はUser Portsです。System Portsと同じようにIANAによって管理されており、メーカーが開発した独自のサーバーアプリケーションが提供するサービスに一意に紐づいています。たとえば、TCPの3306番だったら、オラクルのMySQL（データベースサーバーアプリケーション）に紐づいています。TCPの3389番だったら、マイクロソフトのリモートデスクトップのサーバーアプリケーションに紐づいています。

ポート番号	UDP	TCP
1433	—	Microsoft SQL Server
1521	—	Oracle SQL Net Listener
1985	Cisco HSRP	—
3306	—	MySQL Database System
3389	—	Microsoft Remote Desktop Protocol
4789	VXLAN	—
8080	—	Apache Tomcat
10050	Zabbix-Agent	Zabbix-Agent
10051	Zabbix-Trapper	Zabbix-Trapper

表5.1.4 代表的なUser Ports

Dynamic and/or Private Ports

ポート番号「49152～65535」はDynamic and/or Private Portsです。IANAによって管理されておらず、クライアントがコネクションを作るとき、送信元ポート番号としてランダムに割り当てます。送信元ポート番号に、この範囲のポート番号をランダムに割り当てることによって、どのアプリケーションプロセスに応答を返せばよいかがわかります。ランダムに割り当てるポート番号の範囲はOSにより異なっていて、たとえばWindows OS

だったらデフォルトで「49152～65535」です。Linux OSだったらデフォルトで「32768～61000」です。なお、Linux OSの使用するランダムポートの範囲は、IANAの指定しているDynamic and/or Private Portsの範囲から微妙に外れています。

5.1.2 UDPの解析に役立つWiresharkの機能

続いて、UDPデータグラムを解析するときに役立つWiresharkの機能について説明します。Wiresharkには、ありとあらゆるUDPデータグラムをよりわかりやすく、よりかんたんに解析できるよう、たくさんの機能が用意されています。その中から、システムの構築現場、運用現場において、コンピューターエンジニアが使用する機能をいくつかピックアップして説明します。

設定オプション

UDPの設定オプションは、メニューバーの[編集]-[設定]で設定画面を開き、[Protocols]の中の［UDP］で変更できます。基本的にデフォルト値のままで使用することが多いですが、この中でも現場で話題に上がることが多い「Validate the UDP checksum if possible」について説明します。

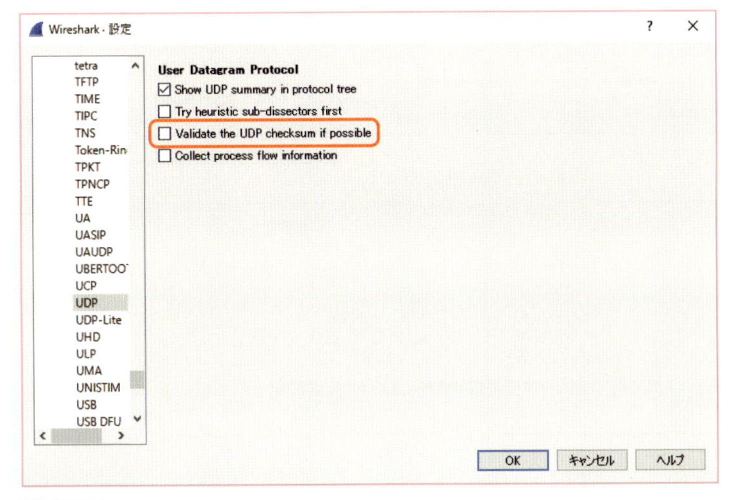

図5.1.6 UDPの設定オプション

Validate the UDP checksum if possible

「Validate the UDP checksum if possible」は、UDPヘッダーチェックサムの値が正しい値かどうかチェックする機能です。Wiresharkは、UDPヘッダーに対してチェックサムの計算（1の補数演算）を実行し、実際に付与されているUDPチェックサムの値と比較します。値が異なると、エラーパケットとして判定し、パケット詳細の「Checksum」に[incorrect, should be...]と表示します。

```
Wireshark · パケット 1 · udp_header
> Frame 1: 71 bytes on wire (568 bits), 71 bytes captured (568 bits) on interface 0
> Ethernet II, Src: 00:0c:29:ce:90:e4, Dst: 00:0c:29:5e:f5:ab
> Internet Protocol Version 4, Src: 10.1.1.100, Dst: 10.1.1.200
v User Datagram Protocol, Src Port: 54053, Dst Port: 53
    Source Port: 54053
    Destination Port: 53
    Length: 37
  > Checksum: 0x1764 [incorrect, should be 0xa0d1](maybe caused by "UDP checksum offload"?)
    [Checksum Status: Bad]
    [Stream index: 0]
> Domain Name System (query)
```

図5.1.7 チェックサムエラーの場合

「Validate the UDP checksum if possible」を有効にするときに、気をつけなければならない機能が、NICの「UDPチェックサムオフロード」です。Wiresharkでは、NICのUDPチェックサムオフロード機能を有効にしていると、送信パケットのUDPチェックサムを正しく取得できません。UDPチェックサムオフロードとは、UDPチェックサムの計算をNICで肩代わりし、端末のCPUの処理負荷を軽減する機能です。

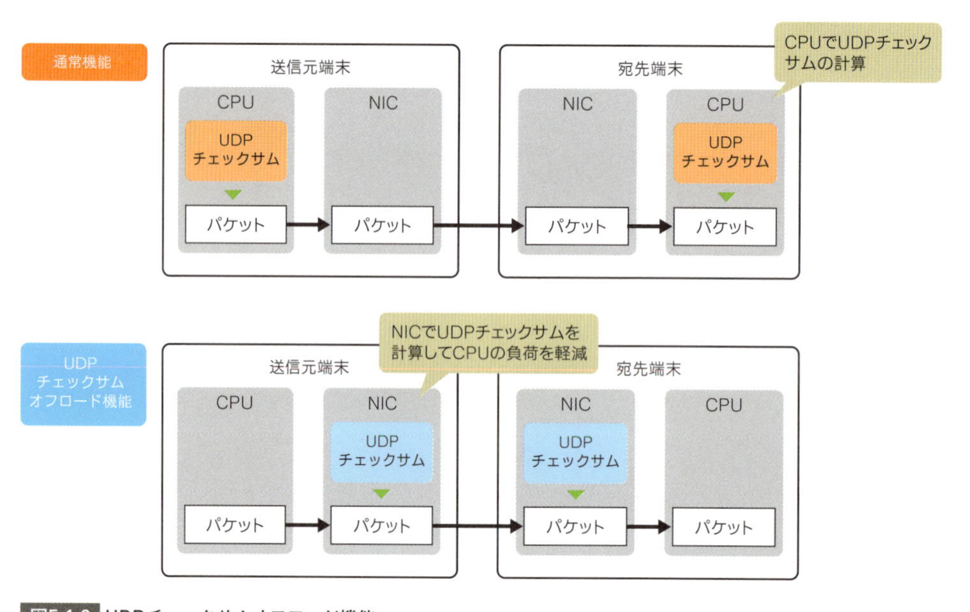

図5.1.8 UDPチェックサムオフロード機能

UDPチェックサムオフロード機能を有効にすると、UDPデータグラムを生成するときにはダミーのUDPチェックサムを付与し、NICでUDPチェックサムの計算を行うようになります。Wiresharkは、ダミーのUDPチェックサムが付与された後、NICでUDPチェックサムを計算する前にパケットをキャプチャするため、送信パケットに関してはダミーのUDPチェックサムしか取得できません。つまり、正しい値を取得できません。そのため、どうしても送信パケットのUDPチェックサムを取得したい場合は、UDPチェックサムオフロード機能を無効にしてください。特に、最近のNICは、端末のCPUの処理負荷を軽減するため、デフォルトでUDPチェックサムオフロード機能が有効になっています。したがって、「Validate the UDP checksum if possible」を有効にすると、嵐のようにチェックサムエラーが発生します。パケットを解析するときに、つい混乱しがちなので注意しましょう。なお、受信パケットのUDPチェックサムは、そのままUDPヘッダーに残ります。したがって、UDPチェックサムオフロード機能の設定にかかわらず、正しい値を取得可能です。

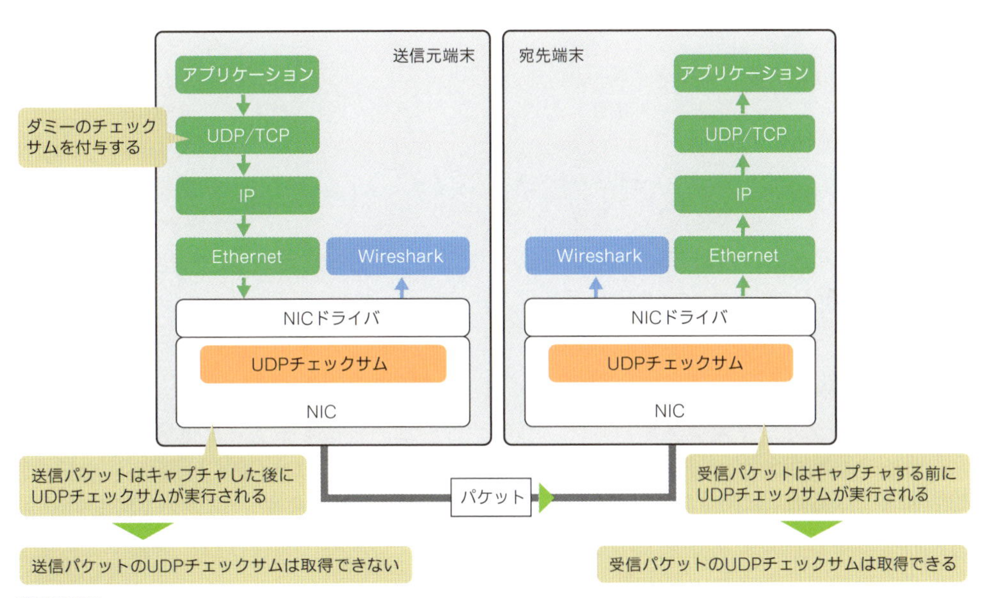

図5.1.9 UDPチェックサムオフロード機能を有効にしたときの処理順序

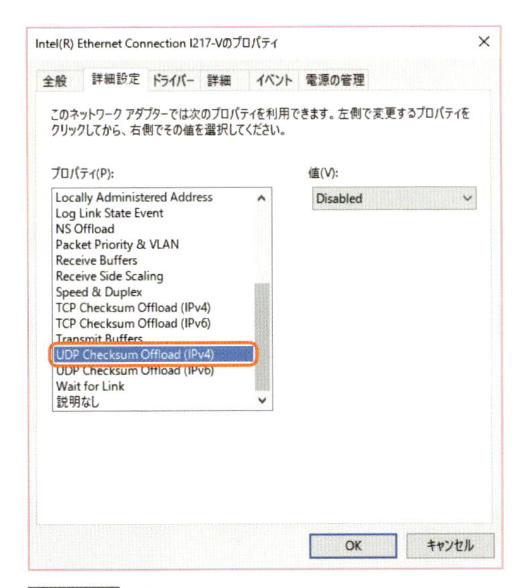

図5.1.10 送信パケットのUDPチェックサムを取得したいときは、NICのプロパティでUDPチェックサムオフロード機能を無効にする

表示フィルタ

UDP に関する代表的な表示フィルタは、次の表のとおりです。UDP ヘッダーにおけるほぼすべてのフィールドをフィルタ対象として設定できます。

フィールド名	フィールド名が表す意味	記述例
udp	UDPのデータグラムすべて	udp
udp.checksum	チェックサムの値	udp.checksum == 0x1764
udp.checksum.bad	チェックサムエラー	udp.checksum.bad
udp.dstport	宛先ポート番号	udp.dstport == 53
udp.length	長さ	udp.length <= 50
udp.port	送信元ポート番号か宛先ポート番号	udp.port == 53
udp.srcport	送信元ポート番号	udp.srcport == 53
udp.stream	UDPのやりとりに自動で付与されるStream Indexの番号	udp.stream == 0

表5.1.5 UDPに関する代表的な表示フィルタ

名前解決オプション

トランスポート層の名前解決オプションは、ポート番号をサービス名に変換する機能です。名前解決オプションを有効にするには、メニューバーの［編集］-［設定］で設定画面を開き、［Name Resolution］の［Resolve transport names］にチェックを入れます。これで、パケット詳細に表示されているポート番号がサービス名に変換され、一目でどのサービスの通信であるかがわかります。

実際のところ、ある程度ネットワークの仕事に携わっていると「TCP の 80 番は HTTP」「TCP の 443 番は HTTPS」「UDP の 53 番は DNS」というように、主要なサービスのポート番号は自然と暗記するようになります。問題は、めったに使用しないマイナーサービスのポート番号です。「はて…、これはなんのポート番号？」となったときに、このオプションはとても役立ちます。

名前解決オプションの変換は、「C:¥Program Files¥Wireshark¥services」に基づいて行われます。このファイルに記載されているポート番号とサービス名は、あくまでデフォルトのものです。したがって、アプリケーション上で使用するポート番号をデフォルト値から変更している場合は、この機能はうまく機能しません。たとえば、極端な話、HTTP サービスを提供するサーバーアプリケーションの設定で、使用するポート番号を「TCP の 80 番」から「TCP の 443 番」に変更していると、HTTP であるにもかかわらず HTTPS と表示されます。注意してください。

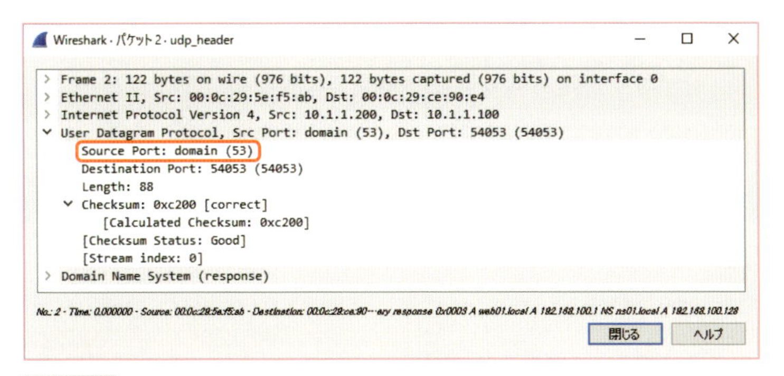

図5.1.11 名前解決オプションでサービス名を知ることができる

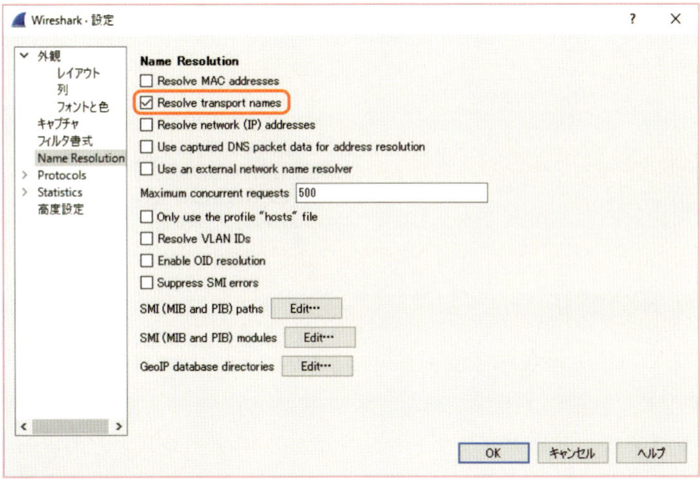

図5.1.12 名前解決オプション

UDPストリームオプション

UDPストリームオプションは、行きのUDPデータグラムと戻りのUDPデータグラムを関連づけて表示する機能です。Wiresharkは、宛先IPアドレス、送信元IPアドレス、宛先ポート番号、送信元ポート番号の組み合わせから、行きのUDPデータグラムと、それに関連する戻りのUDPデータグラムを抽出し、「Stream Index」というインデックス番号を付与します。膨大な量のパケットの中から、本当に必要なパケットだけを見つけ出すのは至難の業です。UDPストリームオプションは、その労力を大幅に軽減できます。

UDPストリームオプションを使用するには、パケット一覧でUDPデータグラムを右クリックし、[追跡]-[UDPストリーム] を選択します。選択すると、そのUDPストリームでやりとりされている一連の通信内容が新しいウィンドウとして表示され、あわせてメインウィンドウにはStream Indexの表示フィルタ（udp.stream eq ○○）が適用されたパケットが表示されます。

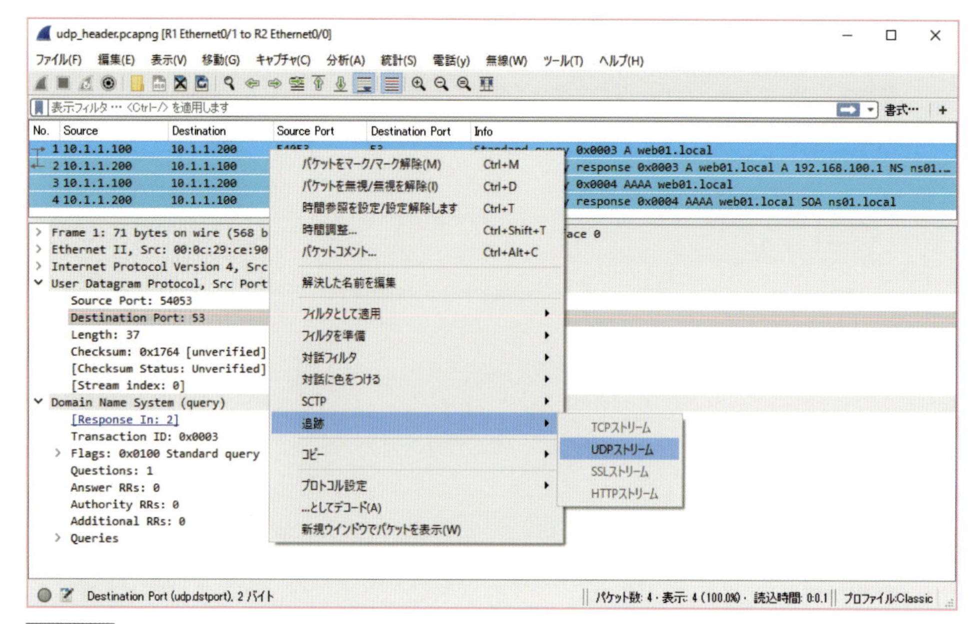

図5.1.13 UDPストリームオプション

5.1.3 UDPパケットの解析

続いて、実際のネットワーク環境で使用されているUDPの機能をパケットレベルで解析します。UDPに限らず、トランスポート層（レイヤー4）のパケット解析は「IPアドレス＋ポート番号」ありきです。どのアプリケーションがどのIPアドレスとどのポート番号をどのように使用しているのか、組み合わせをひとつひとつ整理しながら進めると、より効率よく理解を深められるでしょう。ちなみに、IPアドレスとポート番号の組み合わせのことを「ソケット」といいます。

ファイアウォールの動作はどう見えるか

トランスポート層で動作する機器といえば、「**ファイアウォール**」でしょう。ファイアウォールはIPアドレスやプロトコル、ポート番号などを使用して、通信を制御する機器です。あらかじめ設定したルールに従って、「この通信は許可、この通信は拒否」というように通信を選別して、いろいろな脅威からシステムを守ります。このファイアウォールの持つ通信制御機能のことを「**ステートフルインスペクション**」といいます。ステートフルインスペクションは、通信の許可／拒否を定義する「**フィルタリングルール**」と、通信を管理する「**コネクションテーブル**」を用いて、通信を制御しています。

フィルタリングルール

フィルタリングルールは、どんな通信を許可し、どんな通信を拒否するかを定義している設定です。「ポリシー」や「ACL（Access Control List）」など、機器ベンダーによって呼び方はさまざまですが、基本的にすべて同じものと考えてよいでしょう。

フィルタリングルールは、「送信元IPアドレス」「宛先IPアドレス」「プロトコル」「送信元ポート番号」「宛先ポート番号」「通信制御（アクション）」などの設定項目で構成されています。たとえば、「192.168.1.0/24」という社内LANにいる端末からインターネットへのWebアクセスを許可したい場合、一般的に次の表のような設定になります。

送信元IPアドレス	宛先IPアドレス	プロトコル	送信元ポート番号	宛先ポート番号	制御
192.168.1.0/24	ANY	TCP	ANY	80	許可
192.168.1.0/24	ANY	TCP	ANY	443	許可
192.168.1.0/24	ANY	UDP	ANY	53	許可

表5.1.6 フィルタリングルールの例

インターネットへのWebアクセスだからといって、単純にHTTP（TCPの80番）だけを許可すればよいわけではありません。HTTPをSSLで暗号化しているHTTPS（TCPの443番）、ドメイン名をIPアドレスに変換（名前解決）するときに使用するDNS（UDPの53番）もあわせて許可しておく必要があります。

特定できない要素については「ANY」と設定します。たとえば、宛先IPアドレスはクライアントがアクセスするWebサーバーによって異なるため、特定しようがありません。そこでANYと設定します。また、送信元ポート番号もOSがランダムで選択するため特定しようがないので、こちらもANYと設定します。

コネクションテーブル

ステートフルインスペクションは、前述のフィルタリングルールを、コネクションの情報をもとに動的に書き換えることによって、セキュリティ強度を高めています。ファイアウォールは、自身を経由するコネクションの情報を「コネクションテーブル」と呼ばれるメモリ内のテーブル（表）で管理しています。

コネクションテーブルは、「送信元IPアドレス」「宛先IPアドレス」「プロトコル」「送信元ポート番号」「宛先ポート番号」「コネクションの状態」「アイドルタイムアウト」など、各種要素（列）からなる複数のコネクションエントリ（行）から構成されています。このコネクションテーブルがステートフルインスペクションの要であり、ファイアウォールを理解するための重要なポイントです。

ステートフルインスペクションの動作

では、ファイアウォールはどのようにコネクションテーブルを利用し、どのようにフィルタリングルールを書き換えているのでしょうか？　ここでは、次の図のようなネットワーク構成を例に、ファイアウォールがステートフルインスペクションでどのようにUDPデータグラムを処理しているのか、パケットレベルに落とし込んで説明します。

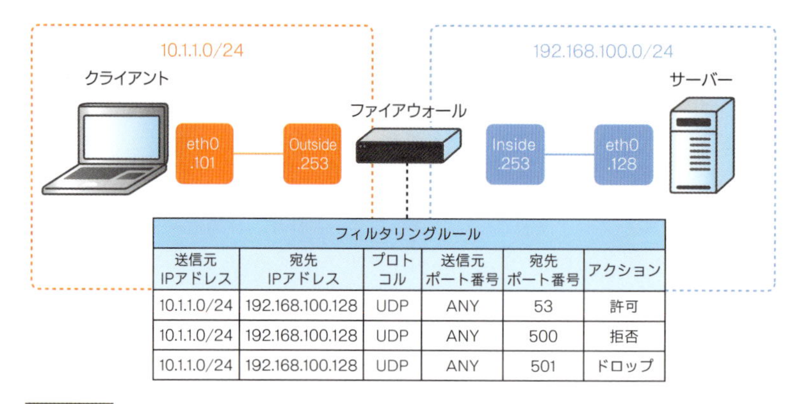

図5.1.14 ファイアウォールの通信制御を理解するためのネットワーク構成

1 ファイアウォールは、クライアント側にあるOutsideインターフェースでUDPデータグラムを受け取り、フィルタリングルールと照合します。

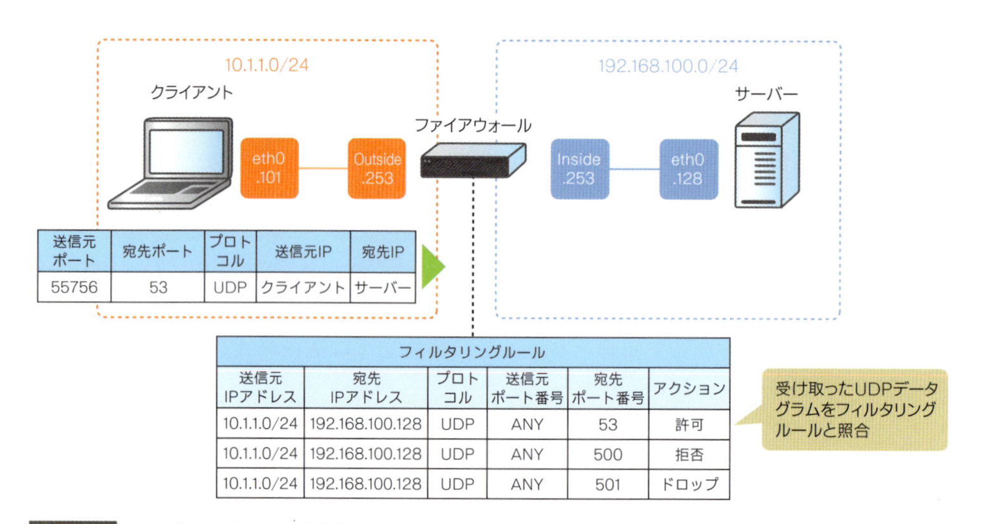

図5.1.15 フィルタリングルールと照合

2 アクションが「許可（Accept、Permit）」のエントリにヒットした場合、コネクションテーブルにコネクションエントリを追加します。また、それと同時に、そのコネクションエントリに対応する戻り通信を許可するフィルタリングルールを動的に追加します。戻り通信用の許可ルールは、コネクションエントリにある送信元と宛先を反転したものです。フィルタリングエントリを追加した後、サーバーにUDPデータグラムを転送します。

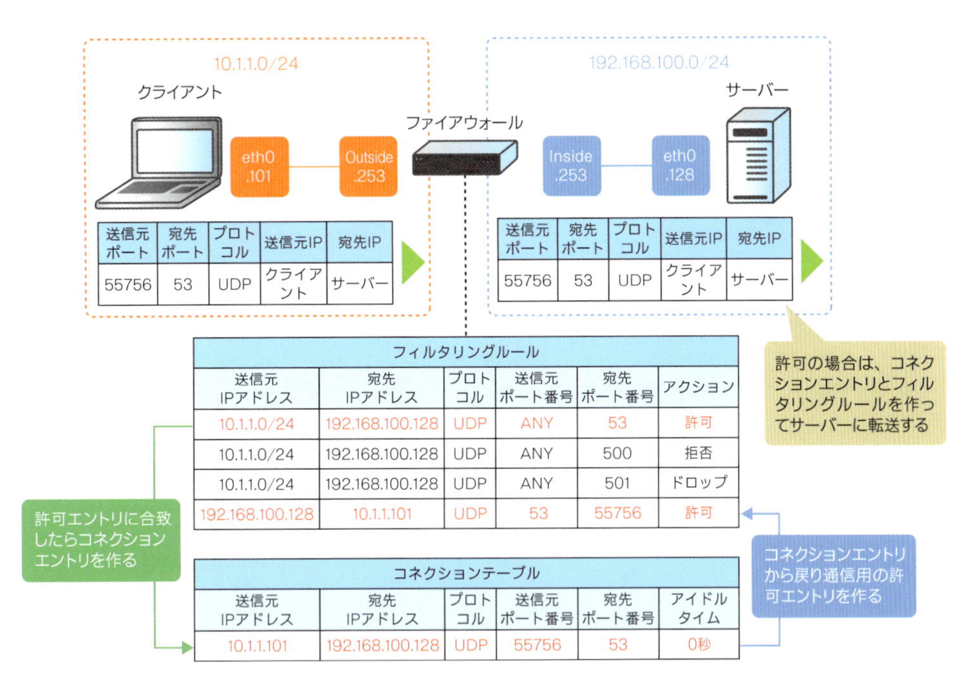

図5.1.16 許可の場合はコネクションエントリとフィルタリングルールを追加してから、サーバーに転送

一方、アクションが「拒否（Reject）」のエントリにヒットした場合は、コネクションテーブルにコネクションエントリを追加せず、クライアントに対して「Destination Unreachable（タイプ3）」のICMPパケットを返します。

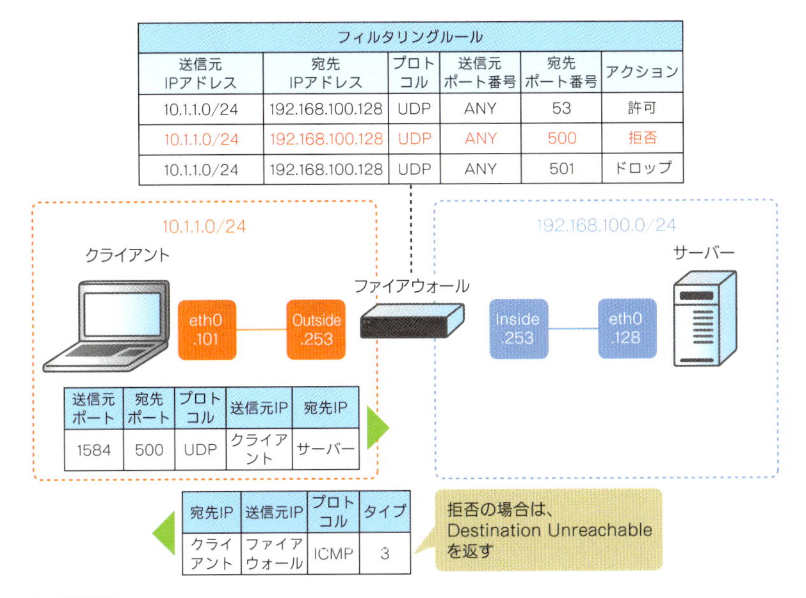

図5.1.17 拒否の場合はクライアントにDestination Unreachableを返す

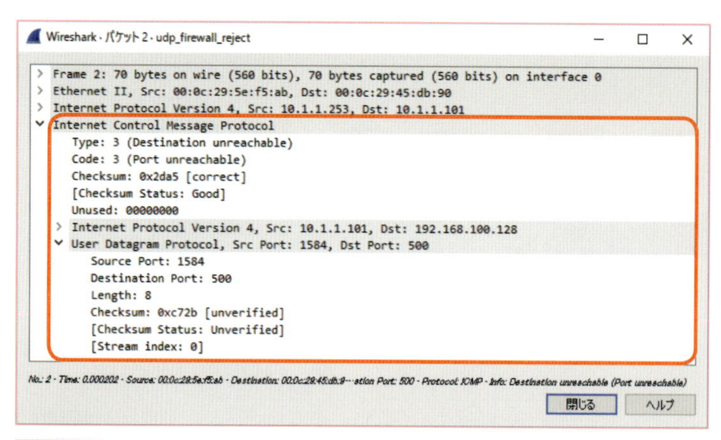

図5.1.18 ファイアウォールがクライアントに返すICMPパケット

また、アクションが「ドロップ（Drop）」のエントリにヒットした場合は、コネクションテーブルにコネクションエントリを追加せず、何もしません。前述した拒否のアクションは、結果として、そこになんらかの機器があることを示すこととなってしまい、セキュリティの観点からは好ましくない場合があります。その点、ドロップのアクションは、クライアントに対して何をするわけでもなく、単純にデータグラムを破棄します。ドロップは、パケットをこっそり破棄する動作から「Silently Discard」とも呼ばれています。

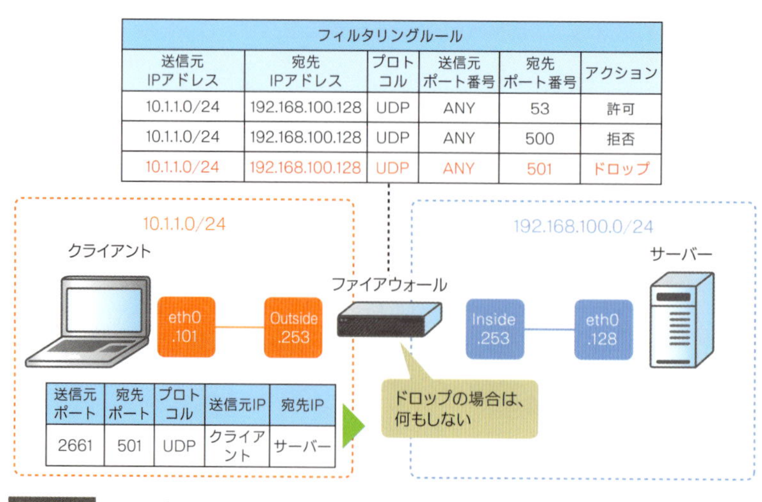

フィルタリングルール

送信元IPアドレス	宛先IPアドレス	プロトコル	送信元ポート番号	宛先ポート番号	アクション
10.1.1.0/24	192.168.100.128	UDP	ANY	53	許可
10.1.1.0/24	192.168.100.128	UDP	ANY	500	拒否
10.1.1.0/24	192.168.100.128	UDP	ANY	501	ドロップ

送信元ポート	宛先ポート	プロトコル	送信元IP	宛先IP
2661	501	UDP	クライアント	サーバー

図5.1.19 ドロップの場合、クライアントには何も返さない

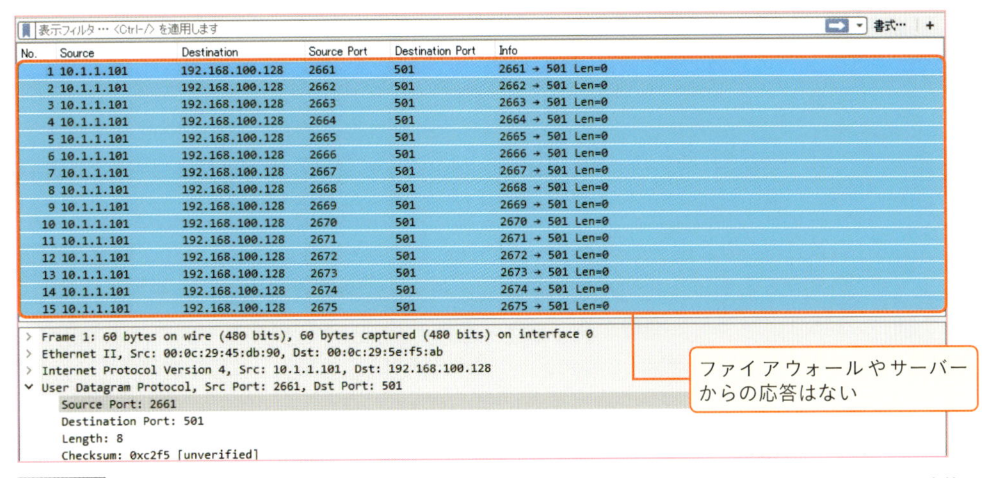

図5.1.20 クライアントからサーバーへ何度もパケットが送られているが、ファイアウォールやサーバーからの応答はない

3 アクションが許可（Accept、Permit）のエントリにヒットした場合は、サーバーからの戻り通信（Reply、Response）が発生します。サーバーからの戻り通信は、送信元と宛先を反転した通信です。ファイアウォールは戻り通信を受け取ると、**2** で作ったフィルタリングエントリを使用して、許可制御を実行し、クライアントに転送します。あわせて、コネクションエントリのアイドルタイム（無通信時間）を「0秒」にリセットします。

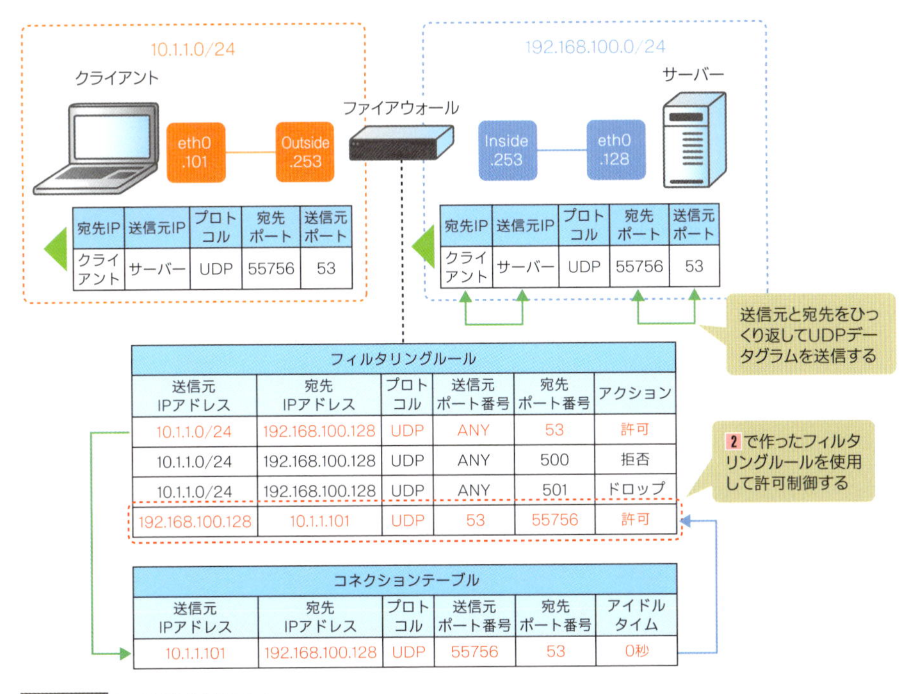

フィルタリングルール

送信元IPアドレス	宛先IPアドレス	プロトコル	送信元ポート番号	宛先ポート番号	アクション
10.1.1.0/24	192.168.100.128	UDP	ANY	53	許可
10.1.1.0/24	192.168.100.128	UDP	ANY	500	拒否
10.1.1.0/24	192.168.100.128	UDP	ANY	501	ドロップ
192.168.100.128	10.1.1.101	UDP	53	55756	許可

コネクションテーブル

送信元IPアドレス	宛先IPアドレス	プロトコル	送信元ポート番号	宛先ポート番号	アイドルタイム
10.1.1.101	192.168.100.128	UDP	55756	53	0秒

図5.1.21 戻り通信を制御する

4 ファイアウォールは通信が終了したら、コネクションエントリのアイドルタイムをカウントアップします。アイドルタイムアウト（アイドルタイムの最大値）が経過すると、コネクションエントリとそれに関連するフィルタリングエントリを削除します。

アイドルタイムアウトの設定は、機器のベンダーによってまちまちで、プロトコルごとに設定できたり、ポート番号ごとに設定できたりします。コネクションエントリの数は、そのままファイアウォールのメモリの使用率に影響します。大量のUDPデータグラムをさばく必要がある場合は、あらかじめアイドルタイムアウトを短く設定しておき、メモリを節約することもファイアウォールの設計としてありでしょう。

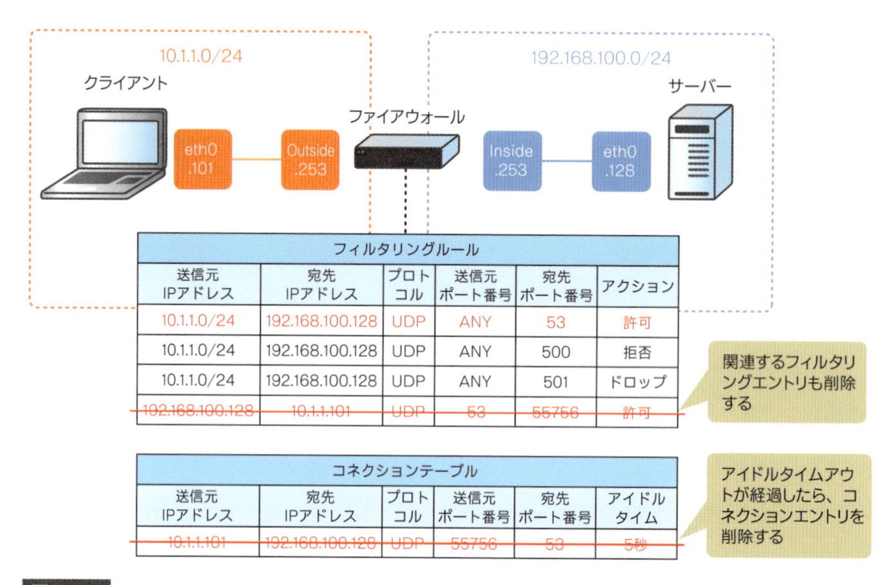

図5.1.22 アイドルタイムアウトが経過したら、エントリを削除する

CHAPTER 5
02 TCP (Transmission Control Protocol)

TCP（Transmission Control Protocol）は、メールやファイル転送、Web ブラウザなど、信頼性を求めたいアプリケーションで使用します。TCP はアプリケーションデータを送信する前に、「**TCP コネクション**」という仮想的な通信路を作って、通信環境を整えます。TCP コネクションは、それぞれの端末から見て、送信専用に使用する「**送信パイプ**」と、受信専用に使用する「**受信パイプ**」で構成されています。TCP は送信側の端末と受信側の端末が 2 本の論理的なパイプを全二重に使用して「送りまーす！」「受け取りました！」と確認しあいながらデータを送るため、信頼性が高まります[*1]。Google が開発した QUIC（Quick UDP Internet Connections）の台頭によって、今後はどうなっていくかわかりませんが、少なくとも 2017 年現在、インターネット上のトラフィックの 80％以上が TCP で構成されています。

＊1　クライアントとサーバーの間に 2 車線（パイプ）のバイパス（コネクション）を作っているようなイメージです。

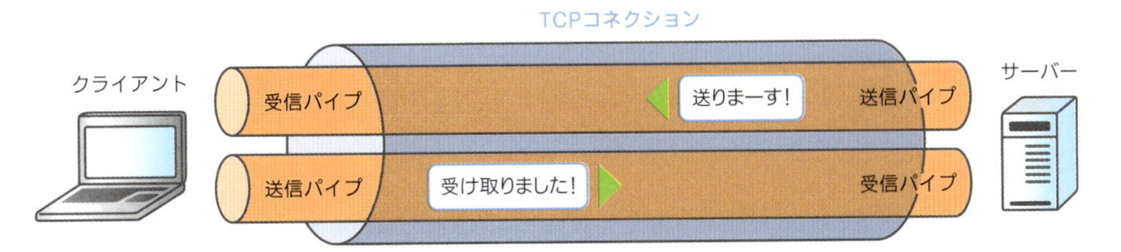

図5.2.1 TCP は確認しあいながらデータを送る

5.2.1 TCPプロトコルの詳細

TCP は、RFC793「Transmission Control Protocol」をベースとして規格化されているプロトコルで、IP ヘッダーのプロトコル番号では「6」と定義されています（p.110 参照）。TCP は信頼性を担保するために、ありとあらゆる形で拡張されており、全体を一度に把握することは困難です。ひとつひとつ整理しながら、じっくり理解していきましょう。

TCPのパケットフォーマット

TCP は信頼性を求めるため、パケットフォーマットも少々複雑です。ヘッダーの長さは IP ヘッダーと同じで、最低でも 20 バイト（160 ビット）はあります。たくさんのフィールドを使用して、どの「送ります」に対する「受け取りました」なのかを確認したり、効率的にデータを送受信したりしています。

CHAPTER 5 レイヤー4プロトコル

	0ビット	8ビット	16ビット	24ビット
0バイト	送信元ポート番号		宛先ポート番号	
4バイト	シーケンス番号			
8バイト	確認応答番号			
12バイト	データオフセット	予約領域 / コントロールビット	ウィンドウサイズ	
16バイト	チェックサム		緊急ポインタ	
可変	オプション+パディング			
可変	TCPペイロード（アプリケーションデータ）			

図5.2.2 TCPのパケットフォーマット

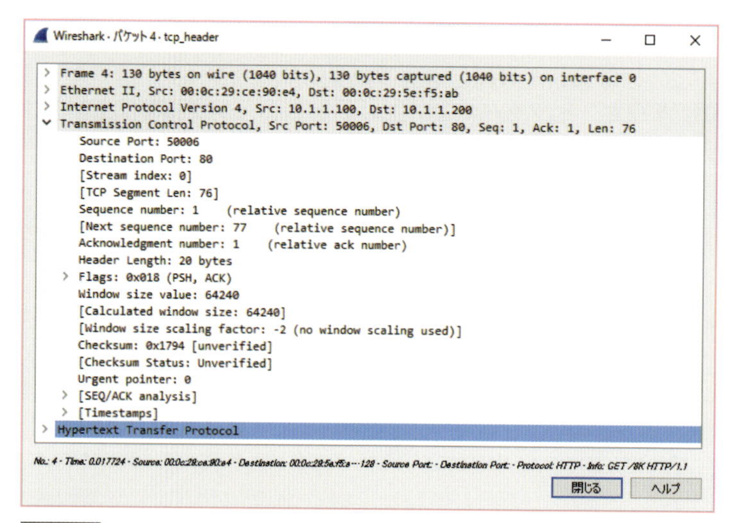

図5.2.3 Wiresharkで見たTCPヘッダー

以下に、TCPパケットフォーマットの各フィールドについて説明します。

送信元/宛先ポート番号

「**ポート番号**」は、UDPと同じで、アプリケーション（プロセス）の識別に使用される値です。クライアント（送信元端末）はOSがランダムに割り当てた値を「送信元ポート番号」に、アプリケーションごとに定義された値を「宛先ポート番号」にセットして、サーバー（宛先端末）に送信します。TCPセグメントを受け取ったサーバーは、宛先ポート番号を見て、どのアプリケーションのデータか判断し、そのアプリケーションにデータを渡します（p.170参照）。

シーケンス番号

「**シーケンス番号**」は、TCPセグメントを正しい順序に並べるために使用される32ビットのフィールドです。送信側の端末は、アプリケーションから受け取ったデータの各バイトに対して、「初期シーケンス番号（ISN、Initial Sequence Number）」から順に、通し番号を付与します。受信側の端末は、受け取ったTCPセグメントのシーケンス番号を確認して、番号順に並べ替えたうえでアプリケーションに渡します。

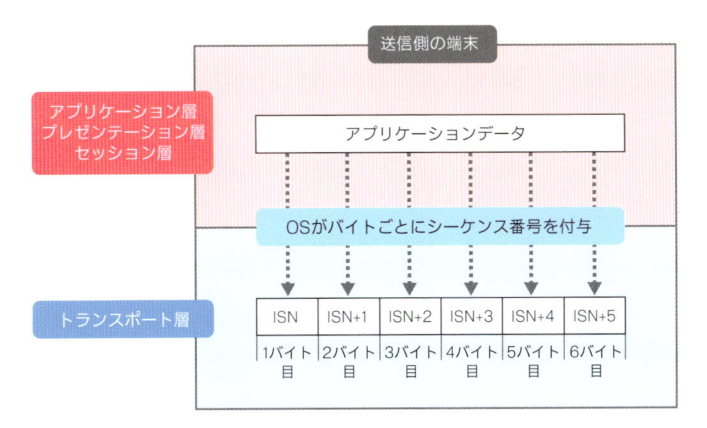

図5.2.4 送信側の端末が通し番号（シーケンス番号）を付与

シーケンス番号は、接続を開始するときにランダムな値が初期シーケンス番号としてセットされ、TCPセグメントを送信するたびに送信したバイト数分だけ加算されていきます。そして32ビット（2^{32} = 4Gバイト）を超えたら、再び「0」に戻ってカウントアップします。

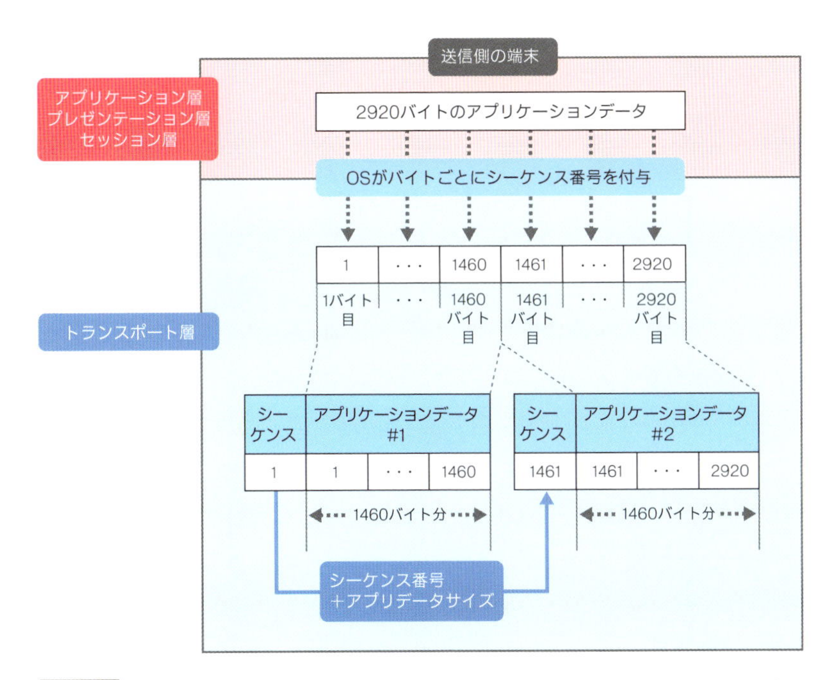

図5.2.5 シーケンス番号はTCPセグメントを送信するたびに送信したバイト数分だけ加算される

■確認応答番号（ACK番号、Acknowledge番号）

「**確認応答番号**」は、「次はここからのデータをくださーい」と相手に伝えるために使用される32ビットのフィールドです。後述するコントロールビットのACKフラグが「1」になっているときだけ有効になるフィールドで、具体的には「受け取りきったデータのシーケンス番号（最後のバイトのシーケンス番号）＋1」、つまり「シーケンス番号＋アプリケーションデータの長さ」がセットされています。あまり深く考えずに、クライアントがサーバーに「次にこのシーケンス番号以降のデータをくださーい」と言っているようなイメージで捉えるとわかりやすいでしょう。

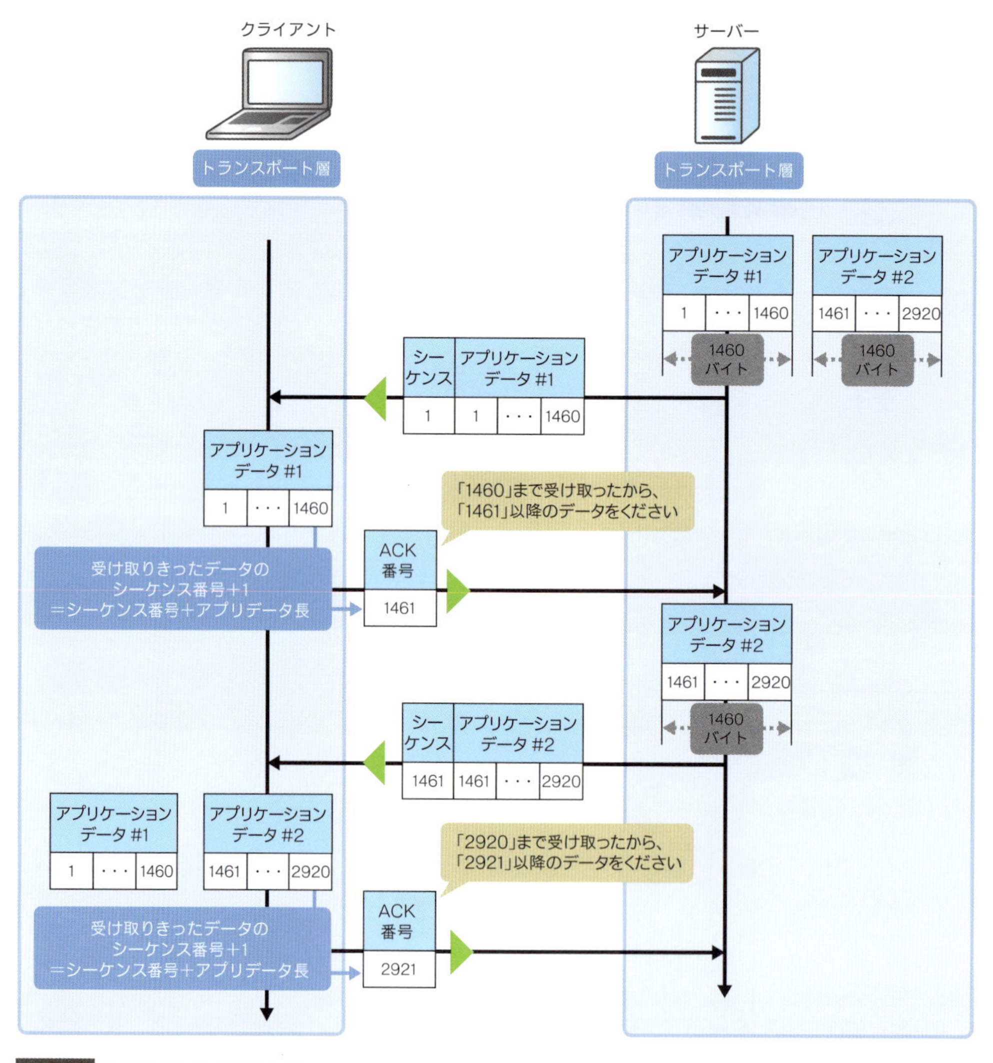

図5.2.6 確認応答番号（ACK番号）

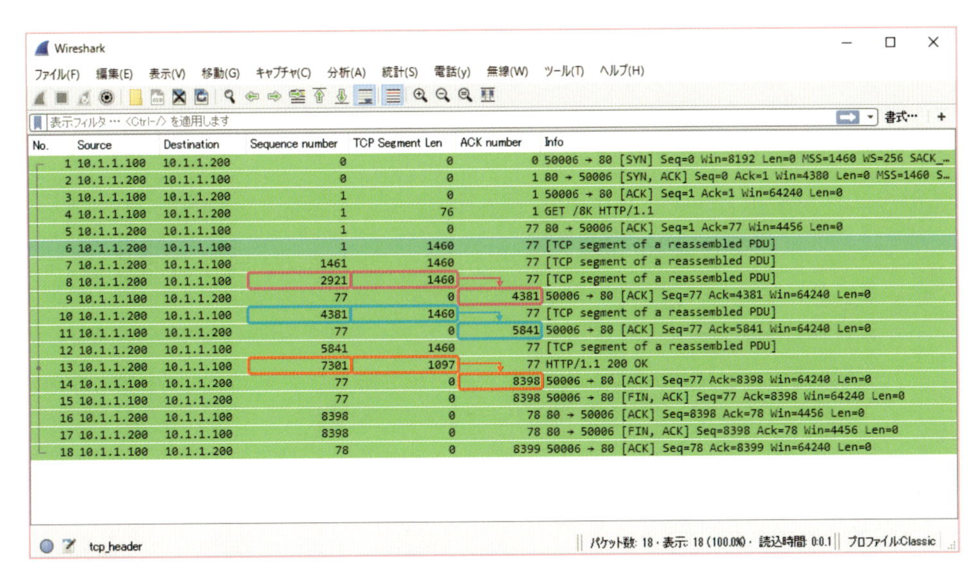

図5.2.7 Wiresharkで見たシーケンス番号と確認応答番号の関係性

TCPは、シーケンス番号と確認応答番号（ACK番号）を協調的に動作させることによって、データの信頼性を保っています。

データオフセット

「**データオフセット**」は、TCPヘッダーの長さを表す4ビットのフィールドです。Wiresharkでは「Header Length」と表示されます。端末はこの値を見ることによって、どこまでがTCPヘッダーであるか知ることができます。データオフセットは、IPヘッダーと同じく、TCPヘッダーの長さを32ビット単位に換算した値が入ります。たとえば、最も小さいTCPヘッダー（オプションなしのTCPヘッダー）の長さは20バイト（160ビット=32ビット×5）なので、「5」が入ります。

コントロールビット

「**コントロールビット**」は、コネクションの状態を制御するフィールドです。6ビットのフラグで構成されていて、それぞれのビットが次のような意味を表しています。

ビット	フラグ名	略称	意味
1ビット目	URGENT	URG	緊急を表すフラグ
2ビット目	ACKNOWLEDGE	ACK	確認応答を表すフラグ
3ビット目	PUSH	PSH	速やかにアプリケーションにデータを渡すフラグ
4ビット目	RESET	RST	コネクションを強制切断するフラグ
5ビット目	SYNCHRONIZE	SYN	コネクションを開始するフラグ
6ビット目	FINISH	FIN	コネクションを終了するフラグ

表5.2.1 コントロールビット

TCPはコネクションを作るとき、これらのフラグを「1」にしたり「0」にしたりすることによって、現在コネクションがどういう状態にあるのか伝えあっています。いつどんなときにどのフラグが立つ（「1」になる）のか、具体的な処理については、p.194から詳しく説明します。

■ウィンドウサイズ

TCPを使用している端末は、送信データを一時的に格納する「**送信バッファ**」と、受信データを一時的に格納する「**受信バッファ**」という固定サイズのバッファ領域を持っています。

送信側の端末は、アプリケーション（レイヤー5〜レイヤー7）から受け取ったデータをいったん送信バッファに入れ、適切なサイズに分割したうえで、ネットワーク層に渡します。送信バッファは、すでに送信したけれど確認応答が返ってきていない領域と、送信する準備はできているけれどまだ送信できていない領域の2種類で構成されています。

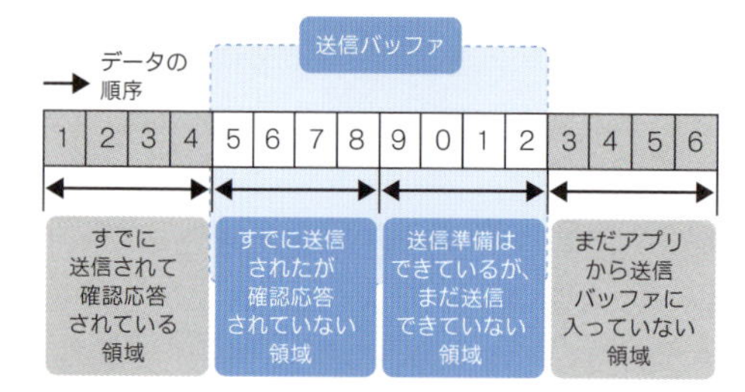

図5.2.8 送信バッファの構成要素

一方、受信側の端末は、受け取ったTCPセグメントをいったん受信バッファに入れて、正しい順序に並べ替えてからアプリケーションに渡します。受信バッファは、確認応答を返したけれどまだアプリケーションに渡せていない領域と、空き領域の2種類で構成されています。

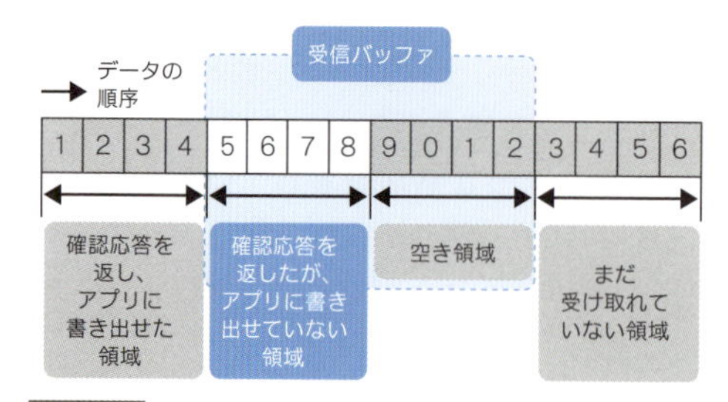

図5.2.9 受信バッファの構成要素

さて、「ウィンドウサイズ」は、ここまでの説明のうち、受信バッファの空き領域のサイズを表す「受信ウィンドウ（rwnd）」を送信側端末に通知するフィールドです。どんなに高性能な端末であっても、一気に、かつ無尽蔵にパケットを受け取りきれるわけではありません。そこで、受信バッファがおなかいっぱいになってオーバーフローする（溢れる）前に、「これくらいまでだったら受け取れますよ」的な感じで、確認応答を待たずに受け取りきれるデータサイズを、ウィンドウサイズとして通知します。

ウィンドウサイズは16ビットで構成されていて、最大65535バイトまで通知することができ、「0」は受信バッファが満杯であることを表します。TCPの信頼性を担保している制御のひとつ「フロー制御」は、このウィンドウサイズをもとに行われます。また、このフロー制御のことを「**ウィンドウ制御**」といいます。

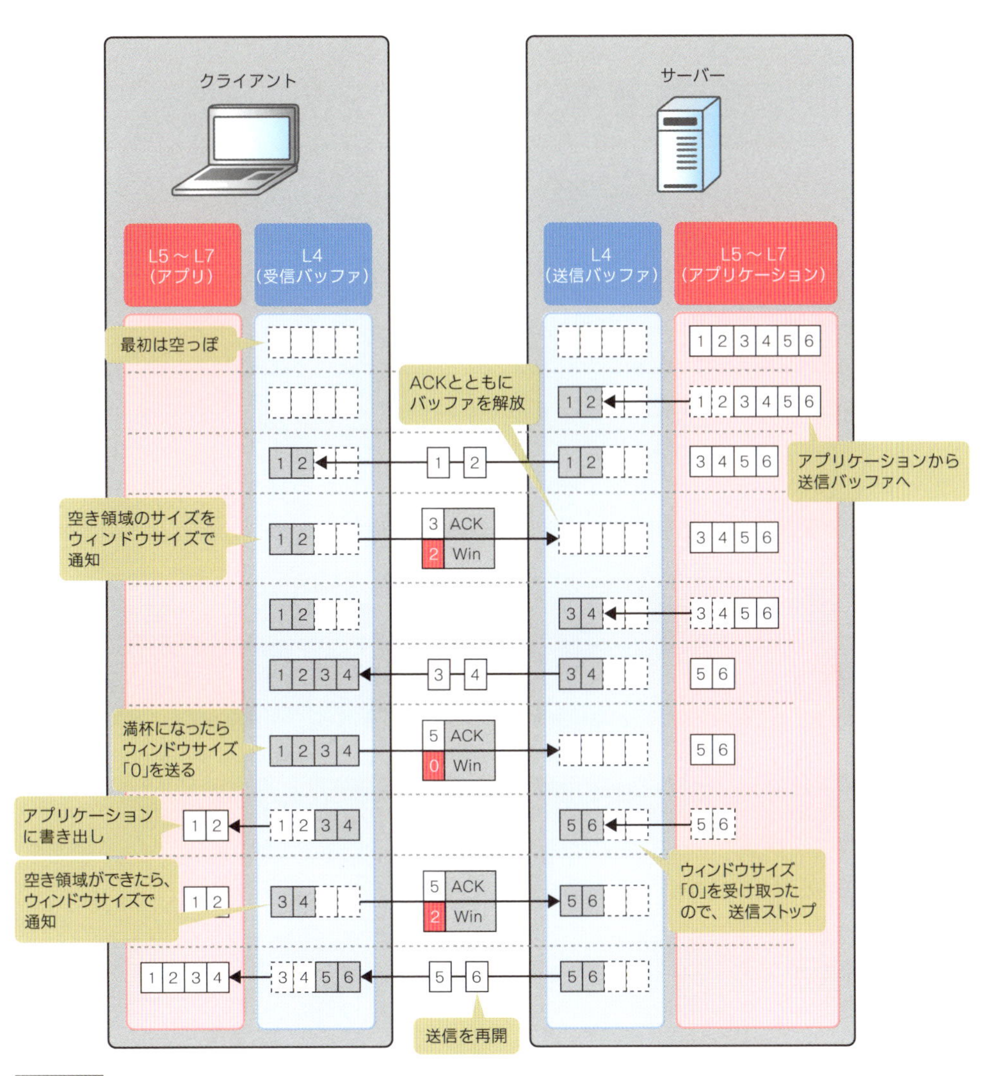

図5.2.10 ウィンドウサイズを通知してフロー制御を行う

■チェックサム

「**チェックサム**」は、受け取ったTCPが壊れていないか、整合性のチェックに使用される16ビットのフィールドです。計算方法はUDPと同じです。IPヘッダーから生成した疑似ヘッダーとTCPセグメント（TCPヘッダー＋TCPペイロード（アプリケーションデータ））

に対して計算（1の補数演算）を実行し、値の妥当性をチェックし、チェックに成功したらTCPセグメントを受け入れます。チェックに失敗したら破棄します。

	0ビット	8ビット	16ビット	24ビット	
0バイト	送信元IPアドレス				疑似ヘッダー
4バイト	宛先IPアドレス				疑似ヘッダー
8バイト	未使用	プロトコル番号	TCPセグメントの長さ（TCPヘッダー＋TCPペイロード（アプリケーションデータ））		疑似ヘッダー
12バイト	送信元ポート番号		宛先ポート番号		TCPヘッダー
16バイト	シーケンス番号				TCPヘッダー
20バイト	確認応答番号				TCPヘッダー
24バイト	データオフセット / 予約領域 / コントロールビット		ウィンドウサイズ		TCPヘッダー
28バイト	チェックサム		緊急ポインタ		TCPヘッダー
可変	オプション＋パディング				TCPヘッダー
可変	TCPペイロード（アプリケーションデータ）				アプリデータ

図5.2.11 疑似ヘッダーを付与してチェックサムの計算を行う

IPもUDPもTCPも、チェックサムの計算には「1の補数演算」を採用していますが、微妙に仕様が異なる部分があります。次の表に差異をまとめておきましたので、参考にしてください。

プロトコル	IP	UDP	TCP
ビット数	16ビット	16ビット	16ビット
計算方法	1の補数演算	1の補数演算	1の補数演算
計算対象	IPヘッダー	疑似ヘッダー＋UDPヘッダー＋UDPペイロード（アプリケーションデータ）	疑似ヘッダー＋TCPヘッダー＋TCPペイロード（アプリケーションデータ）
省略可否	省略不可	省略可能	省略不可

表5.2.2 IPとUDPとTCPのチェックサムの比較

■緊急ポインタ

「**緊急ポインタ**」は、コントロールビットのURGフラグが「1」になっているときにだけ有効な16ビットのフィールドです。緊急データがあったときに、緊急データを示す最後のバイトのシーケンス番号がセットされます。

■オプション

「**オプション**」は、TCPに関連する拡張機能を通知しあうために使用されます。このフィールドは32ビット（4バイト）単位で変化するフィールドで、いくつかのオプションを「オプションリスト」として並べていく形で構成されています。代表的なオプションとしては、次の表のようなものがあります。なお、詳細についてはp.198から説明します。

種別	オプションヘッダー	RFC	意味
0	End Of Option List	RFC793	オプションリストの最後であることを表す
1	No-Operation（NOP）	RFC793	何もしない。オプションの区切り文字として使用する
2	Maximum Segment Size（MSS）	RFC793	アプリケーションデータの最大サイズを通知する
3	Window Scale	RFC1323	ウィンドウサイズの最大サイズ（65535バイト）を拡張する
4	Selective ACK（SACK）Permitted	RFC2018	Selective ACK（選択的確認応答）に対応している
5	Selective ACK（SACK）	RFC2018	Selective ACKに対応しているときに、すでに受信したシーケンス番号を通知する
8	Timestamps	RFC1323	パケットの往復遅延時間（RTT）を計測するタイムスタンプに対応している

表5.2.3 代表的なオプション

各オプションは、「種別（Kind）」「オプション長」「オプションデータ」という3つのサブフィールドで構成されています。種別(Kind)は、オプションの種類を表す1バイトのフィールドで、すべてのオプションに存在します。オプション長は、オプション全体の長さを表す1バイトのフィールドで、種別によっては存在しません。オプションデータは、オプション種別に関する値がセットされるフィールドで、同じく種別によっては存在しません。

	0ビット	8ビット	16ビット	24ビット
0バイト	種別（Kind）	オプション長	オプションデータ	
可変	オプションデータ（4バイト単位になるように調整）			

図5.2.12 オプションのフォーマット

オプションの組み合わせとその順序は、使用するOS（とそのバージョン）によって異なります。たとえば、代表的なOSでは次の表のとおりです。

順序	Windows 10	mac OS Sierra	iOS 10.3.2	Linux OS (Ubuntu 16.04)
1	Maximum Segment Size	Maximum Segment Size	Maximum Segment Size	Maximum Segment Size
2	No-Operation	No-Operation	No-Operation	SACK Permitted
3	Window Scale	Window Scale	Window Scale	Timestamps
4	No-Operation	No-Operation	No-Operation	No-Operation
5	No-Operation	No-Operation	No-Operation	Window Scale
6	SACK Permitted	Timestamps	Timestamps	—
7	—	SACK Permitted	SACK Permitted	—
8	—	End of Option List	End of Option List	—

表5.2.4 代表的なOSにおけるオプションの組み合わせとその順序

接続開始フェーズでは3ウェイハンドシェイクを行う

さて、ここからはTCPがどのようにして信頼性を確保しているのか、「接続開始フェーズ」「接続確立フェーズ」「接続終了フェーズ」という3つのフェーズに分けて説明していきます。

TCPはコントロールビットを構成している6つのフラグを「1」にしたり、「0」にしたりすることによって、次の図のようにTCPコネクションの状態を制御しています。なお、それぞれの状態については、これからフェーズごとに詳しく説明していきます。まずはざっくりこんな状態の名前があって、こんな感じで遷移してるんだなと、さらりと確認してください。

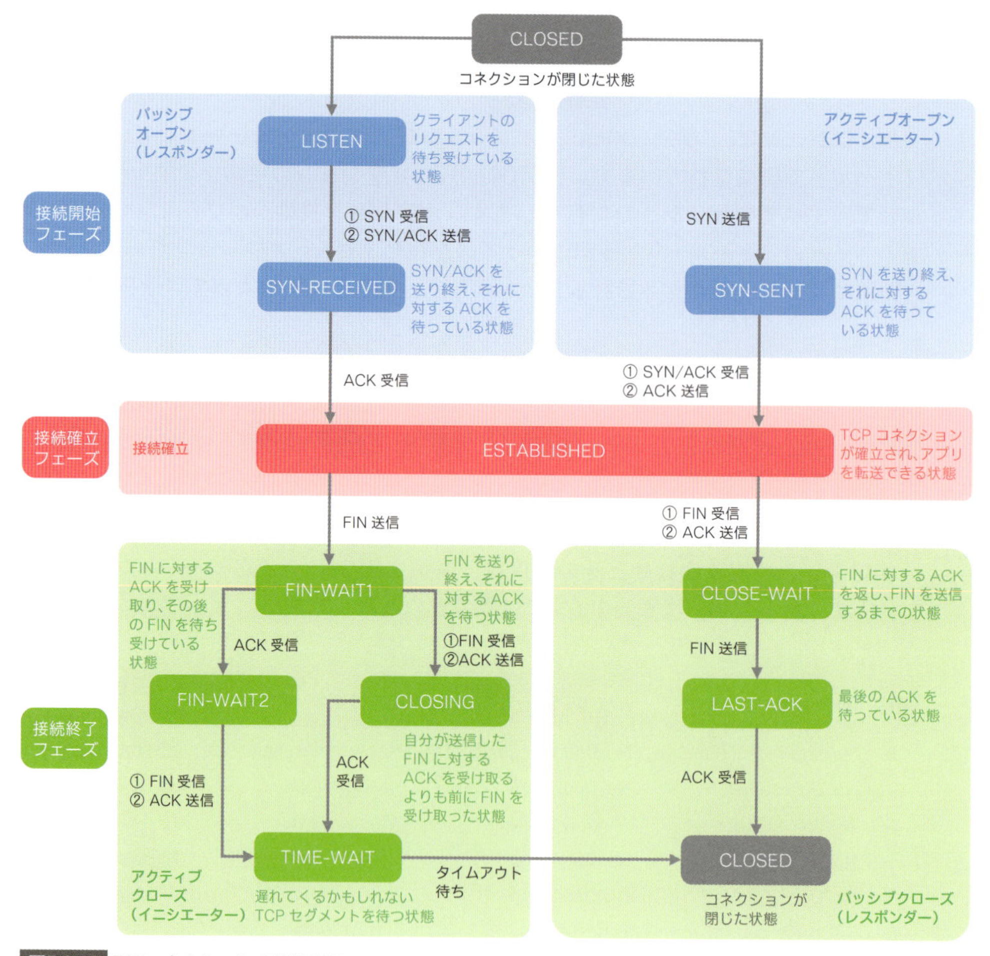

図5.2.13 TCPコネクションの状態遷移

それでは、まず接続開始フェーズについて説明しましょう。TCPコネクションは「**3ウェイハンドシェイク**」でコネクションをオープンするところから始まります。3ウェイハンドシェイクとはコネクションを確立する前に行うあいさつを表す処理手順のことです。

クライアントとサーバーは、3ウェイハンドシェイクの処理の中で、お互いがサポートしている機能を自己紹介しあって、「**オープン**」と呼ばれる下準備を行います。この3ウェイハンドシェイクを使用するオープンの処理において、コネクションを作りに行く側（クライアント）の処理を「**アクティブオープン**」、コネクションを受け付ける側（サーバー）の処理を「**パッシブオープン**」といいます。

3ウェイハンドシェイクのフラグ

3ウェイハンドシェイクは、必ずクライアント側から始まり、必ず「SYN」→「SYN/ACK」→「ACK」の順番でフラグをやりとりします。では、具体的な処理を見ていきましょう。

1 3ウェイハンドシェイクを開始する前、クライアントは「**CLOSED**」、サーバーは「**LISTEN**」の状態です。CLOSEDはコネクションが完全に閉じている状態、つまり何もしていない状態です。LISTENはクライアントからのコネクションを待ち受けている状態です。たとえば、Webブラウザ（Webクライアント）からWebサーバーに対してアクセスする場合、WebブラウザはWebサーバーにアクセスしないかぎり、CLOSEDです。それに対して、Webサーバーはデフォルトで80番をLISTENにして、コネクションを受け付けられるようにしています。

2 クライアントはSYNフラグを「1」にしたSYNパケットを送信し、アクティブオープンの処理に入ります。この処理によって、クライアントは「**SYN-SENT**」に移行し、続くSYN/ACKパケットを待ちます。

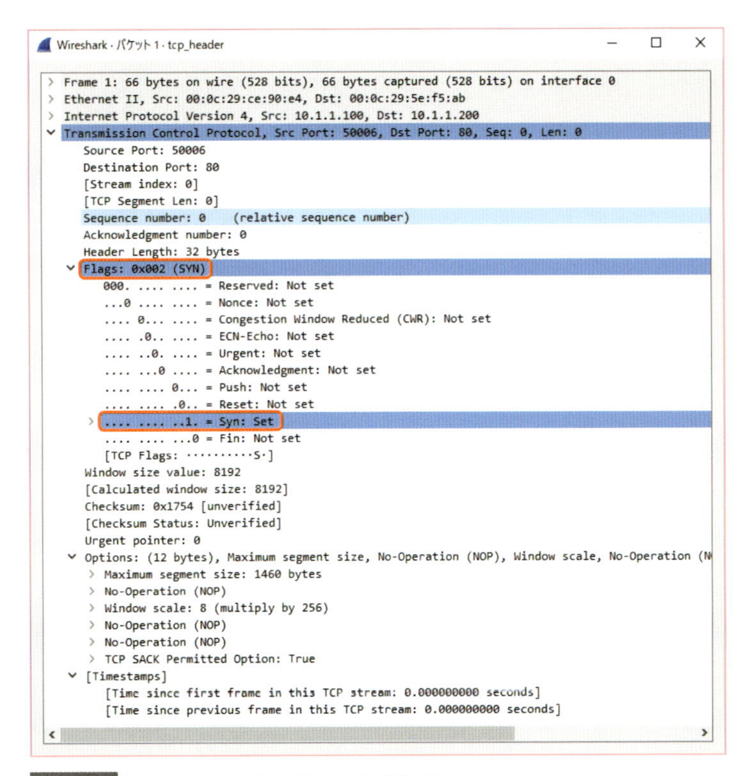

図5.2.14 クライアントがSYNパケットを送信する

3 SYN パケットを受け取ったサーバーは、パッシブオープンの処理に入ります。SYN フラグと ACK フラグを「1」にした SYN/ACK パケットを返し、「**SYN-RECEIVED**」に移行します。

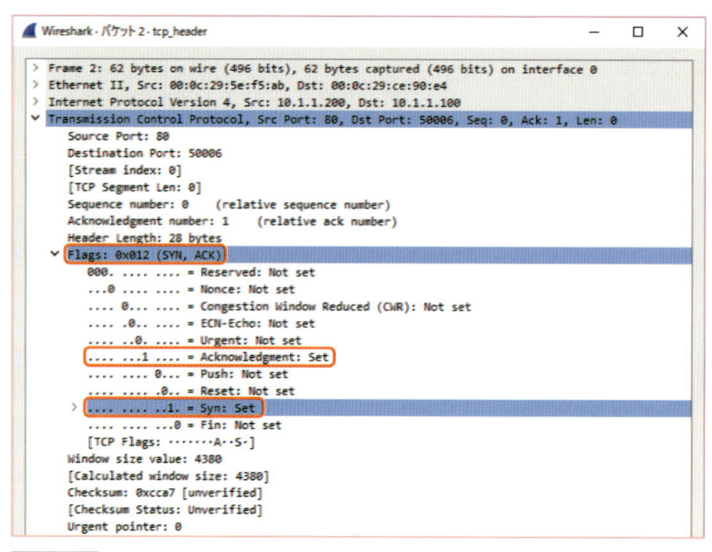

図5.2.15 サーバーはSYN/ACKパケットを送信する

4 SYN/ACK パケットを受け取ったクライアントは、ACK フラグを「1」にした ACK パケットを返し、「**ESTABLISHED**」に移行します。ESTABLISHED はコネクションができ上がった状態です。この状態になって、初めて実際のアプリケーションデータを送受信できるようになります。

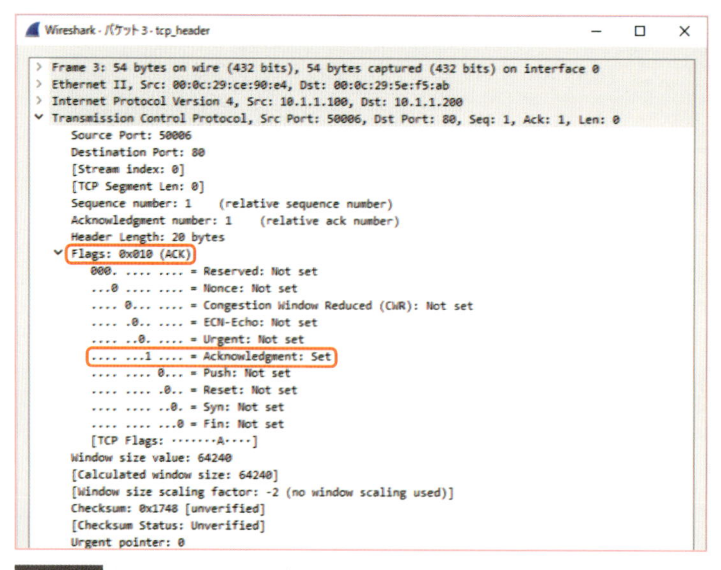

図5.2.16 クライアントはACKパケットを送信する

5 ACKパケットを受け取ったサーバーは「ESTABLISHED」に移行します。この状態になって、初めて実際のアプリケーションデータを送受信できるようになります。

1 から **5** までの処理を図にすると、次のようになります。

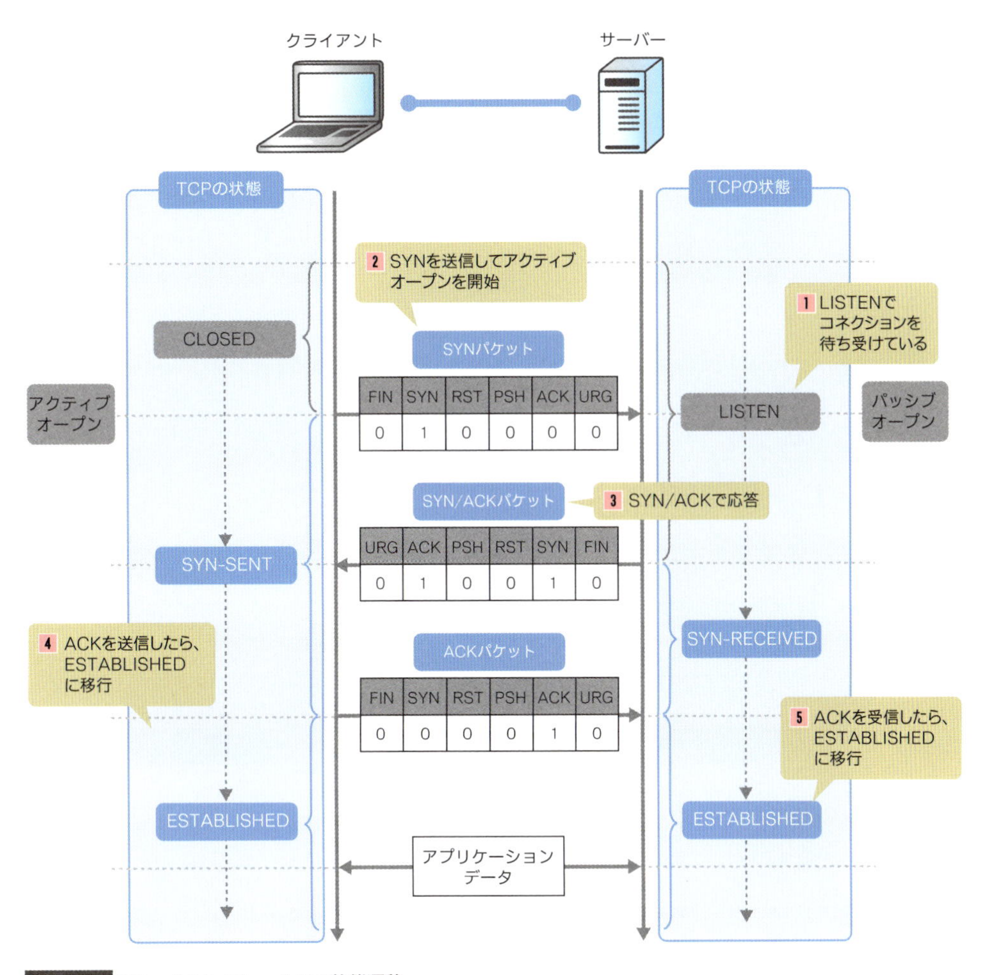

図5.2.17 3ウェイハンドシェイクの状態遷移

3ウェイハンドシェイクにおけるシーケンス番号

シーケンス番号は、その名のとおり、データの順序を表す番号のことです。3ウェイハンドシェイクでは、ESTABLISHED状態で行うアプリケーションデータの転送に使用するシーケンス番号を決定します。

アクティブオープンを行うクライアントは、初期シーケンス番号（ISN、次の図中のx）をランダムに選択し、SYNパケットを送信します。それに対して、パッシブオープンを行うサーバーも同じように、初期シーケンス番号（次の図中のy）をランダムに選択し、SYN/ACKパケットを送信します。最後に、クライアントはシーケンス番号にx+1、確認応答番号にy+1をセットして、ACKパケットを送信します。

以上により、x+1とy+1がアプリケーションデータの1バイト目に付与されるシーケンス番号になります。

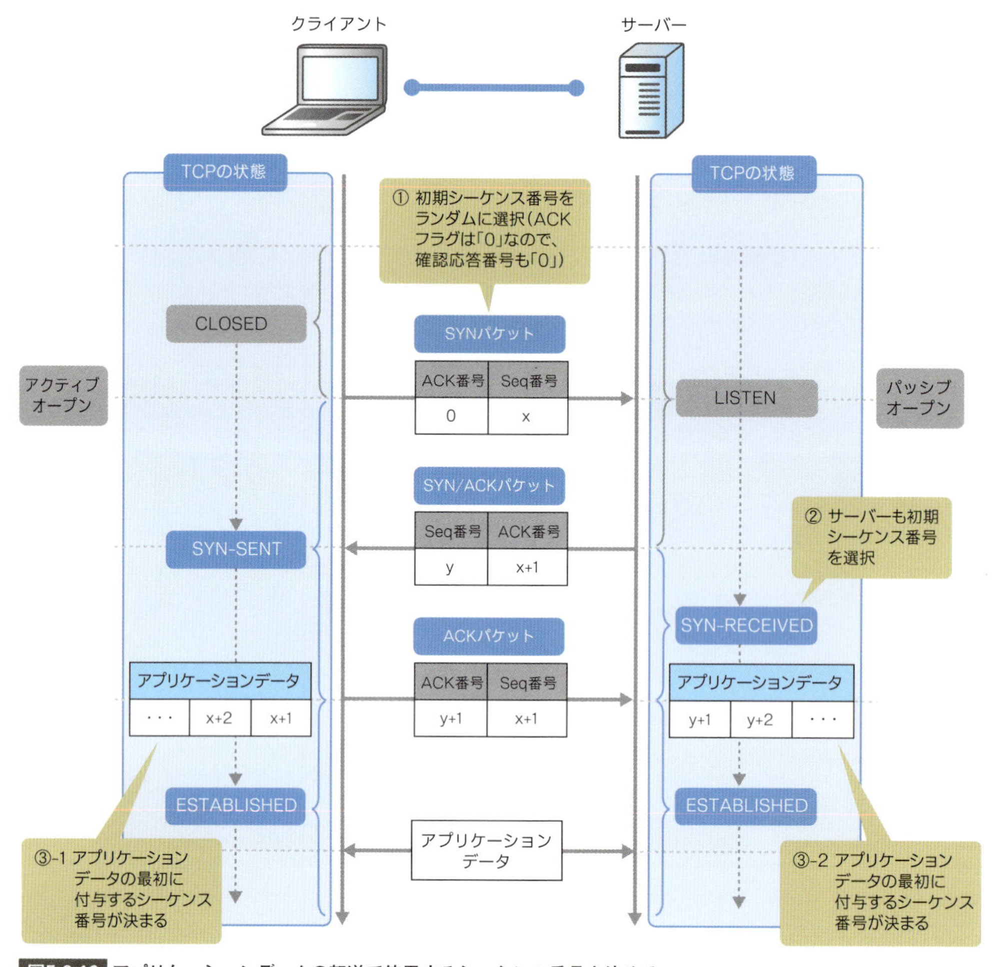

図5.2.18 アプリケーションデータの転送で使用するシーケンス番号を決める

3ウェイハンドシェイクにおけるシーケンス番号と確認応答番号（ACK番号）は、あくまでアプリケーションデータの最初のバイトに付与するシーケンス番号を決めるためだけにあります。実際のアプリケーションデータのやりとりに使用するシーケンス番号と確認応答番号とは関係性が異なるため、注意が必要です。

3ウェイハンドシェイクで交換されるオプション

3ウェイハンドシェイクでは、お互いがサポートしている拡張機能や、合わせておかなくてはいけない値をオプションで交換しあい、より効率よくアプリケーションデータを転送できるようにします。一般的なOSで使用されている代表的なオプションについて説明しましょう。オプションのフォーマットについてはp.193を再度確認してください。

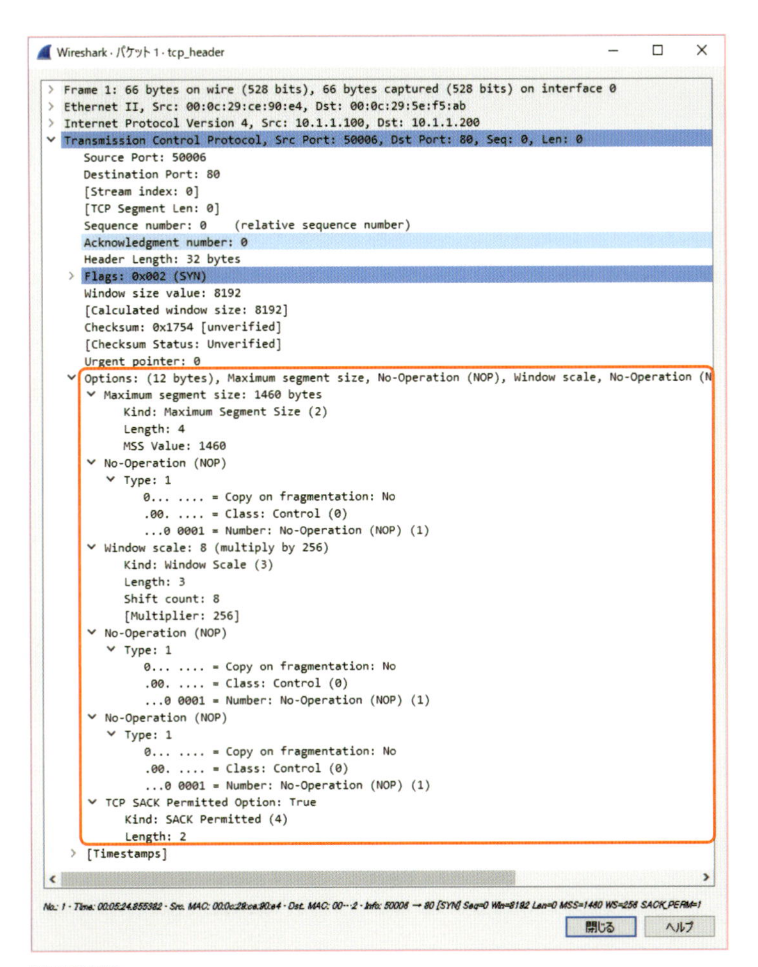

図5.2.19 オプションを交換する

End Of Option List

「End Of Option List」は、種別が「0」のオプションです。オプションリストの終わりと、データオフセットで示すTCPヘッダーの終わりが一致しない場合に使用されます。オプション長とオプションデータは存在しません。

No-Operation（NOP）

「No-Operation（NOP）」は、種別が「1」のオプションです。オプションとオプションの間の区切り文字として使用されるだけでなく、オプションリストの長さを32ビット単位に調整するためにも使用されます。NOPにもオプション長とオプションデータは存在しません。

Maximum Segment Size（MSS）

「Maximum Segment Size（MSS）」は、種別が「2」のオプションです。ここでは似たような言葉として混同しやすい「Maximum Transmission Unit（MTU）」と比較しつつ説明します。

MTUは、IPパケットの最大サイズを表しています。p.57でも説明したとおり、端末は大きなアプリケーションデータを送信するとき、大きいまま、どーん！と送信するわけではありません。細切れにして、ちょこちょこ送信します。そのときの最も大きい細切れの単位がMTUです。MTUは伝送媒体によって異なっていて、たとえばEthernetの場合、デフォルトで1500バイトです。

それに対して、MSSはTCPセグメントに詰め込むことができるアプリケーションデータの最大サイズを表しています。MSSは、明示的に設定したりVPN環境だったりしないかぎり、「MTUから40バイト（IPヘッダー＋TCPヘッダー）を引いたもの」です。たとえば、Ethernetの場合、デフォルトのMTUが1500バイトなので、MSSは1460（=1500-40）バイトとなります。トランスポート層は、アプリケーションデータをMSSに区切って、TCPにカプセル化します。

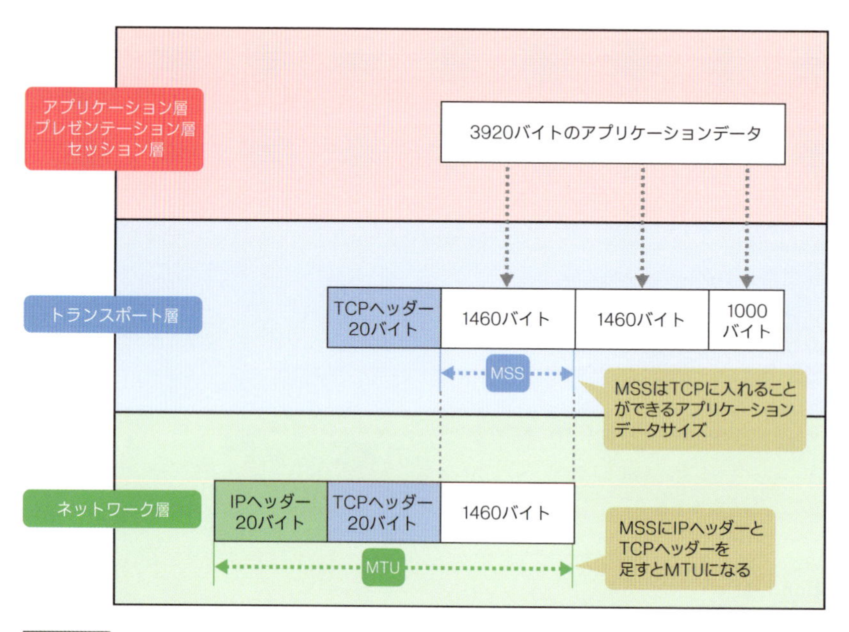

図5.2.20 MSSとMTU

TCP端末は、接続を開始するときに、「このMSSのアプリケーションデータだったら受け取れますよー」と、サポートしているMSSの値をお互いに教えあいます。

Window Scale

「Window Scale」は、種別が「3」のオプションで、RFC1323「TCP Extensions for High Performance」で規格化されています。

p.191で解説したとおり、ウィンドウサイズには16ビットしか割り当てられておらず、65535バイトより大きい値を表現することができません。しかし、これでは高速化が加速度的に進む、最近のネットワーク環境に対応できません。そこで、より大きなウィンドウサイズを表現できるように、新しく作られたオプションがWindow Scaleです。

Window Scale は、オプションデータに「シフトカウント」と呼ばれる値をセットして、ウィンドウサイズ（2 進数）をシフトカウントのビット数分だけ、左にシフトします。つまり、ウィンドウサイズが「ウィンドウサイズ× 2 のシフトカウント乗」だけ大きくなります。たとえば、ウィンドウサイズが 65535 バイトで、シフトカウントが「3」の場合、左に 3 ビットシフトすると、最終的な最大値が 524280 (=65535 × 2^3) バイトとなり、かなり大きなウィンドウサイズをサポートできるようになります。

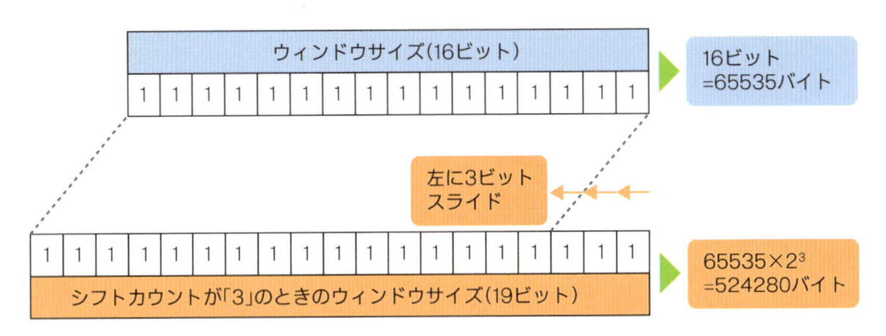

図5.2.21 Window Scaleの計算方法

SACK Permitted

「SACK Permitted」は、種別が「4」のオプションで、SACK（Selective ACK、選択的確認応答）に対応していることを表しています。SACK は、確認応答番号が潜在的に抱えている弱点を補完している拡張機能で、RFC2018「TCP Selective Acknowledgment Options」で規格化されています。

RFC793 で定義されている標準的な TCP は、「データをどこまで受け取ったか」を確認応答番号のみで判断しています。そのため、部分的に TCP セグメントが喪失すると、喪失した TCP セグメントから先の、すべての TCP セグメントを再送してしまうという非効率さがあります。たとえば次の図のように、6 個ある TCP セグメントのうち 3 番目の TCP セグメントが喪失したら、3 番目以降すべての TCP セグメントを再送してしまいます。SACK を使用することによって、この非効率さを鮮やかに解決することができます。

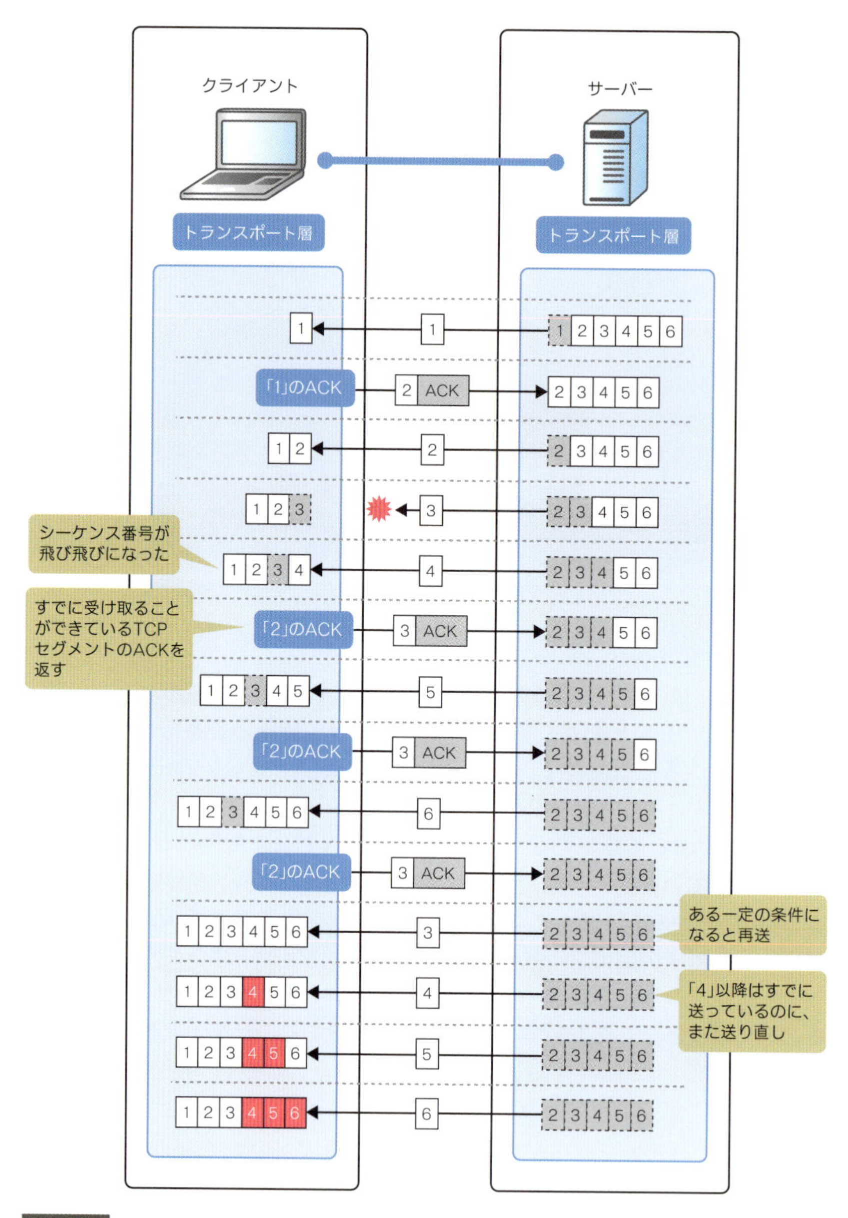

図5.2.22 確認応答番号（ACK番号）が抱える非効率性

TCP端末は、接続を開始するときに、SACK Permittedオプションで SACKに対応していることをお互いに教えあいます。両方の端末がSACKに対応していたら、SACKによる再送制御を行います。SACKについて詳しくは次項で説明します。

SACK

「SACK」は、種別が「5」のオプションで、SACKに対応している端末同士（SACK Permittedオプションを交換した端末同士）がSACKに関連する情報を通知するために使用します。SACKは標準的な確認応答（ACK）の拡張機能で、部分的にTCPセグメントが喪失したとき、喪失したTCPセグメントだけを再送することによって再送効率を高めています。

SACKの動作を説明したのが次の図です。

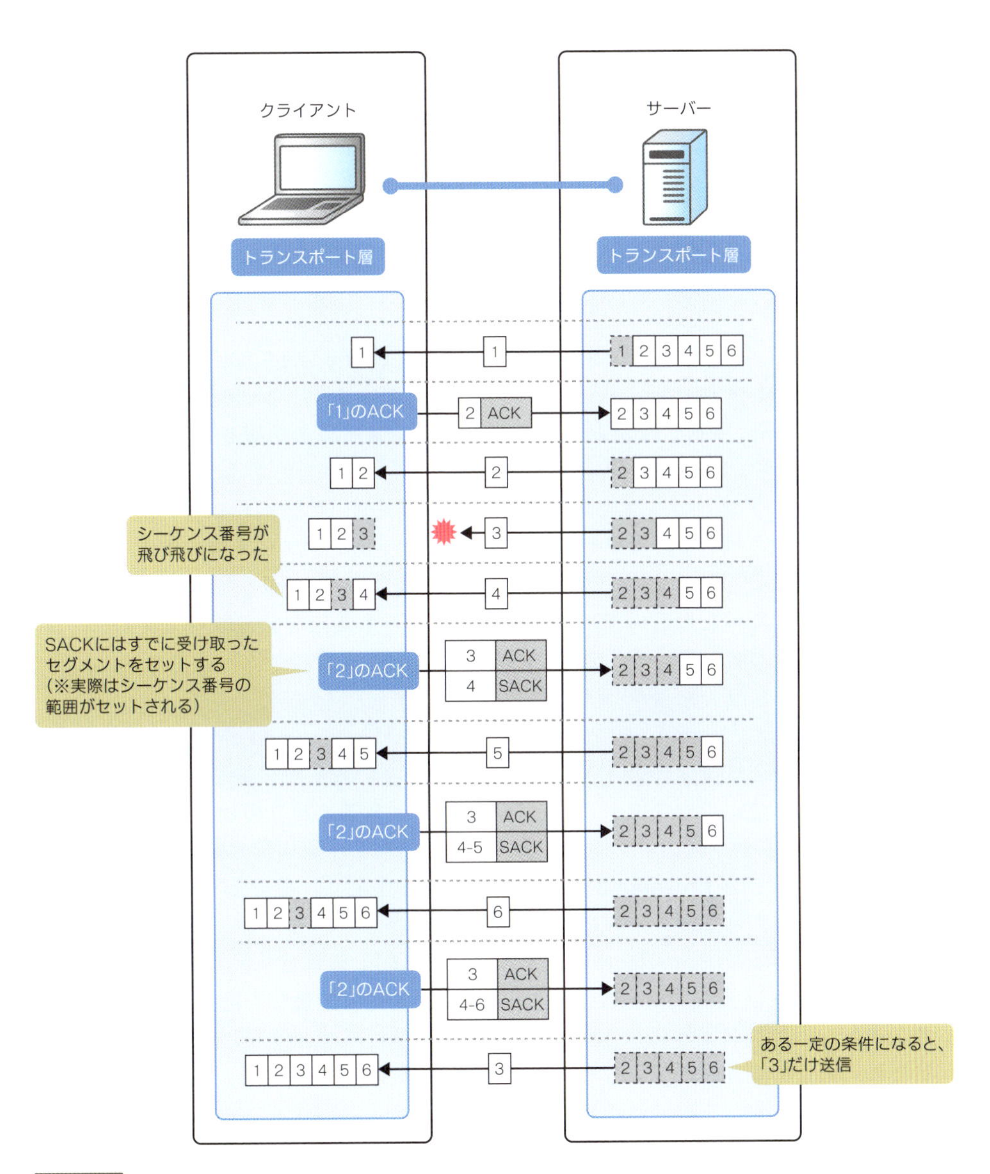

図5.2.23 SACKにより再送効率を高める

受信側の端末は、飛び飛びになったシーケンス番号を見て、TCPセグメントが喪失したと判断し、SACKの処理に入ります。まず、同じTCPセグメントの再送を要求（同じ確認応答番号を提示）するとともに、SACKオプションで、すでに受け取れているTCPセグメントのシーケンス番号の範囲を「SLE（Selective Left Edge）」と「SRE（Selective Right

Edge)」として提示します。SLE はすでに受け取っているデータの最初のシーケンス番号、SRE は最後のシーケンス番号です。これに対して送信側の端末は、その値を見て「相手はこの TCP セグメントが受け取れていないんだな」と判断し、その TCP セグメントだけを再送します。

先ほどの図では、6 個ある TCP セグメントのうち 3 番目の TCP セグメントが喪失しています。受信側の端末は、「2」から、いきなり「4」に増えたシーケンス番号を見て、TCP セグメントが喪失したと判断します。そこで、確認応答番号（ACK 番号）には順序よく受け取ることができた TCP セグメントを表す「3」、SACK には飛び飛びに受け取った TCP セグメントのシーケンス番号の範囲（SLE と SRE）をセットして、再送を要求します。これに対して送信側の端末は、「3」だけが受け取れていないと判断し、3 番目の TCP セグメントだけを再送します。

Timestamps

「Timestamps」は、種別が「8」のオプションで、Window Scale と同じ RFC1323「TCP Extensions for High Performance」で規格化されています。Timestamps は往復遅延時間（Round Trip Time、RTT）を計測したり、シーケンス番号の重複を回避したりするために使用します。

RTT とは、パケットの往復時間のことで、再送制御（具体的には、再送タイムアウト）の計算にも使用される重要な要素です。RFC793 で定義されている標準的な TCP は、1 ウィンドウサイズあたり 1 つの RTT しか計測しないため、Window Scale によってウィンドウサイズが大きくなった最近の TCP 環境では、必ずしも正確な値を取得できるとはかぎりません。そこで、Timestamps はデータの中に時間を表す情報（タイムスタンプ）を含めることによって、より正確な RTT を取得できるようにしています。

Timestamps は「Timestamp Value（TSval）」と「Timestamp Echo Reply（TSecr）」という 2 つの 8 ビットのフィールドで構成されています。送信側の端末は一定間隔（Linux の場合、ミリ秒単位）でカウントアップしているタイムスタンプの値を Timestamp Value にセットして、TCP セグメントを送信します。それに対して受信側の端末は、直前に受け取ったタイムスタンプを Timestamp Echo Reply にセットして、確認応答（ACK）を返します。それを受け取った送信側の端末は、自分自身が保持しているタイムスタンプと確認応答に含まれる Timestamp Echo Reply の値を比較して、RTT を算出します（図 5.2.24）。

あわせてもうひとつ。Timestamps はシーケンス番号の重複を回避するためにも使用されます。シーケンス番号には 32 ビット（最大 4 ギガバイト分）しか割り当てられていないため、最近の高速なネットワーク環境では、1 分以内で番号がぐるっと一周してしまう可能性があります。これでは、たとえばパケットが遅延してしまって、たまたま同じシーケンス番号を持つ TCP セグメントが到着した場合に、古い TCP セグメントと新しい TCP セグメントを識別できなくなってしまいます。そこで、シーケンス番号だけでなく、Timestamps もあわせて見ることによって、同じシーケンス番号を持った古い TCP セグメントと新しい TCP セグメントを識別できるようにします。この重複回避アルゴリズムのことを、「PAWS（Protection Against Wrapped Sequence）」といいます（図 5.2.25）。

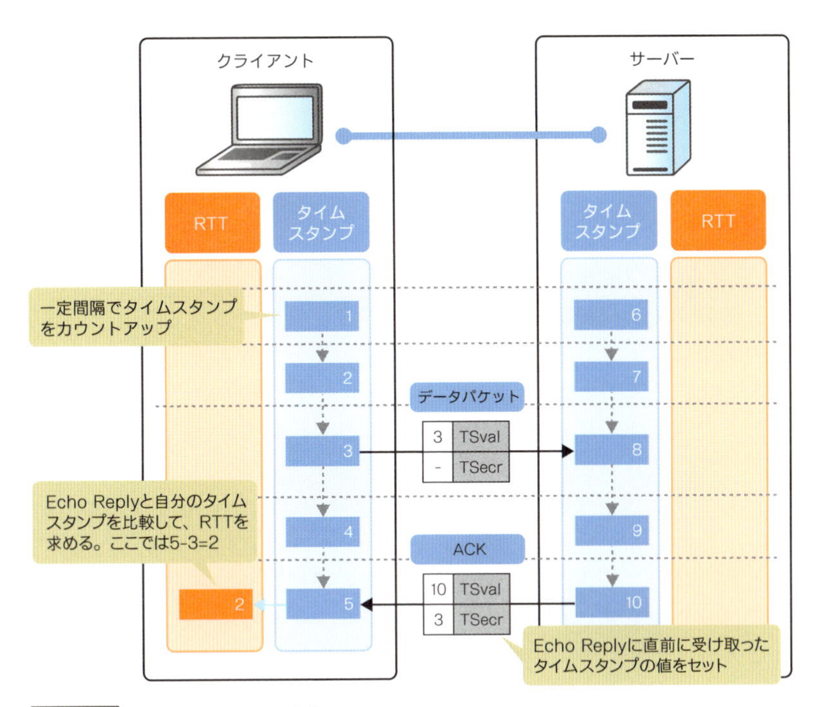

図5.2.24 TimestampsでRTTを求める

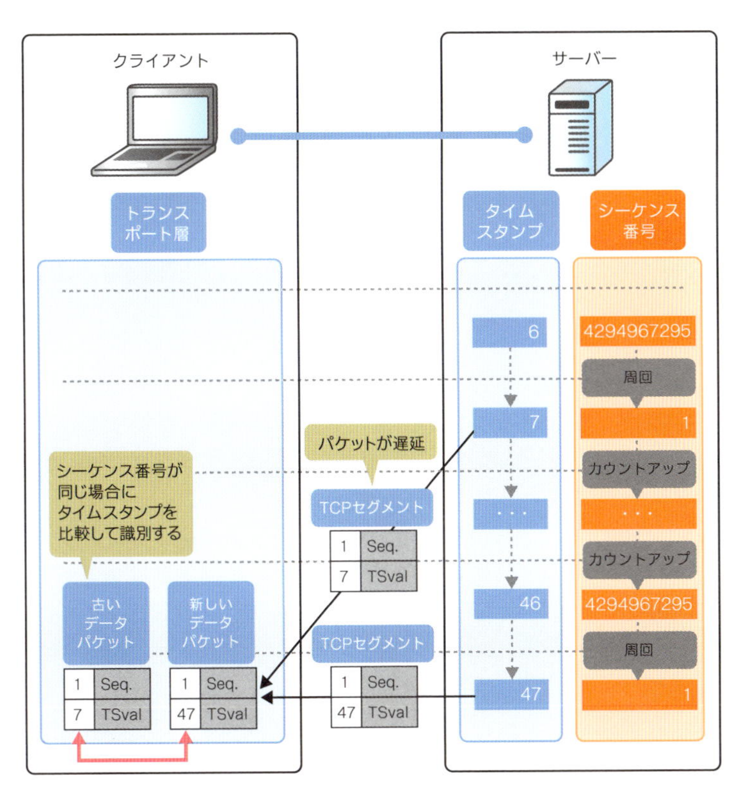

図5.2.25 Timestampsで同じシーケンス番号を持った新旧のTCPセグメントを識別

接続確立フェーズでは3つの制御を組み合わせてデータを転送

3ウェイハンドシェイクが完了したら、いよいよ実際のアプリケーションデータのやりとりが始まります。TCPは、アプリケーションデータ転送の信頼性を保つため、「フロー制御（ウィンドウ制御）」「輻輳制御」「再送制御」という3つの制御をうまく組み合わせて転送を行っています。

フロー制御（ウィンドウ制御）

フロー制御は、受信側の端末が行う流量調整です。ウィンドウサイズの項でも説明したとおり、受信側の端末はウィンドウサイズを使用して、自分が受け取ることができるデータ量（空いている受信バッファサイズ）を通知しています（p.190参照）。送信側の端末は、ウィンドウサイズまでは確認応答（ACK）を待たずにどんどんTCPセグメントを送りますが、それ以上のデータは送りません。そうすることによって、受信バッファがオーバーフローしないようにしつつ、可能なかぎりたくさんのデータを送信するようにしています。この一連の動作のことを「**スライディングウィンドウ**」といいます。

では、次の図とあわせて、スライディングウィンドウの典型的な処理の流れを見ていきましょう。ここでは、クライアントがサーバーからデータをダウンロードしている様子をイメージしてください。クライアントが受信側の端末で、サーバーが送信側の端末です。

1 クライアントは、受信バッファの空きサイズ（受信ウィンドウ、rwnd）*1をウィンドウサイズにセットして、ACKパケットを返します。図5.2.26では受信ウィンドウが「8」なので、ウィンドウサイズに「8」をセットしてACKパケットを返します。

*1 受信ウィンドウは「広告ウィンドウ（awnd）」と呼ばれることもあります。呼び方が違うだけで、意味は同じです。

2 サーバーは、受信ウィンドウと後述する輻輳ウィンドウのうち、小さい値を「送信ウィンドウサイズ」として設定します。ここでは輻輳ウィンドウサイズが「4」だったとして、送信ウィンドウサイズを「4」に設定します。輻輳ウィンドウについてはp.209で説明しますので、ここではとりあえず「4」だったと思って、さらりと流してください。

3 サーバーは、ACKパケットを待たずに、送信ウィンドウサイズ分の4個のデータを送信します。この結果、送信バッファの中は、データを送信したけれどACKパケットを受け取れていないデータが4個、すぐに送信できる待ちデータが4個になります。

4 クライアントは、受信バッファで受け取った4個のデータをアプリケーションに書き出します。あわせて、受け取ったデータの分（4個）だけ受信ウィンドウをスライドします。

5 クライアントは、新しい受信ウィンドウをウィンドウサイズにセットして、ACKパケットを返します。ここでは、受信ウィンドウは「8」なので、またウィンドウサイズに「8」をセットしてACKパケットを返します。

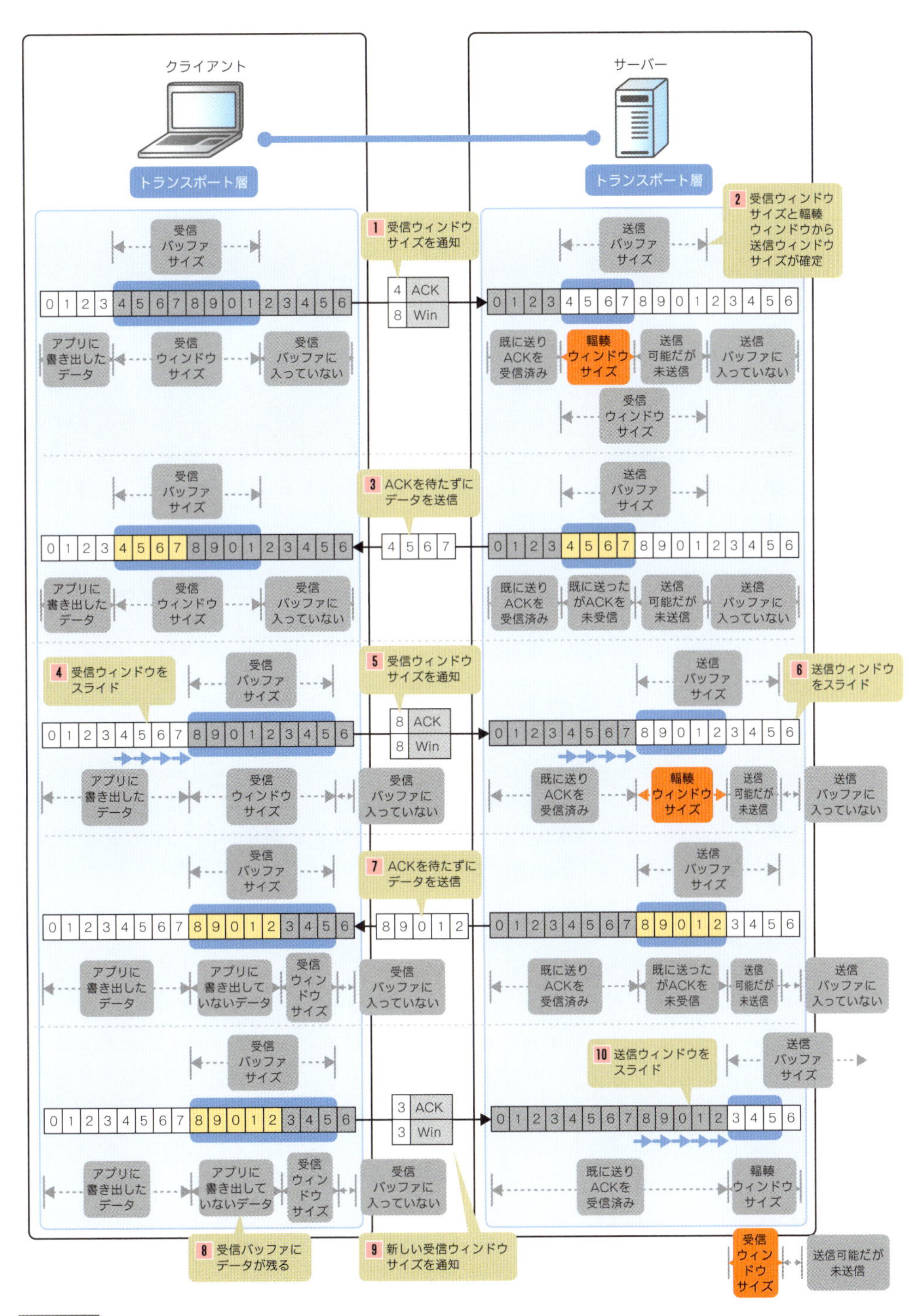

図5.2.26 スライディングウィンドウ

6 サーバーは、ACKパケットの確認応答番号を見て、送信ウィンドウを4個スライドします。また、新しい受信ウィンドウと、そのときの輻輳ウィンドウを比較して、小さいほうを送信ウィンドウサイズとして設定します。ここでは輻輳ウィンドウサイズが「5」になったと仮定してください。受信ウィンドウサイズは「8」なので、「5」を送信ウィンドウサイズとして設定します。

7 サーバーは、ACKパケットを待たずに5個のデータを送信します。この結果、送信バッファの中は、データを送信したけどACKパケットを受け取れていないデータが5個、すぐに送信できる待ちデータが3個になります。

8 ここは、そのまま行くと**4**と同じです。しかし、それではおもしろくないので、ちょっとシチュエーションを変えて、アプリケーションに書き出すより前にTCPがACKパケットを返す場合を考えてみましょう。その場合、受信バッファにはアプリケーションに書き出していないデータが5個残ります。したがって、受信ウィンドウサイズは「3」になります。

9 クライアントは、新しい受信ウィンドウをウィンドウサイズにセットして、ACKパケットを返します。ここでは、受信ウィンドウは「3」なので、ウィンドウサイズに「3」をセットしてACKパケットを返します。

10 サーバーはACKパケットの確認応答番号を見て、送信ウィンドウを5個スライドします。また、新しい受信ウィンドウと、そのときの輻輳ウィンドウを比較して、小さいほうを送信ウィンドウサイズとして設定します。ここでは輻輳ウィンドウサイズが「4」だったと仮定して、受信ウィンドウサイズが「3」なので、送信ウィンドウサイズとして「3」を設定します。

輻輳制御

輻輳制御は、送信側の端末が行う流量調整です。「輻輳」とは、ざっくり言うと、ネットワークにおける混雑のことです。昼休みにインターネットをしていて、「遅いなー」「重いなー」と思ったことはありませんか。これは昼休みに入って、たくさんの人たちがインターネットを見るようになり、ネットワーク上のパケットが一気に混雑してきたことによるものです。パケットが混雑してくると、ネットワーク機器のバッファが溢れたり、回線の帯域制限に引っかかったりして、パケットがドロップ（ロス）したり、転送に時間がかかるようになったりします。その結果、体感的に「遅い！」「重い！」と感じるようになります。

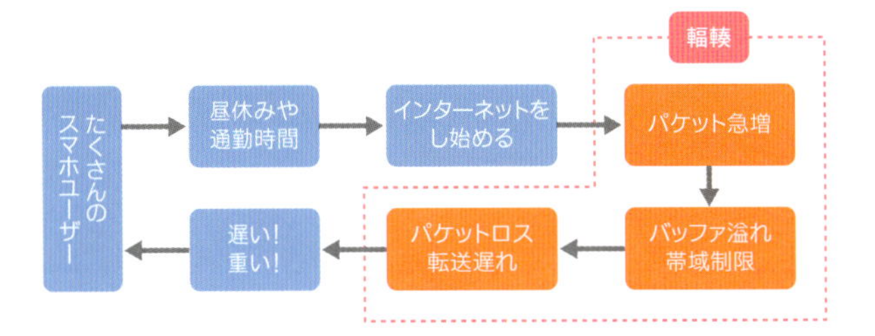

図5.2.27 輻輳とはネットワークが混雑している状態

TCPは、大量の送信パケットによってネットワークが輻輳してしまわないように、「輻輳ウィンドウ（cwnd）」という値を使用して、送信するTCPセグメントの個数（MSSの値）を調整しています。送信側の端末の送信ウィンドウサイズは、ACKに含まれるウィンドウサイズによって通知される受信ウィンドウ（rwnd）と、自分自身が持つ輻輳ウィンドウのうち、小さいほうの値になります。

次の図は、サーバーを送信側の端末とした例です。

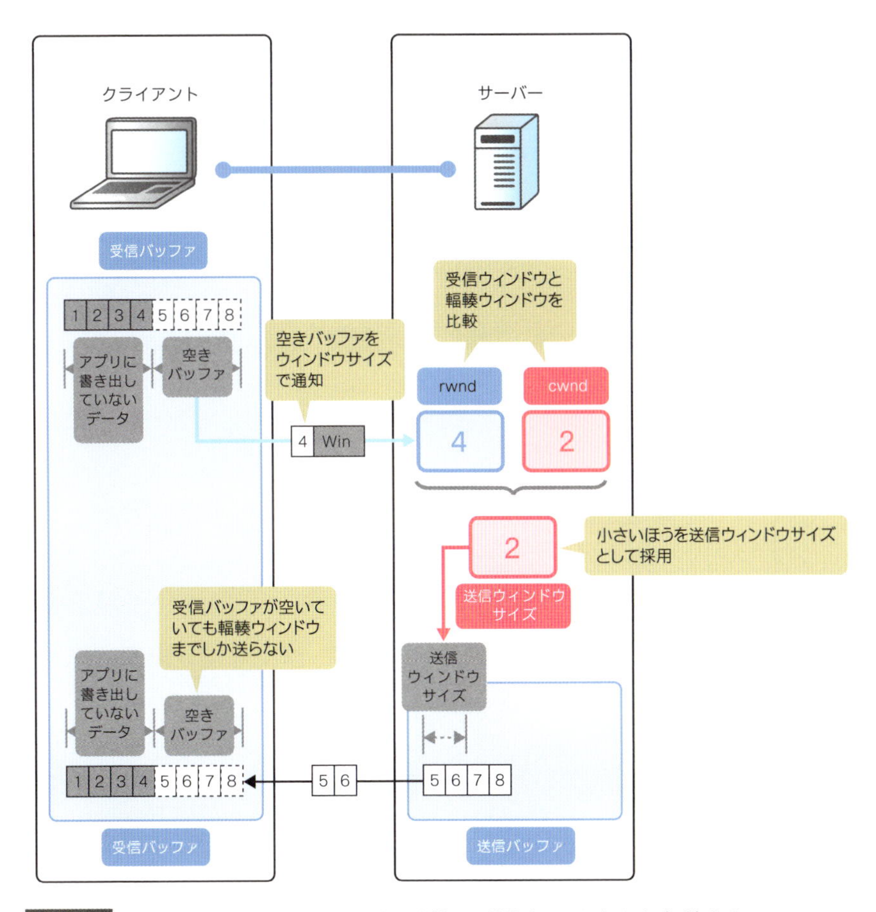

図5.2.28 受信ウィンドウと輻輳ウィンドウを比較して送信ウィンドウサイズが決まる

TCP の輻輳制御は、輻輳ウィンドウを「**スロースタートフェーズ**」と「**輻輳回避フェーズ**」という 2 段階で調整することによって、輻輳しないくらいのちょうどよい転送量へと徐々に増やしていきます。それぞれのフェーズについて詳しく解説します。

スロースタートフェーズ

スロースタートフェーズは、「データの送信を開始するとき」と「タイムアウトが発生したとき」に適用されるフェーズです。データを送信し始めるとき、最初はどれくらい送信したら輻輳するか知りようがありません。また、タイムアウトが発生するくらい輻輳しているときは、多少送信量を下げたところで輻輳を助長するだけです。そこで、**スロースタートフェーズを適用して、輻輳してしまわないように制御します。**

スロースタートフェーズでは、最初から受信ウィンドウ分だけ一気にデータを送信するのではなく、最初は小さい輻輳ウィンドウ（初期輻輳ウィンドウ）で少なく送信し、ACK を受け取るたびに倍々に輻輳ウィンドウを増やしていきます。具体的には、ACK を受け取るたびに ACK1 つにつき輻輳ウィンドウを「1」加算します。たとえば、初期輻輳ウィンドウが「1」の場合、次の図のように 1、2、4、8 と指数関数的に増加させます。

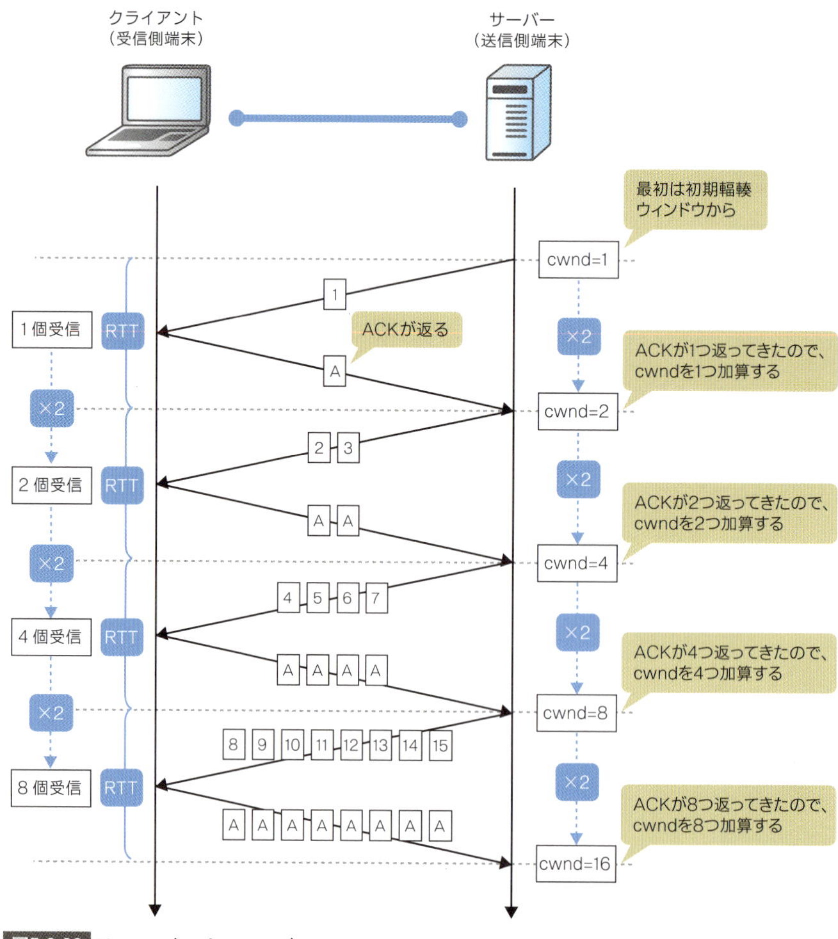

図5.2.29 スロースタートフェーズ

ちなみに、初期輻輳ウィンドウのデフォルト値は、OS やそのバージョンによって異なります。たとえば、Windows 10 のデフォルトの初期輻輳ウィンドウは「4」でしたが、アニバーサリーアップデートで「10」に変更されました。また、Linux Kernel 3.0 以降のデフォルトの初期輻輳ウィンドウは「10」です。

スロースタートフェーズは、輻輳ウィンドウがあらかじめ設定されている「**スロースタートしきい値（ssthresh）**」に到達するか、あるいは輻輳を検知したら、輻輳回避フェーズへ移行します。スロースタートしきい値には、最初は受信ウィンドウ（rwnd）より大きい任意の値が設定され、輻輳を検知するたびに、そのときの輻輳ウィンドウ（cwnd）の 1/2 に更新されます。

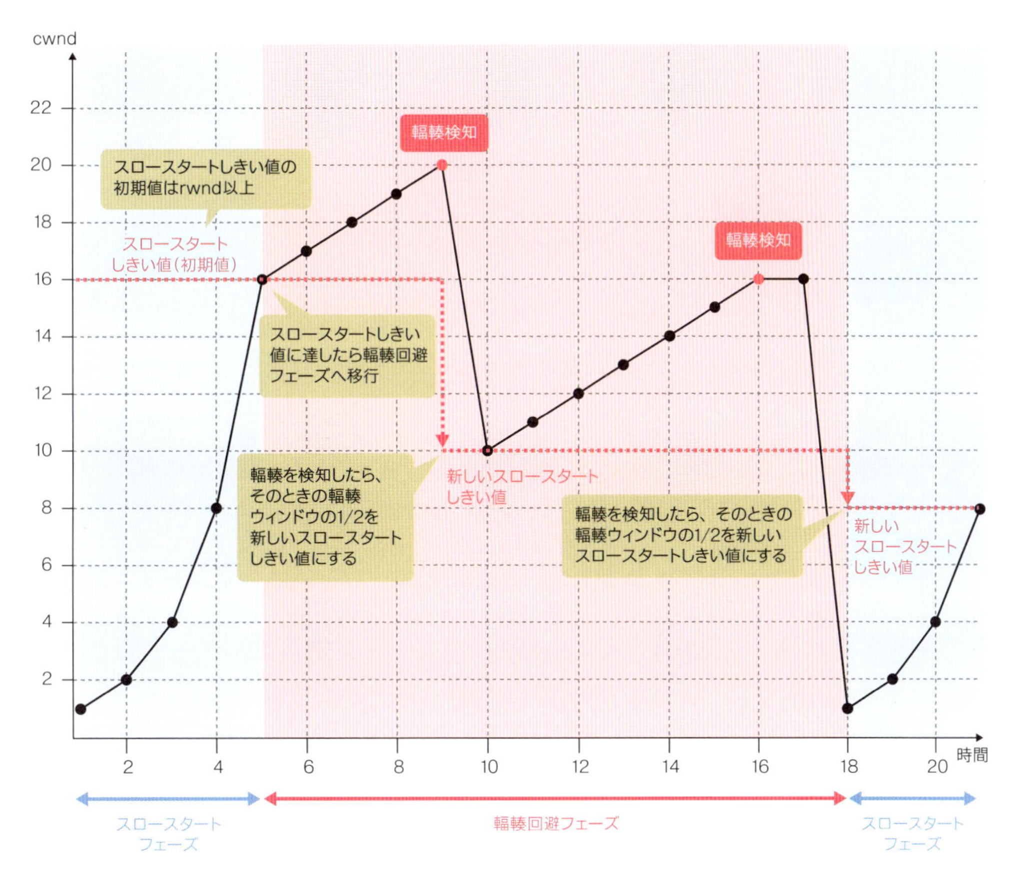

※輻輳回避フェーズの輻輳制御アルゴリズムは「Reno」を前提としています。輻輳制御アルゴリズムについては後述します。

図5.2.30 スロースタートしきい値と輻輳ウィンドウの関係

輻輳回避フェーズ

輻輳回避フェーズに入ると、スロースタートフェーズよりゆっくり、おそるおそる輻輳ウィンドウを増加させるようになります。輻輳回避フェーズの動作は、OS ごとに設定されている輻輳制御アルゴリズムによって異なります。輻輳制御アルゴリズムは、何の情報をもって輻輳と判断するかによって、「**ロスベース**」「**遅延ベース**」「**ハイブリッドベース**」の 3 つのタイプに分類されています。

分類	輻輳	リリース年	輻輳制御アルゴリズム	採用OS、規格、特記事項
ロスベース	パケットのロスが発生した場合に輻輳状態に陥ったことを検知	1988年	Tahoe	スロースタート、Fast Retransmit
		1990年	Reno	Fast Recovery追加
		1996年	New Reno	Fast Recovery改良、RFC6582
		2003年	High Speed (HSTCP)	RFC3649
		2005年	BIC	Linux Kernel 2.6.8 ～ 2.6.18のデフォルト
		2005年	CUBIC	BICの拡張版、Linux Kernel 2.6.19/macOS 10.10/Windows 10 v1709以降のデフォルト
遅延ベース	想定RTTに比べ、実RTTが大きくなった場合に輻輳状態に陥ったことを検知	1994年	Vegas	
		2001年	Westwood	
		2003年	Fast TCP	
ハイブリッドベース	ロスベースと遅延ベースを組み合わせて使用	2005年	CTCP	Windows 10 v1709より前のデフォルト
		2006年	Illinois	
		2010年	DCTCP	

表5.2.5 輻輳制御アルゴリズム

ロスベース、遅延ベース、ハイブリッドベースについては次のとおりです。

- **ロスベース**

ロスベースのアルゴリズムは、パケットロスが増えてきたら輻輳と判断し、転送量を調整します。輻輳制御の礎となった「Tahoe」、TahoeにFast Recovery（高速リカバリ）の機能を追加した「Reno」、Linux OSやAndroid、macOS（Sierra）のデフォルトとして採用されている「CUBIC」は、このタイプに分類されます。それぞれの輻輳制御アルゴリズムは数学的なロジックに基づいていて、かなり複雑です。そのあたりの詳細はRFCや論文にお任せするとして、本書では文系的にざっくりとしたふるまいを説明します。

まず、Tahoeです。Tahoeは1988年に発表されたアルゴリズムで、スロースタートフェーズと輻輳回避フェーズという、現在も採用されている2フェーズ構成の基礎を作りました。輻輳回避フェーズには、パケットがロスするまで加算的に輻輳ウィンドウを上げていく「**AIMD（Additive-Increase / Multiplicative-Decrease）関数**」を採用しています。また、あわせてp.215で後述する「**Fast Retransmit**」という再送機能を備えています。

Tahoeは、輻輳が発生すると、その理由にかかわらず問答無用に輻輳ウィンドウを「1」に下げます。そのため、輻輳が発生するたびに一気に転送量が下がり、転送効率はよくありません。したがって、最近のOSではほとんど採用されていません。今でこそ使われなくなったTahoeですが、輻輳制御の基礎はここにこそあります。

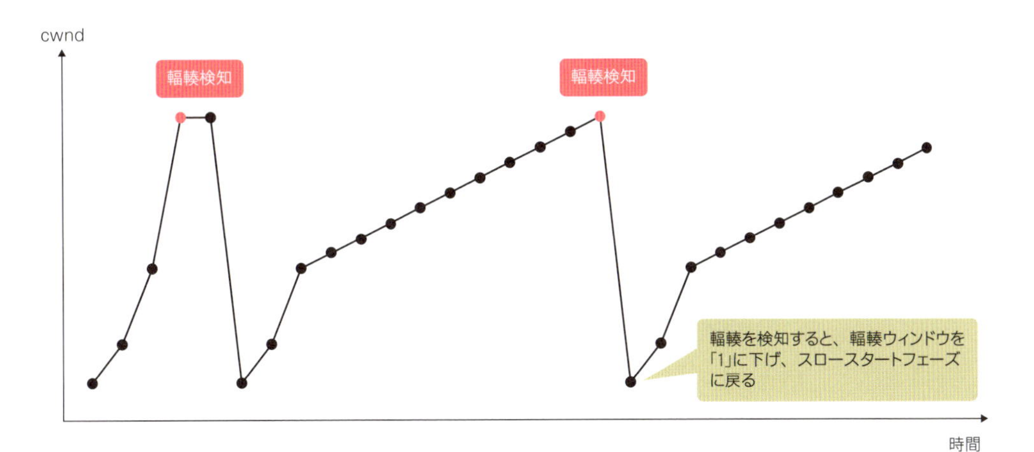

図5.2.31 Tahoeの輻輳ウィンドウ遷移のイメージ

続いて、Renoです。Renoは1990年に発表されたアルゴリズムで、Tahoeに「Fast Recovery（高速リカバリ）」という機能を追加しています。Fast Recoveryは輻輳の度合いによって、輻輳制御の下げ幅を変える機能です。再送タイムアウト（RTO、p.220参照）が発生したときは、輻輳の度合いが高いと判断し、輻輳ウィンドウを最小値にまで下げます。Fast Retransmitによってすぐに再送できた場合は、輻輳の度合いが低いと判断し、輻輳ウィンドウをそのときの1/2に下げます。

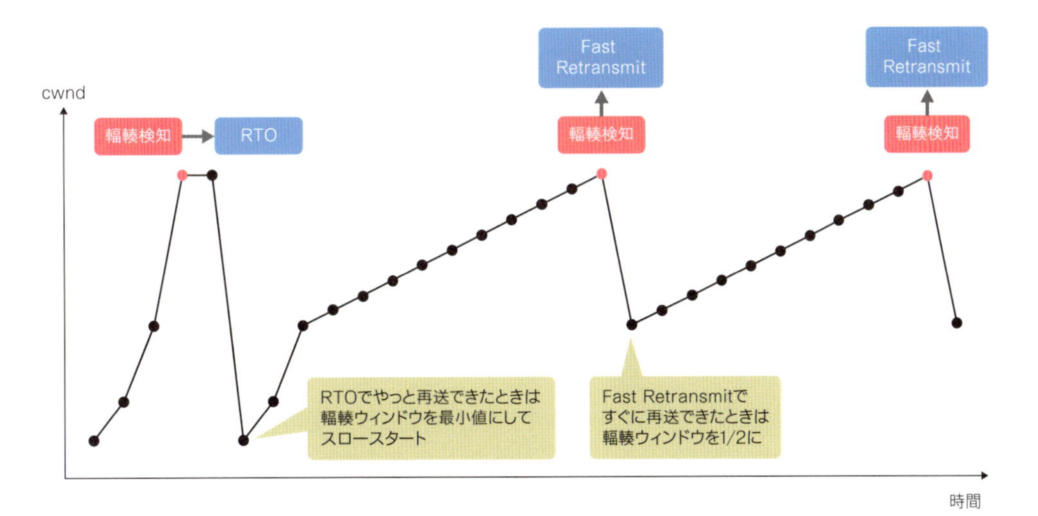

図5.2.32 Renoの輻輳ウィンドウ遷移のイメージ

最後に、CUBICです。CUBICは2005年に発表されたアルゴリズムで、輻輳回避フェーズで使用する関数をAIMD関数から「CUBIC関数」という関数に変更しています。CUBIC関数は、以前輻輳があったときの輻輳ウィンドウを覚えておいて、そこまでは一気に輻輳ウィンドウを上げ、そこから少しずつ、もっと転送量を上げられるか試みます。

先述のとおり、最近のLinux OSやmacOSはCUBICを採用しています。インターネットに公開されているサーバーのほとんどがLinux OSで構成されていることから、現代ネットワークの主流はCUBICと言い切ってしまってもよいでしょう。

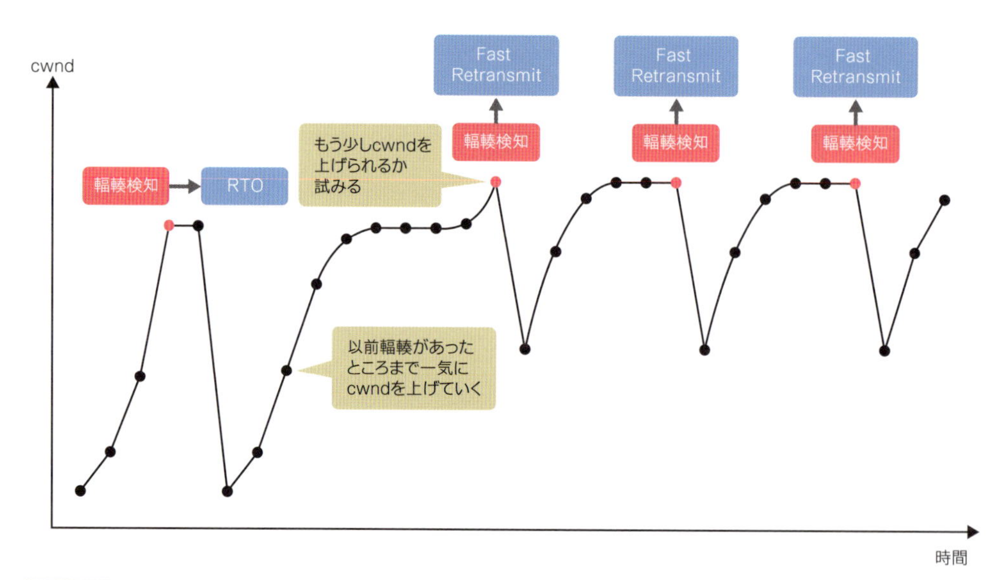

図5.2.33 CUBICの輻輳ウィンドウ遷移のイメージ

・**遅延ベース**

遅延ベースのアルゴリズムは、RTT（パケットの往復遅延時間）が予想したより増えてきたら、輻輳と判断し、転送量を抑えます。逆に、予想したより減ってきたら、転送量を増やします。「Vegas」や「Westwood」がこのタイプに分類されます。遅延ベースは最近のOSでは単体では採用されておらず、ハイブリッドベースに包括されています。

・**ハイブリッドベース**

ハイブリッドベースのアルゴリズムは、パケットロスとRTTの両方を組み合わせて輻輳を判断し、転送量を調整します。バージョン1709より前のWindows 10の輻輳制御アルゴリズムとして、デフォルトで設定されている「CTCP（Compound TCP）」は、この方式に分類されます。

CTCPは、輻輳回避フェーズにおいて、パケットロスとRTTを組み合わせて輻輳ウィンドウを調整します。具体的には、遅延が大きいときには少しずつ、遅延が小さいときには一気に上げ、パケットロスが発生したら下げるというように振る舞います。

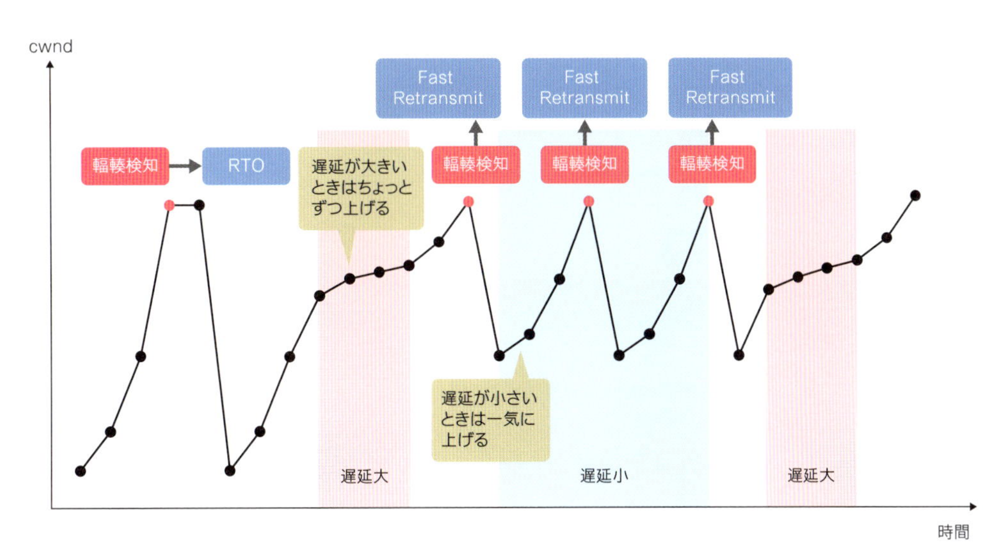

図5.2.34 CTCPの輻輳ウィンドウ遷移のイメージ

再送制御

TCP は、ACK パケットによってパケットロスを検知し、データの再送を行います。再送制御が発動するタイミングは、受信側の端末がきっかけで行われる「重複 ACK（Duplicate ACK）」と、送信側の端末がきっかけで行われる「再送タイムアウト」の 2 つです。

重複ACK（Duplicate ACK）

受信側の端末は、受け取った TCP セグメントのシーケンス番号が飛び飛びになると、パケットロスが発生したと判断して、確認応答が同じ ACK パケットを連続して送出します。この ACK パケットのことを「**重複 ACK（Duplicate ACK）**」といいます。

送信側の端末は、一定回数以上の重複 ACK を受け取ると、対象となる TCP セグメント[*1]を再送します。重複 ACK をきっかけとする再送制御のことを「**Fast Retransmit（高速再送）**」といいます。Fast Retransmit が発動する重複 ACK のしきい値は、OS やそのバージョンごとに異なります。たとえば、Linux OS（Ubuntu 16.04）は 3 個の重複 ACK を受け取ると Fast Retransmit が発動します。

＊1 SACK（Selective ACK）が有効な場合は喪失した TCP セグメントのみ、無効な場合はタイムアウトが発生した TCP セグメント以降の TCP セグメントをすべて再送します。

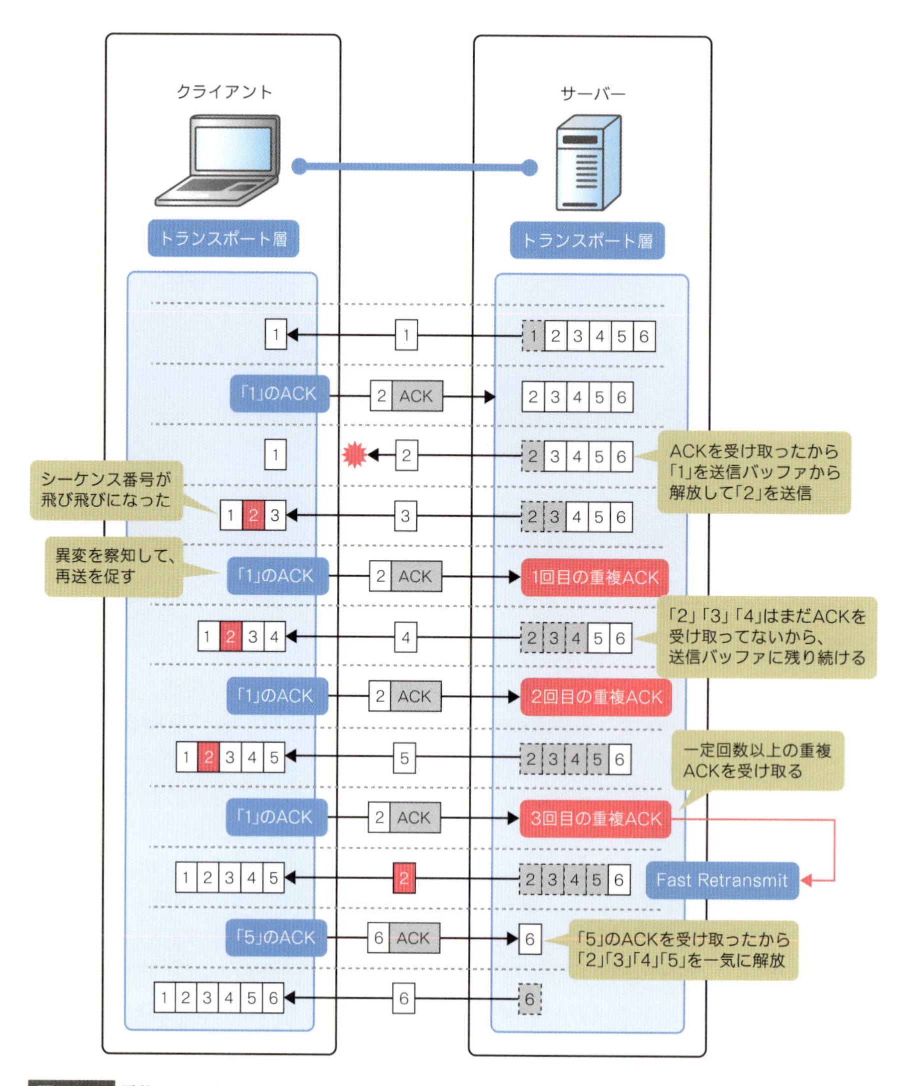

図5.2.35 重複ACKからのFast Retransmit（高速再送）

Fast Retransmit の動作を Wireshark で見てみましょう。ここでは、Ubuntu 16.04 がインストールされている PC1（10.2.2.100）が、同じく Ubuntu 16.04 がインストールされている PC2（10.1.1.200）のファイルを HTTP でダウンロードした場合を例に説明します。ちなみに、Ubuntu 16.04 の重複 ACK のしきい値は「3」、SACK がデフォルトで有効になっています。

No.	Time	Src. IP	Dst. IP	Src. Port	Dst. Port	Seq. No.	Seg. Len.	ACK No.	Info
1	0.000000	10.2.2.100	10.1.1.200	50615	80	0	0	0	50615 → 80 [SYN] Seq=0 Win=8192 Len=0 MSS=1…
2	3.001015	10.1.1.200	10.2.2.100	80	50615	0	0	1	80 → 50615 [SYN, ACK] Seq=0 Ack=1 Win=23360…
3	3.001092	10.2.2.100	10.1.1.200	50615	80	1	0	1	50615 → 80 [ACK] Seq=1 Ack=1 Win=65536 Len=0
4	3.001689	10.2.2.100	10.1.1.200	50615	80	1	77	1	GET /16K HTTP/1.1
5	3.002919	10.1.1.200	10.2.2.100	80	50615	1	0	78	80 → 50615 [ACK] Seq=1 Ack=78 Win=23436 Len…
6	3.005536	10.1.1.200	10.2.2.100	80	50615	1	206	78	[TCP segment of a reassembled PDU]
7	3.005536	10.1.1.200	10.2.2.100	80	50615	207	1254	78	[TCP segment of a reassembled PDU]
8	3.005636	10.2.2.100	10.1.1.200	50615	80	78	0	1461	50615 → 80 [ACK] Seq=78 Ack=1461 Win=65536 …
9	3.006843	10.1.1.200	10.2.2.100	80	50615	1461	1460	78	[TCP segment of a reassembled PDU]
10	3.006843	10.1.1.200	10.2.2.100	80	50615	2921	1460	78	[TCP segment of a reassembled PDU]
11	3.006876	10.2.2.100	10.1.1.200	50615	80	78	0	4381	50615 → 80 [ACK] Seq=78 Ack=4381 Win=65536 …
12	3.019427	10.1.1.200	10.2.2.100	80	50615	5841	1460	78	[TCP Previous segment not captured] [TCP se…
13	3.019477	10.2.2.100	10.1.1.200	50615	80	78	0	4381	[TCP Dup ACK 11#1] 50615 → 80 [ACK] Seq=78 …
14	3.020856	10.1.1.200	10.2.2.100	80	50615	7301	1460	78	[TCP segment of a reassembled PDU]
15	3.020879	10.2.2.100	10.1.1.200	50615	80	78	0	4381	[TCP Dup ACK 11#2] 50615 → 80 [ACK] Seq=78 …
16	3.022011	10.1.1.200	10.2.2.100	80	50615	8761	534	78	[TCP segment of a reassembled PDU]
17	3.022037	10.2.2.100	10.1.1.200	50615	80	78	0	4381	[TCP Dup ACK 11#3] 50615 → 80 [ACK] Seq=78 …
18	3.023205	10.1.1.200	10.2.2.100	80	50615	4381	1460	78	[TCP Fast Retransmission] [TCP segment of a…
19	3.084851	10.2.2.100	10.1.1.200	50615	80	78	0	9295	50615 → 80 [ACK] Seq=78 Ack=9295 Win=65536 …
20	3.086142	10.1.1.200	10.2.2.100	80	50615	9295	1460	78	[TCP segment of a reassembled PDU]
21	3.086155	10.1.1.200	10.2.2.100	80	50615	10755	926	78	[TCP segment of a reassembled PDU]
22	3.086201	10.2.2.100	10.1.1.200	50615	80	78	0	11681	50615 → 80 [ACK] Seq=78 Ack=11681 Win=65536…
23	3.087397	10.1.1.200	10.2.2.100	80	50615	11681	1460	78	[TCP segment of a reassembled PDU]
24	3.087398	10.1.1.200	10.2.2.100	80	50615	13141	1460	78	[TCP segment of a reassembled PDU]
25	3.087438	10.2.2.100	10.1.1.200	50615	80	78	0	14601	50615 → 80 [ACK] Seq=78 Ack=14601 Win=65536…
26	3.088705	10.1.1.200	10.2.2.100	80	50615	14601	1460	78	[TCP segment of a reassembled PDU]
27	3.088705	10.1.1.200	10.2.2.100	80	50615	16061	530	78	HTTP/1.1 200 OK
28	3.088760	10.2.2.100	10.1.1.200	50615	80	78	0	16591	50615 → 80 [ACK] Seq=78 Ack=16591 Win=65536…
29	3.095336	10.2.2.100	10.1.1.200	50615	80	78	0	16591	50615 → 80 [FIN, ACK] Seq=78 Ack=16591 Win=…
30	3.096837	10.1.1.200	10.2.2.100	80	50615	16591	0	79	80 → 50615 [ACK] Seq=16591 Ack=79 Win=23436…
31	6.097271	10.1.1.200	10.2.2.100	80	50615	16591	0	79	80 → 50615 [FIN, ACK] Seq=16591 Ack=79 Win=…
32	6.097484	10.2.2.100	10.1.1.200	50615	80	79	0	16592	50615 → 80 [ACK] Seq=79 Ack=16592 Win=65536…

TCP_Fast retransmission　パケット数: 32・表示: 32 (100.0%)・読込時間: 0:0.0　プロファイル:Classic

図5.2.36 Wiresharkで見たFast Retransmit

この中でFast Retransmitに関連しているパケットはNo.11からです。ひとつひとつ整理して見ていきます。

- **No.11**

No.11は通常のACKパケットです。PC1は、「シーケンス番号「4380」まで受け取ったので、「4381」以降のデータをくださーい」と確認応答しています。

- **No.12**

PC1は、本来であれば「4381」から始まっていないといけないシーケンス番号がいきなり「5841」になっているので、異変を検知します。ちなみに、これはInfo欄の「TCP Previous segment not captured」からも見て取ることができます。Wiresharkはパケットキャプチャファイルにおけるシーケンス番号の整合性をチェックしていて、その情報をInfo欄に表示します。

- **No.13**

PC1は飛び飛びになっているシーケンス番号を見て、1つ目の重複ACKを送出しています。重複ACKのシーケンス番号と確認応答番号はNo.11と同じです。「このシーケンス番号のデータが抜けていたので、もう一度送ってくださーい」というイメージです。ちなみに、これもInfo欄の「TCP Dup ACK 11#1」から見て取ることができます。WiresharkはACKの内容をチェックしていて、その情報をInfo欄に表示します。No.13はNo.11と重複した1つ目の重複ACKであることが見て取れます。

- **No.14**

PC2は、シーケンス番号「7301」のデータを送信しています。まだ重複ACKを1個しか受け取っていないので、「4381」以降のデータの再送はしていません。

- **No.15**

PC1はNo.14のTCPセグメントに呼応して、2つ目の重複ACKを返しています。Info欄からも「TCP Dup ACK 11#2」と2つ目の重複ACKであることが見て取れます。

- **No.16**

PC2はシーケンス番号「8761」のデータを送信しています。まだ、重複ACKを2個しか受け取っていないので「4381」以降のデータの再送はしていません。

- **No.17**

PC1はNo.16のTCPセグメントに呼応して、3つ目の重複ACKを返しています。Info欄からも「TCP DUP ACK 11#3」と3つ目の重複ACKであることが見て取れます。

- **No.18**

重複ACKを3個受け取ったので、いよいよFast Retransmitの発動です。先ほどロスした「4381」以降のデータを再送します。Info欄にもその旨を示す「TCP Fast Retransmission」が表示されています。Fast Retransmitが発動するまで、ものの0.04秒。瞬間的に再送処理が実行されます。

No.11以降の流れを図にすると、次のようになります。

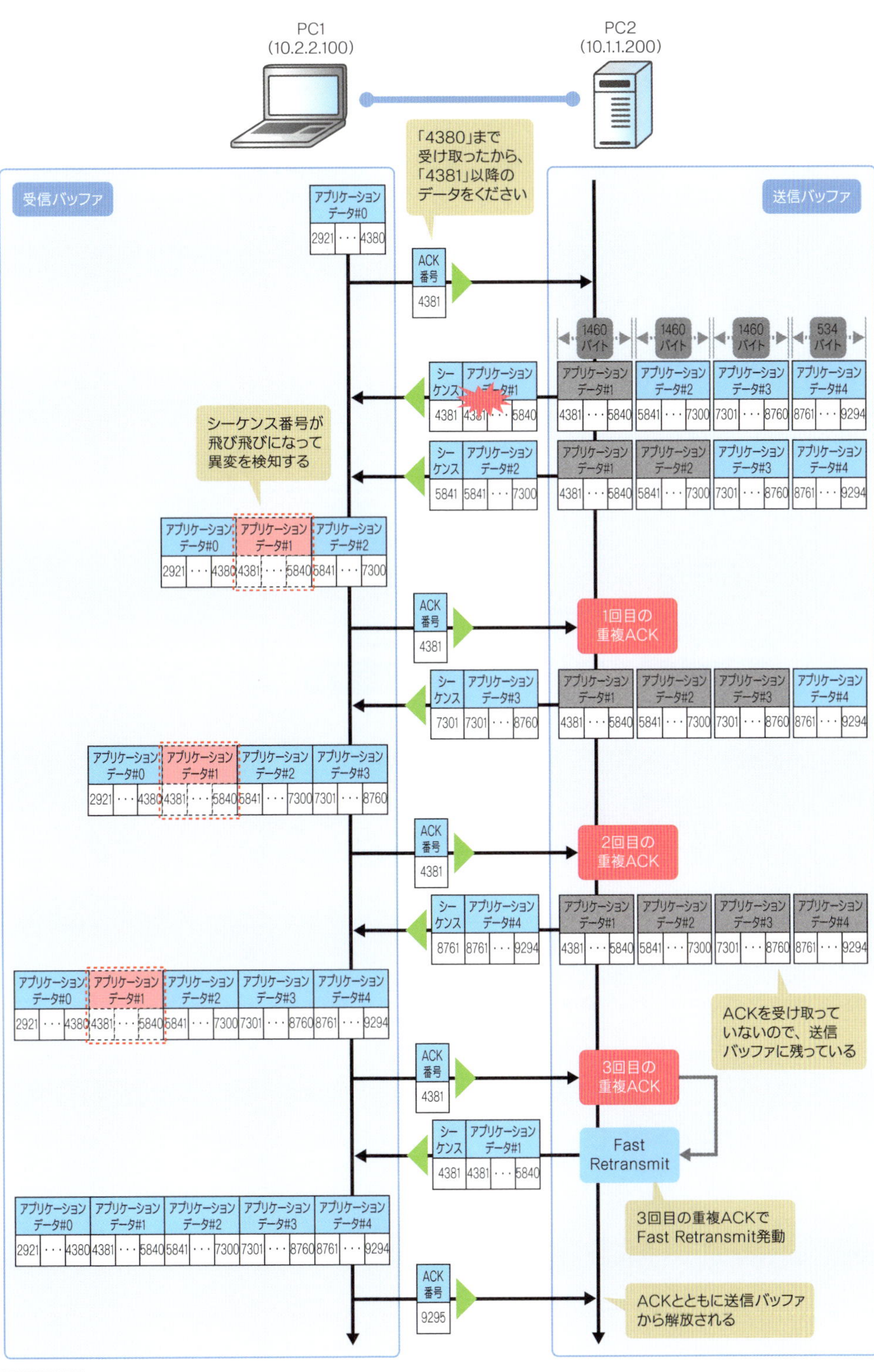

図5.2.37 No.11以降の流れ

再送タイムアウト（Retransmission Timeout 、RTO）

送信側の端末は、TCP セグメントを送信した後、ACK（確認応答）パケットを待つまでの時間を「**再送タイマー（Retransmission Timer）**」として保持しています。この再送タイマーのリミットが再送タイムアウト（Retransmission Timeout、RTO）です。再送タイマーは、短すぎず、そして長すぎないように、RTT（パケットの往復遅延時間）から数学的なロジックに基づいて算出されます。ざっくり言うと、RTT が短いほど再送タイマーも短くなります。また、再送タイマーは ACK パケットを受け取るとリセットされます。

たとえば重複 ACK の個数が少なくて Fast Retransmit が発動しないときは、再送タイムアウトに達して、やっと対象となる TCP セグメント*1 が再送されます。

ちなみに、昼休みにインターネットをしていて一気に遅くなったとき、たいていはこの再送タイムアウト状態にあります。

*1 SACK（Selective ACK）が有効な場合はタイムアウトが発生した TCP セグメントのみ、無効な場合はタイムアウトが発生した TCP セグメント以降の TCP セグメントをすべて再送します。

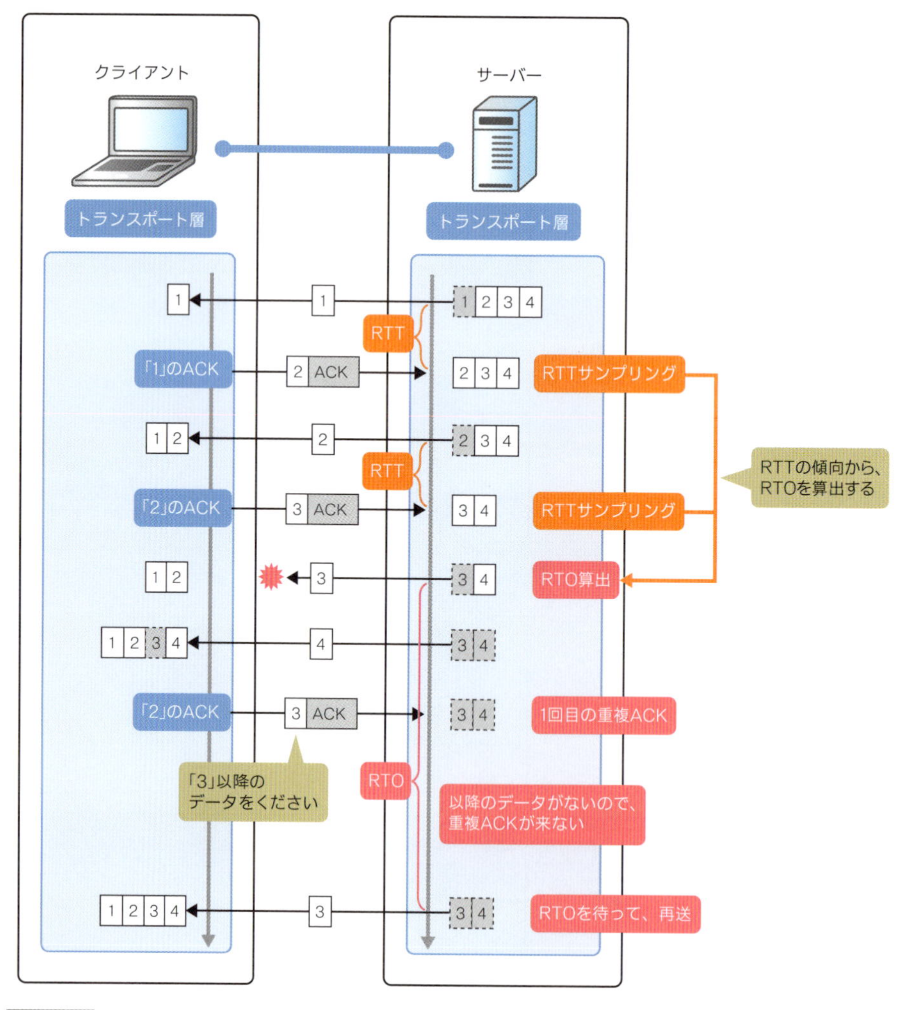

図5.2.38 再送タイムアウト（RTO）

接続終了フェーズではFINでしっかり終わる

アプリケーションデータのやりとりが終わると、コネクションの終了処理に入ります。コネクションの終了処理に失敗すると、不要なコネクションが端末に溜まり、端末のリソースを圧迫しかねません。そこで、コネクションの終了処理は、オープンのときよりもしっかり、かつ慎重に進めるようにできています。

TCPは3ウェイハンドシェイクに始まり、4ウェイハンドシェイクに終わります。「**4ウェイハンドシェイク**」とは、コネクションを終了するための処理手順のことです。クライアントとサーバーは、4ウェイハンドシェイクの中でFINパケット（FINフラグが「1」のTCPセグメント）を交換しあい、「**クローズ**」と呼ばれる後始末を行います。FINフラグは「もうやりとりするデータはありません」という意味を表すフラグで、上位アプリケーションの挙動に合わせた形で付与されます。

p.195でも説明したとおり、コネクションのオープンは必ずクライアントのSYNから始まります。それに対して、クローズはクライアント、サーバーどちらのFINから始まると明確に定義されているわけではありません。クライアント、サーバーの役割にかかわらず、先にFINを送出し、コネクションを終わらせに行く側の処理のことを「**アクティブクローズ**」、それを受け付ける側の処理のことを「**パッシブクローズ**」といいます。

クローズするときのフラグ遷移

TCPは、コントロールビットを構成している6つのフラグを「1」にしたり、「0」にしたりすることによって、コネクションの状態を制御しています。クローズのフラグは「FIN/ACK」→「ACK」→「FIN/ACK」→「ACK」の順番にやりとりされ、お互いに「終わりたいんですけど…」的な終了確認を行います。

では、具体的な処理を見ていきましょう。ここではわかりやすくするために、クライアント側でアクティブクローズ、サーバー側でパッシブクローズを行うものとして説明します。

1 クライアントは予定したアプリケーションデータをやりとりし終わって、アプリケーションからクローズ処理の要求が入ると、アクティブクローズの処理を開始します。FINフラグとACKフラグを「1」にしたFIN/ACKパケットを送信します。また、あわせて、サーバーからのFIN/ACKパケットを待つ「**FIN-WAIT1**」に移行します。

```
Wireshark · パケット 15 · tcp_header
> Frame 15: 54 bytes on wire (432 bits), 54 bytes captured (432 bits) on interface 0
> Ethernet II, Src: 00:0c:29:ce:90:e4, Dst: 00:0c:29:5e:f5:ab
> Internet Protocol Version 4, Src: 10.1.1.100, Dst: 10.1.1.200
v Transmission Control Protocol, Src Port: 50006, Dst Port: 80, Seq: 77, Ack: 8398, Len: 0
    Source Port: 50006
    Destination Port: 80
    [Stream index: 0]
    [TCP Segment Len: 0]
    Sequence number: 77    (relative sequence number)
    Acknowledgment number: 8398    (relative ack number)
    Header Length: 20 bytes
  v Flags: 0x011 (FIN, ACK)
      000. .... .... = Reserved: Not set
      ...0 .... .... = Nonce: Not set
      .... 0... .... = Congestion Window Reduced (CWR): Not set
      .... .0.. .... = ECN-Echo: Not set
      .... ..0. .... = Urgent: Not set
      .... ...1 .... = Acknowledgment: Set
      .... .... 0... = Push: Not set
      .... .... .0.. = Reset: Not set
      .... .... ..0. = Syn: Not set
    > .... .... ...1 = Fin: Set
      [TCP Flags: ·······A···F]
    Window size value: 64240
    [Calculated window size: 64240]
    [Window size scaling factor: -2 (no window scaling used)]
    Checksum: 0x1748 [unverified]
    [Checksum Status: Unverified]
    Urgent pointer: 0
  v [Timestamps]
      [Time since first frame in this TCP stream: 0.033296000 seconds]
      [Time since previous frame in this TCP stream: 0.009104000 seconds]
```

図5.2.39 アクティブクローズのFIN/ACKパケット

2 FIN/ACKパケットを受け取ったサーバーは、パッシブクローズの処理を開始します。FIN/ACKパケットに対するACKパケットを送信し、アプリケーションに対してクローズ処理の依頼をかけます。また、あわせて、アプリケーションからのクローズ要求を待つ「CLOSE-WAIT」に移行します。

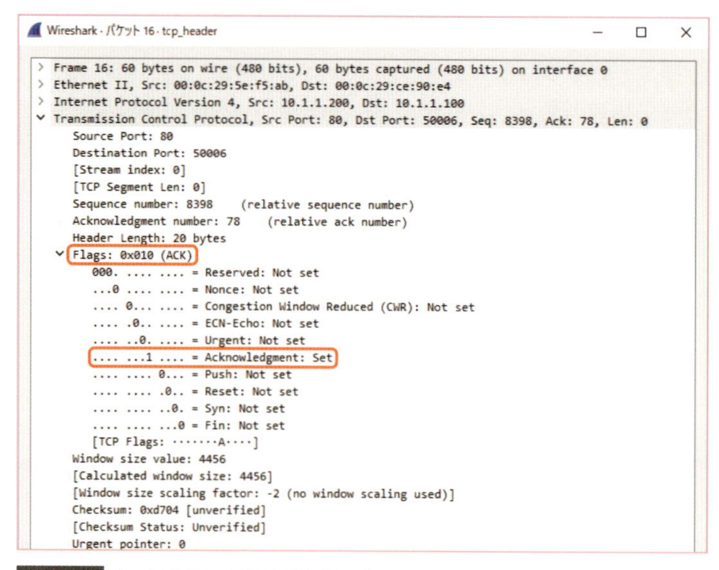

```
Wireshark · パケット 16 · tcp_header
> Frame 16: 60 bytes on wire (480 bits), 60 bytes captured (480 bits) on interface 0
> Ethernet II, Src: 00:0c:29:5e:f5:ab, Dst: 00:0c:29:ce:90:e4
> Internet Protocol Version 4, Src: 10.1.1.200, Dst: 10.1.1.100
v Transmission Control Protocol, Src Port: 80, Dst Port: 50006, Seq: 8398, Ack: 78, Len: 0
    Source Port: 80
    Destination Port: 50006
    [Stream index: 0]
    [TCP Segment Len: 0]
    Sequence number: 8398    (relative sequence number)
    Acknowledgment number: 78    (relative ack number)
    Header Length: 20 bytes
  v Flags: 0x010 (ACK)
      000. .... .... = Reserved: Not set
      ...0 .... .... = Nonce: Not set
      .... 0... .... = Congestion Window Reduced (CWR): Not set
      .... .0.. .... = ECN-Echo: Not set
      .... ..0. .... = Urgent: Not set
      .... ...1 .... = Acknowledgment: Set
      .... .... 0... = Push: Not set
      .... .... .0.. = Reset: Not set
      .... .... ..0. = Syn: Not set
      .... .... ...0 = Fin: Not set
      [TCP Flags: ·······A····]
    Window size value: 4456
    [Calculated window size: 4456]
    [Window size scaling factor: -2 (no window scaling used)]
    Checksum: 0xd704 [unverified]
    [Checksum Status: Unverified]
    Urgent pointer: 0
```

図5.2.40 パッシブクローズのACKパケット

3 ACKを受け取ったクライアントは、サーバーからのFIN/ACKパケットを待つ「FIN-WAIT2」に移行します。

4 サーバーは、アプリケーションからクローズ処理の要求があると、FIN/ACKパケットを送信し、自身が送信したFIN/ACKパケットに対するACKパケット、つまりクローズ処理における最後のACKを待つ「LAST-ACK」に移行します。

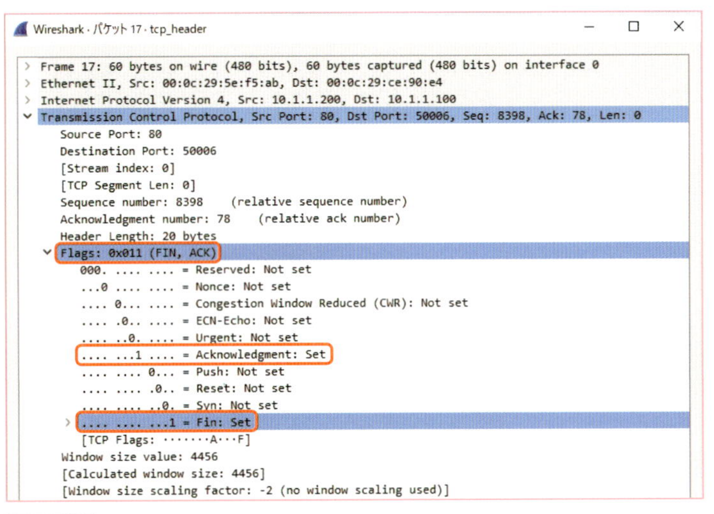

図5.2.41 パッシブクローズのFIN/ACKパケット

5 サーバーからFIN/ACKパケットを受け取ったクライアントは、それに対するACKパケットを送信し、「TIME-WAIT」に移行します。TIME-WAITは、もしかしたら遅れて届くかもしれないACKパケットを待つ保険のような状態です。

```
Wireshark · パケット 18 · tcp_header
> Frame 18: 54 bytes on wire (432 bits), 54 bytes captured (432 bits) on interface 0
> Ethernet II, Src: 00:0c:29:ce:90:e4, Dst: 00:0c:29:5e:f5:ab
> Internet Protocol Version 4, Src: 10.1.1.100, Dst: 10.1.1.200
v Transmission Control Protocol, Src Port: 50006, Dst Port: 80, Seq: 78, Ack: 8399, Len: 0
    Source Port: 50006
    Destination Port: 80
    [Stream index: 0]
    [TCP Segment Len: 0]
    Sequence number: 78    (relative sequence number)
    Acknowledgment number: 8399    (relative ack number)
    Header Length: 20 bytes
  v Flags: 0x010 (ACK)
      000. .... .... = Reserved: Not set
      ...0 .... .... = Nonce: Not set
      .... 0... .... = Congestion Window Reduced (CWR): Not set
      .... .0.. .... = ECN-Echo: Not set
      .... ..0. .... = Urgent: Not set
      .... ...1 .... = Acknowledgment: Set
      .... .... 0... = Push: Not set
      .... .... .0.. = Reset: Not set
      .... .... ..0. = Syn: Not set
      .... .... ...0 = Fin: Not set
      [TCP Flags: ·······A····]
    Window size value: 64240
    [Calculated window size: 64240]
    [Window size scaling factor: -2 (no window scaling used)]
```

図5.2.42 アクティブクローズのACKパケット

6 ACK パケットを受け取ったサーバーは「**CLOSED**」に移行し、コネクションを削除します。あわせて、このコネクションのために確保していたリソースを開放します。これでパッシブクローズは終了です。

7 TIME-WAIT に移行しているクライアントは、設定された時間（タイムアウト）を待って「**CLOSED**」に移行し、コネクションを削除します。あわせて、このコネクションのために確保していたリソースを開放します。これでアクティブクローズは終了です。

以上、**1** から **7** までの処理を図にすると、次のようになります。

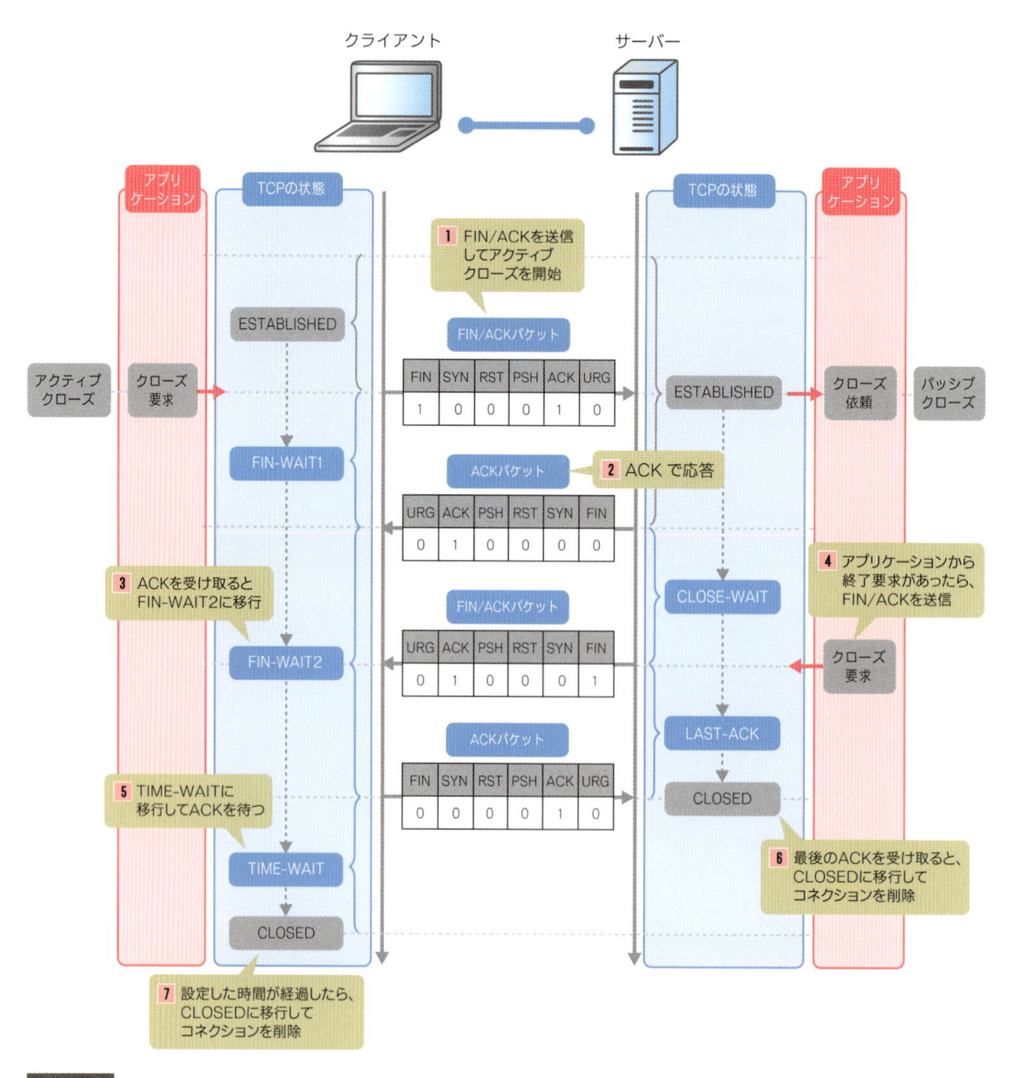

図5.2.43 コネクションのクローズ時の状態遷移

クローズするときのシーケンス番号と確認応答番号

4ウェイハンドシェイクのシーケンス番号と確認応答番号は、2ウェイハンドシェイクを2回実行するようなイメージで考えるとわかりやすくなります。

まず、1回目の2ウェイハンドシェイクです。アクティブクローズを行う端末は、最後のTCPセグメントのシーケンス番号（次の図中のx）をセットし、FIN/ACKパケットを送信します。それに対して、パッシブクローズを行う端末は、シーケンス番号に「+1」した値（次の図中のx+1）を確認応答番号にセットしてACKを返します。

次に、2回目の2ウェイハンドシェイクです。パッシブクローズを行う端末は、同じく最後のTCPセグメントのシーケンス番号（次の図中のy）をセットし、FIN/ACKパケットを送信します。それに対して、アクティブクローズを行う端末は、シーケンス番号に「+1」した値（次の図中のy+1）を確認応答番号にセットしてACKを返します。

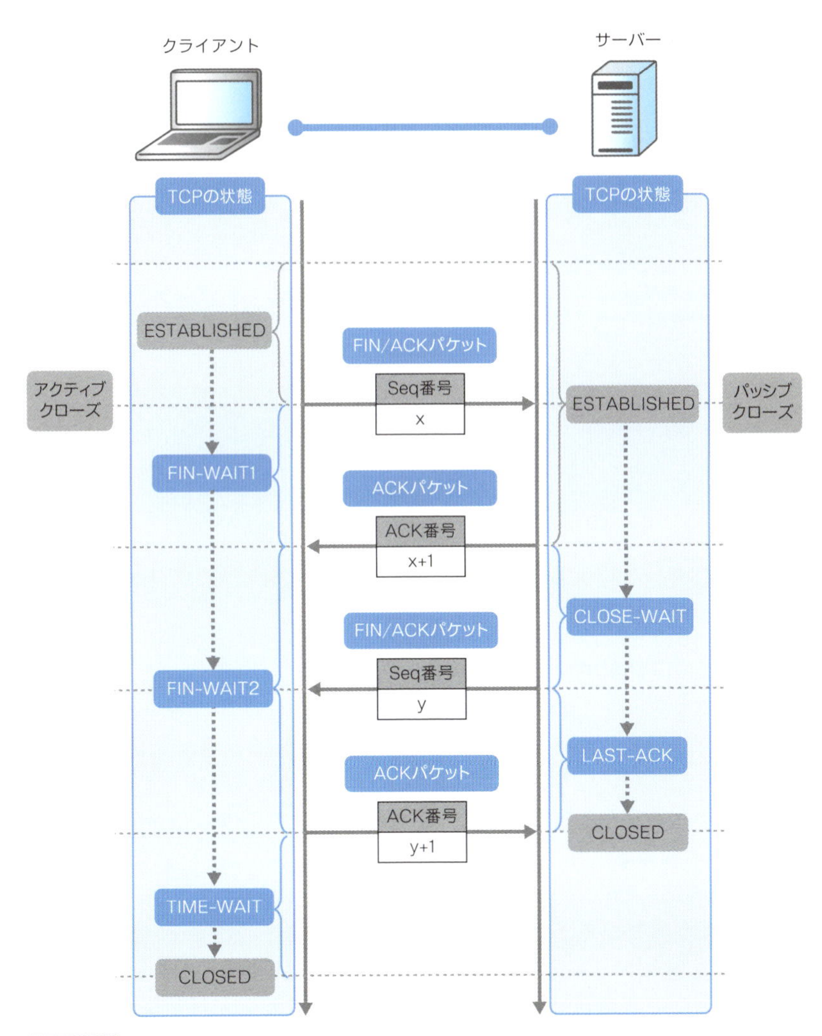

図5.2.44 コネクションのクローズ時のシーケンス番号と確認応答番号

5.2.2 TCPの解析に役立つWiresharkの機能

続いて、TCPを解析するときに役立つWiresharkの機能について説明します。Wiresharkには、ありとあらゆるTCPセグメントをよりわかりやすく、よりかんたんに解析できるよう、たくさんの機能が用意されています。その中から、システムの構築現場、運用現場において、コンピューターエンジニアが使用する機能をいくつかピックアップして説明します。

設定オプション

TCPの設定オプションは、メニューバーの[編集]-[設定]で設定画面を開き、[Protocols]の中の[TCP]で変更できます。基本的にデフォルト値のままで使用することが多いですが、この中でも現場で話題に上がることが多い「Validate the TCP checksum if possible」と「Relative sequence numbers」について説明します。

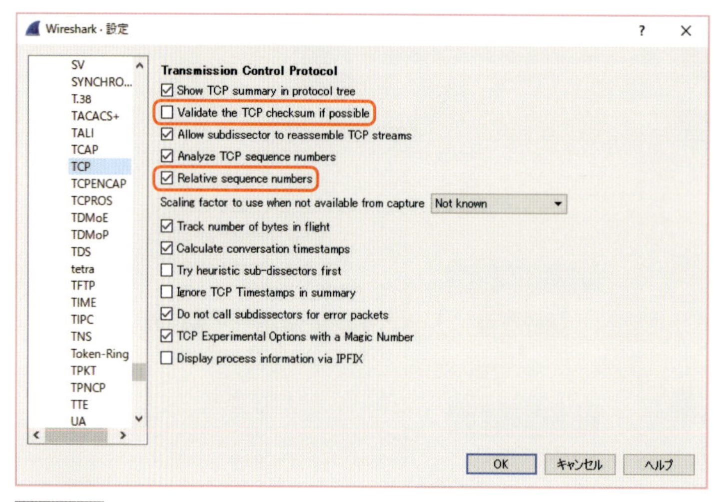

図5.2.45 TCPの設定オプション

Validate the TCP checksum if possible

「Validate the TCP checksum if possible」は、「Validate the UDP checksum if possible」のTCPバージョンです。WiresharkはTCPセグメントに対して、チェックサムの計算（1の補数演算）を実行し、実際に付与されているTCPチェックサムの値と比較します。値が異なると、チェックサムエラーとして判定し、パケット詳細の「Checksum」に[incorrect, should be...]と表示されます。

「Validate the TCP checksum if possible」もUDPと同じく、NICでTCPチェックサムオフロード機能が有効になっていると、送信パケットのTCPチェックサムの値を正しく取得できません。エラーパケットとして表示され、混乱を招く原因にもなります。そのため、このオプションを有効にする場合は、TCPチェックサムオフロード機能を無効にしてください。

Relative sequence numbers

TCPは初期シーケンス番号として、32ビットのランダムな値を付与します。しかし、32ビットの値は人間にとっては見づらく、わかりづらいものです。「Relative sequence numbers」は、初期シーケンス番号を「0」にすることによって、シーケンス番号を見やすく、わかりやすくします。実際のところ、TCPはシーケンス番号の値そのものよりも、その変化のほうがはるかに重要な意味を持ちます。このオプションを有効にしておき、解析しやすくしておいたほうがよいでしょう。

このオプションを有効にしていると、パケット詳細の「Sequence number」に「relative sequence number」（直訳すると「相対シーケンス番号」）と表示されます。

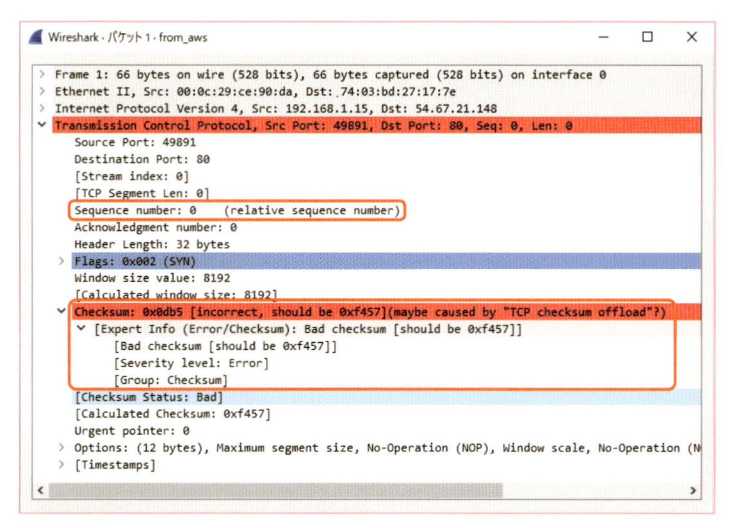

図5.2.46 「Validate the TCP checksum if possible」と「Relative sequence numbers」に関連する表示

表示フィルタ

TCPに関する代表的な表示フィルタは、次の表のとおりです。TCPヘッダーのフィールドだけでなく、パケットロスやエラーパケットなど、各種解析結果もフィルタ対象として設定することができます。

フィールド名	フィールド名が表す意味	記述例
tcp	TCPのセグメントすべて	tcp
tcp.stream	TCPコネクション	tcp.stream == 1
tcp.port	ポート番号	tcp.port == 80
tcp.srcport	送信元ポート番号	tcp.srcport == 31954
tcp.dstport	宛先ポート番号	tcp.dstport == 80
tcp.seq	シーケンス番号	tcp.seq <= 500
tcp.flags.syn	SYNフラグ	tcp.flags.syn == 1
tcp.flags.ack	ACKフラグ	tcp.flags.ack == 1

表5.2.6 TCPに関する代表的な表示フィルタ

フィールド名	フィールド名が表す意味	記述例
tcp.analysis.flags	TCP分析フラグがセットされているTCPセグメント	tcp.analysis.flags
tcp.analysis.lost_segment	1つ前のセグメントがロストしているTCPセグメント	tcp.analysis.lost_segment
tcp.analysis.fast_retransmission	Fast Retransmitによって再送されたTCPセグメント	tcp.analysis.fast_retransmission
tcp.analysis.reused_ports	同じポート番号を再利用されたTCPセグメント	tcp.analysis.reused_ports
tcp.analysis.out_of_order	順番が入れ替わったTCPセグメント	tcp.analysis.out_of_order
tcp.analysis.window_update	ウインドウサイズが拡張されたTCPセグメント	tcp.analysis.window_update
tcp.analysis.window_full	受信側端末のバッファがいっぱいになることを示すTCPセグメント	tcp.analysis.window_full
tcp.analysis.zero_window	ウィンドウサイズが0のTCPセグメント	tcp.analysis.zero_window

表5.2.6 TCPに関する代表的な表示フィルタ（つづき）

TCPストリームオプション

Wiresharkは、3ウェイハンドシェイクのオープンから4ウェイハンドシェイクのクローズまで、ひとつひとつのコネクションに対して「Stream ID」という識別子を付与しています。「TCPストリームオプション」は、Stream IDをもとにパケットを表示フィルタし、1つのコネクション上でやりとりされる行きのTCPセグメントと、それに関連する戻りのTCPセグメントを抽出する機能です。

UDPストリームオプションの項（p.177）でも述べましたが、膨大な量のパケットの中から、本当に必要なパケットだけを見つけ出すのは至難の業です。特に最近のWebブラウザは1つのサーバーに対して複数のコネクションを一気に作りに行くため、より一層、目的のパケットを見つけづらくなります。TCPストリームオプションは、その労力を大幅に軽減できます。

TCPストリームオプションを使用するには、パケット一覧でTCPセグメントを右クリックし、[追跡]-[TCPストリーム]を選択します。選択すると、そのTCPストリームでやりとりされている一連の通信内容が新しいウィンドウとして表示され、あわせてメインウィンドウにはStream Indexの表示フィルタ（tcp.stream eq ○○）が適用されたパケットが表示されます。

TCPストリームオプションの活用例

TCPストリームオプションは、それ単体で使用するよりも、ほかの表示フィルタと合わせ技で使用するとより一層効果的に働きます。たとえば、最初に「tcp.analysis.flags」などでエラーパケットを抽出しておいて、そのパケットにTCPストリームオプションを適用すると、コネクションにおけるエラーパケットまでの（からの）流れを見ることができます。

キャプチャファイル「tcp_stream_option.pcapng」を例にとりましょう。このファイルの場合、まず「tcp.analysis.flags」を表示フィルタに入力してTCPのエラーパケットを抽出し、そのパケットにTCPストリームオプションを適用します。すると、次の図のように、パケットロス発生（No.30）→ 重複ACK×3回（No.31、No.33、No.35）→ Fast Retransmit

発動という、再送制御の流れを導き出すことができます。

tcp.stream eq 1　書式…　+

No.	Time	Src. IP	Dst. IP	Protocol	Info
19	01:33:29.307750	10.2.2.100	10.1.1.200	TCP	50615 → 80 [SYN] Seq=0 Win=8192 Len=0 MSS=1460 WS=256 SACK_PERM=1
20	01:33:32.308765	10.1.1.200	10.2.2.100	TCP	80 → 50615 [SYN, ACK] Seq=0 Ack=1 Win=23360 Len=0 MSS=1460 WS=2 SACK_PERM=1
21	01:33:32.308842	10.2.2.100	10.1.1.200	TCP	50615 → 80 [ACK] Seq=1 Ack=1 Win=65536 Len=0
22	01:33:32.309439	10.2.2.100	10.1.1.200	HTTP	GET /16K HTTP/1.1
23	01:33:32.310669	10.1.1.200	10.2.2.100	TCP	80 → 50615 [ACK] Seq=1 Ack=78 Win=23436 Len=0
24	01:33:32.313286	10.1.1.200	10.2.2.100	TCP	[TCP segment of a reassembled PDU]
25	01:33:32.313286	10.1.1.200	10.2.2.100	TCP	[TCP segment of a reassembled PDU]
26	01:33:32.313386	10.2.2.100	10.1.1.200	TCP	50615 → 80 [ACK] Seq=78 Ack=1461 Win=65536 Len=0
27	01:33:32.314593	10.1.1.200	10.2.2.100	TCP	[TCP segment of a reassembled PDU]
28	01:33:32.314593	10.1.1.200	10.2.2.100	TCP	[TCP segment of a reassembled PDU]
29	01:33:32.314626	10.2.2.100	10.1.1.200	TCP	50615 → 80 [ACK] Seq=78 Ack=4381 Win=65536 Len=0
30	01:33:32.327177	10.1.1.200	10.2.2.100	TCP	[TCP Previous segment not captured] [TCP segment of a reassembled PDU]
31	01:33:32.327227	10.2.2.100	10.1.1.200	TCP	[TCP Dup ACK 29#1] 50615 → 80 [ACK] Seq=78 Ack=4381 Win=65536 Len=0 SLE=5841 …
32	01:33:32.328606	10.1.1.200	10.2.2.100	TCP	[TCP segment of a reassembled PDU]
33	01:33:32.328629	10.2.2.100	10.1.1.200	TCP	[TCP Dup ACK 29#2] 50615 → 80 [ACK] Seq=78 Ack=4381 Win=65536 Len=0 SLE=5841 …
34	01:33:32.329761	10.1.1.200	10.2.2.100	TCP	[TCP segment of a reassembled PDU]
35	01:33:32.329787	10.2.2.100	10.1.1.200	TCP	[TCP Dup ACK 29#3] 50615 → 80 [ACK] Seq=78 Ack=4381 Win=65536 Len=0 SLE=5841 …
36	01:33:32.330955	10.1.1.200	10.2.2.100	TCP	[TCP Fast Retransmission] [TCP segment of a reassembled PDU]
37	01:33:32.392601	10.2.2.100	10.1.1.200	TCP	50615 → 80 [ACK] Seq=78 Ack=9295 Win=65536 Len=0
38	01:33:32.393892	10.1.1.200	10.2.2.100	TCP	[TCP segment of a reassembled PDU]
39	01:33:32.393905	10.1.1.200	10.2.2.100	TCP	[TCP segment of a reassembled PDU]
40	01:33:32.393951	10.2.2.100	10.1.1.200	TCP	50615 → 80 [ACK] Seq=78 Ack=11681 Win=65536 Len=0
41	01:33:32.395147	10.1.1.200	10.2.2.100	TCP	[TCP segment of a reassembled PDU]
42	01:33:32.395148	10.1.1.200	10.2.2.100	TCP	[TCP segment of a reassembled PDU]
43	01:33:32.395188	10.2.2.100	10.1.1.200	TCP	50615 → 80 [ACK] Seq=78 Ack=14601 Win=65536 Len=0
44	01:33:32.396455	10.1.1.200	10.2.2.100	TCP	[TCP segment of a reassembled PDU]
45	01:33:32.396455	10.1.1.200	10.2.2.100	HTTP	HTTP/1.1 200 OK
46	01:33:32.396510	10.2.2.100	10.1.1.200	TCP	50615 → 80 [ACK] Seq=78 Ack=16591 Win=65536 Len=0
47	01:33:32.403086	10.2.2.100	10.1.1.200	TCP	50615 → 80 [FIN, ACK] Seq=78 Ack=16591 Win=65536 Len=0
48	01:33:32.404587	10.1.1.200	10.2.2.100	TCP	80 → 50615 [ACK] Seq=16591 Ack=79 Win=23436 Len=0
49	01:33:35.405021	10.1.1.200	10.2.2.100	TCP	80 → 50615 [FIN, ACK] Seq=16591 Ack=79 Win=23436 Len=0
50	01:33:35.405234	10.2.2.100	10.1.1.200	TCP	50615 → 80 [ACK] Seq=79 Ack=16592 Win=65536 Len=0

tcp_steam_option　パケット数: 50・表示: 32 (64.0%)・読込時間: 0:0.9　プロファイル:Classic

図5.2.47 TCPストリームオプションは合わせ技で使用するのが効果的

TCPストリームグラフ

TCP解析という観点からグラフを作成する機能が、「TCPストリームグラフ」です。TCPストリームグラフは、シーケンス番号やスループット、往復遅延時間など、TCPの解析に必要な情報の時系列的な変化をグラフにしてくれます。p.49で説明した入出力グラフのように何かと何かを比較するのではなく、1つのコネクションに特化した形でTCPとしての状態変化を見たいのであれば、TCPストリームグラフのほうが使いやすいでしょう。TCP解析の強力な武器になってくれるはずです。

TCPストリームグラフは、パケット一覧で、見たいコネクションのパケットを1つ選択し、メニューバーの［統計］-［TCPストリームグラフ］から任意のグラフタイプを選択すると使用できます。以下に、選択できるグラフタイプの機能の一部を紹介します。

タイムシーケンス（Stevens）

シーケンス番号の時系列的な変化をグラフ化する機能が、「タイムシーケンス（Stevens）」です。次ページの図のようにX軸に経過時間、Y軸に送信されたTCPセグメントのシーケンス番号をとったシンプルなグラフを作ります。

タイムシーケンス（Stevens）は、転送速度が速ければ速いほど右肩上がりになります。また、遅延が発生すればドットが無くなり、再送制御が発生すればガクンとグラフが落ちます。このグラフの上がり下がりを見ることによって、「どのくらいデータが送信されたか」「いつ再送されたか」「いつどれくらい遅延したか」など、時系列的な変化を一目で確認することができます。

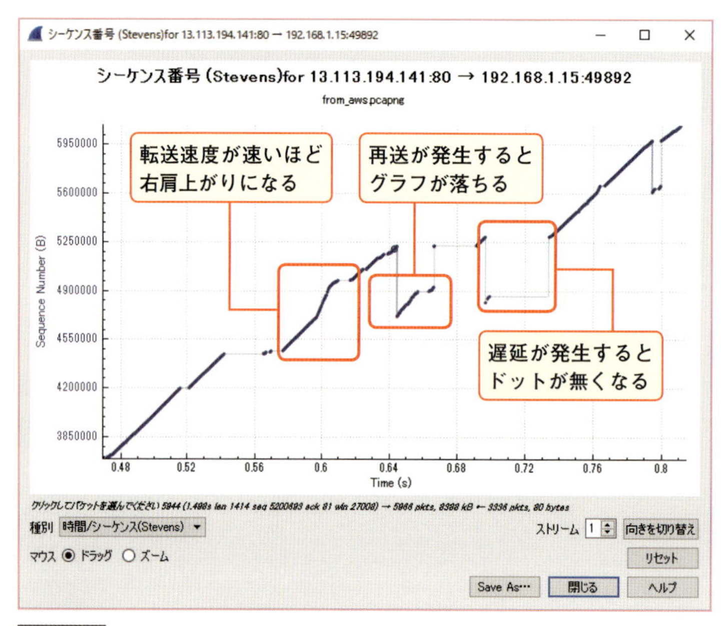

図5.2.48 タイムシーケンス (Stevens)

■タイムシーケンス (tcptrace)

シーケンス番号をもとに、やりとりされた情報をプロットし、時系列的な変化をグラフ化する機能が「**タイムシーケンス (tcptrace)**」です。X軸に経過時間、Y軸にシーケンス番号をとり、セグメントサイズや確認応答番号、ウィンドウサイズなど、いろいろな値をプロットします。**タイムシーケンス (tcptrace) は、バッファサイズの不足のような、送受信バッファに関連するトラブルを確認するときに役立ちます。**

言葉だけでは少し難しいので、次の図を例に各要素を具体的に説明しましょう。次の図はタイムシーケンス (tcptrace) をズームインして、わかりやすくしたものです。

①I型ポイント

青のI型になっているポイントが、送信したTCPセグメントです。もう少し具体的に言うと、下横線がデータの最初のシーケンス番号、縦線がアプリケーションデータサイズ、上横線がデータの最後のシーケンス番号です。ちなみにI型ポイントは複数段になっている場合もあります。これはTCPセグメントが連続して送信されていることを表しています。

②黄色線

黄色の線は、ACKパケットに含まれる確認応答番号をプロットし、グラフ化したものです。ある時刻において、I型ポイントの下横線と黄色線の差（縦軸の目盛り）を見ると、送信バッファの中でまだ確認応答されていないデータのサイズがわかります。つまり、この差が小さければ小さいほど、送信側端末の送信バッファが足りていないことになります。また、あるシーケンス番号において、I型ポイントと黄色線の差（横軸の目盛り）を見ると、パケットの往復遅延時間がわかります。

③緑線

緑色の線は、直前に受け取ったACKパケットの確認応答番号＋ウィンドウサイズ[*1]をプロットし、グラフ化したものです。ある時刻において、I型ポイントと緑線の差（縦軸の目盛り）を見ると、受信側端末の受信バッファの空きサイズ、ウィンドウサイズがわかります。つまり、この差が小さければ小さいほど、受信バッファが足りていないことになります。また、I型ポイントと緑線が交差していると、受信バッファが無くなったということになります。

＊1　Window Scaleオプションが有効になっている場合は、ウィンドウスケールした後の値をウィンドウサイズとして足し算します。

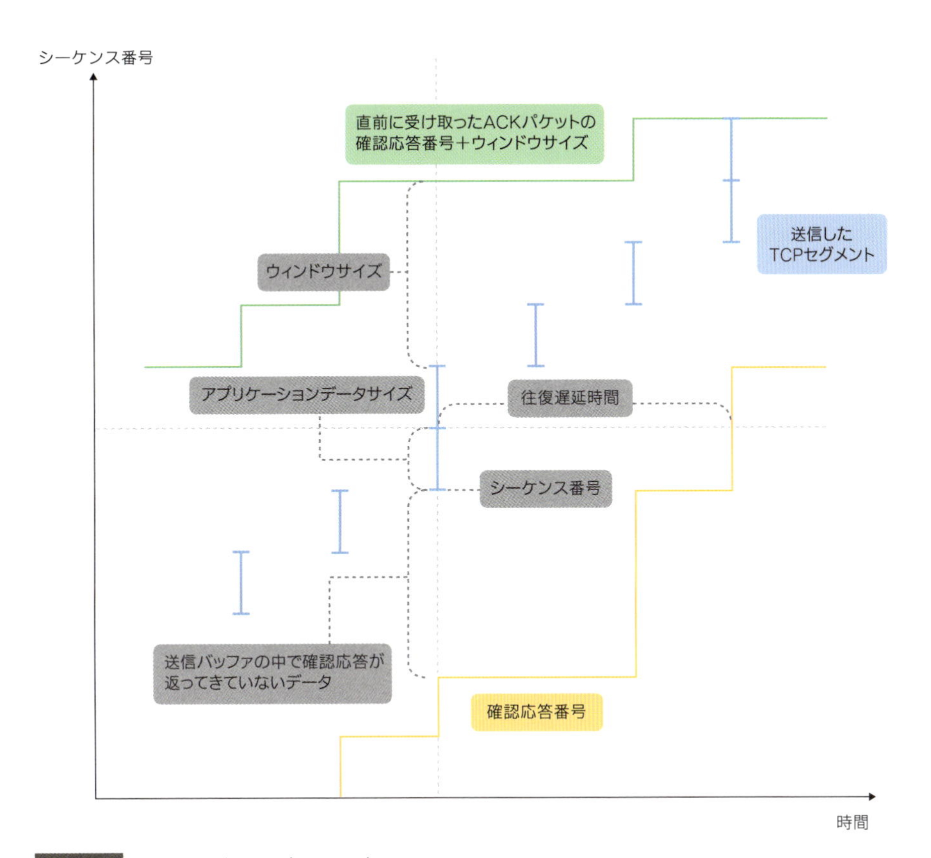

図5.2.49 タイムシーケンス（tcptrace）

■往復遅延時間

パケットの往復遅延時間（RTT）の時系列的な変化をグラフ化する機能が「往復遅延時間」です。X軸にシーケンス番号、Y軸に往復遅延時間（RTT）をとったグラフを作り、1TCPコネクション（1 Stream Index）における往復遅延時間（RTT）の遷移を確認できます。

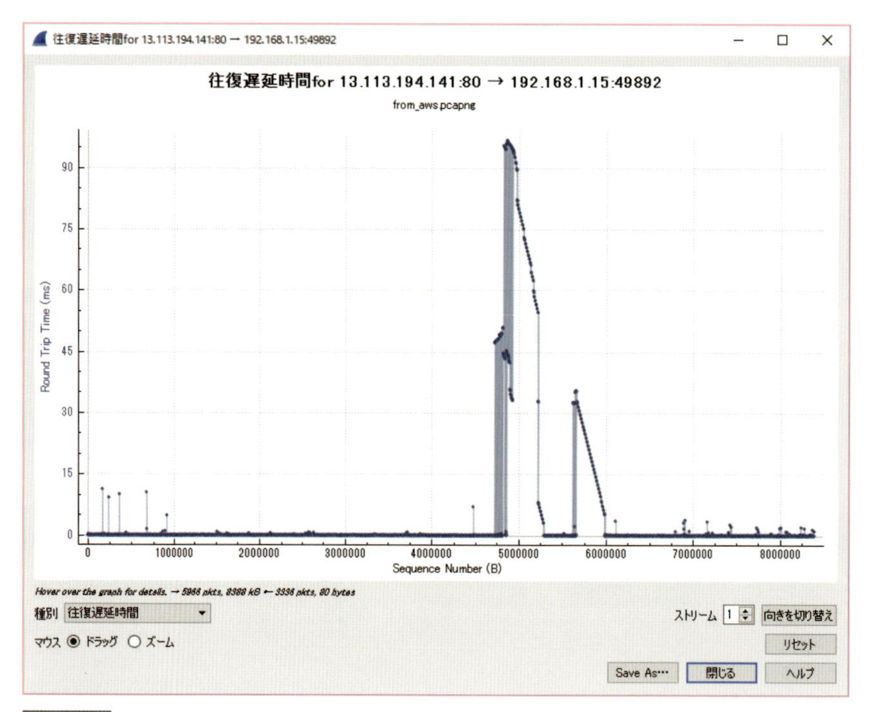

図5.2.50 往復遅延時間（RTT）

往復遅延時間（RTT）はTCP環境を最適化するために必要な情報のひとつです。与えられたネットワークに、どれだけたくさんのデータを、より効率よく送り込むことができるか。これは帯域幅や遅延など、外的要因に転送速度を左右されることが多いネットワークの世界において、とても大きな課題です。データを送り込む量が多すぎると、遅延やパケットロスの原因になりますし、少なすぎると、ネットワーク回線を使いきれずにもったいない状態になります。ちょうどよいくらいのデータ量をネットワークに送り込む必要があります。

ちょうどよいくらいのデータ量は、帯域幅と往復遅延時間（RTT）を掛け算した「**帯域幅遅延積（Bandwidth Delay Product、BDP）**」で算出することができます。この値を送受信バッファサイズとして設定すると、ちょうどよいくらいのデータ量をネットワークに送り込むことができます。

言葉だけではわかりづらいので、次の図を例に説明しましょう。次の図は帯域幅が8セグメント/秒（1秒間に8セグメント流せる）、往復遅延時間（RTT）が4秒、帯域幅遅延積が32セグメントというネットワーク環境です。このネットワーク環境でサーバーからクライアントに対してデータを送る場合を考えます。

1 0秒目：まだどちらのパイプも空っぽです。

2 1秒目：帯域幅が8セグメント/秒なので、サーバーは8セグメント目までデータを送信します。

3 2秒目：サーバーは16セグメント目までデータを送信します。片方向にかかる時間が2秒（RTTの1/2）なので、ここでクライアントにデータが到達します。

4 3秒目：クライアントはサーバーに対して8セグメント目までのACKを返します。また、サーバーは24セグメント目までデータを送信します。

5 4秒目：クライアントはサーバーに対して16セグメント目までのACKを返します。また、サーバーは32セグメントまでデータを送信します。ここでどちらのパイプも最大限使用できるようになります。つまり、送信バッファと受信バッファに32セグメントを設定すると、パイプを埋め尽くすだけの、ちょうどよいくらいのデータ量を送り込むことができるようになります。

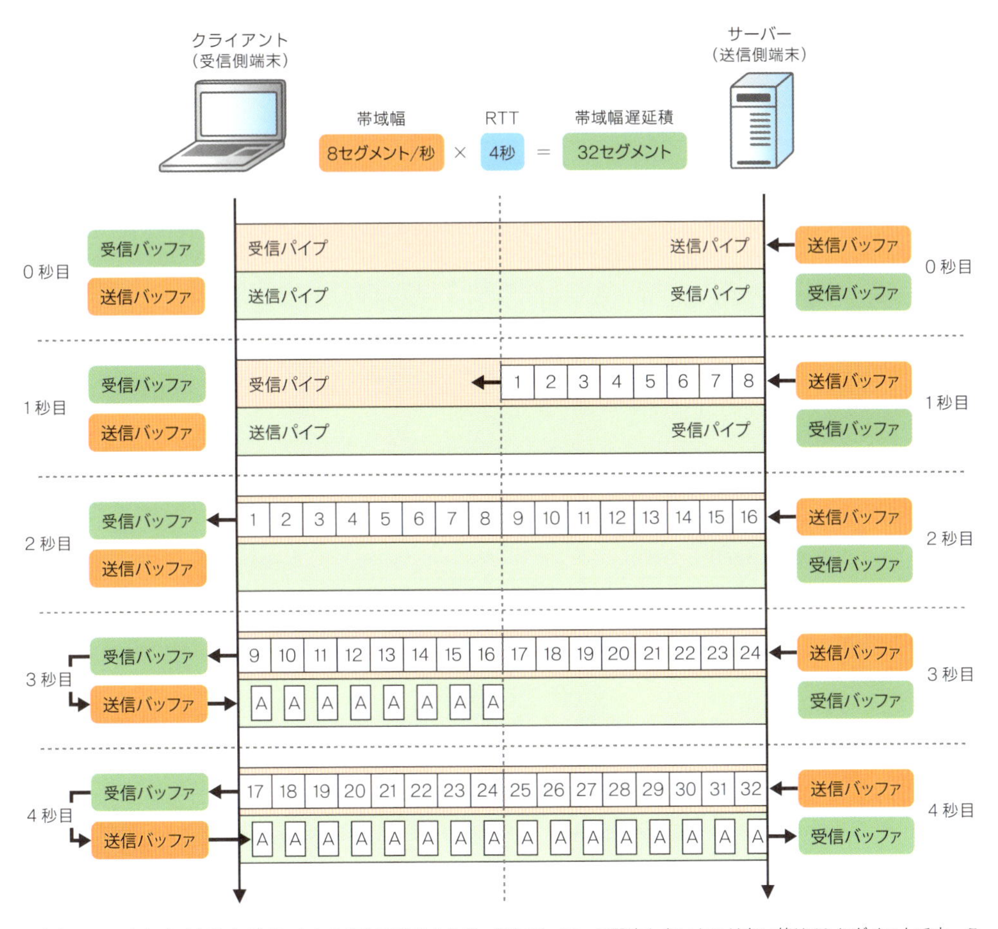

※ちなみに、パイプには16セグメントしか存在できませんが、送信バッファに設定しないといけない値は32セグメントです。これは、サーバーの送信バッファがACKを受け取るまで、データを保持しておく必要があるためです。

図5.2.51 帯域幅遅延積（BDP）のイメージ

次は、もう少し現場にありがちな、帯域幅が100Mbps、往復遅延時間（RTT）が10ミリ秒というネットワーク環境を例に、バッファサイズについて考えてみましょう。このネットワーク環境の帯域幅遅延積は125000バイト（=100000000 ÷ 8 × 0.01）になります。これより大きい値、たとえば250000バイトをバッファサイズとして設定した場合、与えられたネットワークの帯域幅を超えてしまい、溢れた分は遅延したり、パケットドロップしたりします。

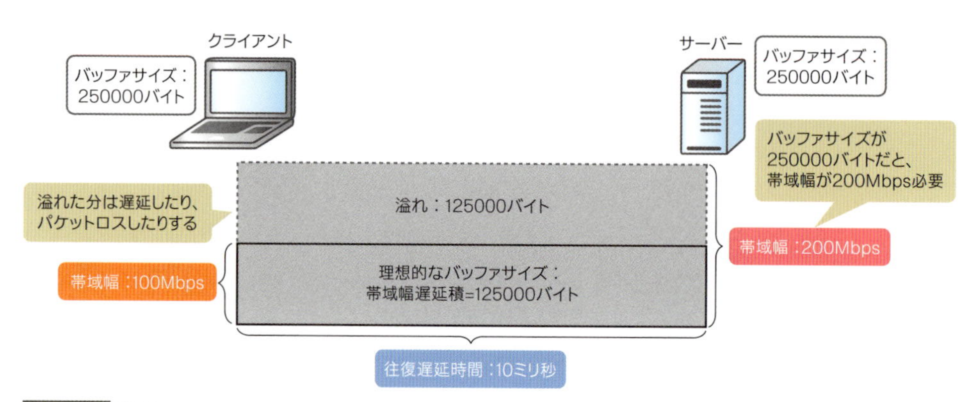

図5.2.52 帯域幅遅延積よりバッファサイズが大きい場合、溢れた分はパケットロスや遅延が発生する

逆に、帯域幅遅延積より小さい値、たとえば62500バイトをバッファサイズとして設定した場合、本来ネットワークに流すことができるデータ量の半分しか使うことができず、もったいない状態になります。

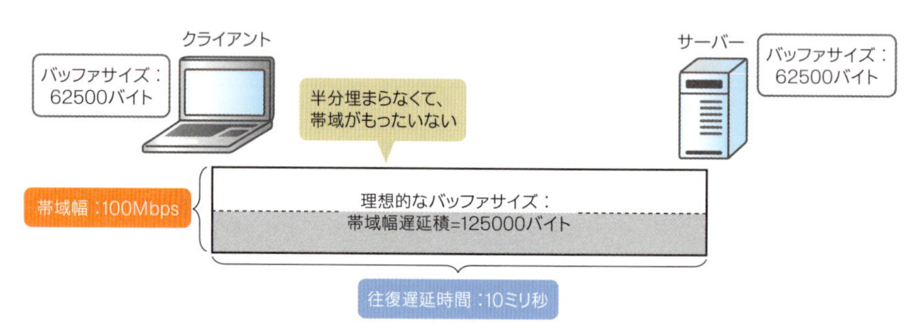

図5.2.53 帯域幅遅延積よりバッファサイズが小さい場合、ネットワークに無駄が生じる

そこで、帯域幅遅延積の125000バイトをバッファサイズとして設定すると、ちょうどよい感じでネットワークをデータで埋めることができ、効率よく、たくさんのデータを送ることができます。

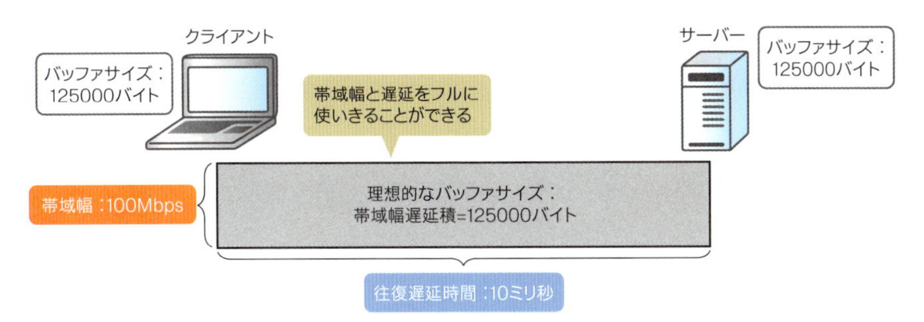

図5.2.54 帯域幅遅延積とバッファサイズが同じ場合、ネットワークを最大限利用できる

パケットの往復遅延時間（RTT）は帯域幅遅延積を求めるために必要なデータです。RTTのグラフからRTTの平均値を求め、帯域幅遅延積を求めることで、最適な送受信バッファサイズを設定することができ、TCP環境の最適化を図れます。

5.2.3 TCPパケットの解析

続いて、実際のネットワーク環境で使用されているTCPの機能をパケットレベルで解析します。TCPもUDPと同じく、まずは「IPアドレス＋ポート番号」ありきです。どのアプリケーションがどのIPアドレスとどのポート番号をどのように使用しているのか、組み合わせをひとつひとつ整理しながら解析を進めると、より効率よく理解を深められるでしょう。

これまで説明してきたとおり、TCPは行ったら行きっぱなしのUDPと比べて、戻りの通信を考慮しないといけない分、制御が複雑で、一歩進んだ理解が必要になります。本項を通じて、関連する機器や各種拡張機能の動作を確認し、知識を自分のものにしてください。

ファイアウォールの動作はどう見えるか

p.178でも説明したとおり、ファイアウォールはIPアドレス、レイヤー4プロトコル、ポート番号を利用して、通信制御を行う機器です。通信の許可/拒否を定義する「**フィルタリングルール**」と、通信を管理する「**コネクションテーブル**」を使用して、ステートフルインスペクションを実行します。ここでは、ステートフルインスペクションにおけるTCPとUDPの動作の違いに着目しつつ、説明します。

■ステートフルインスペクションの動作

TCPにおけるステートフルインスペクションの動作を見ていきましょう。TCPでもフィルタリングルールとコネクションテーブルがポイントになるという点は変わりません。ただし、コネクションテーブルにコネクションの状態を示す列が追加され、その情報をもとにコネクションエントリを管理するようになります。

ここでは、次の図のような環境で、クライアント（Webブラウザ）がHTTP（TCP/80）でWebサーバーにアクセスすることを想定して、一般的なステートフルインスペクションの動きを説明します。

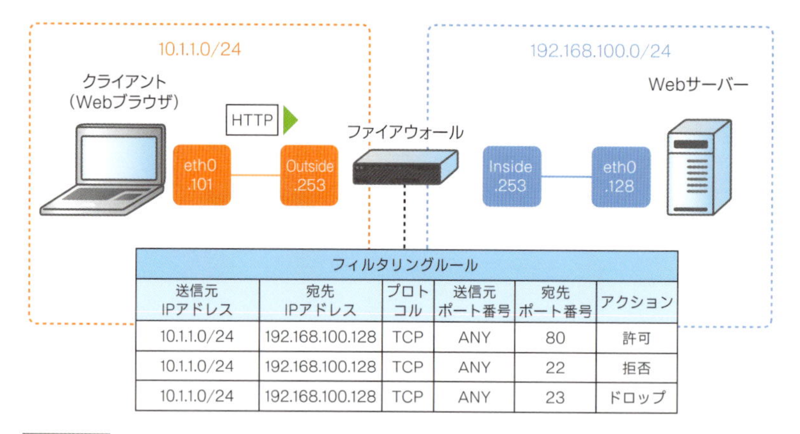

図5.2.55 ファイアウォールの通信制御を理解するためのネットワーク構成

1 ファイアウォールは、クライアント側にあるOutsideインターフェースでSYNパケットを受け取り、フィルタリングルールと照合します。

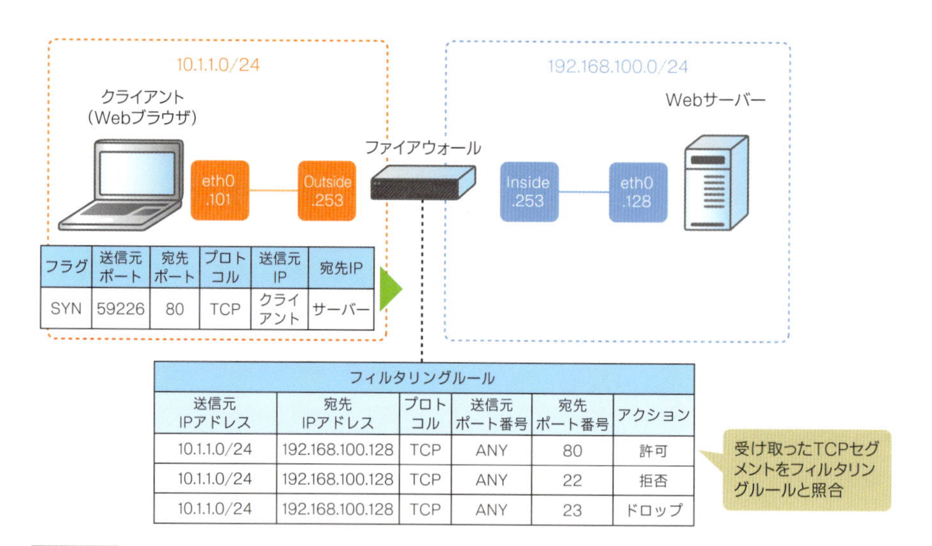

図5.2.56 フィルタリングルールと照合

2 アクションが「許可（Accept、Permit）」のエントリにヒットした場合、コネクションテーブルにコネクションエントリを追加します。また、それと同時に、そのコネクションエントリに対応する戻り通信を許可するフィルタリングルールを動的に追加します。戻り通信用の許可ルールは、コネクションエントリにある送信元と宛先を反転したものです。フィルタリングエントリを追加した後、サーバーにTCPセグメントを転送します。

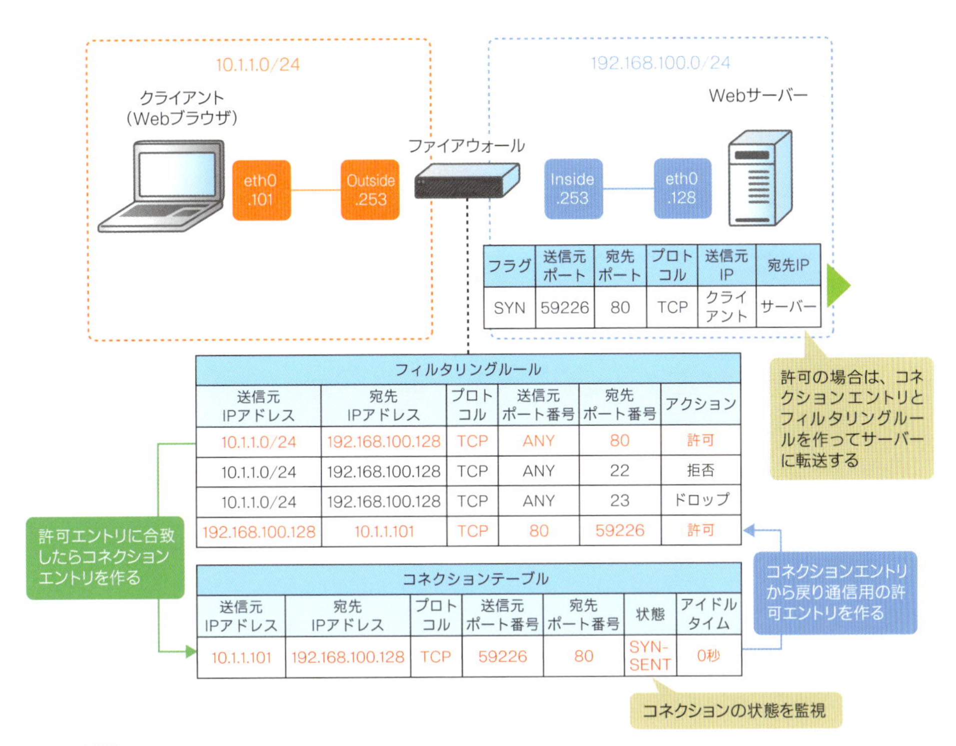

図5.2.57 通信を許可する場合はコネクションエントリを追加し、サーバーに転送

一方、アクションが「拒否（Reject）」のエントリにヒットした場合は、コネクションテーブルにコネクションエントリを追加せず、クライアントに対してRSTパケットを返します。

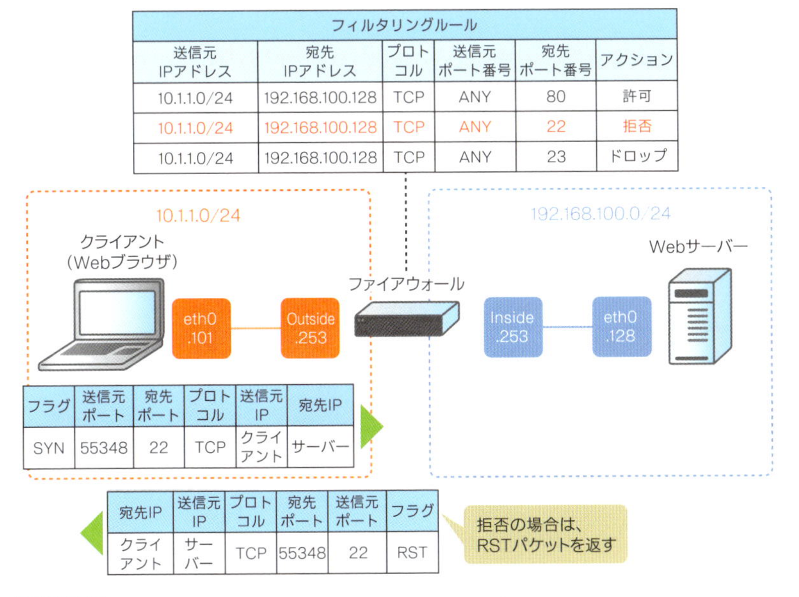

図5.2.58 拒否の場合はクライアントにRSTパケットを返す

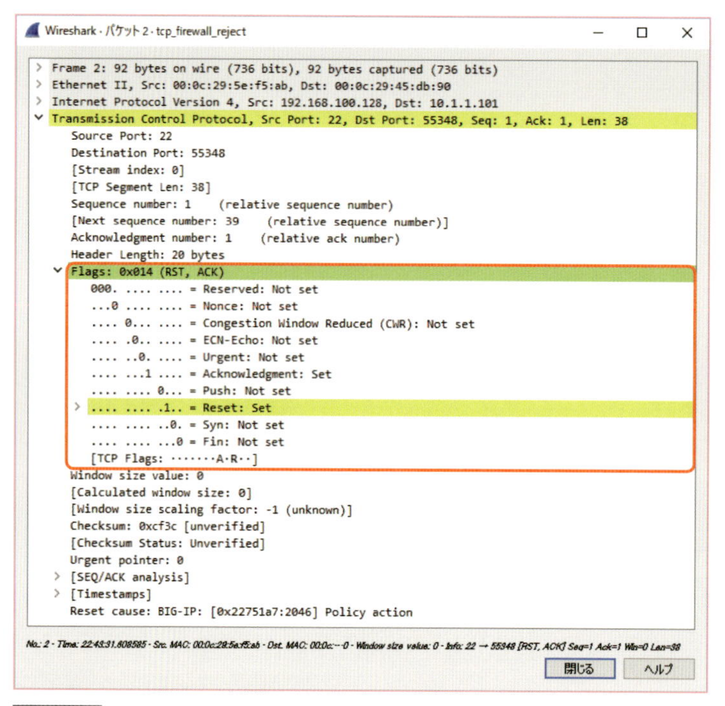

図5.2.59 ファイアウォールがクライアントに返すRSTパケット

また、アクションが「ドロップ（Drop）」のエントリにヒットした場合は、UDPのときと同じく、コネクションテーブルにコネクションエントリを追加せず、クライアントに対しても何もしません。TCPセグメントをこっそりと破棄（Silently Discard）し、そこに何もいないかのように振る舞います。

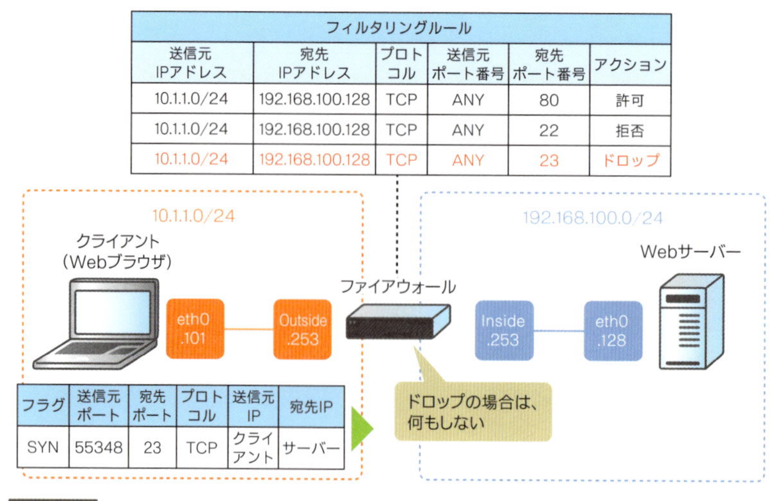

送信元IPアドレス	宛先IPアドレス	プロトコル	送信元ポート番号	宛先ポート番号	アクション
10.1.1.0/24	192.168.100.128	TCP	ANY	80	許可
10.1.1.0/24	192.168.100.128	TCP	ANY	22	拒否
10.1.1.0/24	192.168.100.128	TCP	ANY	23	ドロップ

フラグ	送信元ポート	宛先ポート	プロトコル	送信元IP	宛先IP
SYN	55348	23	TCP	クライアント	サーバー

図5.2.60 ドロップの場合、クライアントには何もしない

ちなみに、クライアントはSYN/ACKパケットが返ってこない場合、OSやそのバージョンごとに決められた間隔で、決められた回数だけSYNを再送し続けます。たとえば、Ubuntu 16.04の場合、再送回数は6回、$2^{(N-1)}$秒の間隔（NはN回目の再送を意味する）を空けてSYNパケットが再送されます。

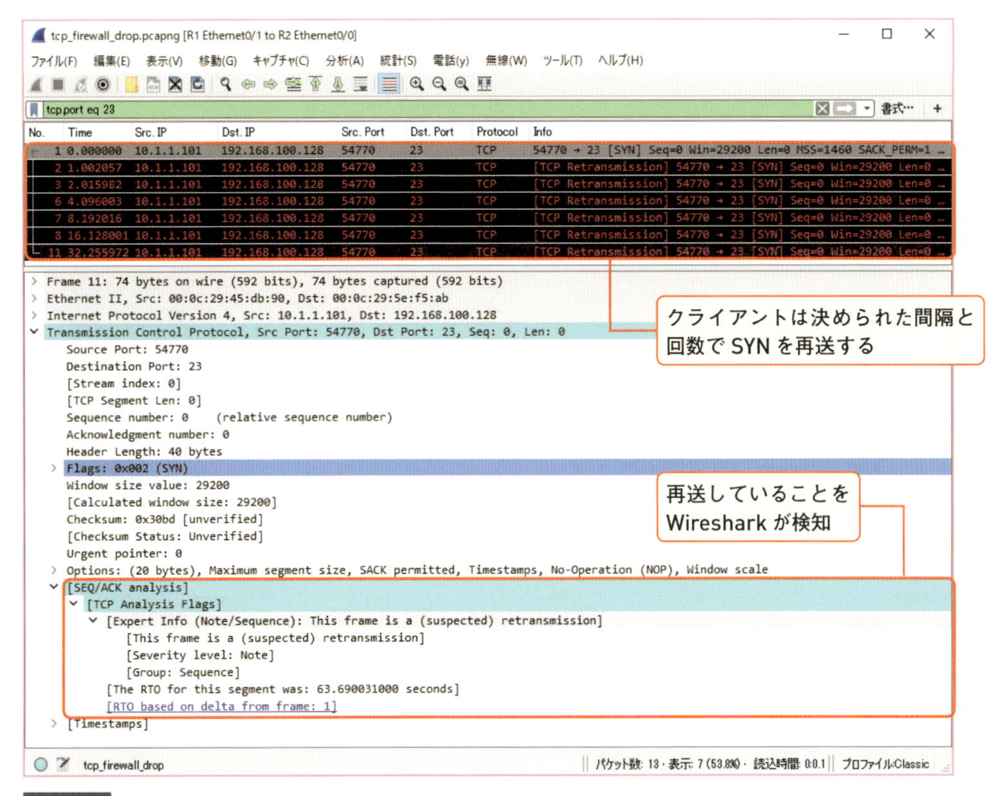

図5.2.61 SYN/ACKパケットが返ってこない場合のクライアントとファイアウォールのやりとり

3 許可（Accept、Permit）のエントリにヒットした場合は、サーバーからSYN/ACKパケットが戻ってきます。この戻り通信は、送信元と宛先を反転した通信です。ファイアウォールは戻り通信を受け取ると、**2**で作ったフィルタリングルールを使用して、許可制御を実行し、クライアントに転送します。あわせて、コネクションの状態に応じて、コネクションエントリの状態を「SYN-SENT」→「ESTABLISHED」と更新し、アイドルタイム（無通信時間）を「0秒」にリセットします。

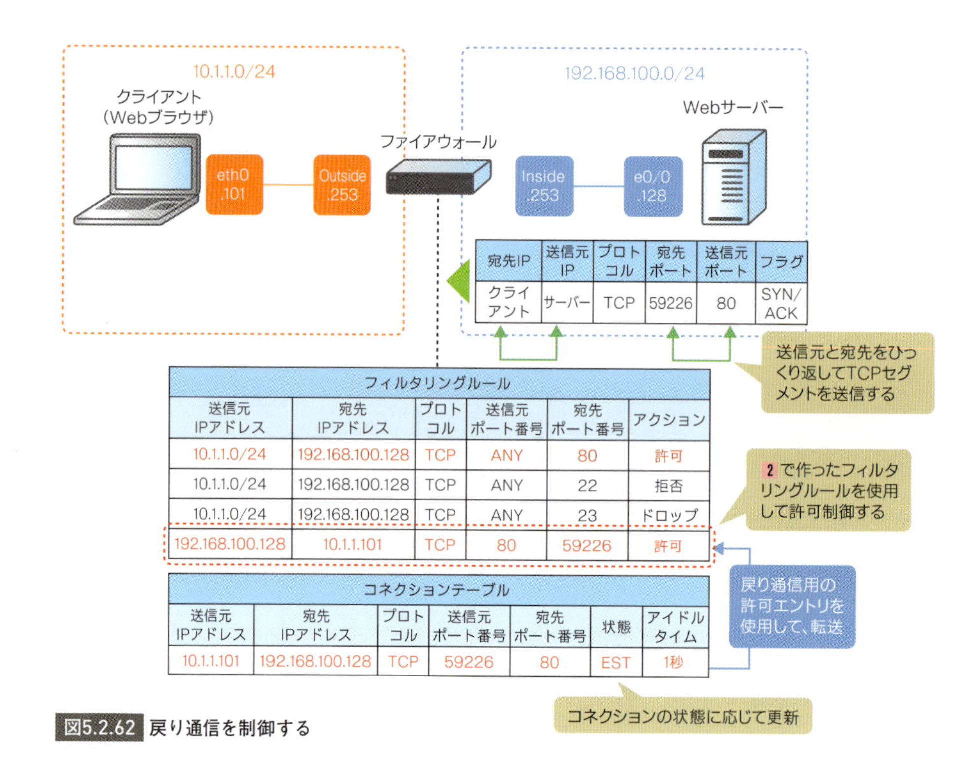

フィルタリングルール					
送信元IPアドレス	宛先IPアドレス	プロトコル	送信元ポート番号	宛先ポート番号	アクション
10.1.1.0/24	192.168.100.128	TCP	ANY	80	許可
10.1.1.0/24	192.168.100.128	TCP	ANY	22	拒否
10.1.1.0/24	192.168.100.128	TCP	ANY	23	ドロップ
192.168.100.128	10.1.1.101	TCP	80	59226	許可

コネクションテーブル						
送信元IPアドレス	宛先IPアドレス	プロトコル	送信元ポート番号	宛先ポート番号	状態	アイドルタイム
10.1.1.101	192.168.100.128	TCP	59226	80	EST	1秒

図5.2.62 戻り通信を制御する

4 アプリケーションデータを送り終えたら、4ウェイハンドシェイクによるクローズ処理が実行されます。ファイアウォールはクライアントとWebサーバーの間でやりとりされている「FIN/ACK」→「ACK」→「FIN/ACK」→「ACK」というパケットの流れを見て、コネクションエントリを削除します。また、それにあわせて戻り通信用のルールも削除します。

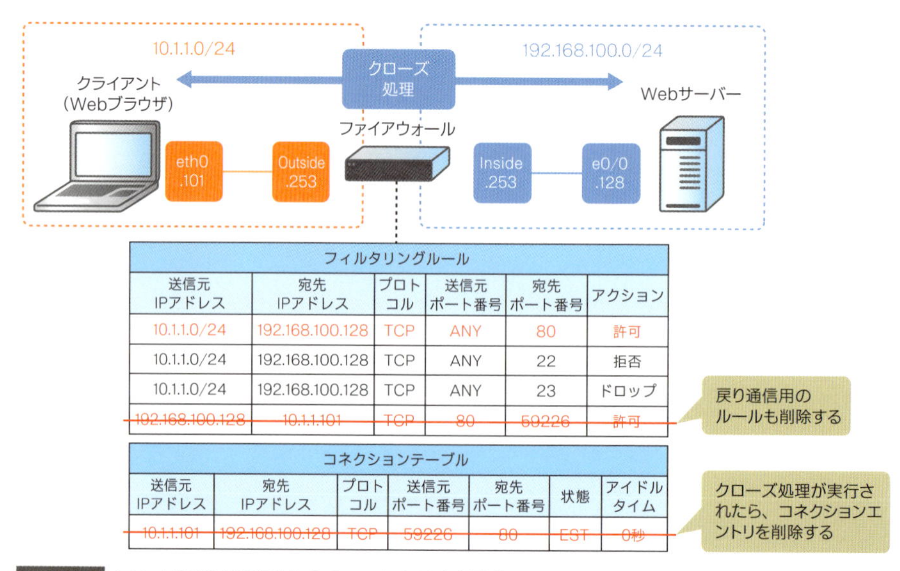

フィルタリングルール					
送信元IPアドレス	宛先IPアドレス	プロトコル	送信元ポート番号	宛先ポート番号	アクション
10.1.1.0/24	192.168.100.128	TCP	ANY	80	許可
10.1.1.0/24	192.168.100.128	TCP	ANY	22	拒否
10.1.1.0/24	192.168.100.128	TCP	ANY	23	ドロップ
~~192.168.100.128~~	~~10.1.1.101~~	~~TCP~~	~~80~~	~~59226~~	~~許可~~

コネクションテーブル						
送信元IPアドレス	宛先IPアドレス	プロトコル	送信元ポート番号	宛先ポート番号	状態	アイドルタイム
~~10.1.1.101~~	~~192.168.100.128~~	~~TCP~~	~~59226~~	~~80~~	~~EST~~	~~0秒~~

図5.2.63 クローズ処理が実行されたら、エントリを削除する

ちなみに、アプリケーションデータを送っている途中に端末がダウンしたりして、うまくコネクションをクローズできなかった場合は、4の処理ができず、不要なコネクションエントリと戻り通信用のフィルタリングルールがファイアウォールのメモリ上に残り続けてしまいます。ファイアウォールは余計なメモリリソースを食わないよう、アイドルタイムがタイムアウトしたら、コネクションエントリと戻り通信用のフィルタリングルールを削除し、メモリを開放します。

その他の拡張機能はどう見えるか

TCPは、現在進行形で進化しているプロトコルのひとつです。p.206から説明した「フロー制御」「輻輳制御」「再送制御」という3つの基本制御にプラスして、たくさんのオプションによって拡張されています。本書では、最近のOSに実装されている機能のうち、特に現場でよく話題になるものをいくつかピックアップして紹介します。

TCP Fast Open (TFO)

「TCP Fast Open（以下、TFO）」は、3ウェイハンドシェイクを使ってアプリケーションのリクエストを送信する機能です。RFC7413「TCP Fast Open」で定義され、Windows OSではWindows 10のアニバーサリーアップデートで、Linux OSではLinux Kernel 3.6以降で実装されています。

3ウェイハンドシェイクはTCPコネクションを作るために必要な処理です。しかし、1往復遅延時間＋処理遅延時間分だけアプリケーションデータを送信できなくなるため、短時間に大量のデータを送受信するうえでは邪魔以外の何物でもありません。そこでTFOは、本来であればアプリケーションデータを乗せない3ウェイハンドシェイクのSYN、SYN/ACKにアプリケーションデータを乗せることによって、3ウェイハンドシェイクを有効活用します。

では、TFOの具体的な処理について説明しましょう。なお、ここではアプリケーションプロトコルとしてHTTPを使用します。

まず、前提として、TFOはクライアントとサーバーの両方が機能を有効にして、初めて動作します。クライアントだけ、あるいはサーバーだけがTFOを有効にしていても、動作しません。

1 クライアントはTCPオプションに「Fast Open Cookie」という新しいオプションをセットして、SYNパケットを送信します。Cookieは、クライアントを識別するために使用する文字列で、TFOのセキュリティを確保する目的で使用されます。ここでは、Fast Open Cookie Requestで「TFOに使用する識別子をくださーい」とリクエストしています。このSYNパケットには、通常の3ウェイハンドシェイクと同様、アプリケーションデータは含まれません。

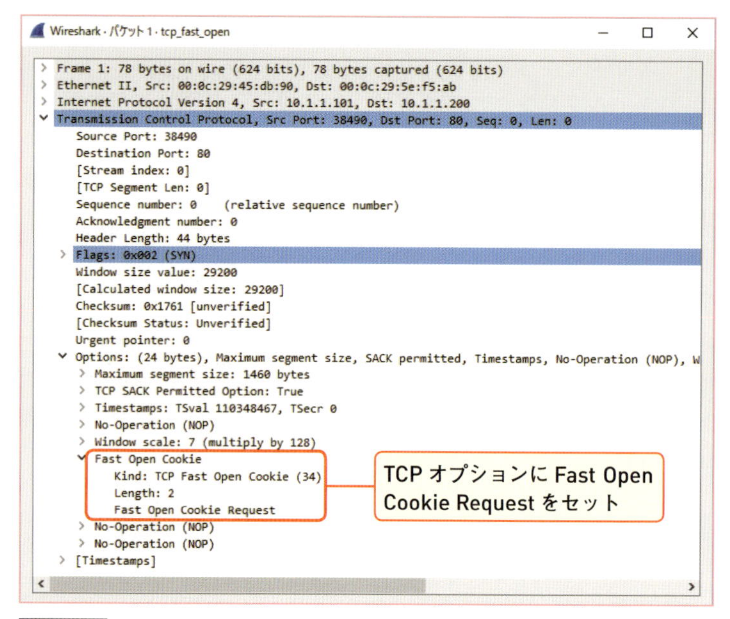

図5.2.64 TCP Fast Open Cookie Request

2 TFO Cookie Request を含む SYN を受け取ったサーバーは、TFO オプションにクライアントの IP アドレスから生成した「Fast Open Cookie」をセットして、SYN/ACK パケットを返します。この SYN/ACK パケットにも、通常の 3 ウェイハンドシェイクと同様、アプリケーションデータは含まれません。

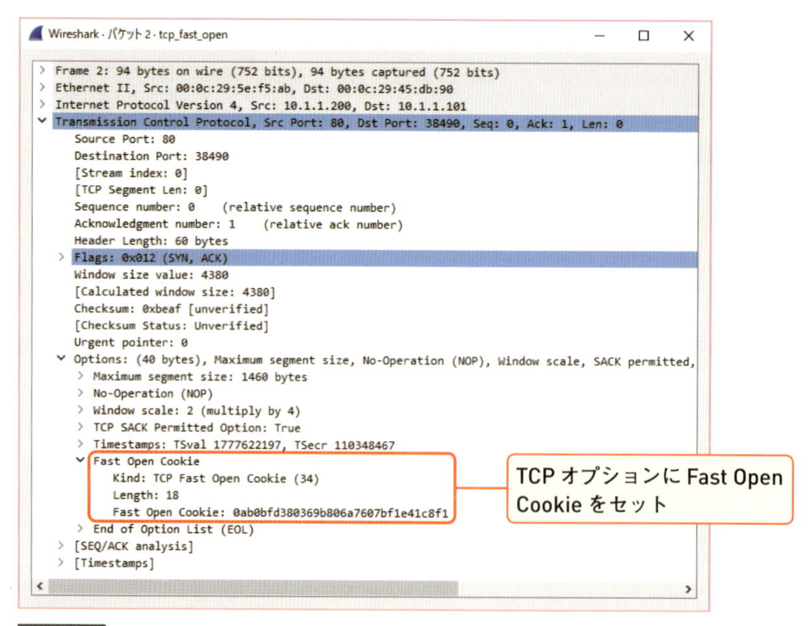

図5.2.65 TCP Fast Open Cookie を付与

3 SYN/ACK パケットを受け取ったクライアントは、次回以降の接続のために TFO Cookie をキャッシュし、ACK を返します。その後、アプリケーションデータの送受信に移り、やりとりが終わったらコネクションをクローズします。

以上のように、初回の接続は通常の 3 ウェイハンドシェイクに TFO に関する TCP オプションが追加されただけで、アプリケーションデータの送受信量という点においては特に変わりはありません。

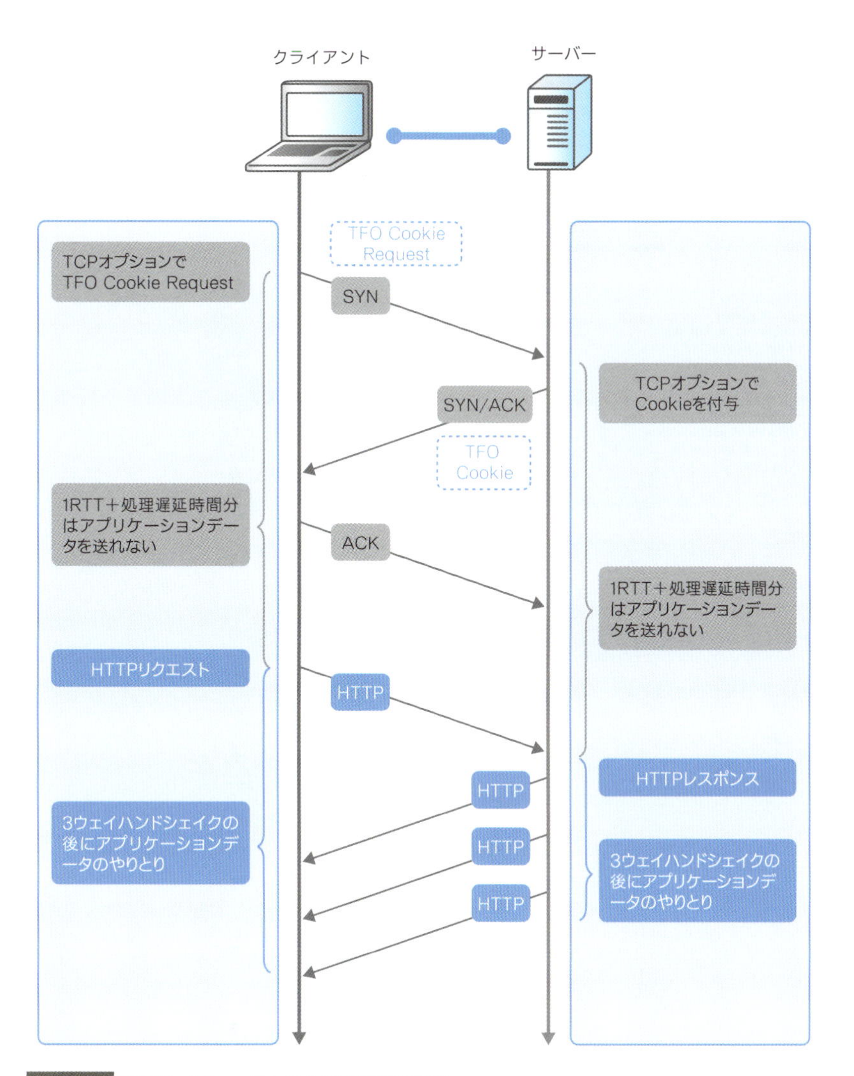

図5.2.66 TCP Fast Openにおける初回接続の流れ

4 TCP Fast Openが本領を発揮するのはここからです。クライアントは同じサーバーに対して2回目の接続を試みます。このとき、**3**ですでにコネクションがクローズされているので、新たに3ウェイハンドシェイクを行う必要があります。クライアントは、TCPオプションに**2**でキャッシュしたTFO Cookieを、TCPペイロード（アプリケーションデータ）にリクエスト（今回の例ではHTTPのGETリクエスト）をセットして、SYNパケットを送信します。

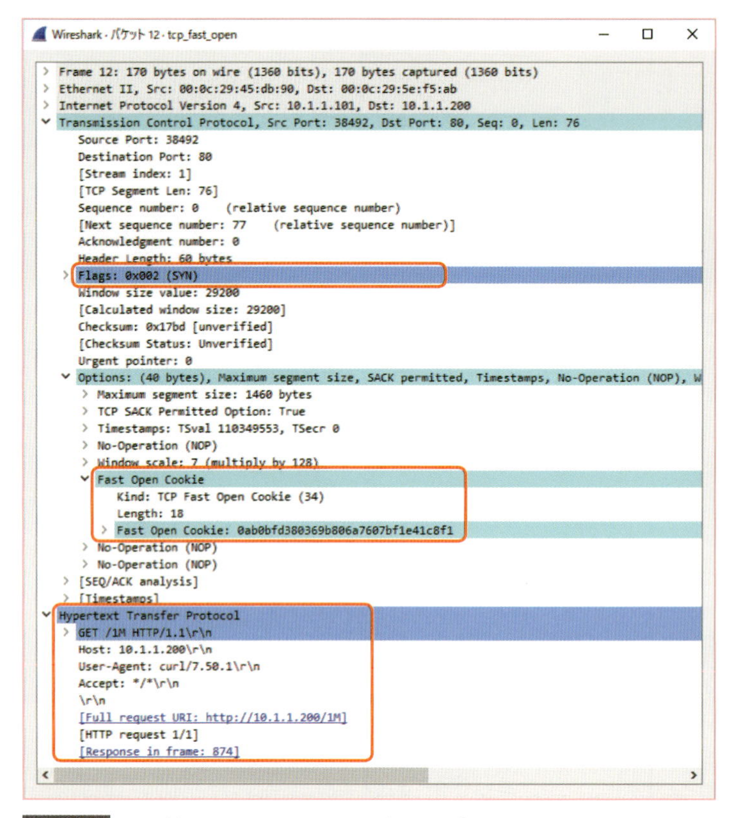

図5.2.67 SYNパケットにHTTPリクエストをセットする

5 SYNパケットを受け取ったサーバーは、TFO Cookieが正しいかどうか、つまり正しいクライアントIPアドレスから来たSYNパケットかどうかをチェックします。チェックに成功すると、アプリケーションデータに**4**のレスポンスデータをセットして[*1]、SYN/ACKパケットを返します。**4**と**5**の処理によって、2回目以降の接続で3ウェイハンドシェイクにかかる時間をスキップすることができ、同じ時間でもより多くのパケットを送信できるようになります。

ちなみに、TFO Cookieは永遠に使えるわけではなく、有効期間が設定されています。有効期間を過ぎたTFO Cookieを持つSYNパケットを受け取ると、また新しいTFO Cookieをセットして、アプリケーションデータのやりとりに移行します。

＊1 Apacheは、HTTPリクエストに対する最初のレスポンスとしてACKを返します。この場合は、SYN/ACKにはHTTPのレスポンスデータはセットされません。

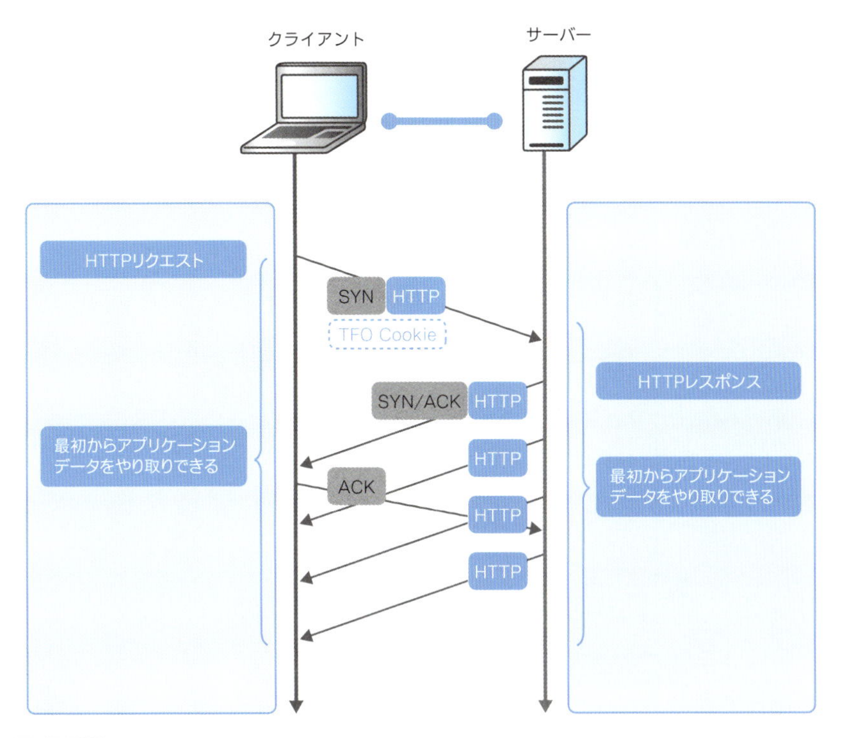

図5.2.68 2回目以降の接続では、SYNパケットからアプリケーションデータをやりとりする

Nagle アルゴリズム

「**Nagle アルゴリズム**」は、データサイズが小さいTCPセグメントをまとめて送信する機能です。これまで説明してきたとおり、TCPは信頼性を保つため、確認応答をしながらデータを送信します。これはデータサイズが小さいTCPセグメントであっても同じです。

しかし、これではいかにも効率が悪いです。そこで**Nagle アルゴリズムは、MSSに満たない小さいTCPセグメントをまとめて送ることによって、やりとりするTCPセグメントの数を減らし、あわせてパケットの往復を減らします。**

さて、心なしかいいこと尽くめのような気がするNagle アルゴリズムですが、必ずしもそうとはかぎりません。最近は、一瞬の操作によってプレーヤーの腕が決まるオンライン対戦ゲームでもTCPが使用されていたりします。対戦ゲームは、サイズが小さい座標データや操作データを大量送信することによって、リアルタイム性を維持しています。Nagle アルゴリズムを有効にしていると、この**リアルタイム性を阻害してしまう**ことになり、思ったとおりのプレイができない場合があります。そのような場合は、Nagle アルゴリズムを無効にして対応します。ちなみに、Nagle アルゴリズムはWindows OSの場合、「TCPNoDelay」というレジストリキーを追加することによって設定可能です。

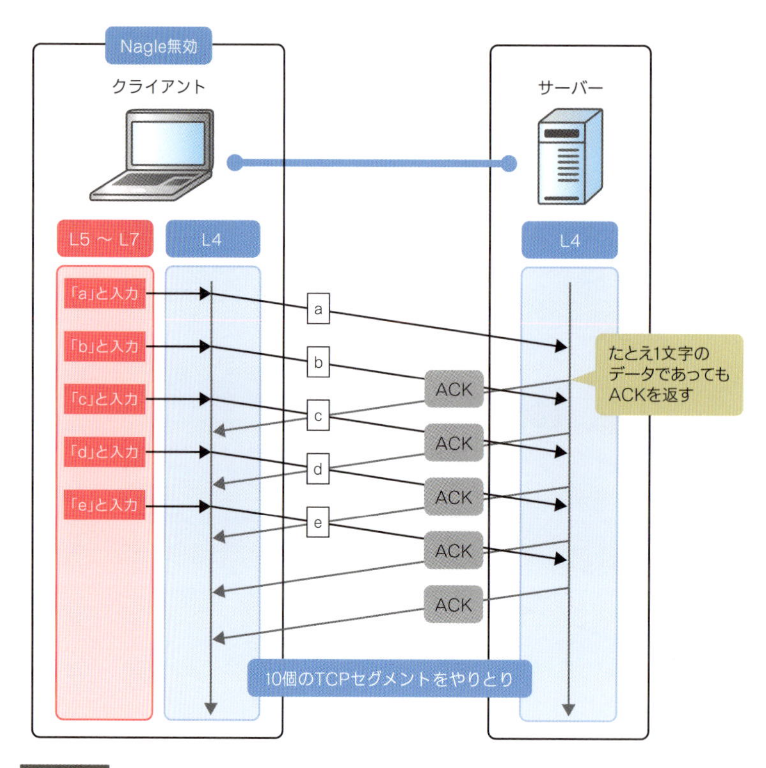

図5.2.69 通常時のやりとりは効率が悪い

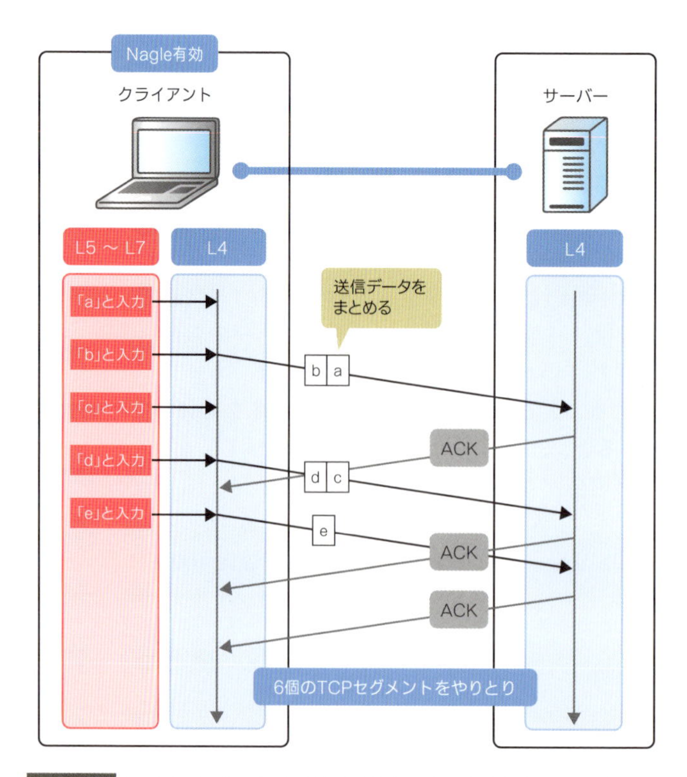

図5.2.70 Nagleアルゴリズムを有効にすると、やりとりするTCPセグメントの数が減る

遅延ACK（Delayed ACK）

「遅延 ACK（Delayed ACK）」はデータサイズが小さい TCP セグメントに対する確認応答を少しだけ遅らせる機能です。先述の Nagle アルゴリズムのところで説明したとおり、TCP のスライディングウィンドウは標準仕様上、データサイズの大小にかかわらず、ACK パケットを返します。遅延 ACK は、MSS に満たない小さい TCP セグメントに対する確認応答を一定時間、あるいは一定個数分遅らせて、複数の ACK を 1 つにまとめて返すことによって、通信の効率化を図ります。

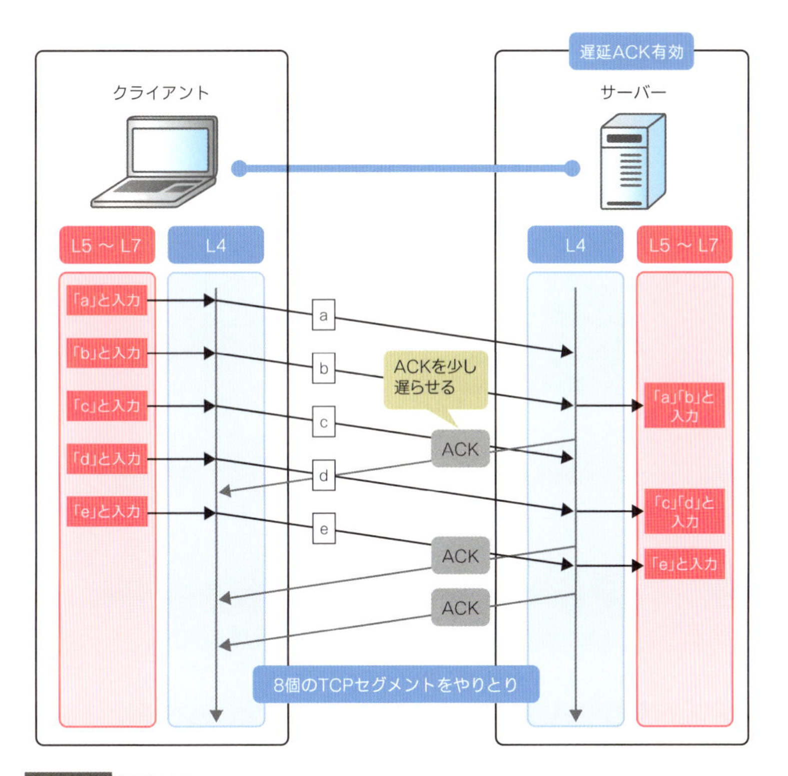

図5.2.71 遅延ACK

遅延 ACK を有効にするとき、最も注意が必要なのが、Nagle アルゴリズムとの相性問題です。遅延 ACK は受信側端末が ACK パケットの返信を遅らせて、通信の効率化を図ります。一方、Nagle アルゴリズムは送信側端末が TCP セグメントの送信を遅らせて、通信の効率化を図ります。両方の機能が相互に動いてしまうと、微妙なお見合い状態が頻発してしまい、Nagle アルゴリズムよりも一段とリアルタイムな通信を維持できなくなります。このようなケースでは、遅延 ACK も Nagle アルゴリズムも無効にしたほうがよいでしょう。ちなみに、遅延 ACK は Windows OS の場合、「TcpAckFrequency」というレジストリキーを追加することによって設定可能です。

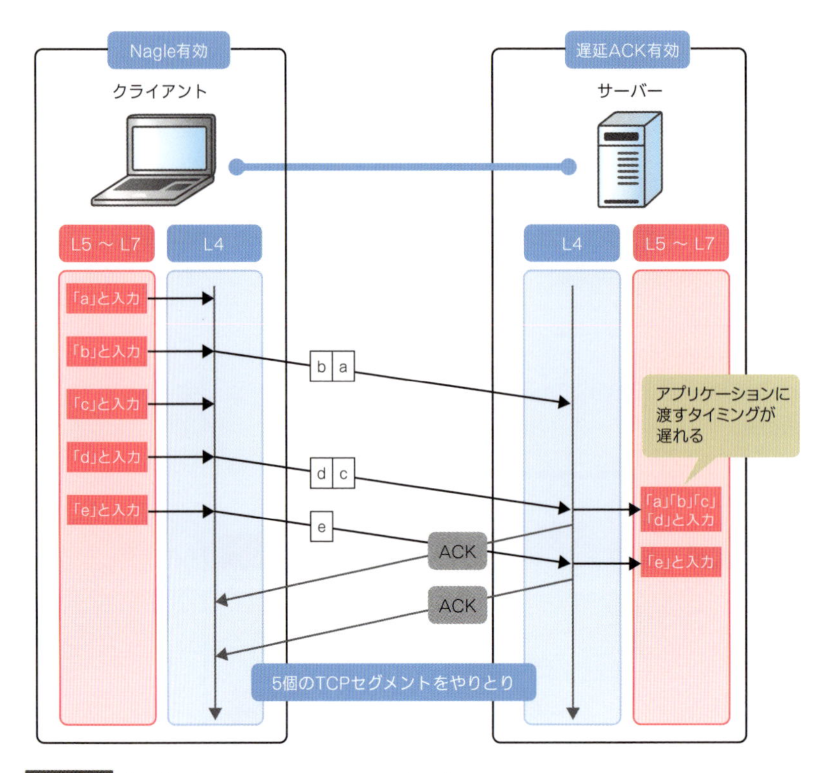

図5.2.72 遅延ACKとNagleアルゴリズムの相性問題

Early Retransmit

「Early Retransmit」は、Fast Retransmit が発動しきれない特定の TCP 環境において、重複 ACK のしきい値を下げ、Fast Retransmit を強制発動させる機能です。RFC5827「Early Retransmit for TCP and Stream Control Transmission Protocol（SCTP）」で規格化され、Linux Kernel 3.5 以降で実装されています。

先述のとおり、Fast Retransmit は一定回数（Linux OS の場合は 3 回）以上の重複 ACK を受け取らないと発動しません。Fast Retransmit が発動しない場合は、再送タイムアウトまでひたすら再送を待たないといけなくなるわけですが、これでは再送まで時間がかかるだけでなく、輻輳ウィンドウも初期値まで落ちてしまって、スループットがガタ落ちです。そこで、Early Retransmit は、送信したけれど ACK を受け取れていない未処理の TCP セグメントが 4 個未満で、3 回以上の重複 ACK を生み出せないような TCP 状態（たとえば、輻輳ウィンドウが小さいときや、送信データの最後のほうなど）において、重複 ACK のしきい値を「未処理の TCP セグメント数 -1」まで下げ、Fast Retransmit を強制的に発動させます。これにより、急激なスループット低下を防ぎます。

言葉だけではわかりづらいので、図を用いて説明しましょう。次の図のとおり、少なくとも 4 個以上の TCP セグメントが送信されないと、3 回以上の重複 ACK が返ってこないため、Fast Retransmit は発動しません。

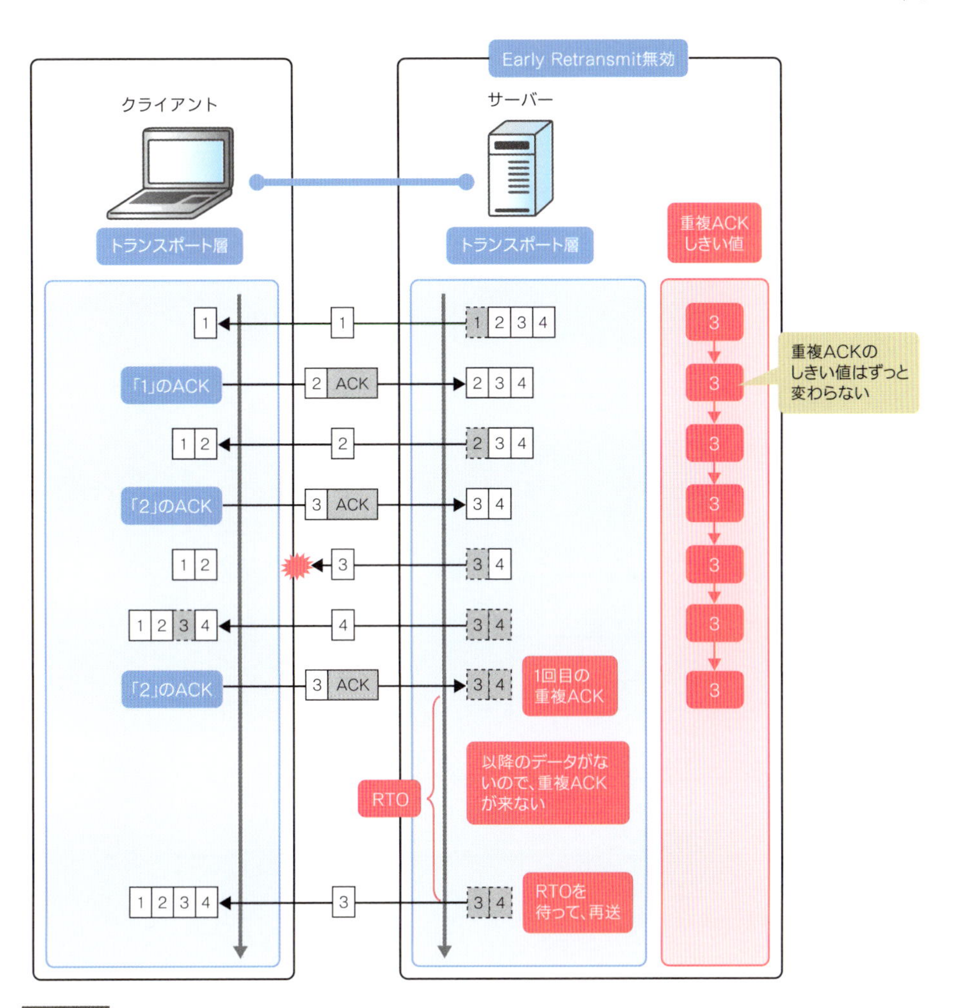

図5.2.73 Early Retransmitが無効になっているときのやりとり

Early Retransmitは4個未満のTCPセグメントを送信するときに、重複ACKしきい値を減らすことによって、Fast Retransmitを強制発動させます。次ページの図を例にとりましょう。最初の重複ACKしきい値は「3」です。TCPセグメントを1個送信すると、残り3個、つまり4個未満になるので、Early Retransmitによって、しきい値が「2」に減ります。TCPセグメントをもう1個送信すると、しきい値が「1」になり、1個のパケットロスでもFast Retransmitが発動、即座に再送できるようになります。

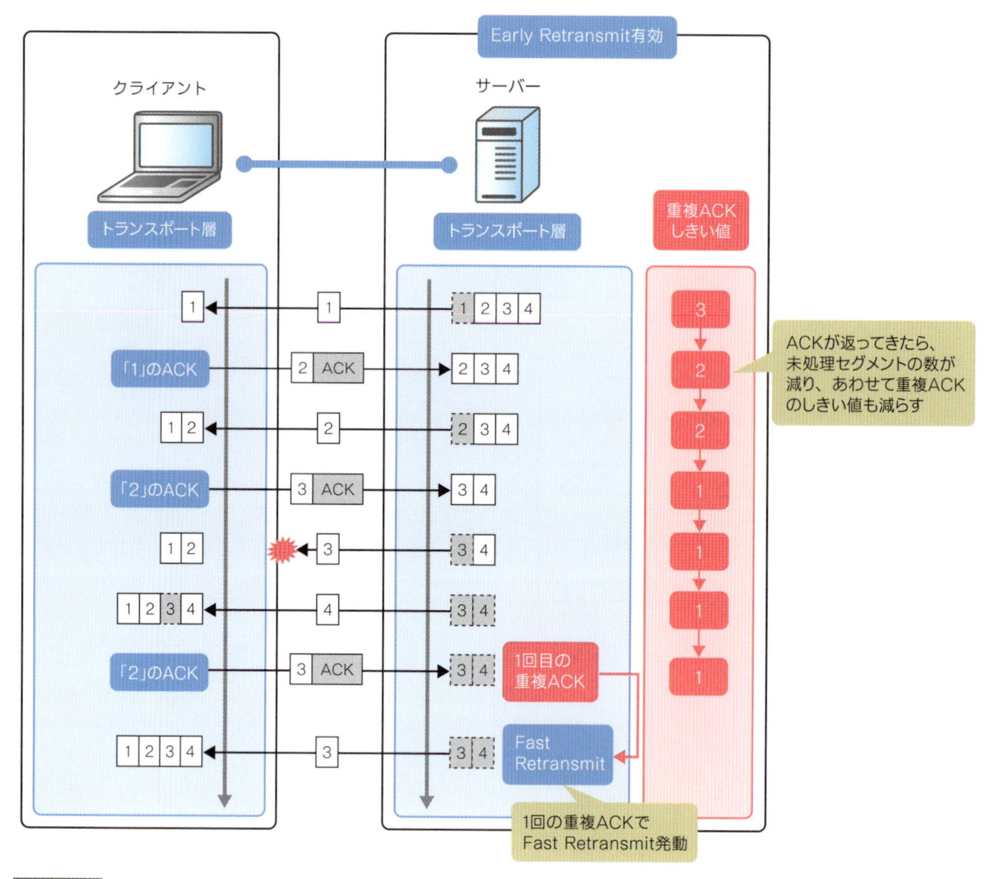

図5.2.74 Early Retransmitが有効なときのやりとり

Tail Loss Probe

「Tail Loss Probe」は、送信した一連のTCPセグメントのうち、最後のほうが失われてしまった場合にFast Retransmitを強制発動させる機能です。2017年6月現在、RFC申請中で、Windows 10のアニバーサリーアップデートで実装されました。

たとえば次ページの図のように、輻輳ウィンドウが「4」で、4個目のTCPセグメントがロスしてしまったら、後続のTCPセグメントがないため重複ACKが返ってこず、Fast RetransmitもEarly Retransmitも発動しません。再送タイムアウトまで再送を待たないといけなくなって、スループットがガタ落ちです。

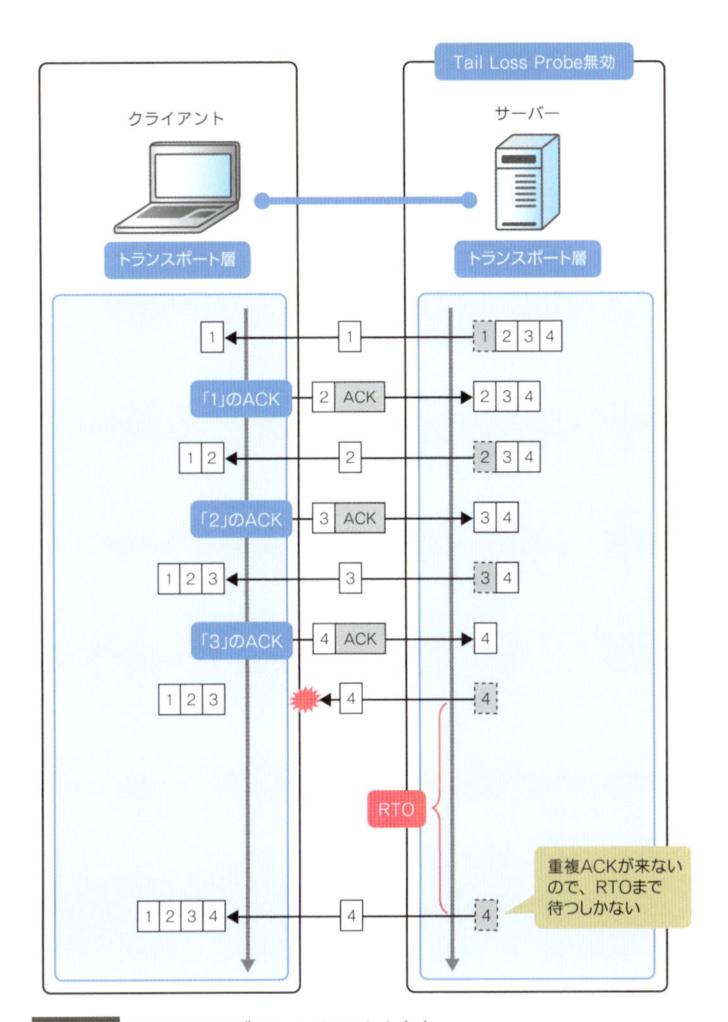

図5.2.75 最後のTCPセグメントがロスしたとき

そこで、Tail Loss Probeは再送タイムアウトとは別に、計算上それよりも短い値になることが多い「**プルーブタイムアウト（Probe Timeout、PTO）**」を定義しています。データを送るたびにタイマーをスタートし、プルーブタイムアウトに達したら、4個目のTCPセグメントを再送します。

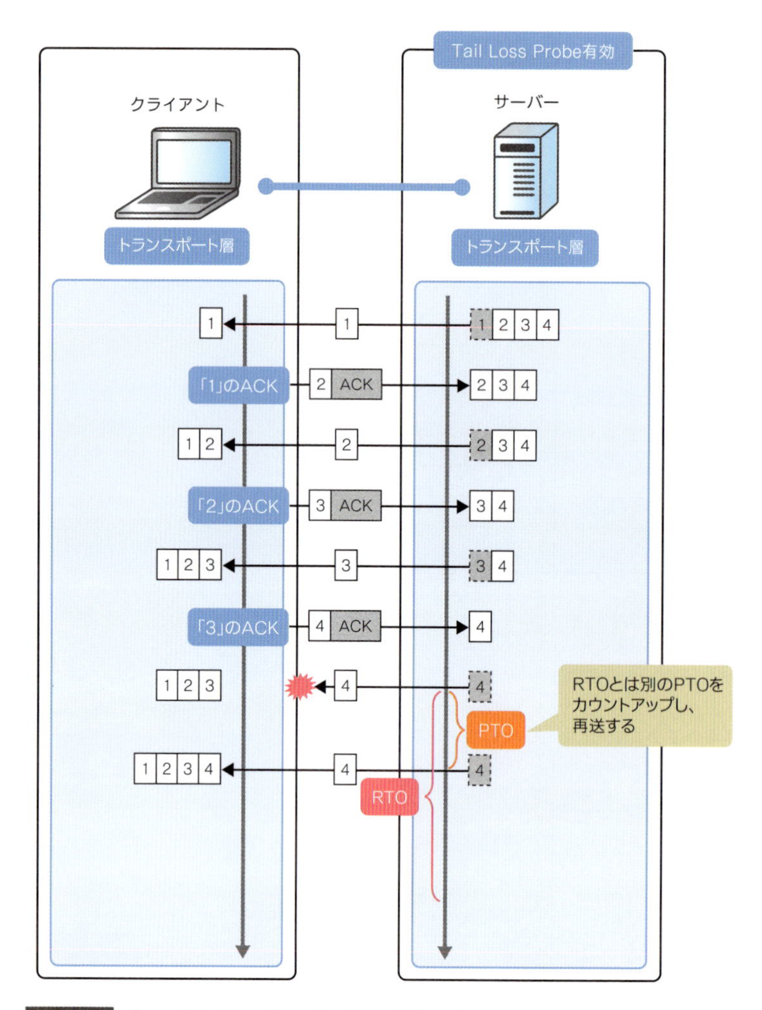

図5.2.76 プルーブタイムアウト（PTO）で最後のパケットロスを救う

ちなみに、Tail Loss Probe は、最後のパケットロスを救うためだけにあるわけではありません。Early Retransmit と連携すると、もう少し幅広いパケットを救うことができます。たとえば次ページの図のように、輻輳ウィンドウが「4」で、3 個目と 4 個目の TCP セグメントがロスしたときを考えてみましょう。具体的には、次のような流れになります。

1 送信側端末は 4 個目のパケットロス検知によって Tail Loss Probe が発動、4 個目の TCP セグメントを再送します。

2 受信側端末は、それに対する ACK を返します。

3 送信側端末の送信バッファの未処理 TCP セグメントは 2 個なので、Early Retransmit によって重複 ACK のしきい値が「1」に下がっています。**2** の ACK によって Fast Retransmit が発動、3 個目の TCP セグメントを再送します。

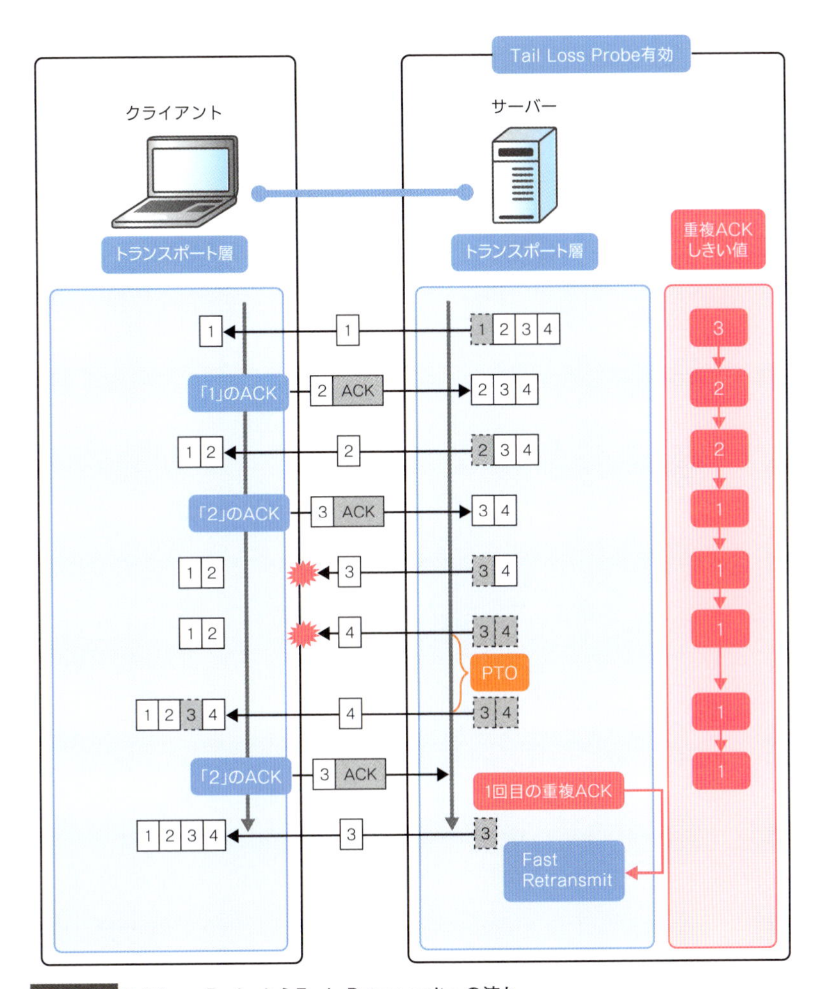

図5.2.77 Tail Loss ProbeからEarly Retransmitへの流れ

同じように、後ろから3個目までのパケットロスだったらTail Loss ProbeとEarly Retransmitの連携で復旧することができます。

CHAPTER

6

アプリケーションプロトコル

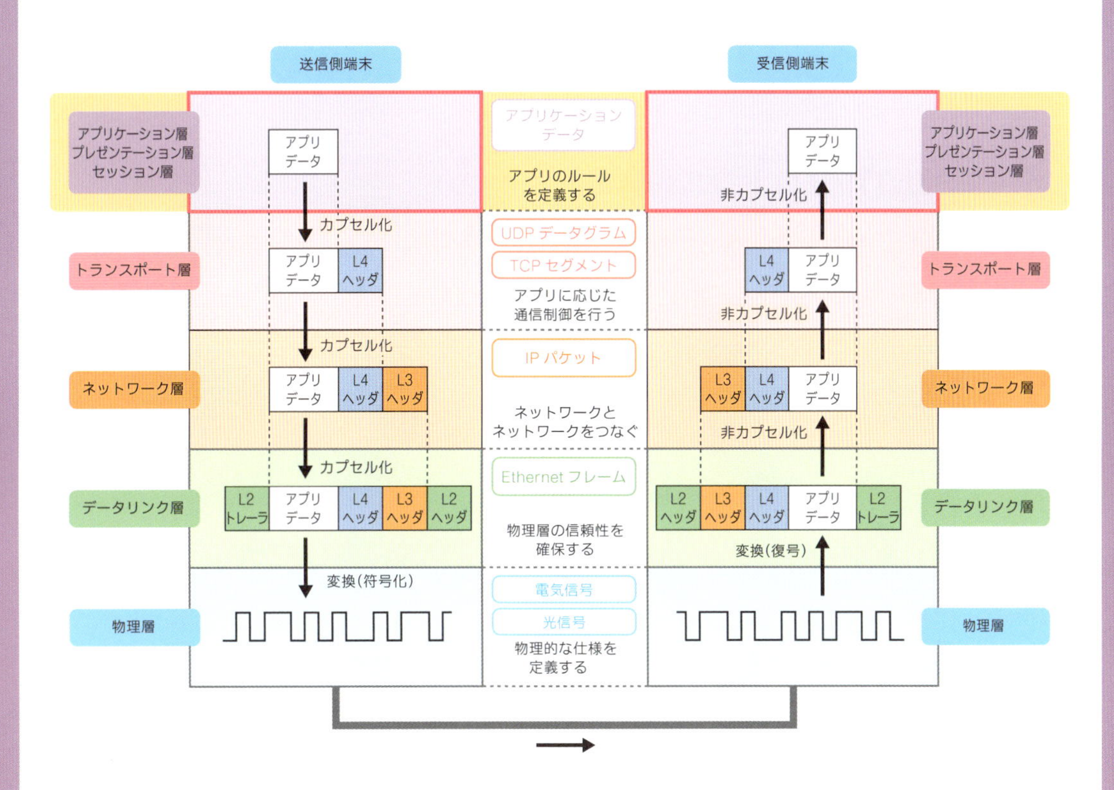

本章では、OSI参照モデルのセッション層(レイヤー5、L5、第5層)からアプリケーション層(レイヤー7、L7、第7層)で使用されているプロトコルをWiresharkで解析していきます。

セッション層からアプリケーション層のプロトコルは、パケット解析の観点から考えると、これまでのようにレイヤーで横に分けて考えるよりも、「アプリケーションプロトコル」としてアプリケーションごとにまとめて扱ったほうが理解しやすいでしょう。本書では、インターネットトラフィックの大半を占めている3つのアプリケーションプロトコル、「HTTP」「HTTPS」「DNS」について、それぞれ説明していきます。

CHAPTER 6

01 HTTP (Hyper Text Transfer Protocol)

セッション層からアプリケーション層で動作するアプリケーションプロトコルの中で、最もなじみ深く、かつ、よく話題になるものが「HTTP（HyperText Transfer Protocol）」でしょう。HTTPは、クライアントのリクエスト（要求）に対して、サーバーがレスポンス（応答）する典型的なリクエスト - レスポンス型のプロトコルです。インターネットはHTTPとともに進化を遂げ、HTTPとともに爆発的に普及しました。

HTTPはもともと、テキストファイルをダウンロードするだけのためのプロトコルでした。しかし、今やその枠組みを大きく飛び越え、ファイル送受信からリアルタイムなメッセージ交換、動画配信からインタラクティブな地図サービスに至るまで、ありとあらゆる用途で使用されています。

6.1.1 HTTPプロトコルの詳細

HTTPは、1991年に登場して以来、「HTTP/0.9」→「HTTP/1.0」→「HTTP/1.1」→「HTTP/2」と3回のバージョンアップが行われています。どのバージョンで接続するかは、Webブラウザと Webサーバーの設定次第です。お互いの設定や対応状況が異なる場合は、やりとりの中で適切なプロトコルバージョンを選択します。

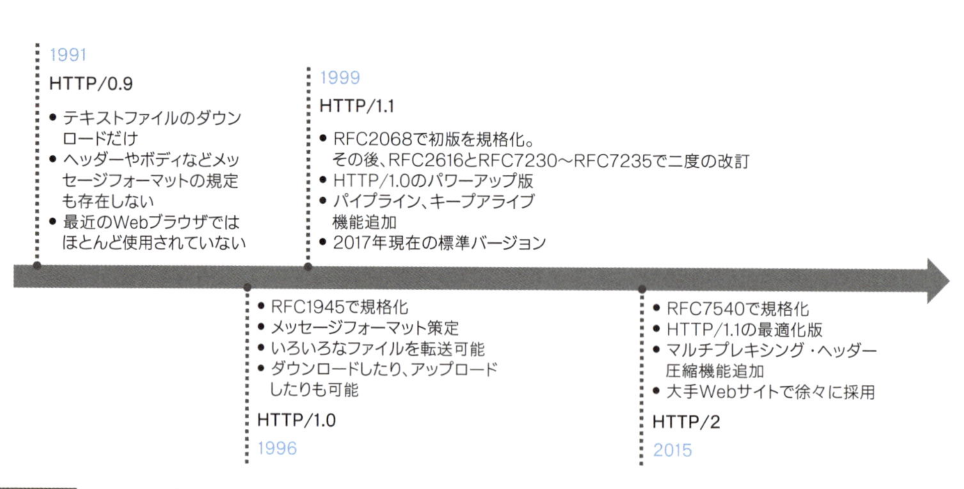

図6.1.1 HTTPバージョンの変遷

HTTP/0.9

HTTP/0.9は、HTML（HyperText Markup Language）で記述されたテキストファイルをサーバーからダウンロードするだけのシンプルなものです。今さら好き好んで使用する理由はありませんが、このシンプルさこそが、その後の爆発的な普及をもたらす要因になりました。

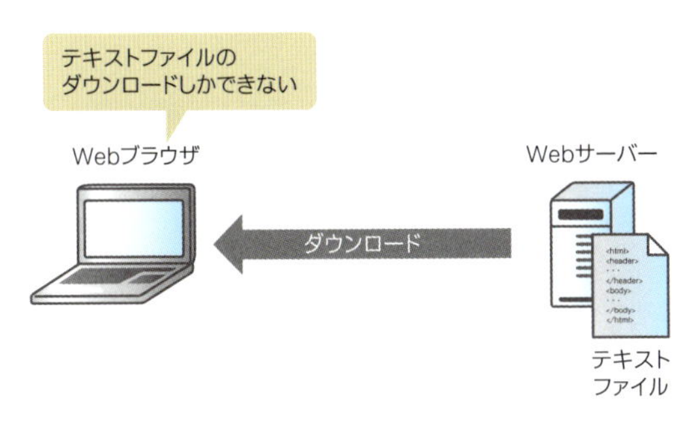

図6.1.2 HTTP/0.9はテキストファイルのダウンロードだけ

HTTP/1.0

HTTP/1.0 は、1996 年に RFC1945「Hypertext Transfer Protocol -- HTTP/1.0」で規格化されています。HTTP/1.0 ではテキストファイル以外にもいろいろなファイルを扱えるようになり、そのうえアップロードや削除もできるようになっていて、プロトコルとしての幅が大きく広がっています。メッセージ（データ）のフォーマットや、リクエストとレスポンスの基本的な仕様もこの時点でほぼ確立していて、現在まで続く HTTP の礎になっています。

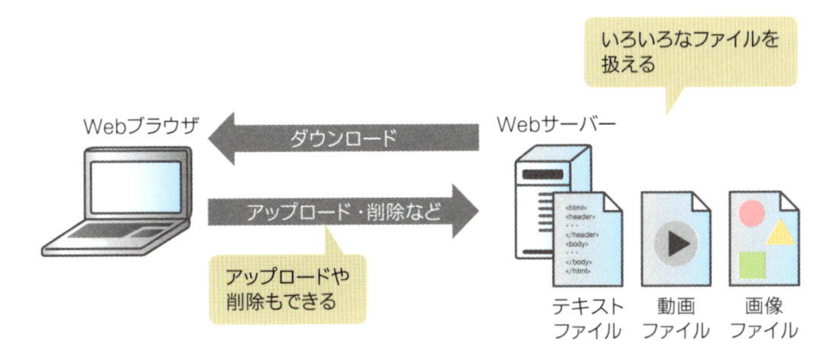

図6.1.3 HTTP/1.0でアップロードや削除もできるようになった

HTTP/1.1

HTTP/1.1 は、1997 年に RFC2068「Hypertext Transfer Protocol -- HTTP/1.1」で規格化され、1999 年に RFC2616「Hypertext Transfer Protocol -- HTTP/1.1」で更新されています。HTTP/1.1 にはレスポンスを待たずに次のリクエストを送信できる「**パイプライン**」や、TCP コネクションを維持し続けたまま複数のリクエストを送信する「**キープアライブ（持続的接続）**」など、TCP レベルでのパフォーマンスを最適化するための機能が追加されています。Chrome や Firefox、Internet Explorer などの Web ブラウザも、Apache や IIS、nginx などの Web サーバーも、HTTP/1.1 をデフォルト値として採用しており、2017 年現在の標準バージョンになっています。

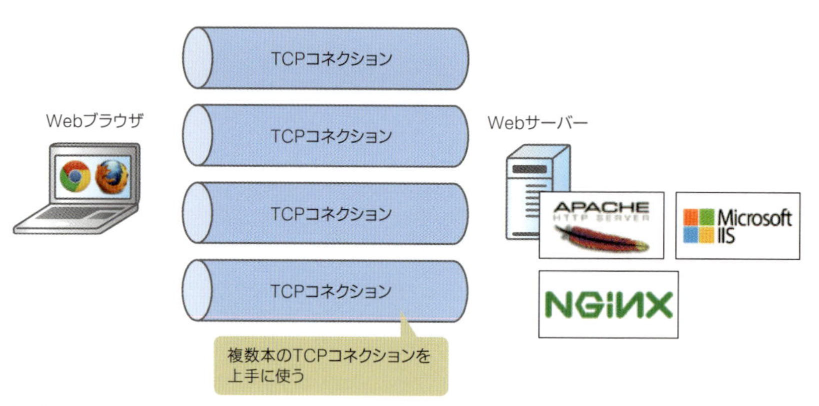

図6.1.4 HTTP/1.1ではTCPレベルでのパフォーマンス最適化が図られている

HTTP/2

HTTP/2は、2015年にRFC7540「Hypertext Transfer Protocol Version 2 (HTTP/2)」で規格化されています。HTTP/2には、1本のTCPコネクションでリクエストとレスポンスを並列に処理する「**マルチプレキシング**」や、次のリクエストが来る前に必要なコンテンツをレスポンスする「**サーバープッシュ**」など、TCPだけでなくアプリケーションレベルにおいてもパフォーマンスを向上させるための機能が追加されています。

HTTP/2の歴史はまだ浅いものの、Yahoo!やGoogle、TwitterやFacebookなど、大規模Webサイトではすでに採用されています。Webブラウザさえ対応していれば、気づかないうちにHTTP/2で接続しているはずです。

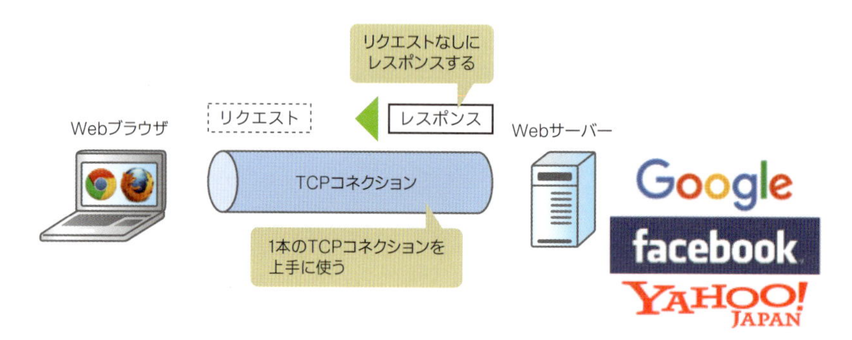

図6.1.5 HTTP/2はアプリケーションレベルでもパフォーマンス向上を図る

ソフトウェアのHTTP/2への対応状況は、Webブラウザ（クライアントソフトウェア）もサーバーソフトウェアもバージョンによって、対応していたり、していなかったりします。2017年9月現在の対応状況については、次の表を参照してください。

クライアントサイド	
Webブラウザ	バージョン
Chrome	40～
Firefox	35～（デフォルトで有効になったバージョン）
Internet Explorer	11～（Windows 10 必須）
Safari	9～

サーバーサイド	
Webサーバーソフトウェア	バージョン
Apache	2.4.17～
IIS	Windows 10、Windows Server 2016
nginx	1.9.5～
BIG-IP	11.6～

表6.1.1 HTTP/2の対応状況（2017年9月現在）

なお、Chrome や Firefox、Internet Explorer など、主要な Web ブラウザで HTTP/2 を使用する場合、暗号化通信（HTTPS 通信）が必須です。非暗号化通信で HTTP/2 を使用することはできません。HTTP/2 サーバーを構築するときに、暗号化通信に必要なデジタル証明書の取得が必要になったり、新しく設定が必要になったりするので注意してください。

最近は、Web サーバーのフロントにある負荷分散装置が HTTP/2 処理と SSL 処理をオフロード（肩代わり）する機能を持っていたりもします。どうしてもサーバーの設定を変えたくなかったり、新たに HTTP/2 サーバーを構築したくなかったりするときは、選択肢のひとつとして考えてもよいでしょう。

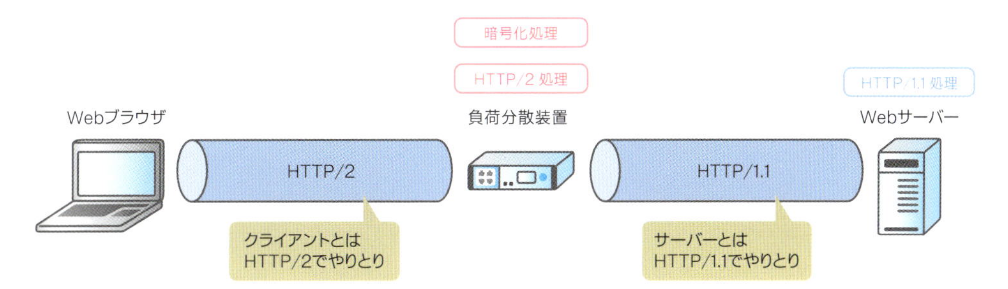

図6.1.6 負荷分散装置でHTTP/2とSSLの処理を肩代わり

ちなみに、Web サイトに対して HTTP/2 で接続しているかどうかは、Chrome や Firefox であれば、拡張機能（アドオン）の「HTTP/2 and SPDY indicator」をインストールするとアドレスバーで確認できるようになります。

図6.1.7 拡張機能でHTTP/2接続を確認できる（Firefoxの場合）

メッセージフォーマット

HTTPは、バージョンアップに伴っていろいろな機能が追加されているものの、メッセージフォーマット自体はHTTP/1.0からそれほど大きく変わっていません。シンプルそのもののフォーマットが、現在進行形で進められているHTTPの進化をもたらしたといっても過言ではありません。

HTTPでやりとりする情報のことを「**HTTPメッセージ**」といいます。HTTPメッセージには、Webブラウザがサーバーに対して処理をお願いする「**リクエストメッセージ**」と、サーバーがWebブラウザに対して処理結果を返す「**レスポンスメッセージ**」の2種類があります。どちらのメッセージも、HTTPメッセージの種類を表す「**スタートライン**」、制御情報が複数行にわたって記述されている「**メッセージヘッダー**」、アプリケーションデータの本文（HTTPペイロード）を表す「**メッセージボディ**」の3つで構成されていて、メッセージヘッダーとメッセージボディは境界線を示す空行の改行コード（\r\n）でくっついています。

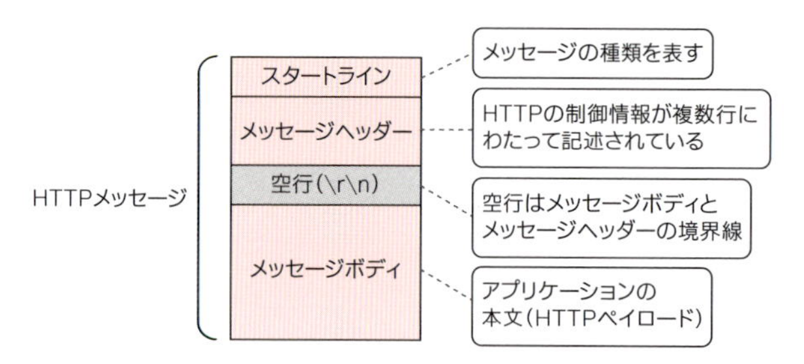

図6.1.8 HTTPメッセージのフォーマット

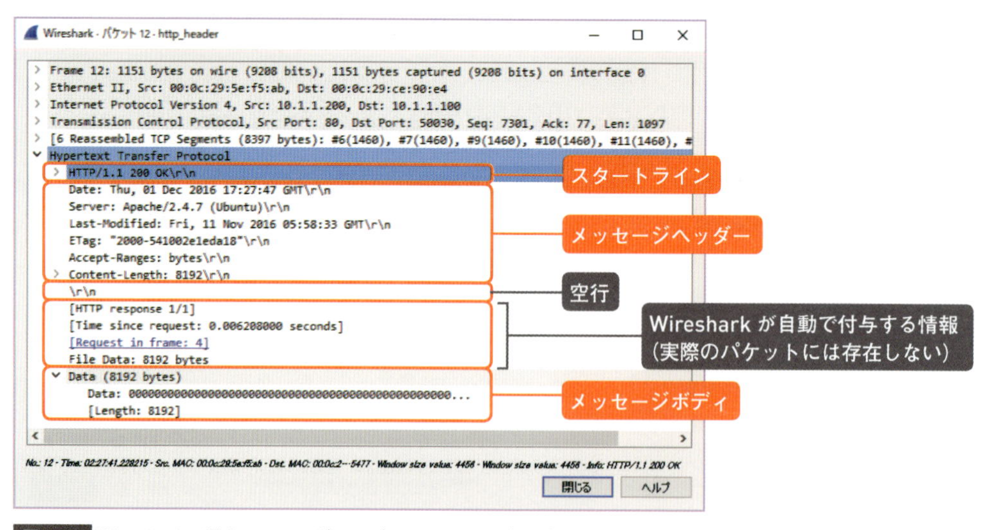

図6.1.9 Wiresharkで見たメッセージヘッダーとメッセージボディ

リクエストメッセージのフォーマット

リクエストメッセージは、1行の「リクエストライン」、複数の「HTTPヘッダー」で構成されている「メッセージヘッダー」、そして「メッセージボディ」の3つで構成されています。リクエストメッセージのメッセージヘッダーは、「リクエストヘッダー」「一般ヘッダー」「エンティティヘッダー」「その他のヘッダー」という4種類のHTTPヘッダーのいずれかで構成されていて、どのHTTPヘッダーで構成されるかはWebブラウザ[*1]によって異なります。また、各ヘッダーフィールドは「<ヘッダー名>: <フィールド値>」で構成されています。

＊1 本書では、HTTP/HTTPSクライアントソフトウェア、HTTP/HTTPSクライアントツールの総称として「Webブラウザ」という用語を使用しています。

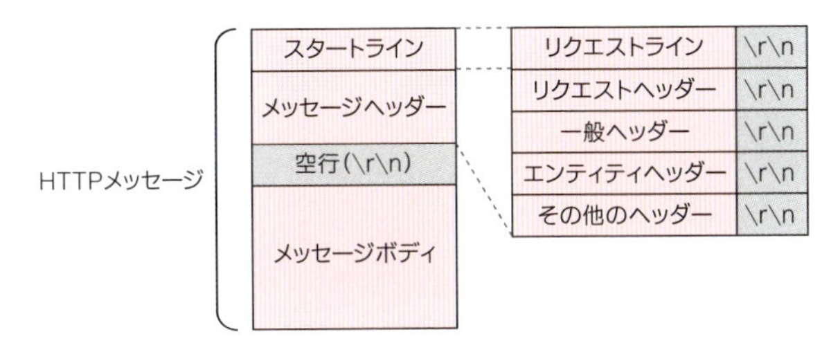

図6.1.10 リクエストメッセージ

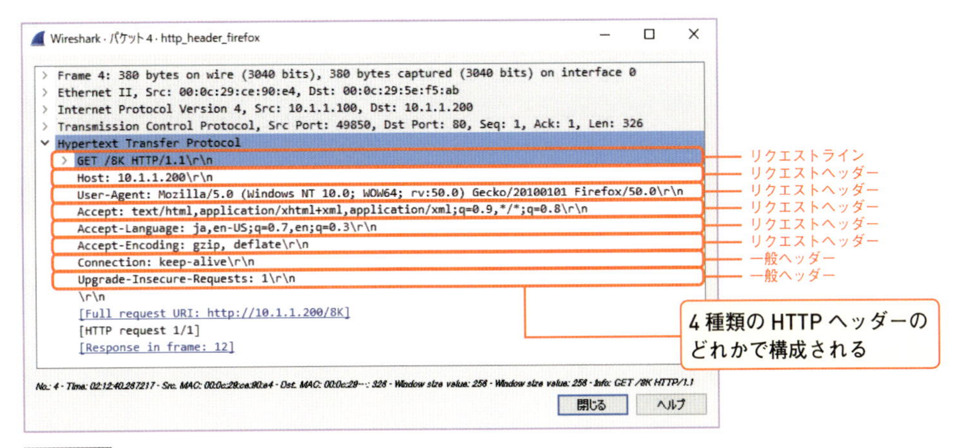

図6.1.11 Wiresharkで見たリクエストメッセージ

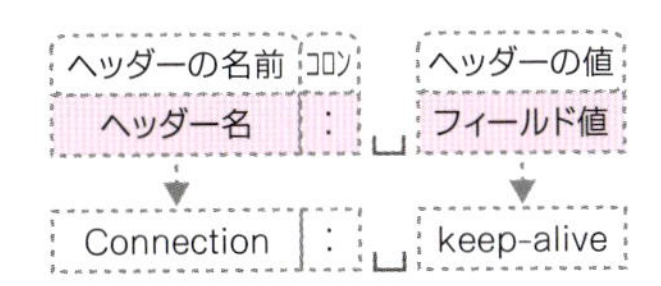

図6.1.12 HTTPヘッダーフィールドの構成要素

■リクエストライン

リクエストラインは、その名のとおり、クライアントがサーバーに「〇〇してください！」

と処理をお願いするための行です。リクエストメッセージにしか存在しません。リクエストラインは、リクエストの種類を表す「**メソッド**」、リソースの識別子を表す「**リクエストURI（Uniform Resource Identifier）**」、HTTPのバージョンを表す「**HTTPバージョン**」の3つで構成されています。Webブラウザは、任意のHTTPバージョンで、URIで示されているWebサーバー上のリソース（ファイル）に対して、メソッドを使用して処理を要求します。

図6.1.13 リクエストラインの構成要素

メソッド

メソッドは、クライアントがサーバーに対してお願いするリクエストの種類を表しています。RFC2616（HTTP/1.1）で定義されているメソッドは8種類しかなく、とてもあっさりしています。たとえば、Webサイトを閲覧するときは「GET」メソッドを利用して、Webサーバー上のファイルをダウンロードして表示しています。

メソッド	内容	対応バージョン
OPTIONS	サーバーがサポートするメソッドやオプションを調べる	HTTP/1.1～
GET	サーバーからデータを取得する	HTTP/0.9～
HEAD	メッセージヘッダーのみを取得する	HTTP/1.0～
POST	サーバーへデータを転送する	HTTP/1.0～
PUT	サーバーへローカルにあるファイルを転送する	HTTP/1.1～
DELETE	ファイルを削除する	HTTP/1.1～
TRACE	サーバーへの経路を確認する	HTTP/1.1～
CONNECT	プロキシサーバーにトンネリングを要求する	HTTP/1.1～

表6.1.2 RFC2616で定義されているメソッド

リクエストURI

リクエストURIは、サーバーの場所やファイル名、パラメータなど、いろいろなリソースを識別するために使用する文字列です。RFC3986「Uniform Resource Identifier (URI): Generic Syntax」で規格化されています。URIのフォーマットには、リソースにアクセスするために必要な情報すべてを記述する「**絶対URI**」と、基準となるURIからの相対的な位置を表す「**相対URI**」があります。

絶対URIは、目的のリソース（ファイルやプログラムなど）について最初から最後まで記述します。具体的には「スキーム名」「サーバーのアドレス」「ポート番号」「ファイルパス」「クエリ文字列」「フラグメント識別子」などで構成されています。

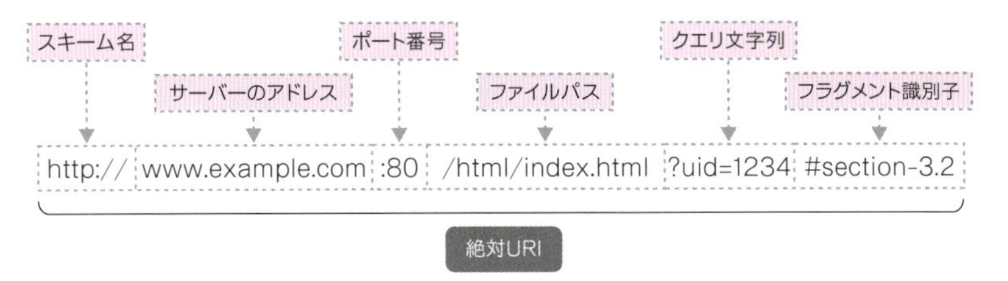

図6.1.14 絶対URI

一方、相対 URI は、たとえば「/html/index.html?uid=1234#section-3.2」のように、基準となる「http://www.example.com」からの相対的な位置を表します。単純に Web サイトの情報を GET しているときは、相対 URI を使用していることがほとんどです。

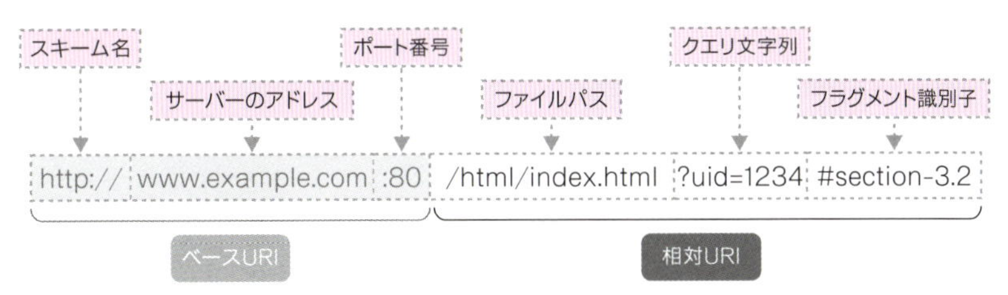

図6.1.15 相対URI

ちなみに、URI のひとつとして、一般的にも馴染みのある「URL（Uniform Resource Locator）」があります。URL は Web サイトにアクセスするときに入力するアドレスであり、ネットワークにおけるサーバーの場所を表しています。

レスポンスメッセージのフォーマット

レスポンスメッセージは、1 行の「**ステータスライン**」、複数の「**HTTP ヘッダー**」で構成されている「**メッセージヘッダー**」、そして「**メッセージボディ**」の 3 つで構成されています。レスポンスメッセージのメッセージヘッダーは、「**レスポンスヘッダー**」「**一般ヘッダー**」「**エンティティヘッダー**」「**その他のヘッダー**」という 4 種類の HTTP ヘッダーのいずれかで構成されていて、どの HTTP ヘッダーで構成されるかは Web サーバー（HTTP サーバーソフトウェア）によって異なります。

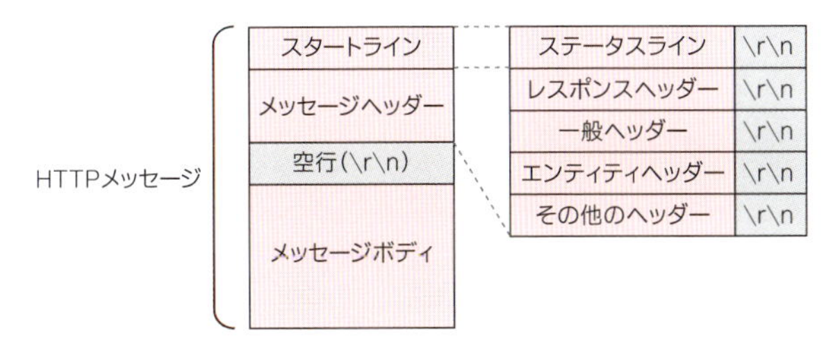

図6.1.16 レスポンスメッセージ

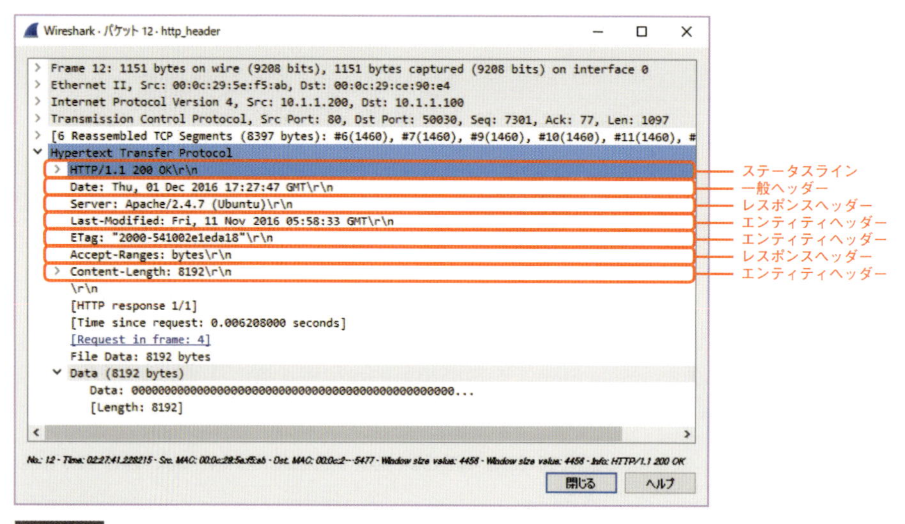

図6.1.17 Wiresharkで見たレスポンスメッセージ

■ステータスライン

ステータスラインは、Webサーバーが Webブラウザに対して処理結果の概要を返す行です。レスポンスメッセージにしか存在しません。ステータスラインは、HTTPのバージョンを表す「**HTTPバージョン**」、処理結果の概要を3桁の数字で表す「**ステータスコード**」、その理由を表す「**リーズンフレーズ**」で構成されています。

HTTPのバージョン	処理結果を表す数字	その理由
HTTPバージョン	ステータスコード	リーズンフレーズ
HTTP/1.1	200	OK

図6.1.18 ステータスラインの構成要素

ステータスコードとリーズンフレーズは一意に紐づいていて、代表的なものは次の表のとおりです。たとえば、シンプルにWebサイトにアクセスして、画面が表示された場合、ステータスラインには「HTTP/1.1 200 OK」がセットされます。

クラス		ステータスコード	リーズンフレーズ	説明
1xx	Informational	100	Continue	クライアントはリクエストを継続できる
		101	Switching Protocols	Upgradeヘッダーを使用して、プロトコル、あるいはバージョンを変更する
2xx	Success	200	OK	正常に処理が完了した

表6.1.3 代表的なステータスコードとリーズンフレーズ

クラス		ステータスコード	リーズンフレーズ	説明
3xx	Redirection	301	Moved Permanently	Location ヘッダーを使用して、別の URI にリダイレクト（転送）する。恒久対応
		302	Found	Location ヘッダーを使用して、別の URI にリダイレクト（転送）する。暫定対応
		304	Not Modified	リソースが更新されていない
4xx	Client Error	400	Bad Request	リクエストの構文に誤りがある
		401	Unauthorized	認証に失敗した
		403	Forbidden	そのリソースに対してアクセスが拒否された
		404	Not Found	そのリソースが存在しない
		406	Not Acceptable	対応している種類のファイルがない
		412	Precondition Failed	前提条件を満たしていない
5xx	Server Error	503	Service Unavailable	Web サーバーアプリケーションに障害発生

表6.1.3 ステータスコードとリーズンフレーズ（つづき）

HTTPヘッダー

スタートライン（リクエストラインまたはステータスライン）の後ろには、HTTP メッセージを制御するメッセージヘッダーが続きます。メッセージヘッダーは、「**リクエストヘッダー**」「**レスポンスヘッダー**」「**一般ヘッダー**」「**エンティティヘッダー**」「**その他のヘッダー**」という 5 種類の HTTP ヘッダーの組み合わせで構成されています。以下、それぞれについて、制御範囲や使用用途を説明します。

リクエストヘッダー

メッセージヘッダーの中でも、リクエストメッセージを制御するためのヘッダーのことを「**リクエストヘッダー**」といいます。RFC2616 では、次の表に示す 19 種類のリクエストヘッダーが定義されています。Web ブラウザは、この中から HTTP メッセージの送受信に必要なヘッダーをいくつか選択して、改行コード（\r\n）で複数行につなげています。

ヘッダー	内容
Accept	テキストファイルや画像ファイルなど、Web ブラウザが受け入れることができるメディアのタイプ
Accept-Charset	Unicode や ISO など、Web ブラウザが処理できる文字セット
Accept-Encoding	gzip や compress など、Web ブラウザが処理できるメッセージボディの圧縮（コンテンツコーディング）のタイプ
Accept-Language	日本語や英語など、Web ブラウザが処理できる言語セット
Authorization	ユーザーの認証情報。サーバーの WWW-Authenticate ヘッダーに応答する形で使用される
Expect	送信するリクエストのメッセージボディが大きいとき、サーバーが受け取れるか確認する
From	ユーザーのメールアドレス。連絡先を伝えるために使用される

表6.1.4 RFC2616で定義されているリクエストヘッダー

ヘッダー	内容
Host	リクエストを実行するURI
If-Match	条件付きリクエスト。サーバーはリクエストに含まれるETag（エンティティタグ）ヘッダーの値が、サーバー上の特定リソースに紐づくETagの値と一致したら、レスポンスを返す
If-Modified-Since	条件付きリクエスト。サーバーは、この日付以降に更新されたリソースに対するリクエストだったらレスポンスを返す
If-None-Match	条件付きリクエスト。サーバーは、リクエストに含まれるETagヘッダーの値が、サーバー上の特定リソースに紐づくETagの値と一致しなかったらレスポンスを返す
If-Range	条件付きリクエスト。値としてETagか更新日時が入り、Rangeヘッダーとあわせて使用する。サーバーは、ETagか更新日時が一致したらRangeヘッダーを処理する
If-Unmodified-Since	条件付きリクエスト。サーバーは、この日付以降に更新されていないリソースに対するリクエストだったらレスポンスを返す
Max-Forwards	TRACE、あるいはOPTIONSメソッドにおいて、転送してよいサーバーの最大数
Proxy-Authorization	プロキシサーバーに対する認証情報
Range	「1000バイト目から2000バイト目まで」のように、リソースの一部を取得するレンジリクエストのときに使用される
Referer	直前にリンクされていたURL
TE	Webブラウザが受け入れることができるメッセージボディの分割（転送コーディング）のタイプ
User-Agent	Webブラウザの情報

表6.1.4 RFC2616で定義されているリクエストヘッダー（つづき）

本書ではこの中から、最近のWebブラウザで使用されているリクエストヘッダーをいくつかピックアップして説明します。

Acceptヘッダー

「Acceptヘッダー」は、Webブラウザが処理できるファイルの種類（MIMEタイプ、メディアタイプ）と、その相対的な優先度を、Webサーバーに伝えるために使用されるリクエストヘッダーです。WebブラウザはAcceptヘッダーを使用して、「○○のファイルだったら処理できます！」とWebサーバーに伝えます。Webサーバーはその情報をもとに、Webブラウザが処理できるファイルを返します。対応するファイルがない場合は、Webサーバーは「406 Not Acceptable」を返します。

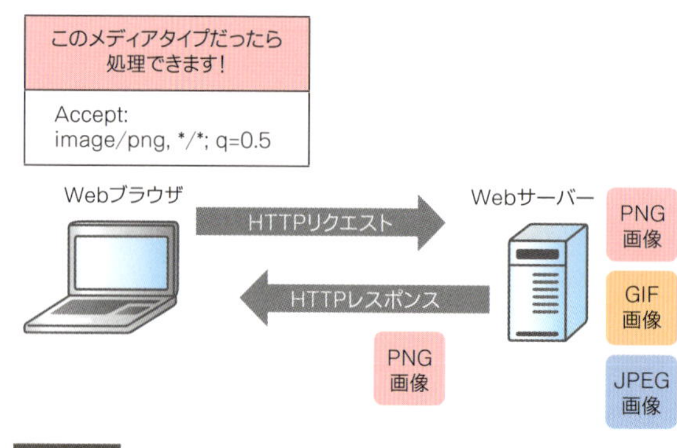

図6.1.19 Acceptヘッダー

Acceptヘッダーに使用するMIMEタイプは、HTML形式のテキストファイルだったら「text/html」、PNG形式の画像ファイルだったら「image/png」のように、「タイプ/サブタイプ」のフォーマットで表記します。また、「*」（アスタリスク）は「すべて」を表します。たとえば、「*/*」はすべてのファイルを表し、「image/*」はすべての画像ファイルを表します。

代表的なMIMEタイプと対応する拡張子を次の表にまとめているので、参考にしてください。

ファイルの種類		MIMEタイプ	対応する拡張子
テキストファイル	HTMLファイル	text/html	.html、.htm
	CSSファイル	text/css	.css
	JavaScriptファイル	text/javascript	.js
	プレーンテキストファイル	text/plain	.txt
画像ファイル	JPEG画像ファイル	image/jpeg	.jpg、.jpeg
	PNG画像ファイル	image/png	.png
	GIF画像ファイル	image/gif	.gif
動画ファイル	MPEG動画ファイル	video/mpeg	.mpeg、.mpe
	QuickTime動画ファイル	video/quicktime	.mov、.pt
アプリケーションファイル	XMLファイル、XHTMLファイル	application/xhtml+xml	.xml、.xhtml、.xht
	プログラムファイル	application/octet-stream	.exe
	Microsoft Wordファイル	application/msword	.doc
	PDFファイル	application/pdf	.pdf
	ZIPファイル	application/zip	.zip
すべてのファイル		*/*	すべての拡張子

表6.1.5 代表的なMIMEタイプと拡張子

ちなみに、複数のMIMEタイプを指定する場合は、「,」（カンマ）でつなげていきます。たとえば、GIF画像ファイルに対応していない場合は「image/png,image/jpeg」として、対応している画像ファイルを指定します。

複数のMIMEタイプを処理できて、それに優先度を付けたい場合は、「qvalue（品質係数）」を使用します。qvalueはMIMEタイプの後ろに「;」（セミコロン）を付けて、「q=〇〇」と定義します。0～1までの値が指定でき、1が最優先（定義されていないときのデフォルト値）です。たとえば、PNG画像ファイルを最優先で返してもらいたい場合は「image/png,image/*;q=0.5」と指定します。これでimage/pngにはq=1が指定されていることになり、最優先されます。

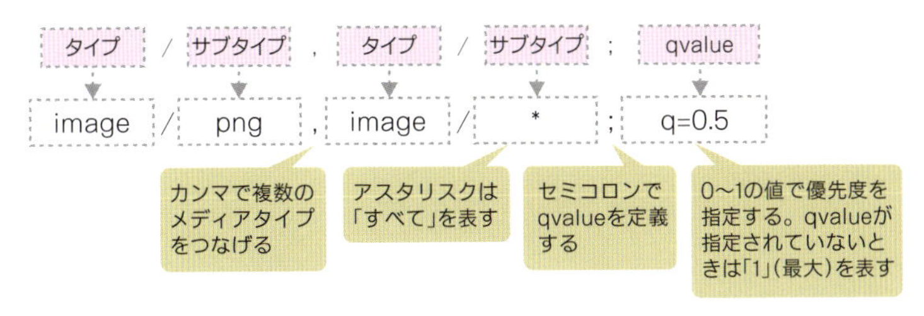

図6.1.20 Acceptヘッダーのフォーマット

リクエストヘッダーには、ほかにも「Accept-Charset」や「Accept-Language」など、「Accept」で始まるリクエストヘッダーがいくつか存在します。これらはすべてWebブラウザが処理できる何かと、その相対的な優先度を表しています。たとえば、Accept-CharsetはUTF-8やShift-JISなどWebブラウザが処理できる文字セットを、Accept-Languageは日本語や英語などWebブラウザが処理できる言語セットを表しています。フィールド値は異なるもののカンマとセミコロンで構成されるフォーマット自体は変わりません。

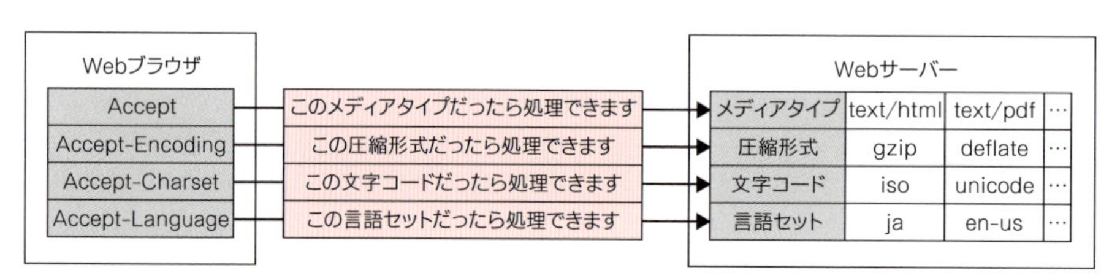

図6.1.21 その他のAcceptヘッダー

Hostヘッダー

「Hostヘッダー」は、HTTP/1.1で唯一必須とされているヘッダーです。Webブラウザがリクエストするインターネットホスト（FQDNやIPアドレス）とポート番号がセットされます。たとえば、Webブラウザのアドレスバーに「http://www.example.com:8080/html/hogehoge.txt」と入力してWebサーバーにアクセスした場合、Hostヘッダーには「www.example.com:8080」がセットされます。

Hostヘッダーは、1つのIPアドレスで複数のドメインを運用する「Virtual Host」を使用するときに、その力を十二分に発揮してくれます。Virtual Hostを有効にしているWebサーバーは、Hostヘッダーにセットされている FQDNを見て、対象となるVirtual Hostにリクエストを振り分け、それに応じたコンテンツをレスポンスします。

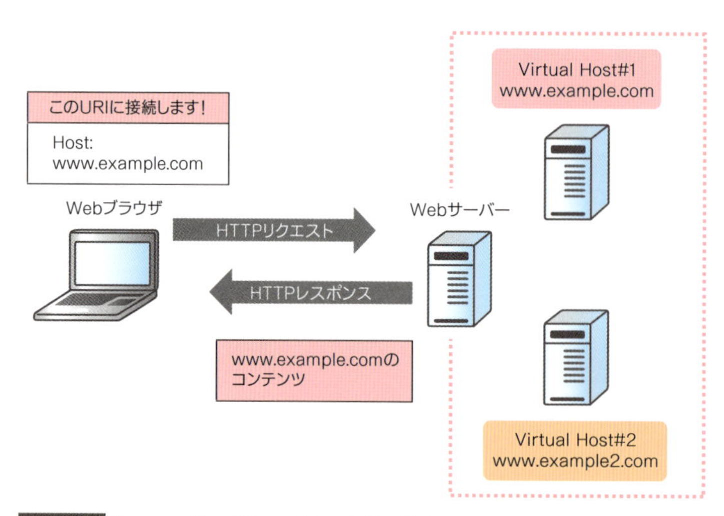

図6.1.22 HostヘッダーでVirtual Hostを使い分ける

Refererヘッダー

「Referer ヘッダー」は、直前のリンク元のURIを示すヘッダーです。たとえば、何かの検索キーワードをGoogleで検索して、見たいWebサイトに飛んだ場合、Refererヘッダーに「https://www.google.co.jp/」がセットされます。

自分が運用しているWebサイトへのアクセスがどこから来ているのか。これは、セールスプロモーションを打つうえで、とても重要な情報になります。Webサイトの管理者は、Refererヘッダーの情報をWebサーバーのアクセスログに記録・分析し、マーケティング部門に展開します。マーケティング部門はその情報をもとに、どこにセールスプロモーションを重点的に打つべきか、戦略を練っていきます。

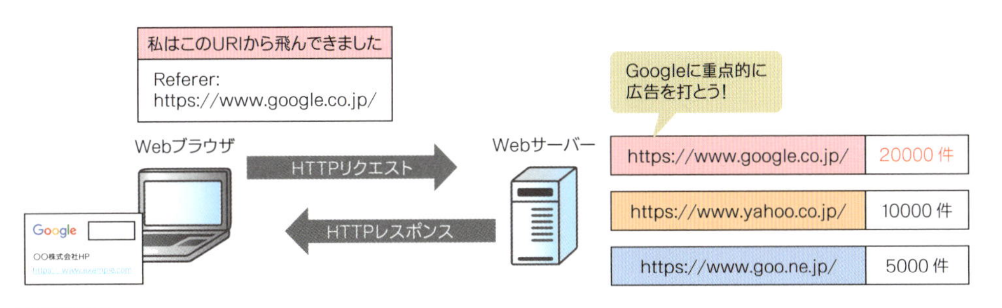

図6.1.23 Refererヘッダーでリンク元を取得

Refererヘッダーはセキュリティの側面からも語られることが多いヘッダーです。使いようによって、セキュリティ的に役に立ったり、逆に問題になったりもします。それぞれの場合について、説明しましょう。

・セキュリティ的に役立つ場合

まず、セキュリティ的に役立つ場合です。Refererヘッダーは、サイトをまたいで（クロスサイト）、偽（フォージェリ）のリクエストを送信する「CSRF（クロスサイトリクエストフォージェリ）」の対策として有効です。Refererヘッダーをチェックすることによって、Webアプリケーションが意図していないリンク元から送信された不正なリクエストを判別することができます。ただし、Refererヘッダーは「Fiddler」などのツールや、Webブラウザの拡張機能（アドオンやプラグイン）でかんたんに改変できてしまいます。また、最近のパーソナルファイアウォールはRefererヘッダーの送信を抑止していたり、そもそもRefererヘッダーを送信しない古い携帯電話（iモードなど）も存在していたりします。そうなると、このセキュリティチェックは機能しません。Refererヘッダーチェックだけでなく、別の手法も併用することによって、より強固なWebアプリケーションセキュリティ環境を構築する必要があります。

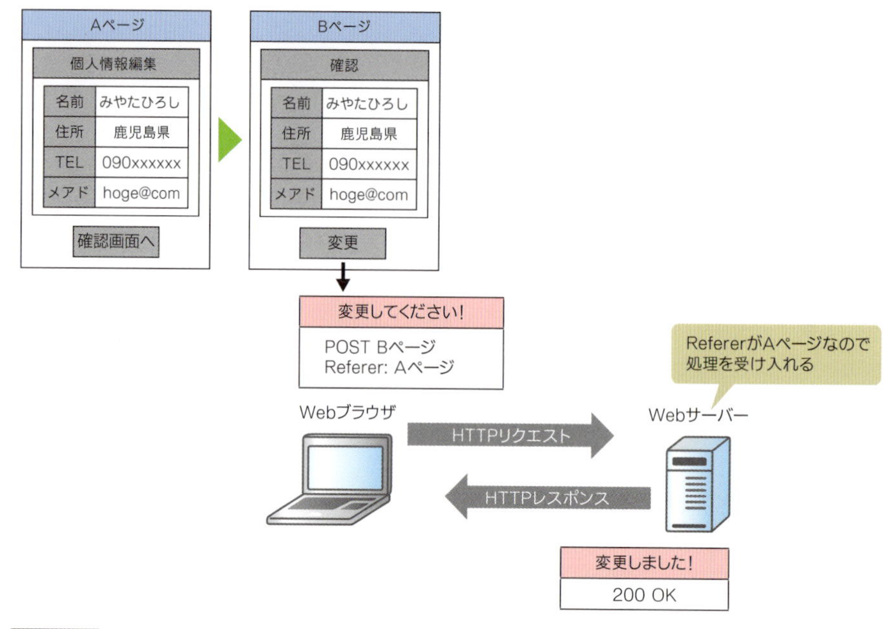

図6.1.24 Refererヘッダーを見て、意図したリンク元のときだけ処理を受け入れる

・セキュリティ的に問題になる場合

一方、セキュリティ的に問題になる場合です。この問題を理解するには、まずWebサーバー[＊1]が行う「セッション管理」を理解しなくてはいけません。HTTPには、Webページをまたがって Webブラウザを識別する「セッション管理」のしくみがありません。そこで、セッション管理が必要な場合は、次のようなしくみを用いてWebブラウザ[＊2]を識別します。

＊1　実際は、PHPやASP.NETなど、Webサーバー上のWebアプリケーションプログラムがセッション管理を行います。ここでは説明をシンプルにするために「Webサーバー」と表現しています。

＊2　ここでいう「Webブラウザ」はユーザーと同じ意味と考えて問題ありません。

1. Webブラウザが Webサーバーにログインします。

2. ログインに成功すると、Webサーバーは「セッションID」というランダムな文字列を発行し、WebブラウザにHTTPで渡します。

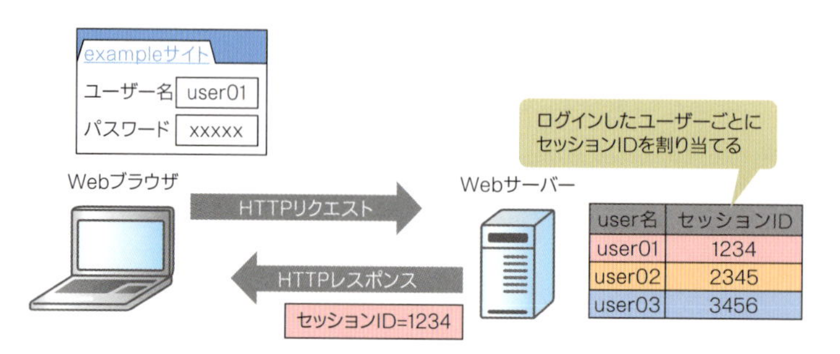

図6.1.25 セッションIDを付与

3 Webブラウザは、次のリクエストにセッションIDを含めて送ります。

4 Webサーバーはリクエストに含まれるセッションIDを見て、そのセッションIDを割り当てたWebブラウザからの通信であると見なして処理します。

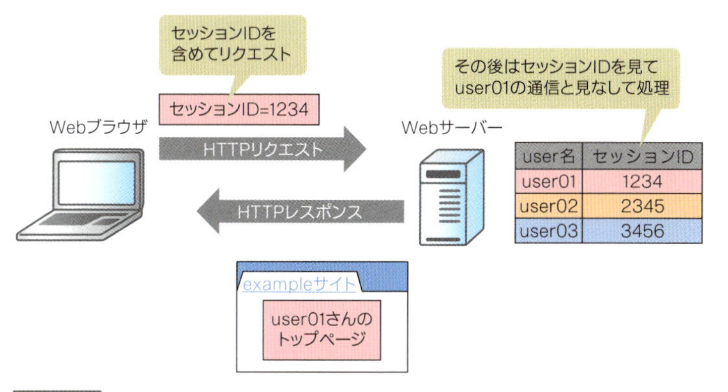

図6.1.26 セッションIDを見てユーザーを判別する

具体的な例で説明しましょう。Amazonで買い物するとき、一度ログインしたら、どの商品のWebページに行っても自分として認識されていると思います。これは、Amazonにログインが成功した後、AmazonからセッションIDが発行され、その情報をもとにユーザーを識別しているためです。

さて、本題に戻りましょう。先ほどのセッション管理プロセスの中でRefererヘッダーが脆弱性を生み出す原因になるのが、**2**の処理です。この処理の際にWebブラウザにセッションIDを渡す方法には、「**URI埋め込み方式**」「**Cookie方式**」「**Hiddenフィールド方式**」の3種類があります。それぞれの概要を次の図に示します。

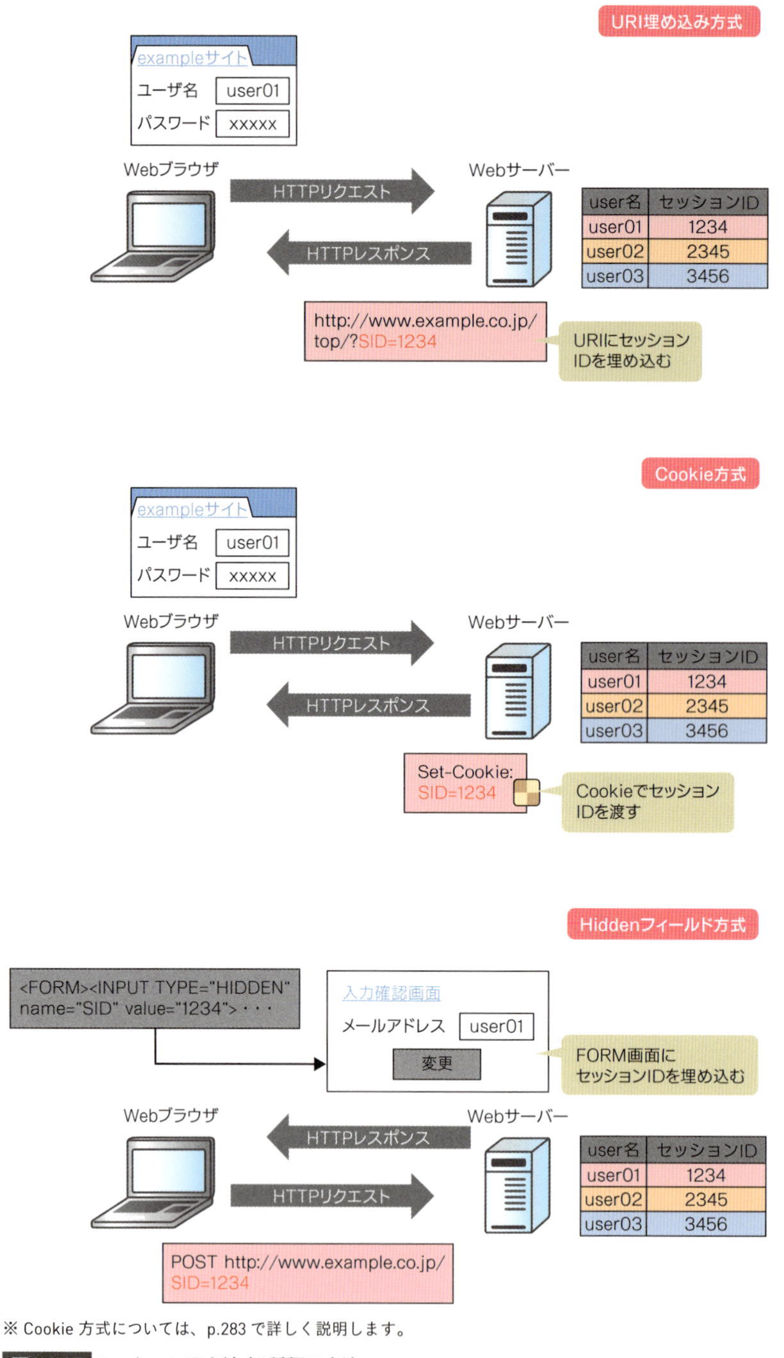

※ Cookie 方式については、p.283 で詳しく説明します。

図6.1.27 セッションIDを渡す3種類の方法

このうち、Web サーバーで Cookie 方式か Hidden フィールド方式を採用していたら、特に問題にはなりません。問題になるのは URI 埋め込み方式を採用している場合です。URI 埋め込み方式は、URI にセッション ID を埋め込むことによって、セッション ID を渡します。

このセッションID付きのURIから外部サイトに飛んだ場合、Refererヘッダーにセッション IDが含まれてしまい、セッションIDが流出します。たとえば、URI埋め込み方式のWebメールサイトを利用していて、スパムメールに記載されているトラップサイトのリンクをクリックしてしまった場合、トラップサイトに対するリクエストのRefererヘッダーにはセッションIDが含まれます。トラップサイトの管理者は、そのセッションIDを利用してWebメールアプリケーションにログインし、Webメール上のメールの内容を盗み見ることができるようになります。

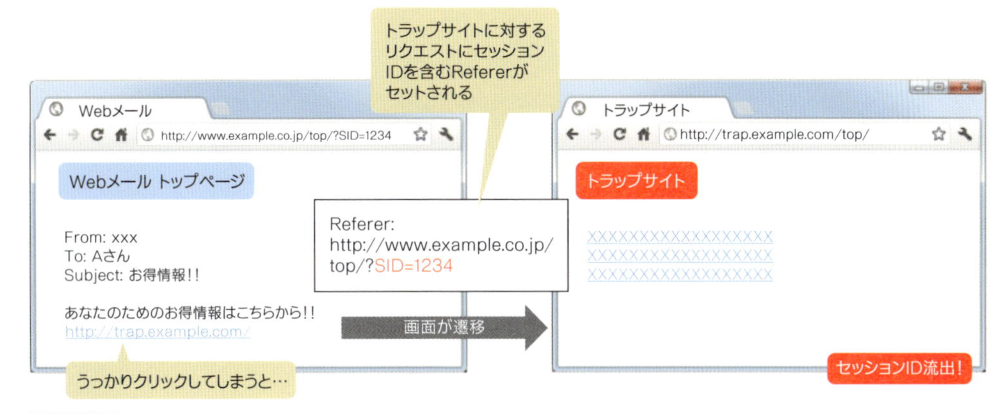

図6.1.28 セッションID流出の流れ

User-Agentヘッダー

「User-Agentヘッダー」は、WebブラウザやOSなど、ユーザーの環境を表すヘッダーです。ユーザーがどのWebブラウザのどのバージョンを使用し、どのOSのどのバージョンを使用しているのか。これはWebサイトの管理者にとって、アクセス解析するうえで必要不可欠な情報です。この情報をもとに、Webサイトのコンテンツをユーザーのアクセス環境に合わせてデザインし直したり、内容を最適化したりします。

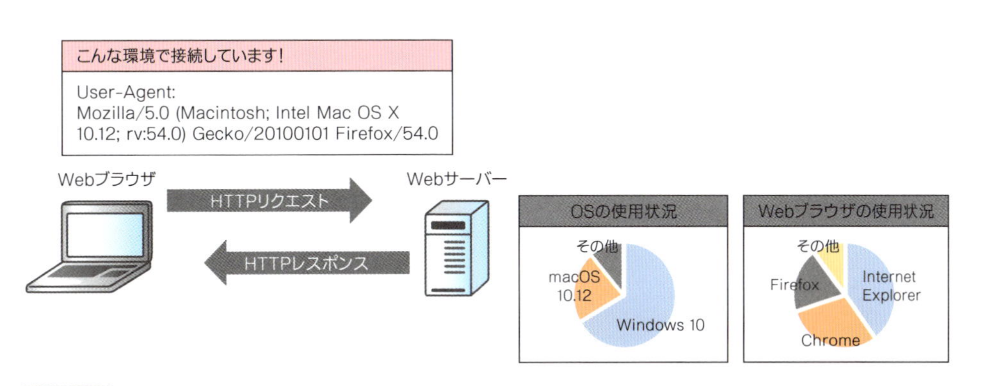

図6.1.29 User-Agentヘッダー

User-Agentヘッダーの内容には統一されたフォーマットがなく、Webブラウザごとに異なっています。特に、ここ最近は、Microsoft Edgeなのに「Chrome」や「Safari」の文字列が入っていたり、Chromeなのに「Safari」の文字列が入っていたりと、やりたい放題です。したがって、どのOSのどのブラウザを表しているのかは、ヘッダー全体を見て判断する必要があるでしょう。たとえば、Windows 10のFirefoxの場合、次の文字列要素で構成されています。

図6.1.30 User-Agentヘッダーのフォーマット（Windows 10のFirefoxの場合）

さて、ユーザーのアクセス環境をかんたんに把握できて、便利なUser-Agentヘッダーですが、すべてのデータをそのまま鵜呑みにするのは危険です。User-AgentヘッダーもRefererヘッダー同様、Fiddlerなどのツールや、「User-Agent Switcher」などのWebブラウザの拡張機能でかんたんに改変可能です。あくまで参考程度で考えておくのが賢明でしょう。

■一般ヘッダー

リクエストメッセージ、レスポンスメッセージのどちらのHTTPメッセージでも汎用的に使用されるヘッダーが「**一般ヘッダー**」です。リクエストヘッダーやレスポンスヘッダーと同じように、WebブラウザとWebサーバーによって必要に応じて選択され、HTTPメッセージ全体を制御します。RFC2616では、次の表に示す9種類の一般ヘッダーが定義されています。

ヘッダー	内容
Cache-Control	Webブラウザに一時的に保存するキャッシュの制御。キャッシュさせない、あるいはキャッシュする時間を設定可能
Connection	キープアライブの接続管理情報
Date	HTTPメッセージを生成した日時
Pragma	キャッシュに関して、HTTP/1.0との後方互換の目的で使用
Trailer	メッセージボディの後ろに記述するHTTPヘッダーを通知。チャンク転送エンコーディングを使用しているときに使用可能
Transfer-Encoding	メッセージボディの転送コーディングのタイプ
Upgrade	ほかのプロトコル、あるいは、ほかのバージョンに切り替える
Via	経由したプロキシサーバーを追記。ループ回避の目的で使用
Warning	HTTPメッセージに反映されないステータスやメッセージの変化についての追加情報

表6.1.6 RFC2616で定義されている一般ヘッダー

本書ではこの中から、最近の Web ブラウザで使用されている一般ヘッダーをいくつかピックアップして説明します。

Cache-Controlヘッダー

「**Cache-Control ヘッダー**」は、Web ブラウザのキャッシュを制御するために使用するヘッダーです。HTTP/1.1 から使用できるようになりました。キャッシュとは、一度アクセスした Web ページのデータを特定のディレクトリに保存する機能です。キャッシュを利用すると、一度アクセスした Web ページの画面をすぐに表示できるようになったり、Web サーバーに対するリクエストの数を減らせたりと、いろいろなメリットがあります。

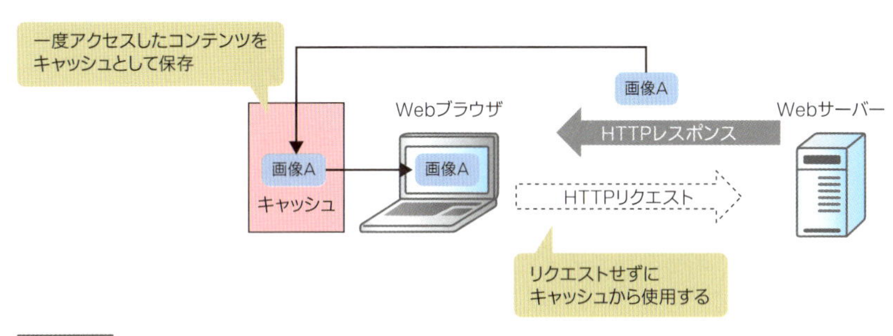

図6.1.31 Cache-Controlでキャッシュを制御する

Cache-Control ヘッダーは、「ディレクティブ」というコマンドをフィールド値にセットすることによって、キャッシュを制御します。ディレクティブには、リクエストヘッダーに使用される「キャッシュリクエストディレクティブ」と、レスポンスヘッダーに使用される「キャッシュレスポンスディレクティブ」の 2 種類があり、次の表のものが定義されています。

ディレクティブ		意味
キャッシュリクエストディレクティブ	no-store	キャッシュしてはいけない
	no-cache	有効性を確認しないとキャッシュを使用できない
	max-age=[秒]	キャッシュの有効期間の指定
	max-stale (=[秒])	キャッシュの有効期限が切れていても受け入れることができる時間の指定
	min-fresh=[秒]	少なくとも指定した時間は最新のものを返すようにリクエストできる
	no-transform	メディアタイプの変換を禁止する
	only-if-cached	キャッシュサーバーに対して、目的のリソースがある場合だけレスポンスするように依頼
	cache-extension	ディレクティブの拡張

表6.1.7 Cache-Controlヘッダーのディレクティブ

ディレクティブ		意味
キャッシュレスポンスディレクティブ	public	複数のユーザーで共有できるようにキャッシュできる
	private	特定のユーザーだけが使用できるようにキャッシュできる
	no-cache	有効性を確認しないとキャッシュを使用できない
	no-store	キャッシュしてはいけない
	no-transform	メディアタイプの変換を禁止する
	must-revalidate	オリジンサーバーに対して、キャッシュの有効性を必ず再確認する
	proxy-revalidate	キャッシュサーバーに対して、キャッシュの有効性を必ず再確認する
	max-age=[秒]	キャッシュの有効期間の指定
	s-max-age=[秒]	共有キャッシュサーバーにおけるキャッシュの有効期間の指定
	cache-extention	ディレクティブの拡張

表6.1.7 Cache-Controlヘッダーのディレクティブ（つづき）

この中でも一般的によく使用されるディレクティブが、「no-store」「no-cache」「max-age」の3つです。

no-storeディレクティブは、コンテンツを相手にキャッシュさせないために使用されます。先述のとおり、キャッシュは、Webブラウザにとっても Webサーバーにとっても、いろいろなメリットがあることは確かです。しかし、その一方で、機密情報までキャッシュしてしまう可能性も秘めており、セキュリティ的に脆弱な側面があることは否めません。no-storeディレクティブを使用すると、相手に機密情報がキャッシュされなくなり、その脆弱性をつぶすことができます。

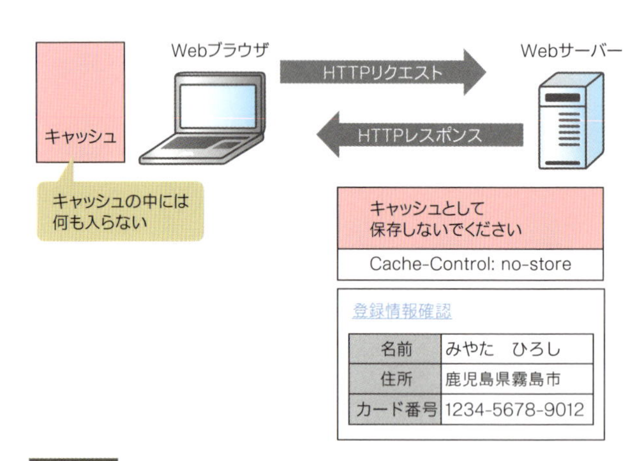

図6.1.32 no-storeディレクティブは相手にキャッシュさせない

no-cacheディレクティブは、キャッシュしたコンテンツが最新かどうか相手にお伺いを立てて、最新だったら再利用します。キャッシュはいろいろなメリットがある半面、情報のリアルタイム性が損なわれるという、致命的なデメリットを抱えています。これは、HTTPだけではなく、ARPやDNS、SSLなど、キャッシュ機能を備えるすべてのプロトコルが持つ諸刃の剣的な部分です。たとえばインターネットのニュースを見るのに、キャッシュしておいた1日前のニュースを見ていても、時代遅れになるだけです。no-cacheディレクティブを使用することによって、新鮮な情報をゲットしつつ、キャッシュの情報も使用できるようになります。

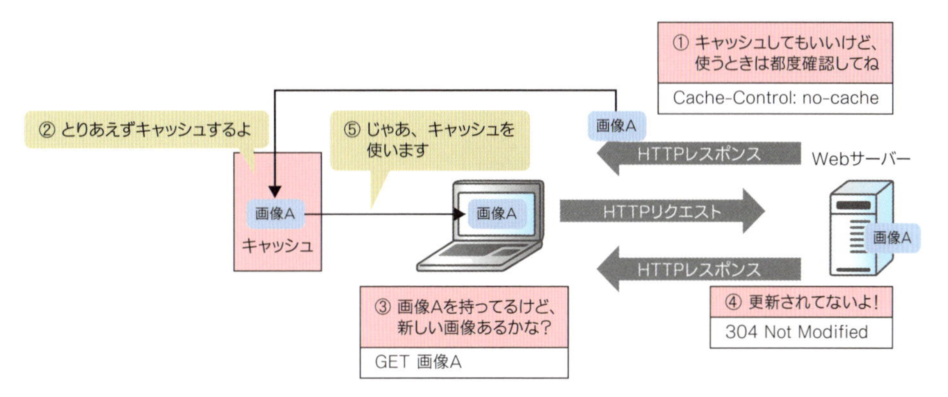

図6.1.33 no-cacheディレクティブはキャッシュしたコンテンツが更新されていないか確認する

max-ageディレクティブはキャッシュの寿命を定義するために使用されるディレクティブで、リクエスト、あるいはレスポンスを起点とした秒数を設定します。たとえば、「max-age=86400」の場合、1日間（86400秒）は相手に確認することなしに、そのキャッシュを使用できることを表しています。

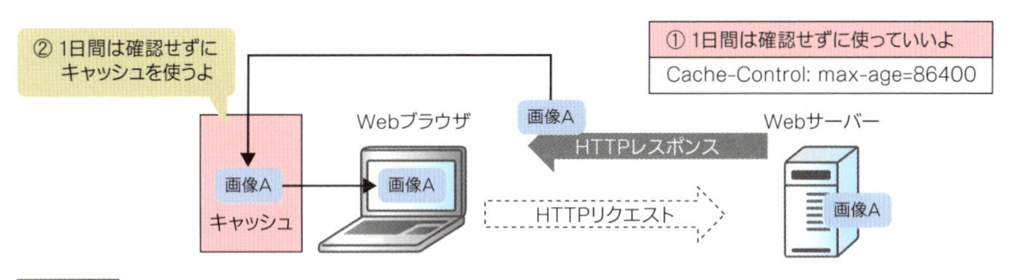

図6.1.34 max-ageでキャッシュの寿命を定義する

Connectionヘッダー/Keep-Aliveヘッダー

「Connectionヘッダー」と「Keep-Aliveヘッダー」は、どちらもキープアライブ（持続的接続）を制御するヘッダーです。Webブラウザは、Connectionヘッダーに「keep-alive」をセットして、「キープアライブをサポートしているよー」とWebサーバーへ伝えます。それに対して、Webサーバーも同じように、Connectionヘッダーに「keep-alive」をセットしてレスポンスします。また、あわせてKeep-Aliveヘッダーを使用して、次のリクエストがこないときにタイムアウトする時間（timeoutディレクティブ）や、そのTCPコネクションにおける残りリクエスト数（maxディレクティブ）など、キープアライブに関する情報を伝えます。

ちなみに、Connectionヘッダーに「close」がセットされたら、TCPコネクションを閉じます。

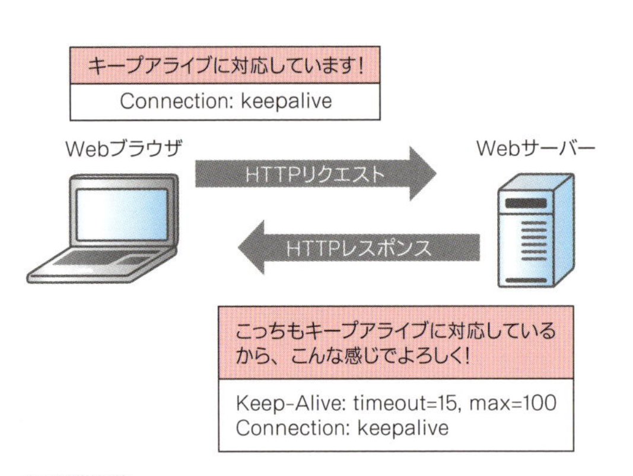

図6.1.35 Connectionヘッダーでキープアライブ対応を伝えあう

■エンティティヘッダー

リクエストメッセージとレスポンスメッセージに含まれるメッセージボディに関連する制御情報を含むヘッダーが、「**エンティティヘッダー**」です。RFC2616では、次の表に示す10種類のエンティティヘッダーが定義されています。

ヘッダー	内容
Allow	サーバーがクライアントに対して、対応しているメソッドを通知
Content-Encoding	サーバーが実行したメッセージボディの圧縮（コンテンツコーディング）のタイプ
Content-Language	日本語や英語など、メッセージボディで使用されている言語セット
Content-Length	メッセージボディのサイズ。バイト単位で記述
Content-Location	メッセージボディのURI
Content-MD5	メッセージボディに対するMD5ハッシュ値。改ざん検知に使用
Content-Range	レンジリクエストに対するレスポンスで使用
Content-Type	テキストファイルや画像ファイルなど、メッセージボディのメディアのタイプ
Expires	リソースの有効期限の日時
Last-Modified	リソースが最後に更新された日時

表6.1.8 RFC2616で定義されているエンティティヘッダー

本書ではこの中から、代表的なものをいくつかピックアップして説明します。

Content-Encodingヘッダー/Accept-Encodingヘッダー

「**Content-Encodingヘッダー**」と「**Accept-Encodingヘッダー**」は、Webブラウザが処理できるメッセージボディの圧縮方式（コンテンツコーディング）を指定するヘッダーです。最近のWebサーバー、Webブラウザで、よく使用されているコンテンツコーディング形式は、「gzip（GNU zip）」「compress（UNIXの標準圧縮）」「deflate（zlib）」「identity（エンコーディングなし）」の4種類です。

Webブラウザは、自分が対応している（受け入れることができる）コンテンツコーディング形式をAccept-Encodingヘッダーにセットして、リクエストします。対するWebサーバーは、Accept-Encodingヘッダーの中から選択したコンテンツコーディング形式でHTTPメッセージを圧縮し、その方式をContent-Encodingヘッダーにセットしたうえで、Webブラウザにレスポンスします。

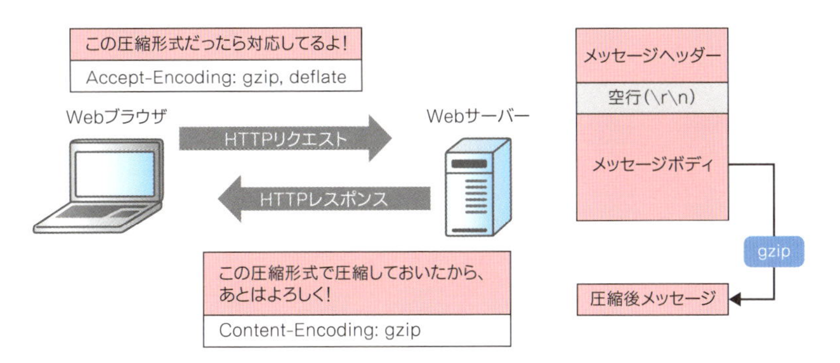

図6.1.36 メッセージボディの圧縮方式（コンテンツコーディング）を伝える

Content-Lengthヘッダー

HTTP/1.0ではコンテンツ単位で「TCPオープン→HTTPリクエスト→HTTPレスポンス→TCPクローズ」されていたため、メッセージボディの長さを意識する必要は特にありませんでした。しかしHTTP/1.1では、キープアライブ（持続的接続）によって1つのコネクションを使い回すことがあるため、必ずしもTCPコネクションがクローズされるとはかぎりません。そこで、Content-Lengthヘッダーを使用して、メッセージの境界をTCPに伝え、適切にTCPコネクションがクローズされるようにします。

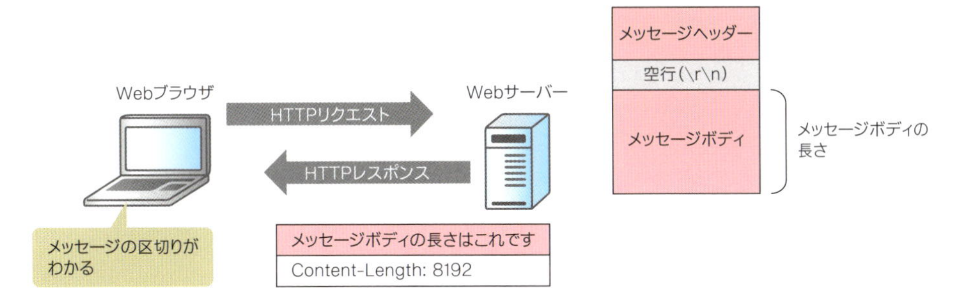

図6.1.37 Content-Lengthでメッセージボディの長さを伝える

■レスポンスヘッダー

メッセージヘッダーの中でも、レスポンスメッセージを制御するためのヘッダーのことを「**レスポンスヘッダー**」といいます。RFC2616では、次の表に示す9種類のレスポンスヘッダーが定義されています。Webサーバーは、この中からHTTPメッセージの返信に必要なヘッダーをいくつか選択して、改行コード（\r\n）で複数行につなげています。

ヘッダー	内容
Accept-Ranges	Web サーバーが部分的なダウンロードに対応していることを通知する
Age	オリジンサーバーのリソースがプロキシサーバーにキャッシュされてからの時間。単位は秒
ETag	エンティティタグ。ファイルなどのリソースを一意に特定する文字列。リソースが更新されると ETag も更新される
Location	リダイレクトするときのリダイレクト先
Proxy-Authenticate	プロキシサーバーからクライアントに対する認証要求、および認証方式
Retry-After	リクエストを再試行するまでの時間、あるいは時刻指定
Server	Web サーバーで使用しているサーバーソフトウェアの名前やバージョン、オプション
Vary	オリジンサーバーからプロキシサーバーに対するキャッシュの管理情報。Vary ヘッダーで指定した HTTP ヘッダーのリクエストにだけキャッシュを使用する
WWW-Authenticate	Web サーバーからクライアントに対する認証要求、および認証方式

表6.1.9 RFC2616で定義されているレスポンスヘッダー

本書ではこの中から、代表的なものをいくつかピックアップして説明します。

ETagヘッダー

「ETag ヘッダー」は、Web サーバーの持つファイルなどのリソースを一意に識別するためのヘッダーです。Web サーバーは自分自身が持っているリソースに対して、「エンティティタグ」という一意の文字列を割り当てています。この値を判断基準としてレスポンスします。エンティティタグは、リソースを更新するたびに変更されます。そのしくみを利用して、「If-Match ヘッダー」「If-None-Match ヘッダー」などのリクエストヘッダーと組み合わせて使用されます。

If-Match ヘッダーは、値に ETag を入れて使用します。Web サーバー上のリソースが、指定した ETag と一致した場合にのみリクエストを受け付けるよう依頼するヘッダーです。ETag が一致していた場合は、リクエストに応じたレスポンスを返します。ETag が異なっていた場合は、前提条件を満たしていないとして、「412 Precondition Failed」を返します。

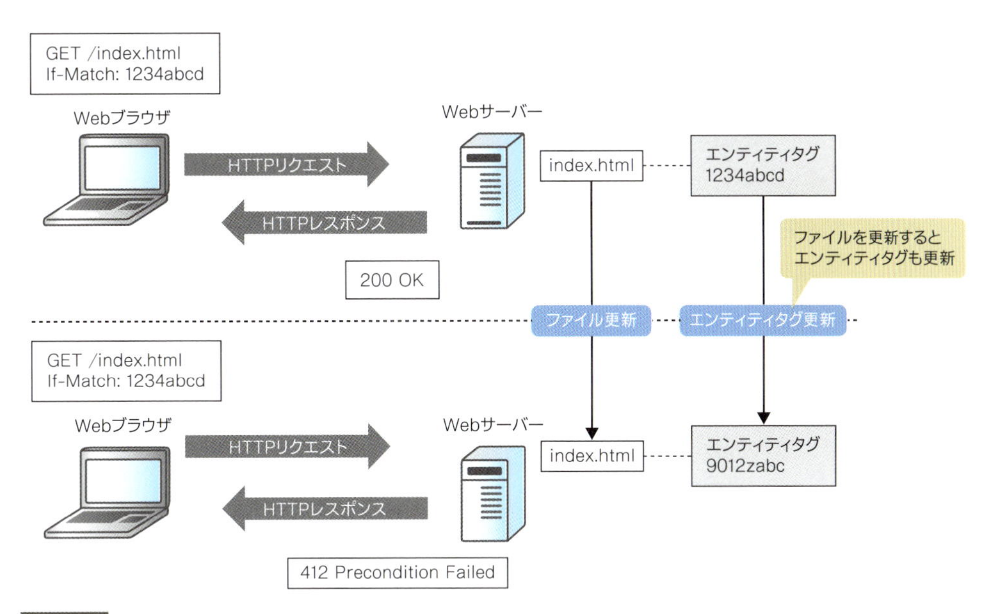

図6.1.38 ETagが一致したらリクエストを受け付ける

If-None-Match ヘッダーは、If-Match ヘッダーと条件が逆になります。Web サーバー上のリソースが、指定した ETag と一致しなかった場合にのみ、リクエストを受け付けるよう依頼するヘッダーです。ETag が一致しない場合は、リソースが更新されていることになるので、そのコンテンツを返します。逆に、ETag が一致した場合は、リソースが更新されていないことになるので、「304 Not Modified」を返します。

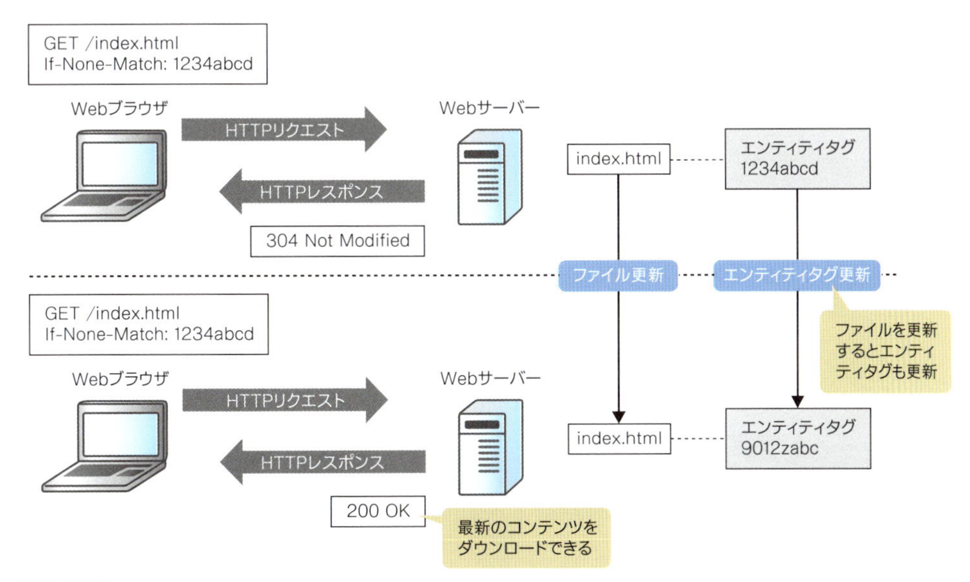

図6.1.39 ETagが異なっていたらリクエストを受け付ける

Locationヘッダー

「Location ヘッダー」は、リダイレクト先を通知するために使用するヘッダーです。リダイレクトを表す300番台のステータスコードとあわせて使用します。Location ヘッダーには、リダイレクト先の絶対 URI がセットされます。ほとんどの Web ブラウザは、Location ヘッダーを含むレスポンスを受け取ると、自動的に Location ヘッダーが示すリダイレクト先へとアクセスするようになっています。

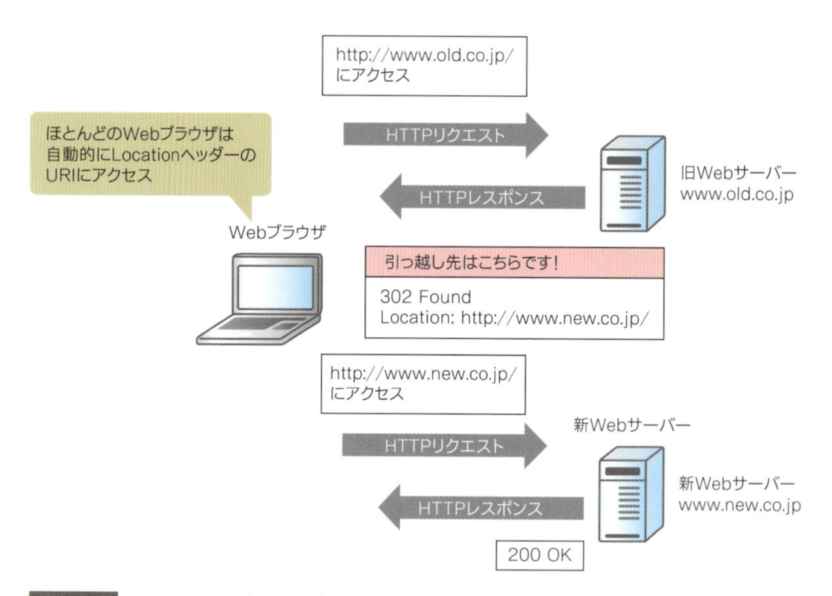

図6.1.40 Locationヘッダーでリダイレクト先を通知する

Serverヘッダー

「Server ヘッダー」は、Web サーバーの情報がセットされるヘッダーです。具体的には、Web サーバーの OS やそのバージョン、ソフトウェアやそのバージョンなどがセットされます。Server ヘッダーは、サーバーの情報をそのまま世の中に晒すことになり、セキュリティ上の問題があります。たとえば、悪意あるユーザーが Server ヘッダーを見て、「Apache 2.4.18 を使用している」と知ったら、それが持つ脆弱性に攻撃を仕掛けるのが必然でしょう。余計な脆弱性を生むことがないよう、Web サーバーの設定で Server ヘッダーを無効にしておきます。Apache の場合、「mod_headers」というモジュールを使用することで無効にすることができます。

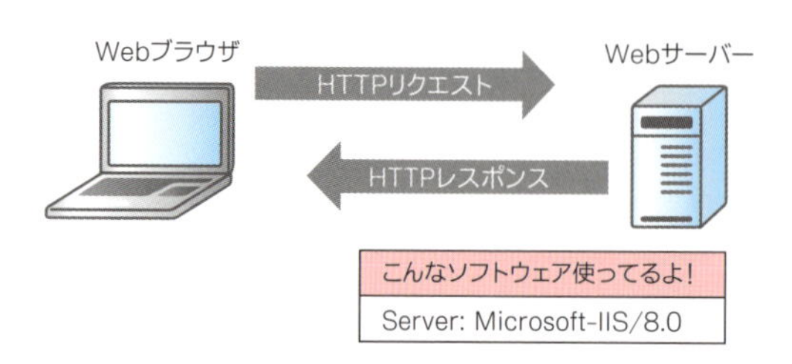

図6.1.41 ServerヘッダーでWebサーバーの情報を伝える

■その他のHTTPヘッダー

HTTPには、リクエストヘッダーやレスポンスヘッダーなど、主要4種類のHTTPヘッダーには分類できないものの、よく使用するヘッダーがいくつか存在します。本書では、その中でもかなり重要な「Cookieヘッダー」「Set-Cookieヘッダー」について説明します。

Cookieヘッダー/Set-Cookieヘッダー

Cookieとは、HTTPサーバーとの通信で特定の情報をブラウザに保持させるしくみ、または保持したファイルのことです。CookieはWebブラウザ上でFQDN（Fully Qualified Domain Name、完全修飾ドメイン名）ごとに管理されています。ショッピングサイトやSNSサイトでユーザー名とパスワードを入力していないのに、なぜかログインしていることはありませんか。これはCookieのおかげです。Webブラウザがユーザー名とパスワードで一度ログインに成功すると、サーバーはセッションIDを発行し、「Set-Cookieヘッダー」にセットして、レスポンスします。その後のリクエストは「Cookieヘッダー」にセッションIDをセットして行われるため、自動的にログインが実行されます。

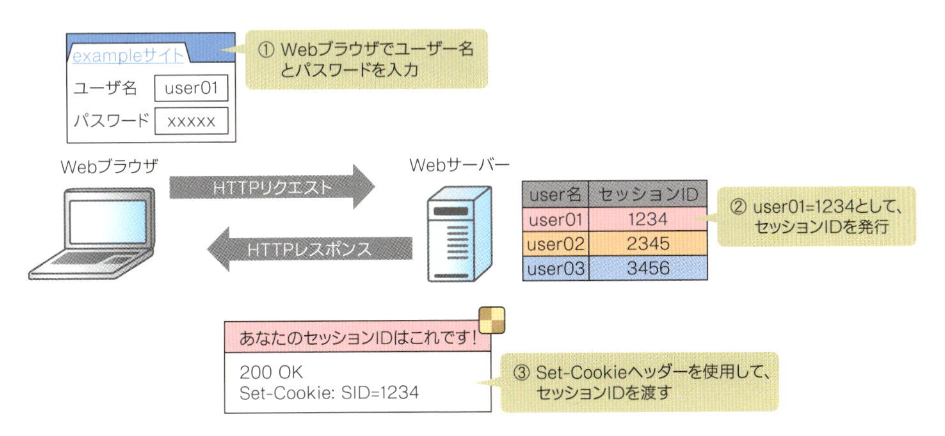

図6.1.42 Set-Cookieヘッダーで発行したセッションIDを返す

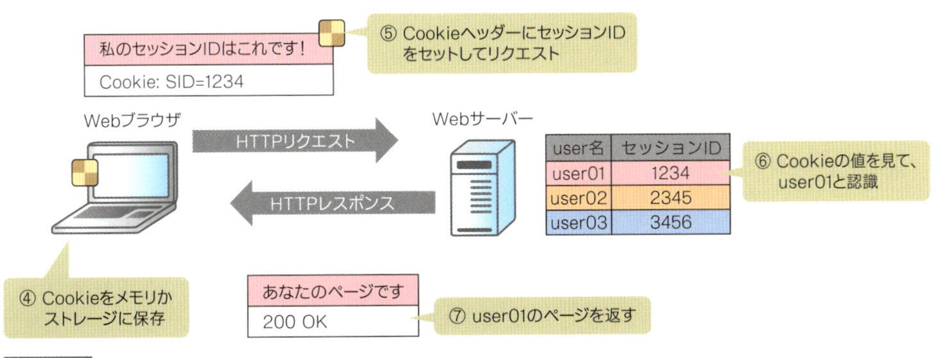

図6.1.43 CookieヘッダーでセッションIDを通知する

メッセージボディ

HTMLデータや画像ファイル、動画ファイルなど、実際に送りたいアプリケーションデータそのものが入るフィールドが「メッセージボディ」です。メッセージボディはオプション扱いです。メソッドやステータスコードによって、あったりなかったりします。

6.1.2 HTTPの解析に役立つWiresharkの機能

続いて、HTTPメッセージを解析するときに役立つWiresharkの機能について説明します。Wiresharkには、いろいろな形で使用されているHTTPメッセージをわかりやすく、よりかんたんに解析できるよう、たくさんの機能が用意されています。その中から、システムの構築現場、運用現場において、コンピューターエンジニアが使用する機能をいくつかピックアップして説明します。

設定オプション

HTTPの設定オプションは、メニューバーの[編集]-[設定]で設定画面を開き、[Protocols]の中の［HTTP］で変更できます。基本的にデフォルト値のままで使用することが多いですが、この中でも設定を変更することが多い「TCP Ports」について説明します。

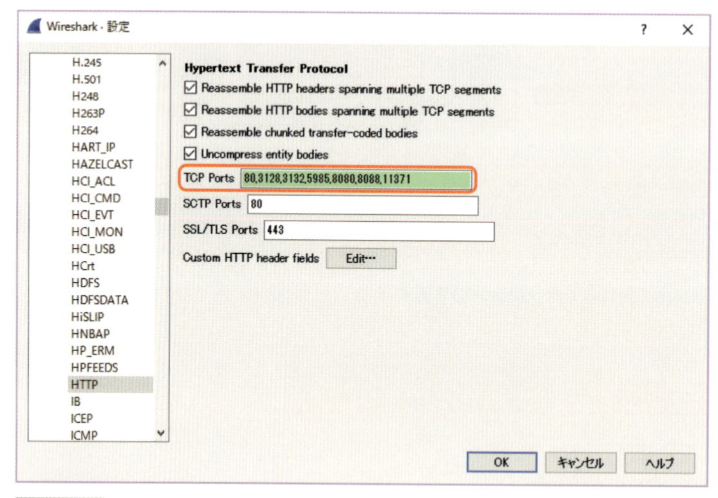

図6.1.44 HTTPの設定オプション

TCP Ports

「TCP Ports」は、WiresharkにHTTPとして認識させるTCPのポート番号を設定する機能です。HTTPのデフォルトのポート番号はTCPの80番です。しかし、必ずしもすべてのWebサーバーがそのポート番号を使用しているとはかぎりません。デフォルト値の使用はそのまま脆弱性に直結するため、セキュリティ上の理由から、ポート番号を変更しているWebサーバーも世の中にはたくさん存在しています。そんなときに、WiresharkにHTTPとして認識させるTCPのポート番号を設定し、TCPの80番以外のパケットでも

HTTPのパケット解析ができるようにします。設定するときは、変更したポート番号を「,」（カンマ）でつなげます。

ちなみに、この設定をしないと、対象となるポート番号のHTTPメッセージが単なるTCPセグメントとして認識されてしまい、HTTPに関するパケット解析ができません。注意してください。

表示フィルタ

HTTPに関する代表的な表示フィルタは、次の表のとおりです。HTTPメッセージにおけるほぼすべてのフィールドをフィルタ対象として設定できます。

フィールド名	フィールド名が表す意味	記述例
http	HTTPメッセージすべて	http
http.request	リクエストメッセージすべて	http.request
http.request.method	メソッド	http.request.method == GET
http.response	レスポンスメッセージすべて	http.response
http.response.code	ステータスコード	http.response.code == 200
http.response.line	レスポンスライン	http.response.line contains "text/html"
http.response.phrase	リーズンフレーズ	http.response.phrase == OK
http.accept	Acceptヘッダー	http.accept contains "text/html"
http.accept_encoding	Accept-Encodingヘッダー	http.accept_encoding contains "gzip, deflate"
http.host	Hostヘッダー	http.host == "www.yahoo.co.jp"
http.cache_control	Cache-Controlヘッダー	http.cache_control contains "no-store"
http.referer	Refererヘッダー	http.referer contains "www.google.co.jp"
http.connection	Connectionヘッダー	http.connection == "close"
http.user_agent	User-Agentヘッダー	http.user_agent contains "Safari"
http.location	Locationヘッダー	http.location == "http://www.yahoo.co.jp/"
http.server	Serverヘッダー	http.server == nginx

表6.1.10 HTTPに関する代表的な表示フィルタ

パケットカウンタ

「パケットカウンタ」は、HTTPメッセージをメソッドやステータスコードに基づいて整理整頓する機能で、パケットキャプチャデータにおけるHTTPメッセージの構成概要をざっくり把握するのに役立ちます。

パケットカウンタはメニューバーの［統計］-［HTTP］-［パケットカウンタ］で使用できます。パケットカウンタの表示画面では、表示フィルタで表示条件を絞り込むこともできます。たとえば、複数のWebサーバーを管理するような運用管理者であれば、どのWebサーバーにどんなリクエストが来ていて、どんなレスポンスを返しているのか、一目で把握することができます。

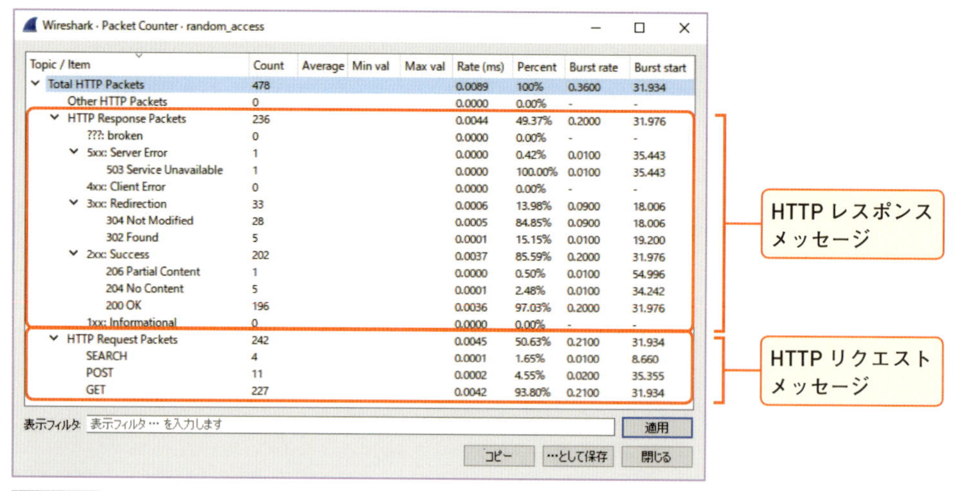

図6.1.45 パケットカウンタの表示画面

要求

「要求」は、リクエストが来ているURIを整理整頓する機能です。メニューバーの［統計］-［HTTP］-［要求］で使用することができます。パケットカウンタと同様に、表示フィルタで結果を絞り込むことができます。

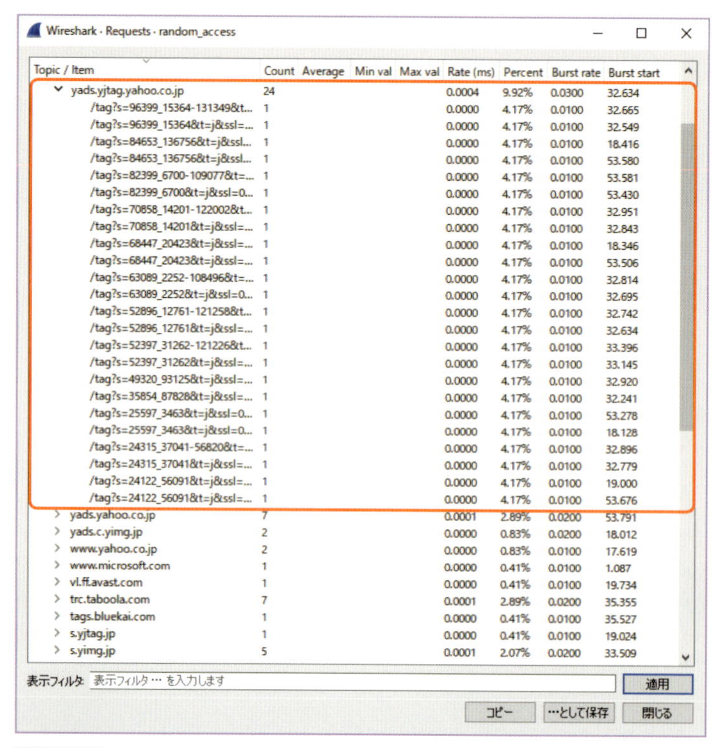

図6.1.46 要求

どの URI に対して、どんなリクエストが、どのくらい飛んできているのか。これは Web サイトを運営する側にとって、とても重要な情報です。ほとんど人が来ない Web サイトをひたすら運用し続けていても、コストがかかるだけです。この機能を利用して、アクセス状況を逐一把握し、運用管理に役立てます。

6.1.3 HTTPパケットの解析

HTTP は、そのバージョンによって TCP コネクションの使い方が大きく異なっていて、それがサーバーやネットワーク機器の処理負荷にダイレクトに影響します。それぞれのバージョンがどのように TCP コネクションを使っているのか、バージョンごとに説明します。

HTTP/0.9とHTTP/1.0のコネクション動作はどう見えるか

HTTP/0.9 と HTTP/1.0 は、1 リクエストごとに TCP コネクションを作っては壊すという手順を繰り返します。たとえば、4 個のコンテンツで構成されている Web サイトをクライアントが見た場合、TCP コネクションをオープンし、コンテンツをダウンロードし終わったらクローズするという手順を 4 回繰り返します。

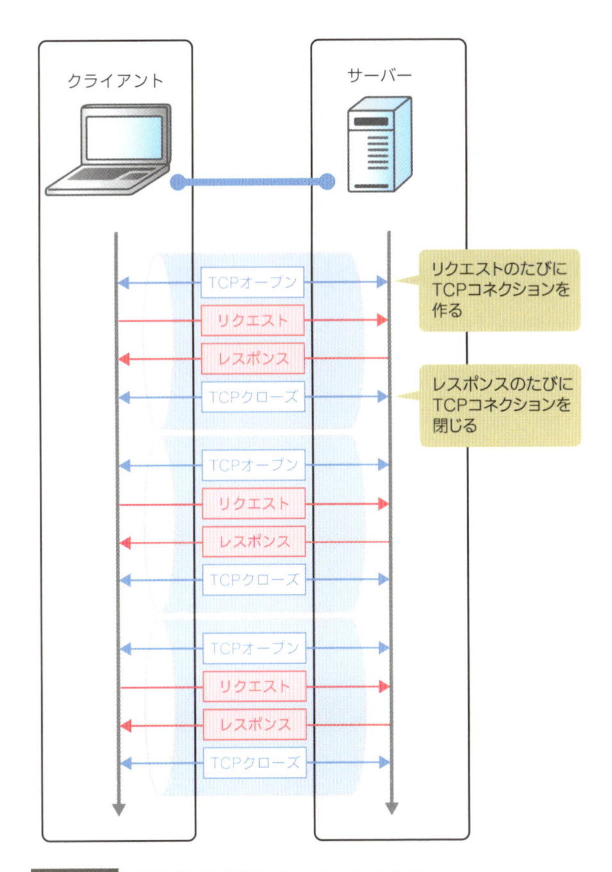

図6.1.47 HTTP/1.0は都度コネクションを作る

この処理は、クライアントが1台しかいなかったら特に負荷にはならないでしょう。しかし、10000クライアントとなれば話は別です。塵も積もって山になり、サーバーに多大な負荷をかけます。新規コネクションの処理は、後述するSSLハンドシェイクと並んで、負荷になりやすい処理のひとつです。

ちなみに、HTTP/1.0もHTTP/1.1も、1つのサーバーに対して同時にオープンできるTCPコネクションの数（最大コネクション数）は、Webブラウザやそのバージョンごとに決められています。Chrome や Firefox、IE など、最近の Web ブラウザはデフォルト値として「6」を採用しています。Webブラウザは最大で6本のTCPコネクションを作り、レスポンスが終わるたびに、次から次へと新しいTCPコネクションを作っていきます。

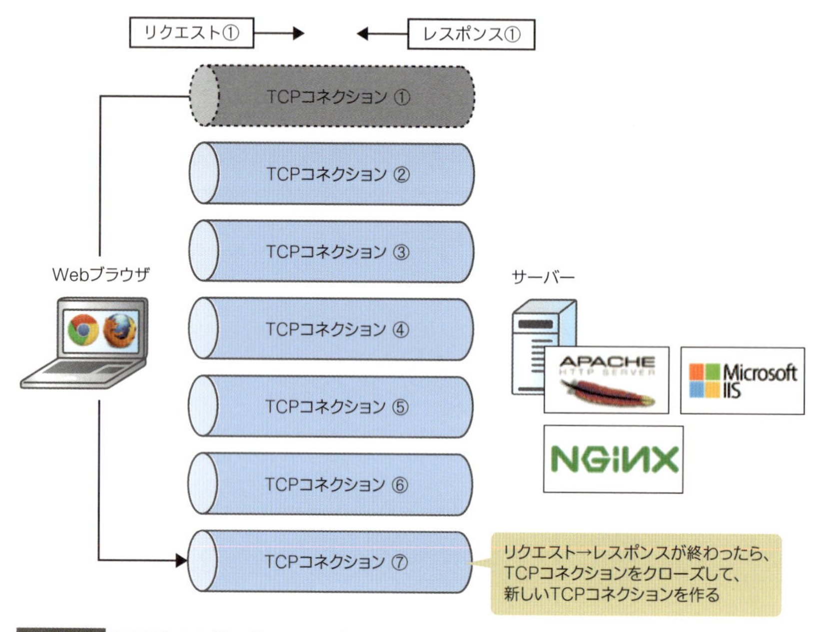

図6.1.48 HTTP/1.0はどんどんTCPコネクションを作っていく

HTTP/1.0のパケット解析

では、HTTP/1.0におけるTCPコネクションの動作を、実際のパケットキャプチャデータを用いて、確認しましょう。ここでは、macOS上のFirefoxから、Webサーバー（Apache HTTP Server）上の21個のコンテンツ（1個のHTMLファイル＋20個のJPEG画像ファイル）で構成されているWebページに、HTTP/1.0でアクセスしたときのパケットキャプチャデータ「http_http10_notls.pcapng」を使用します。

まず、このパケットキャプチャデータのTCPコネクションの本数を見てみましょう。TCPコネクションの本数を見るには、メニューバーの［統計］-［対話］を選択して、対話解析のウィンドウの［TCP］タブを使うのが便利です。すると、次の図のように21本のTCPコネクションが作られていることがわかります。この1本1本それぞれで、リクエスト→レスポンスの処理が1回ずつ行われています。

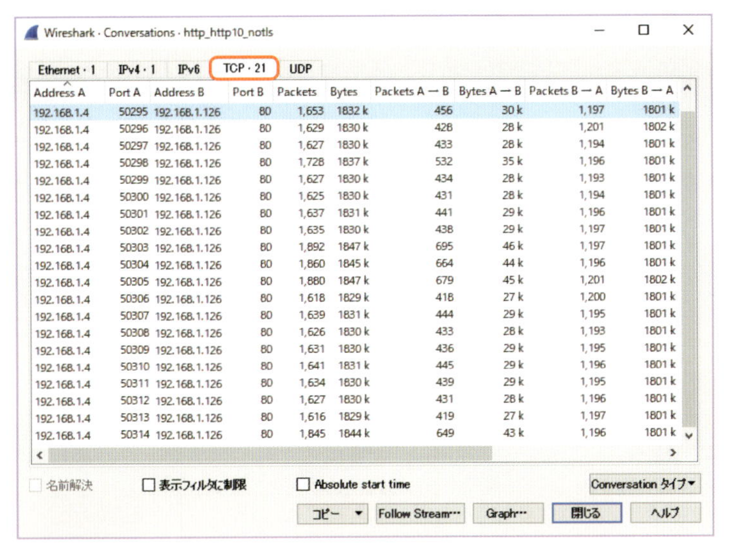

Address A	Port A	Address B	Port B	Packets	Bytes	Packets A→B	Bytes A→B	Packets B→A	Bytes B→A
192.168.1.4	50295	192.168.1.126	80	1,653	1832 k	456	30 k	1,197	1801 k
192.168.1.4	50296	192.168.1.126	80	1,629	1830 k	428	28 k	1,201	1802 k
192.168.1.4	50297	192.168.1.126	80	1,627	1830 k	433	28 k	1,194	1801 k
192.168.1.4	50298	192.168.1.126	80	1,728	1837 k	532	35 k	1,196	1801 k
192.168.1.4	50299	192.168.1.126	80	1,627	1830 k	434	28 k	1,193	1801 k
192.168.1.4	50300	192.168.1.126	80	1,625	1830 k	431	28 k	1,194	1801 k
192.168.1.4	50301	192.168.1.126	80	1,637	1831 k	441	29 k	1,196	1801 k
192.168.1.4	50302	192.168.1.126	80	1,635	1830 k	438	29 k	1,197	1801 k
192.168.1.4	50303	192.168.1.126	80	1,892	1847 k	695	46 k	1,197	1801 k
192.168.1.4	50304	192.168.1.126	80	1,860	1845 k	664	44 k	1,196	1801 k
192.168.1.4	50305	192.168.1.126	80	1,880	1847 k	679	45 k	1,201	1802 k
192.168.1.4	50306	192.168.1.126	80	1,618	1829 k	418	27 k	1,200	1801 k
192.168.1.4	50307	192.168.1.126	80	1,639	1831 k	444	29 k	1,195	1801 k
192.168.1.4	50308	192.168.1.126	80	1,626	1830 k	433	28 k	1,193	1801 k
192.168.1.4	50309	192.168.1.126	80	1,631	1830 k	436	29 k	1,195	1801 k
192.168.1.4	50310	192.168.1.126	80	1,641	1831 k	445	29 k	1,196	1801 k
192.168.1.4	50311	192.168.1.126	80	1,634	1830 k	439	29 k	1,195	1801 k
192.168.1.4	50312	192.168.1.126	80	1,627	1830 k	431	28 k	1,196	1801 k
192.168.1.4	50313	192.168.1.126	80	1,616	1829 k	419	27 k	1,197	1801 k
192.168.1.4	50314	192.168.1.126	80	1,845	1844 k	649	43 k	1,196	1801 k

図6.1.49 HTTP/1.0のTCPコネクションはコンテンツの数だけ作られている

また、Firefoxのアドオンである「Firebug」を使用して、リクエストとレスポンスの流れを確認すると、次の図のようにFirefoxの最大TCPコネクション数（6本）ずつ、段階的にリクエストを実行していることがわかります。

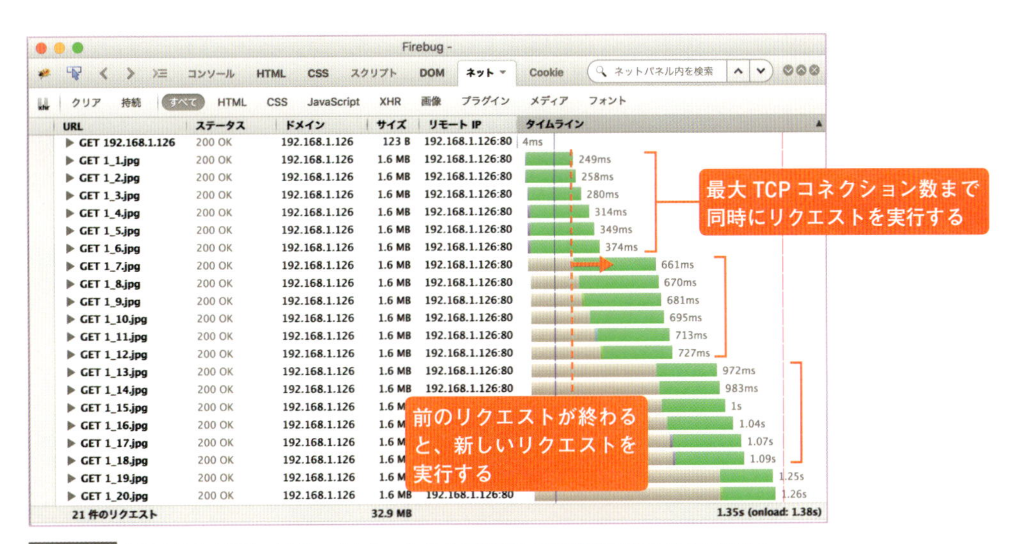

URL	ステータス	ドメイン	サイズ	リモート IP	タイムライン
GET 192.168.1.126	200 OK	192.168.1.126	123 B	192.168.1.126:80	4ms
GET 1_1.jpg	200 OK	192.168.1.126	1.6 MB	192.168.1.126:80	249ms
GET 1_2.jpg	200 OK	192.168.1.126	1.6 MB	192.168.1.126:80	258ms
GET 1_3.jpg	200 OK	192.168.1.126	1.6 MB	192.168.1.126:80	280ms
GET 1_4.jpg	200 OK	192.168.1.126	1.6 MB	192.168.1.126:80	314ms
GET 1_5.jpg	200 OK	192.168.1.126	1.6 MB	192.168.1.126:80	349ms
GET 1_6.jpg	200 OK	192.168.1.126	1.6 MB	192.168.1.126:80	374ms
GET 1_7.jpg	200 OK	192.168.1.126	1.6 MB	192.168.1.126:80	661ms
GET 1_8.jpg	200 OK	192.168.1.126	1.6 MB	192.168.1.126:80	670ms
GET 1_9.jpg	200 OK	192.168.1.126	1.6 MB	192.168.1.126:80	681ms
GET 1_10.jpg	200 OK	192.168.1.126	1.6 MB	192.168.1.126:80	695ms
GET 1_11.jpg	200 OK	192.168.1.126	1.6 MB	192.168.1.126:80	713ms
GET 1_12.jpg	200 OK	192.168.1.126	1.6 MB	192.168.1.126:80	727ms
GET 1_13.jpg	200 OK	192.168.1.126	1.6 MB	192.168.1.126:80	972ms
GET 1_14.jpg	200 OK	192.168.1.126	1.6 MB	192.168.1.126:80	983ms
GET 1_15.jpg	200 OK	192.168.1.126	1.6 M		1s
GET 1_16.jpg	200 OK	192.168.1.126	1.6 M		1.04s
GET 1_17.jpg	200 OK	192.168.1.126	1.6 M		1.07s
GET 1_18.jpg	200 OK	192.168.1.126	1.6 M		1.09s
GET 1_19.jpg	200 OK	192.168.1.126	1.6 M		1.25s
GET 1_20.jpg	200 OK	192.168.1.126	1.6 MB	192.168.1.126:80	1.26s
21 件のリクエスト			32.9 MB		1.35s (onload: 1.38s)

図6.1.50 HTTP/1.0では最大TCPコネクション数まで使用して段階的にリクエストを行う

HTTP/1.1のコネクション動作はどう見えるか

HTTP/1.1には「パイプライン」や「キープアライブ（持続的接続）」など、より少ないTCPコネクションで、よりたくさんのデータを送受信するための機能が新たに追加されています。それぞれ説明しましょう。

■パイプライン

パイプラインは、リクエストに対するレスポンスを待たずに、次のリクエストを送信する機能です。HTTP/1.0には、リクエストを送信した後、そのレスポンスを待ってから次のリクエストを送信するという決まりごとがありました。しかし、これではたくさんのコンテンツで構成されるWebサイトを見るとき、時間がかかって仕方がありません。パイプラインを利用すると、複数のリクエストをどんどん送信できるようになるため、コンテンツを表示するまでの時間を短縮することができます。

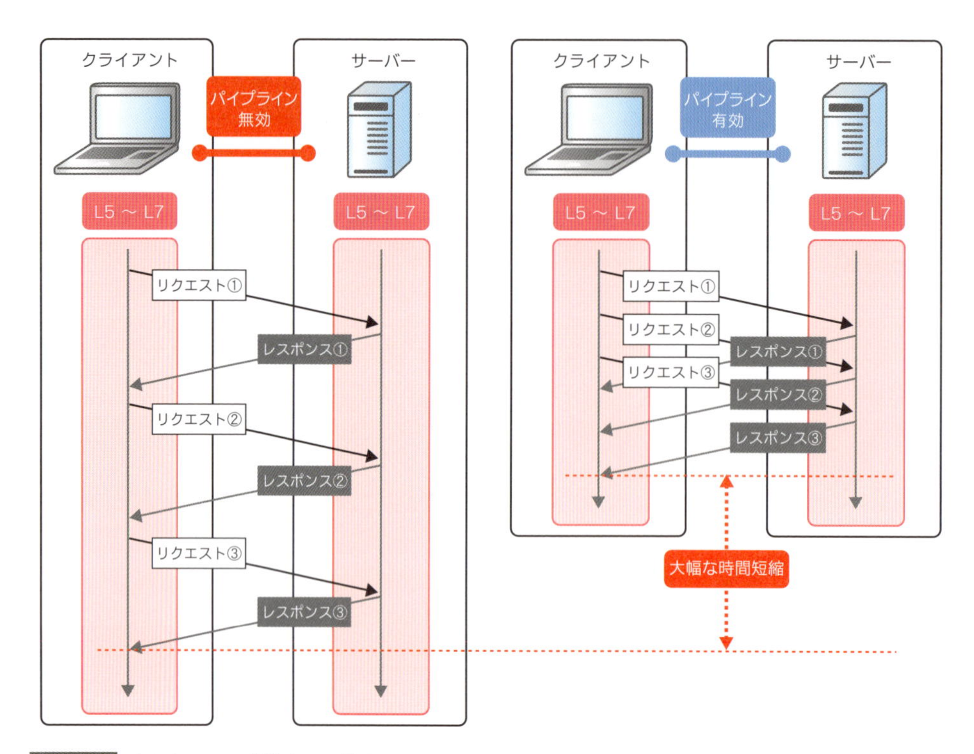

図6.1.51 パイプラインに期待される効果

さて、図を見ていると、一目瞭然に表示時間を短縮できて、効果絶大と思えるパイプラインですが、必ずしもそういうわけではありません。なぜならHTTP/1.1は、同じTCPコネクション内でリクエストとレスポンスのやりとりを並列処理できない仕様になっていて、サーバーはリクエストを受け取った順番でレスポンスを返さなくてはいけないためです。パイプラインは、この制限の影響をダイレクトに受けます。

たとえば、クライアントがパイプラインで2つのリクエストを連続して送信したとき、サーバーが最初のリクエストの処理に時間がかかってしまってレスポンスを返せないと、続くリクエストに対するレスポンスも止まってしまいます。また、サーバーのバッファも余計に消費してしまいます。この現象を「**HoL（Head of Lock）ブロッキング**」といいます。HoLブロッキングが原因で、ChromeもFirefoxもパイプラインをデフォルトで無効にしています。Internet Explorerに至っては対応すらしていません。

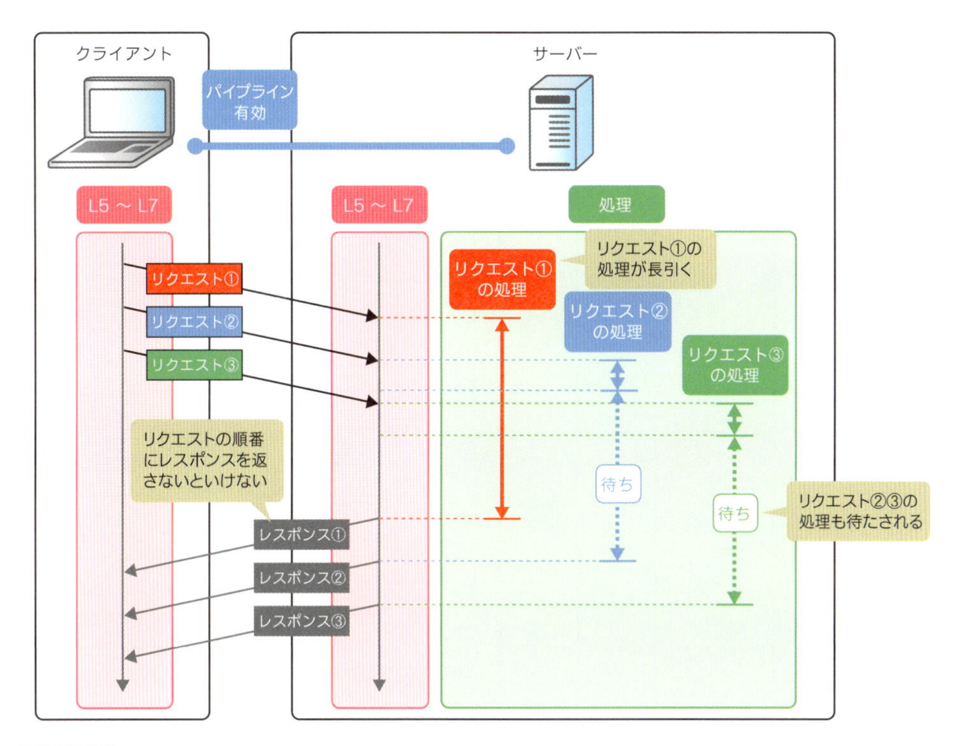

図6.1.52 HoLブロッキング

■キープアライブ

キープアライブは、一度作ったTCPコネクションを使い回す機能です。HTTP/1.0では拡張機能でしたが、HTTP/1.1では標準機能になりました。最初にTCPコネクションを作っておいて、その上で複数のHTTPリクエストを送信します。HTTP/1.0までコンテンツごとに行っていた「TCPオープン→HTTPリクエスト→HTTPレスポンス→TCPクローズ」のうちTCPに関する処理がなくなるため、新規コネクション数が減り、システム全体の処理負荷が大きく軽減します。

1つのWebサーバーに対して、同時にオープンできるTCPコネクションの数（最大コネクション数）は、Webブラウザやそのバージョンごとに決められています。Webブラウザは、最初に作った最大コネクション数分（最近のWebブラウザの場合「6」）のTCPコネクションを維持しつつ、それぞれリクエストとレスポンスをやりとりすることによって、接続全体での並列処理を実現しています。

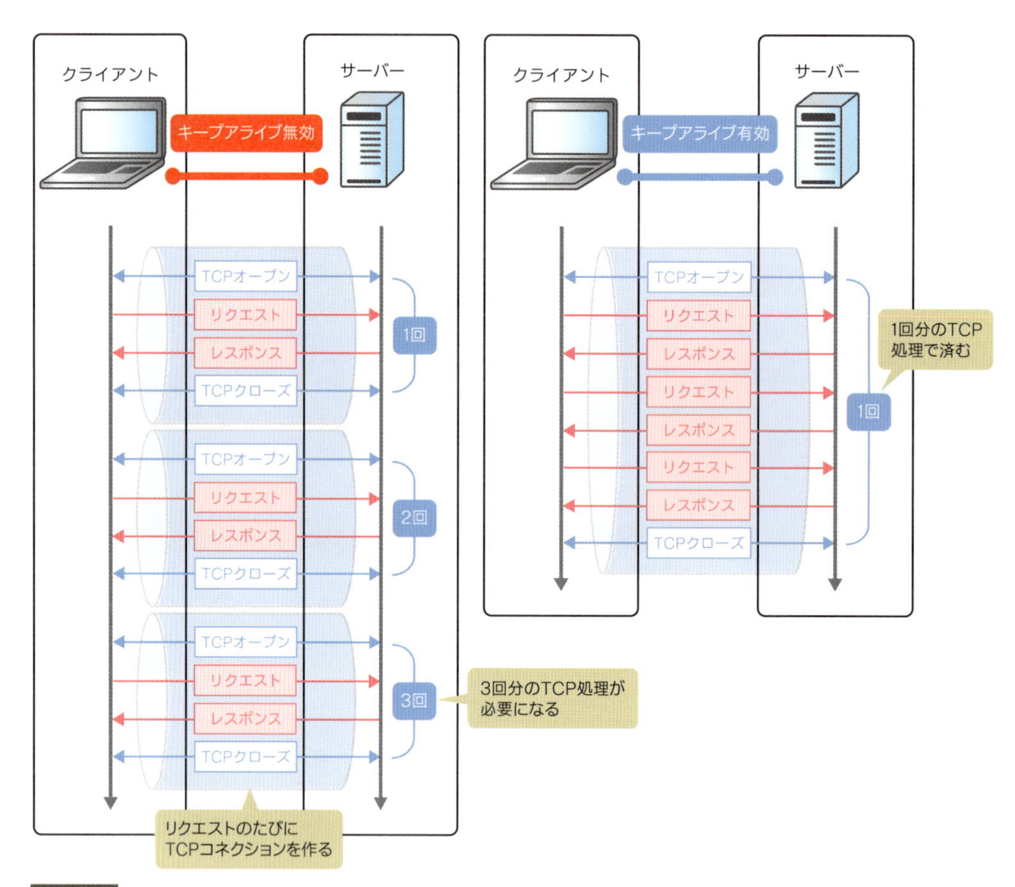

図6.1.53 キープアライブの有効性

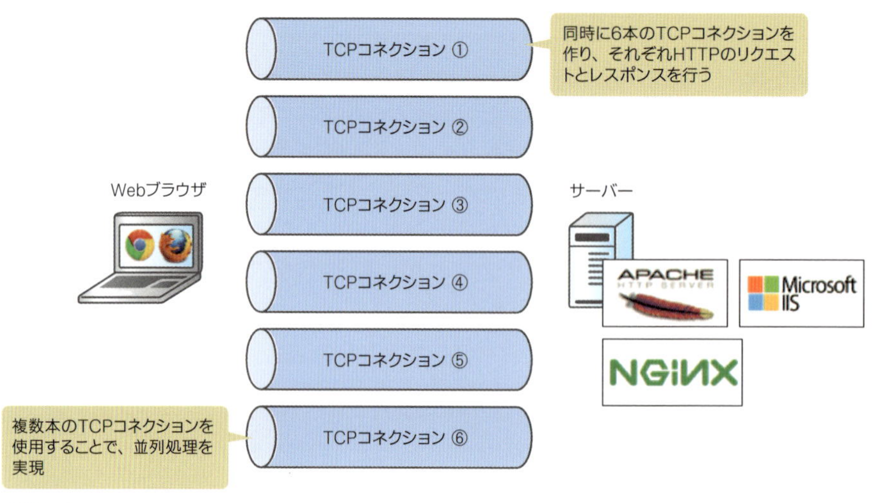

図6.1.54 複数のTCPコネクションを使用して接続全体で並列処理を実現

■HTTP/1.1のパケット解析

では、HTTP/1.1 における TCP コネクションの動作を、実際のパケットキャプチャデータを用いて確認しましょう。ここでは、macOS 上の Firefox から、Web サーバー（Apache HTTP Server）上の 21 個のコンテンツ（1 個の HTML ファイル＋ 20 個の JPEG 画像ファイル）で構成されている Web ページに、HTTP/1.1 でアクセスしたときのパケットキャプチャデータ「http_http11_notls.pcapng」を使用します。

まず、このパケットキャプチャデータの TCP コネクションの本数を見てみましょう。メニューバーの［統計］-［対話］を選択して、対話解析のウィンドウの［TCP］タブを確認します。すると、次の図のように 6 本の TCP コネクションが作られていることがわかります。この 1 本 1 本それぞれで、リクエスト→レスポンスの処理が複数回にわたって行われています。

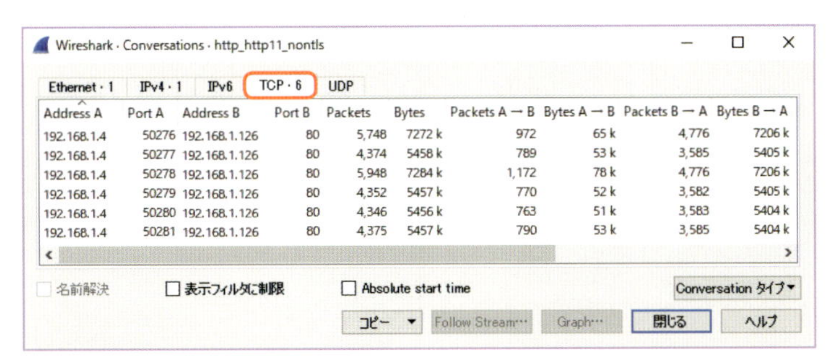

Address A	Port A	Address B	Port B	Packets	Bytes	Packets A → B	Bytes A → B	Packets B → A	Bytes B → A
192.168.1.4	50276	192.168.1.126	80	5,748	7272 k	972	65 k	4,776	7206 k
192.168.1.4	50277	192.168.1.126	80	4,374	5458 k	789	53 k	3,585	5405 k
192.168.1.4	50278	192.168.1.126	80	5,948	7284 k	1,172	78 k	4,776	7206 k
192.168.1.4	50279	192.168.1.126	80	4,352	5457 k	770	52 k	3,582	5405 k
192.168.1.4	50280	192.168.1.126	80	4,346	5456 k	763	51 k	3,583	5404 k
192.168.1.4	50281	192.168.1.126	80	4,375	5457 k	790	53 k	3,585	5404 k

図6.1.55 HTTP/1.1におけるTCPコネクションは同時にオープンできる数だけ作られている

また、Firefox のアドオンである「Firebug」を使用して、リクエストとレスポンスの流れを確認すると、次の図のように Firefox の最大 TCP コネクション数（6 本）ずつ、段階的にリクエストを実行していることがわかります。

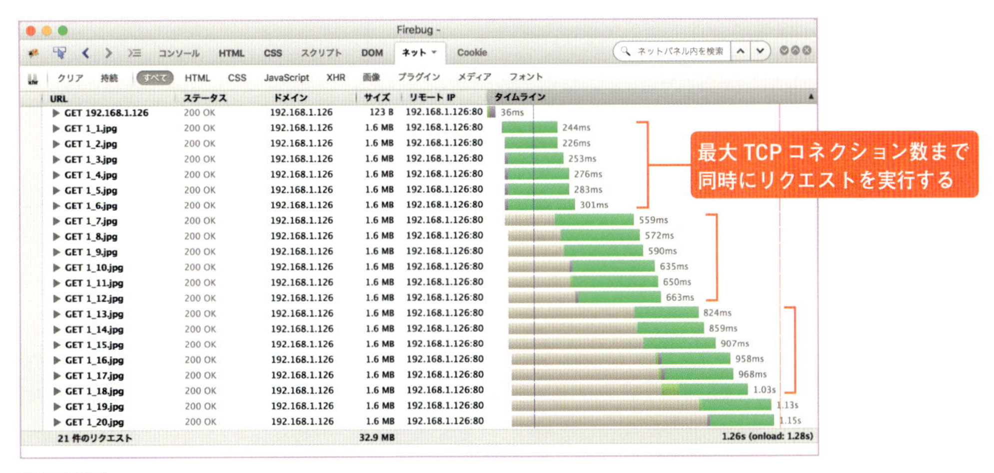

URL	ステータス	ドメイン	サイズ	リモート IP	タイムライン
GET 192.168.1.126	200 OK	192.168.1.126	123 B	192.168.1.126:80	36ms
GET 1_1.jpg	200 OK	192.168.1.126	1.6 MB	192.168.1.126:80	244ms
GET 1_2.jpg	200 OK	192.168.1.126	1.6 MB	192.168.1.126:80	226ms
GET 1_3.jpg	200 OK	192.168.1.126	1.6 MB	192.168.1.126:80	253ms
GET 1_4.jpg	200 OK	192.168.1.126	1.6 MB	192.168.1.126:80	276ms
GET 1_5.jpg	200 OK	192.168.1.126	1.6 MB	192.168.1.126:80	283ms
GET 1_6.jpg	200 OK	192.168.1.126	1.6 MB	192.168.1.126:80	301ms
GET 1_7.jpg	200 OK	192.168.1.126	1.6 MB	192.168.1.126:80	559ms
GET 1_8.jpg	200 OK	192.168.1.126	1.6 MB	192.168.1.126:80	572ms
GET 1_9.jpg	200 OK	192.168.1.126	1.6 MB	192.168.1.126:80	590ms
GET 1_10.jpg	200 OK	192.168.1.126	1.6 MB	192.168.1.126:80	635ms
GET 1_11.jpg	200 OK	192.168.1.126	1.6 MB	192.168.1.126:80	650ms
GET 1_12.jpg	200 OK	192.168.1.126	1.6 MB	192.168.1.126:80	663ms
GET 1_13.jpg	200 OK	192.168.1.126	1.6 MB	192.168.1.126:80	824ms
GET 1_14.jpg	200 OK	192.168.1.126	1.6 MB	192.168.1.126:80	859ms
GET 1_15.jpg	200 OK	192.168.1.126	1.6 MB	192.168.1.126:80	907ms
GET 1_16.jpg	200 OK	192.168.1.126	1.6 MB	192.168.1.126:80	958ms
GET 1_17.jpg	200 OK	192.168.1.126	1.6 MB	192.168.1.126:80	968ms
GET 1_18.jpg	200 OK	192.168.1.126	1.6 MB	192.168.1.126:80	1.03s
GET 1_19.jpg	200 OK	192.168.1.126	1.6 MB	192.168.1.126:80	1.13s
GET 1_20.jpg	200 OK	192.168.1.126	1.6 MB	192.168.1.126:80	1.15s
21 件のリクエスト			32.9 MB		1.26s (onload: 1.28s)

図6.1.56 HTTP/1.1も段階的にリクエストを行う

》HTTP/2のコネクション動作はどう見えるか

HTTP/1.1 のパイプラインは、大幅なパフォーマンス向上が見込まれたにもかかわらず、HoL ブロッキングがあったため、ほとんど使用されないままに終わりました。その反省を踏まえて、新たに追加された機能が HTTP/2 の「**マルチプレキシング**」です。

マルチプレキシングは、1 本の TCP コネクション内に「**ストリーム**」という仮想チャネルを作り、ストリームごとにリクエストとレスポンスをやりとりすることによって、1 本の TCP コネクションにおける並列処理を実現しています。HTTP/1.1 で並列処理を実現するためには複数本の TCP コネクションが必要でした。HTTP/2 は 1 本の TCP コネクションでそれを実現できるため、必要最低限の TCP 処理負荷で、最大のパフォーマンスを発揮できます。

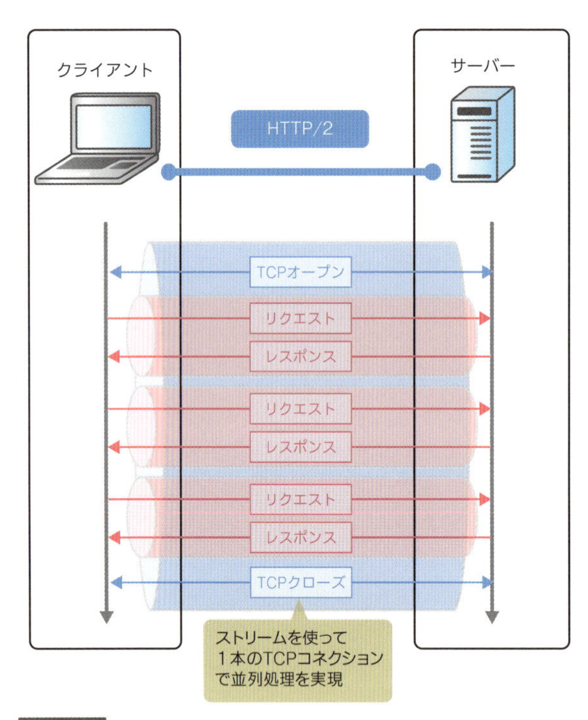

図6.1.57 マルチプレキシングにより1本のTCPコネクションで並列処理を実現

HTTP/2のパケット解析

では、HTTP/2 における TCP コネクションの動作を、実際のパケットキャプチャデータを用いて確認しましょう。ここでは、macOS 上の Firefox から、Web サーバー（Apache HTTP Server）上の 21 個のコンテンツ（1 個の HTML ファイル＋ 20 個の JPEG 画像ファイル）で構成されている Web ページに、HTTP/2 でアクセスしたときのパケットキャプチャデータ「http_http2_tls.pcapng」を使用します。

まず、このパケットキャプチャデータの TCP コネクションの本数を見てみましょう。メニューバーの［統計］-［対話］を選択して、対話解析のウィンドウの［TCP］タブを確認します。すると、次の図のように TCP コネクションが 1 本しか作られていません。この 1 本の上ですべてのリクエストとレスポンスをやりとりしています。

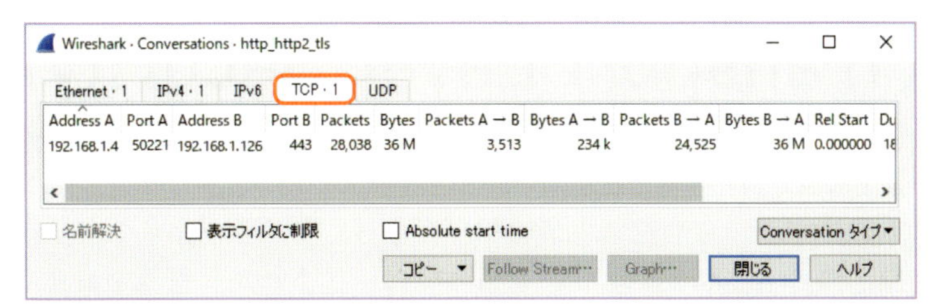

図6.1.58 HTTP/2では1本のTCPコネクション上ですべてのリクエストとレスポンスをやりとりしている

また、Firefoxのアドオンである「Firebug」を使用して、リクエストとレスポンスの流れを確認すると、次の図のように一気にリクエストを実行していることがわかります。このすべてのリクエストを1本のTCPコネクションで処理しています。

Firebug -

コンソール　HTML　CSS　スクリプト　DOM　ネット　Cookie

クリア　持続　すべて　HTML　CSS　JavaScript　XHR　画像　プラグイン　メディア　フォント

URL	ステータス	ドメイン	サイズ	リモートIP	タイムライン
GET 192.168.1.126	200 OK	192.168.1.126	422 B	192.168.1.126:443	13ms
GET 1_1.jpg	200 OK	192.168.1.126	1.6 MB	192.168.1.126:443	1.85s
GET 1_2.jpg	200 OK	192.168.1.126	1.6 MB	192.168.1.126:443	2.03s
GET 1_3.jpg	200 OK	192.168.1.126	1.6 MB	192.168.1.126:443	2.03s
GET 1_4.jpg	200 OK	192.168.1.126	1.6 MB	192.168.1.126:443	2.08s
GET 1_5.jpg	200 OK	192.168.1.126	1.6 MB	192.168.1.126:443	2.08s
GET 1_6.jpg	200 OK	192.168.1.126	1.6 MB	192.168.1.126:443	2.08s
GET 1_7.jpg	200 OK	192.168.1.126	1.6 MB	192.168.1.126:443	2.08s
GET 1_8.jpg	200 OK	192.168.1.126	1.6 MB	192.168.1.126:443	2.08s
GET 1_9.jpg	200 OK	192.168.1.126	1.6 MB	192.168.1.126:443	2.07s
GET 1_10.jpg	200 OK	192.168.1.126	1.6 MB	192.168.1.126:443	2.07s
GET 1_11.jpg	200 OK	192.168.1.126	1.6 MB	192.168.1.126:443	2.07s
GET 1_12.jpg	200 OK	192.168.1.126	1.6 MB	192.168.1.126:443	2.07s
GET 1_13.jpg	200 OK	192.168.1.126	1.6 MB	192.168.1.126:443	2.07s
GET 1_14.jpg	200 OK	192.168.1.126	1.6 MB	192.168.1.126:443	2.07s
GET 1_15.jpg	200 OK	192.168.1.126	1.6 MB	192.168.1.126:443	2.07s
GET 1_16.jpg	200 OK	192.168.1.126	1.6 MB	192.168.1.126:443	2.06s
GET 1_17.jpg	200 OK	192.168.1.126	1.6 MB	192.168.1.126:443	2.06s
GET 1_18.jpg	200 OK	192.168.1.126	1.6 MB	192.168.1.126:443	2.06s
GET 1_19.jpg	200 OK	192.168.1.126	1.6 MB	192.168.1.126:443	2.06s
GET 1_20.jpg	200 OK	192.168.1.126	1.6 MB	192.168.1.126:443	2.06s
21 件のリクエスト			32.9 MB		2.15s (onload: 2.3s)

図6.1.59 HTTP/2は一気にリクエストを行う

HTTPにおけるコネクションの処理動作は、使用するOSやWebブラウザの設定によって異なります。いろいろなパターンを検証してみると面白いでしょう。

CHAPTER 6

02 SSL (Secure Socket Layer) / TLS (Transport Layer Security)

SSL（Secure Socket Layer）/TLS（Transport Layer Security）は、アプリケーションデータを暗号化するプロトコルです。今や日常生活の一部になったインターネットですが、いつ何時も見えない脅威と隣り合わせにいることを忘れてはいけません。世界中のありとあらゆる人たち、モノたちが論理的にひとつにつながっているインターネットでは、いつ誰がデータをのぞき見たり、書き換えたりするかわかりません。SSL/TLS[＊1]は、データを暗号化したり、通信相手を認証したりすることによって、大切なデータを守ります。

＊1 TLSはSSLをバージョンアップしたものです。ここからは文章の読みやすさのために、「SSL/TLS」を表すところを「SSL」と記載しますが、同時に「TLS」も含まれると考えてください。

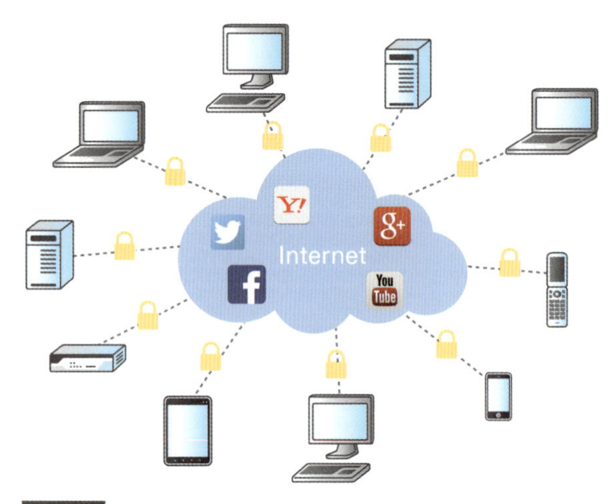

図6.2.1 SSLで情報を守る！

ネットサーフィンをしていて、いつの間にかURLが「https://～」となっていて、アドレスバーに錠前マークが表示されていることがあるでしょう。これは通信がSSLで暗号化されていて、データが守られていることを表しています。「HTTPS」は「HTTP Secure」の略で、HTTPをSSLで暗号化したものです。

図6.2.2 HTTPがSSLで暗号化されていると、アドレスバーに錠前が表示される

ちなみに、GoogleやYahoo!など、一般的によく知られている大規模Webサイトは、HTTPでアクセスしても、HTTPSサイトに強制的にリダイレクト（転送）されるようになっています。時代は徐々にすべてのトラフィックがSSLで暗号化される「常時SSL化時代」へと移行しつつあります。

6.2.1 SSLプロトコルの詳細

SSLは、実際にデータを暗号化するまでの処理がポイントで、そこにほぼすべてが詰まっているといっても過言ではありません。しかし、前提知識がない状態で、その処理をいきなり説明されると、あまりに難しすぎて理解する前に心が折れます。そこで、まずはSSLを使用する目的や、SSLを構成しているいろいろな技術から説明していきます。

SSLで守ることができる脅威

SSLは「暗号化」「ハッシュ化」「デジタル証明書」という、3つの技術を組み合わせて使用することによって、インターネット上に存在するいろいろな脅威に対抗しています。それぞれの技術がどんな脅威に対抗しているか説明しましょう。

■暗号化で盗聴から守る

暗号化は、決められたルールに基づいてデータを変換する技術です。暗号化によって、第三者がデータを盗み見る「盗聴」を防止します。重要なデータがそのままの状態で流れていたら、つい見たくなってしまうのが人の性でしょう。SSLはデータを暗号化することによって、たとえ盗聴されても内容がわからないようにします。

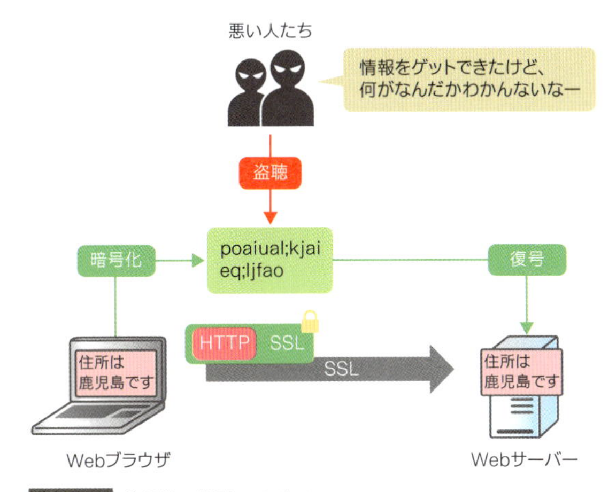

図6.2.3 暗号化で盗聴から守る

■ハッシュ化で改ざんから守る

ハッシュ化は、アプリケーションデータから、決められた計算（ハッシュ関数）に基づいて固定長のデータ（ハッシュ値）を取り出す技術です。アプリケーションデータが変わると、ハッシュ値も変わります。このしくみを利用して、第三者がデータを書き換える「改ざん」を検知できます。SSLはデータが改ざんされていないかどうかを確認するために、ハッシュ値をデータとあわせて送信します。それを受け取った端末は、データから計算したハッシュ値と、添付されているハッシュ値を比較して、改ざんされていないか確認します。同じデータに対して同じ計算をするので、同じハッシュ値だったらデータが改ざんされていないことになります。

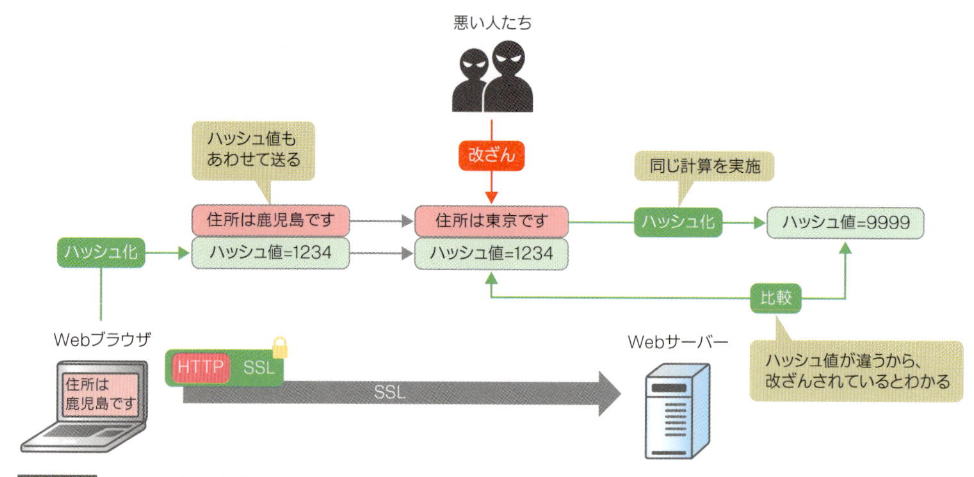

図6.2.4 ハッシュ化で改ざんから守る

■デジタル証明書でなりすましから守る

デジタル証明書は、その端末が本物であることを証明するファイルのことです。デジタル証明書をもとに、通信相手が本物かどうかを確認することによって、「**なりすまし**」を防止できます。SSLでは、データを送信するのに先立って「あなたの情報をください」とお願いして、送られてきたデジタル証明書をもとに正しい相手か確認します。

ちなみに、デジタル証明書が本物かどうかは、「**認証局（CA局）**」と呼ばれる信頼されている機関の「デジタル署名」によって判断します。デジタル署名は、お墨付きのようなイメージです。デジタル証明書は、シマンテックやセコムトラストなどの認証局からデジタル署名というお墨付きをもらって初めて、世の中的に本物と認められます。

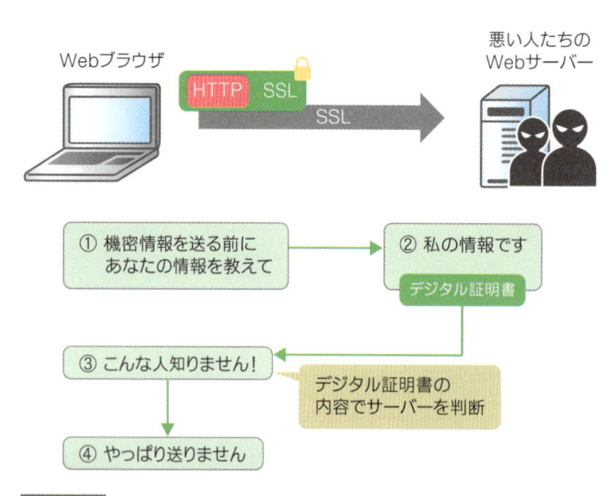

図6.2.5 デジタル証明書でなりすましから守る

SSLはハイブリッド暗号化方式で暗号化

SSLの暗号化処理には、データを暗号化するための「**暗号化鍵**」と、暗号化を解く（復号する）ための「**復号鍵**」が必要になります[*1]。ネットワークにおける暗号化方式は、クライアントとサーバーの暗号化鍵、復号鍵の持ち方によって、「**共通鍵暗号化方式**」と「**公開鍵暗号化方式**」の2種類に大別することができます。

*1 鍵の実態は文字列が入っているテキストファイルです。

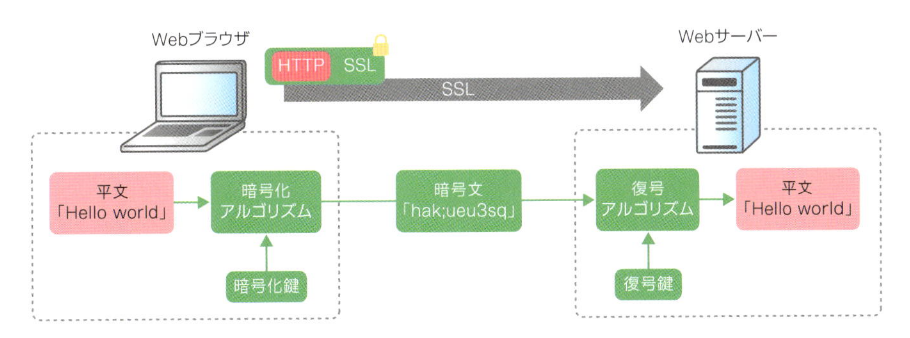

図6.2.6 暗号化と復号

■共通鍵暗号化方式で高速に処理する

共通鍵暗号化方式は、暗号化鍵と復号鍵に同じ鍵（共通鍵）を使用する暗号化方式です。同じ鍵を対称的に使用することから「対称鍵暗号化方式」とも呼ばれています。クライアントとサーバーはあらかじめ同じ鍵を共有していて、暗号化鍵で暗号化し、暗号化鍵とまったく同じ鍵で復号します。

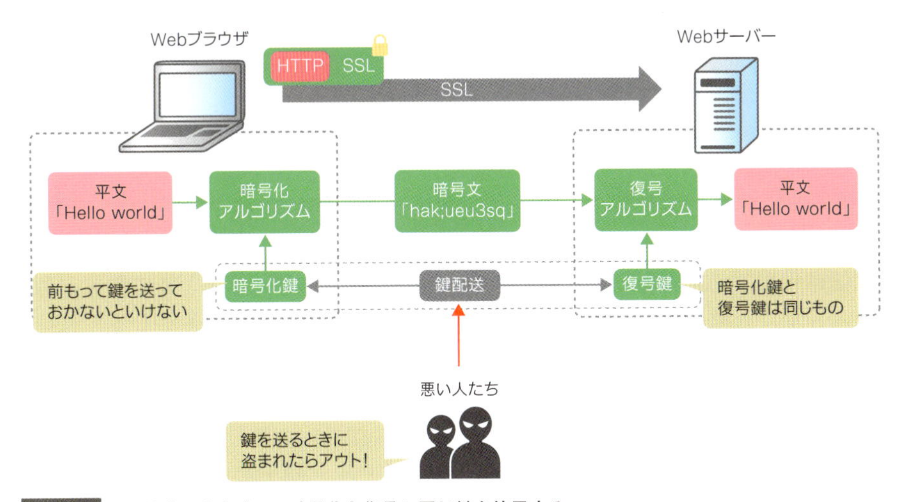

図6.2.7 共通鍵暗号化方式では暗号化と復号に同じ鍵を使用する

共通鍵暗号化方式は、さらに「**ストリーム暗号**」と「**ブロック暗号**」に大別することができます。ストリーム暗号は、1ビットごと、あるいは1バイトごとに暗号化処理を行う暗号化方式です。代表的なストリーム暗号には、「ChaCha20-Poly1305」があります。

それに対してブロック暗号は、データを一定のビット数ごと（ブロック）に区切って、ひとつひとつ暗号化処理を施します。代表的なブロック暗号には、「AES（Advanced Encryption Standard）」があります。

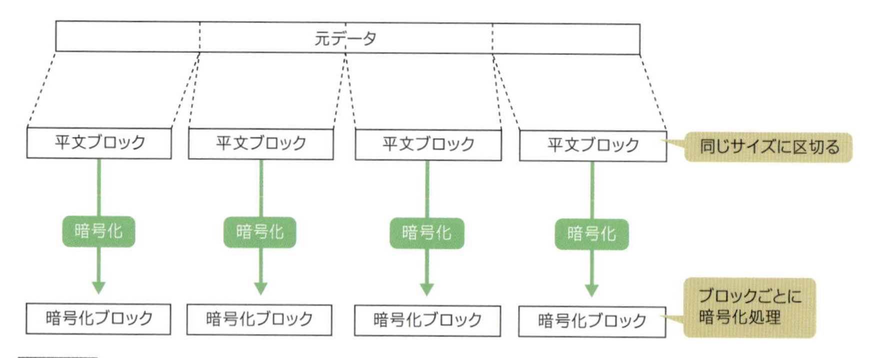

図6.2.8 ブロック暗号

共通鍵暗号化方式のメリットは、なんといってもその処理速度と処理負荷です。しくみ自体が単純明快なので、暗号化処理も復号処理も高速で、大きな処理負荷もかかりません。逆に、デメリットは鍵配送の問題です。先ほどは「あらかじめ同じ鍵を共有していて…」とあっさり書いてしまいましたが、よくよく考えてみると「そもそもどうやって共有するんだよ…」となるのが必然です。共通鍵暗号化方式は、暗号化鍵と復号鍵が同じものなので、その鍵を入手されてしまったら、その時点でアウトです。お互いで共有する鍵をどうやって相手に渡す（配送する）のか。この鍵配送問題を別のしくみで解決しなくてはいけません。

■公開鍵暗号化方式で鍵配送問題を解決する

公開鍵暗号化方式は、暗号化鍵と復号鍵に異なる鍵を使用する暗号化方式です。異なる鍵を非対称に使用することから「非対称鍵暗号化方式」とも呼ばれています。RSAやDH/DHE（ディフィー・ヘルマン鍵共有）、ECDH/ECDHE（楕円曲線ディフィー・ヘルマン鍵共有）がこの方式を採用しています。

公開鍵暗号化方式を支えているのが「**公開鍵**」と「**秘密鍵**」です。その名のとおり、公開鍵はみんなに公開してよい鍵で、秘密鍵はみんなには秘密にしておかなくてはいけない鍵です。この2つの鍵は「**鍵ペア**」と呼ばれ、ペアで存在しています。鍵ペアは数学的な関係で成り立っていて、片方の鍵からもう片方の鍵を導き出せないようになっています。また、片方の鍵で暗号化したデータは、もう片方の鍵でしか復号できないようになっています。では、最も シンプルな公開鍵暗号化方式の流れを、順を追って説明しましょう。

1 Webサーバーは公開鍵と秘密鍵（鍵ペア）を作ります。

2 Webサーバーは公開鍵をみんなに公開・配布し、秘密鍵だけを保管します。

3 クライアントは公開鍵を暗号化鍵として使用し、データを暗号化して送信します。

4 Web サーバーは秘密鍵を復号鍵として使用し、データを復号します。

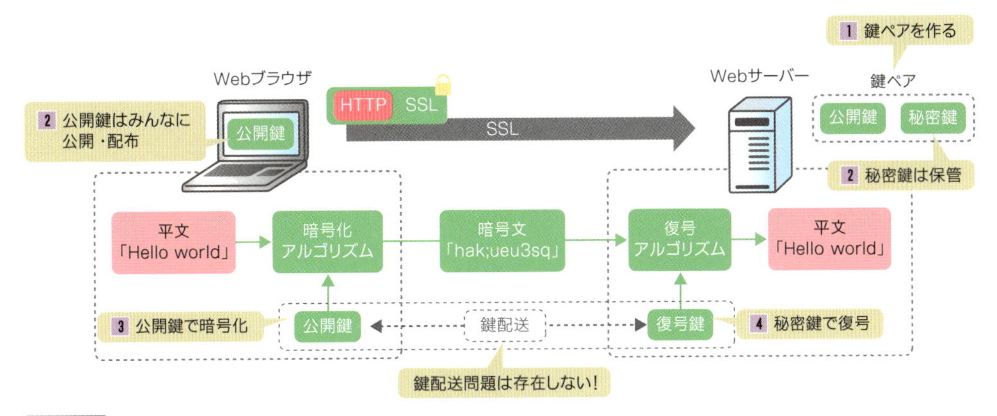

図6.2.9 公開鍵暗号化方式では公開鍵と秘密鍵を使用する

公開鍵暗号化方式のメリットは、鍵を配送する必要がないことです。暗号化に使用する公開鍵はみんなに公開してよい鍵です。公開鍵は秘密鍵がないかぎり機能しないし、公開鍵から秘密鍵が算出できないようになっています。したがって、鍵配送を気にする必要はありません。一方、デメリットはその処理速度と処理負荷です。公開鍵暗号化方式は処理が複雑なので、その分暗号化処理と復号処理に時間がかかりますし、処理負荷もかかります。

SSL はハイブリッド暗号化方式でいいとこ取りする

共通鍵暗号化方式と公開鍵暗号化方式は、メリットとデメリットがちょうど逆の関係にあります。SSL は、この 2 つの暗号化方式を組み合わせて使用することによって、処理の効率化を図っています。

暗号化方式	共通鍵暗号化方式	公開鍵暗号化方式
代表的な暗号化の種類	3DES、AES、Camellia	RSA、DH/DHE、ECDHE
鍵の管理	通信相手ごとに管理	公開鍵と秘密鍵を管理
処理速度	速い	遅い
処理負荷	軽い	重い
鍵配送問題	あり	なし

表6.2.1 共通鍵暗号化方式と公開鍵暗号化方式の比較

やり方はこうです。最初に公開鍵暗号化方式を使用して、お互いに共有しなくてはいけない共通鍵の素を交換します。その後、共有した鍵を使用して、共通鍵暗号化方式でデータをやりとりします。SSL は、公開鍵暗号化方式で鍵配送問題を解決し、共通鍵暗号化方式で処理負荷問題を解決しています。では、実際の処理の流れを見ていきましょう。

1. Web サーバーは公開鍵と秘密鍵を作ります。

2. Web サーバーは公開鍵をみんなに公開・配布し、秘密鍵だけを保管します。

3. Web ブラウザは共通鍵（共通鍵暗号化方式で使用する鍵）の素を公開鍵で暗号化して送ります。

4. Web サーバーは共通鍵の素を秘密鍵で復号します。

5. Web サーバーと Web ブラウザは共通鍵の素から共通鍵を生成します。

6. Web ブラウザはアプリケーションデータを共通鍵で暗号化します。

7. Web サーバーはアプリケーションデータを共通鍵で復号します。

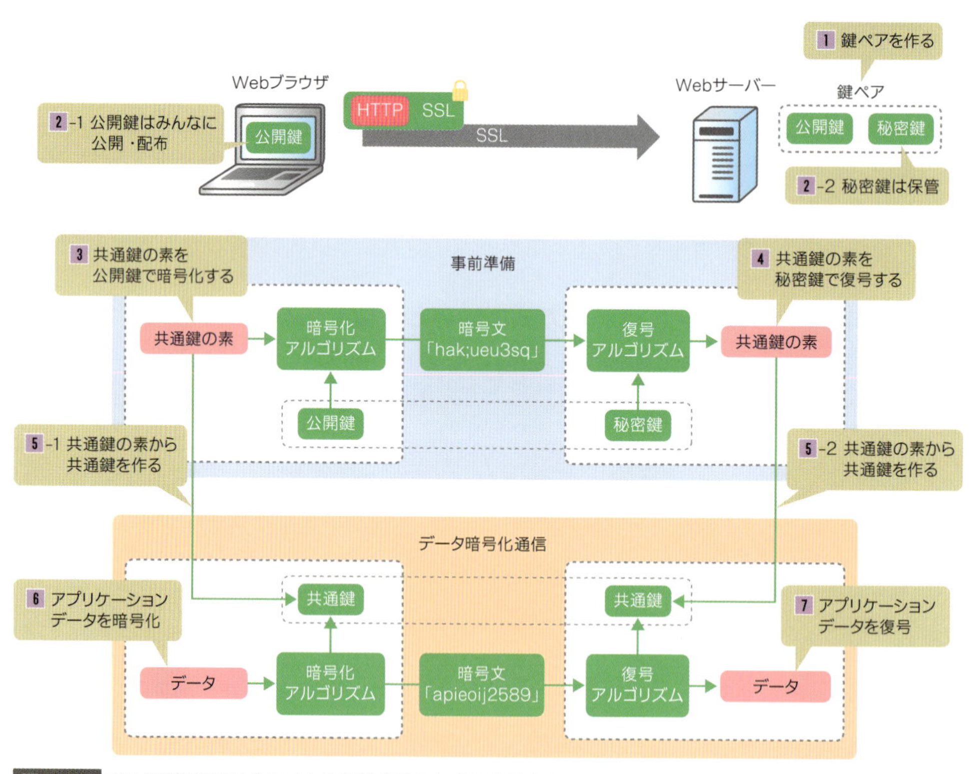

図6.2.10 SSLは共通鍵暗号化方式と公開鍵暗号化方式を使用する

ハッシュ値を比較する

ハッシュ化は、アプリケーションデータをハッシュドポテトのように細切れにして、同じサイズのデータにまとめる技術です。メッセージを要約しているようなイメージから「メッセージダイジェスト」と言ったり、メッセージの指紋を採っているようなイメージから「フィンガープリント」と言ったりもします。

ハッシュ値を比較したほうが効率的

あるデータとあるデータがまったく同じであるか、改ざんされていないか（完全性、正真性）を確認したいとき、データそのものをツールで比較するのが最も簡単で手っ取り早い方法でしょう。この方法はデータのサイズが小さいときは、かなり有効です。しかし、サイズが大きくなると、そういうわけにはいきません。比較しようにも時間がかかりますし、処理負荷もかかります。そこで、**データをハッシュ化して、比較しやすくします。**

ハッシュ化は「**一方向ハッシュ関数**」という特殊な計算を利用して、データをめった切りにして、同じサイズの「ハッシュ値」にギュッとまとめます。一方向ハッシュ関数とハッシュ値は、具体的には次のような性質を持ちます。

データが異なると、ハッシュ値も異なる

一方向ハッシュ関数といっても、結局のところ計算以外の何物でもありません。1に5を掛けると5にしかならないのと同じように、データが1ビットでも違うとハッシュ値はまったく異なるものになります。この性質を利用して、データの改ざんを検知することができます。

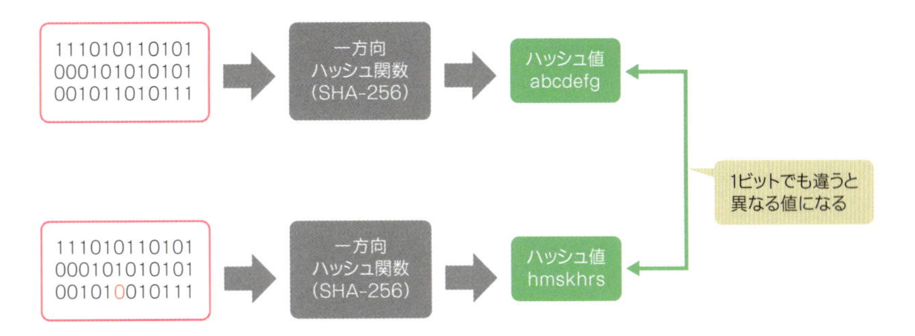

図6.2.11 1ビット違うだけでまったく違うハッシュ値になる

データが同じだと、ハッシュ値も同じ

ざっくり言ってしまうと、前項の逆です。「そりゃあ、そうだろ…」と思う人もいるかもしれませんが、もし一方向ハッシュ関数の計算式の中に日付や時刻のような変動要素が含まれていたなら、データが同じでも値が変わる可能性は十二分にあります。一方向ハッシュ関数には上記のような変動要素が含まれていないため、**データが同じだとハッシュ値も必ず同じものになります。**この性質を利用して、いつでもデータを比較することができます。

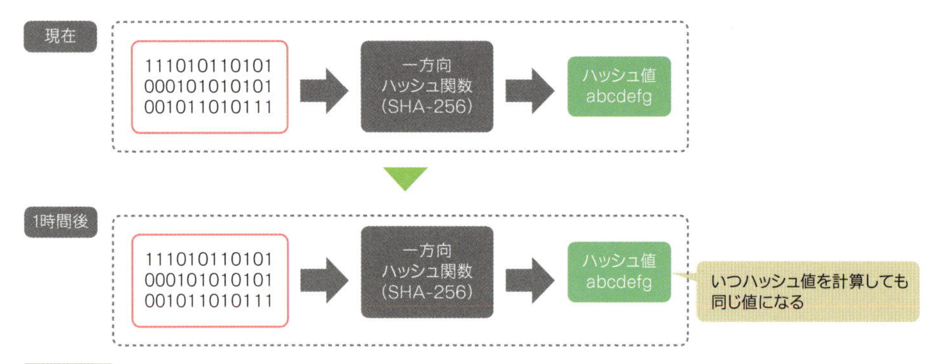

図6.2.12 データが同じだとハッシュ値も同じ

ハッシュ値から元データには戻せない

ハッシュ値はあくまでデータの要約です。本の要約だけを読んでも、本文すべてを理解できないのと同じように、ハッシュ値から元データを復元することはできません。元データ→ハッシュ値の一方通行です。したがって、たとえ誰かにハッシュ値を盗まれたとしても、セキュリティ的な問題になることはありません。

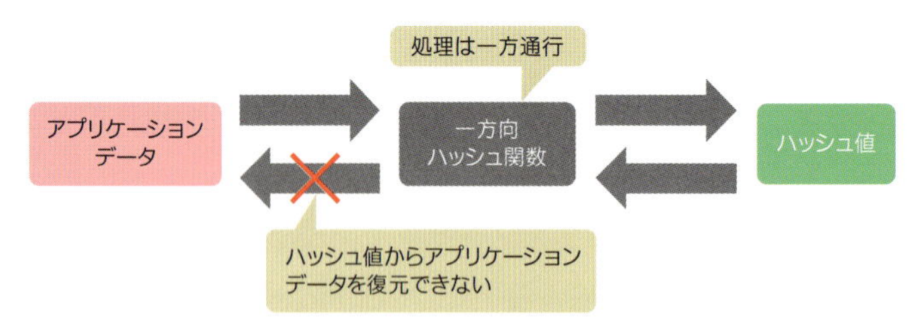

図6.2.13 ハッシュ関数の処理は一方通行

データのサイズが異なっても、ハッシュ値のサイズは固定

一方向ハッシュ関数によって算出されるハッシュ値の長さは、データが1ビットであろうと、1メガであろうと、1ギガであろうと同じです。たとえば、最近よく使用されるSHA-256で算出されるハッシュ値の長さは、元データのサイズにかかわらず、絶対に256ビットです。この性質を利用すると、決められた範囲だけを比較すればよくなるので、処理を高速化できます。また、比較処理にかかる負荷を抑えることもできます。

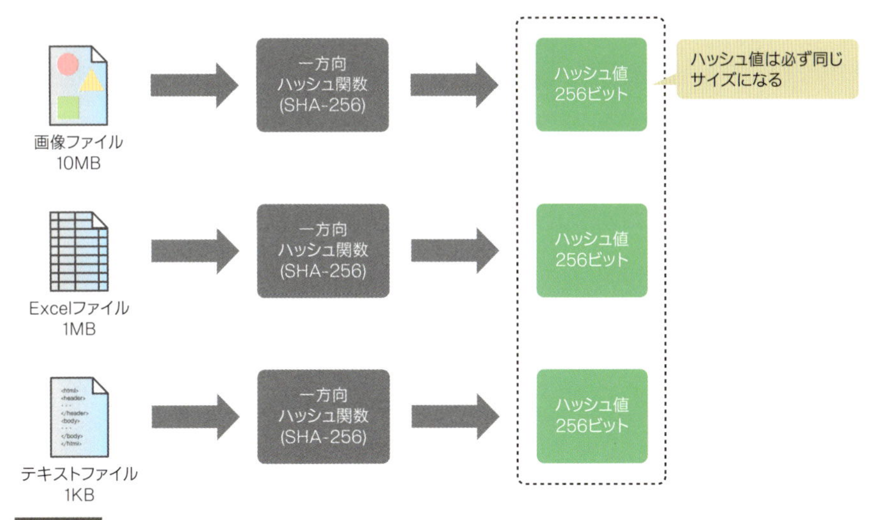

図6.2.14 ハッシュ値のサイズは同じになる

SSLでは、このハッシュ化を「アプリケーションデータの検証」と「デジタル証明書の検証」に使用しています。それぞれの場合について説明します。

■アプリケーションデータの検証

これはハッシュ化の最もオーソドックスな使い方でしょう。送信者はアプリケーションデータとハッシュ値を送ります。受信者はアプリケーションデータからハッシュ値を計算し、送られてきたハッシュ値と自分が計算したハッシュ値を比較します。その結果、一致したら改ざんされていない、一致しなかったら改ざんされていると判断します。

SSLではこれに加えてもうひとつ、「**メッセージ認証コード（MAC、Message Authentication Code）**」という、セキュリティ的な要素を加えています。メッセージ認証コードは、アプリケーションデータと共通鍵（MAC鍵）をまぜこぜにして、ハッシュ値（MAC値）を計算する技術です。一方向ハッシュ関数に共通鍵の要素が加わるため、改ざんの検知だけでなく、相手を認証することもできます。

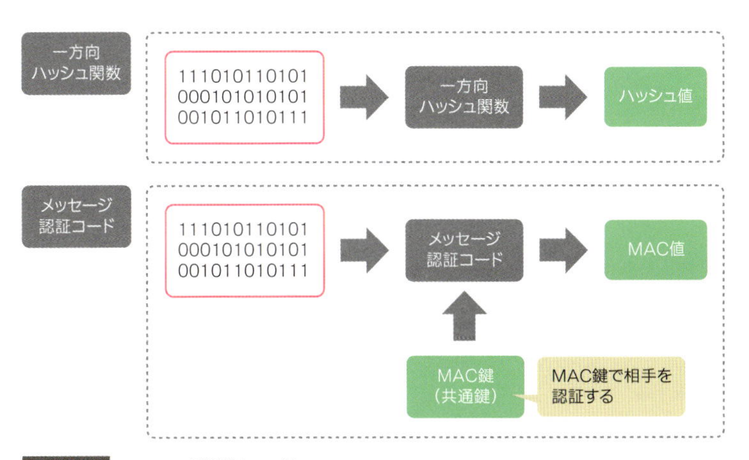

図6.2.15 メッセージ認証コード

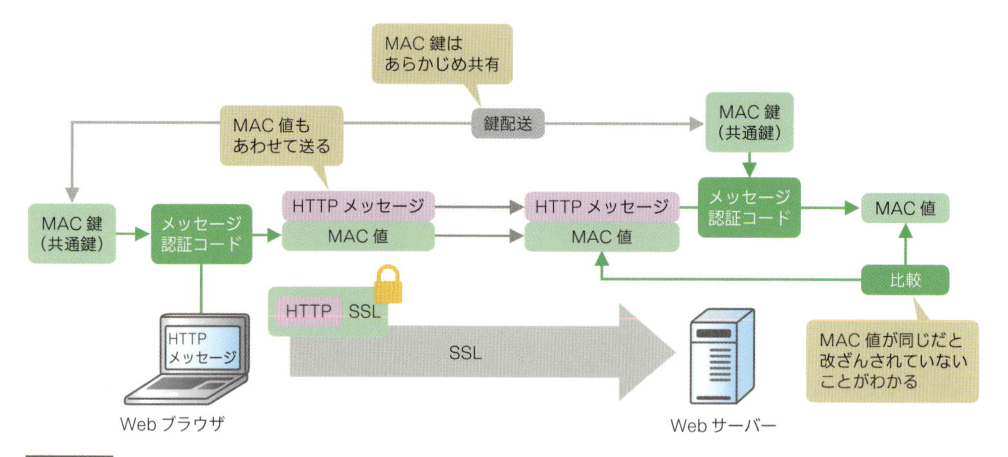

図6.2.16 メッセージ認証でアプリケーションデータを検証する

なお、共通鍵を使用するということは、同時に鍵配送問題が存在することを忘れてはいけません。SSL では、メッセージ認証で使用する共通鍵は、公開鍵暗号化方式で交換した共通鍵の素から生成します。

■デジタル証明書の検証

SSL では、デジタル証明書の検証にもハッシュ化を使用しています。どんなに暗号化したとしても、データを送る相手がまったく知らない人だったら、元も子もありません。SSL ではデジタル証明書を使用して、自分が自分であること、相手が相手であることを証明しています。

さて、ここで重要なのが、たとえ「私は A ですよー！」と声高らかに叫んでも、それには信頼性はないということです。本当に A さんかどうか、そんなことはわかりません。もしかしたら B さんが「私が A ですよー」と叫んでいるかもしれません。そこで、SSL の世界では第三者認証というしくみを採用しています。世の中的に信頼されている第三者「認証局（CA 局）」に、「A さんが A さんであること」をデジタル署名という形で認めてもらいます。そして、そのデジタル署名にハッシュ化を使用します。

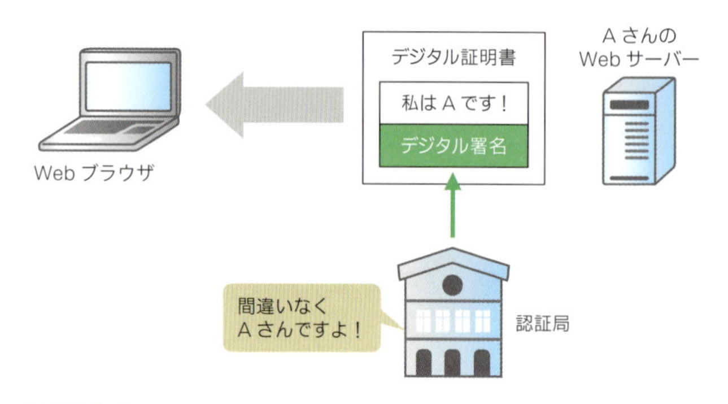

図6.2.17 認証局が第三者認証する

デジタル証明書は、「**署名前証明書**」「**デジタル署名のアルゴリズム**」「**デジタル署名**」で構成されています[*1]。署名前証明書は、サーバーやサーバーの所有者の情報です。サーバーのURLを表す「**コモンネーム（Common Name）**」や証明書の有効期限、公開鍵もこの中に含まれます。デジタル署名のアルゴリズムには、デジタル署名で使用するハッシュ関数の名称が含まれます。**デジタル署名は、署名前証明書を、デジタル署名のアルゴリズムで指定されたハッシュ関数でハッシュ化し、認証局の秘密鍵で暗号化したものです。**

＊1　デジタル署名のアルゴリズムは、署名前証明書の一部として存在しています。本書ではわかりやすくなるように、別に構成されているものとして説明しています。

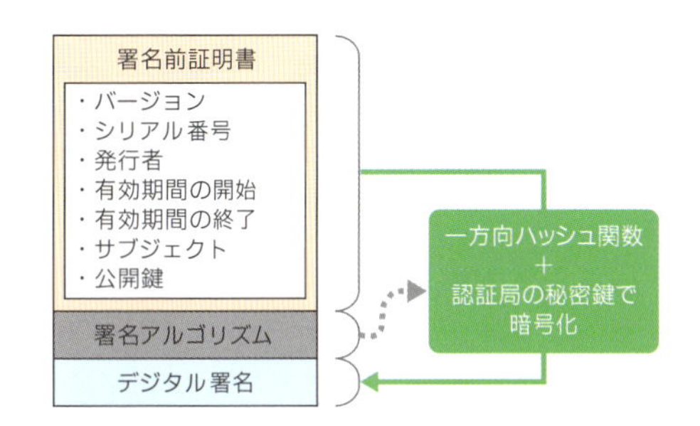

図6.2.18 デジタル証明書の構成要素

デジタル証明書を受け取った受信者は、デジタル署名を認証局の公開鍵（CA証明書）で復号し、署名前証明書のハッシュ値と比較、検証します。一致していれば、証明書が改ざんされていない、つまりそのサーバーが本物であることがわかります。逆に、一致していなければ、そのサーバーが偽物であると判断し、その旨を示す警告メッセージを返します。

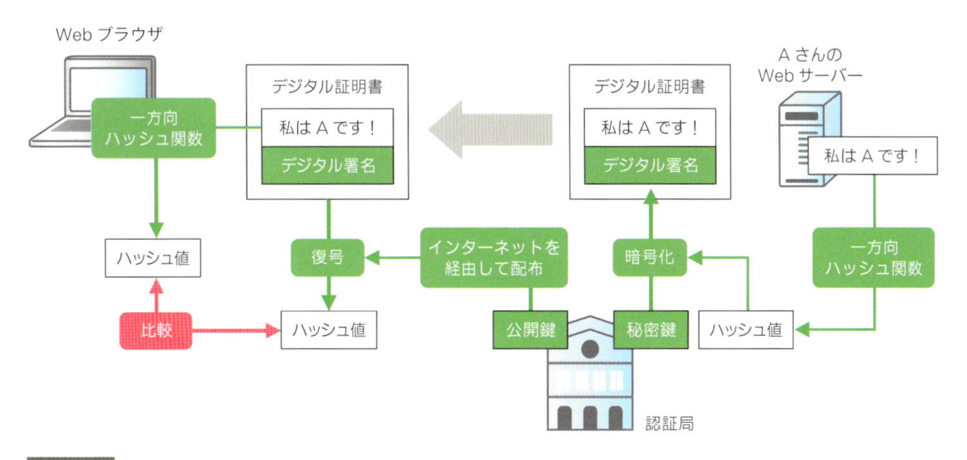

図6.2.19 デジタル署名とハッシュ値の関係

SSLで使用する技術のまとめ

さて、ここまでSSLで使用する暗号化方式やハッシュ化方式について説明してきました。あまりにいろいろな技術が詰まりすぎていて、すでにおなかいっぱいでしょう。そこで、これまでに出てきた技術を次の表に整理しておきます。

フェーズ	技術	役割	最近使用されている種類
事前準備	公開鍵暗号化方式	共通鍵の素を配送する	RSA、DH/DHE、ECDH/ECDHE
	デジタル署名	第三者から認証してもらう	RSA、DSA、ECDSA、DSS
暗号化データ通信	共通鍵暗号化方式	アプリケーションデータを暗号化する	3DES、AES、AES-GCM、Camellia
	メッセージ認証コード	アプリケーションデータに共通鍵をくっつけて、ハッシュ化する	SHA-256、SHA-384

表6.2.2 SSLで使用する技術のまとめ

SSLのレコードフォーマット

SSLによって運ばれるメッセージのことを、「**SSLレコード**」といいます。SSLレコードは、SSLの制御情報を扱う「**SSLヘッダー**」と、その後に続く「**SSLペイロード**」で構成されています。また､SSLヘッダーは「コンテンツタイプ」「プロトコルバージョン」「SSLペイロード長」という3つのフィールドで構成されています。それぞれについて説明しましょう。

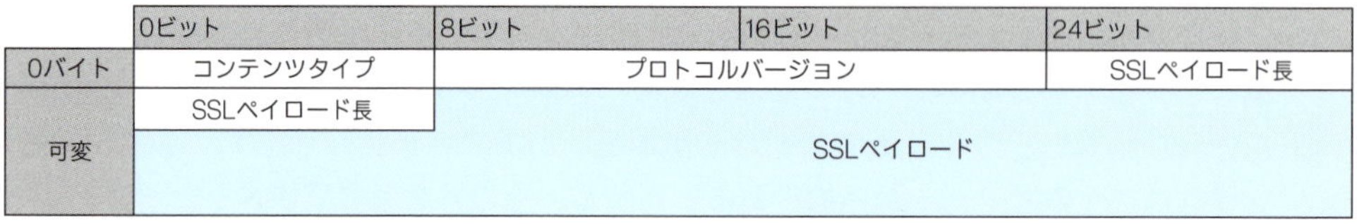

	0ビット	8ビット	16ビット	24ビット
0バイト	コンテンツタイプ	プロトコルバージョン		SSLペイロード長
可変	SSLペイロード長	SSLペイロード		

図6.2.20 SSLのレコードフォーマット

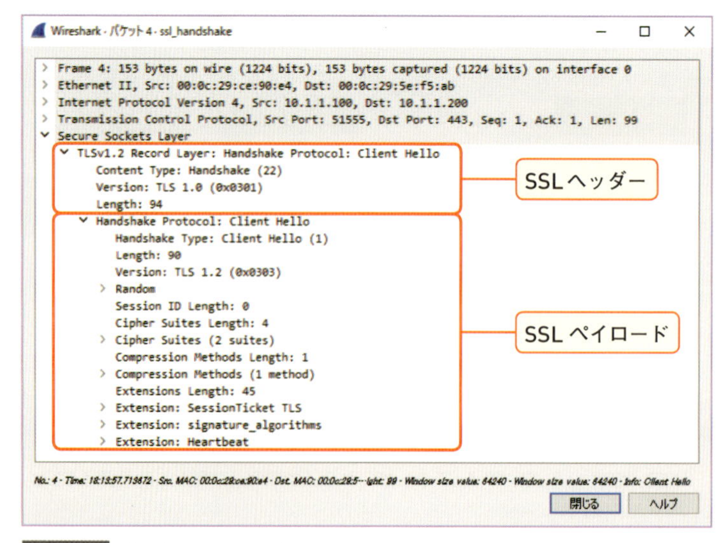

図6.2.21 Wiresharkで見たSSLレコード

■コンテンツタイプ

コンテンツタイプは、SSL レコードの種類を表す 8 ビットのフィールドです。SSL は、レコードタイプを「ハンドシェイクレコード」「暗号仕様変更レコード」「アラートレコード」「アプリケーションデータレコード」の 4 つに分類し、それぞれ次の表のようにタイプコードを割り当てています。

コンテンツタイプ	タイプコード	意味
ハンドシェイクレコード	22	暗号化通信に先立って行われる「SSL ハンドシェイク」で使用するレコード
暗号仕様変更レコード	20	暗号化やハッシュ化に関する仕様を確定したり、変更したりするために使用するレコード
アラートレコード	21	相手に対してエラーを通知するために使用するレコード
アプリケーションデータレコード	23	アプリケーションデータを表すレコード

表6.2.3 コンテンツタイプ

以下に、各タイプコードについて説明します。

ハンドシェイクレコード

ハンドシェイクレコードは、実際の暗号化通信に先立って行われる「SSL ハンドシェイク」で使用するレコードです。ハンドシェイクレコードでは、さらに次の表で示す 10 種類のハンドシェイクタイプが定義されています。それぞれのレコードをどのように使用するかは、後述する「SSL パケットの解析（p.319）」で詳しく説明します。ここではとりあえず、それぞれにタイプコードが付与されていることだけを理解してください。

ハンドシェイクタイプ	タイプコード	意味
Hello Request	0	Client Hello を要求するレコード。これを受け取ったクライアントは Client Hello を送信する
Client Hello	1	クライアントが対応している暗号化方式やハッシュ化方式、拡張機能などをサーバーに通知するレコード
Server Hello	2	サーバーが対応していて、確定した暗号化方式やハッシュ化方式、拡張機能などをクライアントに通知するレコード
Certificate	11	デジタル証明書を送信するレコード
Server Key Exchange	12	サーバーが証明書を持っていないときに、一時的に使用する鍵を送信するレコード
Certificate Request	13	クライアント認証において、クライアント証明書を要求するレコード
Server Hello Done	14	サーバーからクライアントに対して、すべての情報を送りきったことを表すレコード
Certificate Verify	15	クライアント認証において、ここまでやりとりした SSL ハンドシェイクの情報をハッシュ化して送信するレコード
Client Key Exchange	16	実際の暗号化通信に使用する共通鍵の素を送信するレコード
Finished	20	SSL ハンドシェイクが完了したことを表すレコード

表6.2.4 ハンドシェイクタイプ

暗号仕様変更レコード（Change Cipher Specレコード）

暗号仕様変更レコードは、SSL ハンドシェイクによって決まったいろいろな仕様（暗号化方式やハッシュ化方式など）を確定したり、変更したりするために使用します。このレコード以降の通信は、すべて暗号化されます。暗号仕様変更レコードについても、後述する「SSL パケットの解析（p.319）」で詳しく説明します。

アラートレコード

アラートレコードは、相手に対して SSL 的なエラーがあったことを伝えるレコードです。このレコードを見ることによって、エラーの概要を知ることができます。アラートレコードは、アラートの深刻度を表す「Alert Level」と、その内容を表す「Alert Description」の 2 種類のフィールドで構成されています。Alert Level には「Fatal（致命的）」と「Warning（警告）」の 2 種類があり、Fatal だと直ちにコネクションが切断されます。Alert Description ごとに、Alert Level が定義されていたりいなかったりしていて、されていないものに関しては、送信者の裁量によって、どちらの Alert Level かを決めることができます。

Alert Description	コード	Alert Level	意味
close_notify	0	Warning	SSL セッションを閉じるときに使用するレコード
unexpected_message	10	Fatal	予期できない不適当なレコードを受信したことを表すレコード
bad_record_mac	20	Fatal	正しくない MAC（Message Authentication Code）値を受信したことを表すレコード
decryption_failed	21	Fatal	復号に失敗したことを表すレコード
record_overflow	22	Fatal	SSL レコードのサイズの上限を超えたレコードを受信したことを表すレコード
decompression_failure	30	Fatal	解凍処理に失敗したことを表すレコード
handshake_failure	40	Fatal	一致する暗号化方式などがなく、SSL ハンドシェイクに失敗したことを表すレコード
no_certificate	41	どちらも可	クライアント認証において、クライアント証明書がないことを表すレコード
bad_certificate	42	どちらも可	デジタル証明書が壊れていたり、検証できないデジタル署名が含まれていることを表すレコード
unsupported_certificate	43	どちらも可	デジタル証明書がサポートされていないことを表すレコード
certificate_revoked	44	どちらも可	デジタル証明書が管理者によって失効処理されていることを表すレコード
certificate_expired	45	どちらも可	デジタル証明書が期限切れになっていることを表すレコード
certificate_unknown	46	どちらも可	デジタル証明書がなんらかの問題によって受け入れられなかったことを表すレコード
illegal_parameter	47	Fatal	SSL ハンドシェイク中のパラメータが範囲外、または他フィールドと矛盾していて、不正であることを表すレコード
unknown_ca	48	どちらも可	有効な CA 証明書が無かったり、一致する CA 証明書が無いことを表すレコード

表6.2.5 Alert Description

Alert Description	コード	Alert Level	意味
access_denied	49	どちらも可	有効なデジタル証明書を受け取ったが、アクセスコントロールによって、ハンドシェイクが中止されたことを表すレコード
decode_error	50	どちらも可	フィールドの値が範囲外だったり、メッセージの長さに異常があって、メッセージをデコードできないことを表すレコード
decrypt_error	51	どちらも可	SSLハンドシェイクの暗号化処理に失敗したことを表すレコード
export_restriction	60	Fatal	法令上の輸出制限に従っていないネゴシエーション
protocol_version	70	Fatal	SSLハンドシェイクにおいて、対応するプロトコルバージョンがなかったことを表すレコード
insufficient_security	71	Fatal	クライアントが要求した暗号化方式が、サーバーが認める暗号化強度レベルに達していないことを表すレコード
internal_error	80	Fatal	SSLハンドシェイクに関係ない内部的なエラーによって、SSLハンドシェイクが失敗したことを表すレコード
user_canceled	90	どちらも可	ユーザーによってSSLハンドシェイクがキャンセルされたことを表すレコード
no_renegotiation	100	Warning	再ネゴシエーションにおいて、セキュリティに関するパラメータが変更できなかったことを表すレコード
unsupported_extention	110	Fatal	サポートしていない拡張機能（Extention）を受け取ったことを表すレコード

表6.2.5 Alert Description（つづき）

アプリケーションデータレコード

アプリケーションデータレコードは、その名のとおり、実際のアプリケーションデータ（メッセージ）が含まれるレコードです。SSLハンドシェイクによって確定した、いろいろな仕様（暗号化方式やハッシュ方式、圧縮方式など）に基づいてやりとりされます。

■プロトコルバージョン

SSLはこれまで、「SSLv1.0」→「SSLv2.0」→「SSLv3.0」→「TLSv1.0」→「TLSv1.1」→「TLSv1.2」と5回のバージョンアップが行われ、どんどん安全になっています。このうち2017年現在使用されているバージョンはSSLv3.0以降で、最も多く使用されているバージョンはTLSv1.2です。SSLv3.0とTLSv1.0にはいろいろな脆弱性が見つかっており、使用は徐々に減少しています。どのバージョンを使用するかは、暗号化通信に先立って公開鍵暗号化方式で行われるSSLハンドシェイクによって決定されます。

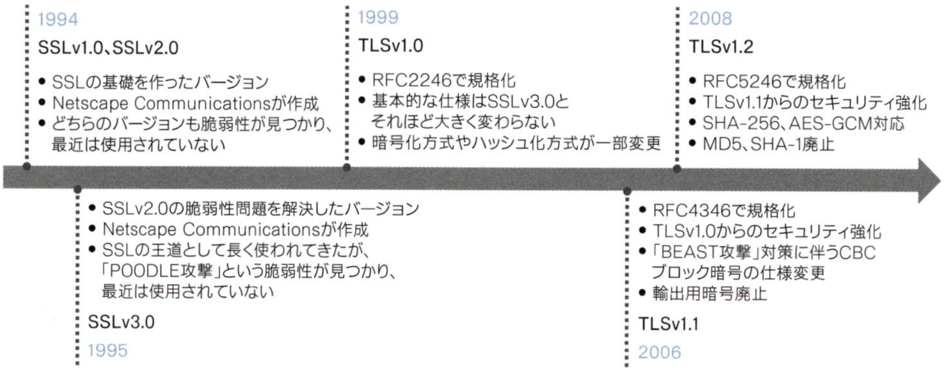

1994
SSLv1.0、SSLv2.0
- SSLの基礎を作ったバージョン
- Netscape Communicationsが作成
- どちらのバージョンも脆弱性が見つかり、最近は使用されていない

1995
SSLv3.0
- SSLv2.0の脆弱性問題を解決したバージョン
- Netscape Communicationsが作成
- SSLの王道として長く使われてきたが、「POODLE攻撃」という脆弱性が見つかり、最近は使用されていない

1999
TLSv1.0
- RFC2246で規格化
- 基本的な仕様はSSLv3.0とそれほど大きく変わらない
- 暗号化方式やハッシュ化方式が一部変更

2006
TLSv1.1
- RFC4346で規格化
- TLSv1.0からのセキュリティ強化
- 「BEAST攻撃」対策に伴うCBCブロック暗号の仕様変更
- 輸出用暗号廃止

2008
TLSv1.2
- RFC5246で規格化
- TLSv1.1からのセキュリティ強化
- SHA-256、AES-GCM対応
- MD5、SHA-1廃止

図6.2.22 SSLバージョンの変遷

プロトコルバージョンは、SSL レコードのバージョンを表す 16 ビットのフィールドです。上位 8 ビットがメジャーバージョン、下位 8 ビットがマイナーバージョンを表していて、それぞれ次の表のように定義されています。ちなみに、バージョンフィールドにおいて、TLS は SSLv3.0 のマイナーバージョンアップ的な扱いになっています。

プロトコルバージョン	メジャーバージョン	マイナーバージョン
SSLv3.0	3	0
TLSv1.0	3	1
TLSv1.1	3	2
TLSv1.2	3	3

表6.2.6 プロトコルバージョンの定義

■レコード長

レコード長は、SSL レコードの長さをバイト単位で定義する 16 ビットのフィールドです。理論上、最大で 2^{16}-1（65535）バイトのレコードを扱うことができますが、TLS v1.2 を定義している RFC5246「The Transport Layer Security (TLS) Protocol Version 1.2」では、2^{14}（16384）バイト以下になるように定義されています。ちなみに、アプリケーションレイヤーから受けとったデータが 16384 バイトを超える場合は、2^{14}（16384）バイトに分割（フラグメント）されて暗号化されます。

6.2.2 SSLの解析に役立つWiresharkの機能

続いて、SSL レコードを解析するときに役立つ Wireshark の機能について説明します。Wireshark には、いろいろな形で使用されている SSL レコードをわかりやすく、よりかんたんに解析できるよう、たくさんの機能が用意されています。ここでは、システムの構築現場、運用現場において、コンピューターエンジニアが使用する機能を、いくつかピックアップして説明します。

設定オプション

SSLの設定オプションは、メニューバーの［編集］-［設定］で設定画面を開き、［Protocols］の中の［SSL］＊1で変更できます。本書では、この中でも実際に使用することが多い「RSA keys list」と「(Pre)-Master-Secret log filename」について説明します。

＊1　2022年3月時点の最新バージョン（3.6.3）では、［SSL］が［TLS］に変更されています。

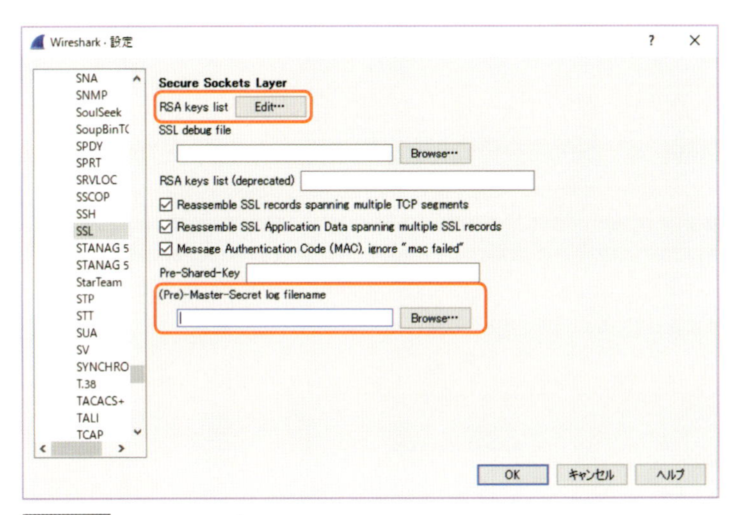

図6.2.23 SSLの設定オプション

RSA keys list

「RSA keys list」は、SSLによって暗号化されたアプリケーションデータを復号する機能です。Wiresharkは、暗号化されているデータをSSLレコードとして処理し、アプリケーションレベルでその中身を見ることができません。たとえばHTTPSの場合、HTTPヘッダーやHTTPメッセージを見ることはできず、HTTPレベルでどんなやりとりがされているかわかりません。そんなときにRSA keys listを使用すると、RSAで交換した共通鍵を使用して暗号化したSSLレコードを復号でき、HTTPヘッダーやHTTPメッセージを見ることができるようになります。

RSA keys listの活用例

百聞は一見に如かずということで、実際のキャプチャデータ「ssl_handshake.pcapng」を例に説明しましょう。「ssl_handshake.pcapng」は、IPアドレスが「10.1.1.100」のWebブラウザが、「10.1.1.200」のWebサーバーに対してHTTPSでアクセスしたときのパケットキャプチャデータです。RSA keys listを設定していないデフォルトの状態では、次の図のようにSSL（TLSv1.2）だらけのデータです。Info欄に「Application Data」と表示されているパケットのパケット詳細を確認しても、「Encrypted Application Data」と表示されるだけで、その中身を見ることはできません。

表示フィルタ … <Ctrl-/> を適用します　書式…　+

No.	Time	Src. IP	Dst. IP	Src. Port	Dst. Port	Protocol	Info
1	18:13:57.711584	10.1.1.100	10.1.1.200	51555	443	TCP	51555 → 443 [SYN] Seq=0 Win=8192 Len=0 MSS=1460 WS=25…
2	18:13:57.712875	10.1.1.200	10.1.1.100	443	51555	TCP	443 → 51555 [SYN, ACK] Seq=0 Ack=1 Win=4380 Len=0 MSS…
3	18:13:57.712940	10.1.1.100	10.1.1.200	51555	443	TCP	51555 → 443 [ACK] Seq=1 Ack=1 Win=64240 Len=0
4	18:13:57.713672	10.1.1.100	10.1.1.200	51555	443	TLSv1.2	Client Hello
5	18:13:57.714893	10.1.1.200	10.1.1.100	443	51555	TLSv1.2	Server Hello, Certificate, Server Hello Done
6	18:13:57.717879	10.1.1.100	10.1.1.200	51555	443	TLSv1.2	Client Key Exchange, Change Cipher Spec, Encrypted Ha…
7	18:13:57.720623	10.1.1.200	10.1.1.100	443	51555	TCP	443 → 51555 [ACK] Seq=821 Ack=414 Win=4793 Len=0
8	18:13:57.720693	10.1.1.200	10.1.1.100	443	51555	TLSv1.2	Change Cipher Spec
9	18:13:57.720694	10.1.1.200	10.1.1.100	443	51555	TLSv1.2	Encrypted Handshake Message
10	18:13:57.720738	10.1.1.100	10.1.1.200	51555	443	TCP	51555 → 443 [ACK] Seq=414 Ack=868 Win=63373 Len=0
11	18:14:12.035097	10.1.1.100	10.1.1.200	51555	443	TLSv1.2	Application Data
12	18:14:12.036414	10.1.1.200	10.1.1.100	443	51555	TCP	443 → 51555 [ACK] Seq=868 Ack=457 Win=4836 Len=0
13	18:14:23.233310	10.1.1.100	10.1.1.200	51555	443	TLSv1.2	Application Data
14	18:14:23.234561	10.1.1.200	10.1.1.100	443	51555	TCP	443 → 51555 [ACK] Seq=868 Ack=501 Win=4880 Len=0
15	18:14:30.329276	10.1.1.100	10.1.1.200	51555	443	TLSv1.2	Application Data
16	18:14:30.330559	10.1.1.200	10.1.1.100	443	51555	TCP	443 → 51555 [ACK] Seq=868 Ack=545 Win=4924 Len=0
17	18:14:32.352691	10.1.1.100	10.1.1.200	51555	443	TLSv1.2	Application Data
18	18:14:32.354044	10.1.1.200	10.1.1.100	443	51555	TCP	443 → 51555 [ACK] Seq=868 Ack=572 Win=4951 Len=0
19	18:14:32.357134	10.1.1.200	10.1.1.100	443	51555	TLSv1.2	Application Data
20	18:14:32.357135	10.1.1.200	10.1.1.100	443	51555	TCP	443 → 51555 [FIN, ACK] Seq=2140 Ack=572 Win=4951 Len=0
21	18:14:32.357347	10.1.1.100	10.1.1.200	51555	443	TCP	51555 → 443 [ACK] Seq=572 Ack=2141 Win=64240 Len=0
22	18:14:32.357711	10.1.1.100	10.1.1.200	51555	443	TLSv1.2	Encrypted Alert
23	18:14:32.357774	10.1.1.100	10.1.1.200	51555	443	TCP	51555 → 443 [FIN, ACK] Seq=599 Ack=2141 Win=64240 Len…
24	18:14:32.357829	10.1.1.200	10.1.1.100	443	51555	TCP	443 → 51555 [ACK] Seq=2141 Ack=599 Win=4978 Len=0
25	18:14:32.357894	10.1.1.100	10.1.1.200	51555	443	TCP	51555 → 443 [RST, ACK] Seq=600 Ack=2141 Win=0 Len=0
26	18:14:32.357961	10.1.1.200	10.1.1.100	443	51555	TCP	443 → 51555 [ACK] Seq=2141 Ack=600 Win=4978 Len=0
27	18:14:32.357978	10.1.1.100	10.1.1.200	51555	443	TCP	51555 → 443 [RST] Seq=600 Win=0 Len=0

ssl_handshake　パケット数: 27・表示: 27 (100.0%)・読込時間: 0:0.0　プロファイル:Classic

図6.2.24 RSA keys listを設定していないデフォルトの状態

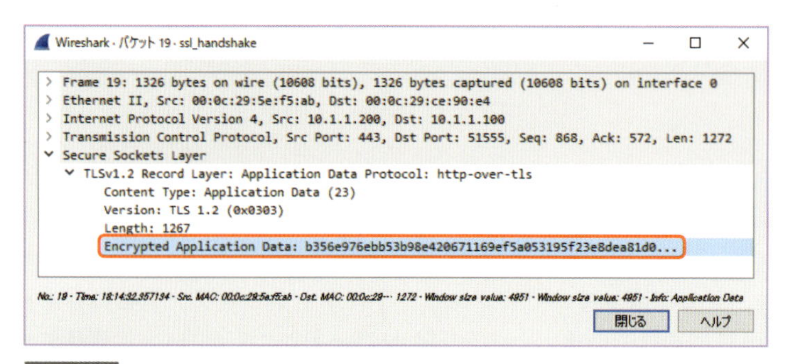

図6.2.25 暗号化されていて中身を見ることができない

そこで、RSA keys list を使用します。SSL の設定オプション画面で［Edit］をクリックすると「SSL Decrypt」ダイアログが開くので、［+］をクリックし、それぞれ次の表のように入力します。なお、RSA keys list で復号する場合、サーバーの秘密鍵が必須です。今回使用している Web サーバーの秘密鍵は「ssl_web01.local.key」です。本書の配布ファイルに含まれていますので、表のとおり C:¥tmp に配置してください。

設定項目	意味	設定値
IP address	SSL サーバーの IP アドレス	10.1.1.200
Port	SSL で使用しているポート番号	443
Protocol	暗号化する前のプロトコル	http
Key File	秘密鍵のファイル	C:/tmp/ssl_web01.local.key
Password	秘密鍵のパスフレーズ（設定している場合のみ）	空白

表6.2.7 RSA keys listの設定

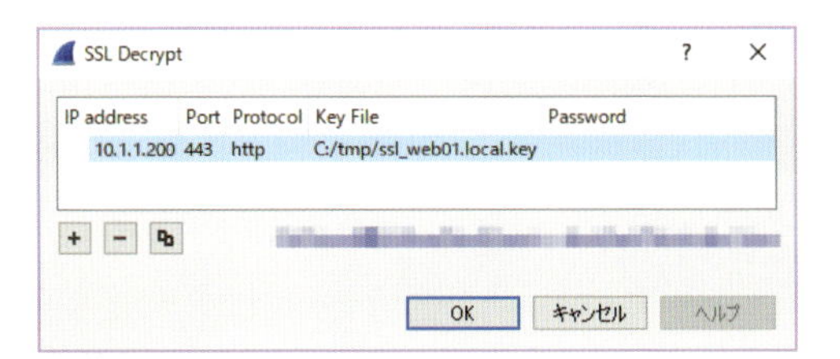

図6.2.26 RSA keys listの設定

［OK］をクリックして設定を完了すると、次の図のように暗号化されていたNo.17やNo.19のパケットがHTTPとして表示されるようになり、HTTPヘッダーやHTTPメッセージも見えるようになります。

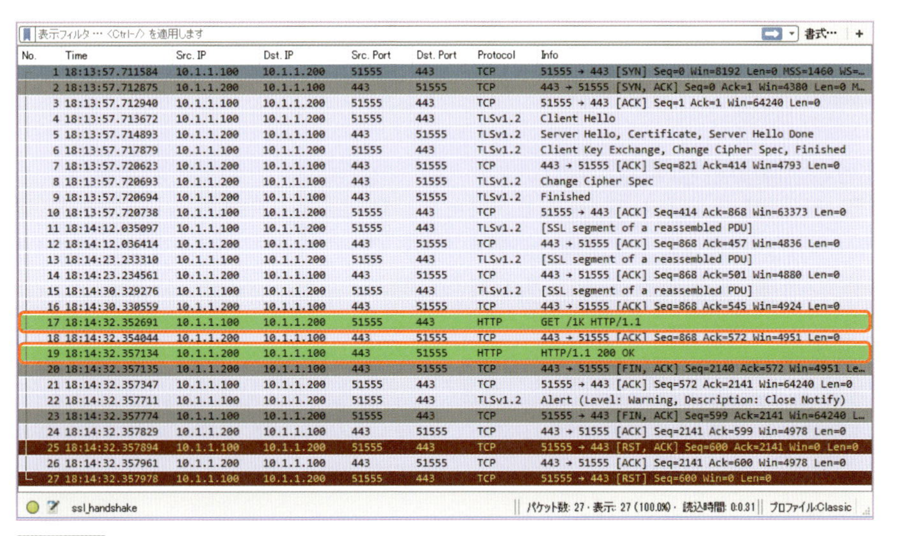

図6.2.27 RSA keys listを設定した状態

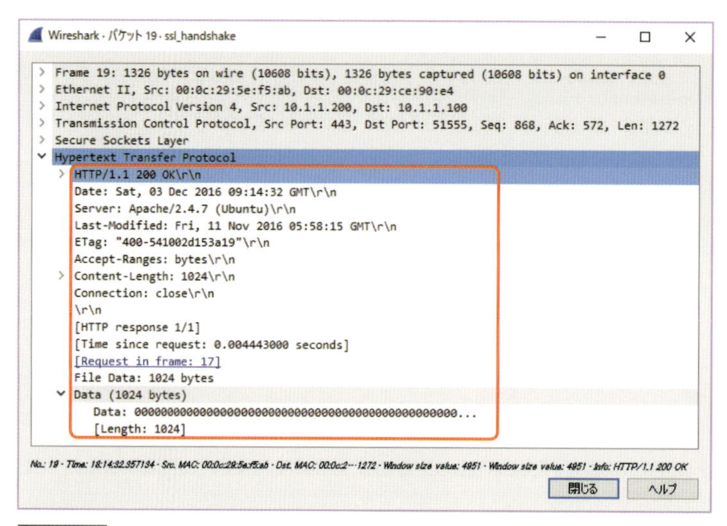

図6.2.28 HTTPメッセージが見えるようになる

RSA keys list活用時の注意点

さて、暗号化したSSLレコードを復号できて、便利すぎるRSA keys listですが、必ずしも万能というわけではありません。当然ながら、デメリットも存在します。RSA keys listのデメリットは「秘密鍵必須」と「RSA限定」の2つです。

・秘密鍵必須

秘密鍵は、みんなには知られてはいけない機密情報です。RSA keys listによる復号は、その機密情報が必要になります。たとえば、パケットキャプチャデータを外部の人間に見てもらいたいとき、秘密鍵ファイルもあわせて渡す必要があり、セキュリティポリシー的に問題になる可能性があります。

・RSA限定

RSA keys listでSSLレコードを復号できるのは、公開鍵暗号化方式でRSAを使用しているときだけです。DH/DHEやECDH/ECDHEなど、RSA以外の公開鍵暗号化方式を使用している場合は復号できません。

そこで、実際にSSLレコードを復号してアプリケーションレベルでトラブルシューティングしたいときは、次のような段階を踏むことが多いでしょう

1. Webブラウザ、あるいはWebサーバーで使用する公開鍵暗号化方式を一時的にRSAだけに制限します。なお、この時点でRSAに対応していないWebブラウザの新規SSL接続ができなくなります。注意してください。

2. パケットキャプチャを実施します。

3. Webブラウザ、あるいはWebサーバーの設定を元に戻します。

4 RSA keys list を設定して、**2** で取得したパケットキャプチャデータを復号します。

ちなみに今回使用した「ssl_handshake.pcapng」も、Web ブラウザの設定で公開鍵暗号化方式を RSA に制限しています。

(Pre) -Master-Secret log filename

「(Pre)-Master-Secret log filename」も RSA keys list と同じく、暗号化されたデータを復号する機能です。RSA keys list は、復号するために SSL サーバーの秘密鍵が必要で、公開鍵暗号化方式として RSA を使用する必要がありました。一方、(Pre)-Master-Secret log filename は、SSL サーバーの秘密鍵なしに、かつ RSA 以外で交換した共通鍵で暗号化した SSL レコードも復号できます。

(Pre)-Master-Secret log filename を使用するときは、アプリケーションデータの暗号化に使用する共通鍵である「セッション鍵」の情報が必要になります。そこで、まず SSL の設定オプション画面を開き、(Pre)-Master-Secret log filename のところで任意のファイルを指定します。そして、そのファイルに対して Web ブラウザからセッション鍵を書き出すようにします。

たとえば、Chrome の場合、次の図のように、コマンドプロンプトで「--ssl-key-log-file オプション」を付けて起動すると、指定したファイルにセッション鍵を書き出すことができます。--ssl-key-log-file オプションを付けて Chrome を起動し、その Chrome で HTTPS でアクセスすると、SSL レコードが復号されます。

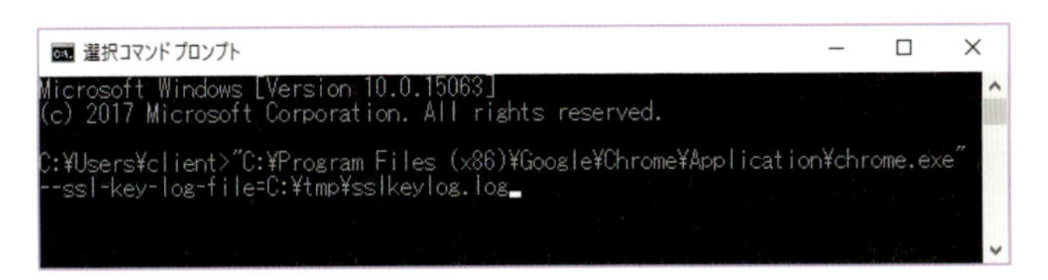

図6.2.29 セッション鍵を書き出す

なお、セッション鍵を書き出せる Web ブラウザは、Chrome や Firefox など NSS（Network Security Services）ライブラリを使用しているものに限定されます。

表示フィルタ

SSL に関する代表的な表示フィルタは、次の表のとおりです。SSL レコードにおけるほぼすべてのフィールドをフィルタ対象として設定できます。

フィールド名	フィールド名が表す意味	記述例
ssl.handshake	ハンドシェイクレコードすべて	ssl.handshake
ssl.change_cipher_spec	暗号仕様変更レコードすべて	ssl.change_cipher_spec
ssl.alert_message	アラートレコードすべて	ssl.alert_message
ssl.app_data	アプリケーションデータレコードすべて	ssl.app_data
ssl.record.version	SSL レコードバージョン	ssl.record.version == 0x0301
ssl.record.length	SSL レコード長	ssl.record.length >= 10
ssl.handshake.version	ハンドシェイクバージョン	ssl.handshake.version == 0x0303
ssl.handshake.ciphersuite	暗号スイート	ssl.handshake.ciphersuite == 0x0005
ssl.handshake.session_id	セッション ID	ssl.handshake.session_id == 32:08:92.... (省略)

表6.2.8 SSLに関する表示フィルタ

SSLストリームオプション

SSL ストリームオプションは、SSL に関する一連の処理を抽出して、表示する機能です。SSL は TCP オープン→ SSL ハンドシェイク→暗号化通信→ SSL クローズ→ TCP クローズという流れで処理されます。この流れを Stream ID （p.228）をもとに抽出します。

SSL ストリームオプションは、UDP ストリームオプションや TCP ストリームオプションと同じように、パケット一覧で SSL レコードを 1 つ右クリックし、[追跡] - [SSL ストリーム] を選択すると使用できます。

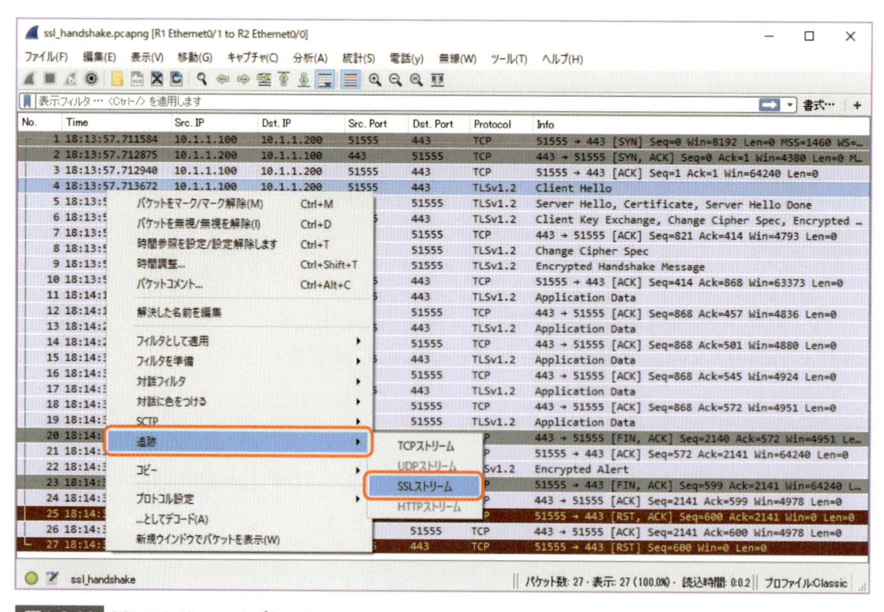

図6.2.30 SSLストリームオプション

6.2.3 SSLパケットの解析

SSL は、暗号化やハッシュ化など、たくさんのセキュリティ技術を組み合わせた総合的な暗号化プロトコルです。たくさんの技術を組み合わせ、つなぎ合わせるために、接続するまでにたくさんの処理を行っています。本書では、HTTPS サーバーをインターネットに公開する前提で、接続から切断までの流れをひとつずつ整理します。

サーバー証明書を用意して、インストールする

HTTPS サーバーを公開したいとき、SSL サービスを起動したサーバーを用意して、「はい、公開！」とはいきません。HTTPS サーバーとして公開するには、サーバー証明書（サーバーを証明するためのデジタル証明書）を用意したり、認証局に申請したりと、まずは下準備をしなければなりません。公開するための下準備は、大きく分けて次の 4 ステップです。

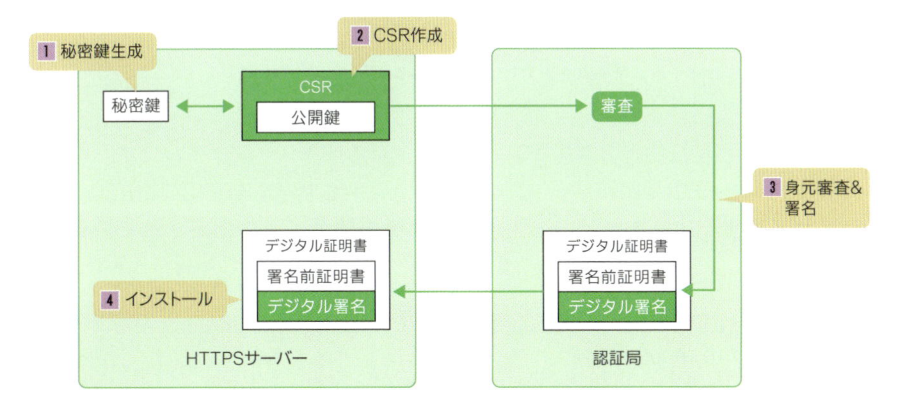

図6.2.31 HTTPSサーバーを公開するまでの流れ

では、4 つのステップを順を追って説明しましょう。

1. HTTPS サーバーで秘密鍵を作ります。秘密鍵は「-----BEGIN RSA PRIVATE KEY-----」で始まり、「-----END RSA PRIVATE KEY-----」で終わるテキストファイルです。機密情報なので、大切に保管してください。


```
-----BEGIN RSA PRIVATE KEY-----
MIIEpAIBAAKCAQEA0TTHJRzkqYhalCHeBrqdoCTyxbRpG4Hq4zKolTovqoOCRF5z
MhHSYyKp13eJsh/HjWOUn0SH6oSugLUBWIZhFc6lUoiGck+aSEkJqAu1nzhd7bdO
Jk76zGpUI//LuilcHXvAfgKfMRbXi8NPHq+U6ZRAhUvRayLQrBb/qNyxKkOAe0fB
t0nioSM0UG3le0gLe92nBwf3ZEZym3YVjbRYLrB6Mf7y5hXtOloACBRUL1w4j8y1

euzr4fA9zNwaVS0EvxgdhQilULZZ+AcqeYvSI4UPmyfgq9A4ZrhD+r5qJazSfBUj
PyQsYKMCgYBJsONrPTk6Aejop9zyqI7QQKW4NVBdVctB0PMD9PIm/49F5+3Yfmbq
htGMDFqgoPVdiPHnD5Papa4Bfht6qsGcFGwKi2J9kQjtTFQ6q1Cq5JOAV1AQe9ab
MmZ1ckuF2e4TtONZ7o9P59o/05a5rtTuyJDHUjIbKzFRIEvN52S02Q==
-----END RSA PRIVATE KEY-----
```


図6.2.32 秘密鍵ファイル

2 **1** で作った秘密鍵をもとに、「**CSR（Certificate Signing Request）**」を作って、認証局に送ります。CSR は、ざっくり言うと、サーバー証明書を取得するために認証局に提出する申請書のようなものです。サーバーの管理者は、署名前証明書の情報を入力して、CSR を作ります。CSR を作るために必要な情報は「ディスティングウィッシュネーム」と呼ばれていて、たとえば次の表のような項目があります。

項目	内容	例
コモンネーム	SSL サーバーの URL（FQDN）	www.example.com
組織名	サイトを運営する組織の正式英語名称	Example Japan G.K
部門名	サイトを運営する部門、部署名	Information Technology Dept.
市町村郡名	サイトを運営する組織の所在地	Kirishima-Shi
都道府県名	サイトを運営する組織の所在地	Kagoshima
国名	国コード	JP

※申請する認証局によって、必要な申請項目や使用できる文字の種類、求められる公開鍵の長さなど、いろいろな制限があります。あらかじめ Web サイトなどで確認しておきましょう。

表6.2.9 ディスティングウィッシュネームを入力してCSRを作る

CSR は、署名前証明書の情報が暗号化されているテキストファイルです。「-----BEGIN CERTIFICATE REQUEST-----」で始まり、「-----END CERTIFICATE REQUEST-----」で終わります。これをコピーして、認証局の申請サイトの指定された部分にペーストします。


```
-----BEGIN CERTIFICATE REQUEST-----
MIICtjCCAZ4CAQAwcTELMAkGA1UEBhMCSlAxETAPBgNVBAgMCFRva3lvLXRvMRIw
EAYDVQQHDAlNaW5hdG8ta3UxITAfBgNVBAoMGEludGVybmV0IFdpZGdpdHMgUHR5
IEx0ZDEYMBYGA1UEAwwPd3d3LndlYjAxLmxvY2FsMIIBIjANBgkqhkiG9w0BAQEF
AAOCAQ8AMIIBCgKCAQEA0TTHJRzkqYhalCHeBrqdoCTyxbRpG4Hq4zKolTovqoOC

N7tP8jUbBcY59CdfSoCh4q1GErvC14aXA3u8jddH/r9b1KoA7L1v4q2xnffe7mKm
BWGYbBS/S1estKUW7PKMIJQlgQjSVpKwNVmXMB7LTH2NKLYYNGf4YPzdvdaFYILb
P93UAX9S3BHqMUiVo9uyNA2fsWX/VM4aRMCJUmlS3+d0Ng4X16nZHmMx5WN7bAMq
wlj7zeVeu1RAwDLpATJoYIBK7nLinHPu7HA=
-----END CERTIFICATE REQUEST-----
```


図6.2.33 CSRファイル

3 認証局が申請元の身元を審査します。審査はいろいろな与信データや第三者機関のデータベースに記載されている電話番号への電話など、認証局の中で決められている各種プロセスに基づいて行われます。審査にパスしたら、CSR をハッシュ化、認証局の秘密鍵で暗号化して、デジタル署名としてくっつけます。そして、認証局はサーバー証明書を発行し、申請元に送信します。サーバー証明書は「-----BEGIN CERTIFICATE-----」で始まり、「-----END CERTIFICATE-----」で終わるテキストファイルです。

```
-----BEGIN CERTIFICATE-----
MIIFKjCCBBKgAwIBAgIQZe7XJ1acMbhu6KtWUZreaTANBgkqhkiG9w0BAQsFADCBvDELMAkGA1UE
BhMCSlAxHTAbBgNVBAoTFFN5bWFudGVjIEphcGFuLCBJbmMuMS8wLQYDVQQLEyZGb3IgVGVzdCBQ
dXJwb3NlcyBPbmx5LiBObyBhc3N1cmFuY2VzLjE7MDkGA1UECxMyVGVybXMgb2YgdXNlIGF0IGh0
dHBzOi8vd3d3LnN5bWF1dGguY29tL2Nwcy90ZXN0Y2ExIDAeBgNVBAMTF1RyaWFsIFNTTCBKYXBh

M0Qk7HS+Pcg5kFq992971F7vjYT0IDqxSL1Ar3YbepYoTMO6alfa7jBf3VkiLLKGcRPSJUCRzlSu
/vf8E4GsCR2kWozN5ApOmD26gu6Qd5hSwcDvc5D2cMF7z6SB/r7zX1ujAavNo7QlhoeBXPyqyapt
4Xeq0lrWSEZ4e8rP5fq68g3mCwjjGrFQYvrHg82rM31TYCJTU75O3ZAzKbWUQxszkQnWEraz11Sx
lKFeV+4nfZdeUut2wMac9v/LCDrhHSekuyXSweKOjlS9/3xHMof0BmVUUjWDYsFsLT9d7L44+CPi
w4U3Po2NTSSuMN0jH9ts
-----END CERTIFICATE--------
```


図6.2.34 サーバー証明書ファイル

4 認証局から受け取ったサーバー証明書をサーバーにインストールします。最近の認証局は「**中間証明書（中間 CA 証明書、チェーン証明書）**」も一緒にインストールするように定めています。中間証明書は、中間認証局が発行・署名しているデジタル証明書で、中間認証局で入手可能です。認証局はたくさんの証明書を管理するために、ルート認証局を頂点とした階層構造になっています。**中間認証局は、ルート認証局の認証を受けて稼働している下位認証局です。**サーバーに中間証明書をあわせてインストールすることによって、Web ブラウザは証明書の階層を正しくたどることができるようになります。

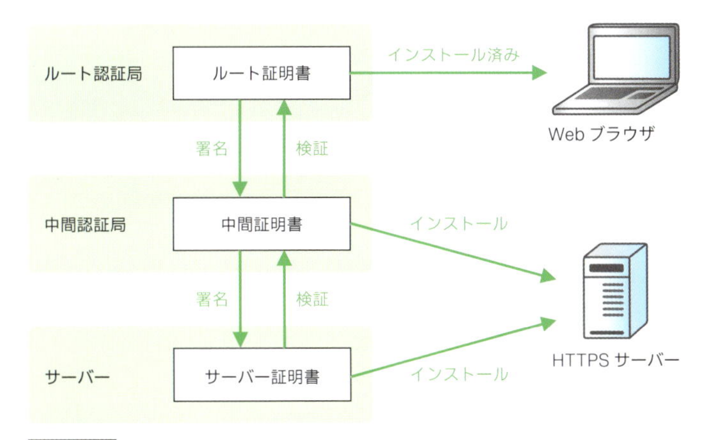

図6.2.35 証明書の階層構造

SSLハンドシェイクで事前準備

サーバー証明書のインストールが終わったら、いよいよ Web ブラウザからの SSL 接続を受け付けることできます。SSL は、いきなりメッセージを暗号化して送りつけるわけではありません。SSL はメッセージを暗号化する前に、暗号化するための情報を決める事前準備の処理として「**SSL ハンドシェイク**」というフェーズを設けています。ハンドシェイクといえば、TCP にもオープンに使用する 3 ウェイハンドシェイク（SYN → SYN/ACK → ACK）と、クローズに使用する 4 ウェイハンドシェイク（FIN/ACK → ACK → FIN/ACK → ACK）がありましたが、それとはまったく別物です。

SSLは、TCPの3ウェイハンドシェイクでTCPコネクションをオープンした後、ハンドシェイクレコードを利用してSSLハンドシェイクを行い、そこで決めた情報をもとにメッセージを暗号化します。SSLハンドシェイクは、「対応方式の提示」「通信相手の証明」「共通鍵の素材の交換」「最終確認」という4つのステップで構成されています。では、処理の流れを見ていきましょう。

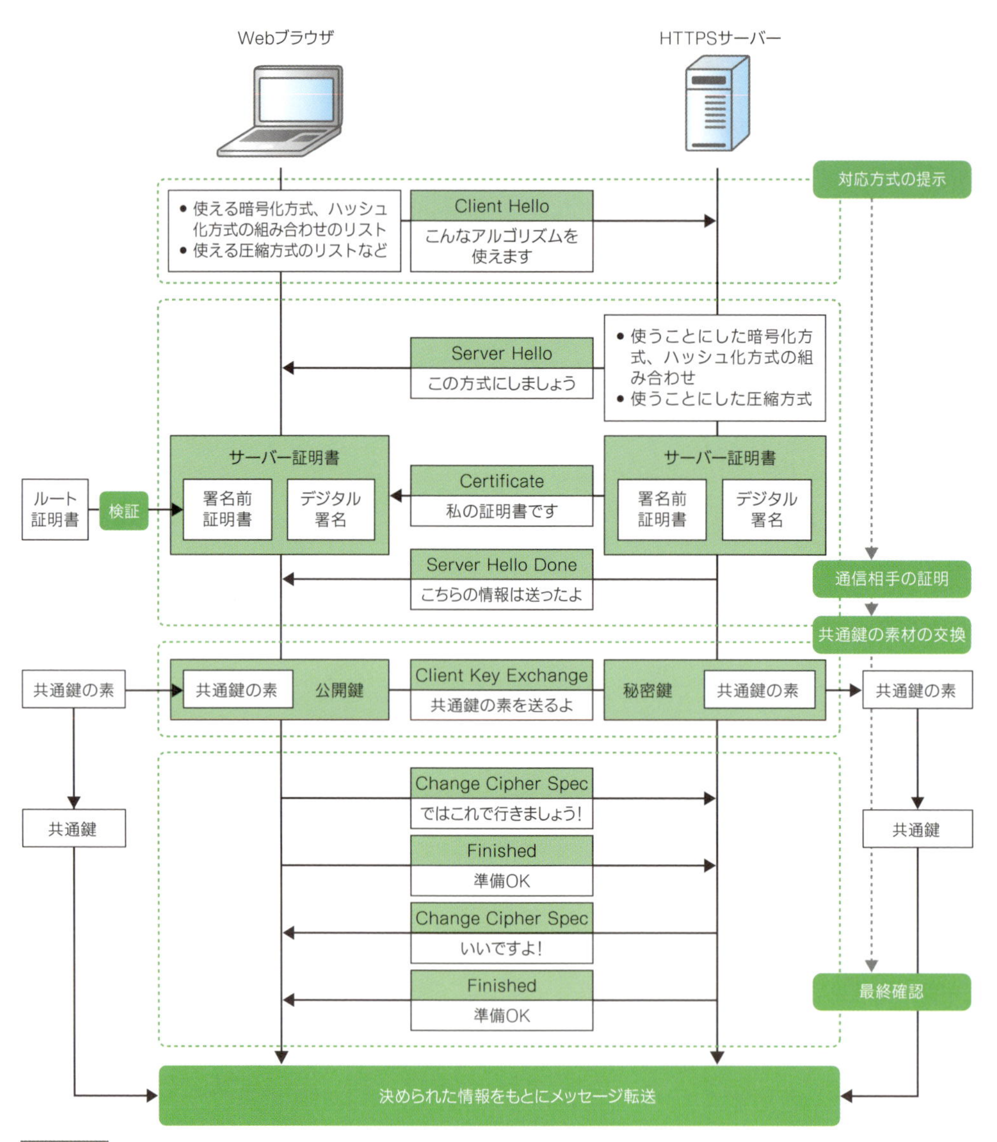

図6.2.36 SSLハンドシェイクの流れ

1 対応している暗号化方式とハッシュ関数の提示

このステップでは、Webブラウザが使用できる暗号化方式や一方向ハッシュ関数を提示します。一概に「暗号化する」「ハッシュ化する」といっても、たくさんの方式があります。そこで「Client Hello」で、利用可能な暗号化方式や一方向ハッシュ関数の組み合わせをリストで提示します。この組み合わせのことを「**暗号スイート(Cipher Suite)**」といいます。

また、このステップではほかにもSSLのバージョンや、共通鍵の作成に必要な「client random」、拡張機能などなど、サーバーと合わせておかなくてはいけない、いろいろなパラメータも送ります。

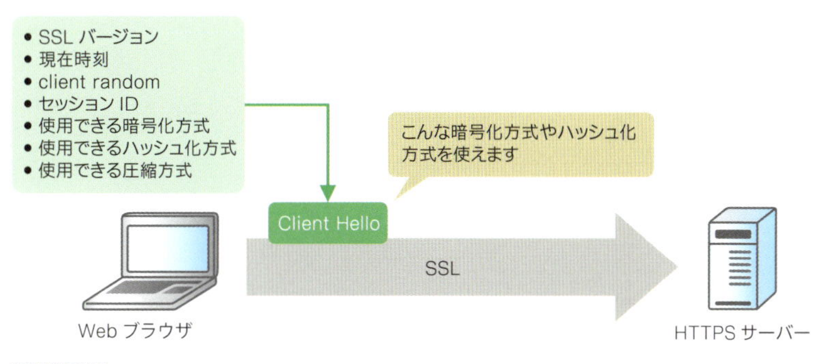

図6.2.37 Client Hello

ハンドシェイクレコードには、10種類のハンドシェイクタイプが定義されています。このうちClient Helloは、ハンドシェイクタイプが「1」のハンドシェイクレコードです。SSLヘッダーの後に続くSSLペイロード部分に、ハンドシェイクタイプやバージョン情報、client random（Wiresharkでは「Random」）や暗号スイートなど、いろいろな情報を詰め込みます。

	0ビット	8ビット	16ビット	24ビット
0バイト	コンテンツタイプ（22）	プロトコルバージョン		SSLペイロード長
4バイト	SSLペイロード長	ハンドシェイクタイプ（1）	メッセージ長	
8バイト	メッセージ長	プロトコルバージョン		gmt_unix_time
12バイト	gmt_unix_time			Random（client random）
16バイト	Random（client random）			
20バイト				
24バイト				
28バイト				
32バイト				
36バイト				
40バイト				セッションID長
可変	セッションID（0～32バイトの可変長）			
可変	暗号スイートリスト長		暗号スイートリスト（2～65534バイトの可変長）	
可変	圧縮方式長	圧縮方式（1～255バイトの可変長）		
可変	拡張機能長		複数の拡張機能（1～65535バイトの可変長）	

図6.2.38 Client Helloのメッセージフォーマット

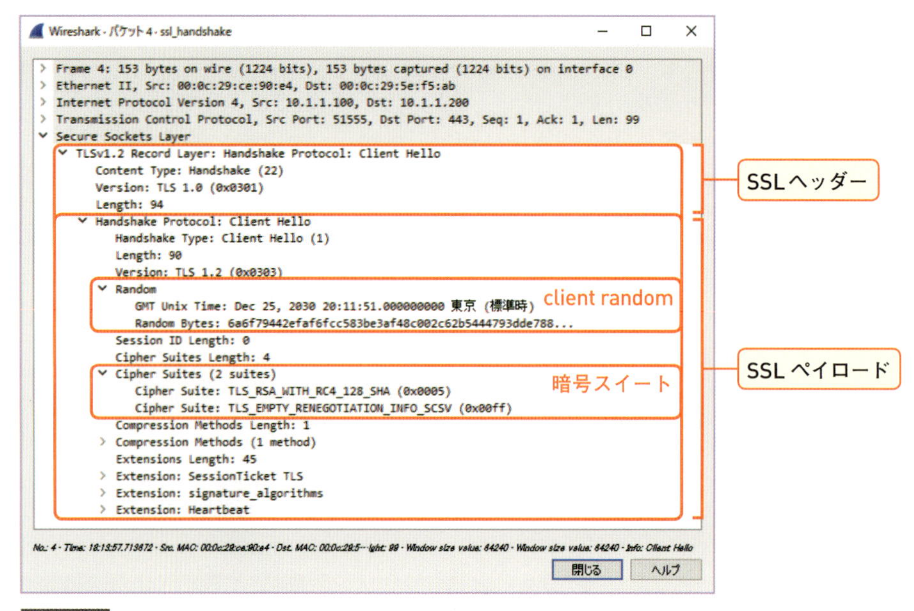

図6.2.39 Wiresharkで見たClient Hello

さて、このうち最も重要なフィールドが、対応している暗号化方式と一方向ハッシュ関数の組み合わせを表す暗号スイートです。暗号スイートは、使用するアプリケーションや暗号スイートによって多少方言があるものの、大まかには次の図のようなルールに基づいて表記されていて、一列でいろいろな組み合わせを網羅できるようになっています。

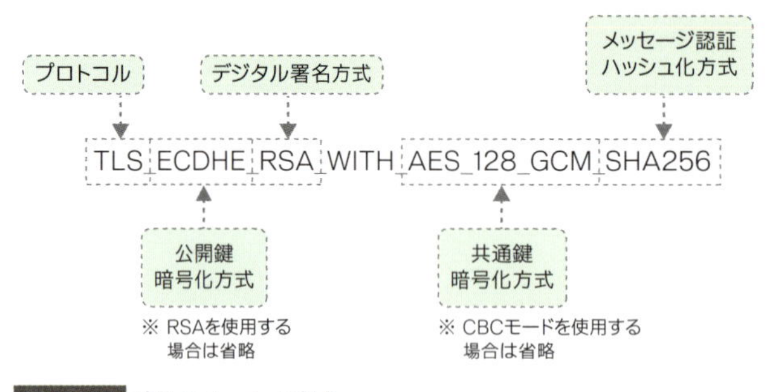

図6.2.40 暗号スイートの書式

どの暗号スイートをClient Helloのリストとして提示するかは、OSやWebブラウザのバージョンや設定によって異なります。たとえば、64ビット版Windows 10のFirefox 55.0.2の場合は、デフォルトで次の表のようなリストになっています。

ID		暗号スイート	優先度
0xc02b	49195	TLS_ECDHE_ECDSA_WITH_AES_128_GCM_SHA256	高
0xc02f	49199	TLS_ECDHE_RSA_WITH_AES_128_GCM_SHA256	
0xcca9	52393	TLS_ECDHE_ECDSA_WITH_CHACHA20_POLY1305_SHA256	
0xcca8	52392	TLS_ECDHE_RSA_WITH_CHACHA20_POLY1305_SHA256	
0xc02c	49196	TLS_ECDHE_ECDSA_WITH_AES_256_GCM_SHA384	
0xc030	49200	TLS_ECDHE_RSA_WITH_AES_256_GCM_SHA384	
0xc00a	49162	TLS_ECDHE_ECDSA_WITH_AES_256_CBC_SHA	
0xc009	49161	TLS_ECDHE_ECDSA_WITH_AES_128_CBC_SHA	
0xc013	49171	TLS_ECDHE_RSA_WITH_AES_128_CBC_SHA	
0xc014	49172	TLS_ECDHE_RSA_WITH_AES_256_CBC_SHA	
0x0033	51	TLS_DHE_RSA_WITH_AES_128_CBC_SHA	
0x0039	57	TLS_DHE_RSA_WITH_AES_256_CBC_SHA	
0x002f	47	TLS_RSA_WITH_AES_128_CBC_SHA	
0x0035	53	TLS_RSA_WITH_AES_256_CBC_SHA	
0x000a	10	TLS_RSA_WITH_3DES_EDE_CBC_SHA	低

表6.2.10 Firefox 55.0.2の暗号スイート

2 通信相手の証明

このステップでは、本物のサーバーと通信しているかどうかをサーバー証明書で確認します。このステップは「Sever Hello」「Certificate」「Server Hello Done」という3つのプロセスでできています。

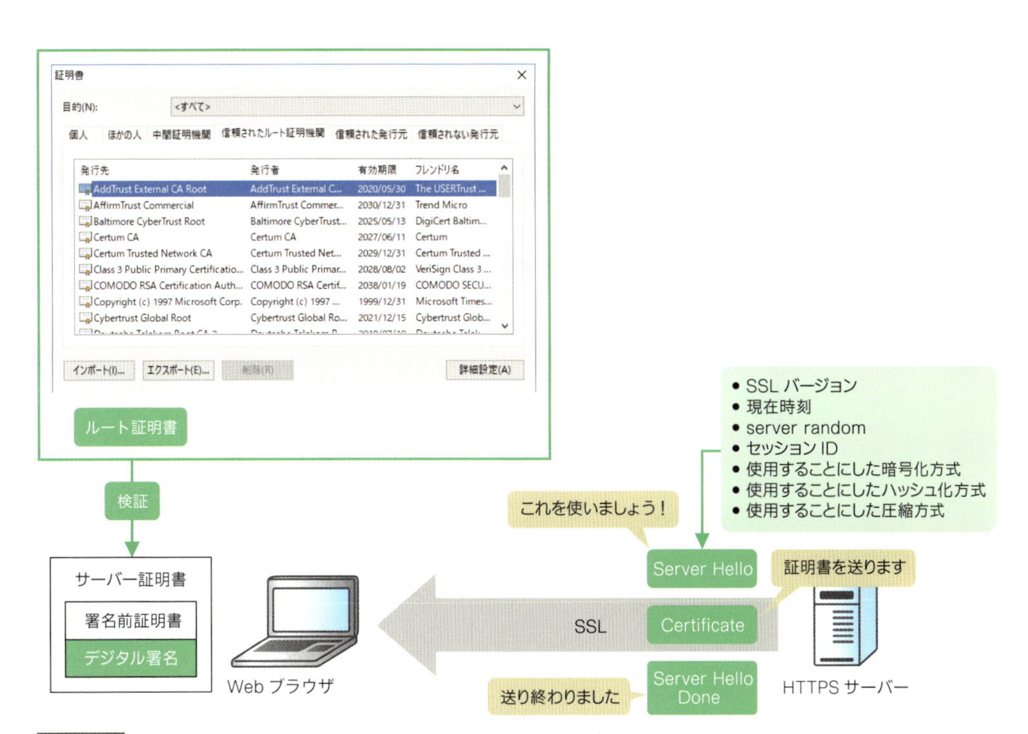

図6.2.41 3つのプロセスで通信相手を証明

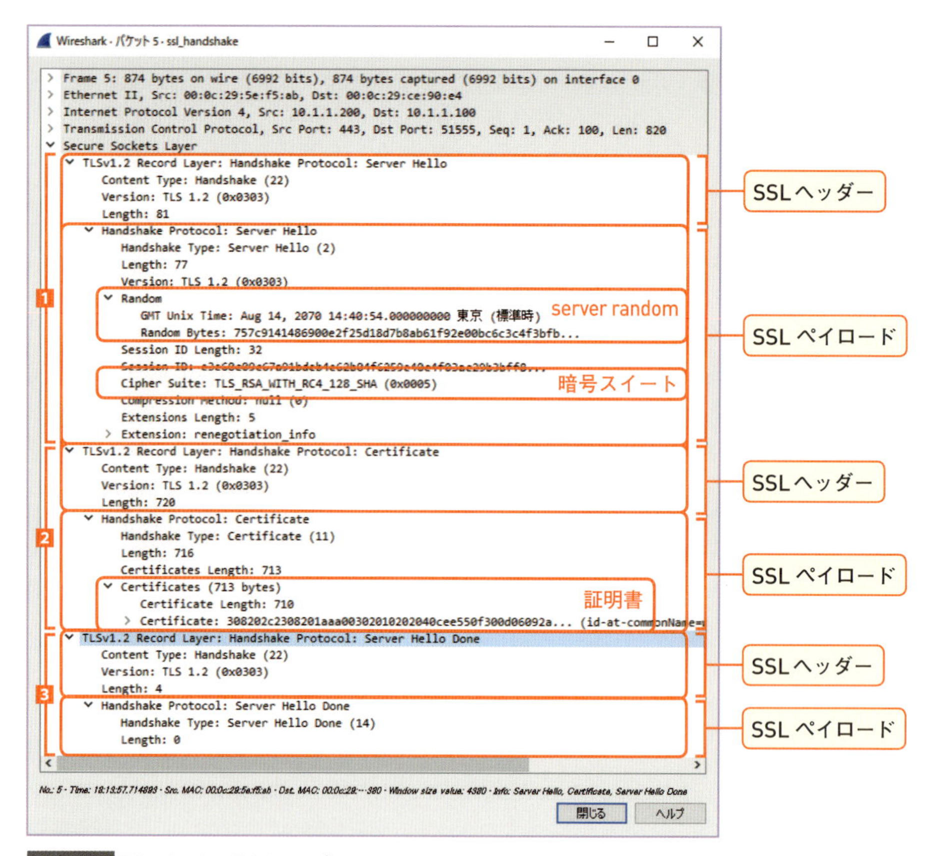

図6.2.42 Wiresharkで見た3つのプロセス

3つのプロセスの内容は、次のとおりです。

(1) サーバーは、受け取った暗号スイートリストの中から最優先の暗号スイートを選択します。また、ほかにもSSLバージョンやSSLセッションを識別する「セッションID」、共通鍵作成に使用するserver random（Wiresharkでは「Random」）など、Webブラウザと合わせておかなくてはいけない、それ以外のパラメータも含めて「Server Hello」として返します。

Server Helloは、ハンドシェイクタイプが「2」のハンドシェイクレコードです。具体的には、次の図のようなフィールドで構成されています。

	0ビット	8ビット	16ビット	24ビット
0バイト	コンテンツタイプ（22）	プロトコルバージョン		SSLペイロード長
4バイト	SSLペイロード長	ハンドシェイクタイプ（2）	メッセージ長	
8バイト	メッセージ長	プロトコルバージョン		gmt_unix_time
12バイト	gmt_unix_time			Random（server random）
16バイト	Random（server random）			
20バイト				
24バイト				
28バイト				
32バイト				
36バイト				
40バイト				セッションID長
可変	セッションID（0～32バイトの可変長）			
	暗号スイートリスト		圧縮方式	拡張機能長
	拡張機能長	複数の拡張機能（1～65535バイトの可変長）		

図6.2.43 Server Helloのメッセージフォーマット

(2)「Certificate」で自分自身のサーバー証明書を送り、「自分が第三者機関から認められた自分自身であること」を証明します。

Certificateは、ハンドシェイクタイプが「11」のハンドシェイクレコードです。具体的には、次の図のようなフィールドで構成されています。

	0ビット	8ビット	16ビット	24ビット
0バイト	コンテンツタイプ（22）	プロトコルバージョン		SSLペイロード長
4バイト	SSLペイロード長	ハンドシェイクタイプ（11）	メッセージ長	
8バイト	メッセージ長	証明書長		
可変	証明書			

図6.2.44 Certificateのメッセージフォーマット

(3)「Server Hello Done」で、「私の情報は全部送り終わりました」と通知します。Webブラウザは、受け取ったサーバー証明書を検証（ルート証明書で復号→ハッシュ値を比較）し、正しいサーバーであるかどうかをチェックします。

Server Hello Doneは、ハンドシェイクタイプが「14」のハンドシェイクレコードです。送り終わったことを通知するだけなので、次の図のようにあっさりしたフォーマットになっています。

	0ビット	8ビット	16ビット	24ビット
0バイト	コンテンツタイプ（22）	プロトコルバージョン		SSLペイロード長
4バイト	SSLペイロード長	ハンドシェイクタイプ（14）	メッセージ長	
8バイト	メッセージ長			

図6.2.45 Server Hello Doneのメッセージフォーマット

3 共通鍵の素材の交換

このステップでは、アプリケーションデータの暗号化とハッシュ化に使用する共通鍵の素を交換します。Webブラウザは、通信相手が本物のサーバーであることを確認すると、「プリマスターシークレット」という共通鍵の素を作って、サーバーに送ります。これは共通鍵そのものではなく、あくまで共通鍵を作るための素材です。WebブラウザとHTTPSサーバーは、プリマスターシークレットとClient Helloで得た「client random」、Server Helloで得た「server random」を混ぜこぜにして、「マスターシークレット」を作り出します。

client randomとserver randomは1と2でやりとりしているので、お互いで共通のものを持っています。そこで、プリマスターシークレットを送りさえすれば、同じマスターシークレットを作り出すことができます。このマスターシークレットから、アプリケーションデータの暗号化に使用する共通鍵「**セッション鍵**」と、ハッシュ化に使用する共通鍵「**MAC鍵**」を作ります。

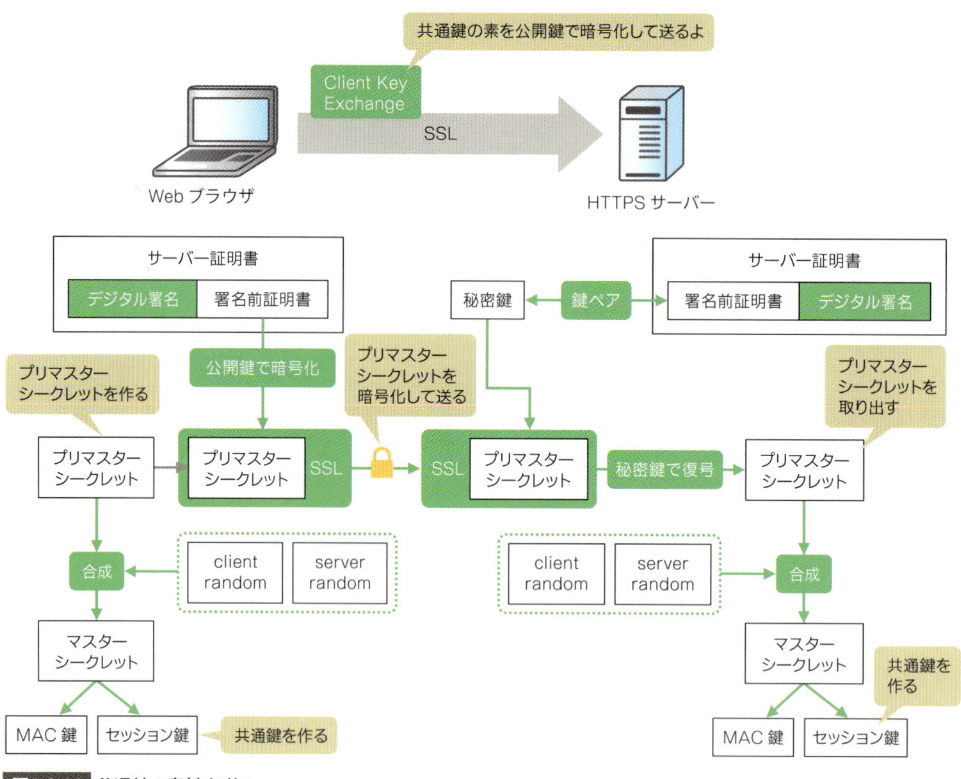

図6.2.46 共通鍵の素材を送る

Webブラウザは「Client Key Exchange」で、プリマスターシークレットを公開鍵で暗号化して送ります。受け取ったサーバーは、秘密鍵で復号してプリマスターシークレットを取り出し、client randomとserver randomを混ぜこぜにして、マスターシークレットを作ります。そして、マスターシークレットからセッション鍵とMAC

鍵を作ります。これで共通鍵の生成が完了しました。

Client Key Exchange は、ハンドシェイクタイプが「16」のハンドシェイクレコードです。具体的には、次の図のようなフィールドで構成されています。

	0ビット	8ビット	16ビット	24ビット
0バイト	コンテンツタイプ（22）	プロトコルバージョン		SSLペイロード長
4バイト	SSLペイロード長	ハンドシェイクタイプ（16）	メッセージ長	
8バイト	メッセージ長	プリマスターシークレット長		
可変	プリマスターシークレット			

図6.2.47 Client Key Exchangeのメッセージフォーマット

4 最終確認作業

このステップは、最後の確認作業です。お互いに「Change Cipher Spec」と「Finished」を交換しあって、これまでに決まったことを確定し、SSL ハンドシェイクを終了します。このやりとりが終了すると、SSL セッションができ上がり、アプリケーションデータの暗号化通信が始まります。

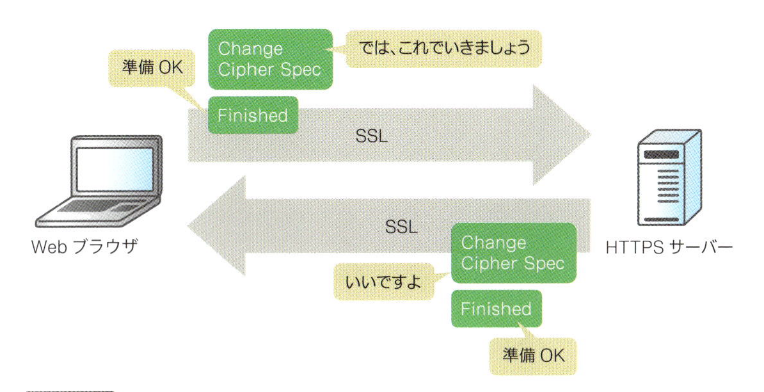

図6.2.48 SSLハンドシェイクを最終確認する

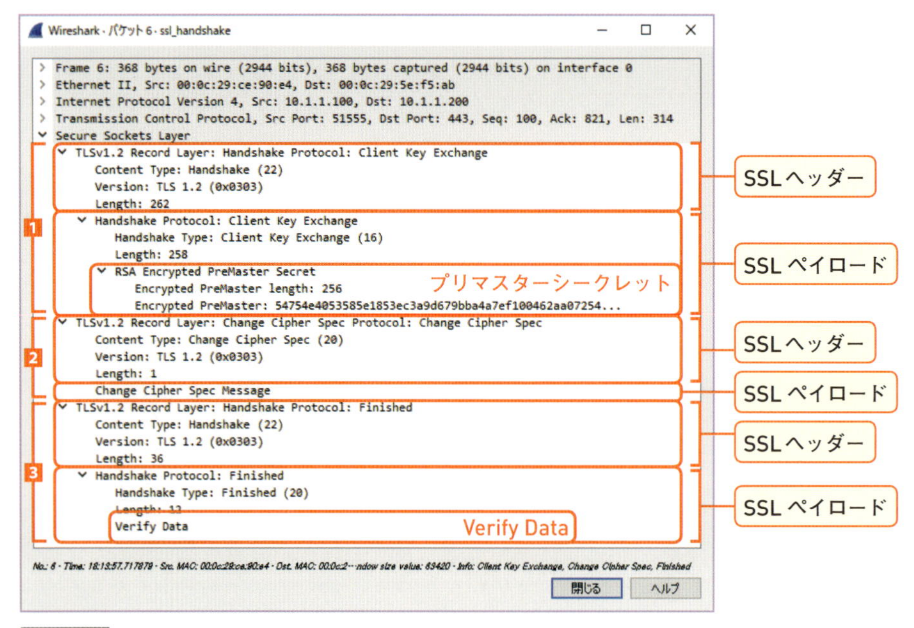

図6.2.49 Wiresharkで見た3つのプロセス

Change Cipher Specは、コンテンツタイプが「20」のSSLレコードです。仕様を確定させるだけなので、データ部分に特別な何かを詰め込んでいるわけではありません。あっさり仕立てです。

	0ビット	8ビット	16ビット	24ビット
0バイト	コンテンツタイプ（20）	プロトコルバージョン		SSLペイロード長（1）
4バイト	SSLペイロード長（1）	Change Cipher Spec		

図6.2.50 Change Cipher Specのメッセージフォーマット

Finishedは、ハンドシェイクタイプが「20」のハンドシェイクレコードです。ここから暗号化が始まります。Finishedには、データ部分に「Verify Data」という12バイトの値がセットされています。Verify Dataは、マスターシークレットやこれまでのやりとりをハッシュ化した値を混ぜこぜにした固定長のデータです。Verify Dataが一致したら、これまでのSSLハンドシェイクに間違いがなかったとして、アプリケーションデータの暗号化通信に移ります。

	0ビット	8ビット	16ビット	24ビット
0バイト	コンテンツタイプ（22）	プロトコルバージョン		SSLペイロード長
4バイト	SSLペイロード長	ハンドシェイクタイプ（20）	メッセージ長	
8バイト	メッセージ長	Verify Data		
12バイト	Verify Data			
16バイト				
20バイト				

図6.2.51 Finishedのメッセージフォーマット

暗号化通信

SSLハンドシェイクが終わったら、いよいよアプリケーションデータの暗号化通信の開始です。アプリケーションデータをMAC鍵でハッシュ化した後、セッション鍵で暗号化して、アプリケーションレコードで転送します。

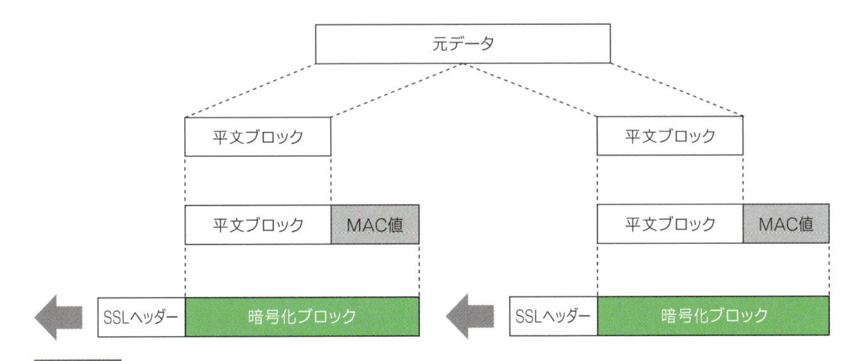

図6.2.52 アプリケーションデータをハッシュ化＋暗号化して送る

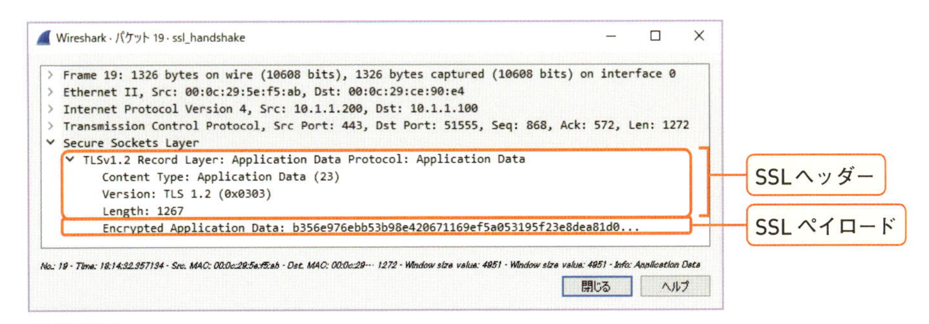

図6.2.53 Wiresharkで見たアプリケーションデータ

SSLセッション再利用

SSLハンドシェイクは、デジタル証明書を送ったり共通鍵の素を送ったりと、処理にやたら時間がかかります。そこで、SSLには、最初のSSLハンドシェイクで生成したセッション情報をキャッシュし、2回目以降に使い回す「SSLセッション再利用」という機能が用意されています。SSLセッション再利用を使用すると、CertificateやClient Key Exchange

など、共通鍵を生成するために必要な処理が省略されるため、SSL ハンドシェイクにかかる時間を大幅に削減できます。また、それにかかる処理負荷もあわせて軽減できます。

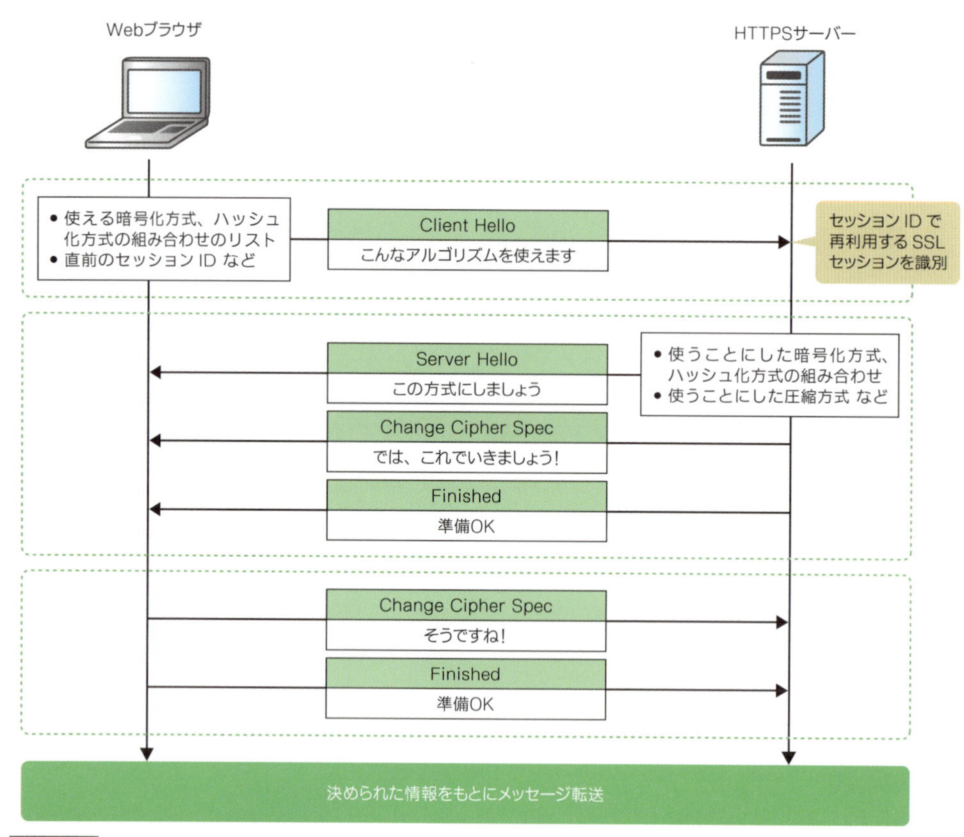

図6.2.54 SSLセッション再利用

SSLクローズ

最後にSSLハンドシェイクで、オープンしたSSLセッションをクローズします。クローズするときは、Webブラウザかサーバーかを問わず、クローズしたい側から「close_notify」が送出されます。その後、TCPの4ウェイハンドシェイクが走り、TCPコネクションもクローズされます。

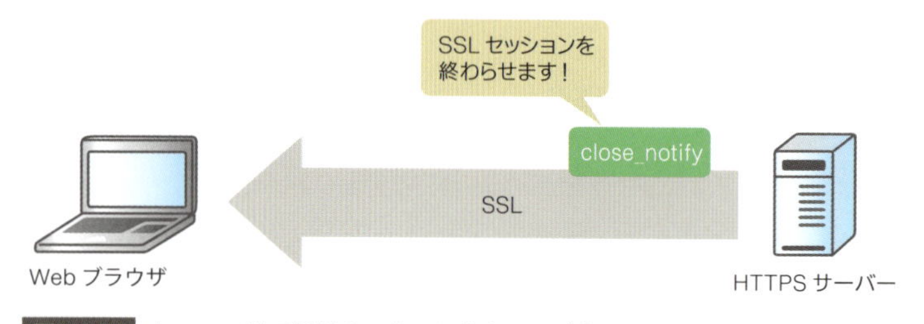

図6.2.55 close_notifyでSSLセッションをクローズする

close_notify は、Level に Warning を表す「1」、Description に close_notify を表す「0」をセットしたアラートレコードです。アラートレコードなので、「何かエラーがあったのかな」と思ってしまいがちですが、SSL セッションをクローズしているだけなので、特に問題はありません。

	0ビット	8ビット	16ビット	24ビット
0バイト	コンテンツタイプ（21）	プロトコルバージョン		SSLペイロード長
4バイト	SSLペイロード長	Level（1）	Description（0）	

図6.2.56 close_notifyのメッセージフォーマット

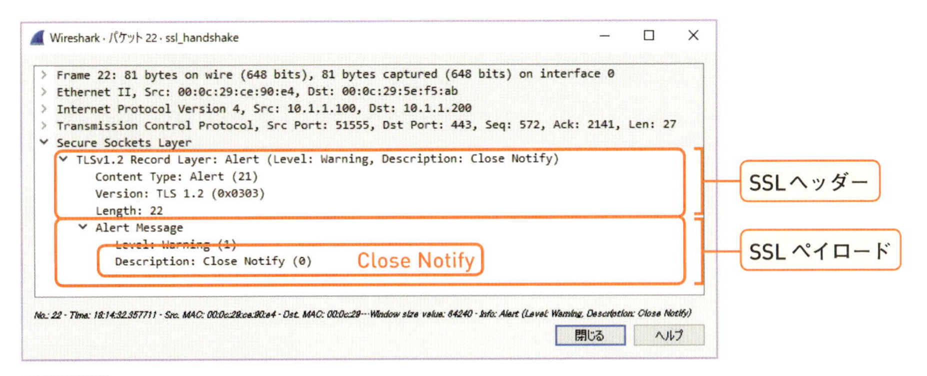

図6.2.57 Wiresharkで見たclose_notify

クライアント証明書でクライアントを認証する

SSL には、サーバーを認証する「**サーバー認証**」、クライアントを認証する「**クライアント認証**」という、2 つの認証のしくみが用意されています。サーバー認証はこれまで説明してきたとおりです。サーバー証明書を利用して、サーバーを認証します。それに対して、クライアント認証は、あらかじめ Web ブラウザにインストールしておいた「クライアント証明書」を利用して、クライアントを認証します。

クライアント認証の流れ

クライアント認証の SSL ハンドシェイクでは、これまで説明してきたサーバー認証の SSL ハンドシェイクに、クライアント証明書を要求したり、クライアントを認証したりするプロセスが追加されています。

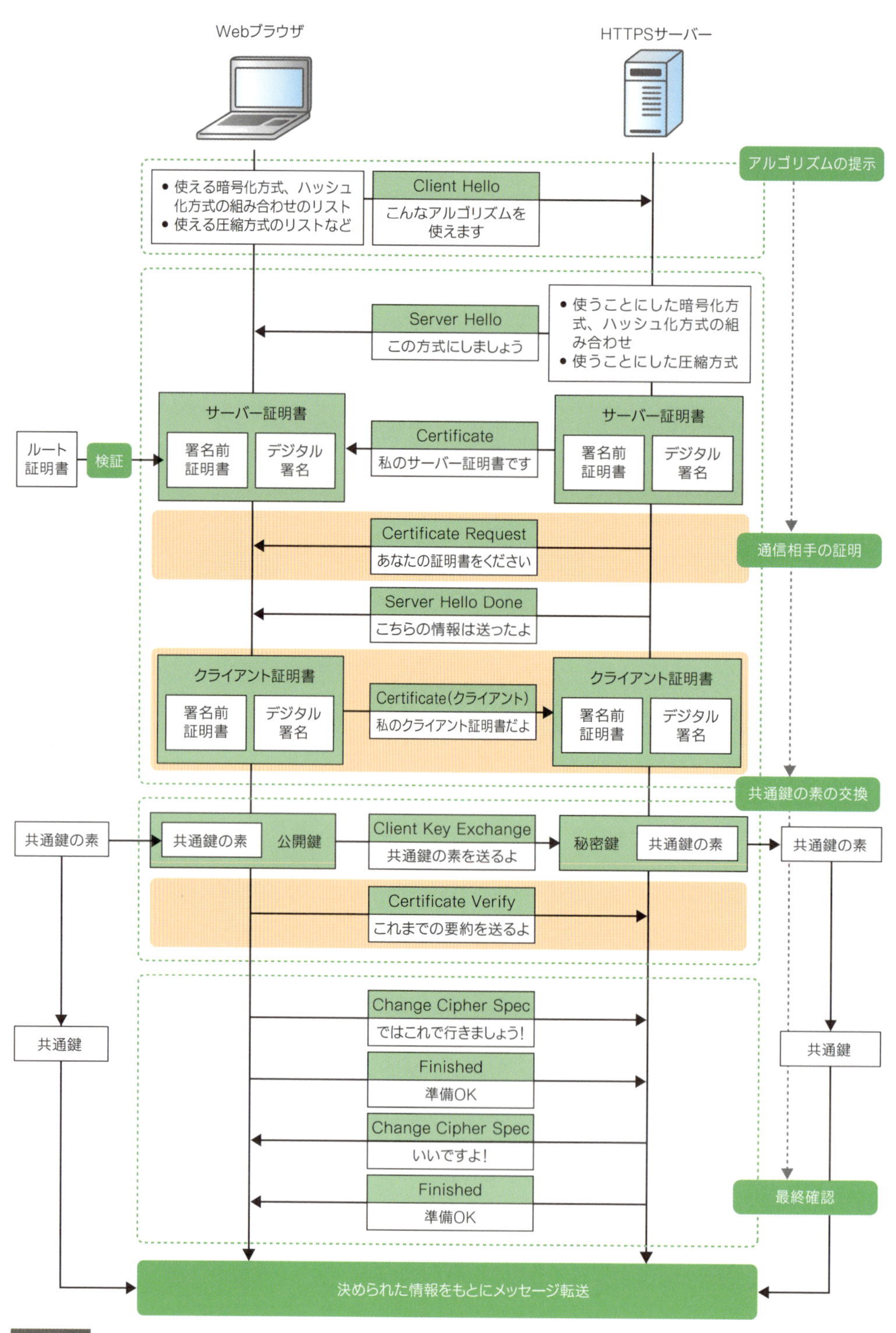

図6.2.58 クライアント認証の流れ

では、クライアント認証特有のプロセスである「Certificate Request」「Certificate（クライアント）」「Certificate Verify」に注目しつつ、クライアント認証の処理の流れについて説明しましょう。

1 クライアント証明書を要求

まず、「Client Hello」→「Server Hello」→「Certificate」の流れは変わりません。HTTPSサーバーは「Certificate」でサーバー証明書を送信した後、「Certificate Request」でクライアント証明書を要求します。続けて、「Server Hello Done」で自分の情報を送り終わったことを通知します。

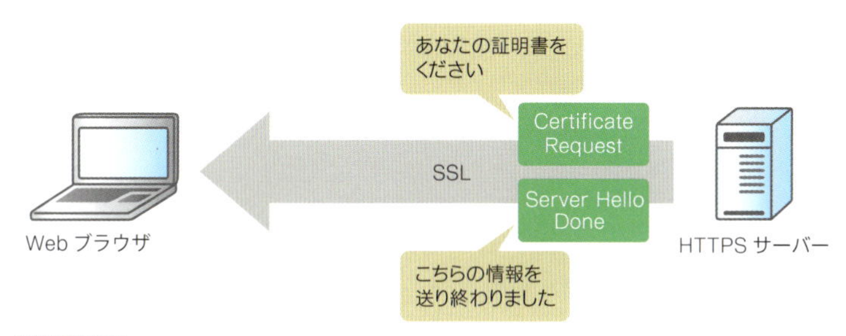

図6.2.59 クライアント証明書を要求

Certificate Requestは、ハンドシェイクタイプが「13」のハンドシェイクレコードです。この中にはサーバーが信頼している認証局のリストや署名で使用する一方向ハッシュ関数のリストなどが含まれていて、具体的には次の図のようなフィールドで構成されています。

<table>
<tr><th></th><th>0ビット</th><th>8ビット</th><th>16ビット</th><th>24ビット</th></tr>
<tr><td>0バイト</td><td>コンテンツタイプ（22）</td><td colspan="2">プロトコルバージョン</td><td>SSLペイロード長</td></tr>
<tr><td>4バイト</td><td>SSLペイロード長</td><td>ハンドシェイクタイプ（13）</td><td colspan="2">メッセージ長</td></tr>
<tr><td>8バイト</td><td>メッセージ長</td><td colspan="3" rowspan="2">認証局のリストや署名で使用する一方向ハッシュ関数のリストなど</td></tr>
<tr><td>可変</td><td></td></tr>
</table>

図6.2.60 Certificate Requestのメッセージフォーマット

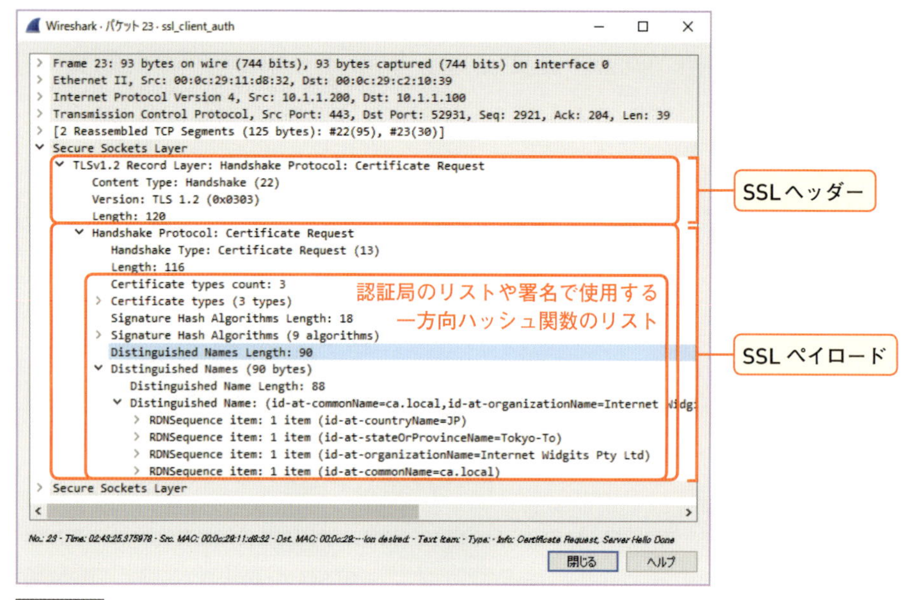

図6.2.61 Certificate Requestでクライアント証明書を要求

2 クライアント証明書を送付

Certificate Request と Server Hello Done を受け取った Web ブラウザは、「Certificate（クライアント）」であらかじめインストールされているクライアント証明書を送信します。もしも Certificate Request に適合するクライアント証明書を持っていなかったら、「no_certificate」を返し、サーバーは TCP コネクションをクローズします。また、適合するクライアント証明書が複数あった場合は、Web ブラウザ上でどのクライアント証明書を送るか選択してから送ります。

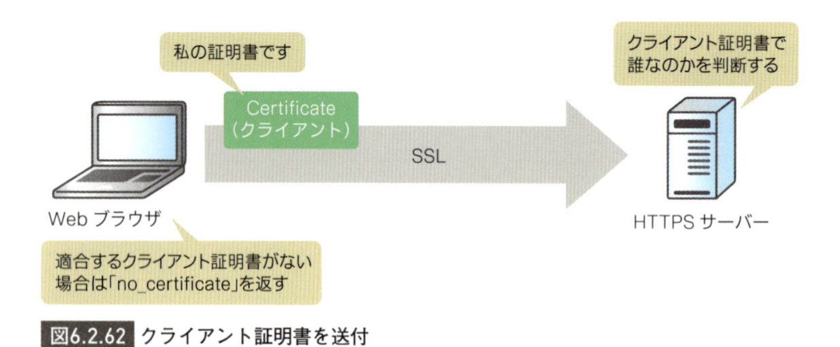

図6.2.62 クライアント証明書を送付

3 これまでのハッシュ値を送付

クライアント証明書を送信した Web ブラウザは、「Client Key Exchange」でプリマスターシークレットを送ります。この処理はサーバー認証と変わりません。続けて、「Certificate Verify」でこれまでのやりとり（Client Hello から Client Key Exchange まで）をハッシュ化、秘密鍵で暗号化して、「デジタル署名」として送ります。

「Certificate Verify」を受け取ったサーバーは、Certificate（クライアント）の中に含まれていた公開鍵で復号し、自分自身でも計算したハッシュ値と比較して、改ざんされていないか確認します。

この後の処理は、サーバー認証と同じです。「Change Cipher Spec」と「Finished」をお互いに送信しあって、実際のアプリケーションデータの暗号化通信に移ります。

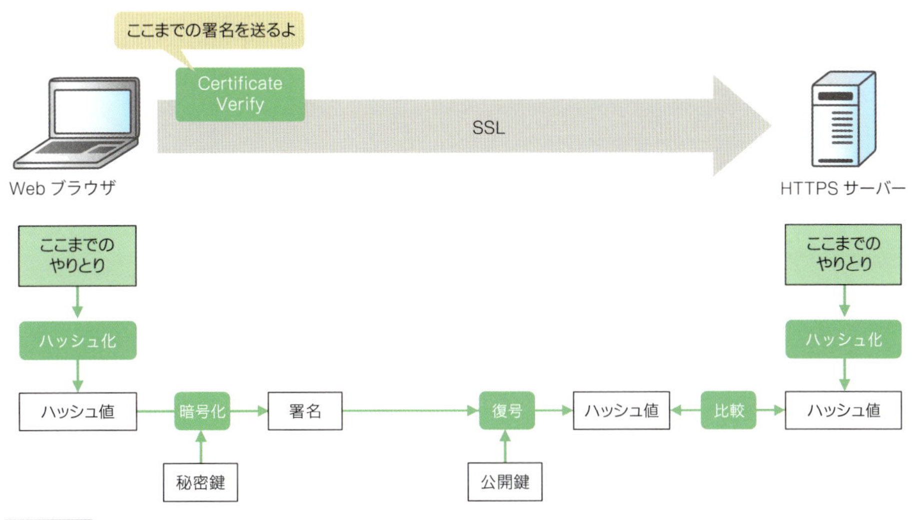

図6.2.63 ここまでのやりとりをハッシュ化＋暗号化して送る

Certificate Verify は、ハンドシェイクタイプが「15」のハンドシェイクレコードです。この中にはハッシュ化方式や署名方式など、署名に関する情報が含まれていて、次の図のようなフィールドで構成されています。

	0ビット	8ビット	16ビット	24ビット
0バイト	コンテンツタイプ（22）	プロトコルバージョン		SSLペイロード長
4バイト	SSLペイロード長	ハンドシェイクタイプ（15）	メッセージ長	
8バイト	メッセージ長	ハッシュ化方式	署名アルゴリズム	署名長
可変	署名長	署名		

図6.2.64 Certificate Verifyのメッセージフォーマット

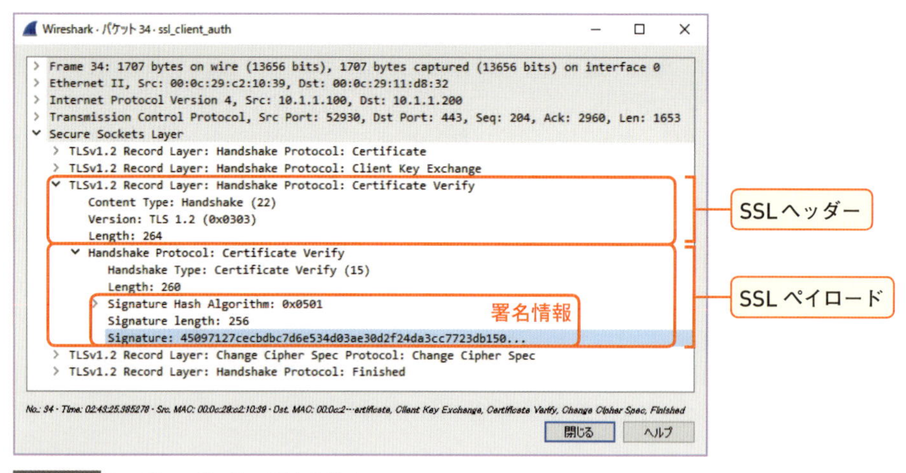

図6.2.65 Certificate Verifyで署名を送る

CHAPTER 6
03 DNS（Domain Name System）

DNS（Domain Name System）は、IPアドレスとドメイン名を相互に変換するプロトコルです。インターネットでは、端末を識別するために「10.1.1.1」のような数字とドットで表記されるIPアドレスを使用しています。しかし、この数字の羅列を見ても、いったい何に使われているのか、いったい何を表しているのか、わかりようがありません。そこで、DNSはIPアドレスに「**ドメイン名**」という名前を付けて、人の目にもわかりやすくしています。

インターネットの爆発的な普及を縁の下の力持ち的に支えたのは、IPアドレスという単なる数字の羅列を、わかりやすく、シンプルなものにしてくれたDNSだと言ってよいでしょう。しかし、残念ながら、DNSにはHTTPやSSLほど光が当たるわけでもなく、心なしか月見草的な存在になっている感も否めません。筆者個人としては、もっと光が当たってよいプロトコルだと思っています。そこで本書では、最初にDNSの基本的なしくみやその重要性を解説した後、Wiresharkの機能を説明し、パケットレベルまでディープダイブしていきます。

6.3.1 DNSプロトコルの詳細

DNSは、RFC1034「DOMAIN NAMES - CONCEPTS AND FACILITIES」とRFC1035「DOMAIN NAMES - IMPLEMENTATION AND SPECIFICATION」で規格化されています[*1]。RFC1034では基本的な構成要素やその役割など、DNSの概念と機能をざっくり定義しています。RFC1035ではドメイン名に関するいろいろなルールやメッセージフォーマットなど、実装と仕様を細かく定義しています。

＊1 RFC1034とRFC1035は、あくまでDNSの基本となる部分を定めたものです。DNSはその後、たくさんのRFCによって何度もアップデートされています。

ドメイン名の構文

ドメイン名は、「www.example.co.jp」のようにドットで区切られた文字列で構成されています。このひとつひとつの文字列のことを「ラベル」といいます。ドメイン名は別名「**FQDN（Fully Qualified Domain Name、完全修飾ドメイン名）**」と呼ばれ、「**ホスト部**」と「**ドメイン部**」で構成されています。ホスト部はFQDNの最も左側にあるラベルで、コンピューターそのものを表します。ホスト名と同じと考えてよいでしょう。ドメイン部は右から順に、「ルート」「トップレベルドメイン（TLD）」「第2レベルドメイン（SLD）」「第3レベルドメイン（3LD）」……で構成されていて、国や組織、企業などを表しています。また、一番右側にあるルートは「.」（ドット）で表し、省略可能です。

ドメイン名はルートを頂点として、トップレベルドメイン、第2レベルドメイン、第3レベルドメイン……と枝分かれするツリー状の階層構造になっていて、右から順にラベルを追っていくと、最終的に対象となるサーバーまでたどり着けるようになっています。このドメイン名によって構成されるツリー状の階層構造のことを「**ドメインツリー**」といいます。

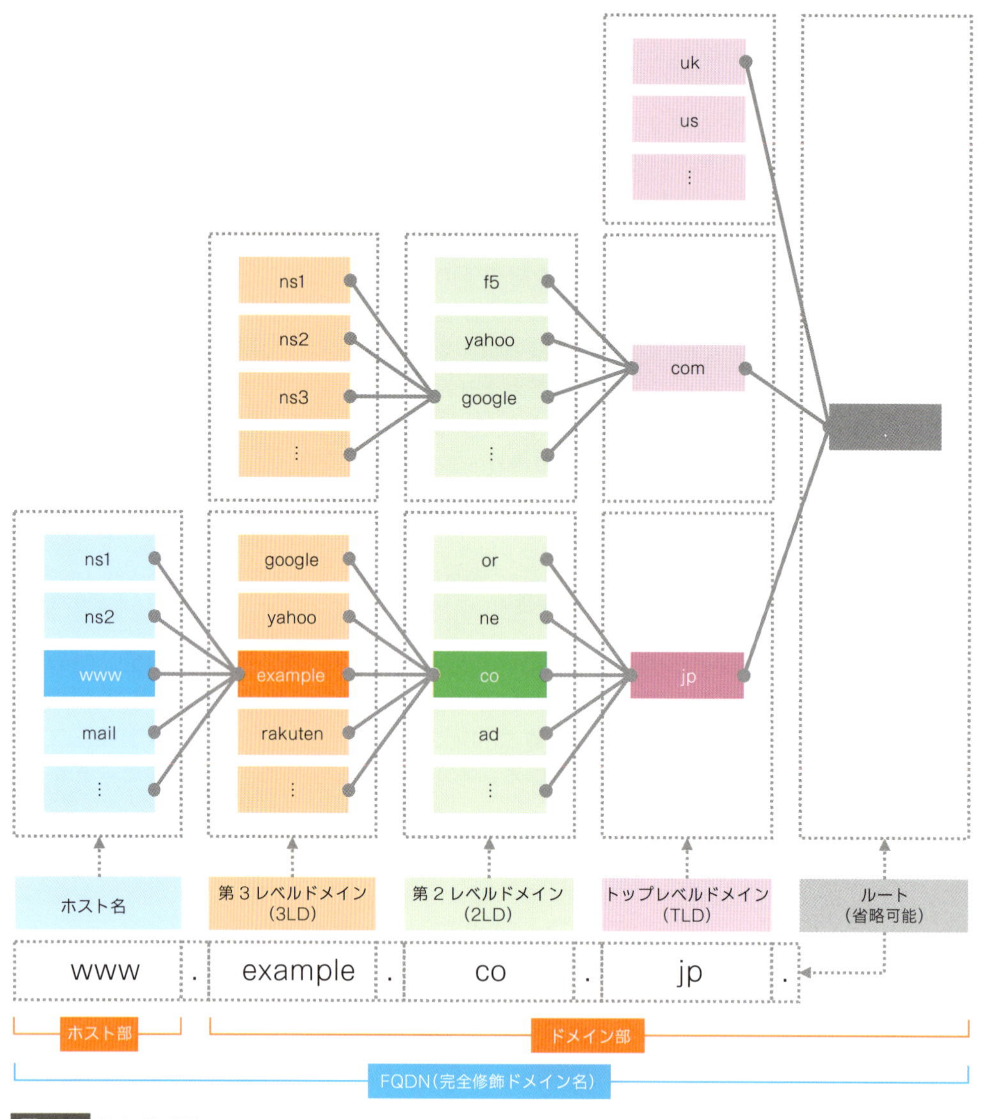

図6.3.1 ドメインツリー

名前解決とゾーン転送

DNS は、「名前解決」と「ゾーン転送」という２つのしくみを提供しています。この２つは役割や機能、使用しているレイヤー４プロトコルなど、ありとあらゆるところで大きな違いがあります。そこで本書では、それぞれ分けて説明することにします。

■名前解決

IPアドレスとドメイン名を相互に変換する処理のことを「**名前解決**」といいます。DNSによる名前解決は、「DNSクライアント」「キャッシュサーバー」「コンテンツサーバー」が相互に連携しあうことによって成り立っています。

DNSクライアント（別名：スタブリゾルバ、リゾルバ）

DNSクライアントは、名前解決をDNSサーバーに要求する端末・ソフトウェアのことです。Webブラウザやメールソフトウェア、Windows OSの「nslookupコマンド」、Linux OSの「digコマンド」などのような名前解決コマンドがこれにあたります。DNSクライアントは、問い合わせの結果を一定時間キャッシュ（一時保存）しておき、同じ問い合わせがあったときに再利用することによって、DNSトラフィックの抑制を図ります。

キャッシュサーバー（別名：フルサービスリゾルバ、参照リゾルバ）

キャッシュサーバーは、サイト内のDNSクライアントからの問い合わせ（**再帰クエリ**）を受け付け、インターネットに問い合わせるDNSサーバーです。DNSクライアントがインターネットにアクセスするときに使用します。キャッシュサーバーもDNSクライアントと同様に、問い合わせ結果の内容を一定時間キャッシュしておき、同じ問い合わせがあったときに再利用することによって、DNSトラフィックの抑制を図ります。

コンテンツサーバー（別名：権威サーバー、ゾーンサーバー）

コンテンツサーバーは、自分が管理するドメインに関するキャッシュサーバーからの問い合わせ（**反復クエリ、非再帰クエリ**）を受け付けるDNSサーバーです。ゾーンに関する各種情報（ドメイン名やIPアドレス、制御情報など）を「ゾーンファイル」というデータベースに、「リソースレコード」という形で格納しています。

インターネット上のコンテンツサーバーは、「**ルートサーバー**」と呼ばれる親分サーバーを頂点としたツリー状の階層構造になっています。ルートサーバーはトップレベルドメインのゾーンの管理を、トップレベルドメインのコンテンツサーバーに委任します。また、トップレベルドメインのコンテンツサーバーは第2レベルドメインのゾーンの管理を、第2レベルドメインのコンテンツサーバーに委任します。以降、第3レベルドメイン、第4レベルドメイン……と、委任関係は続きます。

DNSクライアントから再帰クエリを受け付けたキャッシュサーバーは、受け取ったドメイン名を右のラベルから順に検索していき、そのゾーンを管理するコンテンツサーバーにどんどん反復クエリを実行していきます。最後までたどり着いたら、そのコンテンツサーバーにドメイン名に対応するIPアドレスを教えてもらいます。

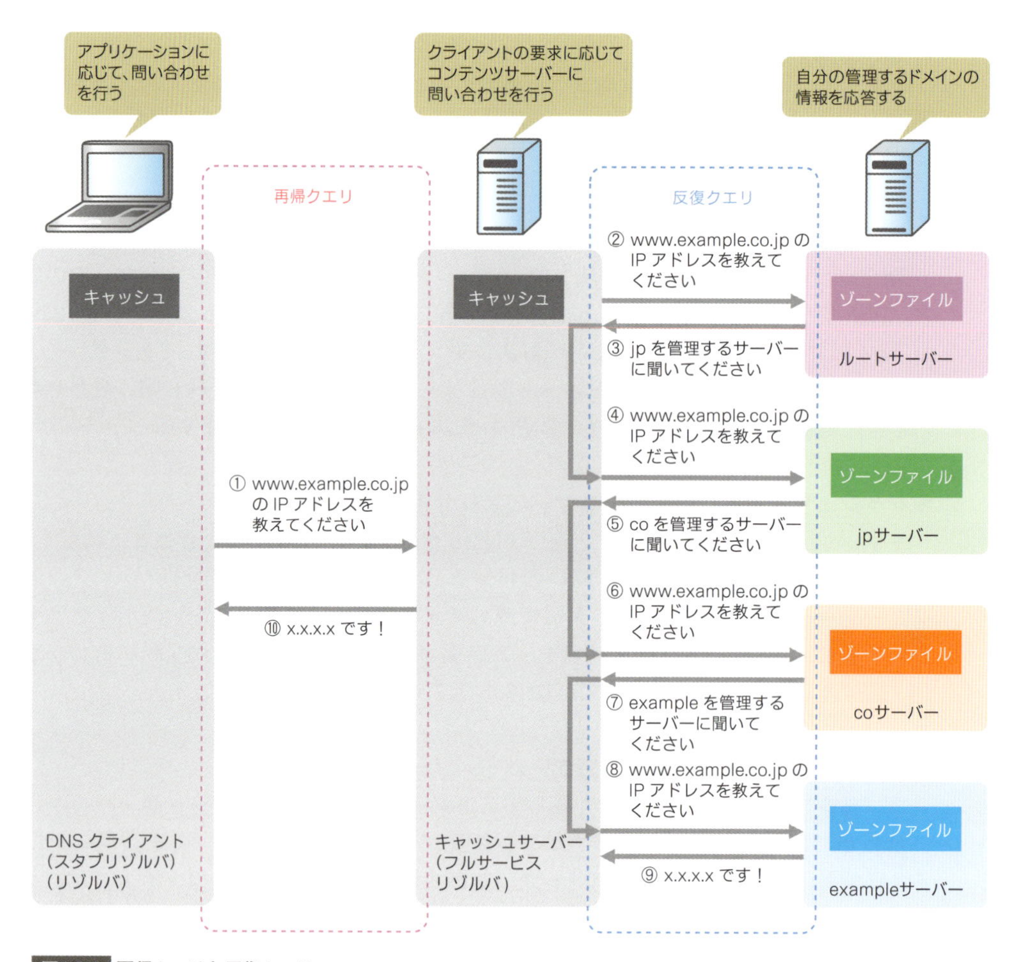

図6.3.2 再帰クエリと反復クエリ

■ゾーン転送

DNS による名前解決は、Web アクセスやメール送信に先立って行われる重要な処理です。名前解決に失敗してしまったら、目的の Web サイトにアクセスすることができません。そこで、DNS サーバーはシングル構成ではなく、「プライマリ DNS サーバー」と「セカンダリ DNS サーバー」の冗長構成にするのが基本です。DNS サーバーにおける冗長化方式は、キャッシュサーバーとコンテンツサーバーとで大きく異なります。それぞれ説明します。

キャッシュサーバーの冗長化

キャッシュサーバーは、DNS クライアントが問い合わせた名前解決の情報をキャッシュしているだけです。したがって、プライマリ DNS サーバーとセカンダリ DNS サーバーとで何かの情報を同期する必要はなく、サーバーの機能で冗長化する必要はありません。あらかじめ DNS クライアントの OS が持つ DNS の設定で、プライマリ DNS サーバーとセカンダリ DNS サーバーを指定しておき、OS の処理で冗長化します。

そして、プライマリDNSサーバーからリプライが返ってこなかったら、セカンダリDNSサーバーに再帰クエリします。

コンテンツサーバーの冗長化

コンテンツサーバーは、自分が管理するドメインに関する情報（ゾーンファイル）を保持している重要なサーバーです。もしプライマリDNSサーバーがダウンしても、セカンダリDNSサーバーで同じ情報を返せるように、同じゾーンファイルを絶えず保持する必要があります。同じゾーンファイルを保持するために、DNSサーバー間でゾーンファイルを同期する処理のことを「ゾーン転送」といいます。プライマリDNSサーバーのゾーンファイルのコピーを、セカンダリDNSサーバーに転送します。ゾーン転送は、定期的、あるいは任意のタイミングで実行されます。なお、上位DNSサーバーにはプライマリDNSサーバーとセカンダリDNSサーバー、両方の情報を登録します。この設定により、どちらかのDNSサーバーに問い合わせが飛んできますが、結果として同じ情報が返ります。

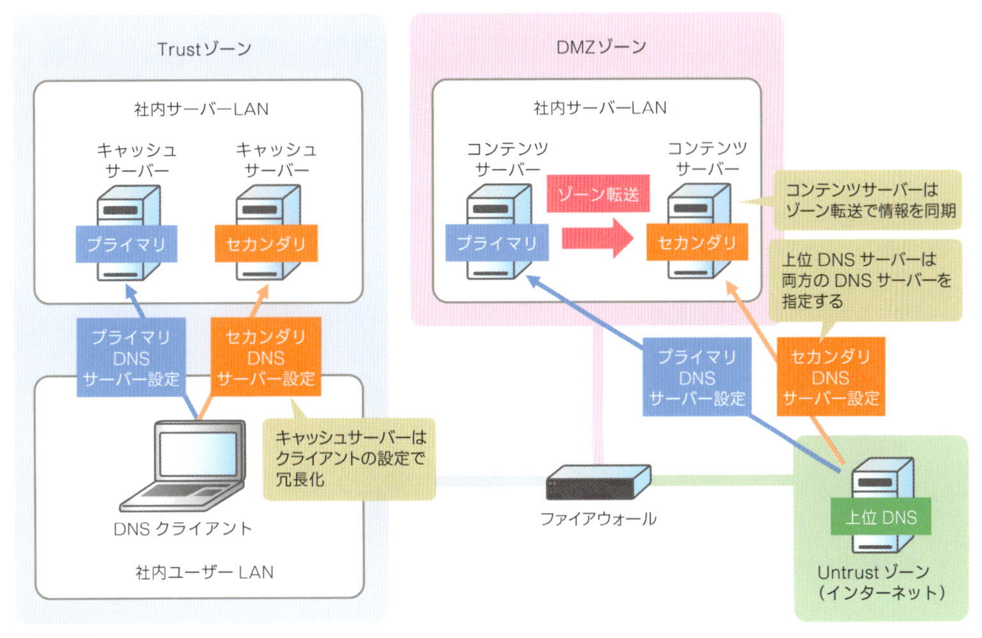

図6.3.3 DNSサーバーの冗長化

ゾーンファイルとリソースレコード

1つのゾーンファイルで管理するドメイン名の範囲を「ゾーン」といいます。ゾーンファイルは数種類のリソースレコードで構成されていて、この中にゾーンのすべてが詰まっています。コンテンツサーバーはゾーンファイルの情報をもとに、反復クエリに応答します。

```
$ORIGIN example.co.jp
$TTL    604800
@         IN        SOA       ns1.example.co.jp.  admin.example.co.jp.  (
                              2017082901            ; Serial
                              604800                ; Refresh
                              86400                 ; Retry
                              2419200               ; Expire
                              604800 )              ; Negative Cache TTL
          IN        NS        ns1.example.co.jp.
          IN        NS        ns2.example.co.jp.
;
ns1       IN        A         192.168.100.128
ns2       IN        A         192.168.100.129
web01     IN        A         192.168.100.1
web02     IN        A         192.168.100.2
```

リソースレコード(SOA レコード)
リソースレコード(NS レコード)
リソースレコード(A レコード)

図6.3.4 DNSのゾーンファイル（BINDの場合）

リソースレコード	内容
SOA レコード	ゾーンの管理的な情報が記述されたリソースレコード。ゾーンファイルの最初に記述される
A レコード	ドメイン名に対応する IPv4 アドレスが記述されたリソースレコード
AAAA レコード	ドメイン名に対応する IPv6 アドレスが記述されたリソースレコード
NS レコード	ドメインを管理している DNS サーバー、あるいは管理を委任している DNS サーバーが記述されたリソースレコード
PTR レコード	IPv4/IPv6 アドレスに対応するドメイン名が記述されたリソースレコード
MX レコード	メールの届け先となるメールサーバーが記述されたリソースレコード
CNAME レコード	ホスト名の別名が記述されたリソースレコード
DS レコード	そのゾーンで使用される公開鍵のダイジェスト値が記述されたレコード。DNSSEC で使用
NSEC3 レコード	リソースレコードを整列するために使用するレコード。DNSSEC で使用
RRSIG レコード	リソースレコードに対する署名が記述されたレコード。DNSSEC で使用
TXT レコード	コメントが記述されたリソースレコード

表6.3.1 代表的なリソースレコード

DNSのメッセージフォーマット

DNS は、名前解決とゾーン転送とで異なるレイヤー 4 プロトコルを使用します。

名前解決は、Web アクセスやメール送信など、アプリケーション通信に先立って行われます。この処理で時間がかかってしまったら、その後のアプリケーション通信もずるずる遅れてしまいます。そこで、名前解決は UDP（ポート番号：53 番）を使用して、処理速度を優先します。

一方、ゾーン転送は自ドメインのすべてを管理するゾーンファイルをやりとりします。このファイルが欠けたり無くなったりしたら、ドメイン全体を管理できなくなり、サービスに大きな影響が出ます。そこで、ゾーン転送は TCP（ポート番号：53 番）を使用して、信頼性を優先します。

DNSのメッセージフォーマットは、この違いによって微妙な調整が必要になるものの、それほど大きく変わるわけではありません。そこで本書では、名前解決で使用するUDPをベースに説明しつつ、ゾーン転送で使用するTCPについては補足的に扱うことにします。

DNSメッセージは「Headerセクション」「Questionセクション」「Answerセクション」「Authorityセクション」「Additionalセクション」という最大5つのセクションで構成されています。

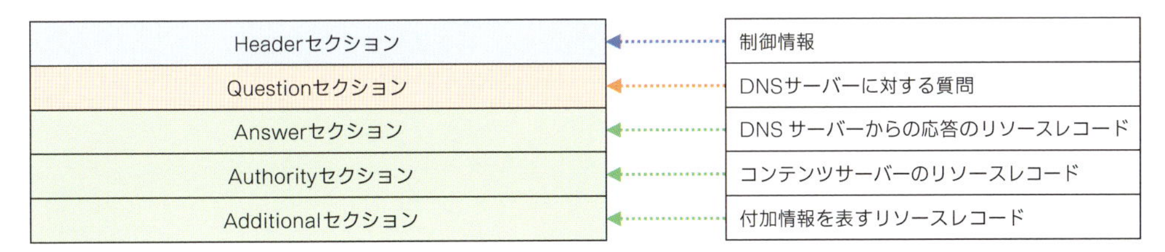

図6.3.5 DNSのメッセージフォーマット

以下に、DNSメッセージの各セクションについて説明します。

Headerセクション

DNSメッセージにおけるいろいろな制御情報がセットされているセクションがHeaderセクションです。Headerセクションは、次の図のようなフィールドで構成されています。なお、TCPを使用するゾーン転送のときだけ、「トランザクションID」の前に16ビットの「メッセージ長」が追加されます。

<table>
<tr><th></th><th>0ビット</th><th>8ビット</th><th colspan="6">16ビット</th><th colspan="2">24ビット</th></tr>
<tr><td>0バイト</td><td colspan="2">トランザクションID</td><td>QR</td><td>OPCODE</td><td>AA</td><td>TC</td><td>RD</td><td>RA</td><td>Z</td><td>RCODE</td></tr>
<tr><td>4バイト</td><td colspan="2">QDカウント</td><td colspan="8">ANカウント</td></tr>
<tr><td>8バイト</td><td colspan="2">NSカウント</td><td colspan="8">ARカウント</td></tr>
</table>

図6.3.6 Headerセクションのメッセージフォーマット

フィールド	内容
トランザクションID	問い合わせを識別するための識別子。これでどのリクエストに対するリプライなのかがわかる
QR	メッセージの種類 0：問い合わせ 1：応答
OPCODE	メッセージの問い合わせの種類 0：標準問い合わせ（QUERY） 1：逆問い合わせ（IQUERY） 2：サーバーの状態要求（STATUS） 3～15：将来のために予約
AA（Authoritative Answer）	そのドメインに対するコンテンツサーバーかどうかを表す

表6.3.2 Headerセクションを構成するフィールド

フィールド	内容
TC（TrunCation）	サイズが大きすぎて、切り捨てられたことを表す
RD（Recursion Desired）	再帰クエリかどうかを表す
RA（Recursion Available）	再帰クエリがサポートされているかどうかを表す
Z	将来のために予約。DNSSEC の場合は、2 ビット目を AD（Authentic Data）ビット、3 ビット目を CD（Checking Disable）ビットとして割り当てる
RCODE（Response code）	メッセージの問い合わせの種類 0：エラーなし 1：フォーマットエラー（DNS サーバーがそのクエリを理解できなかった） 2：サーバー障害（DNS サーバーがそのクエリを処理できなかった） 3：名前エラー（そのクエリのドメイン名が存在しなかった） 4：未実装（そのクエリをサポートしていなかった） 5：拒否（ポリシーによって拒否した） 6～15：将来のために予約
QD カウント	Question セクションのエントリ数
AN カウント	Answer セクションのエントリ数
NS カウント	Authority セクションのエントリ数
AR カウント	Additional セクションのエントリ数

表6.3.2 Headerセクションを構成するフィールド（つづき）

■ Questionセクション

Question セクションは、その名のとおり、DNS サーバーに対する質問がセットされるセクションです。Wireshark では「Queries」と表示されます。Questions セクションは、名前解決対象のドメイン名を表す「QNAME」、リソースレコードの種類を表す「QTYPE」、問い合わせのクラスを表す「QCLASS」で構成されています。Question セクションには、Header セクションの「QD カウント」個分のエントリがセットされます。QD カウントは通常「1」なので、Question セクションのエントリも 1 個です。

	0ビット	8ビット	16ビット	24ビット
可変	QNAME			
0バイト	QTYPE		QCLASS	

図6.3.7 Questionセクションのメッセージフォーマット

フィールド	内容
QNAME	対象となるドメイン名
QTYPE	問い合わせの種類を表す。代表的な QTYPE は以下のとおり ● A：A レコード（ホストアドレス） ● NS：NS レコード（コンテンツサーバー） ● CNAME：CNAME レコード（別名） ● SOA：SOA レコード（管理情報） ● PTR：PTR レコード（IP アドレス） ● MX：MX レコード（メールサーバー） ● TXT：TXT レコード（コメント） ● AXFR：ゾーン転送要求
QCLASS	問い合わせのクラスを表す ● IN：インターネット

表6.3.3 Questionセクションを構成するフィールド

Answer/Authority/Additionalセクション

これら3つのセクションには、ゾーンファイルを構成するリソースレコードの情報がセットされ、基本的に同じメッセージフォーマットが適用されます。

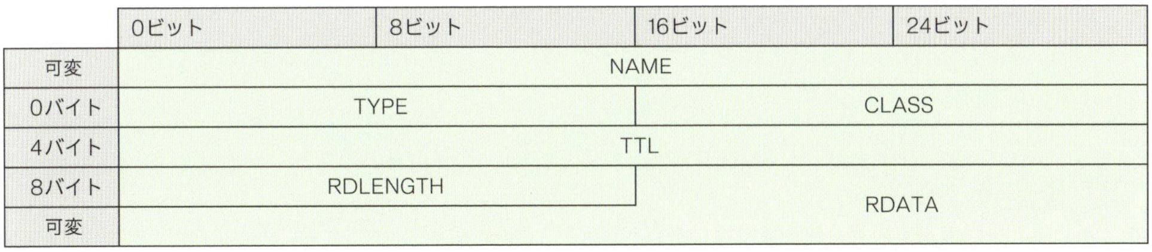

	0ビット	8ビット	16ビット	24ビット
可変	NAME			
0バイト	TYPE		CLASS	
4バイト	TTL			
8バイト	RDLENGTH		RDATA	
可変				

図6.3.8 Answer/Authority/Additionalセクションのメッセージフォーマット

Answerセクションは、名前解決結果のリソースレコードがセットされるセクションです。Headerセクションの「ANカウント」個分のリソースレコードがセットされ、ANカウントが「0」のときは、Answerセクションは存在しません。

Authorityセクションは、委任先のコンテンツサーバーがセットされます。Headerセクションの「NSカウント」個分のリソースレコードがセットされ、NSカウントが「0」のときは、Authorityセクションは存在しません。

Additionalセクションは、付加情報がセットされるセクションです。ほとんどの場合、Authorityセクションで指定されたコンテンツサーバーのIPアドレスがセットされます。Headerセクションの「ARカウント」個分のリソースレコードがセットされ、ARカウントが「0」のときは、Additionalセクションは存在しません。

フィールド	内容
NAME	対象となるドメイン名
TYPE	問い合わせの種類を表す。代表的なTYPEは以下のとおり ●A：Aレコード（ホストアドレス） ●NS：NSレコード（コンテンツサーバー） ●CNAME：CNAMEレコード（別名） ●SOA：SOAレコード（管理情報） ●PTR：PTRレコード（IPアドレス） ●MX：MXレコード（メールサーバー） ●TXT：TXTレコード（コメント）
CLASS	問い合わせのクラスを表す ●IN：インターネット
TTL	リソースレコードの生存時間。単位は秒
RDLENGTH	リソースレコードの長さ。単位はバイト
RDATA	リソースレコードの情報。リソースレコードのTYPEとCLASSによって、フォーマットは異なる

表6.3.4 Answer/Anthority/Additionalセクションを構成するフィールド

6.3.2 DNSの解析に役立つWiresharkの機能

続いて、DNS メッセージを解析するときに役立つ Wireshark の機能について説明します。Wireshark には、いろいろな形で使用されている DNS レコードをわかりやすく、よりかんたんに解析できるような機能がいくつか用意されています。ここでは、システムの構築現場、運用現場において、コンピューターエンジニアが使用する機能をいくつかピックアップして説明します。

設定オプション

DNS の設定オプションは、メニューバーの[編集]-[設定]で設定画面を開き、[Protocols]の中の[DNS]で変更できます。ポート番号を設定できますが、ほぼすべてのネットワークにおいて「53番」を使用しているので、ここの設定はデフォルトのままにしておくことがほとんどでしょう。

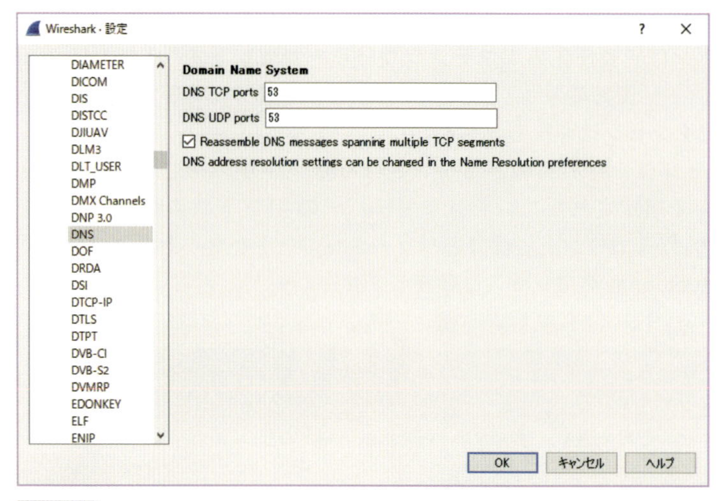

図6.3.9 設定オプション

表示フィルタ

DNS に関する代表的な表示フィルタは、次の表のとおりです。DNS メッセージにおけるほぼすべてのフィールドをフィルタ対象として設定できます。

フィールド名	フィールド名が表す意味	記述例
dns	DNS メッセージすべて	dns
dns.a	A レコードが含まれる DNS メッセージ	dns.a
dns.aaaa	AAAA レコードが含まれる DNS メッセージ	dns.aaaa
dns.qry.name	QNAME	dns.qry.name == www.google.com
dns.qry.type	QTYPE	dns.qry.type == 1
dns.qry.class	QCLASS	dns.qry.class == 1
dns.flags.recdesired	RD ビット	dns.flags.recdesired == 1
dns.resp.type	TYPE	dns.resp.type == 2
dns.resp.class	CLASS	dns.resp.class == 1

表6.3.5 DNSに関する代表的な表示フィルタ

統計情報

DNS の統計情報は、メニューバーの［統計］-［DNS］で見ることができます。各フィールドやセクションの値、ペイロードのサイズなどを一覧で表示できます。

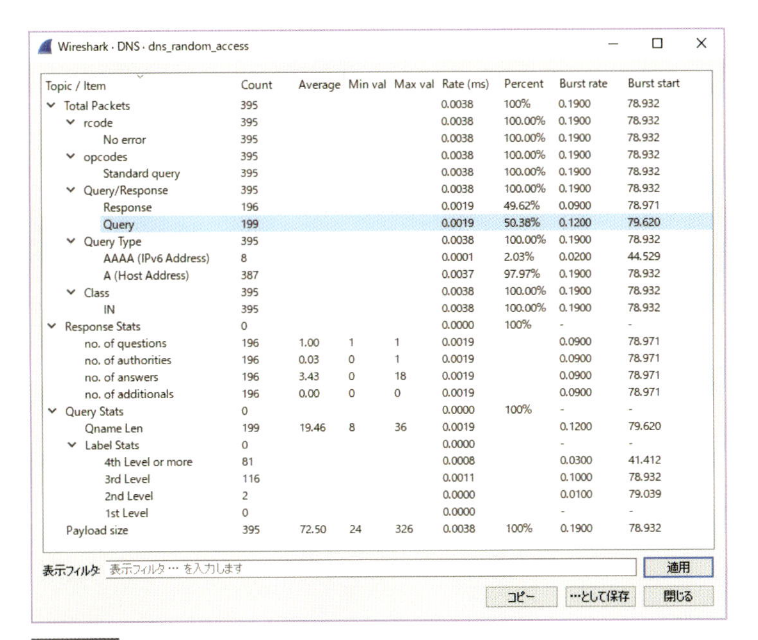

Wireshark · DNS · dns_random_access

Topic / Item	Count	Average	Min val	Max val	Rate (ms)	Percent	Burst rate	Burst start
Total Packets	395				0.0038	100%	0.1900	78.932
rcode	395				0.0038	100.00%	0.1900	78.932
No error	395				0.0038	100.00%	0.1900	78.932
opcodes	395				0.0038	100.00%	0.1900	78.932
Standard query	395				0.0038	100.00%	0.1900	78.932
Query/Response	395				0.0038	100.00%	0.1900	78.932
Response	196				0.0019	49.62%	0.0900	78.971
Query	199				0.0019	50.38%	0.1200	79.620
Query Type	395				0.0038	100.00%	0.1900	78.932
AAAA (IPv6 Address)	8				0.0001	2.03%	0.0200	44.529
A (Host Address)	387				0.0037	97.97%	0.1900	78.932
Class	395				0.0038	100.00%	0.1900	78.932
IN	395				0.0038	100.00%	0.1900	78.932
Response Stats	0				0.0000	100%	-	-
no. of questions	196	1.00	1	1	0.0019		0.0900	78.971
no. of authorities	196	0.03	0	1	0.0019		0.0900	78.971
no. of answers	196	3.43	0	18	0.0019		0.0900	78.971
no. of additionals	196	0.00	0	0	0.0019		0.0900	78.971
Query Stats	0				0.0000	100%	-	-
Qname Len	199	19.46	8	36	0.0019		0.1200	79.620
Label Stats	0				0.0000		-	-
4th Level or more	81				0.0008		0.0300	41.412
3rd Level	116				0.0011		0.1000	78.932
2nd Level	2				0.0000		0.0100	79.039
1st Level	0				0.0000		-	-
Payload size	395	72.50	24	326	0.0038	100%	0.1900	78.932

表示フィルタ: 表示フィルタ … を入力します　適用

コピー　…として保存　閉じる

表6.3.10 DNSの統計情報

6.3.3 DNSパケットの解析

DNS はたくさんの DNS サーバーが連携して動作する、分散協調型データベースシステムです。したがって、DNS クライアントのパケットだけをちょろっと見ても流れが見えづらく、プロトコル全体のしくみを把握しきれません。本書では、DNS クライアント、キャッシュサーバー、コンテンツサーバーがどのように DNS メッセージをやりとりし、どのように分散協調型データベースを成り立たせているのか、ひとつひとつ紐解いていきます。

名前解決はどう見えるか

名前解決の様子をDNSクライアントでパケットキャプチャしても、再帰クエリを投げて、それに対する応答が返ってくるだけなので、あまり面白くありません。そこで本書では、DNSクライアント（クライアントソフトウェア：digコマンド）で「www.google.com」を名前解決したとき、キャッシュサーバー（サーバーソフトウェア：Unbound）でどんなやりとりが行われているかを見ていくことにします。なお、このときに取得したキャプチャファイルは「dns_recursive.pcapng」です。このファイルには10個のパケットがあり、以下のステップごとの解説の末尾にパケットNo.をカッコ書きで示しています。

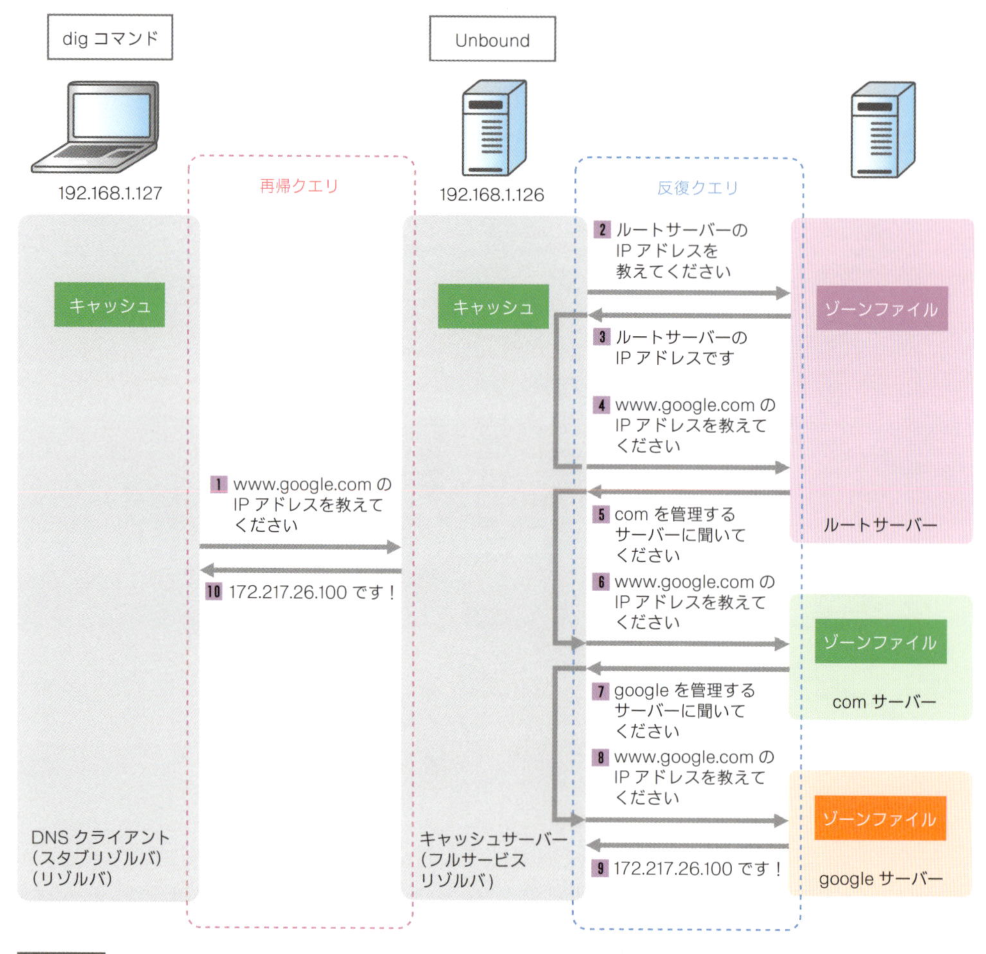

図6.3.11 名前解決の流れ

1 DNSクライアントはキャッシュサーバーに対して、「www.google.com」のAレコードを問い合わせます。ここは再帰クエリなので、RDビットは「1」です。**(No.1)**

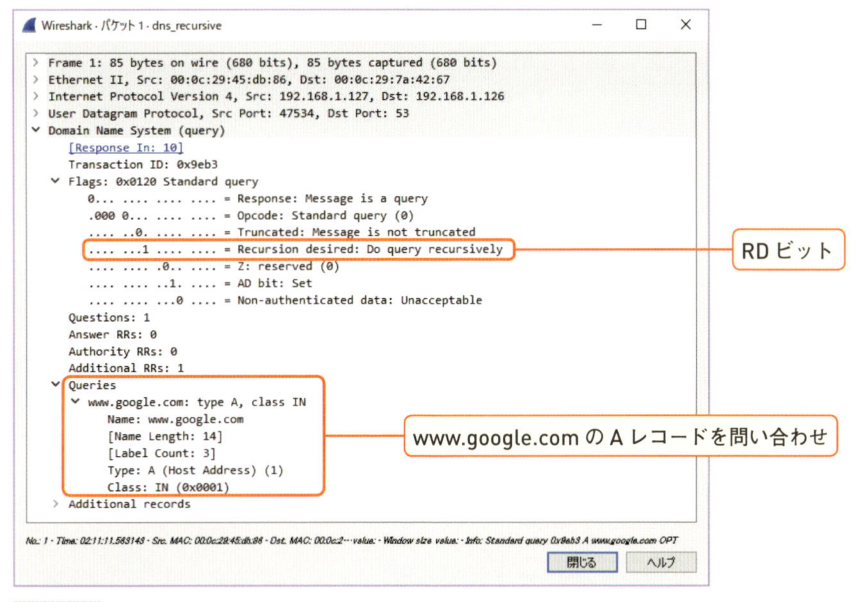

図6.3.12 DNSクライアントがキャッシュサーバーに再帰クエリを送信

2 再帰クエリを受け取ったキャッシュサーバーは、キャッシュを検索し、該当する情報がなかったら、DNS の親分サーバーであるルートサーバーに反復クエリを実施します。ここから **9** までは反復クエリなので、RD ビットは「0」です。まずは、ルートサーバーに対して、ルートサーバーの NS レコードを問い合わせます。**(No.2)**

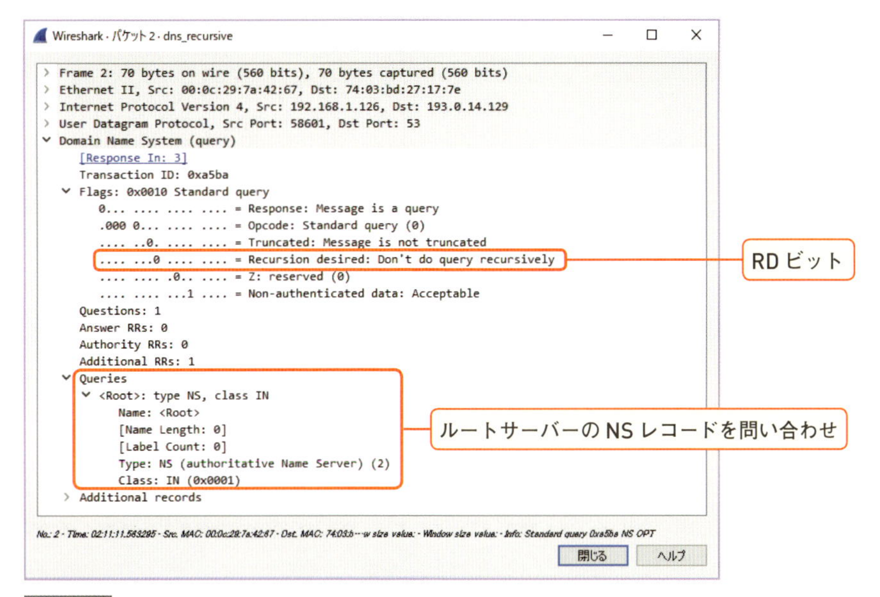

図6.3.13 ルートサーバーに反復クエリを送信

3 ルートサーバーは、ルートサーバーのNSレコードと、それに対応するAレコード・AAAAレコードを返します。2017年現在、ルートサーバーは世界に13クラスタ存在しています。ちなみに、このうち、「m.root-servers.net」は日本が管理しています。**(No.3)**

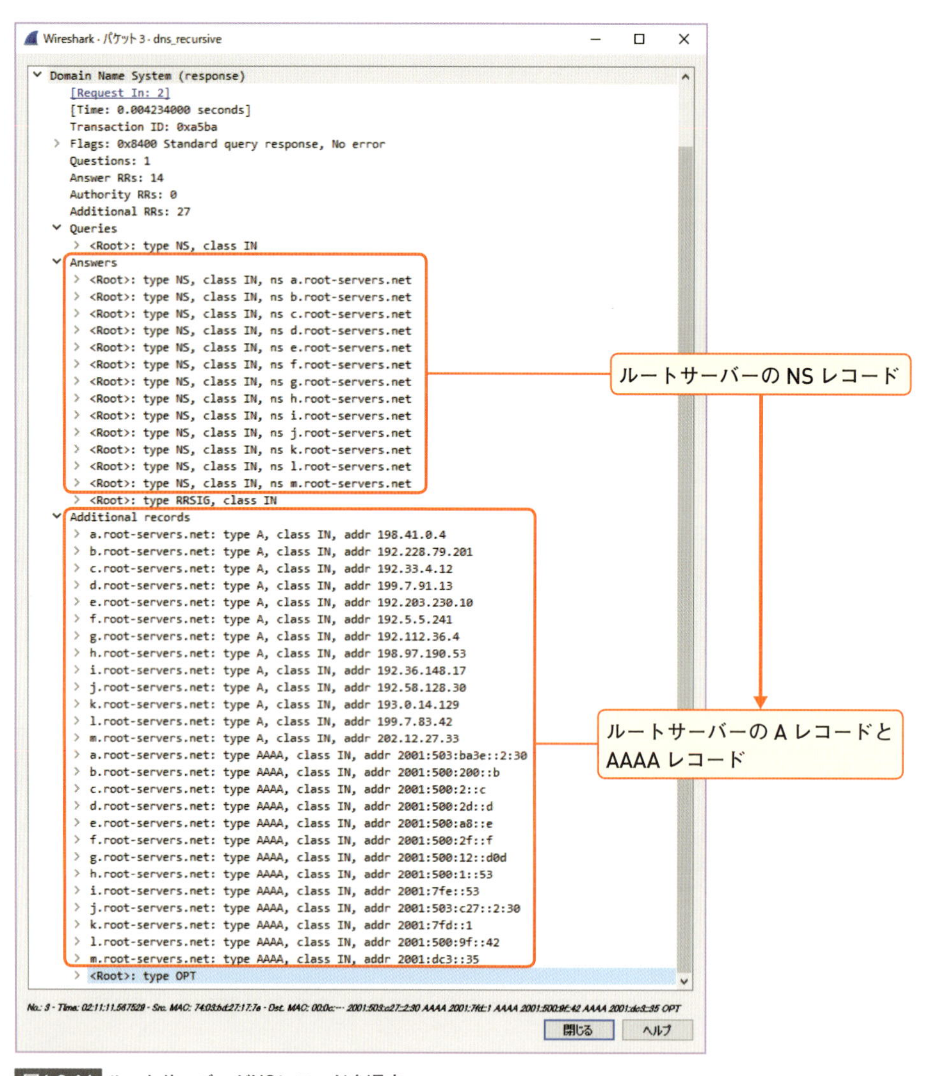

図6.3.14 ルートサーバーがNSレコードを返す

4 キャッシュサーバーは、ルートサーバーのひとつに対して、「www.google.com」のAレコードを問い合わせます。宛先IPアドレスを見ると、ここでは「k.root-servers.net（193.0.14.129）」に問い合わせていることがわかります。**(No.4)**

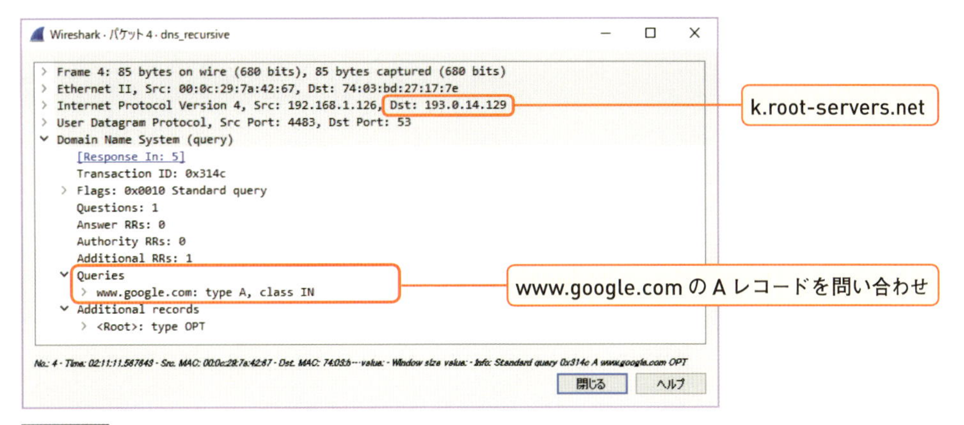

図6.3.15 ルートサーバーに問い合わせ

5 ルートサーバーは、「com」を管理しているコンテンツサーバーの NS レコードと、それに対応する A レコード・AAAA レコードを返します。「com のことはわからないから、com のコンテンツサーバーに聞いて！」みたいな感じです。com のコンテンツサーバーも 13 クラスタあることがわかります。**(No.5)**

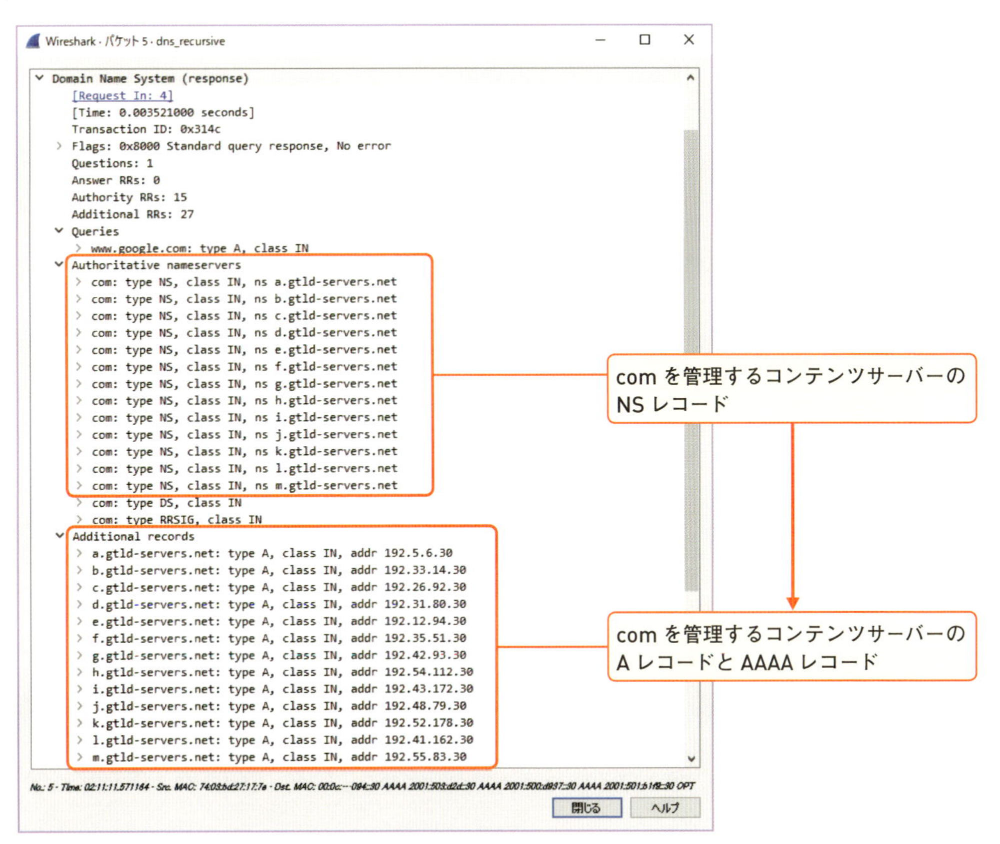

※画面で見えている範囲の下に AAAA レコードがありますが、紙面の都合上割愛しています。

図6.3.16 comを管理するコンテンツサーバーの情報を返す

6 キャッシュサーバーは、「com」を管理しているコンテンツサーバーのひとつに対して、「www.google.com」のAレコードを問い合わせます。宛先IPアドレスを見ると、ここでは「k.gtld-servers.net (192.52.178.30)」に問い合わせていることがわかります。**(No.6)**

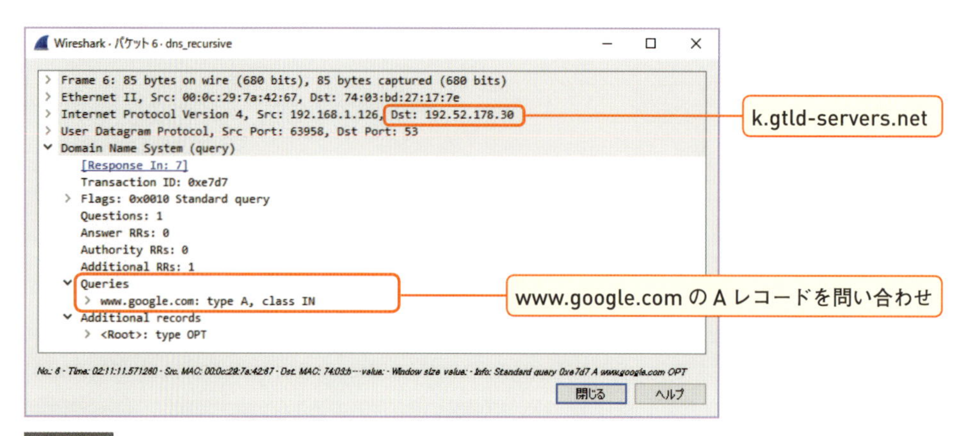

図6.3.17 comを管理するコンテンツサーバーに問い合わせ

7 comのコンテンツサーバーは、「google」を管理しているコンテンツサーバーのNSレコードと、それに対応するAレコードを返します。「googleのことはわからないから、googleのコンテンツサーバーに聞いて！」みたいな感じです。Googleのコンテンツサーバーは4台あることがわかります。**(No.7)**

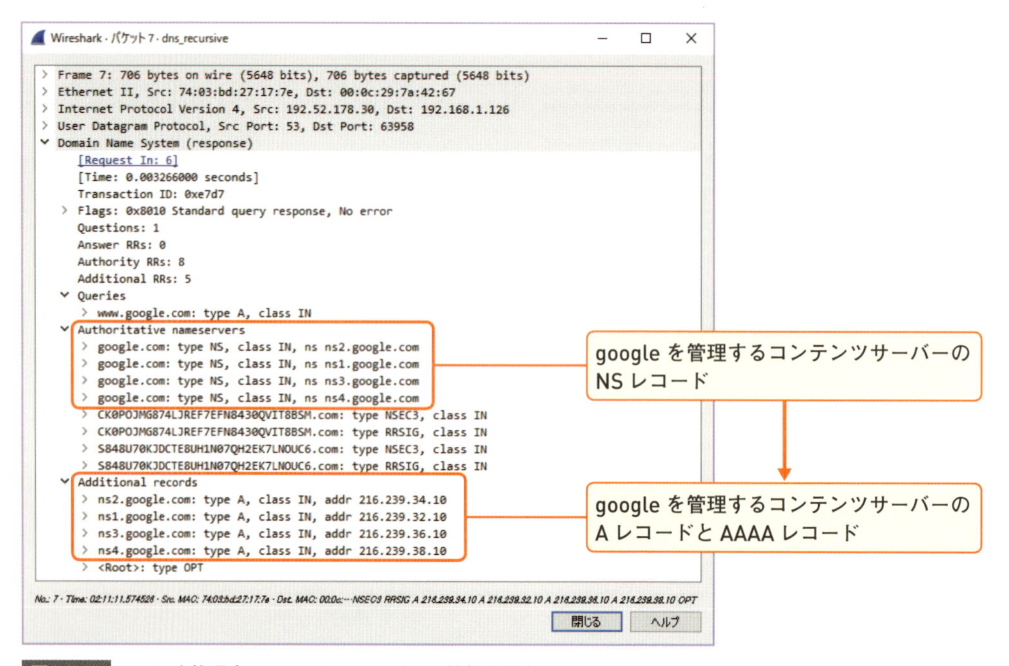

図6.3.18 googleを管理するコンテンツサーバーの情報を返す

8 キャッシュサーバーは、「google」を管理しているコンテンツサーバーのひとつに対して、「www.google.com」のAレコードを問い合わせます。宛先IPアドレスを見ると、ここでは「ns3.google.com（216.239.36.10）」に問い合わせていることがわかります。**(No.8)**

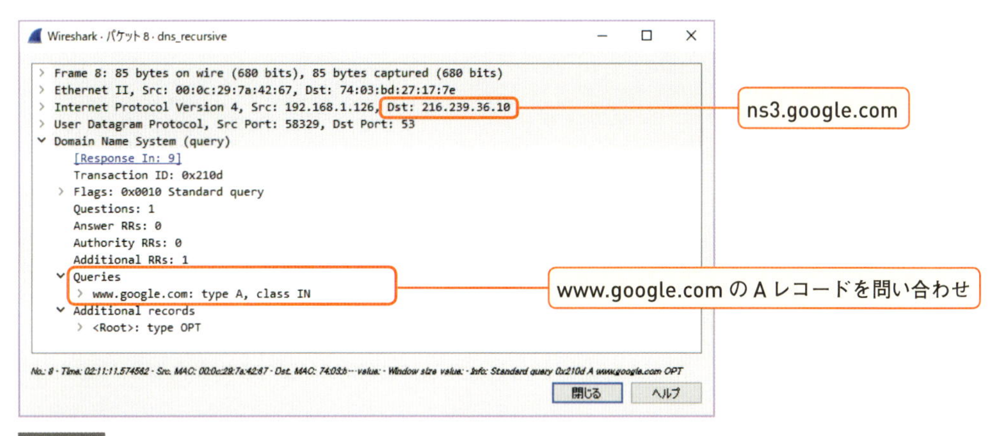

図6.3.19 googleを管理するコンテンツサーバーに問い合わせ

9 googleのコンテンツサーバーは、「www」のAレコード、つまりwww.google.comのIPアドレスを返します。

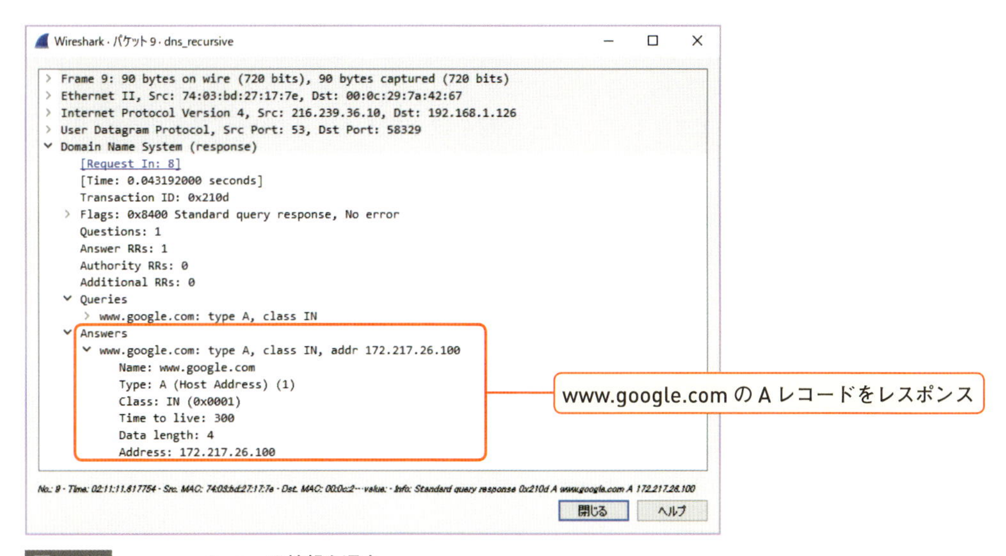

図6.3.20 www.google.comの情報を返す

10 キャッシュサーバーはDNSクライアントに対して、**9**の情報を再帰クエリとして返します。再帰クエリなのでRDビットは「1」になります。

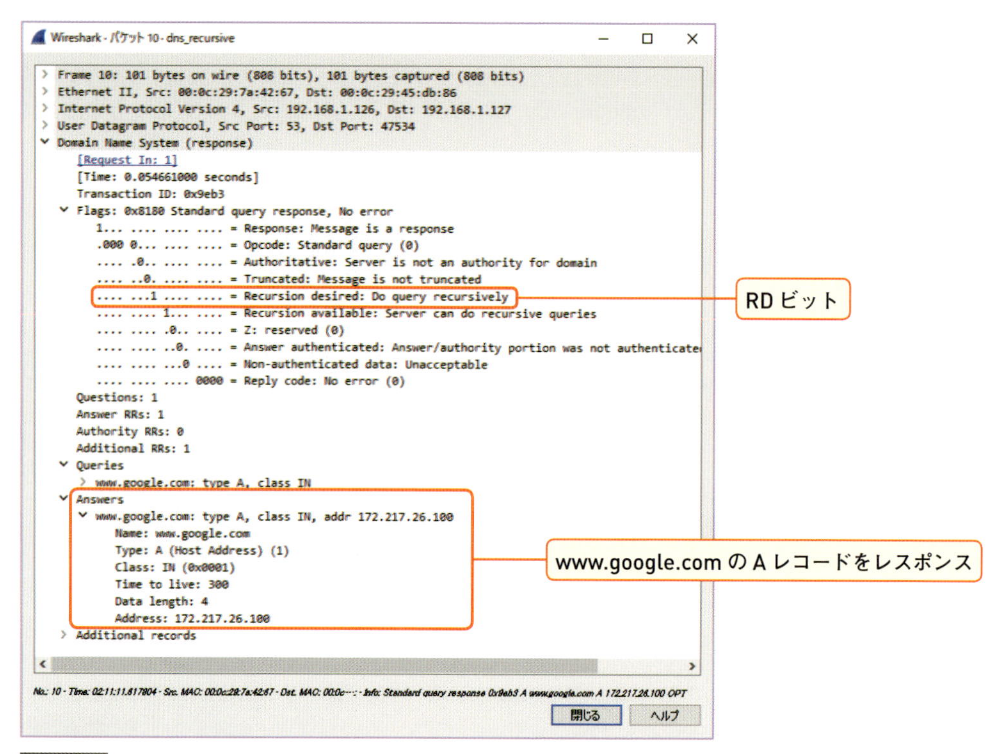

図6.3.21 再帰クエリを返す

以上で名前解決の処理は終了です。名前解決の様子は、使用するキャッシュサーバーのソフトウェアの種類やOS、その設定によっても大きく異なります。ここで取り上げたのは最もシンプルな例です。いろいろな設定を試してみるのも面白いでしょう。

ゾーン転送はどう見えるか

ゾーン転送は、「バージョン確認」と「ゾーン転送」という、大きく2段階の処理によって成り立っています。ここでは、DNSソフトウェアのデファクトスタンダード「BIND」で、ゾーン転送時にどんなやりとりが行われているのか、ひとつひとつ見ていきます。

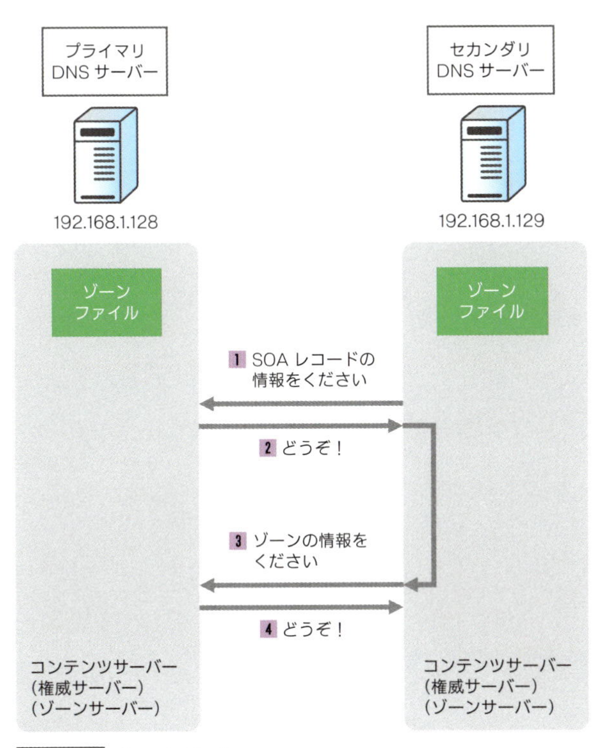

図6.3.22 ゾーン転送の流れ

1 セカンダリ DNS サーバーは、ゾーンファイルの有効期限が切れたり、プライマリ DNS サーバーから notify メッセージを受け取ったりすると、プライマリ DNS サーバーに対して UDP の 53 番で SOA レコードの情報を問い合わせます。

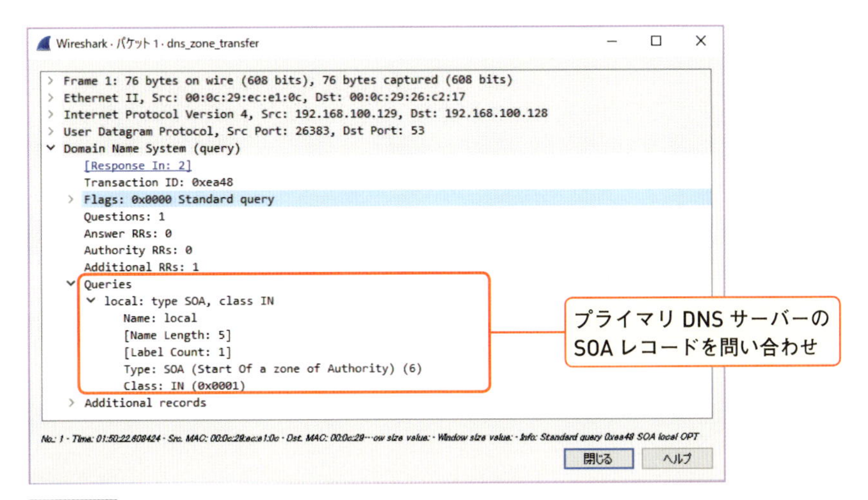

図6.3.23 プライマリDNSサーバーのSOAレコードを問い合わせ

2 プライマリ DNS サーバーは、ゾーンファイルに記載されている SOA レコードを返します。

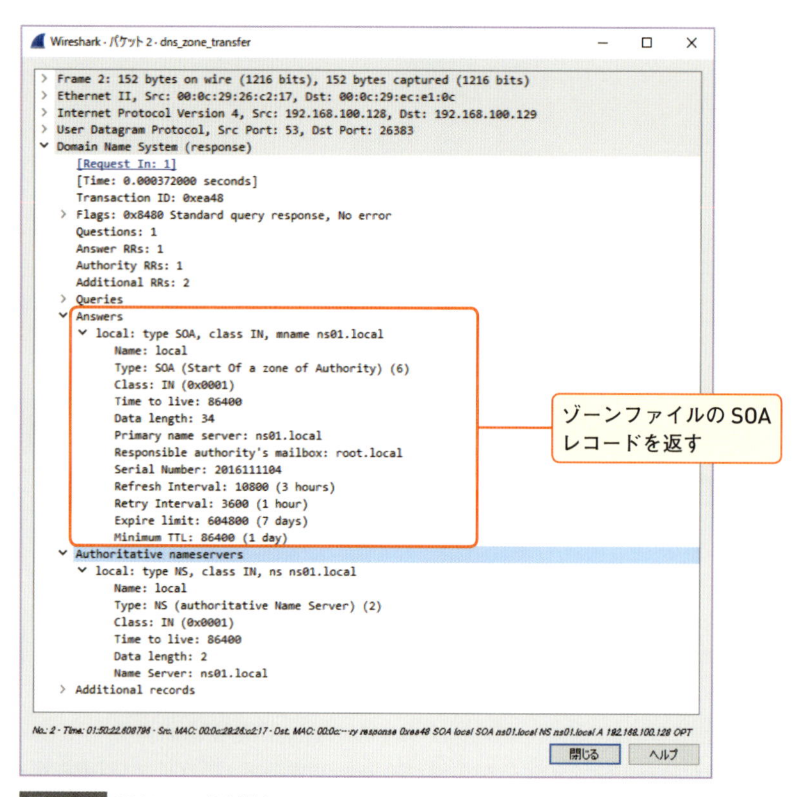

図6.3.24 SOAレコードを返す

3 セカンダリ DNS サーバーは、SOA レコードのシリアル番号を確認します。シリアル番号はゾーンファイルのバージョンのようなものです。ゾーンファイルを変更するときに、あわせて手動で変更します。

セカンダリ DNS サーバーは、シリアル番号を見て、自分が保持しているゾーンファイルよりも新しいゾーンファイルであると確認できたら、Question セクションの QNAME に対象のドメイン名、QTYPE にゾーン転送要求を表す「AXFR」をセットして、今度は TCP の 53 番でゾーン転送をリクエストします*1。

*1 Wireshark は、Question セクションを「Queries」、QNAME を「Name」、QTYPE を「Type」と表示します。

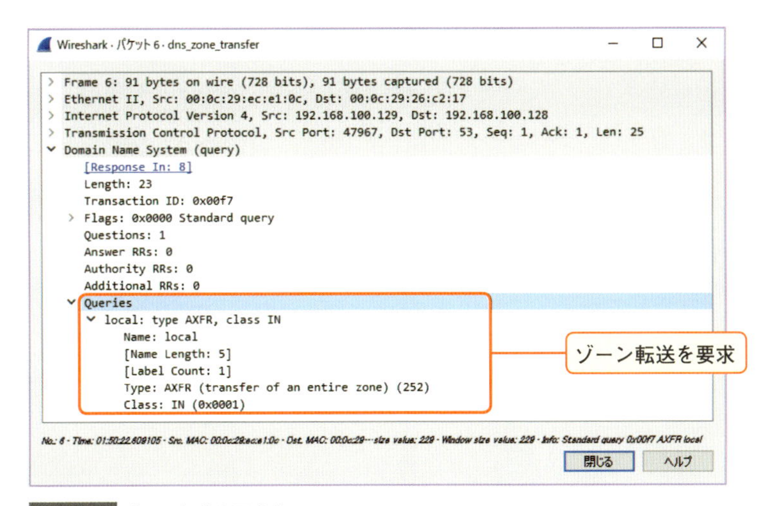

図6.3.25 ゾーン転送を要求する

4 プライマリ DNS サーバーは、TCP の 53 番で要求されたゾーンの情報を返します。これでゾーン転送完了です。

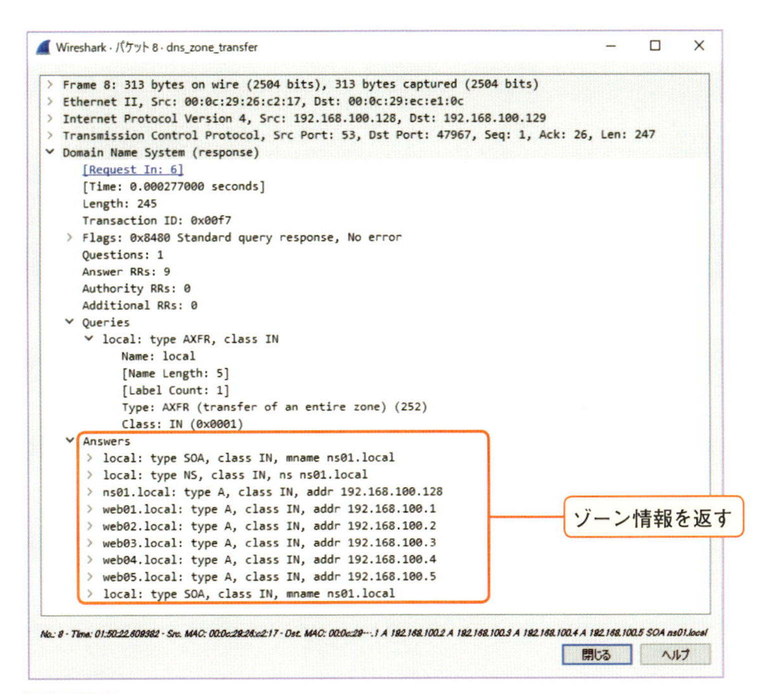

図6.3.26 ゾーン情報を返す

INDEX
索引

■本書のサポートページ
https://isbn.sbcr.jp/90711/

掲載パケットキャプチャファイルは上記Webページからダウンロードできます。
本書に関するサポート情報やお問い合わせ受付フォームも掲載しておりますので、
あわせてご利用ください。
右のQRコードからもサポートページにアクセスできます。

著者紹介
みやた ひろし
大学と大学院で地球環境科学の分野を研究した後、某システムインテグレーターにシステムエンジニアとして入社。その後、某ネットワーク機器ベンダーのコンサルタントに転身。設計から構築、運用に至るまで、ネットワークに関連する業務全般を行う。CCIE (Cisco Certified Internetwork Expert)。

著書に『サーバ負荷分散入門』『インフラ/ネットワークエンジニアのためのネットワーク技術&設計入門』『インフラ/ネットワークエンジニアのためのネットワーク・デザインパターン』(以上、みやた ひろし名義)、『イラスト図解式 この一冊で全部わかるサーバーの基本』(きはし まさひろ名義)がある。

パケットキャプチャの教科書

2017年10月20日　初版第1刷発行
2024年11月13日　初版第10刷発行

著者……………………みやた ひろし
発行者…………………出井 貴完
発行所…………………SBクリエイティブ株式会社
〒105-0001　東京都港区虎ノ門2-2-1
https://www.sbcr.jp/
印刷・製本……………株式会社シナノ

カバーイラスト………2g (https://twograms.jimdo.com/)
本文・カバーデザイン……米倉 英弘 (株式会社 細山田デザイン事務所)
制　作…………………クニメディア株式会社
企画・編集……………友保 健太

落丁本、乱丁本は小社営業部にてお取り替えいたします。
定価はカバーに記載されております。

Printed in Japan ISBN 978-4-7973-9071-1